高等院校电脑美术教材

# Photoshop CC 基础教程

魏延波　编　著

清华大学出版社
北　京

## 内容简介

本书以学以致用为写作出发点，系统并详细地讲解了 Photoshop CC 图像处理软件的使用方法和操作技巧。全书共分 17 章，前 10 章为基础内容，包括 Photoshop CC 基础入门、图像选区的创建与编辑、图像的绘制与修饰、图层的应用与编辑、文本的输入与编辑、路径的创建与编辑、蒙版与通道在设计中的应用、图像色彩及处理、滤镜在设计中的应用、图像处理自动化与打印文档。另外，还有 7 章案例讲解，包括常用广告艺术文字特效、数码照片修饰与图像合成、手绘水果技法、CI 设计、商业宣传单、青春书籍装帧设计、室外效果图的后期处理。

本书结构清晰，内容翔实，特别适合应用型本科院校、示范性高职高专院校以及计算机培训学校作为相关课程的教材。另外，由于实例多且具有行业代表性，本书也是平面设计方面不可多得的参考资料，因此，也可供平面设计从业人员与学员参考。本书配套的 DVD 多媒体教学资源包中包含多媒体视频教学课程，以及本书全部实例的相关素材文件及结果文件。



图书在版编目(CIP)数据

Photoshop CC 基础教程/魏延波编著. —北京：清华大学出版社，2014（2020.2 重印）
(高等院校电脑美术教材)
ISBN 978-7-302-36454-2

Ⅰ. ①P…　Ⅱ. ①魏…　Ⅲ. ①图象处理软件—高等学校—教材　Ⅳ. ①TP391.41

中国版本图书馆 CIP 数据核字(2014)第 095405 号

**责任编辑：**张彦青
**封面设计：**杨玉兰
**责任校对：**李玉萍
**责任印制：**丛怀宇
**出版发行：**清华大学出版社
网　　址：http://www.tup.com.cn, http://www.wqbook.com
地　　址：北京清华大学学研大厦 A 座　　邮　　编：100084
社 总 机：010-62770175　　邮　　购：010-62786544
投稿与读者服务：010-62776969, c-service@tup.tsinghua.edu.cn
质量反馈：010-62772015, zhiliang@tup.tsinghua.edu.cn
课件下载：http://www.tup.com.cn, 010-62791865
**印 装 者：**三河市龙大印装有限公司
**经　　销：**全国新华书店
**开　　本：**185mm×260mm　　**印　张：**22　　**字　数：**536 千字
**版　　次：**2014 年 7 月第 1 版　　**印　次：**2020 年 2 月第 5 次印刷
(附 DVD1 张)
**定　　价：**49.00 元

---

产品编号：058385-01

# 前　言

Photoshop CC 是 Adobe 公司旗下最著名的图像处理软件之一，集图像扫描、编辑修改、图像制作、广告创意、图像输入与输出于一体，深受广大平面设计人员和电脑美术爱好者的喜爱。

多数人对于 Photoshop CC 的了解仅限于“一个很好的图像编辑软件”，并不知道它的诸多具体的应用方面。实际上，Photoshop CC 的应用领域很广泛，在图像、图形、文字、视频、出版等各方面都有涉及。它贯彻了 Adobe 公司一贯为广大用户考虑的方便性和高效率，为多用户合作提供了便捷的工具与规范的标准，以及方便的管理功能，因此用户可以与设计组密切而高效地共享信息。

**本书内容**

全书共分 17 章，前 10 章为基础内容，包括 Photoshop CC 基础入门、图像选区的创建与编辑、图像的绘制与修饰、图层的应用与编辑、文本的输入与编辑、路径的创建与编辑、蒙版与通道在设计中的应用、图像色彩及处理、滤镜在设计中的应用、图像处理自动化与打印文档。另外，还有 7 章案例讲解，包括常用广告艺术文字特效、数码照片修饰与图像合成、手绘水果技法、CI 设计、商业宣传单、青春书籍装帧设计、室外效果图的后期处理。

第 1 章主要对 Photoshop CC 进行简单的介绍，介绍了 Photoshop CC 的安装、启动与退出，并介绍了多种图形图像的处理软件及图像的类型和格式。通过对本章的学习，用户可以对 Photoshop CC 有一个初步的认识，为后面章节的学习奠定良好的基础。

第 2 章主要介绍使用各种工具对图像选区进行创建、编辑、填充以及对拾色器的运用，从而实现对 Photoshop CC 的熟练操作。

第 3 章通过对图像的移动、裁剪、绘画、修复来学习基础工具的应用，为后面的综合实例的应用奠定良好基础。

第 4 章对图层的功能与操作方法进行更为详细的讲解；图层是 Photoshop 最为核心的功能之一，它承载了几乎所有的图像效果。它的引入改变了图像处理的工作方式。而【图层】面板则为图层提供了每一个图层的信息，结合【图层】面板可以灵活运用图层处理出各种特殊效果。

第 5 章介绍点文本、段落文本和蒙版文本的创建及对文本的编辑；在平面设计作品中，文字不仅可以传达信息，还能起到美化版面、强化主题的作用。Photoshop 的工具箱中包含 4 种文字工具，可以创建不同类型的文字。

第 6 章主要对路径的创建、编辑和修改进行介绍，Photoshop 中的路径主要是用来精确选择图像、精确绘制图形，是工作中用得比较多的方法之一，创建路径的工具主要有【钢笔工具】、【形状工具】。

第 7 章主要介绍蒙版在设计中的应用，Photoshop 提供了 4 种用来合成图像的蒙版，分别是：图层蒙版、快速蒙版、矢量蒙版和剪贴蒙版，这些蒙版都有各自的用途和特点；

蒙版是进行图像合成的重要手法，它可以控制部分图像的显示与隐藏，还可以对图像进行抠图处理。

第 8 章主要介绍图像色彩与色调的调整方法及技巧，通过对本章的学习，可以根据不同的需要应用多种调整命令，对图像色彩和色调进行细微的调整，还可以对图像进行特殊颜色的处理。

第 9 章介绍滤镜在设计中的应用，在使用 Photoshop 中的滤镜特效处理图像的过程中，可能会发现滤镜特效太多了，不容易把握，也不知道这些滤镜特效究竟适合处理什么样的图片；滤镜是 Photoshop 中独特的工具，其菜单中有 100 多种滤镜，利用它们可以制作出各种各样的效果。

第 10 章介绍图像处理自动化与打印文档，图像处理自动化主要应用【动作】面板，通过记录操作的动作，达到自动对图像进行编辑的目的，以节省图像操作过程中的时间，另外还讲解了打印文档的操作方法。

第 11 章通过对三个文字的基本介绍来巩固一下文字的设置，包括玻璃文字、冰雪文字和激光文字。

第 12 章通过对相片中人物的脸部美白、牙齿美白、消除眼袋、添加唇彩以及使数码照片变为老照片，使照片更加美观。

第 13 章介绍绘制水果的技法，以及绘制图像用到的命令和工具，并掌握一些常用的快捷键，使得读者通过本章的实例在制作过程中灵活运用常用的工具和命令。

第 14 章主要介绍 CI 的设计，主要包括 Logo、名片、工作证和会员卡的设计，CI 指企业形象的视觉识别，也就是说将 CI 的非可视内容转换为静态的视觉识别符号，以无比丰富的多样的应用形式，在最广泛的层面上，进行最为直接的传播。

第 15 章将制作两个商业宣传单：环保宣传单和房地产宣传单，通过做这两个宣传单，可以深入地了解宣传单的基本要求和制作技巧。

第 16 章主要介绍制作书籍装帧设计，书籍是我们日常生活中常见的，它一般分为三个部分：封面、书脊、封底，本案例将介绍制作一个青春书籍装帧设计。

第 17 章介绍室外效果图后期配景处理的表现方法，通过使用 Photoshop 将渲染后的三维建筑模型进行编辑处理，并模拟和添加实现环境中的天空、植物和人物等元素，创建一个仿真的空间。

**本书特色**

本书面向网页设计制作的初、中级用户，采用由浅入深、循序渐进的讲述方法进行讲述，内容丰富，结构安排合理，实例来自工程实际，特别适合作为教材，是各类学校广大师生的首选教材。

此外，本书包含了大量的习题，其类型有填空题、选择题和操作题，使读者在学习完一章内容后能够及时检查学习情况。

**配书光盘**

1. 书中所有实例的素材源文件。
2. 书中实例的视频教学文件。

**读者对象**

1．网页设计和制作初学者。

2．大中专院校和社会培训班平面设计及其相关专业的教材。

3．平面设计从业人员。

本书主要由于红梅编写，同时参与编写的还有刘蒙蒙、刘鹏磊、张紫欣、徐文秀、任大为、高甲斌、白文才、张炜、李少勇、李茹、孟智青、周立超、赵鹏达、王玉、张云、李娜、贾玉印、刘杰、罗冰、陈月娟、陈月霞、刘希林、黄健、黄永生、田冰、徐昊，北方电脑学校的刘德生、宋明、刘景君老师，德州职业技术学院的张锋、相世强两位老师，在此一并表示感谢。本书不仅适合图文设计的初学者阅读学习，还是平面设计、广告设计、包装设计等相关行业从业人员理想的参考书，也可以作为大中专院校和培训机构平面设计、广告设计等相关专业的教材。当然，在创作的过程中，由于时间仓促，错误和疏漏在所难免，希望广大读者批评指正。

编　者

# 目　录

# 第 1 章　Photoshop CC 基础入门

本章主要对 Photoshop CC 进行简单的介绍，介绍了 Photoshop CC 的安装、启动与退出，以及其工作环境，并介绍了多种图形图像的处理软件及图像的类型和格式。通过对本章的学习，用户能够对 Photoshop CC 有一个初步的认识，为后面章节的学习奠定良好的基础。

## 1.1　平面专业就业前景

平面设计的就业单位包括：广告公司、印刷公司、教育机构、媒体机构、电视台等，选择面比较广，主要根据自己的特长进行选择。就业职位有：美术排版，平面广告、海报、灯箱等的设计制作。

学习进入得比较快，应用面也比较广，相应的人才供给和需求都比较旺。与之相关的报纸、杂志、出版、广告等行业的发展一直呈旺盛趋势，目前就业前景还不错。

平面设计是近 10 年来逐步发展起来的新兴职业，涉及面广泛且发展迅速。它涵盖的职业范畴包括：艺术设计、展示设计、广告设计、书籍装帧设计、包装与装潢设计、服装设计、工业产品设计、商业插画、标志设计、企业 CI 设计、网页设计等。

近年来设计的概念也早已深入人心。据不完全统计，仅以广告设计专业为例，目前福州市就有几千家登记注册的广告公司，每年对平面设计、广告设计等设计类人才的需求一直非常可观。再加上各化妆品公司、印刷厂和大量企业对广告设计类人才的需求，广告设计类人才的缺口就至少上万名。此外，随着房地产业、室内装饰业等行业的迅速发展，形形色色的家居装饰公司数量也越来越多，相信平面设计人才需求量一定会呈迅速上升的趋势。

## 1.2　Photoshop 的应用领域

很多人对于 Photoshop 的了解仅限于“一个很好的图像编辑软件”，并不知道它的诸多具体的应用方面。实际上，Photoshop 的应用领域很广泛，在图像、图形、文字、视频、出版等各方面都有涉及。

### 1. 在平面设计中的应用

平面设计是 Photoshop 应用最为广泛的领域，无论是我们正在阅读的图书封面，还是在大街上看到的招贴广告、海报，这些具有丰富图像的平面印刷品，基本上都需要 Photoshop 软件对图像进行处理，如图 1.1 所示。

### 2. 在界面设计中的应用

界面设计是一个新兴的领域，已经受到了越来越多的软件企业及开发者的重视。它虽然暂时还未成为一种全新的职业，但相信不久之后一定会出现专业的界面设计师职业。在当前还没有用于做界面设计的专业软件，因此绝大多数设计者使用的都是 Photoshop。

### 3. 在插画设计中的应用

由于 Photoshop 具有良好的绘画与调色功能，许多插画设计制作者往往使用铅笔绘制草稿，然后用 Photoshop 填色的方法来绘制插画，如图 1.2 所示。

图 1.1 宣传单

图 1.2 在插画中的应用

### 4. 在网页设计中的应用

网络的普及是促使更多人需要掌握 Photoshop 的一个重要原因。因为在制作网页时 Photoshop 是必不可少的网页图像处理软件，如图 1.3 所示。

### 5. 在绘画与数码艺术中的应用

近些年来非常流行的像素画也多为设计师使用 Photoshop 创作的作品。

### 6. 在动画与 CI 设计中的应用

CI 设计几乎囊括了当今电脑时代中所有的视觉艺术创作活动，如平面印刷品的设计、网页设计、三维动画、影视特效、多媒体技术、以计算机辅助设计为主的建筑设计及工业造型设计等，如图 1.4 所示。

图 1.3 在网页设计中的应用

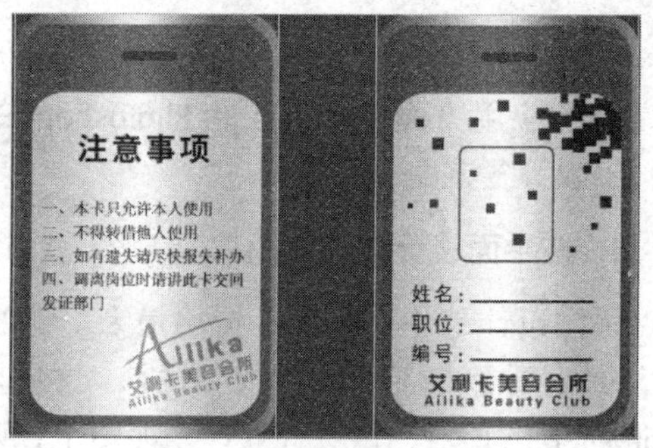


图 1.4 CI 设计——工作证

#### 7. 在效果图后期制作中的应用

在制作许多三维场景时，最后的效果图会有所不足，我们可以通过 Photoshop 进行调整，如图 1.5 所示。

图 1.5　在效果图后期制作中的应用

#### 8. 在视觉创意中的应用

视觉创意与设计是设计艺术的一个分支，此类设计通常没有非常明显的商业目的，但由于它为广大设计爱好者提供了广阔的设计空间，因此越来越多的设计爱好者开始学习 Photoshop，并进行具有个人特色与风格的视觉创意。

## 1.3　图像的基础知识

下面介绍矢量图、位图、像素、分辨率、图像格式和颜色模式等图像的基础知识。

### 1.3.1　矢量图和位图

矢量图由经过精确定义的直线和曲线组成，这些直线和曲线称为向量，通过移动直线调整其大小或更改其颜色时，不会降低图形的品质。

矢量图与分辨率无关，也就是说，可以将它们缩放到任意尺寸，按任意分辨率打印，而不会丢失细节或降低清晰度，如图 1.6 所示。

矢量图的文件所占据的空间微小，但绘制出来的图形无法像位图那样精确。

位图图像在技术上称为栅格图像，它由网格上的点组成，这些点称为像素。在处理位图图像时，编辑的是像素，而不是对象或形状。位图图像是连续色调图像(如照片或数字绘画)最常用的电子媒介，因为它们可以表现出阴影和颜色的细微层次。

在屏幕上缩放位图图像时，它们可能会丢失细节，因为位图图像与分辨率有关，它们包含固定数量的像素，并且为每个像素分配了特定的位置和颜色值。如果在打印位图图像时采用的分辨率过低，位图图像可能会呈锯齿状，因为此时增加了每个像素的大小，如图 1.7 所示。

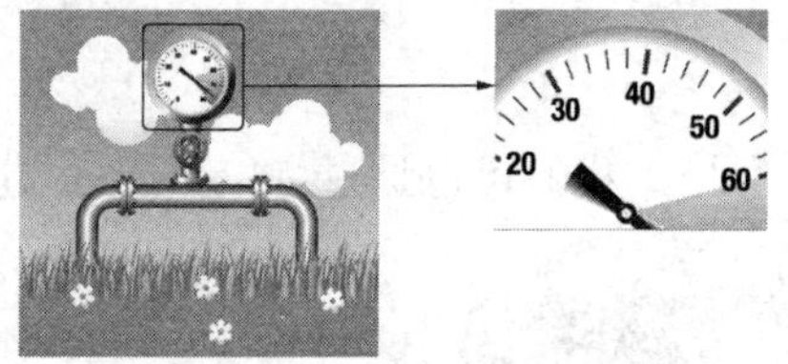


图 1.6　矢量图

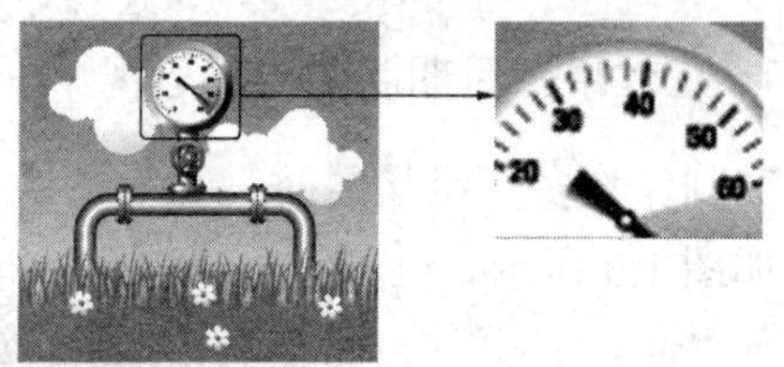


图 1.7　位图

## 1.3.2　像素与分辨率

像素是构成位图的基本单位，位图图像在高度和宽度方向上的像素总量称为图像的像素大小，当位图图像放大到一定程度的时候，所看到的一个一个的马赛克就是像素。

分辨率是指单位长度上像素的数目，其单位为像素/英寸或像素/厘米，包括显示器分辨率、图像分辨率和印刷分辨率等。

### 1. 显示器分辨率

显示器分辨率取决于显示器的大小及其像素设置。例如，一幅大图像(尺寸为 800 像素×600 像素)在 15 英寸显示器上显示时几乎会占满整个屏幕；而同样还是这幅图像，在更大的显示器上所占的屏幕空间就会比较小，每个像素看起来则会比较大。

### 2. 图像分辨率

图像分辨率由打印在纸上的每英寸像素(像素/英寸)的数量决定。在 Photoshop 中，可以更改图像的分辨率。打印时，高分辨率的图像比低分辨率的图像包含的像素更多，因此，像素点更小。与低分辨率的图像相比，高分辨率的图像可以重现更多的细节和更细微的颜色过渡，因为高分辨率图像中的像素密度更高。无论打印尺寸多大，高品质的图像通常看起来都不错。

## 1.3.3　颜色模式

颜色模式决定显示和打印电子图像的色彩模型(简单地说，色彩模型是用于表现颜色的一种数学算法)，即一幅电子图像用什么样的方式在计算机中显示或打印输出。

常见的颜色模式包括位图模式、灰度模式、双色调模式、HSB(表示色相、饱和度、亮度)模式、RGB(表示红、绿、蓝)模式、CMYK(表示青、洋红、黄、黑)模式、Lab 模式、索引色模式、多通道模式以及 8 位/16 位模式，每种模式的图像描述、重现色彩的原理及所能显示的颜色数量是不同的。Photoshop 的颜色模式基于色彩模型，而色彩模型对于印刷中使用的图像非常有用，可以从以下模式中选取：RGB(红色、绿色、蓝色)、CMYK(青色、洋红、黄色、黑色)、Lab(基于 CIE L*a*b)和灰度。

选择【图像】|【模式】菜单命令，打开其子菜单，如图 1.8 所示。

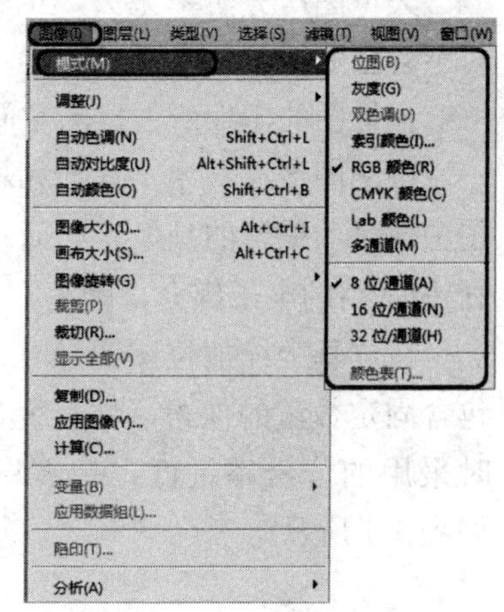


图 1.8　【模式】子菜单

其中包含了各种颜色模式命令，如常见的灰度模式、RGB 颜色模式、CMYK 颜色模式及 Lab 颜色模式等，Photoshop 也包含了用于特殊颜色输出的索引色模式和双色调模式。

### 1. RGB 颜色模式

Photoshop 的 RGB 颜色模式使用 RGB 模型，对应彩色图像中的每个 RGB(红色、绿色、蓝色)分量，为每个像素指定一个 0(黑色)～255(白色)之间的强度值。例如，亮红色可能 R 值为 246，G 值为 20，B 值为 50。

不同的图像中 RGB 的各个成分也不尽相同，可能有的图中 R(红色)成分多一些，有的 B(蓝色)成分多一些。在计算机中，RGB 的所谓多少就是指亮度，并使用整数来表示。通常情况下，RGB 各有 256 级亮度，用数字表示为 0～255。

当所有分量的值均为 255 时，结果是纯白色，如图 1.9 所示；当所有分量的值都为 0 时，结果是纯黑色，如图 1.10 所示。

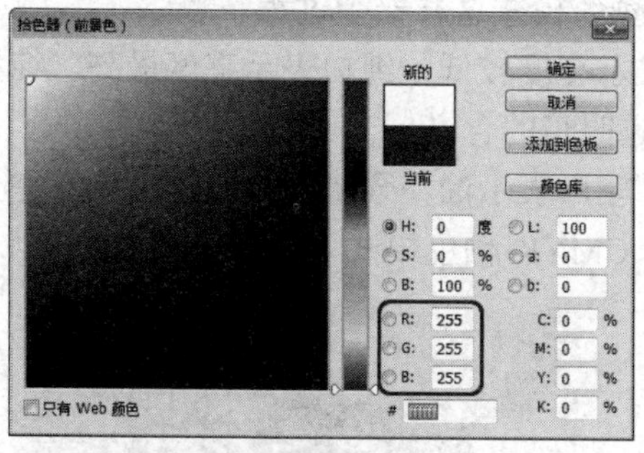


图 1.9　纯白色

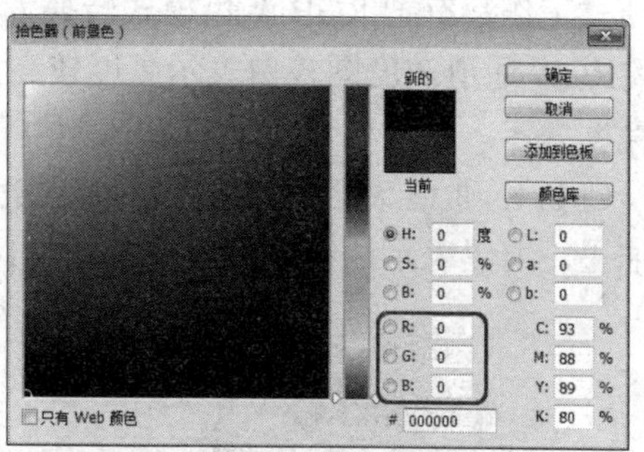


图 1.10　纯黑色

RGB 图像使用 3 种颜色或 3 个通道在屏幕上重现颜色，如图 1.11 所示。

这 3 个通道将每个像素转换为 24 位(8 位×3 通道)色信息。对于 24 位图像，可重现多达 1670 万种颜色；对于 48 位图像(每个通道 16 位)，可重现更多的颜色。新建的 Photoshop 图像的默认模式为 RGB，计算机显示器、电视机、投影仪等均使用 RGB 颜色模式显示颜色，这意味着在使用非 RGB 颜色模式(如 CMYK)时，Photoshop 会将 CMYK 图像插值处理为 RGB，以便在屏幕上显示。

### 2. CMYK 颜色模式

当阳光照射到一个物体上时，这个物体将吸收一部分光线，并将剩下的光线进行反射，反射的光线就是我们所看见的物体颜色。这是一种减色色彩模式，同时也是与 RGB 颜色模式的根本不同之处。不但我们看物体的颜色时用到了这种减色模式，而且在纸上印刷时应用的也是这种减色模式。按照这种减色模式，就衍变出了适合印刷的 CMYK 颜色模式。Photoshop 中的 CMYK 通道如图 1.12 所示。

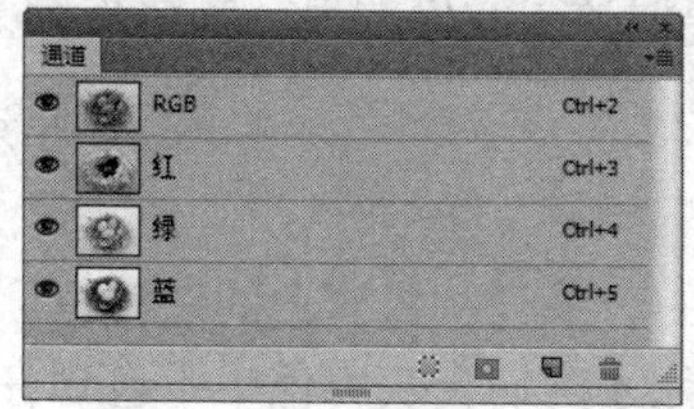


图 1.11　RGB 通道

图 1.12　CMYK 通道

CMYK 代表印刷上用的四种颜色：C 代表青色，M 代表洋红色，Y 代表黄色，K 代表黑色。因为在实际引用中，青色、洋红色和黄色很难叠加形成真正的黑色，最多不过是褐色而已。因此才引入了 K——黑色。黑色的作用是强化暗调，加深暗部色彩。

CMYK 颜色模式是最佳的打印模式，RGB 颜色模式尽管色彩多，但不能完全打印出来。那么是不是在编辑的时候就采用 CMYK 颜色模式呢？其实不是，用 CMYK 颜色模式编辑虽然能够避免色彩的损失，但运算速度很慢。主要的原因如下。

(1) 即使在 CMYK 颜色模式下工作，Photoshop 也必须将 CMYK 颜色模式转变为显示器所使用的 RGB 颜色模式。

(2) 对于同样的图像，RGB 颜色模式只需要处理 3 个通道即可，而 CMYK 颜色模式则需要处理 4 个。

由于用户所使用的扫描仪和显示器都是 RGB 设备，所以无论什么时候使用 CMYK 颜色模式工作都有把 RGB 颜色模式转换为 CMYK 颜色模式这样一个过程。

RGB 通道灰度图较白表示亮度较高，较黑表示亮度较低，纯白表示亮度最高，纯黑表示亮度为零。图 1.13 所示为 RGB 颜色模式下通道明暗的含义。

CMYK 通道灰度图较白表示油墨含量较低，较黑表示油墨含量较高，纯白表示完全没有油墨，纯黑表示油墨浓度最高。图 1.14 所示为 CMYK 颜色模式下通道明暗的含义。

图 1.13 RGB 颜色模式下通道明暗的含义

图 1.14 CMYK 颜色模式下通道明暗的含义

### 3. Lab 颜色模式

Lab 颜色模式是在 1931 年国际照明委员会(CIE)制定的颜色度量国际标准模型的基础上建立的，1976 年，该模型经过重新修订后被命名为 CIE L*a*b。

Lab 颜色模式与设备无关，无论使用何种设备(如显示器、打印机、计算机或扫描仪等)创建或输出图像，这种模式都能生成一致的颜色。

Lab 颜色模式是 Photoshop 在不同颜色模式之间转换时使用的中间颜色模式。

Lab 颜色模式将亮度通道从彩色通道中分离出来，成为一个独立的通道。将图像转换为 Lab 颜色模式，然后去掉色彩通道中的 a、b 通道而保留亮度通道，就能获得 100%逼真的图像亮度信息，得到 100%准确的黑白效果。

### 4. 灰度模式

所谓灰度图像，就是指纯白、纯黑以及两者中的一系列从黑到白的过渡色，大家平常所说的黑白照片、黑白电视实际上都应该称为灰度色才确切。灰度色中不包含任何色相，即不存在红色、黄色这样的颜色。灰度的通常表示方法是百分比，范围从 0～100%。在

Photoshop 中只能输入整数，百分比越高颜色越偏黑，百分比越低颜色越偏白。灰度最高相当于最高的黑，就是纯黑，灰度为 100%时为黑色，如图 1.15 所示。

灰度最低相当于最低的黑，也就是没有黑色，那就是纯白，灰度为 0 时为白色，如图 1.16 所示。

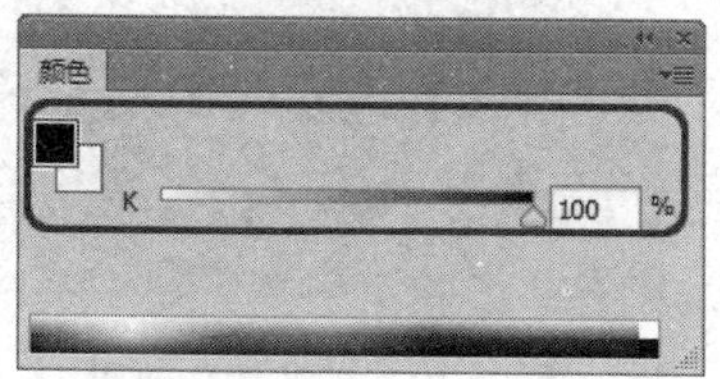


图 1.15　灰度为 100%时呈黑色

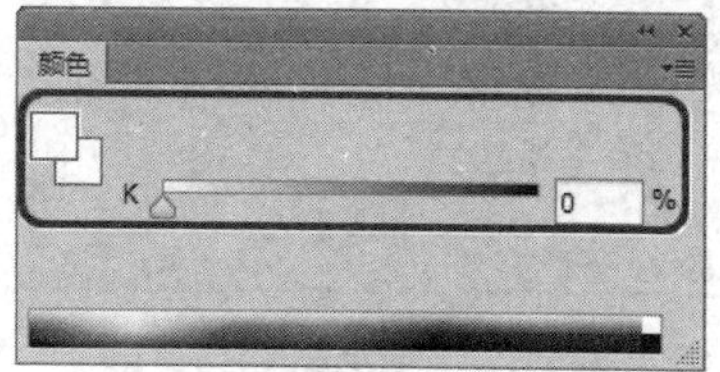


图 1.16　灰度为 0 时呈白色

当灰度图像是从彩色图像模式转换而来时，灰度图像反映的是原彩色图像的亮度关系，即每个像素的灰阶对应着原像素的亮度，如图 1.17 所示。

在灰度图像模式下，只有一个描述亮度信息的通道，即灰色通道，如图 1.18 所示。

图 1.17　RGB 图像与灰度图像

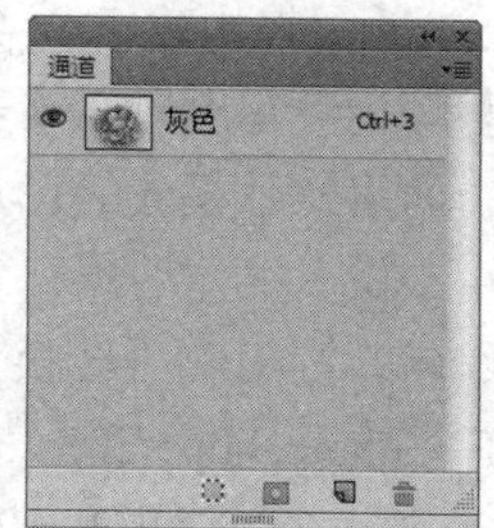


图 1.18　灰度模式下的通道

### 5. 位图模式

在位图模式下，图像的颜色容量是 1 位，即每个像素的颜色只能在两种深度的颜色中选择，不是黑就是白，其相应的图像也就是由许多个小黑块和小白块组成的。

确认当前图像处于灰度的图像模式下，在菜单栏中选择【图像】|【模式】|【位图】命令，打开【位图】对话框，如图 1.19 所示，在该对话框中可以设定转换过程中的减色处理方法。

**提 示**

只有在灰度模式下图像才能转换为位图模式，其他颜色模式的图像必须先转换为灰度图像，然后才能转换为位图模式。

【位图】对话框中各个选项的介绍如下。

- 【分辨率】：用于在输出中设定转换后图像的分辨率。
- 【方法】：在转换的过程中，可以使用 5 种减色处理方法。【50%阈值】会将灰度级别大于 50%的像素全部转换为黑色，将灰度级别小于 50%的像素转换为白色；【图案仿色】会在图像中产生明显的较暗或较亮的区域；【扩散仿色】会产生一种颗粒效果；【半调网屏】是商业中经常使用的一种输出模式；【自定图案】可以根据定义的图案来减色，使得转换更为灵活、自由。如图 1.20 所示为扩

散仿色时的效果。

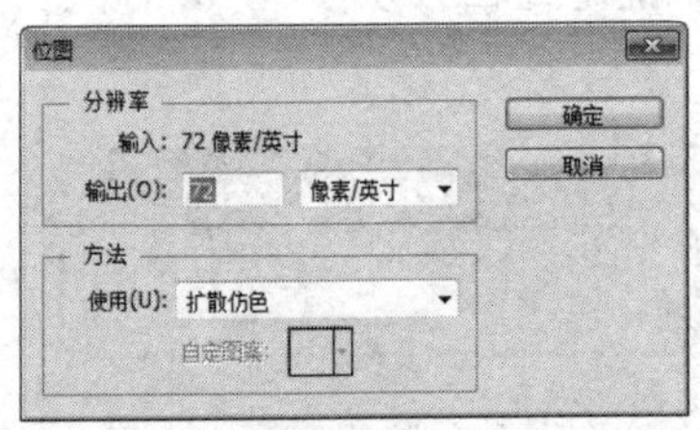


图 1.19 【位图】对话框

图 1.20 扩散仿色效果

在位图模式下，图像只有一个图层和一个通道，滤镜全部被禁用。

### 6. 索引颜色模式

索引颜色模式用最多 256 种颜色生成 8 位图像文件。当图像转换为索引颜色模式时，Photoshop 将构建一个 256 种颜色查找表，用以存放索引图像中的颜色。如果原图像中的某种颜色没有出现在该表中，程序将选取最接近的一种或使用仿色来模拟该颜色。

索引颜色模式的优点是它的文件可以做得非常小，同时保持视觉品质不单一，非常适于用来做多媒体动画和 Web 页面。在索引颜色模式下只能进行有限的编辑，若要进一步进行编辑，则应临时转换为 RGB 颜色模式。索引颜色文件可以存储为 Photoshop、BMP、GIF、Photoshop EPS、大型文档格式(PSB)、PCX、Photoshop PDF、Photoshop Raw、Photoshop 2.0、PICT、PNG、Targa 或 TIFF 等格式。

在菜单栏中选择【图像】|【模式】|【索引颜色】命令，即可弹出【索引颜色】对话框，如图 1.21 所示。

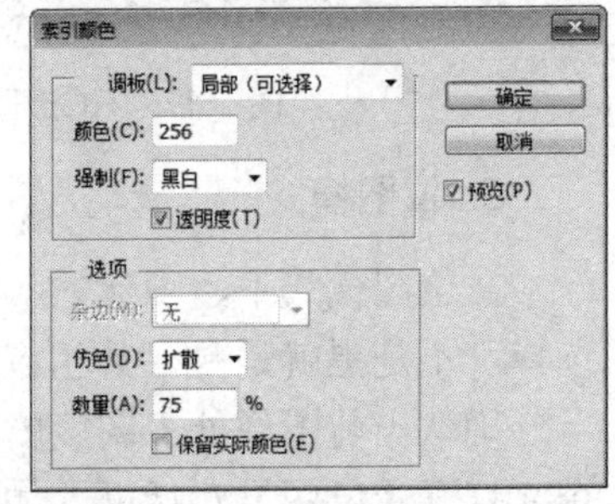


图 1.21 【索引颜色】对话框

- 【调板】下拉列表框：用于选择在转换为索引颜色时使用的调色板，例如需要制作 Web 网页，则可选择 Web 调色板。还可以设置强制选项，将某些颜色强制加入到颜色列表中，例如选择黑白，就可以将纯黑和纯白强制添加到颜色列表中。
- 【选项】设置区：在【杂边】下拉列表框中，可指定用于消除图像锯齿边缘的背景色。

在索引颜色模式下，图像只有一个图层和一个通道，滤镜全部被禁用。

### 7. 双色调模式

双色调模式可以弥补灰度图像的不足，灰度图像虽然拥有 256 种灰度级别，但是在印刷输出时，印刷机的每滴油墨最多只能表现出 50 种左右的灰度，这意味着如果只用一种黑色油墨打印灰度图像，图像将非常粗糙。

如果混合另一种、两种或三种彩色油墨，因为每种油墨都能产生 50 种左右的灰度级别，所以理论上至少可以表现出 5050 种灰度级别，这样打印出来的双色调、三色调或四色调图像就能表现得非常流畅了。这种靠几盒油墨混合打印的方法被称为套印。

一般情况下，双色调套印应用较深的黑色油墨和较浅的灰色油墨进行印刷。黑色油墨用于表现阴影，灰色油墨用于表现中间色调和高光，但更多的情况是将一种黑色油墨与一种彩色油墨配合，用彩色油墨来表现高光区。利用这一技术能给灰度图像轻微上色。

由于双色调使用不同的彩色油墨重新生成不同的灰阶，因此在 Photoshop 中将双色调视为单通道、8 位的灰度图像。在双色调模式中，不能像在 RGB、CMYK 和 Lab 颜色模式中那样直接访问单个的图像通道，而是通过【双色调选项】对话框中的曲线来控制通道，如图 1.22 所示。

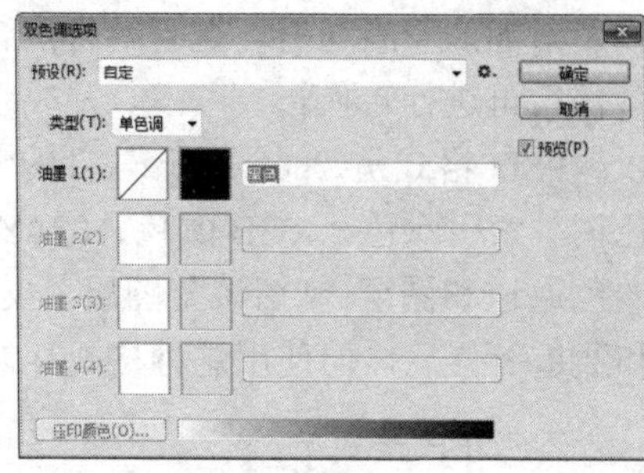


图 1.22　【双色调选项】对话框

- 【类型】下拉列表框：用于从单色调、双色调、三色调和四色调中选择一种套印类型。
- 【油墨】设置项：选择了套印类型后，即可在各色通道中用曲线工具调节套印效果。

## 1.3.4　图像格式

要确定理想的图像格式，必须首先考虑图像的使用方式，例如，用于网页的图像一般使用 JPEG 和 GIF 格式，用于印刷的图像一般要保存为 TIFF 格式。其次要考虑图像的类型，最好将具有大面积平淡颜色的图像存储为 GIF 或 PNG-8 图像，而将那些具有颜色渐变或其他连续色调的图像存储为 JPEG 或 PNG-24 文件。

在没有正式进入主题之前，首先讲一下有关计算机图形图像格式的相关知识，因为它在某种程度上将决定你所设计创作的作品输出质量的优劣。另外在制作影视广告片头时，你会需要大量的图像以用于素材、材质贴图或背景。当你将一个作品完成后，输出的文件格式也将决定你所制作作品的播放品质。

在日常的工作和学习中，你还需要收集和发现并积累各种文件格式的素材。需要注意的一点是，所收集的图片或图像文件各种格式的都有，这就涉及图像格式转换的问题，而如果我们已经了解了图像格式的转换，则在制作中就不会受到限制，并且还可以轻松地将所收集的和所需的图像文件转为己用。

在作品的输出过程中，我们同样也可以从容地将它们存储为所需要的文件格式，而不必再因为播放质量或输出品质的问题而感到困扰了。

下面将对日常应用中所涉及的图像格式进行简单介绍。

### 1. PSD 格式

PSD 是 Photoshop 软件专用的文件格式，它是 Adobe 公司优化格式后的文件，能够保存图像数据的每一个细小部分，包括图层、蒙版、通道以及其他少数内容，但这些内容在转存成其他格式时将会丢失。另外，因为这种格式是 Photoshop 支持的自身格式文件，所以 Photoshop 能比其他格式更快地打开和存储这种格式的文件。

该格式唯一的缺点是：使用这种格式存储的图像文件特别大，尽管 Photoshop 在计算的过程中已经应用了压缩技术，但是因为这种格式不会造成任何的数据流失，所以在编辑过程中最好还是选择这种格式存盘，直到最后编辑完成后再转换成其他占用磁盘空间较小、存储质量较好的文件格式。在存储成其他格式的文件时，有时会合并图像中的各图层以及附加的蒙版通道，这会给再次编辑带来不少麻烦，因此，最好在存储一个 PSD 的文件备份后再进行转换。

PSD 格式是 Photoshop 软件的专用格式，它支持所有的可用图像模式(位图、灰度、双色调、索引颜色、RGB 颜色、CMYK 颜色、Lab 颜色和多通道等)、参考线、Alpha 通道、专色通道和图层(包括调整图层、文字图层和图层效果等)等格式，它可以保存图像的图层和通道等信息，但使用这种格式存储的文件较大。

### 2. TIFF 格式

TIFF 格式直译为标签图像文件格式，由 Aldus 为 Macintosh 机开发的文件格式。

TIFF 用于在应用程序之间和计算机平台之间交换文件，被称为标签图像格式，是 Macintosh 和 PC 上使用最广泛的文件格式。它采用无损压缩方式，与图像像素无关。TIFF 常被用于彩色图片色扫描，它以 RGB 的全彩色格式存储。

TIFF 格式支持带 Alpha 通道的 CMYK、RGB 和灰度文件，支持不带 Alpha 通道的 Lab、索引色和位图文件，也支持 LZW 压缩。

存储 Adobe Photoshop 图像为 TIFF 格式，可以选择存储文件为 IBM-PC 兼容计算机可读的格式或 Macintosh 可读的格式。要自动压缩文件，可单击“LZM 压缩”注记框。对 TIFF 文件进行压缩可减少文件大小，但会增加打开和存储文件的时间。

TIFF 是一种灵活的位图图像格式，实际上被所有的绘画、图像编辑和页面排版应用程序所支持，而且几乎所有的桌面扫描仪都可以生成 TIFF 图像。TIFF 格式支持 Alpha 通道的 CMYK、RGB 和灰度文件，支持不带 Alpha 通道的 Lab、索引色和位图文件。Photoshop 可以在 TIFF 文件中存储图层，但是如果在另一个应用程序中打开该文件，则只有拼合图像是可见的。Photoshop 也能够以 TIFF 格式存储注释、透明度和分辨率金字塔数据，TIFF 文件格式在实际工作中主要用于印刷。

### 3. JPEG 格式

JPEG 是 Macintosh 机上常用的存储类型，但是，无论你是从 Photoshop、Painter、FreeHand、Illustrator 等平面软件还是在 3ds 或 3ds Max 中都能够开启此类格式的文件。

JPEG 格式是所有压缩格式中最卓越的。在压缩前，你可以从对话框中选择所需图像的最终质量，这样就有效地控制了 JPEG 在压缩时的损失数据量。并且可以在保持图像质量不变的前提下，产生惊人的压缩比率，在没有明显质量损失的情况下，它的体积能降到原 BMP 图片的 1/10。这样可使你不必再为图像文件的质量以及硬盘的大小而头疼苦恼了。

另外，用 JPEG 格式，可以将当前所渲染的图像输入到 Macintosh 机上做进一步处理。或将 Macintosh 制作的文件以 JPEG 格式再现于 PC 上。总之 JPEG 是一种极具价值的文件格式。

### 4. GIF 格式

GIF 是一种压缩的 8 位图像文件。正因为它是经过压缩的，而且又是 8 位的，所以这

种格式的文件大多用在网络传输上，速度要比传输其他格式的图像文件快得多。

此格式的文件最大缺点是最多只能处理 256 种色彩。它绝不能用于存储真彩的图像文件。也正因为其体积小而曾经一度被应用在计算机教学、娱乐等软件中，也是人们较为喜爱的 8 位图像格式。

#### 5. BMP 格式

BMP 全称为 Windows Bitmap。它是微软公司 Paint 的自身格式，可以被多种 Windows 和 OS/2 应用程序所支持。Photoshop 中，最多可以使用 16 兆的色彩渲染 BMP 图像。因此，BMP 格式的图像可以具有极其丰富的色彩。

#### 6. EPS 格式

EPS(Encapsulated PostScript)格式是专门为存储矢量图形而设计的，用于 PostScript 输出设备上打印。

Adobe 公司的 Illustrator 是绘图领域中一个极为优秀的程序。它既可用来创建流动曲线，简单图形，也可以用来创建专业级的精美图像。它的作品一般存储为 EPS 格式。通常它也是 CorelDraw 等软件支持的一种格式。

#### 7. PDF 格式

PDF 格式被用于 AdobeAcrobat 中，AdobeAcrobat 是 Adobe 公司用于 Windows、MacOS、UNIX 和 DOS 操作系统中的一种电子出版软件。使用在应用程序 CD-ROM 上的 AcorbatReader 软件可以查看 PDF 文件。与 PostScript 页面一样，PDF 文件可以包含矢量图形和位图图形，还可以包含电子文档的查找和导航功能，如电子链接等。

PDF 格式支持 RGB 颜色、索引颜色、CMYK 颜色、灰度、位图和 Lab 颜色等模式，但不支持 Alpha 通道。PDF 格式支持 JPEG 和 ZIP 压缩，但位图模式文件除外。位图模式文件在存储为 PDF 格式时采用 CCITT Group4 压缩。在 Photoshop 中打开其他应用程序创建的 PDF 文件时，Photoshop 会对文件进行栅格化。

#### 8. PCX 格式

PCX 格式普遍用于 IBM PC 兼容计算机上。大多数 PC 软件支持 PCX 格式版本 5，版本 3 文件采用标准 VGA 调色板，该版本不支持自定义调色板。

PCX 格式可以支持 DOS 和 Windows 下绘图的图像格式。PCX 格式支持 RGB 颜色、索引颜色、灰度和位图模式，不支持 Alpha 通道。PCX 支持 RLE 压缩方式，支持位深度为 1、4、8 或 24 的图像。

#### 9. PNG 格式

现在越来越多的程序设计人员有建立以 PNG 格式替代 GIF 格式的倾向。像 GIF 一样，PNG 也使用无损压缩方式来减小文件的尺寸。越来越多的软件开始支持这一格式，有可能不久的将来它将会在整个 Web 上流行。

PNG 图像可以是灰阶的(位深可达 16bit)或彩色的(位深可达 48bit)，为缩小文件尺寸，它还可以是 8bit 的索引色。PNG 使用的新的高速的交替显示方案，可以迅速地显示，只要下载 1/64 的图像信息就可以显示出低分辨率的预览图像。与 GIF 不同，PNG 格式不支持动画。

PNG 用于存储的 Alpha 通道定义文件中的透明区域，以确保将文件存储为 PNG 格式之前，删除那些除了想要的 Alpha 通道以外的所有 Alpha 通道。

## 1.4 常用的图形图像处理软件

在平面设计领域中，较为常用的图形图像处理软件包括 Photoshop、Painter、PhotoImpact、Illustrator、CorelDRAW、Flash、Dreamweaver、Fireworks、PageMaker、InDesign 和 FreeHand 等，其中，Painter 常用在插画等计算机艺术绘画领域；在网页制作上常用的软件为 Flash、Dreamweaver 和 Fireworks；在印刷出版上多使用 PageMaker 和 InDesign。这些软件分属不同的领域，有着各自的特点，它们之间存在着较强的互补性。

### 1.4.1 PhotoImpact

友立公司的 PhotoImpact 是一款以个人用户多媒体应用为主的图像处理软件，其主要功能为改善相片品质、进行简易的相片处理，并且支持位图图像和矢量图的无缝组合，打造 3D 图像效果，以及在网页图像方面的应用。PhotoImpact 内置的各种效果要比 Photoshop 更加方便，各种自带的效果模板只要双击即可直接应用，相对于 Photoshop 来说，PhotoImpact 的功能简单，更适合初级用户。

### 1.4.2 Illustrator

Adobe 公司的 Illustrator 是目前使用最为普遍的矢量图形绘图软件之一，它在图像处理上也有着强大的功能。IllustraIor 与 Photoshop 连接紧密、功能互补，操作界面也极为相似，深受艺术家、插图画家以及广大计算机美术爱好者的青睐。

### 1.4.3 CorelDRAW

Corel 公司的 CorelDRAW 是一款广为流行的矢量图形绘图软件，它也可以处理位图，在矢量图形处理领域有着非常重要的地位。

### 1.4.4 FreeHand

Macromedia 公司的 FreeHand 是一款优秀的矢量图形绘图软件。它可以处理矢量图形和位图，有着强大的增效功能，可以制作出复杂的图形和标志。在 FreeHand 中，还可以输出动画和网页。

### 1.4.5 Painter

Corel 公司的 Painter 是最优秀的计算机绘画软件之一。它结合了以 Photoshop 为代表的位图图像软件和以 Illustrator、FreeHand 等为代表的矢量图形软件的功能和特点，其惊人的仿真绘画效果和造型效果在业内首屈一指，在图像编辑合成、特效制作、二维绘图等方面均有突出表现。

### 1.4.6　Flash

Adobe 公司的 Flash 是一款广为流行的网络动画软件。它提供了跨平台、高品质的动画，其图像体积小，可嵌入字体与影音文件，常用于制作网页动画、网络游戏、多媒体课件及多媒体光盘等。

### 1.4.7　Dreamweaver

Adobe 公司的 Dreamweaver 是深受用户欢迎的网页设计和网页编程软件。它提供了网页排版、网站管理工具和网页应用程序自动生成器，可以快速地创建动态网页，在建立互动式网页及网站维护方面提供了完整的功能。

### 1.4.8　Fireworks

Adobe 公司的 Fireworks 是一款小巧灵活的绘图软件。它可以处理矢量图形和位图，常用在网页图像的切割处理上。

### 1.4.9　PageMaker

Adobe 公司的 PageMaker 在出版领域的应用非常广泛。它适合编辑任何出版物，不过由于其根基和技术早已在 20 世纪 80 年代制定，经过多年的更新提升后，软件架构已经难以容纳更多的新功能，Adobe 公司在 2004 年已经宣布停止开发 PageMaker 的升级版本，为了满足专业出版及高端排版市场的实际需求，Adobe 公司推出了 InDesign。

### 1.4.10　InDesign

Adobe 公司的 InDesign 参考了印刷出版领域的最新标准，把页面设计提升到了全新层次，它用来生产专业、高品质的出版刊物，包括传单、广告、信签、手册、外包装封套、新闻稿、书籍、PDF 格式的文档和 HTML 网页等，InDesign 具有强大的制作能力、创作自由度和跨媒体支持的功能。

## 1.5　Photoshop CC 的安装与基本操作

在学习 Photoshop CC 前，首先要安装 Photoshop CC 软件。下面介绍在 Microsoft Windows XP 系统中安装、启动与退出 Photoshop CC 的方法。

### 1.5.1　运行环境需求

在 Microsoft Windows 系统中运行 Photoshop CC 的配置要求如下。

- Intel Pentium 4 或 AMD Athlon 64 处理器(2GHz 或更快)。
- Microsoft Windows 7 Service Pack1 或 Windows 8。
- 1GB 内存(建议使用 2GB)。
- 1.5GB 的可用硬盘空间(在安装过程中需要的其他可用空间)。

- 1024×768 像素分辨率的显示器(带有 16 位视频卡)。
- DVD-ROM 驱动器。

## 1.5.2 Photoshop CC 的安装

Photoshop CC 是专业的设计软件，其安装方法比较标准，具体安装步骤如下。

(1) 在相应的文件夹下选择下载后的安装文件，双击安装文件图标，即可初始化文件。

(2) 运行 Photoshop CC 安装程序 Setup.exe，出现下面初始化对话框，单击【忽略】按钮，如图 1.23 所示。

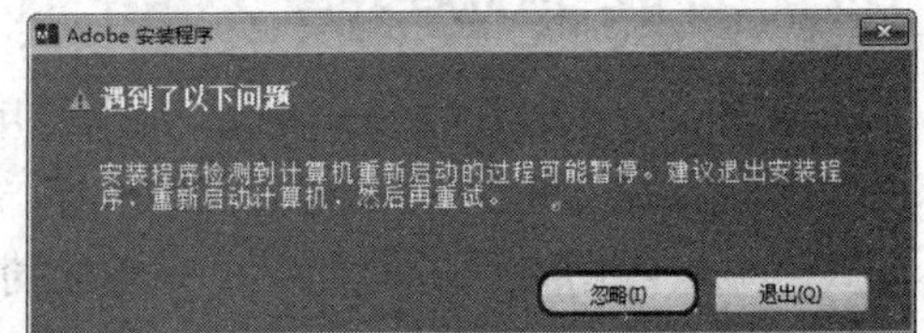


图 1.23　初始化文件

(3) 初始化完成后，进入到了安装界面执行操作，单击【安装】按钮。如图 1.24 所示为安装界面。

(4) 初始化完成后接着弹出许可协议界面，单击【接受】按钮，如图 1.25 所示为许可协议界面。

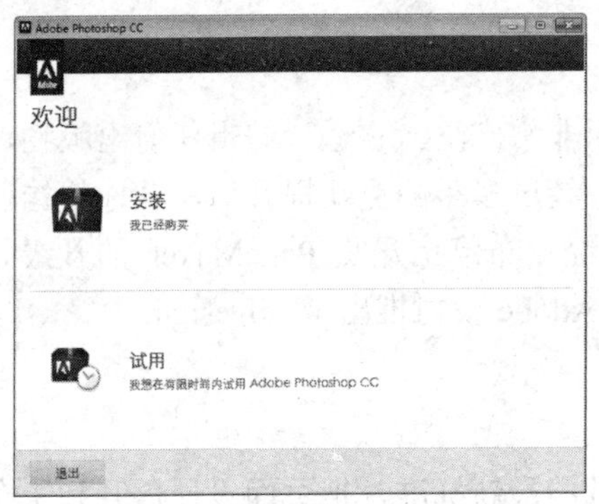


图 1.24　安装界面

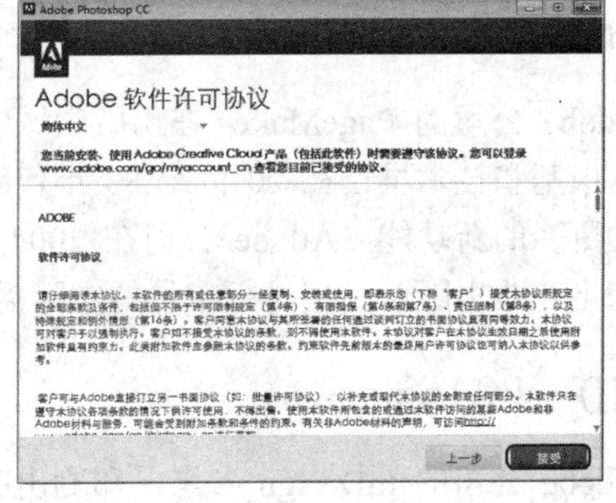


图 1.25　许可协议界面

(5) 断掉网线执行操作后接着弹出【序列号】界面，在该界面中输入序列号，单击【下一步】按钮，如图 1.26 所示。

(6) 弹出【选项】界面，在该界面中指定安装的路径，根据自己的需要，选择合适的安装版，并设置安装路径，单击【安装】按钮，如图 1.27 所示。

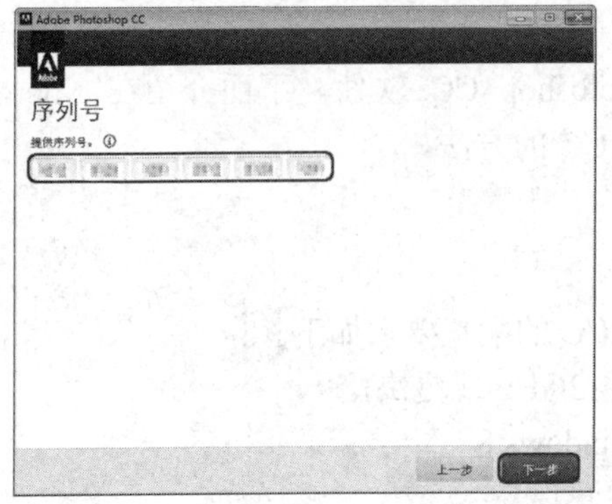


图 1.26　输入序列号

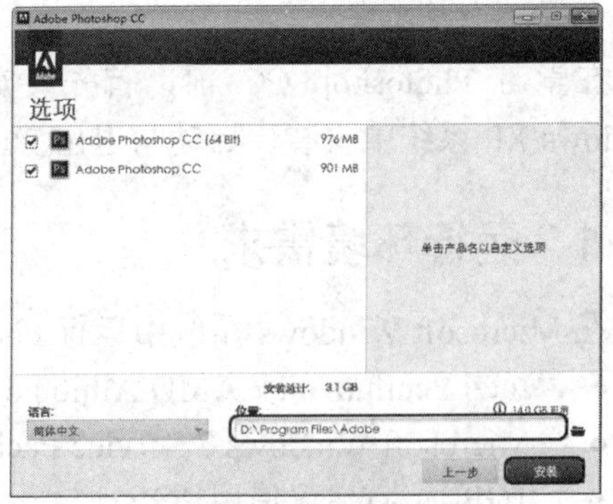


图 1.27　【选项】界面

(7) 在弹出的【安装】界面中将显示安装进度，如图 1.28 所示。

(8) 安装完成后，将会弹出【安装完成】界面，单击【完成】按钮即可，如图 1.29 所示。

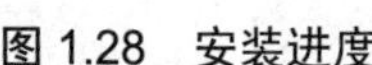

图 1.28　安装进度

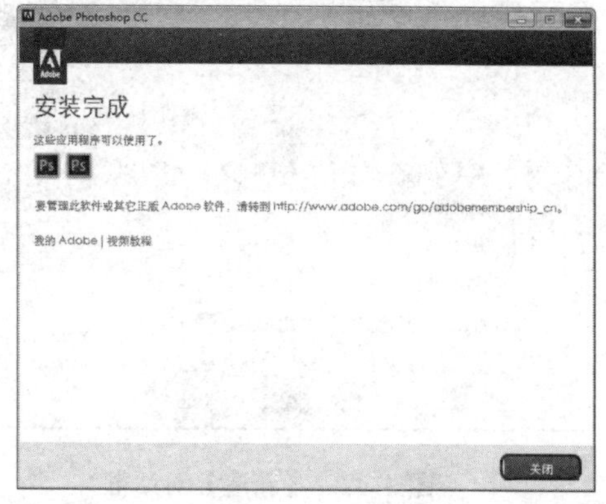


图 1.29　安装完成

## 1.5.3　Photoshop CC 的基本操作

完成 Photoshop CC 的安装后，下面介绍如何启动与退出 Photoshop CC 软件。

### 1. 启动 Photoshop CC

启动 Photoshop CC，可以执行下列操作之一。

(1) 选择【开始】|【程序】| Adobe Photoshop CC 命令，如图 1.30 所示。即可启动 Photoshop CC，如图 1.31 所示为 Photoshop CC 的起始界面。

(2) 直接在桌面上双击快捷图标。

(3) 双击与 Photoshop CC 相关联的文档。

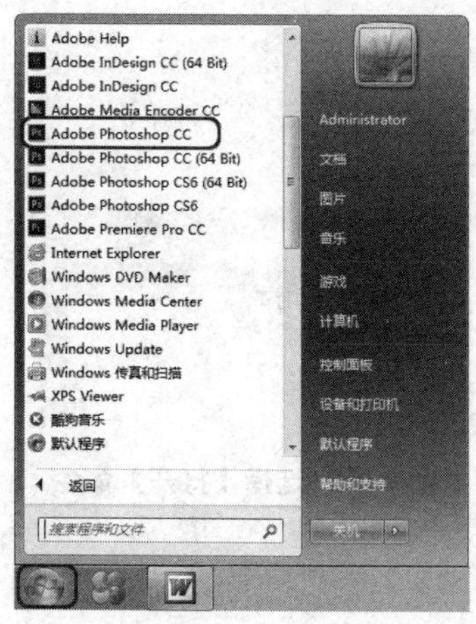


图 1.30　选择 Adobe Photoshop CC 命令

图 1.31　起始界面

### 2. 新建空白文档

新建 Photoshop 空白文档的具体操作步骤如下。

(1) 在菜单栏中选择【文件】|【新建】命令，打开【新建】对话框，在该对话框中对新建空白文档的宽度、高度以及分辨率进行设置，如图 1.32 所示。

(2) 设置完成后，单击【确定】按钮，即可新建空白文档，如图 1.33 所示。

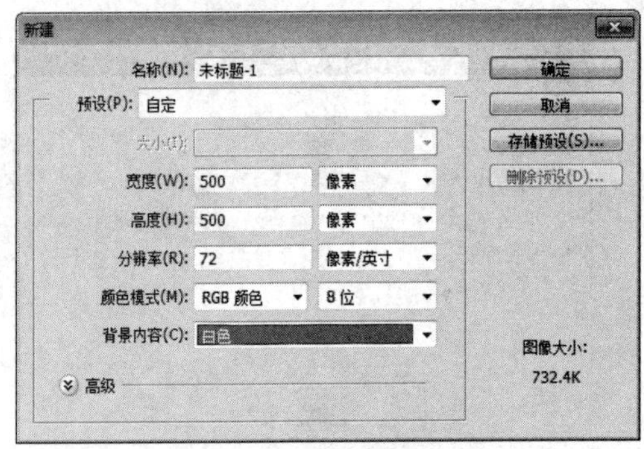


图 1.32 【新建】对话框

图 1.33 新建的空白文档

## 3. 打开文档

打开文档的具体操作步骤如下。

(1) 按 Ctrl+O 组合键，在弹出的【打开】对话框中选择要打开的图像，在对话框的下侧可以对要打开的图片进行预览，如图 1.34 所示。

(2) 单击【打开】按钮，或按 Enter 键，或双击鼠标，即可打开选择的素材图像。

**提 示**

在菜单栏中选择【文件】|【打开】命令，如图 1.35 所示。在工作区域内双击鼠标也可以打开【打开】对话框。按住 Ctrl 键单击需要打开的文件，可以打开多个不相邻的文件，按住 Shift 键单击需要打开的文件，可以打开多个相邻的文件。

图 1.34 【打开】对话框

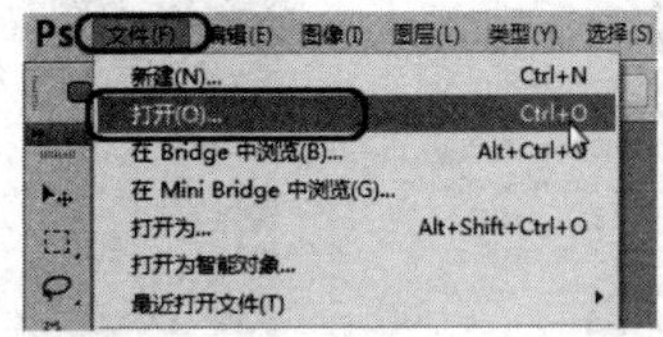


图 1.35 选择【打开】命令

## 4. 保存文档

保存文档的具体操作步骤如下。

(1) 如果需要保存编辑后的图像，可以在菜单栏中选择【文件】|【存储】命令，如图 1.36 所示。

(2) 在弹出的【另存为】对话框中设置保存路径、文件名以及文件类型，如图 1.37 所示，单击【保存】按钮保存图像即可。

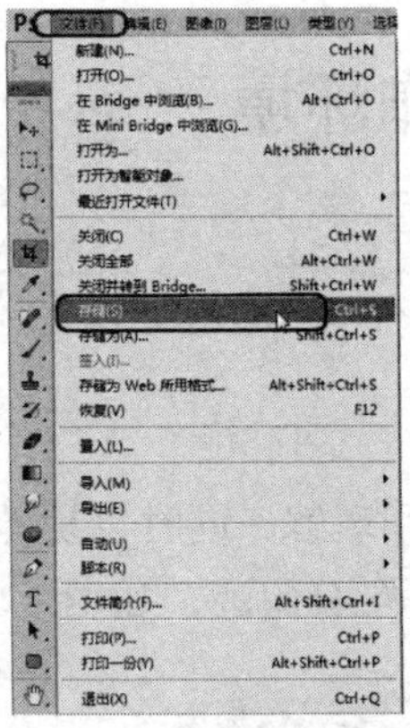

图 1.36　选择【存储】命令

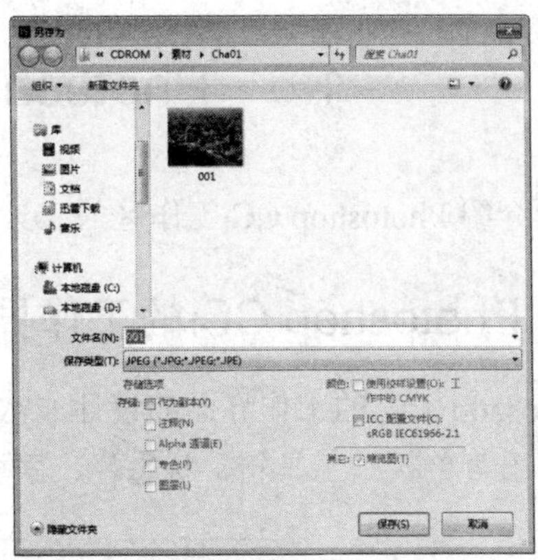

图 1.37　【另存为】对话框

**提 示**

如果用户不希望在原图像上进行保存，可在单击【文件】按钮后弹出的下拉菜单中选择【另存为】选项，或按 Shift+Ctrl+S 组合键打开【另存为】对话框。

### 5. 退出 Photoshop CC

若要退出 Photoshop CC，可以执行下列操作之一。

(1) 单击 Photoshop CC 程序窗口右上角的【关闭】按钮 ×。

(2) 选择【文件】|【退出】命令，如图 1.38 所示。

(3) 单击 Photoshop CC 程序窗口左上角的 Ps 图标，在弹出的下拉列表中选择【关闭】命令。

(4) 双击 Photoshop CC 程序窗口左上角的 Ps 图标。

(5) 按 Alt+F4 组合键。

(6) 按 Ctrl+Q 组合键。

如果当前图像是一个新建的或没有保存过的文件，则会弹出一个信息提示对话框，如图 1.39 所示，单击【是】按钮，打开【另存为】对话框；单击【否】按钮，可以关闭文件，但不保存修改结果；单击【取消】按钮，可以关闭该对话框，并取消关闭操作。

图 1.38　选择【退出】命令

图 1.39　提示对话框

# 1.6 Photoshop CC 的工作环境

下面介绍 Photoshop CC 工作区的工具、面板和其他元素。

## 1.6.1 Photoshop CC 的工作界面

Photoshop CC 的工作界面的设计非常系统化，便于操作和理解，同时也易于被人们接受，主要由菜单栏、工具箱、状态栏、面板和工作界面等几个部分组成，如图 1.40 所示。

菜单栏
工具选项栏
工作界面
调板
工具箱
状态栏

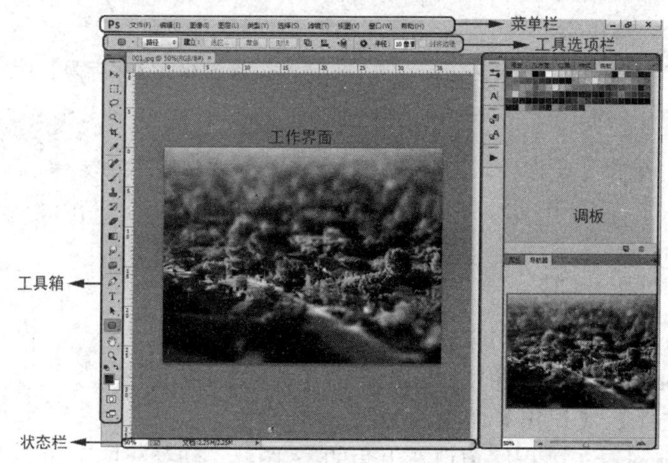

图 1.40 Photoshop CC 的工作界面

## 1.6.2 菜单栏

Photoshop CC 共有 10 个主菜单，如图 1.41 所示，每个菜单内都包含相同类型的命令。例如，【文件】菜单中包含的是用于设置文件的各种命令，【滤镜】菜单中包含的是各种滤镜。

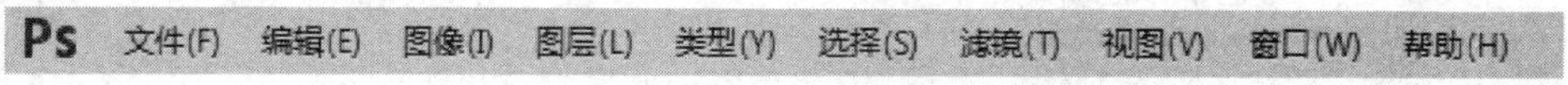

Ps 文件(F) 编辑(E) 图像(I) 图层(L) 类型(Y) 选择(S) 滤镜(T) 视图(V) 窗口(W) 帮助(H)

图 1.41 菜单栏

单击一个菜单的名称即可打开该菜单；在菜单中，不同功能的命令之间采用分隔线进行分隔，带有黑色三角标记的命令表示还包含子菜单，将光标移动到这样的命令上，即可显示子菜单，如图 1.42 所示为【图像】|【图像旋转】下的子菜单。

选择菜单中的一个命令便可以执行该命令，如果命令后面附有快捷键，则无须打开菜单，直接按快捷键即可执行该命令。例如，按 Ctrl+Shift+I 组合键可以执行【图像】|【图像大小】命令，如图 1.43 所示。

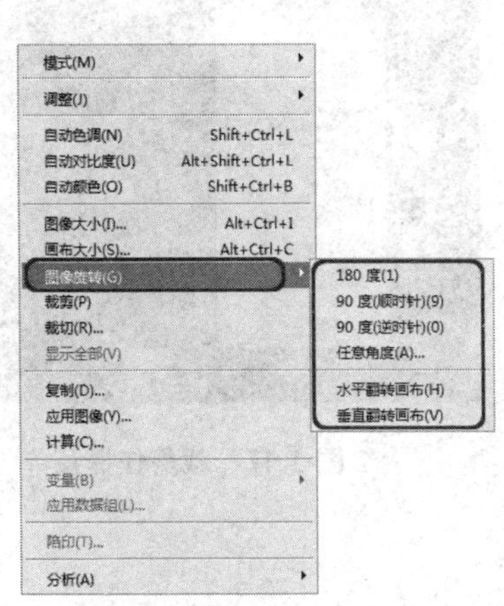

图 1.42　子菜单

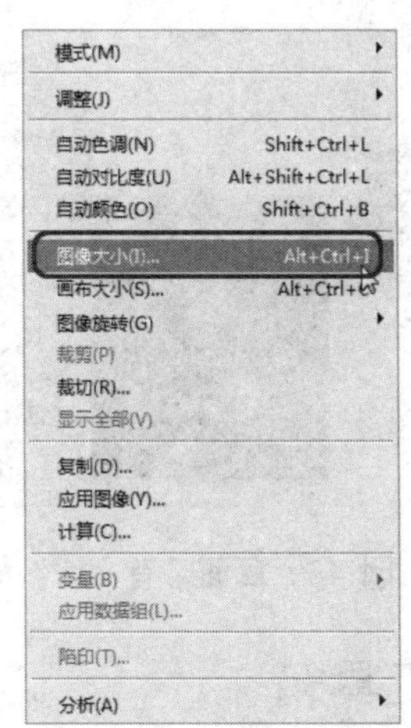


图 1.43　带有快捷键的菜单命令

有些命令只提供了字母，要通过快捷方式执行这样的命令，可以按 Alt 键+主菜单的字母，使用字母执行命令的操作方法如下。

(1) 打开一个图像文件，按 Alt 键，然后按 E 键，打开【编辑】下拉菜单栏，如图 1.44 所示。

(2) 按 L 键，即可打开【填充】对话框，如图 1.45 所示。

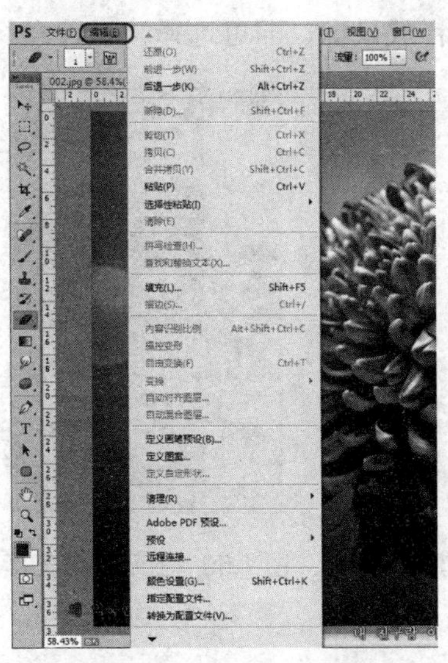

图 1.44　【编辑】菜单

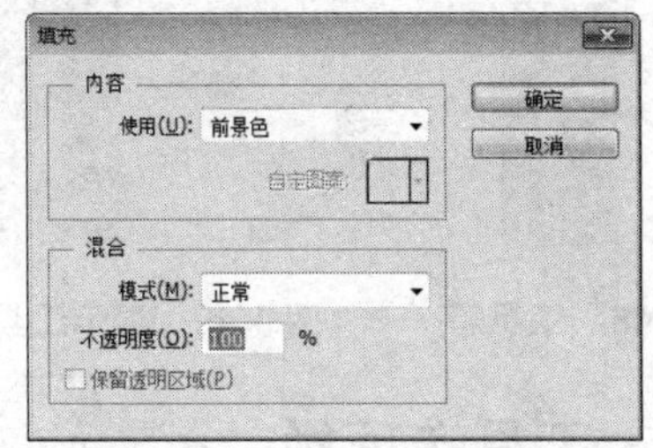


图 1.45　【填充】对话框

如果一个命令的名称后面带有“…”符号，表示执行该命令时将打开一个对话框，如图 1.46 所示。

如果菜单中的命令显示为灰色，则表示该命令在当前状态下不能使用。

快捷菜单会因所选工具的不同而显示不同的内容。例如，使用画笔工具时，显示的快捷菜单是画笔选项设置面板，而使用渐变工具时，显示的快捷菜单则是渐变编辑面板。在图层上右击也可以显示快捷菜单，如图 1.47 所示是当前工具为【裁剪工具】时的快捷菜单。

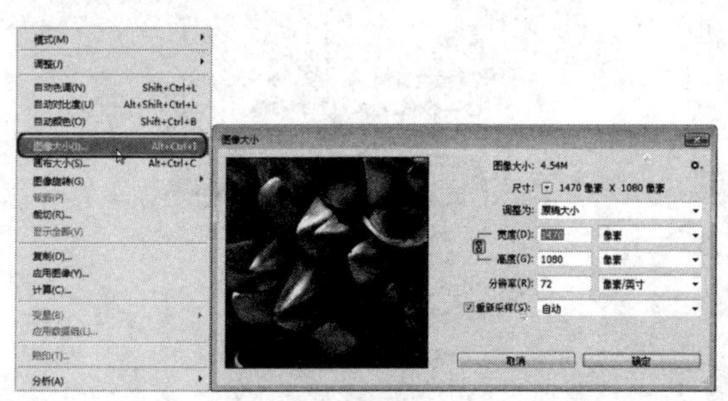
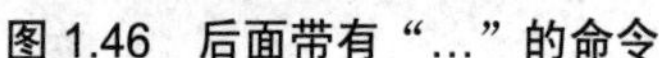

图 1.46　后面带有“…”的命令

图 1.47　裁剪快捷菜单

## 1.6.3　工具箱

第一次启动应用程序时，工具箱将出现在屏幕的左侧，可通过拖曳工具箱的标题栏来移动它。通过选择【窗口】|【工具】命令，用户也可以显示或隐藏工具箱；Photoshop CC的工具箱如图 1.48 所示。

单击工具箱中的一个工具即可选择该工具，将光标停留在一个工具上，会显示该工具的名称和快捷键，如图 1.49 所示。我们也可以按工具的快捷键来选择相应的工具。右下角带有三角形图标的工具表示这是一个工具组，在这样的工具上按住鼠标可以显示隐藏的工具，如图 1.50 所示；将光标移至隐藏的工具上然后释放鼠标，即可选择该工具。

图 1.48　工具箱

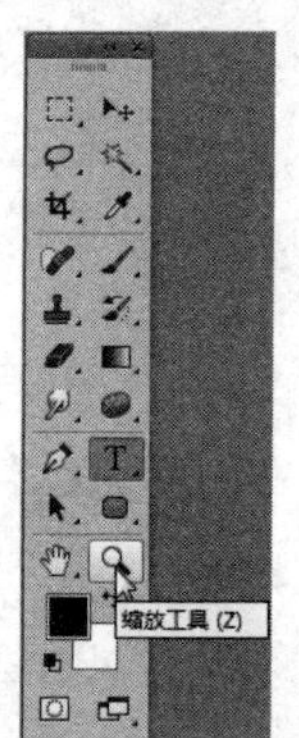


图 1.49　显示工具的名称和快捷键

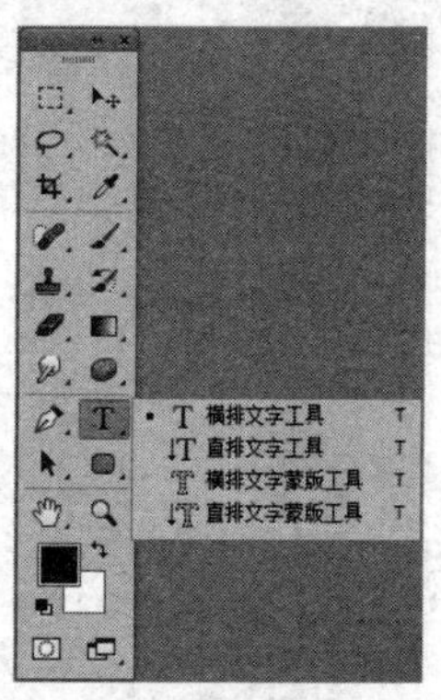


图 1.50　显示隐藏工具

## 1.6.4　工具选项栏

大多数工具的选项都会在该工具的选项栏中显示，选中移动工具状态的选项栏如图 1.51 所示。

图 1.51　工具选项栏

选项栏与工具相关，并且会随所选工具的不同而变化。选项栏中的一些设置对于许多工具都是通用的，但是有些设置则专用于某个工具。

## 1.6.5 面板

使用面板可以监视和修改图像。

选择【窗口】命令，可以控制面板的显示与隐藏。在默认情况下，面板以组的方式堆叠在一起，用鼠标左键拖曳面板的顶端可以移动面板组，还可以单击面板左侧的各类面板标签打开相应的面板。

选中面板中的标签，然后拖曳到面板以外，就可以从组中移去面板。

## 1.6.6 图像窗口

通过图像窗口可以移动整个图像在工作区中的位置。图像窗口显示图像的名称、百分比率、色彩模式以及当前图层等信息，如图 1.52 所示。

图 1.52 图像窗口

## 1.6.7 状态栏

状态栏位于图像窗口的底部，它左侧的文本框中显示了窗口的视图比例，如图 1.53 所示。

33.33% 67.73 厘米 x 42.33 厘米 (72 p...

图 1.53 窗口的视图比例

在文本框中输入百分比值，然后按 Enter 键，可以重新调整视图比例。

在状态栏上单击时，可以显示图像的宽度、高度、通道数目和分辨率等信息，如图 1.54 所示。

如果按住 Ctrl 键，然后单击(按住鼠标左键不放)，可以显示图像的拼贴宽度等信息，如图 1.55 所示。

单击状态栏中的按钮，弹出如图 1.56 所示的快捷菜单，在此菜单中可以选择状态栏中显示的内容。

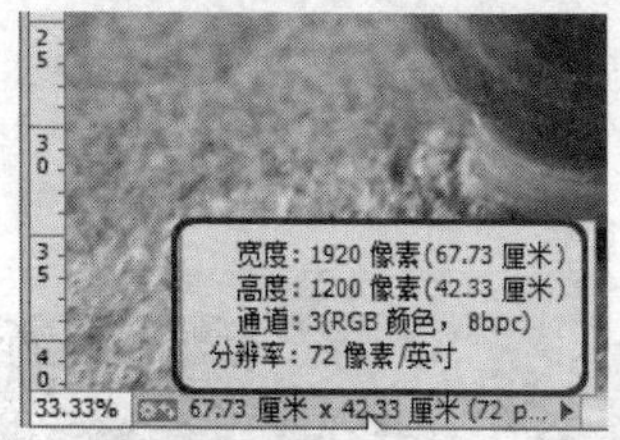


图 1.54 图像的基本信息

图 1.55 图像的信息

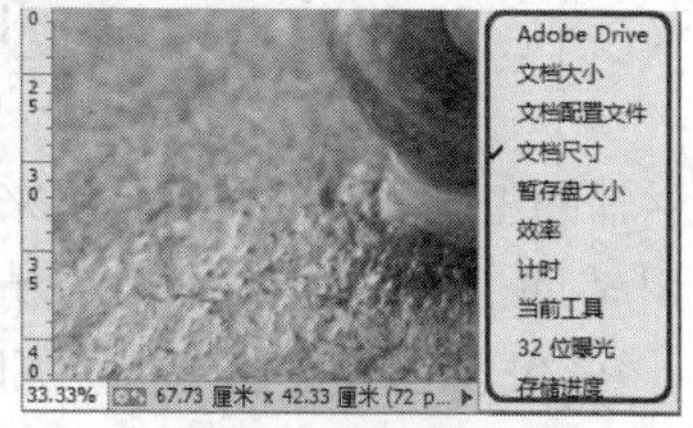


图 1.56 弹出的快捷菜单

## 1.6.8 优化工作界面

Photoshop CC 提供有标准屏幕模式、带有菜单栏的全屏模式和全屏模式，在工具箱中单击【更改屏幕模式】按钮或用快捷键 F 来实现 3 种不同模式之间的切换。对初学者来说，建议使用标准屏幕模式。3 种模式的工作界面分别如图 1.57～图 1.59 所示。

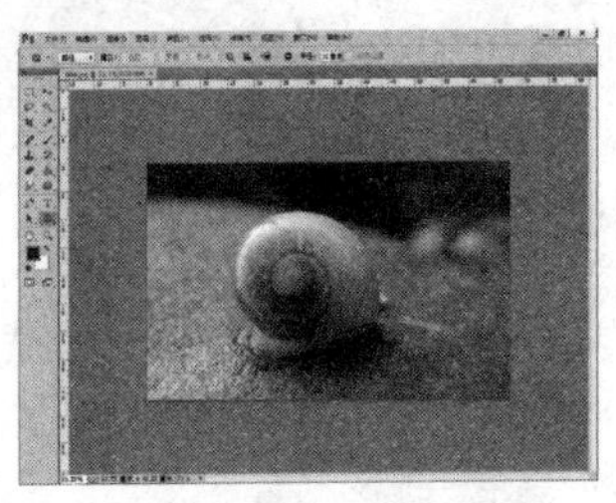

图 1.57　标准模式

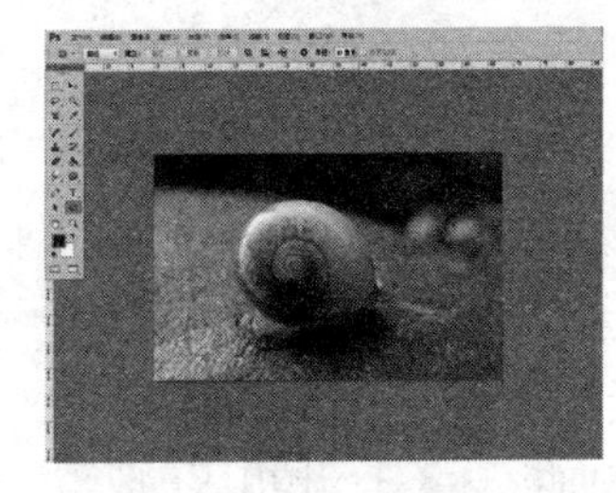

图 1.58　带有菜单栏的全屏模式

图 1.59　全屏模式

# 1.7 查看图像

在 Photoshop 中处理图像时，会频繁地在图像的整体和局部之间来回切换，通过对局部的修改来达到最终的效果，该软件中提供了几种图像查看命令，用于完成这一系列的操作。

## 1.7.1 放大与缩小图像

利用缩放工具可以实现对图像的缩放查看，使用缩放工具拖曳想要放大的区域，即可对局部区域进行放大。

还可以通过快捷键来实现放大或缩放图像，如使用 Ctrl++组合键可以以画布为中心放大图像，使用 Ctrl+−组合键可以以画布为中心缩放图像，使用 Ctrl+0 组合键可以最大化显示图像，使图像填满整个图像窗口。

## 1.7.2 抓手工具

当图像被放大到只能够显示局部图像的时候，可以使用【抓手工具】查看图像中的某一个部分，除去使用【抓手工具】查看图像，在使用其他工具时按空格键并拖曳鼠标就可以显示所要显示的部分，可以拖曳水平和垂直滚动条来查看图像。

# 1.8 使用辅助工具

辅助工具的主要作用是用来辅助操作的，我们通过使用辅助工具来提高操作的精确程度，提高工作效率。在 Photoshop 中，可以利用标尺、网格和参考线等工具来完成辅助操作。

利用标尺可以精确地定位图像中的某一点以及创建参考线。

在菜单栏中选择【视图】|【标尺】命令，也可以通过快捷键 Ctrl+R 打开标尺，如图 1.60 所示。

图 1.60　移动标尺原点的位置

标尺会出现在当前窗口的顶部和左侧，标尺内的虚线可显示出当前鼠标所处的位置，如果想要更改标尺原

点，可以从图像上的特定点开始度量，在左上角按住鼠标拖曳到特定的位置后释放鼠标，即可改变原点的位置。

## 1.9　思考与练习

1. 矢量图和位图的区别是什么？
2. 常见的颜色模式有哪些？
3. 什么颜色模式最适合打印？

# 第 2 章　图像选区的创建与编辑

本章主要介绍了使用各种工具对图像选区进行创建、编辑、填充的方法以及对拾色器的运用，从而实现对 Photoshop CC 的熟练操作。

## 2.1　使用工具创建几何选区

Photoshop 中有很多创建选区的工具，其中包括【矩形选框工具】、【椭圆选框工具】、【单行选框工具】和【单列选框工具】。

### 2.1.1　矩形选框工具

【矩形选框工具】用来创建矩形和正方形选区，下面将介绍矩形选框工具的基本操作。

(1) 启动 Photoshop CC，打开随书附带光盘中的“CDROM\素材\Cha02\矩形选框素材 01.jpg 和矩形选框素材 02.psd”文件，如图 2.1、图 2.2 所示。

图 2.1　矩形选框素材 01

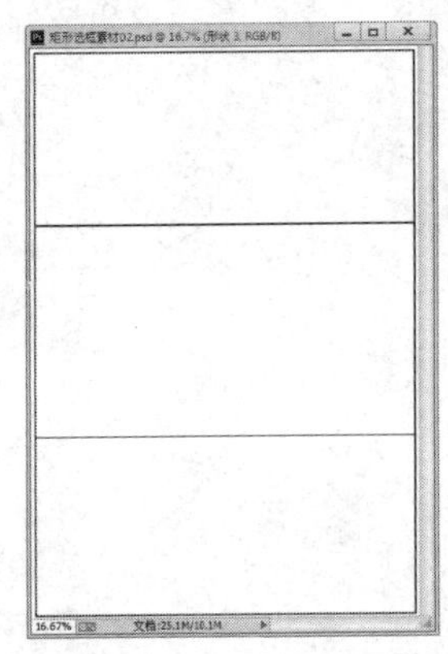

图 2.2　矩形选框素材 02

(2) 在工具箱中选择【矩形选框工具】，在属性栏中使用默认参数，然后在“矩形选框素材 02.psd”文件左上角单击并向右下角拖曳，框选第一个矩形空白区域，创建一个矩形选区，如图 2.3 所示。

(3) 创建完成后，将鼠标移至选区中，当鼠标变为形状时，单击鼠标并拖曳，将其移动至素材“矩形选框素材 01.jpg”文件中，并调整其位置，如图 2.4 所示。

(4) 调整完成后，选中工具箱中的移动工具，将画面中矩形选区中的图像拖曳至白框中合适位置，效果如图 2.5 所示。

(5) 使用相同的方法继续进行操作，完成后的效果如图 2.6 所示。

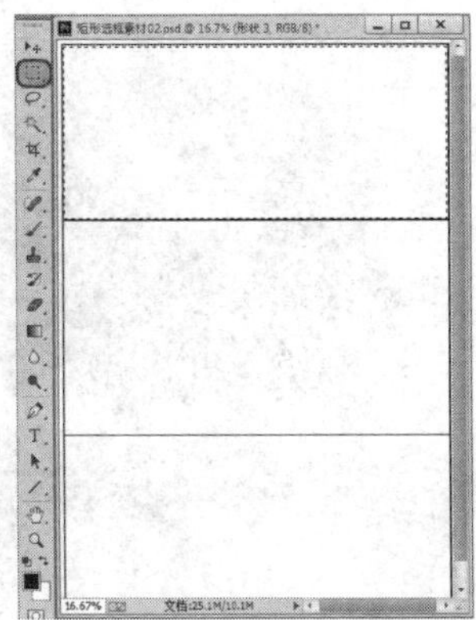

图 2.3　创建选区后的效果图

图 2.4　绘制正方形选区

图 2.5　调整图像位置

图 2.6　完成后的效果

**提 示**

按键盘上 M 键，可以快速选择【矩形选框工具】，按住 Alt 键即可以光标所在位置为中心绘制选区。

使用【矩形选框工具】也可以绘制正方形，下面介绍正方形的绘制方法。

(1) 启动 Photoshop CC，打开随书附带光盘中的“CDROM\素材\Cha02\绘制正方形选区.jpg”文件，如图 2.7 所示。

(2) 选择工具箱中的【矩形选框工具】，配合键盘上的 Shift 键在图片中创建选区，即可绘制正方形，如图 2.8 所示。

**提 示**

按住 Alt+Shift 组合键以光标所在位置为中心创建正方形选区。

**提 示**

如果当前的图像中存在选区，就应该在创建选区的过程中再按下 Shift 或 Alt 键；如果创建选区前按下 Shift 或 Alt 键，则新建的选区会与原有的选区发生运算。

图 2.7 选取的素材

图 2.8 绘制完成的正方形选区

## 2.1.2 椭圆选区工具

【椭圆选框工具】用于创建椭圆形和圆形选区，如高尔夫球、乒乓球和盘子等。该工具的使用方法与矩形选框工具完全相同。下面通过实例来具体介绍一下【椭圆选区工具】的操作方法。

(1) 启动 Photoshop CC，打开随书附带光盘中的“CDROM\素材\Cha02\椭圆选框工具01.jpg 和椭圆选框工具 02.jpg”文件，如图 2.9、图 2.10 所示。

图 2.9 椭圆选框工具 01

图 2.10 椭圆选框工具 02

(2) 选择工具箱中的【椭圆选框工具】，在属性栏中使用默认参数，然后在图片中按住 Shift 键沿球体绘制选区，绘制完成后在选区中右击，在弹出的菜单中选择【变换选区】命令，如图 2.11 所示。

(3) 选择【变换选区】命令后，选区四周会出现句柄，拖曳句柄更改圆形选区大小并调整其位置，如图 2.12 所示。

**提 示**

在绘制椭圆选区时，按住 Shift 键的同时拖曳鼠标可以创建圆形选区；按住 Alt 键的同时拖曳鼠标会以光标所在位置为中心创建选区；按住 Alt+Shift 组合键同时拖曳鼠标，会以光标所在位置点为中心绘制圆形选区。

图 2.11　【变换选区】命令

图 2.12　调整后的选区

(4) 调整完成后，选中工具箱中移动工具，将画面中圆形选区中的图像拖曳至“椭圆选框工具02.jpg”文件中合适位置，效果如图 2.13 所示。

图 2.13　调整后的效果

椭圆选区工具选项栏与矩形选框工具选项栏的选项相同，但是该工具增加了“消除锯齿”功能，由于像素为正方形并且是构成图像的最小元素，所以当创建圆形或者多边形等不规则图形选区时很容易出现锯齿效果，此时应勾选该复选框，会自动在选区边缘 1 像素的范围内添加与周围相近的颜色，这样就可以使产生锯齿的选区变得平滑。

## 2.1.3　单行选框工具

【单行选框工具】只能是创建高度为 1 像素的行选区。下面通过实例来了解创建行选区的具体步骤。

(1) 启动 Photoshop CC，打开随书附带光盘中的“CDROM\素材\Cha02\单行选框工具.jpg”文件，如图 2.14 所示。

(2) 选择工具箱中的【单行选框工具】，在属性栏中使用默认参数，然后在素材图像中单击即可创建水平选区，效果如图 2.15 所示。

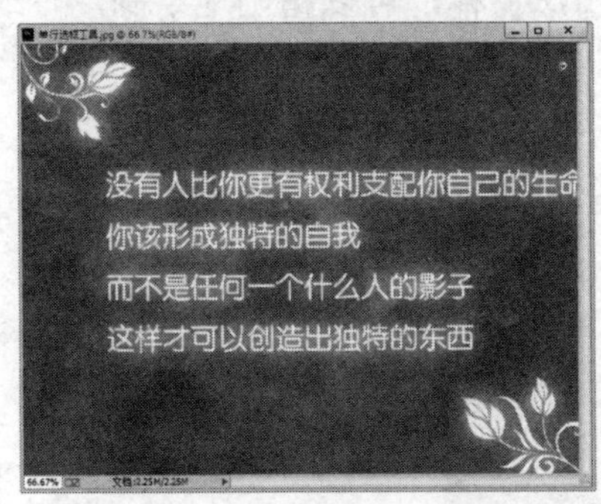


图 2.14　选择素材文件

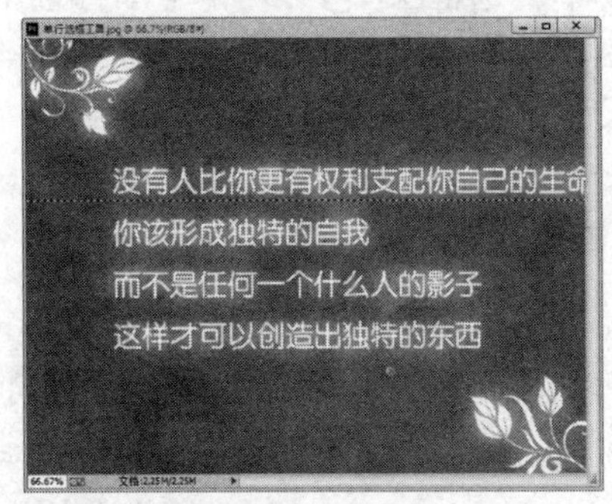


图 2.15　创建选区

(3) 选择工具箱中的【矩形选框工具】，然后在工具属性栏中单击【从选区减去】按钮，在图像编辑窗口中单击绘制选区，将不需要的选区用矩形框选中，如图 2.16

所示。

(4) 选择完成后释放鼠标，矩形框选中的选区即可被删除，如图 2.17 所示。

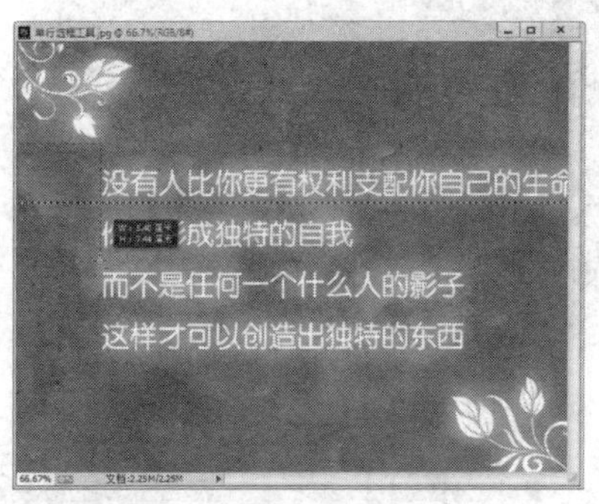


图 2.16　创建选区

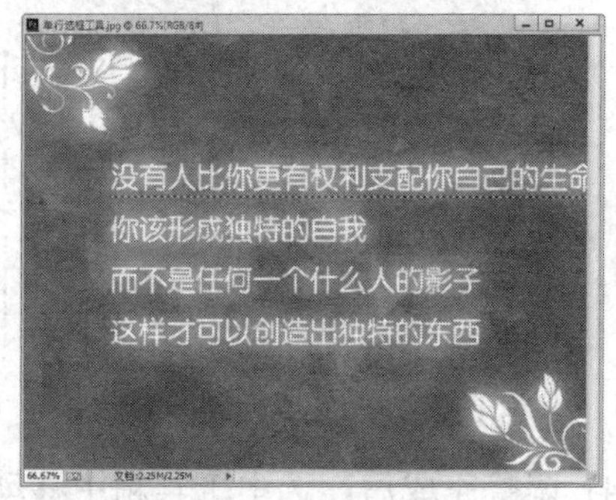


图 2.17　删除多余选区

(5) 设置完成后，单击工具箱中的【前景色】色块，在弹出的【拾色器(前景色)】对话框中，将 RGB 值设为 185、0、0，如图 2.18 所示。

(6) 按 Alt+Delete 组合键，填充前景色，然后再按 Ctrl+D 组合键取消选区，最终效果如图 2.19 所示。

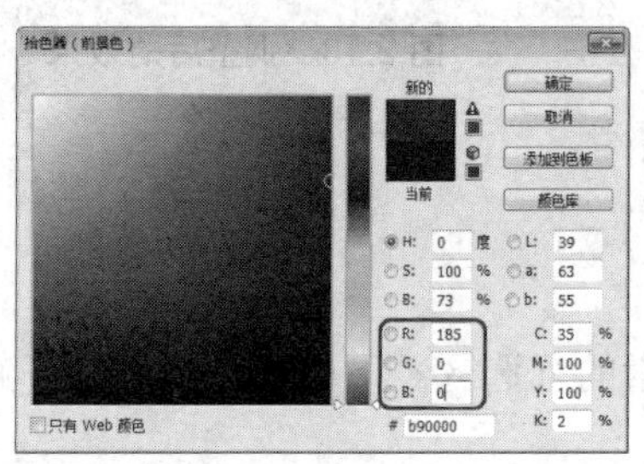


图 2.18　【拾色器(前景色)】对话框

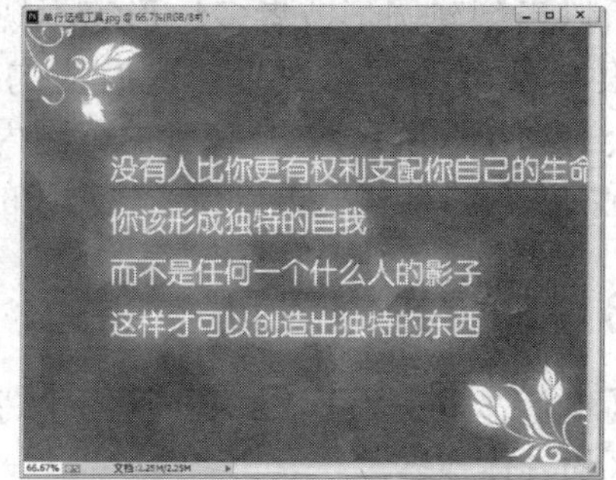


图 2.19　填充颜色后的效果

## 2.1.4　单列选框工具

【单列选框工具】和【单行选框工具】的用法一样，可以精确地绘制一行或者一列像素，填充选区后能够得到一条水平线或垂直线，其通常用来制作网格，在版式设计和网页设计中经常使用该工具绘制直线，如图 2.20 所示。

图 2.20　绘制直线

# 2.2　创建不规则选区

本节介绍不规则选区的创建，其中主要用到的包括：【套索工具】、【多边形套索工具】、【磁性套索工具】和【魔棒工具】。

## 2.2.1　套索工具

【套索工具】用来徒手绘制选区，因此，创建的选区具有很强的随意性，无法使用它来准确地选择对象。但它可以用来处理蒙版，或者选择大面积区域内的漏选对象。下面来学习一下它的使用方法。

(1) 启动 Photoshop CC，打开随书附带光盘中的“CDROM\素材\Cha02\套索工具.jpg”文件，如图 2.21 所示。

(2) 选择工具箱中的【套索工具】，在属性栏中使用默认参数，然后在图片中进行绘制，如图 2.22 所示。

如果没有移动到起点处就释放鼠标，则 Photoshop 会在起点与终点处连接一条直线来封闭选区。

图 2.21　选择图片

图 2.22　绘制选区

## 2.2.2　多边形套索工具

【多边形套索工具】可以创建由直线连接的选区，它适合选择边缘为直线的对象。下面通过实例来学习一下它的使用方法。

(1) 启动 Photoshop CC，打开随书附带光盘中的“CDROM\素材\Cha02\多边形套索工具.jpg”文件，如图 2.23 所示。

(2) 在工具箱中选择【多边形套索工具】，使用该工具的属性栏中的默认值，然后在对象边缘的各个拐角处单击绘制选区，如图 2.24 所示。

**提 示**

如果在操作时绘制的直线不够准确，连续按 Delete 键可依次向前删除；如果要删除所有直线段，可以按住 Delete 键不放或者按 Esc 键。

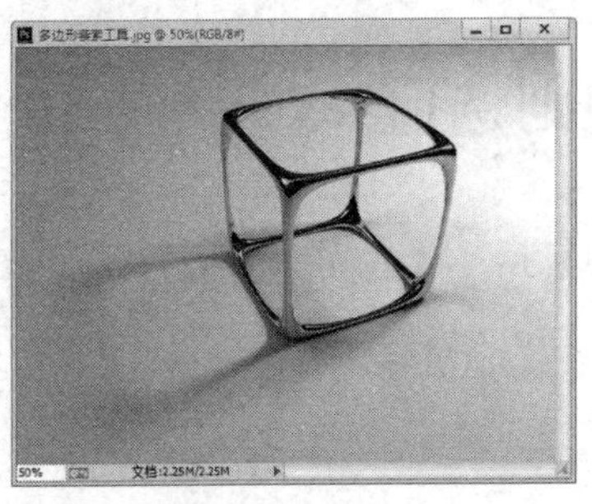

图 2.23　选择图片

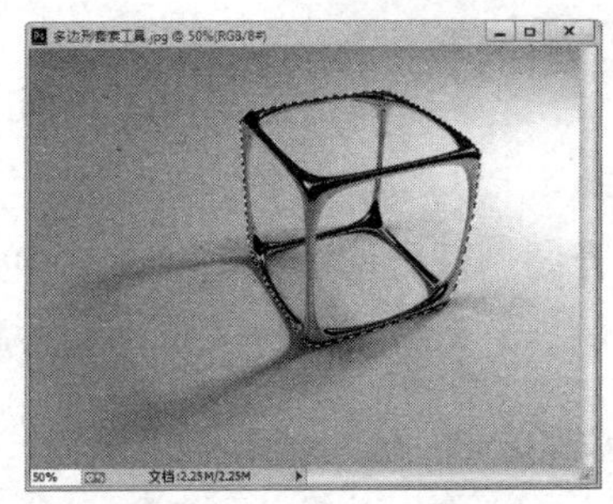

图 2.24　用【多边形套索工具】绘制选区

## 2.2.3　磁性套索工具

### 1. 绘制选区

【磁性套索工具】能够自动检测和跟踪对象的边缘。如果对象的边缘较为清晰，并且与背景的对比也比较明显，使用它可以快速选择对象。下面通过实例来介绍一下该工具的使用方法。

(1) 启动 Photoshop CC，打开随书附带光盘中的“CDROM\素材\Cha02\磁性套索工具.jpg”文件，如图 2.25 所示。

(2) 在工具箱中选择【磁性套索工具】，使用属性栏中的默认值，然后沿着图边缘绘制选区，如图 2.26 所示。如果想要在某一位置放置一个锚点，可以在该处单击，按 Delete 键可依次删除前面的锚点。

图 2.25　选择图片

图 2.26　用【磁性套索工具】绘制选区

**提 示**

在使用【磁性套索工具】时，按住 Alt 键在其他区域单击，可切换为多边形套索工具创建直线选区；按住 Alt 键的同时按住鼠标左键并拖曳鼠标，则可以切换为套索工具绘制自由形状的选区。

### 2. 磁性套索工具选项栏

如图 2.27 所示为磁性套索工具的选项栏。

图 2.27　磁性套索工具选项栏

【宽度】：宽度值决定了以光标为基准，周围有多少个像素能够被工具检测到。如果对象的边界清晰，可以选择较大的宽度值；如果边界不清晰，则选择较小的宽度值。

【对比度】：用来检测设置工具的灵敏度，较高的数值只检测与它们的环境对比鲜明的边缘；较低的数值则检测低对比度边缘。

【频率】：在使用磁性套索工具创建选区时，会跟随产生很多锚点，频率值就决定了锚点的数量，该值越大设置的锚点数越多。

【使用绘图板压力以更改钢笔宽度】：如果电脑配置有手绘板和压感笔，可以激活该按钮，增大压力将会导致边缘宽度减小。

## 2.2.4　魔棒工具

【魔棒工具】能够基于图像的颜色和色调来建立选区。它的使用方法非常简单，只需在图像上单击即可，适合选择图像中较大的单色区域或相近颜色。下面来介绍一下该工具的使用。

(1) 启动 Photoshop CC，打开随书附带光盘中的“CDROM\素材\Cha02\魔棒工具.jpg”文件，如图 2.28 所示。

(2) 在工具箱中选择该工具，然后在素材图片中单击，图片就会显示所选的区域了，如图 2.29 所示，单击的位置不同，所选的区域就不同。

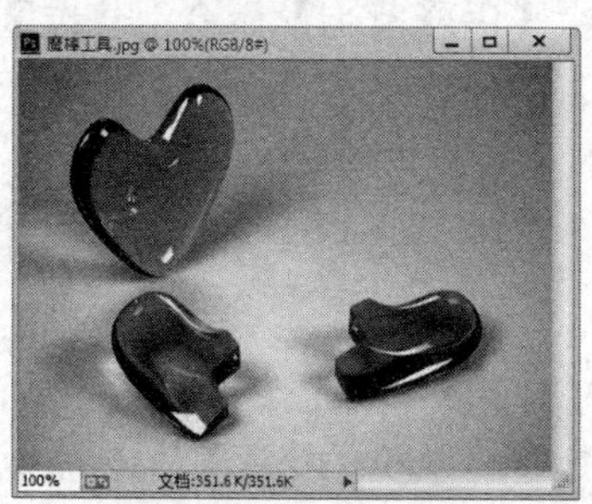

图 2.28　选择图片

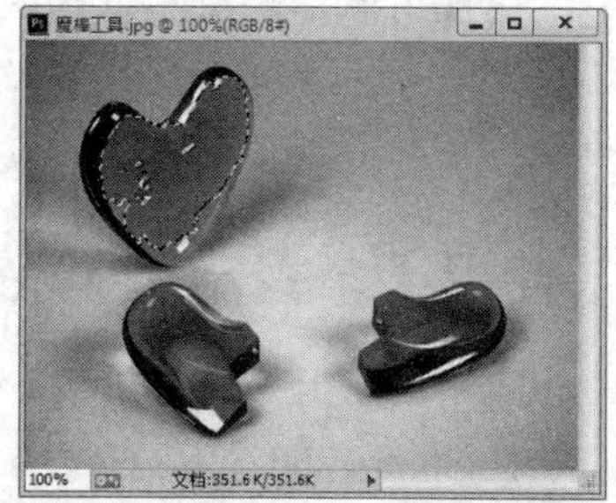

图 2.29　用【魔棒工具】绘制选区

**提　示**

使用魔棒工具时，按住 Shift 键的同时单击鼠标可以添加选区；按住 Alt 键的同时单击鼠标可以从当前选区中减去；按住 Shift+Alt 组合键的同时单击鼠标可以得到与当前选区相交的选区。

## 2.2.5　快速选择工具

【快速选择工具】是一种非常直观、灵活和快捷的选择工具，适合选择图像中较大的单色区域。其具体使用方法如下。

(1) 启动 Photoshop CC，打开随书附带光盘中的“CDROM\素材\Cha02\快速选择工具.jpg”文件，如图 2.30 所示。

(2) 选择工具箱中的【快速选择工具】，在素材文件中按住鼠标左键并拖曳鼠标绘制选区，鼠标经过的区域即变为选区，如图 2.31 所示。

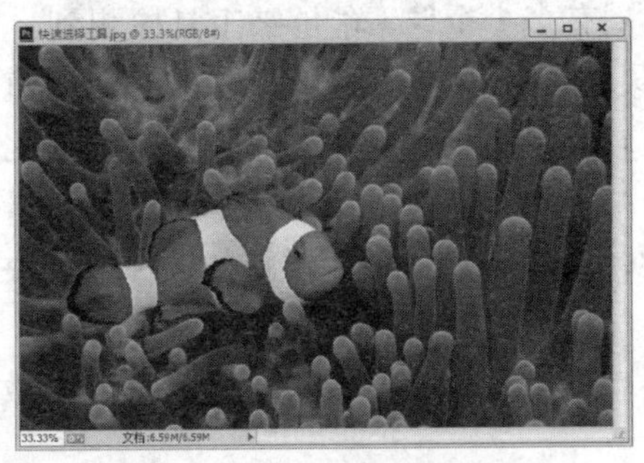

图 2.30　选择图片

图 2.31　用【快速选择工具】绘制选区

**提 示**

使用快速选择工具时，除了通过拖曳鼠标来选择图像外，还可以单击鼠标选择图像。如果有漏选的地方，可以按住 Shift 键的同时将其选择添加到选区中，如果有多选的地方可以按住 Alt 键的同时单击选区，将其从选区中减去。

# 2.3　使用命令创建随意选区

本节介绍使用命令创建随意选区，主要讲解了运用【色彩范围】命令创建选区，以及【全部选择】命令、【反向选择】命令、【变换选区】命令、【扩大选取】命令、【选取相似】命令、【取消选择】命令与【重新选择】命令的运用。

## 2.3.1　使用【色彩范围】命令创建选区

本节介绍如何使用【色彩范围】命令。让我们通过实例来熟悉一下它的使用方法。

(1) 启动 Photoshop CC 后，打开随书附带光盘中的“CDROM \素材\Cha02\色彩范围.jpg”文件，如图 2.32 所示。

(2) 在菜单栏中选择【选择】|【色彩范围】命令，随后会弹出【色彩范围】对话框，选中对话框中【选择范围】单选按钮，如图 2.33 所示，透白的部分为选择的区域。

图 2.32　选择素材文件

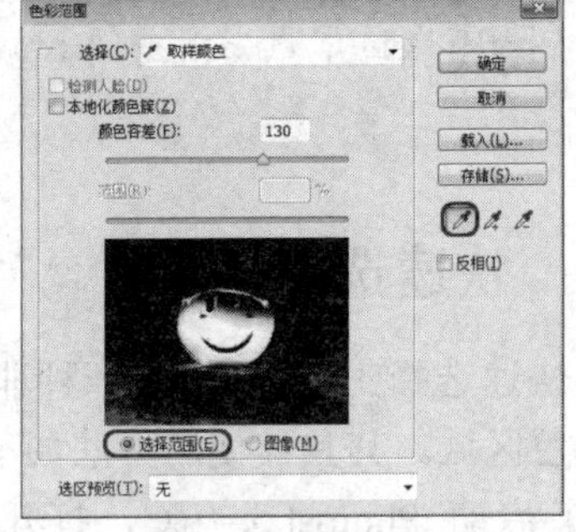


图 2.33　【色彩范围】对话框

(3) 单击【色彩范围】对话框中的【添加到取样】按钮，将【颜色容差】值设为

130，然后将鼠标拖曳至黄色区域中多次单击，即可选中黄色的全部图像，如图 2.34 所示。

(4) 选择完成后单击【确定】按钮，选择的黄色部分就转换为选区，如图 2.35 所示。

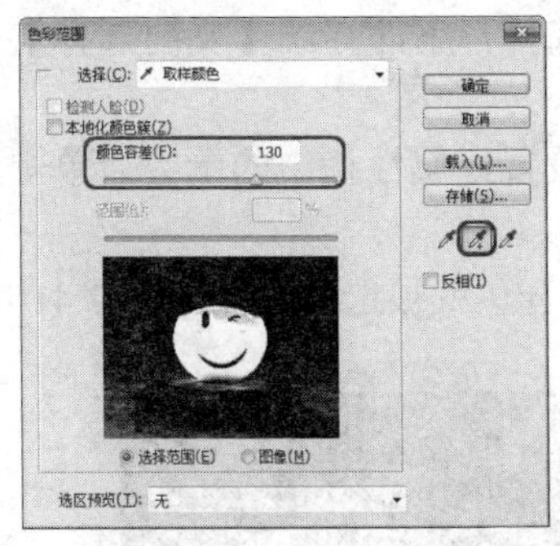

图 2.34　选择黄色区域

图 2.35　选择后的效果

(5) 在菜单栏中选择【图像】|【调整】|【色相/饱和度】命令，在弹出的【色相/饱和度】对话框中，将【色相】值设为-33，将【饱和度】值设为 32，如图 2.36 所示。

(6) 设置完成后，单击【确定】按钮，按 Ctrl+D 组合键取消选区，完成后的效果如图 2.37 所示。

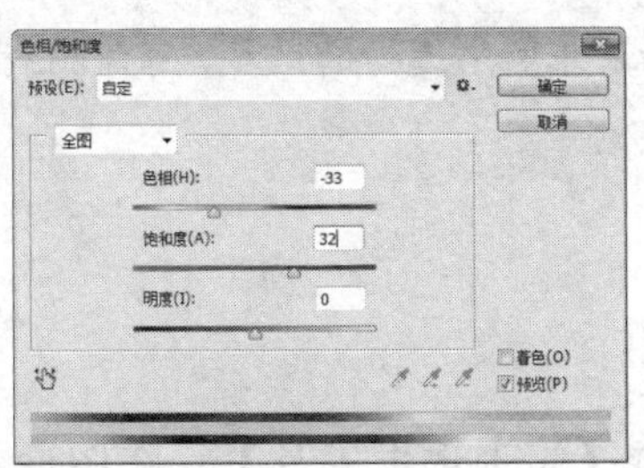

图 2.36　【色相/饱和度】对话框

图 2.37　选择完成的选区效果

## 2.3.2　全部选择

全部选择命令主要是对图像进行全选，下面来介绍【全部选择】命令的使用方法。

(1) 打开一张素材图片，如图 2.38 所示。

(2) 选择菜单栏中的【选择】|【全部】命令，或按 Ctrl+A 组合键选择文档边界内的全部图像，如图 2.39 所示。

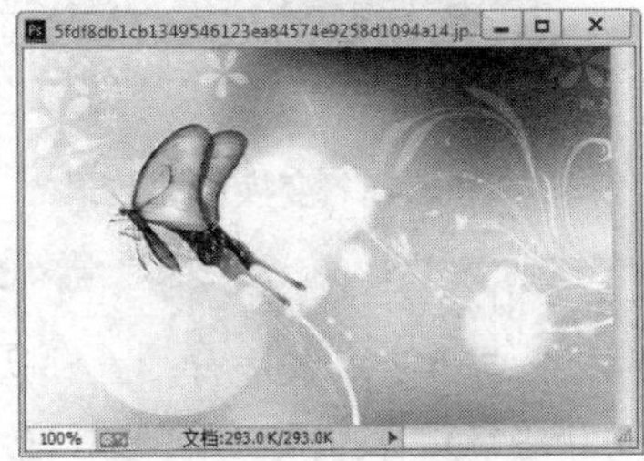

图 2.38　打开素材文件

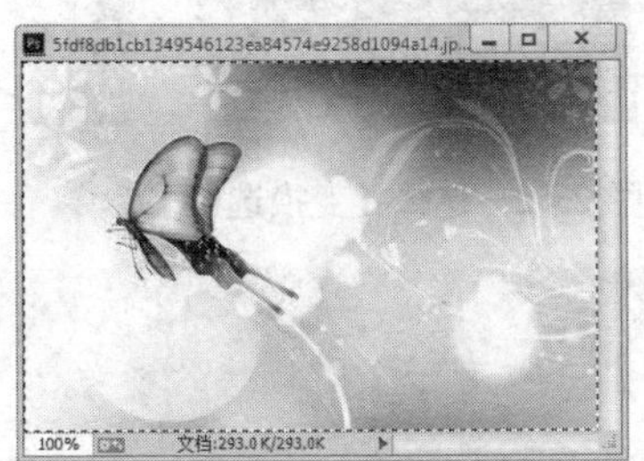

图 2.39　选择【全部】命令

### 2.3.3 反向选择

【反向选择】命令主要是对创建的选区进行反向选择。下面介绍【反向选择】命令的使用方法。

(1) 打开一张素材图片，选择【魔棒工具】，设置好属性栏中的参数后单击鼠标，选择黑色区域，如图 2.40 所示。

(2) 在菜单栏中选择【选择】|【反向】命令，这样金鱼就被选择了，如图 2.41 所示。

图 2.40　打开素材文件

图 2.41　选择【反向】命令

**提 示**

【反向】命令相对应的组合键是 Shift+Ctrl+I，如果想取消选择的区域，可以执行【选择】|【取消选择】菜单命令，或按 Ctrl+D 组合键。

### 2.3.4 变换选区

下面介绍【变换选区】命令的使用方法。

(1) 首先打开一张素材图片，在工具箱中选择【矩形选框工具】，在图像中创建选区，完成选区的创建后，执行【选择】|【变换选区】命令，或者在选区中右击，在弹出的快捷菜单中选择【变换选区】命令，如图 2.42 所示。

(2) 在出现的定界框中，移动定界点，变换选区。效果如图 2.43 所示。

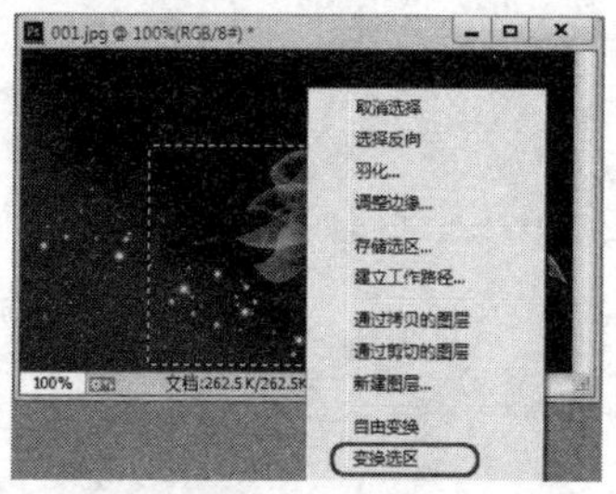


图 2.42　选择【变换选区】命令

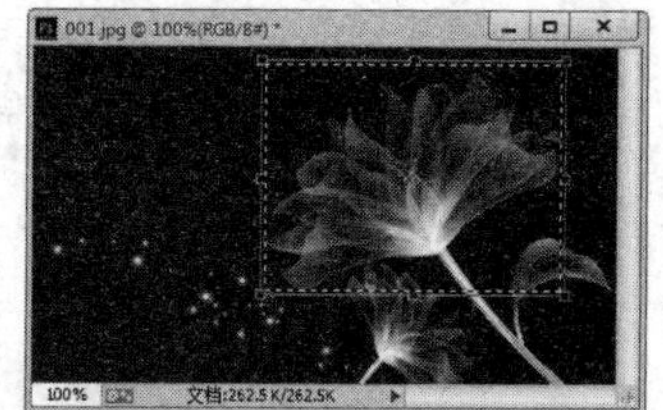

图 2.43　变换后的效果

**提 示**

定界框中心有一个图标状的参考点，所有的变换都以该点为基准来进行。在默认情况下，该点位于变换项目的中心(变换项目可以是选区、图像或者路径)，我们可以在工具选项栏的参考点定位符图标上单击，修改参考点的位置。例如，要将参考点定位在定界框的左上角，可以单击参考点定位符左上角的方块。此外，也可以通过拖曳的方式移动它。

### 2.3.5　使用【扩大选取】命令扩大选区

【扩大选取】命令可以将原选区进行扩大，但是该选项只扩大与原选区相连接的区域，并且会自动寻找与选区中的像素相近的像素进行扩大。下面介绍该命令的使用方法。

(1) 打开一张素材图片，在工具箱中选择【魔棒工具】，在图像中创建选区，完成选区的创建后，执行【选择】|【扩大选取】命令，或者在选区中右击，在弹出的快捷菜单中选择【扩大选取】命令，如图 2.44 所示。

(2) 执行操作后，即可扩大选区，效果如图 2.45 所示。

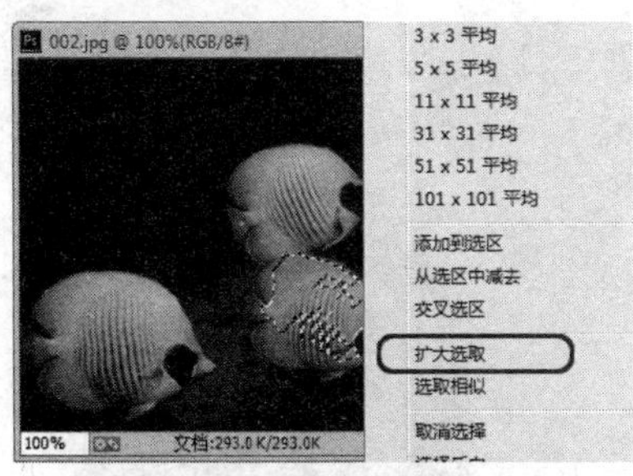


图 2.44　选择【扩大选取】命令

图 2.45　选取后的效果

### 2.3.6　使用【选取相似】命令创建相似选区

【选取相似】命令也可以扩大选区，它与【扩大选取】命令相似，但是该选项可以从整个文件中寻找相似的像素进行扩大选取。

### 2.3.7　取消选择与重新选择

执行【选择】|【取消选择】命令，或按 Ctrl+D 组合键，可以取消选择。如果当前使用的工具是矩形选框、椭圆选框或套索工具，并且在工具选项栏中单击【新选区】按钮，则在选区外单击即可取消选择。

在取消了选择后，如果需要恢复被取消的选区，可以执行【选择】|【重新选择】命令，或按 Shift+Ctrl+D 组合键。但是，如果在执行该命令前修改了图像或是画布的大小，则选区记录将从 Photoshop 中删除，因此，也就无法恢复选区。

## 2.4　上机练习——制作证件照

在本节中将学习制作证件照，通过本例使大家进一步了解选区的作用以及掌握如何运用。制作完成后的效果如图 2.46 所示。

制作证件照的具体操作步骤如下。

(1) 在菜单栏中选择【文件】|【打开】命令，在弹出的对话框中选择随书附带光盘中的“CDROM\素材\Cha02\人物.psd、衣服.png”文件，如图 2.47 所示。

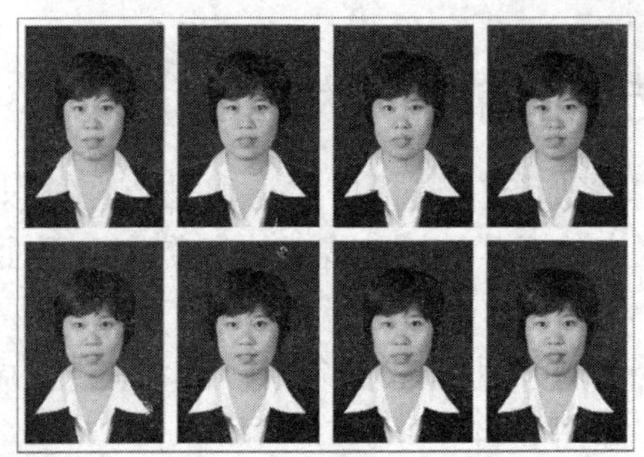

图 2.46 完成后的效果

(2) 将素材打开后，在工具箱中选择【多边形套索工具】，在打开的衣服.png 素材中绘制选区，如图 2.48 所示。

图 2.47 打开的素材文件

图 2.48 绘制选区

(3) 在工具箱中选择【移动工具】，在键盘上按住 Alt 键，同时在选区中单击并向右拖曳鼠标即可复制选区中的图像，如图 2.49 所示。

(4) 按 Ctrl+T 组合键切换至自由变换，然后右击，在弹出的快捷菜单中选择【水平翻转】命令，如图 2.50 所示。

图 2.49 复制选区中的图像

图 2.50 变换对象

(5) 水平翻转后按 Enter 键确认变换，并将复制的图像移动至合适的位置，效果如图 2.51 所示。

(6) 按 Ctrl+D 组合键取消选区，使用【移动工具】，在图像上单击并拖曳鼠标至人物.psd 文件中，效果如图 2.52 所示。

图 2.51 调整位置

图 2.52 拖入素材

(7) 将素材拖入后，按 Ctrl+T 组合键，切换至自由变换，调整衣服的大小和位置，调整完成后按 Enter 键确认变换，效果如图 2.53 所示。

(8) 按 Ctrl+Shift+E 组合键，合并所有可见图层，如图 2.54 所示。

图 2.53　调整图像

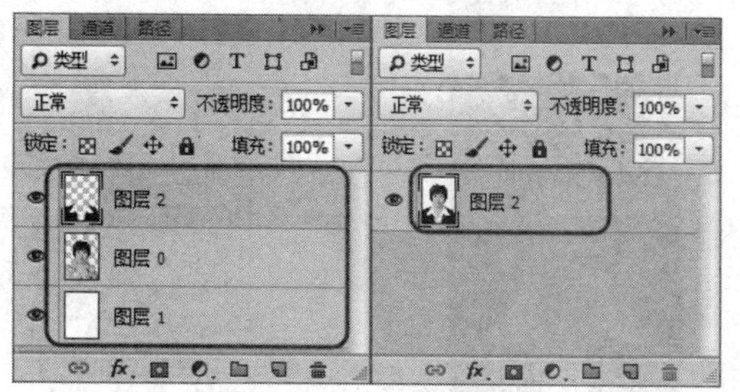


图 2.54　合并所有可见图层

(9) 在工具箱中选择【魔棒工具】，在工具选项栏中勾选【连续】复选框，将【容差】设置为 40，然后在背景图层的空白区域上单击，即可选中白色区域，如图 2.55 所示。

(10) 在工具箱中将前景色设置为红色，按 Alt+Delete 组合键为选区填充红色，如图 2.56 所示。

图 2.55　选中白色区域

图 2.56　为选区填充红色

(11) 在工具箱中选择【快速选择工具】，在工具选项栏中单击【从选区减去】按钮，在图像中减选选区，效果如图 2.57 所示。

(12) 减选选区后在菜单栏中选择【编辑】|【描边】命令，在弹出的【描边】对话框中，将【宽度】设置为 3，将【颜色】设置为红色，将【位置】设置为居中，如图 2.58 所示。

(13) 单击【确定】按钮后，即可沿选区描边，按 Ctrl+D 组合键取消选区，效果如图 2.59 所示。

图 2.57　减选选区

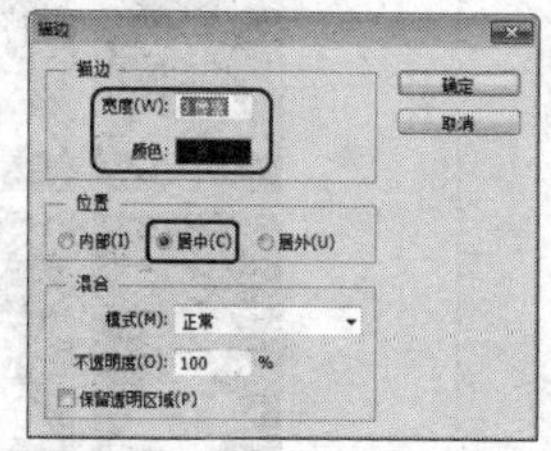


图 2.58　【描边】对话框

图 2.59　沿选区描边

(14) 按 Ctrl+A 组合键，选择全部，如图 2.60 所示。

(15) 在菜单栏中选择【编辑】|【描边】命令，在打开的对话框中将【宽度】设置为20，将【颜色】设置为白色，将【位置】设置为内部，如图 2.61 所示。

(16) 设置完成后单击【确定】按钮，按 Ctrl+D 组合键取消选区，效果如图 2.62 所示。

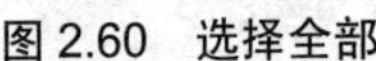

图 2.60 选择全部

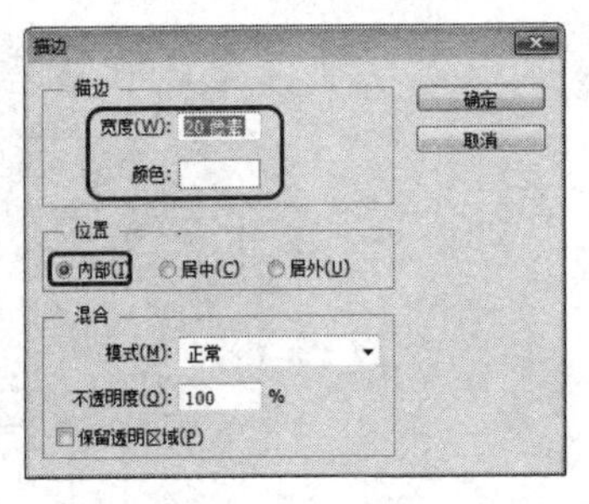


图 2.61 设置描边

图 2.62 描边后的效果

(17) 在菜单栏中选择【编辑】|【定义图案】命令，在弹出的【图案名称】对话框中单击【确定】按钮，如图 2.63 所示。

(18) 将图案存储后，按 Ctrl+N 组合键，打开【新建】对话框，在该对话框中将【宽度】设置为 1795，将【高度】设置为 1230，将【分辨率】设置为 180，如图 2.64 所示。

图 2.63 【图案名称】对话框

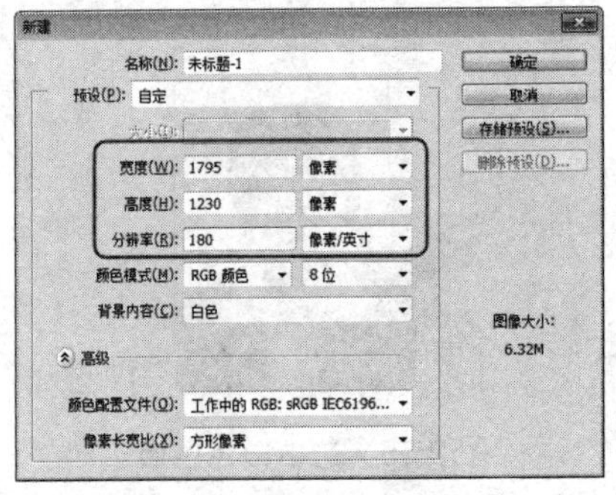


图 2.64 设置新建文件

(19) 设置完成后单击【确定】按钮新建文件，在菜单栏中选择【编辑】|【填充】命令，在弹出的【填充】对话框中将【使用】设置为图案，然后选择刚才创建的图案，如图 2.65 所示。

(20) 单击【确定】按钮，即可为新建的文件填充创建的图案，效果如图 2.66 所示。

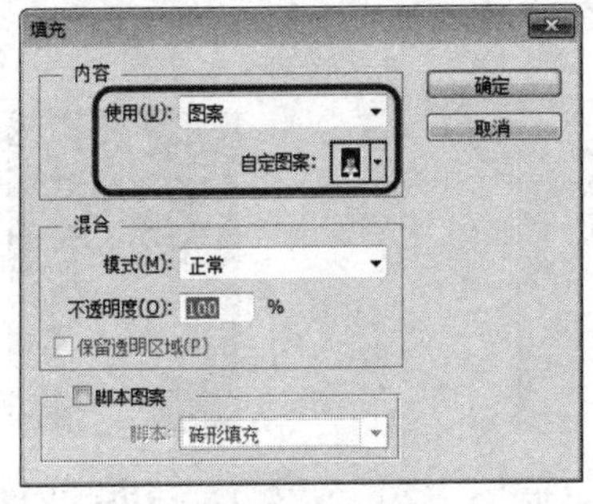


图 2.65 【填充】对话框

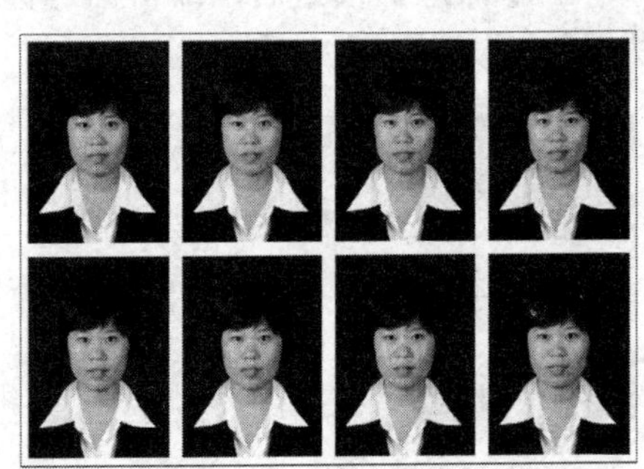

图 2.66 填充图案后的效果

(21) 至此证件照就制作完成了，对完成后的场景进行保存即可。

## 2.5　思考与练习

1. 【椭圆选区工具】在使用时应注意什么？
2. 【磁性套索工具】和【多边形套索工具】如何相互转换？
3. 【魔棒工具】的使用方法是什么？

# 第 3 章　图像的绘制与修饰

本章将通过对图像的移动、裁剪、绘画、修复来学习基础工具的应用，为后面综合实例的应用奠定良好的基础。

## 3.1　图像的移动与裁剪

在 Photoshop 中经常要对图片中的图像进行移动、裁剪处理。下面介绍如何使用移动、裁剪工具。

### 3.1.1　移动工具

在 Photoshop 中使用【移动工具】可以移动没有锁定的对象，以此来调整对象的位置。下面通过实际的操作来学习移动工具的使用方法。

(1) 打开随书附带光盘中的“CDROM\素材\Cha03\风景.jpg 和卡通人.png”素材文件，如图 3.1、图 3.2 所示。

(2) 选择工具箱中的【移动工具】，在“卡通人.png”素材文件中选中人物，按住鼠标向“风景.jpg”素材文件中拖曳，在合适的位置释放鼠标并调整其位置即可，效果如图 3.3 所示。

**提 示**

使用【移动工具】选中对象时，每按一下键盘上的上、下、左、右方向键，图像就会移动一个像素的距离；按住 Shift 键的同时再按方向键，图像每次会移动 10 个像素的距离。

图 3.1　打开的素材图片

图 3.2　“卡通人.png”素材文件

图 3.3　完成后的效果

### 3.1.2　裁剪工具

使用【裁剪工具】可以保留图像中需要的部分，剪去不需要的内容。

下面学习如何使用该工具。

(1) 打开素材文件“裁剪.jpg”，如图 3.4 所示。

(2) 在工具箱中选择【裁剪工具】，在工作区中裁剪框的大小，在合适的位置上释放鼠标，如图 3.5 所示。

(3) 单击【递交当前裁剪操作】按钮✓，或者按 Enter 键，即可对素材文件进行裁剪，如图 3.6 所示。

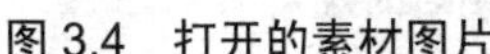
图 3.4　打开的素材图片

图 3.5　调整裁剪框

图 3.6　裁剪素材图形

如果要将裁剪框移动到其他位置，则可将指针放在裁剪框内并拖曳。在调整裁剪框时按住 Shift 键，则可以约束其裁剪比例。如果要旋转选框，则可将指针放在裁剪框外(指针变为弯曲的箭头形状)并拖曳。

## 3.2 画笔工具

在工具箱中设置前景色，并使用选择【画笔工具】，选择该工具后，在工作区中单击或者拖曳鼠标即可绘制线条。

下面通过实际的操作来学习该工具的使用方法。

(1) 打开素材文件“圣诞夜.jpg”，在工具箱中将前景色的 RGB 值设置为 80、46、11，在工具箱中选择【画笔工具】，如图 3.7 所示。

图 3.7　单击【画笔工具】按钮

(2) 打开【画笔】面板，在列表框中选择 Grass 画笔，在【大小】文本框中输入 65 像素，按 Enter 键确认，如图 3.8 所示。

(3) 设置完成后，在工作区中单击鼠标进行绘制，绘制后的效果如图 3.9 所示。

**提 示**

在使用画笔的过程中，按住 Shift 键可以绘制水平、垂直或者以 45 度为增量角的直线。如果在确定起点后，按住 Shift 键单击画布中的任意一点，则两点之间以直线相连接。

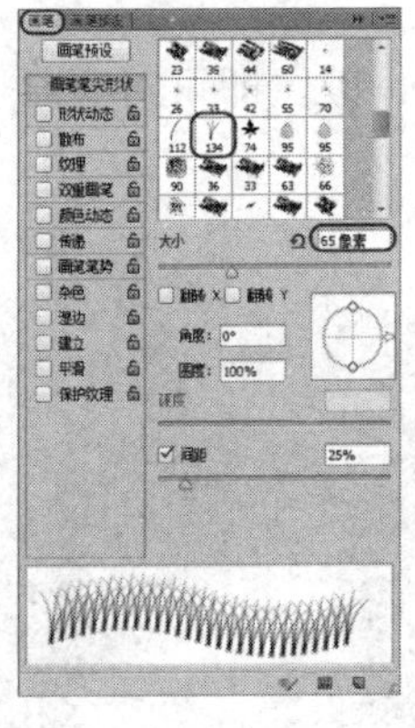

图 3.8　设置画笔大小

图 3.9　绘制后的效果

# 3.3　图像修复工具

图像修复工具主要是用于对图片中不协调的部分进行修复，在 Photoshop 中，用户可以使用多种图像修复工具对图像进行修复，其中包括【污点修复画笔工具】、【修复画笔工具】、【修补工具】等，本节将简单介绍修复工具的使用方法。

## 3.3.1　污点修复画笔工具

【污点修复画笔工具】可以快速移去照片中的污点和其他不理想的部分。污点修复画笔的工作方式与修复画笔类似：它使用图像或图案中的样本像素进行绘画，污点修复画笔不要求用户指定样本点，它将自动从所修饰区域的周围取样。下面来介绍该工具的使用方法。

(1) 打开随书附带光盘中的“CDROM\素材\Cha03\污点修复图片.jpg”素材文件，如图 3.10 所示。

(2) 在工具箱中选择【污点修复画笔工具】，在工作区中对想要移去的部分进行涂抹，如图 3.11 所示。

图 3.10　打开的素材图片

图 3.11　涂抹要移除的部分

(3) 在释放鼠标后，系统会自动进行修复，修复后的效果如图 3.12 所示。

图 3.12　修复后的效果

## 3.3.2　修复画笔工具

【修复画笔工具】可用于校正瑕疵，使它们消失在周围的图像环境中。与仿制图章工具一样，修复画笔工具可以利用图像或图案中的样本像素来绘画，但修复画笔工具可将样本像素的纹理、光照、透明度和阴影等与源像素进行匹配，从而使修复后的像素很好地融入图像的其余部分。

通过下面的实例来学习该工具的使用方法。

(1) 打开随书附带光盘中的“CDROM\素材\Cha03\修复画笔.jpg”素材文件，如图 3.13 所示。

(2) 在工具箱中选择【修复画笔工具】，如图 3.14 所示。

(3) 在工作区中按住 Alt 键在空白位置处进行取样，按住鼠标对要进行修复的位置进行涂抹，释放鼠标后，即可完成修复，修复后的效果如图 3.15 所示。

图 3.13　打开的素材文件

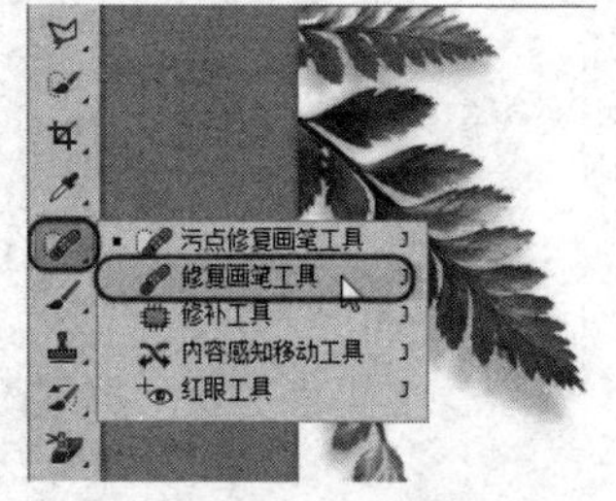


图 3.14　选择【修复画笔工具】

图 3.15　修复后的效果

## 3.3.3　修补工具

修补工具可以说是对修复画笔工具的一个补充。修复画笔工具是使用画笔来进行图像修复，而修补工具则是通过选区来进行图像修复的。像修复画笔工具一样，修补工具会将样本像素的纹理、光照和阴影等与源像素进行匹配。

下来通过实际的操作步骤来熟悉一下该工具的使用方法。

(1) 打开随书附带光盘中的“CDROM\素材\Cha03\修补图片.jpg”素材文件，如图 3.16 所示。

(2) 在工具箱中选择【修补工具】，在素材图片中进行选取，然后移动选区，在合适的位置释放鼠标，即可完成对图像的修补，如图 3.17 所示。

图 3.16　打开的素材文件

图 3.17　修补后的效果

### 3.3.4　红眼工具

【红眼工具】可移去用闪光灯拍摄的人物照片中的红眼，也可以移去用闪光灯拍摄的动物照片中的白色或绿色反光。红眼是由于相机闪光灯在主体视网膜上反光引起的。在光线暗淡的房间里照相时，由于主体的虹膜张开得很宽，因此将会更加频繁地看到红眼。为了避免红眼，应使用相机的红眼消除功能，或者最好使用可安装在相机上远离相机镜头位置的独立闪光装置。除此之外，用户还可以通过 Photoshop 中的红眼工具对照片中的红眼进行修复，其具体操作步骤如下。

(1) 打开随书附带光盘中的“CDROM\素材\Cha03\红眼工具.jpg”素材文件，如图 3.18 所示。

(2) 在工具箱中选择【红眼工具】，在素材文件中动物的眼睛上单击，系统将自动修复素材文件中动物的红眼，效果如图 3.19 所示。

图 3.18　打开的素材文件

图 3.19　完成后的效果

## 3.4　仿制图章工具

【仿制图章工具】可以从图像中复制信息，然后应用到其他区域或者其他图像中，该工具常用于复制对象或去除图像中的缺陷。下面将通过实际的操作来熟悉该工具的使用方法。

(1) 打开一个素材图片“仿制图章.jpg”，在工具箱中选择【仿制图章工具】按钮，在工具选项栏中选择一个柔边圆画笔，在【硬度】文本框中输入 100%，按 Enter 键确认，如图 3.20 所示。

(2) 按住 Alt 键在瓶口处单击进行取样，然后在空白处进行涂抹，完成后的效果如图 3.21 所示。

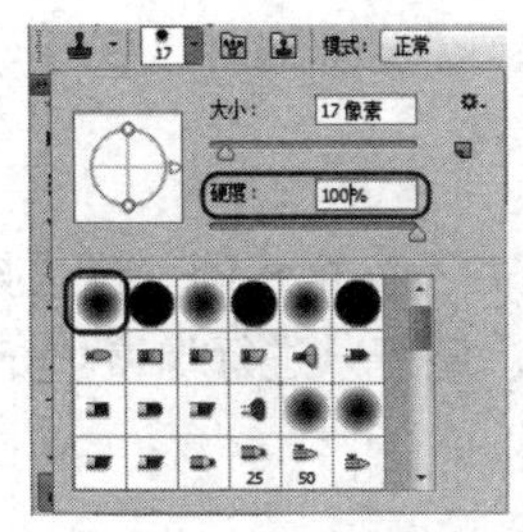


图 3.20　设置笔触

图 3.21　进行仿制

## 3.5　历史记录画笔工具

【历史记录画笔工具】可以将图像恢复到编辑过程中的某一状态，或者将部分图像恢复为原样，该工具需要配合【历史记录】面板一同使用。接下来通过实例来学习它的使用方法。

(1) 打开“历史记录画笔.jpg”素材文件，在工具箱中选择【污点修复画笔工具】，在素材文件中对素材进行涂抹，如图 3.22 所示。

(2) 释放鼠标后，即可对素材文件进行修复，修复后的效果如 3.23 所示。

图 3.22　对素材进行涂抹

图 3.23　修复后的效果

(3) 在工具箱中选择【历史记录画笔工具】，在工具选项栏中的【大小】文本框中输入 40 像素，在【硬度】文本框中输入 100，按 Enter 键确认，如图 3.24 所示。

(4) 设置完成后，在修复的位置处进行涂抹，即可恢复素材文件的原样，如图 3.25 所示。

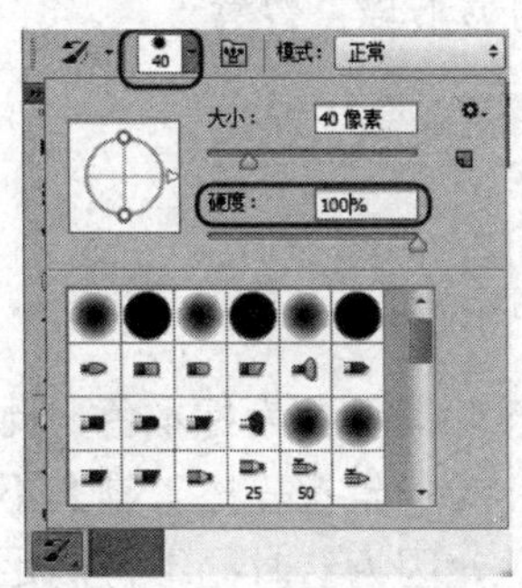


图 3.24　设置画笔大小

图 3.25　恢复图形原样

# 3.6 橡皮擦工具组

橡皮擦工具组中的工具，就像在学习中使用的橡皮擦，但并不完全相同，橡皮擦工具组中的工具，不但可以擦除像素或将像素更改为背景色或透明，还可以进行像素填充。

## 3.6.1 橡皮擦工具

使用橡皮擦工具可以将不喜欢的位置进行擦除，橡皮擦工具的颜色取决于背景色的 RGB 值，如果在普通图层上使用，则会将像素抹成透明效果。下面来学习该工具的使用方法。

(1) 打开“橡皮擦工具.jpg”素材文件，如图 3.26 所示。

(2) 在工具箱中选择【橡皮擦工具】，在工具选项栏中的【大小】文本框中输入 125 像素，将【硬度】设置为 100%，按 Enter 键确认，如图 3.27 所示。

(3) 在工具箱中将背景色的 RGB 值设置为 255、0、0，在素材文件中进行涂抹，完成后的效果如图 3.28 所示。

图 3.26 打开素材文件

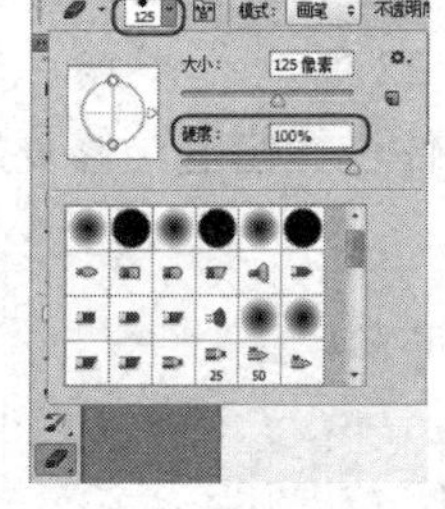


图 3.27 设置画笔大小

图 3.28 完成后的效果

## 3.6.2 背景橡皮擦工具

【背景橡皮擦工具】会抹除图层上的像素，使图层透明。还可以抹除背景，同时保留对象中与前景相同的边缘。通过指定不同的取样和容差选项，可以控制透明度的范围和边界的锐化程度。

【背景橡皮擦工具】的选项栏如图 3.29 所示，其中包括：【画笔】设置项、【限制】下拉列表、【容差】设置框、【保护前景色】复选框以及取样设置等。

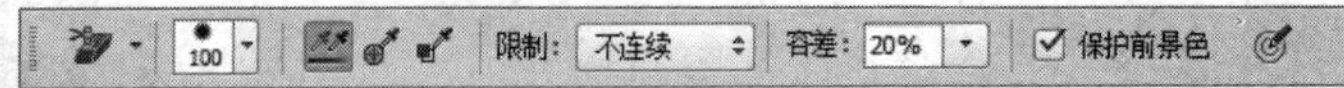


图 3.29 【背景橡皮擦工具】选项栏

- 【画笔】设置项：用于选择形状。
- 【连续】：单击此按钮，擦除时会自动选择所擦除的颜色为标本色，此按钮用于抹去不同颜色的相邻范围。在擦除一种颜色时，【背景橡皮擦工具】不能超过这种颜色与其他颜色的边界而完全进入另一种颜色，因为这时已不再满足相邻范围这个条件。当【背景橡皮擦工具】完全进入另一种颜色时，标本色即随之变为当前颜色，也就是说，现在所在颜色的相邻范围为可擦除的范围。

- 【一次】：单击此按钮，擦除时首先在要擦除的颜色上单击以选定标本色，这时标本色已固定，然后就可以在图像上擦除与标本色相同的颜色范围了。每次单击选定标本色只能做一次连续的擦除，如果想继续擦除，则必须重新单击选定标本色。
- 【柔和度】：该选项用于设置替换颜色后的柔和程度。
- 【背景色板】：单击此按钮，也就是在擦除之前选定好背景色(即选定好标本色)，然后就可以擦除与背景色相同的色彩范围了。
- 【限制】下拉列表：用于选择【背景橡皮擦工具】的擦除界限，包括以下 3 个选项。
    - ◆ 【不连续】：在选定的色彩范围内，可以多次重复擦除。
    - ◆ 【连续】：在选定的色彩范围内，只可以进行一次擦除，也就是说，必须在选定的标本色内连续擦除。
    - ◆ 【查找边缘】：在擦除时，保持边界的锐度。
- 【容差】设置框：可以输入数值或者拖曳滑块来调节容差。数值越低，擦除的范围越接近标本色。大的容差会把其他颜色擦成半透明的效果。
- 【保护前景色】复选框：用于保护前景色，使之不会被擦除。

在 Photoshop 中是不支持背景层有透明部分的，而【背景橡皮擦工具】可直接在背景层上擦除，擦除后 Photoshop 会自动地把背景层转换为一般层。

### 3.6.3　魔术橡皮擦工具

与【橡皮擦工具】不同的是魔术橡皮擦在同一位置、同一 RGB 值的位置上单击鼠标时，可将其擦除。下面来学习该工具的使用方法。

(1) 打开“橡皮擦工具.jpg”素材文件，在工具箱中选择【魔术橡皮擦工具】，如图 3.30 所示。

(2) 在素材中的空白位置上单击，即可将其擦除，如图 3.31 所示。

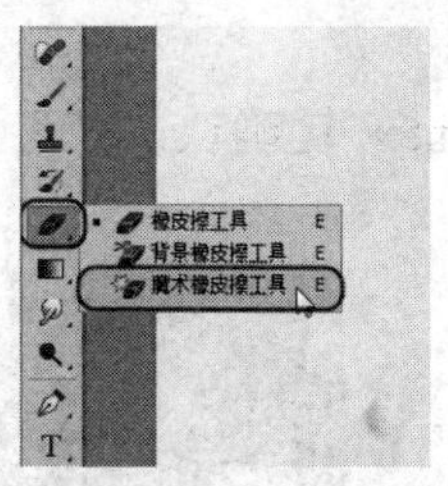


图 3.30　选择【魔术橡皮擦工具】

图 3.31　完成后的效果

## 3.7　图像像素处理工具

图像像素处理工具包括：【模糊工具】、【锐化工具】和【涂抹工具】，它们可以对图像中像素的细节进行处理。下面来分别学习【模糊工具】与【涂抹工具】的使用方法。

### 3.7.1 模糊工具

【模糊工具】可以柔化图像的边缘，减少图像中的细节。通过下面的实例来学习该工具的使用方法。

(1) 打开“模糊工具.jpg”素材文件，在工具箱中选择【模糊工具】，在工具选项栏中的【大小】文本框中输入 400，在【硬度】文本框中输入 100，按 Enter 键确认，如图 3.32 所示。

(2) 设置完成后，在素材文件中进行模糊，完成后的效果如图 3.33 所示。

图 3.32 设置画笔大小

图 3.33 完成后的效果

在使用【模糊工具】时，如果反复涂抹同一区域，会使该区域变得更加模糊。模糊工具适合处理小范围内的图像，如果要对整幅图像进行处理，应使用【模糊】滤镜。

### 3.7.2 涂抹工具

【涂抹工具】可以模拟手指拖过湿油漆时呈现的效果，工具选项栏中除【手指绘画】选项外其他选项都与模糊和锐化工具相同。下面学习该工具的使用方法。

(1) 打开“涂抹工具.jpg”素材文件，在工具箱中选择【涂抹工具】，如图 3.34 所示。

(2) 在工具选项栏中的【大小】文本框中输入 60，按 Enter 键确认，在素材文件中对文字进行涂抹，完成后的效果如图 3.35 所示。

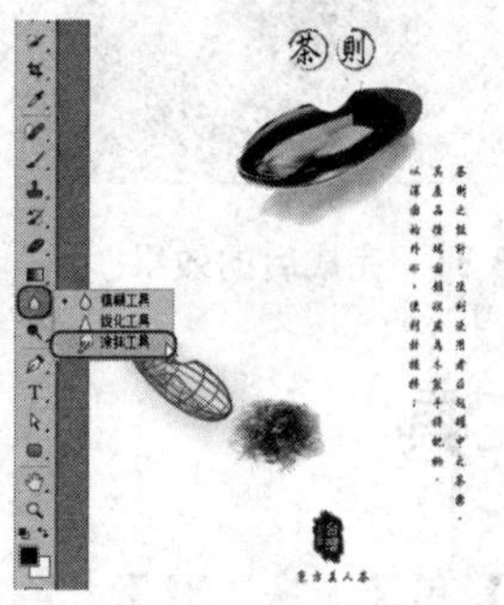

图 3.34 选择【涂抹工具】

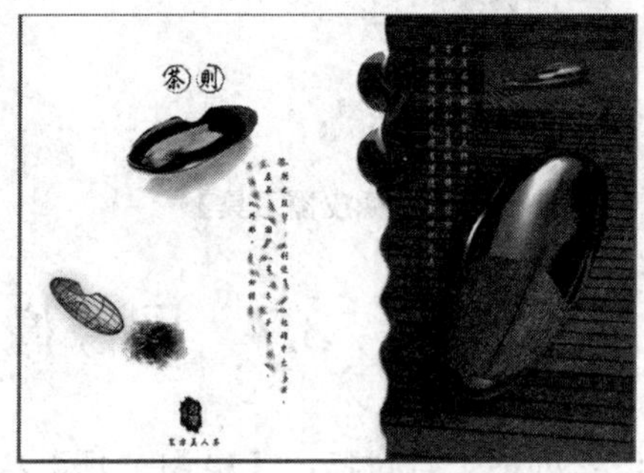

图 3.35 完成后的效果

## 3.8　减淡和加深工具

【减淡工具】和【加深工具】是用于修饰图像的工具，它们基于调节照片特定区域曝光度的传统摄影技术来改变图像的曝光度，使图像变亮或变暗。选择这两个工具后，在画面涂抹即可进行加深和减淡的处理，在某个区域上方涂抹的次数越多，该区域就会变得更亮或更暗。下面通过实际的操作来对比这两个工具的不同。

(1) 打开“减淡和加深工具.jpg”素材文件，如图 3.36 所示。

(2) 在工具箱中选择【减淡工具】，在工具选项栏中的【大小】文本框中输入 60，在【硬度】文本框中输入 100，将曝光度设置为 35%，按 Enter 键确认，在工作区中对素材文件进行涂抹，完成后的效果如图 3.37 所示。

(3) 在工具箱中的【减淡工具】上右击，在弹出的列表中选择【加深工具】，选择完成后，在工作区中对素材文件进行涂抹，完成后的效果如图 3.38 所示。

图 3.36　打开的素材文件

图 3.37　使用减淡工具后的效果

图 3.38　使用加深工具后的效果

## 3.9　渐 变 工 具

【填充工具】通常主要用于对图像中选区颜色的填充与替换。下面学习填充工具中渐变工具的使用方法。

渐变是一种颜色向另一种颜色实现的过渡，以形成一种柔和的或者特殊规律的色彩区域。

渐变工具的使用方法如下。

(1) 按 Ctrl+N 组合键打开【新建】对话框，设置【宽度】、【高度】分别为 16 厘米、12 厘米，【分辨率】为 72 像素/英寸，将【背景内容】设置为白色，如图 3.39 所示。

(2) 按 Enter 键确认，在工具箱中选择【渐变工具】，在工具选项栏中单击渐变条，在打开的对话框中，选择预设中的【色谱】渐变色彩，然后在空白文件中单击鼠标并进行拖曳，然后释放鼠标，填充渐变颜色，效果如图 3.40 所示。

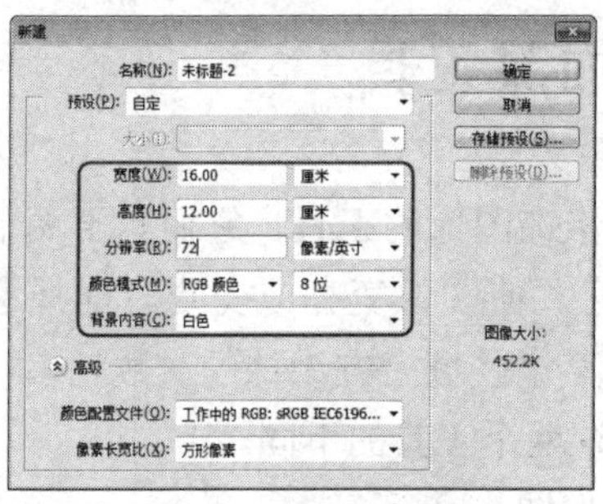


图 3.39 【新建】对话框

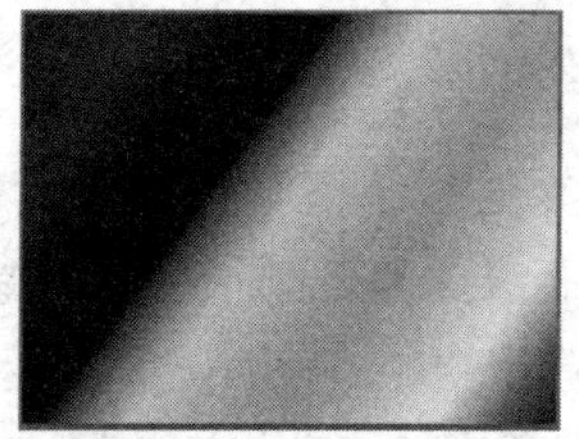

图 3.40 完成后的效果

# 3.10 图像的变换

在 Photoshop 中经常要对图像进行调整。这就需要我们对图像的变换命令非常熟悉。图像变换分为变换对象命令与自由变换对象命令。

## 3.10.1 变换对象

移动图像后，往往需要对移动的图像进行大小与方向的调整。下面就来学习变换对象的使用方法。

(1) 打开“变换.jpg”素材文件，如图 3.41 所示。

(2) 在菜单栏中选择【图像】|【图像旋转】|【90 度(顺时针) 】命令，如图 3.42 所示。

图 3.41 打开的素材文件

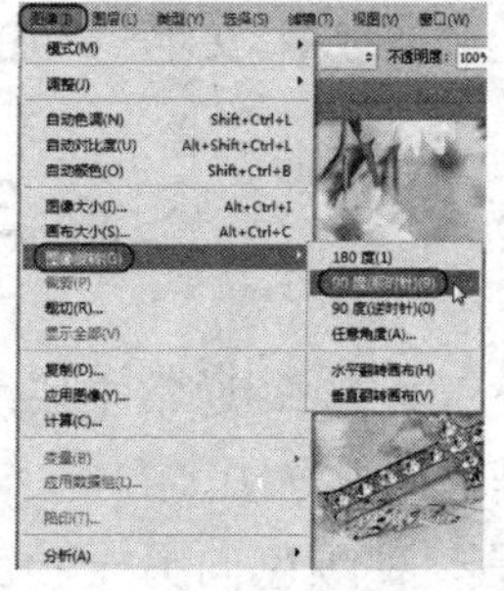

图 3.42 选择【90 度(顺时针)】命令

(3) 执行操作后，即可旋转素材文件，如图 3.43 所示。

## 3.10.2 自由变换对象

自由变换对象命令和变换对象命令的用法基本一致，但是自由变换对象命令在图层为普通图层时才可以使用，而变换对象命令则完全不同。下面来实际地操作一下。

(1) 打开“变换.jpg”素材文件，在【图层】面板中双击【背景】图层，弹出如图 3.44 所示的对话框。

(2) 单击【确定】按钮，按 Ctrl+T 组合键，打开【自由变换】定界框，将鼠标移至图形中的定界框的边界点上，当鼠标变为时，按住鼠标左键并进行拖曳，即可进行旋转，如图 3.45 所示。

(3) 旋转完成后按 Enter 键即可确认旋转。

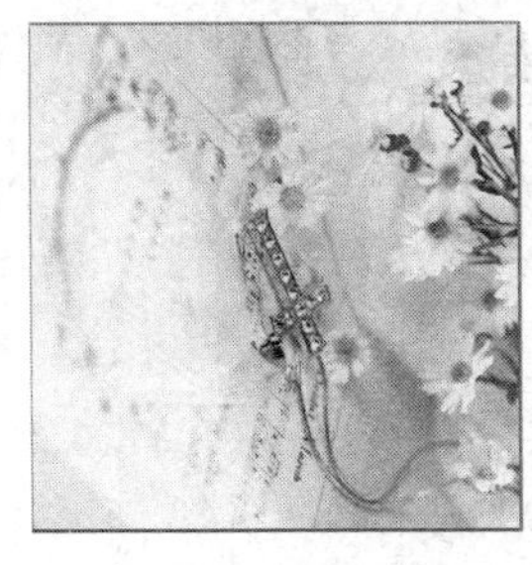

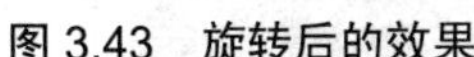

图 3.43　旋转后的效果

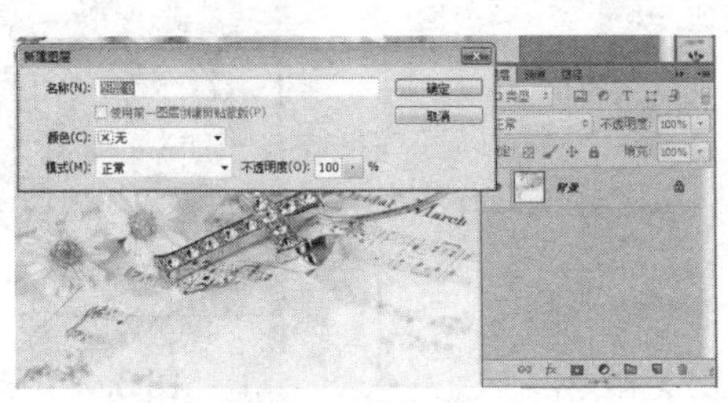

图 3.44　【新建图层】对话框

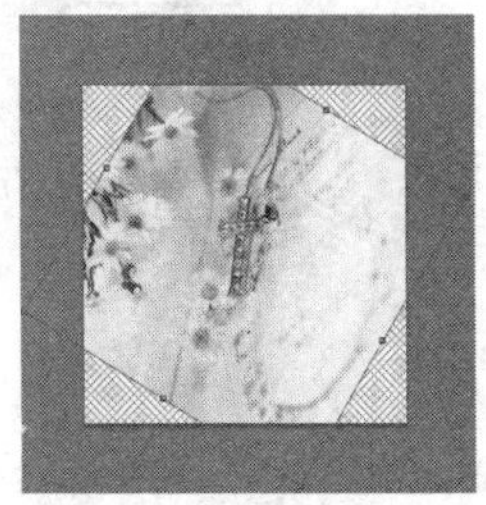

图 3.45　旋转图形

# 3.11　上 机 练 习

在本章中学习了多种工具的使用后，下面通过实例对本章讲解的工具，进行使用和进一步了解。

## 3.11.1　祛除面部痘痘

如果在为人物照相时面部有痘痘，将会在照片中影响视觉效果。下面通过实例操作，详细介绍如何使用 Photoshop CC 软件中的工具，快速祛除痘痘，效果对比如图 3.46 所示。

图 3.46　祛除面部痘痘效果对比

(1) 启动 Photoshop CC 软件后，在菜单栏中选择【文件】|【打开】命令，如图 3.47 所示。

(2) 在弹出的【打开】对话框中，选择随书附带光盘中的“CDROM\素材\Cha03\祛除痘痘.jpg”文件，如图 3.48 所示。

(3) 单击【打开】按钮，打开的素材文件如图 3.49 所示。

(4) 按 Ctrl+M 组合键，弹出【曲线】对话框，在曲线上单击鼠标即可添加锚点，然后将【输出】设置为 194，将【输入】设置为 181，单击【确定】按钮，如图 3.50 所示。

(5) 在工具箱中选择【缩放工具】，将人物的面部放大显示，如图 3.51 所示。

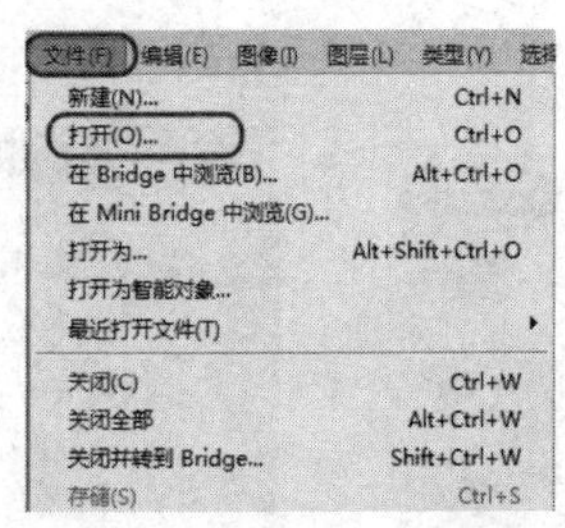


图 3.47　选择【打开】命令

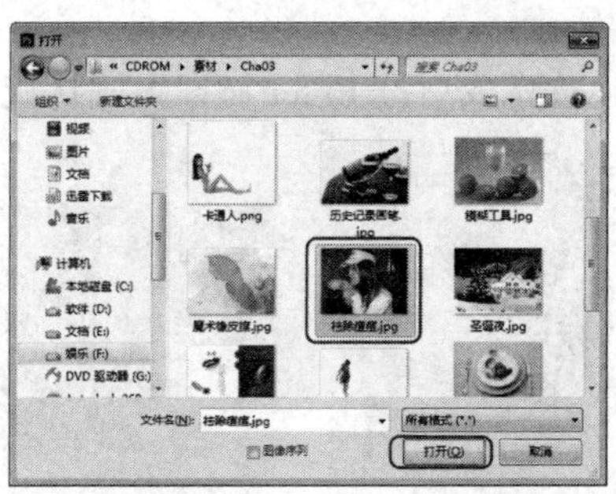

图 3.48　选择素材文件

图 3.49　打开的素材文件

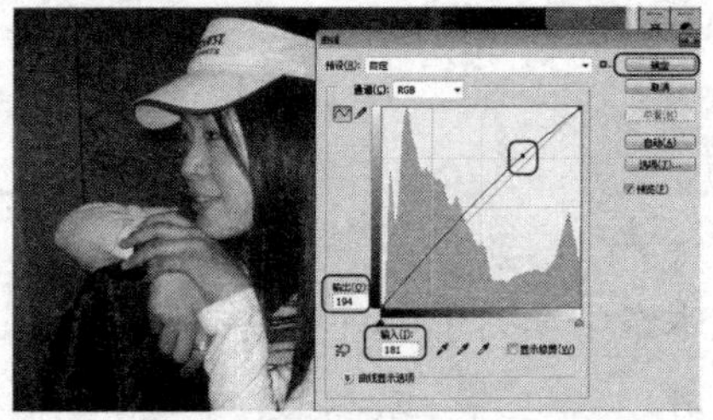

图 3.50　调整曲线形状

(6) 在工具箱中选择【污点修复画笔工具】，在画面中右击，将【大小】设置为 20 像素，如图 3.52 所示。

图 3.51　放大人物面部

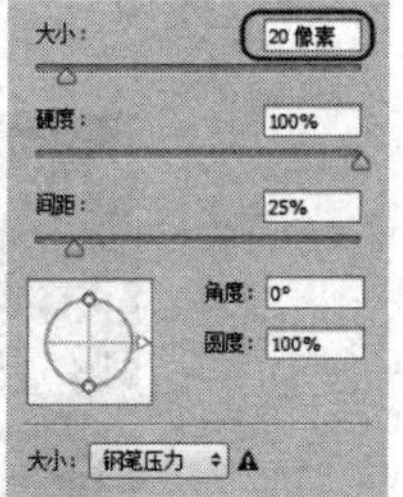


图 3.52　设置笔触大小

(7) 设置完成后，在素材人物面部的痘痘上单击鼠标进行修复，如图 3.53 所示。

(8) 释放鼠标后痘痘就被祛除掉了，使用同样方法继续涂抹其他痘痘，效果如图 3.54 所示。

**提 示**

【污点修复画笔工具】不需要定义取样点，在想消除杂色的地方单击即可，既然该工具是污点修复画笔工具，意思就是适合消除画面中的细小部分，因此不适合大面积的使用。

(9) 痘痘祛除完成后，在菜单栏中选择【图像】|【自动对比度】命令，如图 3.55 所示。

(10) 为素材图像添加【自动对比度】命令后的效果如图 3.56 所示。

(11) 在菜单栏中选择【图像】|【自动颜色】命令，如图 3.57 所示。

图 3.53　修复痘痘

图 3.54　痘痘修复完成

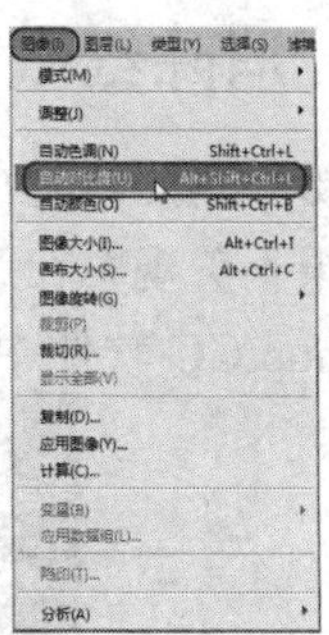

图 3.55　选择【自动对比度】命令

(12) 为素材图像添加【自动颜色】命令后的效果如图 3.58 所示。面部的痘痘祛除至此就完成了。

图 3.56　添加【自动对比度】命令后的效果

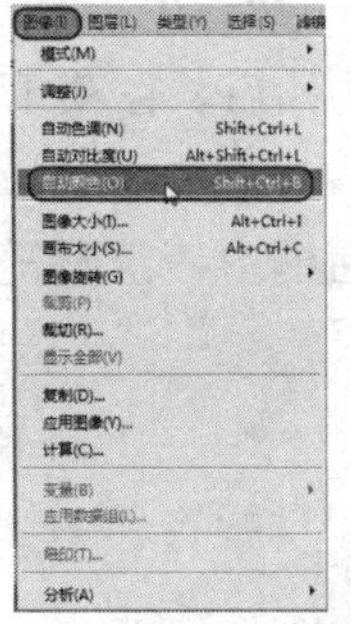

图 3.57　选择【自动颜色】命令

图 3.58　最终效果

(13) 完成后，在菜单栏中选择【文件】|【存储为】命令，如图 3.59 所示。

(14) 在打开的【另存为】对话框中，选择文件的保存位置，输入文件名称，选择保存类型，最后单击【保存】按钮，如图 3.60 所示。

(15) 在弹出的【JPEG 选项】对话框中使用默认设置，单击【确定】按钮，如图 3.61 所示。即可完成对文件的保存。

图 3.59　选择【存储为】命令

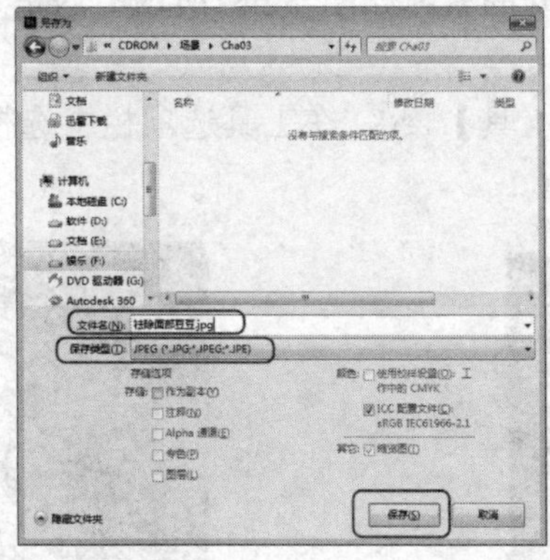

图 3.60　设置另存为路径、名称和类型

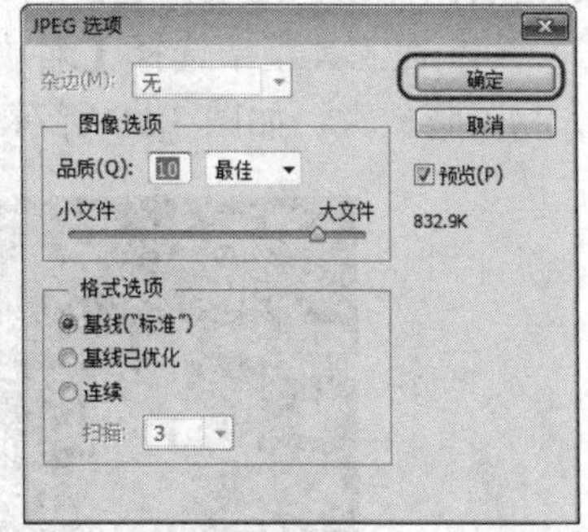


图 3.61　【JPEG 选项】对话框

## 3.11.2 消除红眼

在拍摄数码照片时由于环境和灯光的影响，人物的眼睛有时会出现红眼现象，这使拍摄的照片很不美观。在下面的实例中将介绍怎样处理带有红眼的照片，并详细介绍如何使用 Photoshop CC 软件中【红眼工具】的应用，调整完成后的效果如图 3.62 所示。

图 3.62 消除红眼效果对比

(1) 启动 Photoshop CC 软件后，在菜单栏中选择【文件】|【打开】命令，如图 3.63 所示。

(2) 在弹出的【打开】对话框中，选择随书附带光盘中的“CDROM\素材\Cha03\消除红眼.jpg”文件，如图 3.64 所示。

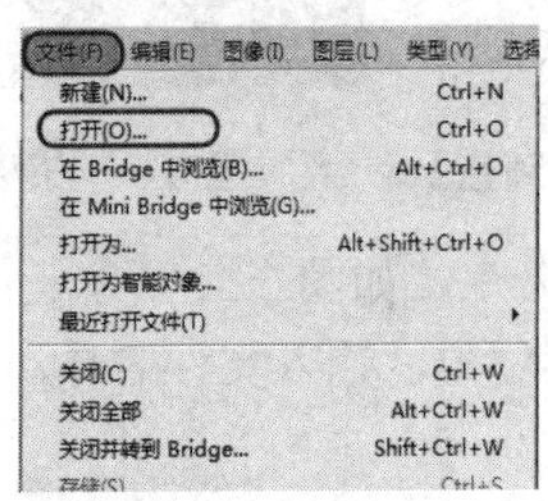


图 3.63 选择【打开】命令

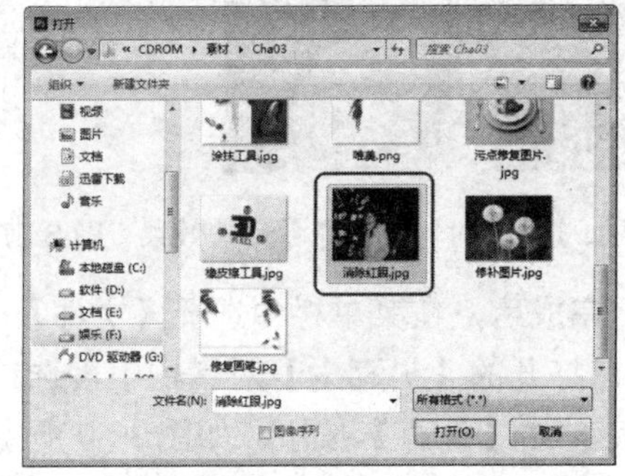


图 3.64 选择素材文件

(3) 单击【打开】按钮，打开的素材如图 3.65 所示，这是一张出现红眼的照片。下面通过实例操作把红眼快速去除。

(4) 在工具箱中选择【缩放工具】，在工具选项栏中选择【放大】，在场景中将人物眼睛放大，如图 3.66 所示。

图 3.65 打开的素材文件

图 3.66 放大至眼睛部分

(5) 在工具箱中的【污点修复画笔工具】处右击，选择【红眼工具】，在工具选项栏中的参数使用默认值，然后在场景中人物的右眼上单击，即可将红眼去除，如图 3.67 所示。

(6) 使用相同的方法单击另一只眼睛，去除另一只眼睛的红眼效果，如图 3.68 所示。

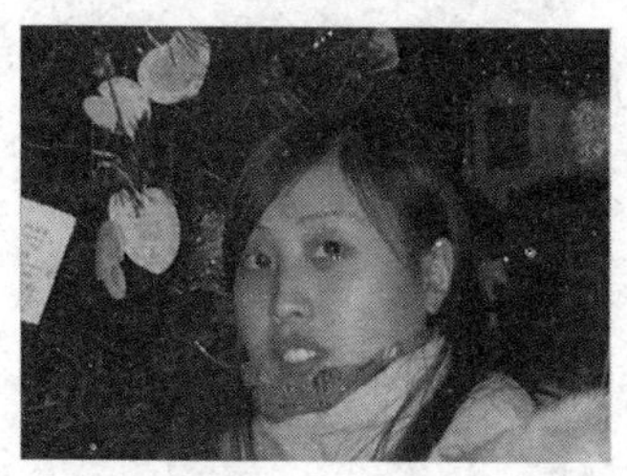

图 3.67 使用【红眼工具】在人物眼睛上单击

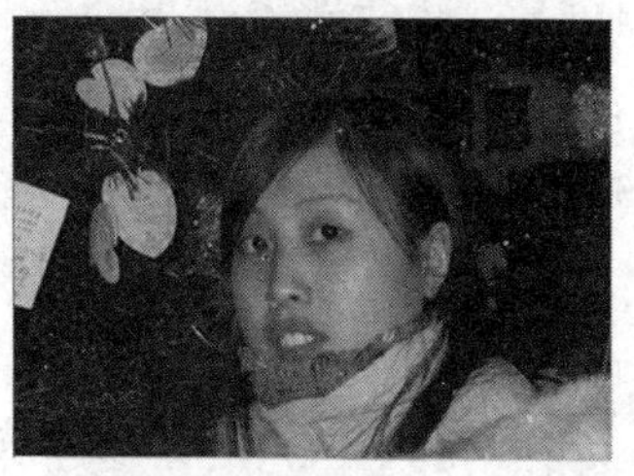

图 3.68 去除红眼

(7) 完成去除红眼后的效果如图 3.69 所示。

(8) 制作完成后，在菜单栏中选择【文件】|【存储为】命令，如图 3.70 所示。

图 3.69 完成后的效果

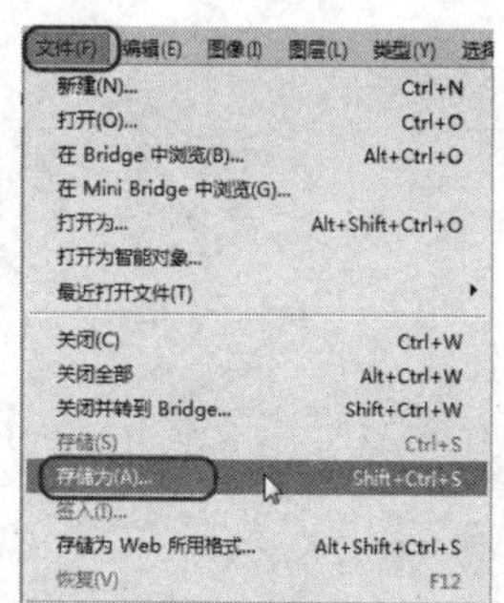


图 3.70 选择【存储为】命令

(9) 在弹出的【另存为】对话框中，选择保存路径，输入文件名称，将保存类型设置为 jpg 格式，如图 3.71 所示。

(10) 单击【保存】按钮，在随后弹出的【JPEG 选项】对话框中使用其默认值，单击【确定】按钮，如图 3.72 所示，即可将效果文件进行保存。

图 3.71 设置另存为路径、名称和类型

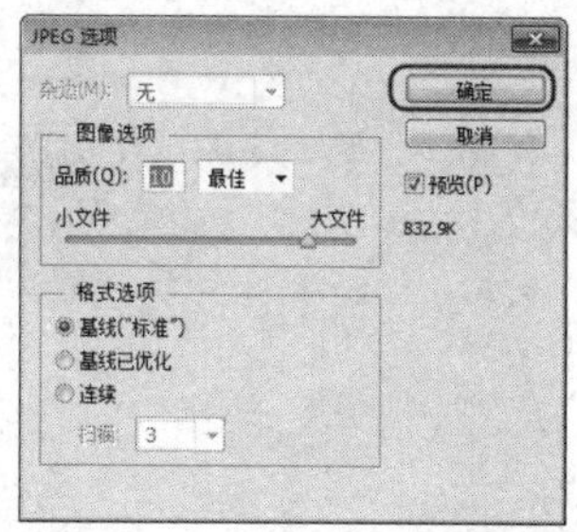


图 3.72 【JPEG 选项】对话框

## 3.12 思考与练习

1. 在使用【移动工具】时，使用键盘上的方向键进行移动和按 Shift 键加方向键移动有什么区别？

2. 【仿制图章工具】如何使用？

3. 【橡皮擦工具】、【背景橡皮擦工具】和【魔术橡皮擦工具】有何不同？

# 第 4 章　图层的应用与编辑

图层是 Photoshop 最为核心的功能之一，它承载了几乎所有的图像效果。它的引入改变了图像处理的工作方式。而【图层】面板则为图层提供了每一个图层的信息，结合【图层】面板可以灵活运用图层处理各种特殊效果。本章将对图层的功能与操作方法进行更为详细的讲解。

## 4.1　认 识 图 层

图层就像是含有文字或图像等元素的胶片，一张张按顺序叠放在一起，组合起来形成页面的最终效果。通过简单地调整各个图层之前的关系，能够实现更加丰富和复杂的视觉效果。

### 4.1.1　图层概述

在 Photoshop 中图层是最重要的功能之一，承载着图像和各种蒙版，控制着对象的不透明度和混合模式。另外，通过图层还可以管理复杂的对象，提高工作效率。

图层就好像是一张张堆叠在一起的透明画纸，用户要做的就是在几张透明纸上分别作画，再将这些纸按一定次序叠放在一起，使它们共同组成一幅完整的图像，如图 4.1 所示。

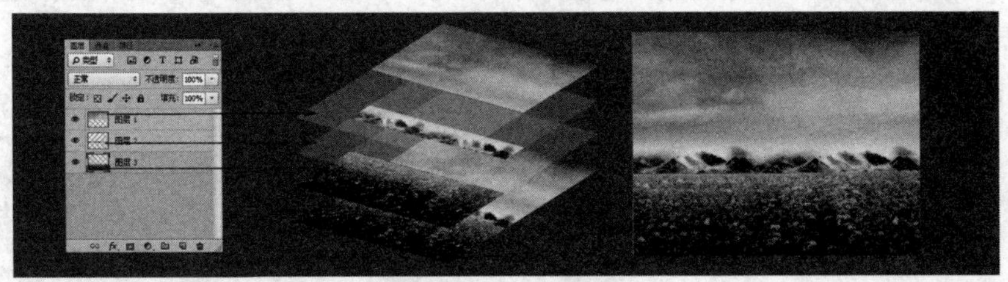

图 4.1　图层原理

图层的出现使平面设计进入了另一个世界，那些复杂的图像一下子变得简单清晰起来。通常认为 Photoshop 中的图层有 3 种特性：透明性、独立性和叠加性。

#### 1. 初识图层

下面通过实际操作进行了解图层的作用。

(1) 打开随书附带光盘中的“CDROM\素材\Cha04\0001.jpg”文件，如图 4.2 所示。在菜单栏中选择【窗口】|【图层】命令，打开【图层】面板，可以看到【图层】面板中只有一个图层，如图 4.3 所示。

图 4.2　打开素材

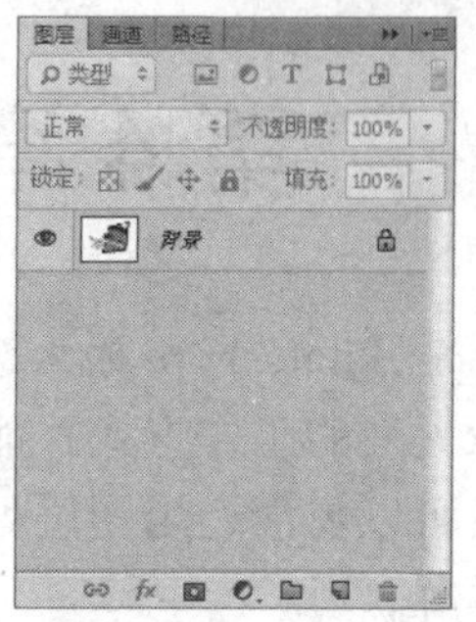

图 4.3　【图层】面板

(2) 在工具箱中选择【魔棒工具】，在背景上单击选择背景，如图 4.4 所示，然后按 Shift+Ctrl+I 组合键进行反选，选择图像，如图 4.5 所示。

图 4.4　选择白色背景

图 4.5　反向选择

(3) 选择完成后，按 Ctrl+N 组合键新建文件，在弹出的【新建】对话框中使用默认设置，单击【确定】按钮，即可创建一个空白的文档，如图 4.6 所示。然后选择工具箱中的【移动工具】，将选区内的图形移动至新建的文件中，效果如图 4.7 所示。

图 4.6　新建文件

图 4.7　完成后的效果

(4) 打开【图层】面板，这时可以发现增加了图层，如图 4.8 所示。

【图层】面板是用来管理图层的。在【图层】面板中，图层是按照创建的先后顺序堆叠排列的，上面的图层会覆盖下面的图层，因此，调整图层的堆叠顺序会影响图像的显示效果。

### 2. 图层原理

在【图层】面板中，图层名称的左侧是该图层的缩略图，它显示了图层中包含的图像

内容。仔细观察缩略图可以发现，有些缩略图带有灰白相间的棋盘格，它代表了图层的透明区域，如图 4.9 所示。隐藏背景图层后，可见图层的透明区域在图像窗口中也会显示为棋盘格状，如图 4.10 所示。如果隐藏所有的图层，则整个图像都会显示为棋盘格状。

图 4.8　向新文件中拖入选区图像后添加图层

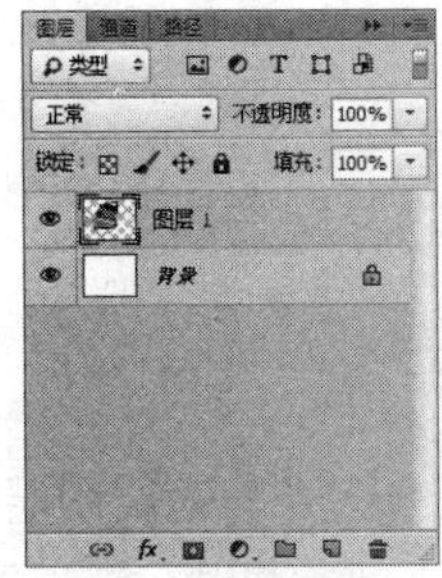

图 4.9　选择图层

图 4.10　隐藏背景图层

**技 巧**

当普通图层中包含透明区域时，可将不透明的区域转化为选区。具体操作为按住键盘上 Ctrl 键的同时单击该图层的图层缩览图，即可将不透明区域转化为选区。

当要编辑某一图层中的图像时，可以在【图层】面板中单击该图层，将它选择，选择一个图层后，即可将它设置为当前操作的图层(称为当前图层)，该图层的名称会出现在文档窗口的标题栏中，如图 4.11 所示。在进行编辑时，只处理当前图层中的图像，不会对其他图层的图像产生影响。

图 4.11　在文档窗口标题栏中显示该选择的图层

## 4.1.2 【图层】面板

【图层】面板用来创建、编辑和管理图层，以及为图层添加样式、设置图层的不透明度和混合模式。

在菜单栏中选择【窗口】|【图层】命令，可以打开【图层】面板，面板中显示了图层的堆叠顺序、图层的名称和图层内容的缩略图，如图 4.12 所示。

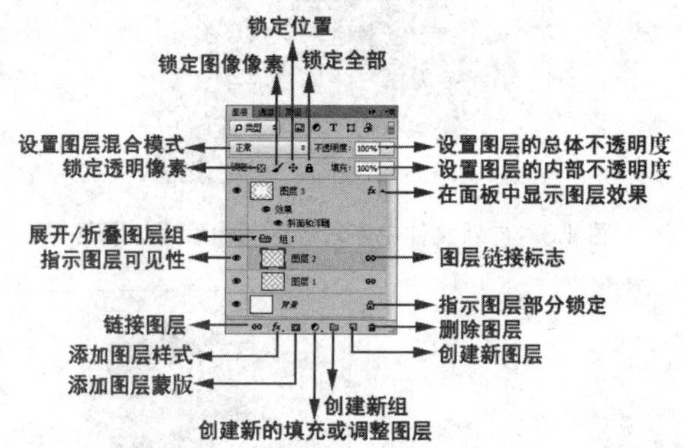


图 4.12 【图层】面板

【设置图层混合模式】：用来设置当前图层中的图像与下面图层混合时使用的混合模式。

【设置图层的总体不透明度】：用来设置当前图层的不透明度。

【设置图层的内部不透明度】：用来设置当前图层的填充百分比。

【指示图层部分锁定】按钮：锁定按钮用于锁定图层的透明区域、图像像素和位置，以免其被编辑。处于锁定状态的图层会显示图层锁定标志。

【指示图层可见性】标志：当图层前显示该标志时，表示该图层为可见图层。单击它可以取消显示，从而隐藏图层。

【链接图层/图层链接】标志：链接图层按钮用于链接当前选择的多个网层，被链接的图层会显示出图层链接标志，它们可以一同移动或进行变换。

【展开/折叠图层组】标志：单击该标志可以展开图层组，显示出图层组中包含的图层。再次单击可以折叠图层组。

【在面板中显示图层效果】：单击该标志可以展开图层效果，显示出当前图层添加的效果。再次单击可折叠图层效果。

【添加图层样式】按钮：单击该按钮，在打开的下拉列表中可以为当前图层添加图层样式。

【添加图层蒙版】按钮：单击该按钮，可以为当前图层添加图层蒙版。

【创建新的填充或调整图层】按钮：单击该按钮，在打开的下拉列表中可以选择创建新的填充图层或调整图层。

【创建新组】按钮：单击该按钮可以创建一个新的图层组。

【创建新图层】按钮：单击该按钮可以新建一个图层。

【删除图层】按钮：单击该按钮可以删除当前选择的图层或图层组。

### 4.1.3　【图层】菜单

下面来介绍【图层】菜单。

在【图层】面板单击右侧的按钮可以弹出下拉菜单，如图 4.13 所示。从中可以完成如下命令：【新建图层】、【复制图层】、【删除图层】、【删除隐藏图层】等。

在【图层】面板单击右侧的按钮，在弹出的下拉菜单中选择【面板选项】命令，打开【图层面板选项】对话框，如图 4.14 所示，可以设置图层缩略图的大小，如图 4.15 所示。

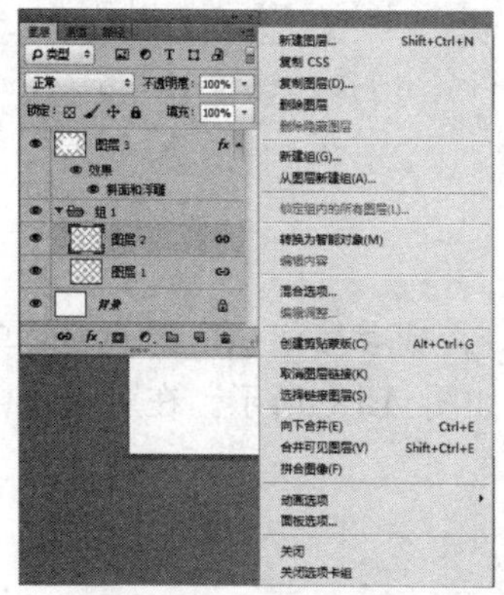


图 4.13　图层菜单

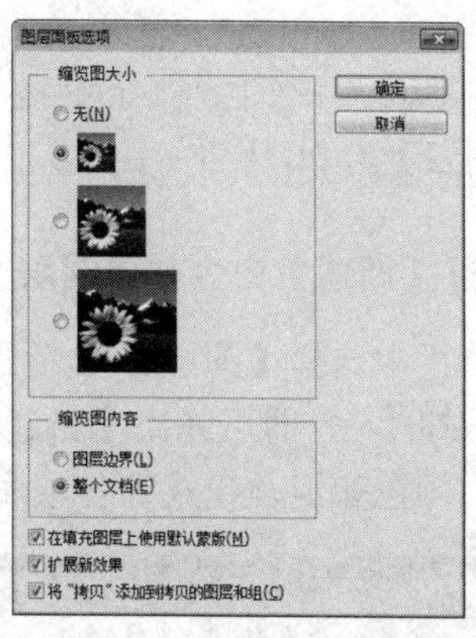


图 4.14　【图层面板选项】对话框

**技巧**

同时也可以在【图层】面板中图层下方的空白处右击，在弹出的快捷菜单中即可设置缩略图的效果，如图 4.16 所示。

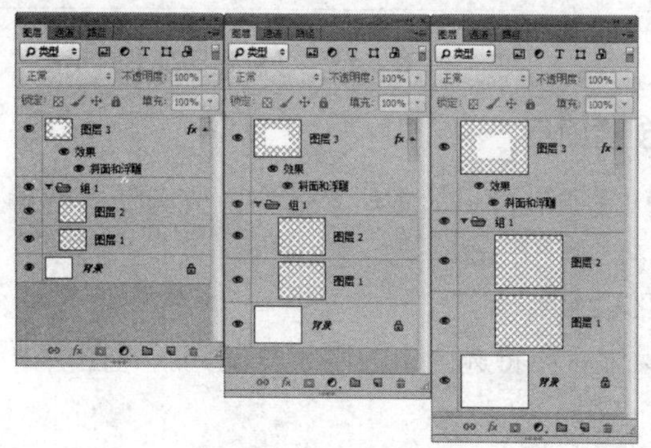

图 4.15　缩略图效果

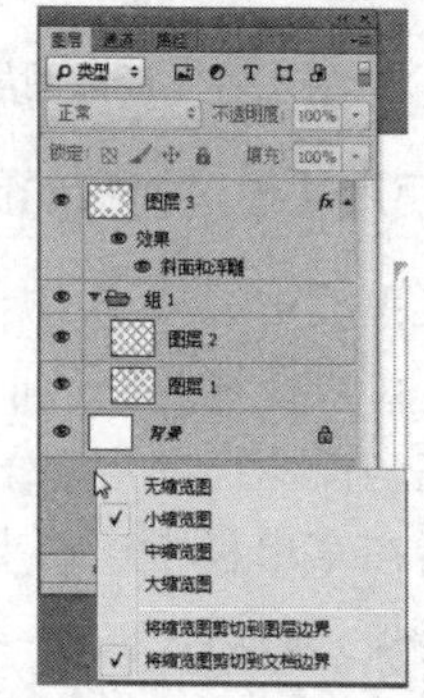


图 4.16　缩略图快捷菜单

## 4.2　创 建 图 层

在 Photoshop 中可以创建多种类型的图层，每种类型的图层都有不同的功能和用途，它们在【图层】面板中的显示状态也各不相同。下面就来介绍图层的创建。

### 4.2.1 新建图层

新建图层的方法有很多，可以通过【图层】面板创建，也可以通过各种命令进行创建。

#### 1. 通过按钮创建图层

在【图层】面板中单击【创建新图层】按钮，即可创建一个新的图层，如图 4.17 所示。

**技 巧**

如果需要在某一个图层下方创建新图层(背景层除外)，则按住键盘上 Ctrl 键的同时单击【创建新图层】按钮即可。

#### 2. 通过【新建】命令创建图层

在菜单栏中选择【图层】|【新建】|【图层】命令，或者按住 Alt 键的同时单击【创建新图层】按钮，即可弹出【新建图层】对话框，如图 4.18 所示。在对话框中可以对图层的名称、颜色和混合模式等各项属性进行设置。

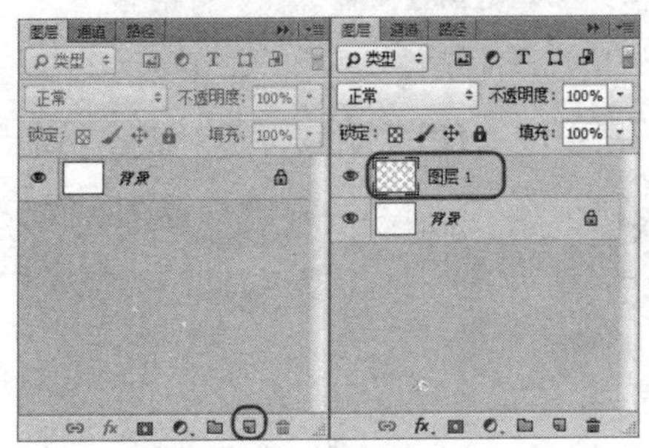

图 4.17　新建图层

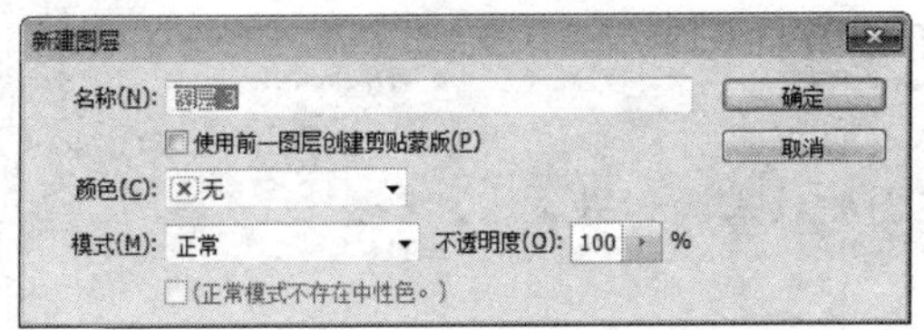


图 4.18　【新建图层】对话框

#### 3. 使用【通过拷贝的图层】命令创建图层

在菜单栏中选择【图层】|【新建】|【通过拷贝的图层】命令，或者使用键盘上 Ctrl+J 组合键，可以快速复制当前图层。

如在当前图层中创建了选区，如图 4.19 所示。

然后在菜单栏中选择上面所述的操作后会将选区中的内容复制到新建图层中，并且原图像不会受到破坏，如图 4.20 所示。

#### 4. 使用【通过剪切的图层】命令创建图层

在菜单栏中选择【图层】|【新建】|【通过剪切的图层】命令，或者使用 Shift+Ctrl+J 组合键，可以快速将当前图层中选区内的图像通过剪切后复制到新图层中，此时原图像被破坏，若当前层为背景层，剪切的区域将填充为背景色，效果如图 4.21 所示。

图 4.19　在背景图层上创建选区

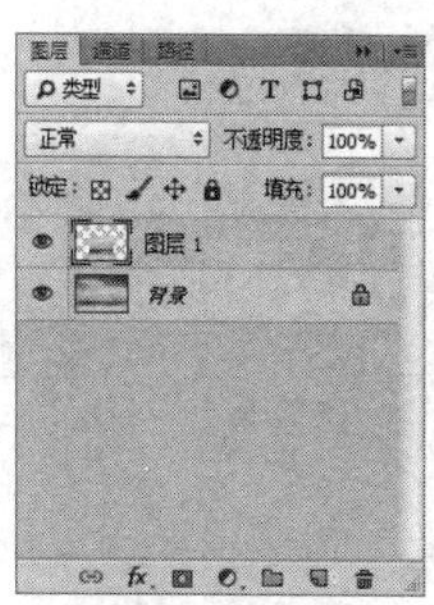


图 4.20　新建图层

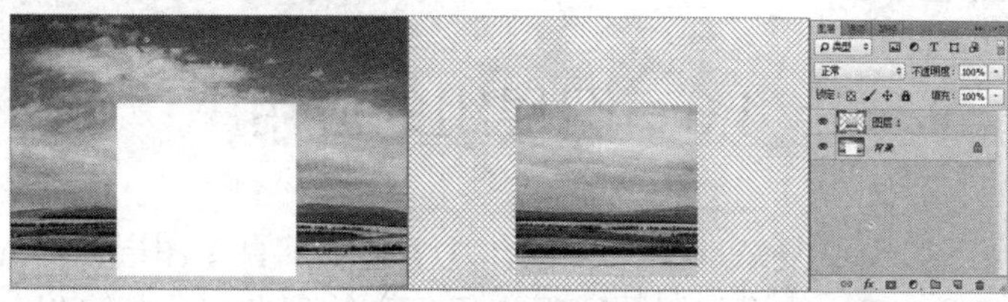

图 4.21　新建图层

## 4.2.2　将背景层转换为图层

将【背景】图层转换为普通图层，可以在【图层】面板中对【背景】层进行双击，即可弹出【创建新图层】对话框，然后在该对话框中对它进行命名，命名完成后单击【确定】按钮，如图 4.22 所示。

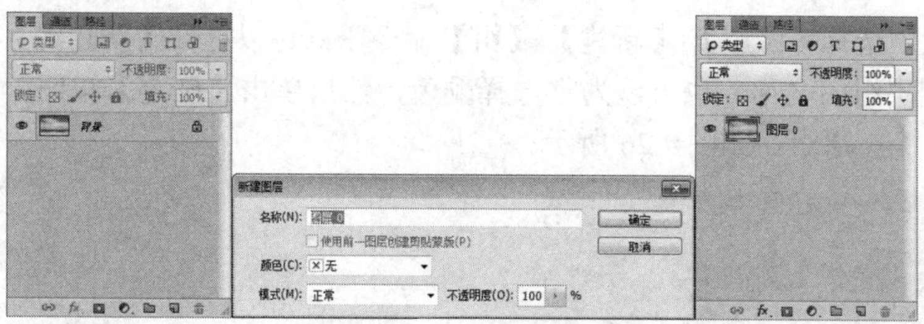


图 4.22　转换背景图层

## 4.2.3　命名图层

在图层数量较多的文档中，为一些图层设置容易识别的名称或者可以区别于其他图层的颜色，将便于我们在操作时查找图层。如果要快速修改一个图层的名称，可以在【图层】面板中双击该图层的名称，然后在显示的文本框中输入新名称，输入完成后在任意位置单击鼠标即可确认输入，如图 4.23 所示。

如果要为图层或者图层组设置颜色，可以在【图层】面板选择该图层或者组，然后右击，在弹出的快捷菜单中选择所需的颜色命令，也可以按住 Alt 键在【图层】面板中单击【创建新组】按钮或【创建新图层】按钮，在这里单击【创建新图层】按钮，此时会打开【创建新图层】对话框，此对话框中也包含了图层名称和颜色的设置选项，如图 4.24 所示。

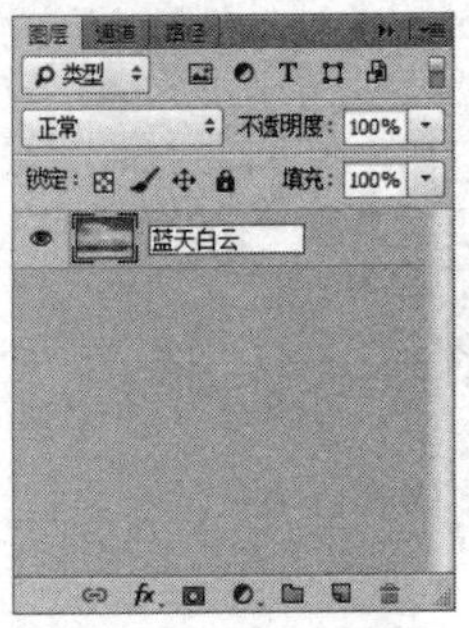


图 4.23　图层重命名

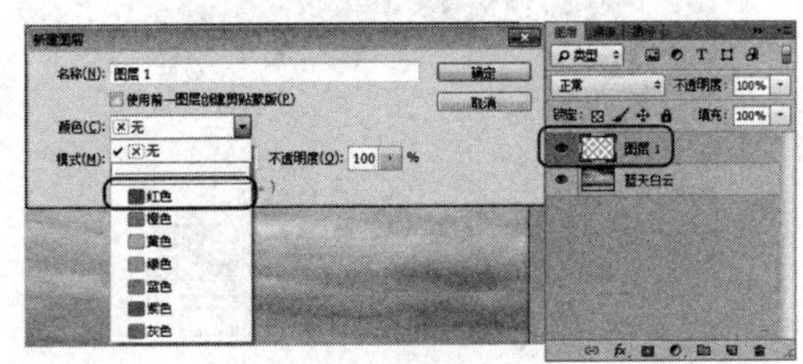


图 4.24　设置图层属性

## 4.3　图层组的应用

在 Photoshop 中，一个复杂的图像会包含几十甚至几百个图层，如此多的图层，在操作时是一件非常麻烦的事。如果使用图层组来组织和管理图层，就可以使【图层】面板中的图层结构更加清晰、合理。

### 4.3.1　创建图层组

下面来介绍一下如何创建图层组。

在【图层】面板中，单击【创建新组】按钮，即可创建一个空的图层组，如图 4.25 所示。

在菜单栏中选择【图层】|【新建】|【组】命令，则可以打开【新建组】对话框，在对话框中输入图层组的名称，也可以为它选择颜色，然后单击【确定】按钮，即可按照设置的选项创建一个图层组，如图 4.26 所示。

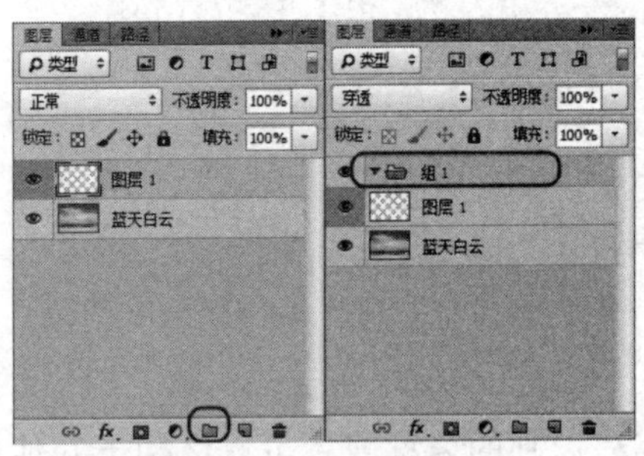


图 4.25　新建图层组

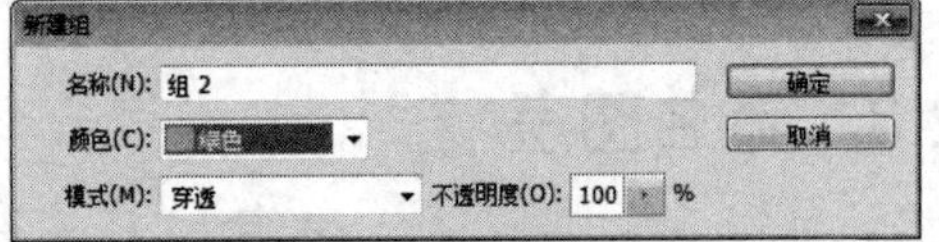


图 4.26　【新建组】对话框

**提 示**

在默认情况下，图层组为“穿透”模式，它表示图层组不具备混合属性，如果选择其他模式，则组中的图层将以该组的混合模式下面的图层产生混合。

### 4.3.2　命名图层组

对于图层组的命名与对图层的重新命名方法一致，对该图层组进行双击或者按住 Alt

键在【图层】面板中单击【创建新组】按钮，在弹出的【新建组】对话框中进行设置，如图 4.27 所示。

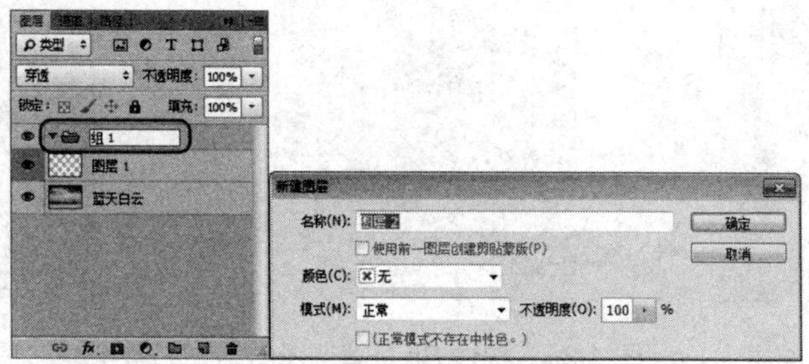

图 4.27　组命名的两种方法

## 4.3.3　删除图层组

在【图层】面板中将图层组拖曳至【删除图层】按钮上，可以删除该图层组及组中的所有图层。如果想要删除图层组，但保留组内的图层，可以选择图层组，然后单击【删除图层】按钮，在弹出提示对话框中单击【仅组】按钮即可，如图 4.28 所示。

如果单击【组和内容】按钮，则会删除图层组以及组中所有的图层，如图 4.29 所示。

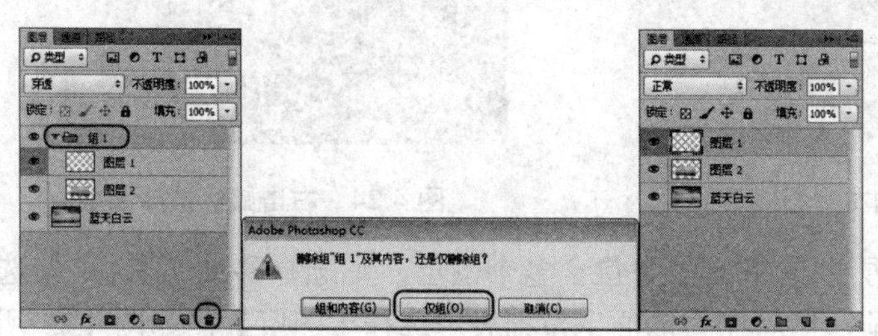

图 4.28　仅删除组

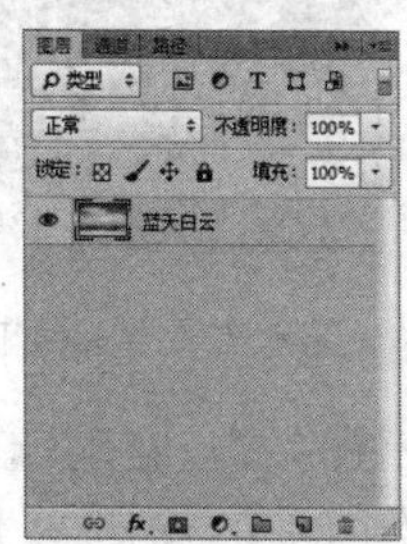

图 4.29　删除组和内容后的效果

# 4.4　编 辑 图 层

学习过图层的创建，下面就来介绍对于图层进行的编辑。

## 4.4.1　选择图层

在对图像进行处理时，我们可以通过下面的方法选择图层。

在【图层】面板中选择图层：在【图层】面板中单击任意一个图层即可选择该图层并将其设置为当前图层，如图 4.30 所示。如果要选择多个连续的图层，可单击一个图层，然后按住 Shift 键单击最后一个图层，如图 4.31 所示；如果要选择多个非相邻的图层，可以按住 Ctrl 键单击这些图层，如图 4.32 所示。

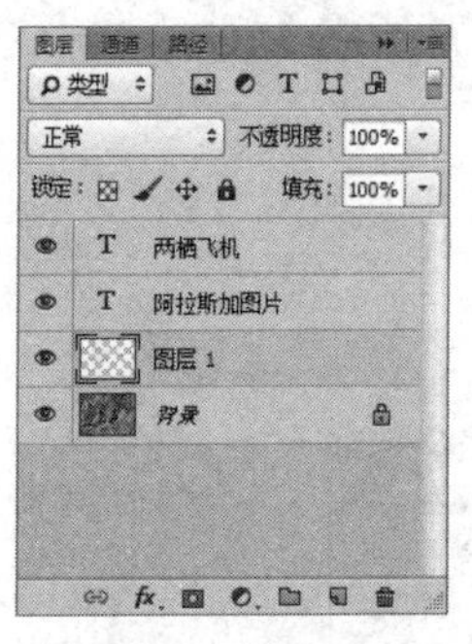


图 4.30　选择图层

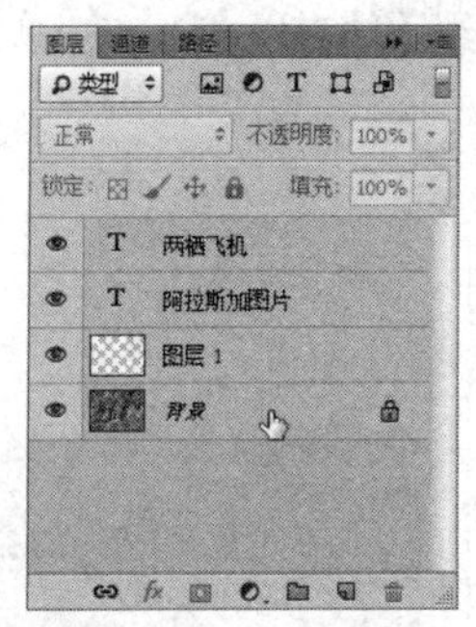


图 4.31　按住 Shift 键选择图层

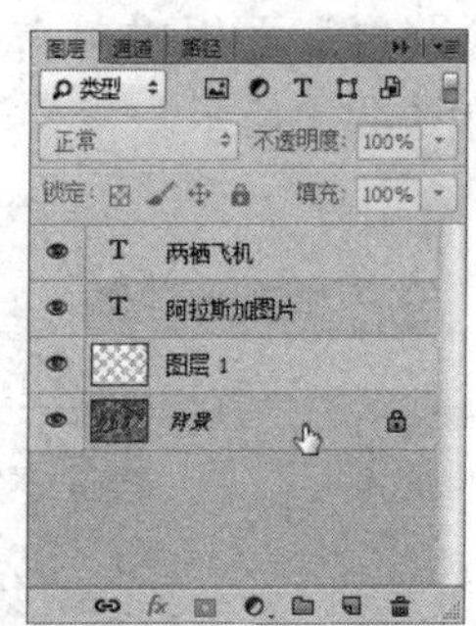


图 4.32　按住 Ctrl 键选择图层

在图像窗口中选择图层：选择【移动工具】，按住 Ctrl 键在窗口中单击，即可选择单击点下面的图层，如图 4.33 所示；如果单击点有多个重叠的图层，则可选择位于最上面的图层，如果要选择位于下面的图层，可单击鼠标右键，打开一个快捷菜单，菜单中列出了光标处所有包含像素的图层，如图 4.34 所示。

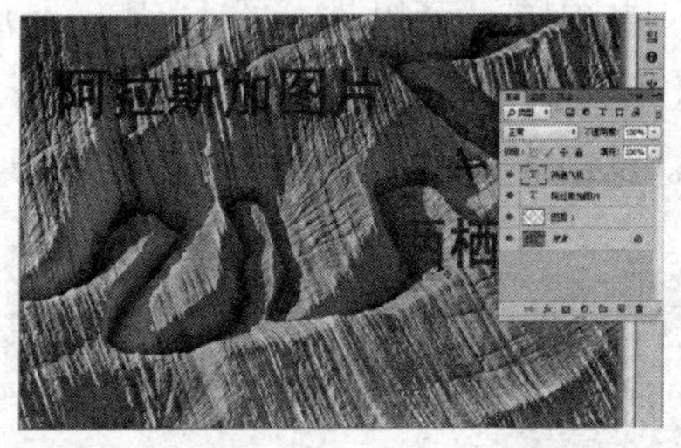


图 4.33　选择窗口中的文字图层

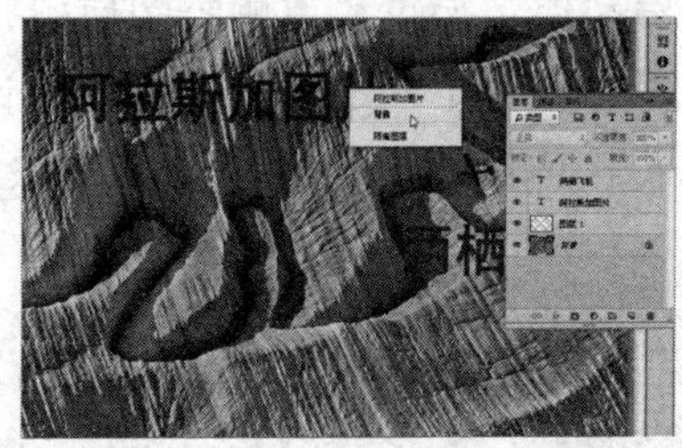

图 4.34　右击鼠标选择图层

在图像窗口自动选择图层：如果文档中包含多个图层，则选择移动工具 ，勾选工具选项栏中的【自动选择】选项，然后在右侧的下拉列表中选择【图层】，如图 4.35 所示，当这些设置都完成后，使用移动工具在画面单击时，可以自动选择光标下面包含的像素的最顶层的图层；如果文档中包含图层组，则勾选该项后，在右侧下拉列表中选择【组】，如图 4.36 所示，在使用移动工具在画面单击时，可以自动选择光标下面包含像素的最顶层的图层所在的图层组。

图 4.35　将自动选择设置为图层

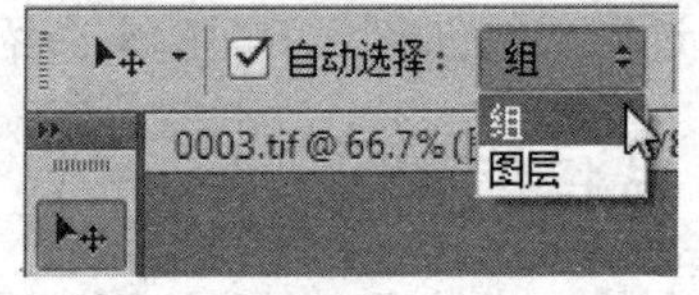


图 4.36　将自动选择设置为组

切换图层：选择了一个图层后，按下 Alt+](右中括号) 键，可以将当前的图层切换为与之相邻的上一个图层；按下 Alt+[(左中括号) 键，可以将当前图层切换为与之相邻的下一个图层。

选择链接的图层：选择了一个链接图层后，在菜单栏中选择【图层】|【选择链接图层】命令，可以选择与该图层链接的所有图层，如图 4.37 所示。

选择所有的图层：要选择所有的图层，可以在菜单栏中选择【选择】|【所有图

层】命令。

取消选择所有的图层：如果不想选择任何图层，可以在菜单栏中选择【选择】|【取消选择图层】命令，如图 4.38 所示，也可在背景图层下方的空白处单击。

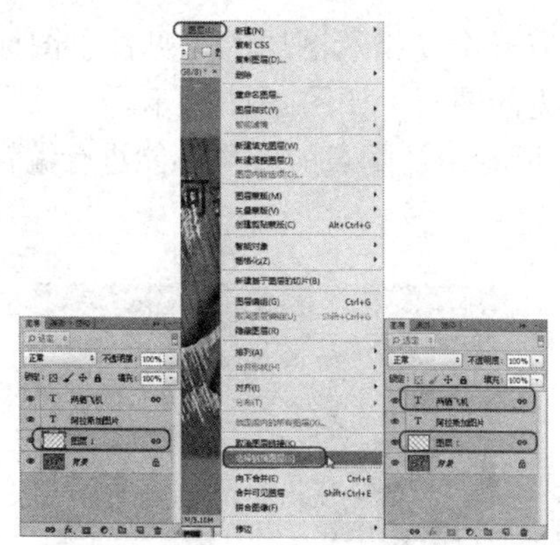

图 4.37　选择链接图层

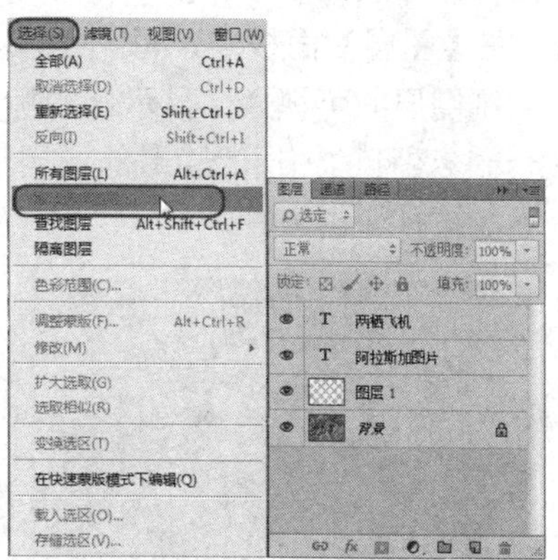

图 4.38　取消选择

## 4.4.2　复制图层

在复制图层时，可根据实际需要采用以下的方法来操作，打开“CDROM\素材\Cha04\0003.psd”素材文件。

通过图层面板复制：将需要复制的图层拖曳至【图层】面板中的【创建新图层】按钮 上，即可复制该图层。

移动复制：使用【移动工具】，按住 Alt 键拖曳图像可以复制图像，Photoshop 会自动创建一个图层来承载复制后的图像，如图 4.39 所示。如果在图像中创建了选区，则将光标放在选区内，按住 Alt 键拖曳可复制选区内的图像，但不会创建新图层，如图 4.40 所示。

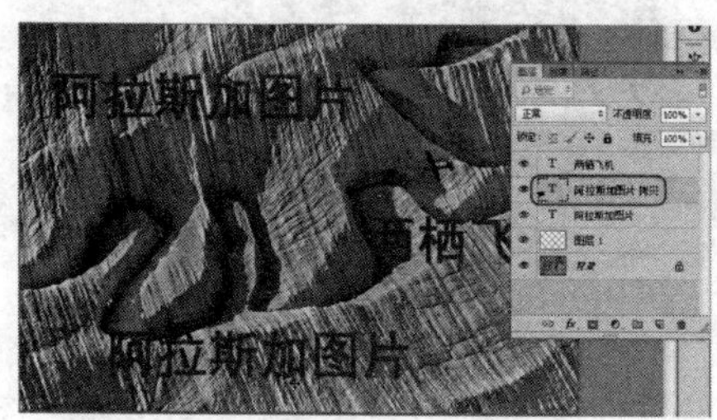

图 4.39　在图层的选区中移动复制

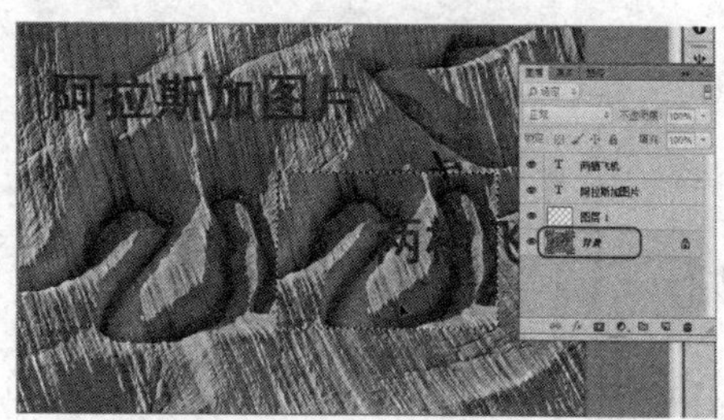

图 4.40　按住 Alt 键进行移动复制

在图像间拖曳复制：使用【移动工具】在不同的文档间拖曳图层，可以将图层复制到目标文档，采用这种方式复制图层时不会占用剪贴板，因此，可以节省内存。

**提 示**

选择图层，在菜单栏中选择【图层】|【复制图层】命令可以打开【复制图层】对话框，在该对话框中可以为复制的图层进行重命名，还可以在【文档】下拉列表框中选择某一个文件将其复制到选择的文件中。

### 4.4.3 隐藏与显示图层

下面介绍图层的隐藏与显示。

(1) 在【图层】面板中，每一个图层的左侧都有一个【指示图层的可见性】图标，它用来控制图层的可视性，显示该图标的图层为可见的图层，如图 4.41 所示。

(2) 无该图标的图层为隐藏的图层，如图 4.42 所示。被隐藏的图层不能进行编辑和处理，也不能被打印出来。

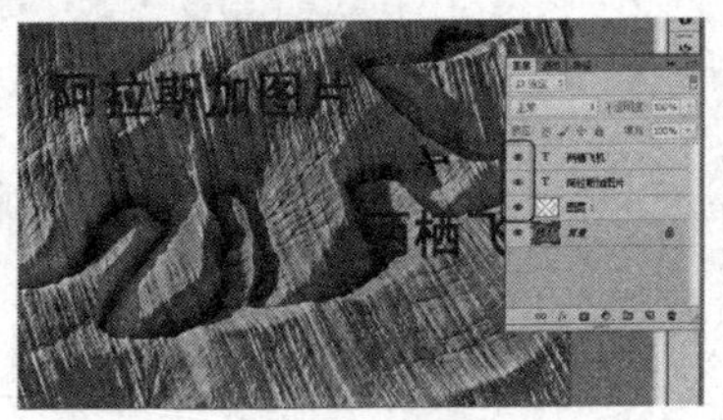


图 4.41 显示图层

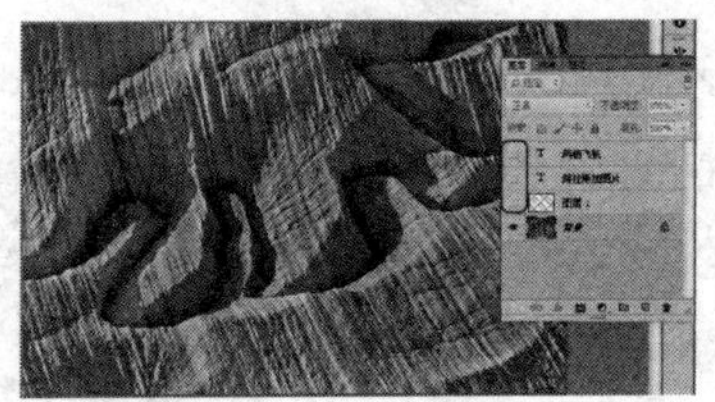

图 4.42 隐藏图层

### 4.4.4 调节图层透明度

下面通过实例来观察如何调整图层透明度。

(1) 打开随书附带光盘中的“CDROM\素材\Cha04\0004.psd”素材文件，如图 4.43 所示。

(2) 在【图层】面板中单击不透明度右侧的按钮，会弹出数值滑块栏，调动滑块就可以调整图层的透明度，如图 4.44 所示。

图 4.43 打开素材

图 4.44 调整透明度

### 4.4.5 调整图层顺序

在【图层】面板中，将一个图层的名称拖曳至另外一个图层的上面或下面，当突出显示的线条出现在要放置图层的位置，如图 4.45 所示。

释放鼠标即可调整图层的堆叠顺序，如图 4.46 所示。

图 4.45 拖曳需要调整的图层

图 4.46 调整图层顺序

## 4.4.6　链接图层

在编辑图像时，如果要经常同时移动或者变换几个图层，则可以将它们链接。链接图层的优点在于，只需选择其中的一个图层移动或变换，其他所有与之链接的图层都会发生相同的变换。

如果要链接多个图层，可以将它们选择，然后在【图层】面板中单击【链接图层】按钮，被链接的图层右侧会出现一个符号，如图 4.47 所示。

如果要临时禁用链接，可以按住 Shift 键单击链接图标，图标上会出现一个红色的×，按住 Shift 键再次单击【链接图层】按钮，可以重新启用链接功能，如图 4.48 所示。

如果要取消链接，则可以选择一个链接的图层，然后单击面板中【链接图层】按钮。

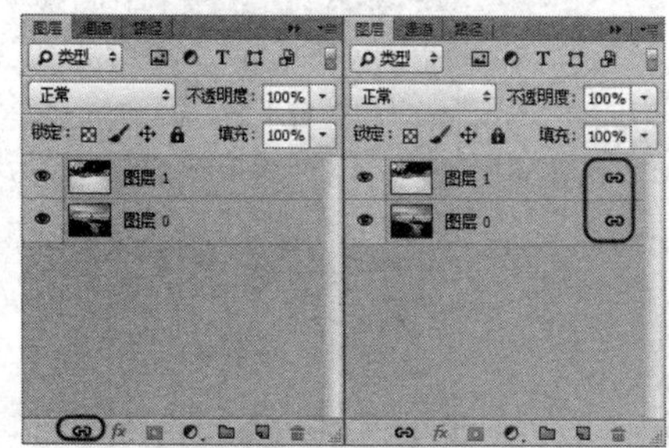

图 4.47　链接图层

图 4.48　禁用链接

**提 示**

链接的图层可以同时应用变换或创建为剪贴蒙版，但却不能同时应用滤镜，调整混合模式、进行填充或绘画，因为这些操作只能作用于当前选择的一个图层。

## 4.4.7　锁定图层

在【图层】面板中，Photoshop 提供了用于保护图层透明区域、图像像素和位置的锁定功能，可以根据需要锁定图层的属性，以免编辑图像时对图层内容造成修改。当一个图层被锁定后，该图层名称的右侧会出现一个锁状图标，如果图层被部分锁定，该图标是空心的；如果图层被完全锁定，则该图标是实心的，若要取消锁定，可以重新单击相应的锁定按钮，锁状图标也会消失。

在【图层】面板中有 4 项锁定功能，分别是锁定透明像素、锁定图像像素、锁定位置、锁定全部，下面分别进行介绍。

【锁定透明像素】按钮：按下该按钮后，编辑范围将被限定在图层的不透明区域，图层的透明区域会受到保护。例如，使用画笔工具涂抹图像时，透明区域不会受到任何影响，如图 4.49 所示。如果在菜单栏中选择模糊类的滤镜时，想要保持图像边界的清晰，就可以启用该功能。

【锁定图像像素】按钮：按下该按钮后，只能对图层进行移动和变换操作，不能使用绘画工具修改图层中的像素，例如，不能在图层上进行绘画、擦除或应用滤镜，如图 4.50 所示为锁定图像像素后，使用画笔工具涂抹时弹出的警告。

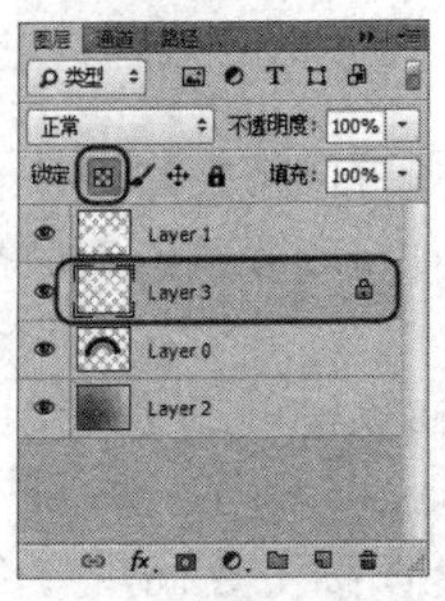


图 4.49 锁定透明像素

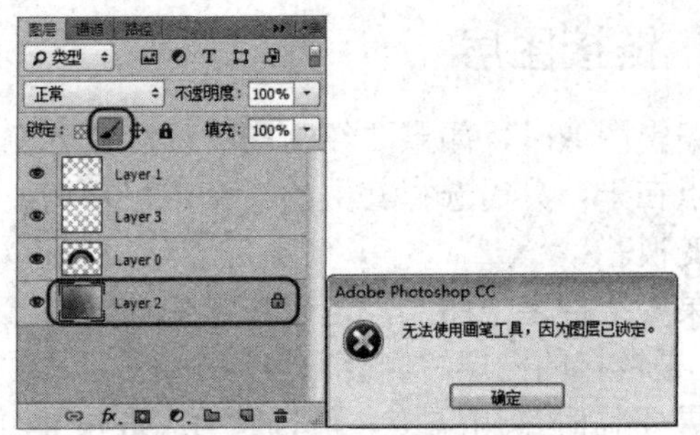


图 4.50 锁定图像像素

【锁定位置】按钮：按下该按钮后，图层将不能被移动，如图 4.51 所示。

【锁定全部】按钮：按下该按钮后，可以锁定以上的全部选项，如图 4.52 所示。

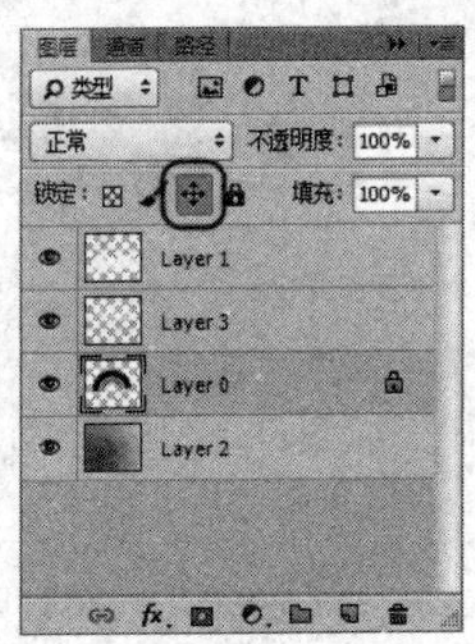


图 4.51 部分锁定图层

图 4.52 完全锁定图层

### 4.4.8 删除图层

下面介绍如何对图层进行删除。

在【图层】面板中，将一个图层拖曳至【删除图层】按钮上，即可删除该图层，如果按住 Alt 键单击【删除图层】按钮，则可以将当时选择的图层删除。同样也可以在菜单栏中选择【图层】|【删除】|【图层】命令，将选择的图层删除。在图层数量较多的情况下，如果要删除所有隐藏的图层，可以在菜单栏中选择【图层】|【删除】|【隐藏图层】命令；如果要删除所有链接的图层，可以在菜单栏中选择【图层】|【选择链接图层】命令，将链接的图层选择，然后再将它们删除。

## 4.5 图层的合并操作

在 Photoshop 中，图层、图层组和图层样式等都占用计算机的内存，因此，以上内容的数量越多，占用系统资源也就越多，从而导致计算机运行速度变慢，将相同属性的图层合并，或者将没用的图层删除都可以减小文件的大小。

### 4.5.1 向下合并图层

如果要将一个图层与它下面的图层合并，可以选择该图层，然后在菜单栏中选择【图层】|【向下合并】命令，或按下 Ctrl+E 组合键，合并后的图层将使用合并前，位于下面

的图层的名称，如图 4.53 所示。也可以在图层名称右侧空白处右击，在弹出的快捷菜单中选择【向下合并】命令。

**提 示**

【合并图层】命令可以合并相邻的图层，也可以合并不相邻的多个图层，而【向下合并】命令只能合并两个相邻的图层。

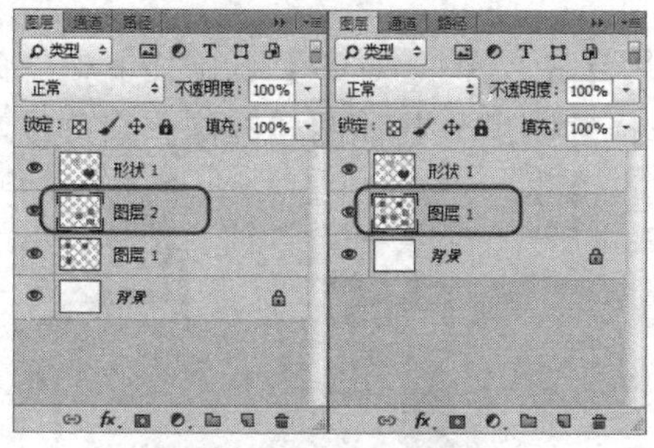

图 4.53　向下合并图层

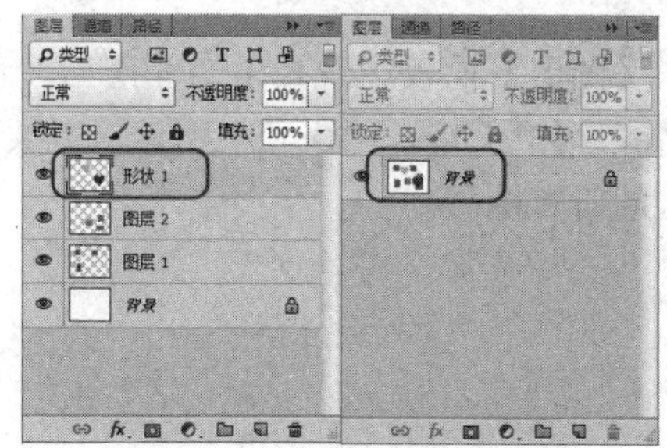

图 4.54　合并可见图层

## 4.5.2　合并可见图层

如果要合并【图层】面板中所有的可见图层，可在菜单栏中选择【图层】|【合并可见图层】命令，或按 Shift+Ctrl+E 组合键。如果背景图层为显示状态，则这些图层将合并到背景图层中，如图 4.54 所示；如果背景图层被隐藏，则合并后的图层将使用合并前被选择的图层的名称。也可以在图层名称右侧空白处右击，在弹出的快捷菜单中选择【合并可见图层】命令。

## 4.5.3　拼合图像

在菜单栏中选择【图层】|【拼合图像】命令，可以将所有的图层都拼合到背景图层中，图层中的透明区域会以白色填充。如果文档中有隐藏的图层，则会弹出提示信息，单击【确定】按钮可以拼合图层，并删除隐藏的图层，单击【取消】按钮则取消拼合操作，如图 4.55 所示。

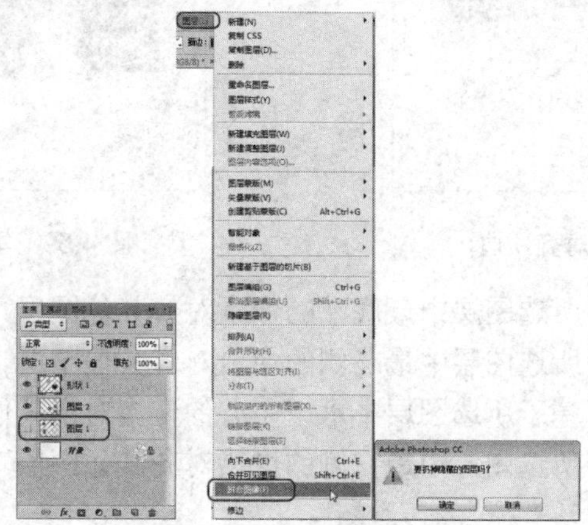

图 4.55　拼合图像

# 4.6 图层对象的对齐与分布

本节将介绍如何对文件的图层图像进行对齐与分布。

## 4.6.1 对齐图层对象

在【图层】面板中选择多个图层后，可以使用【图层】|【对齐】下拉菜单中的命令将它们对齐，如图 4.56、图 4.57 所示。如果当前选择的图层与其他图层链接，则可以对齐与之链接的所有图层。

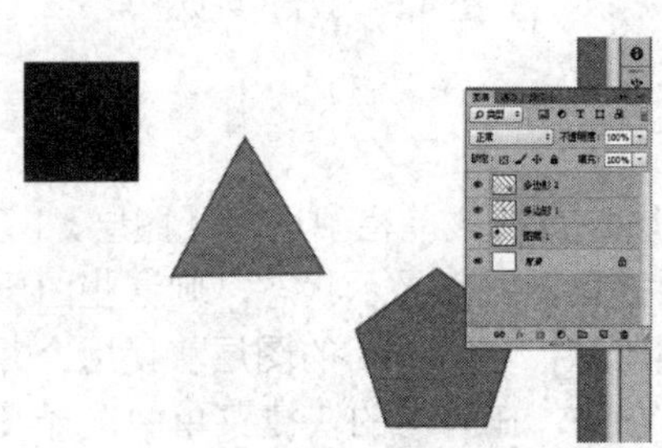

图 4.56 选择图层

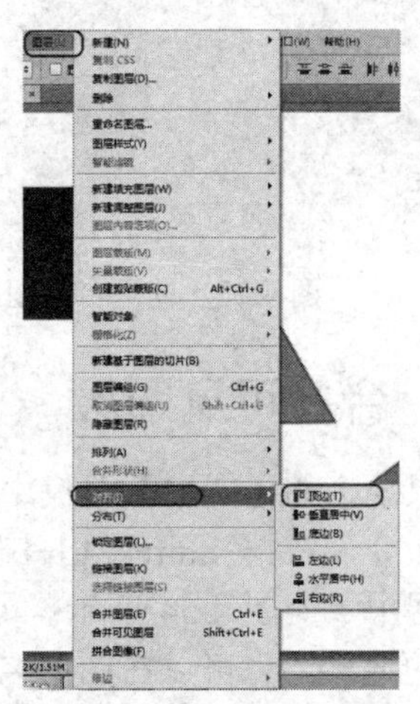

图 4.57 选择【对齐】命令

【顶边】：可基于所选图层中最顶端的像素对齐其他图层，如图 4.58 所示。

【垂直居中】：可基于所选图层中垂直中心的像素对齐其他图层，如图 4.59 所示。

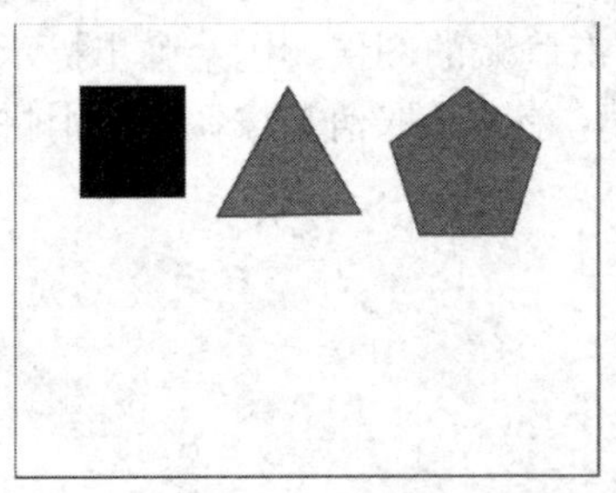

图 4.58 对齐顶边

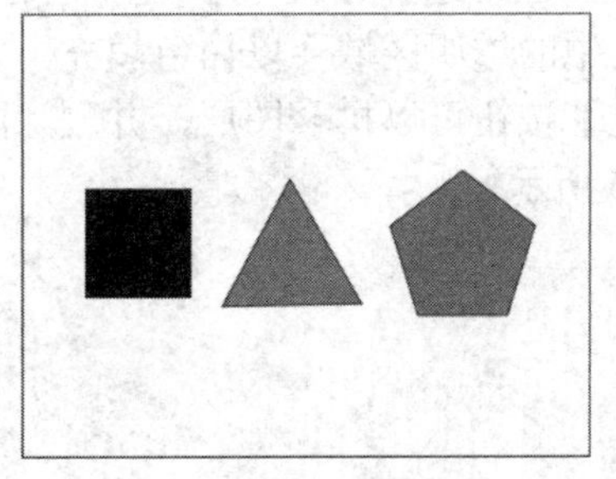

图 4.59 垂直居中

【底边】：可基于所选图层中最底端的像素对齐其他图层，如图 4.60 所示。

【左边】：可基于所选图层中最左侧的像素对齐其他图层。

【水平居中】：可基于所选图层中水平中心的像素对齐其他图层，如图 4.61 所示。

【右边】：可基于所选图层中最右侧的像素对齐其他图层。

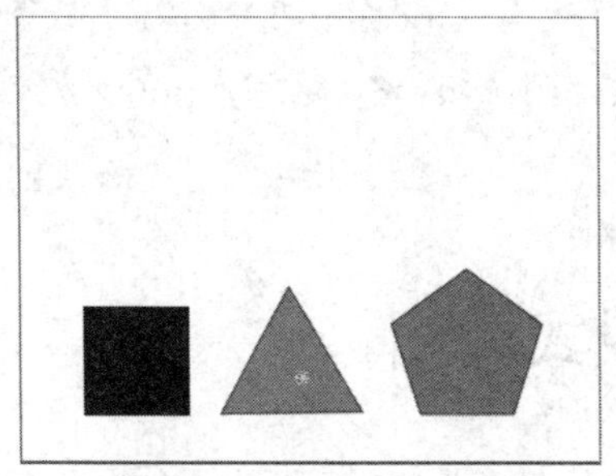

图 4.60　对齐底边

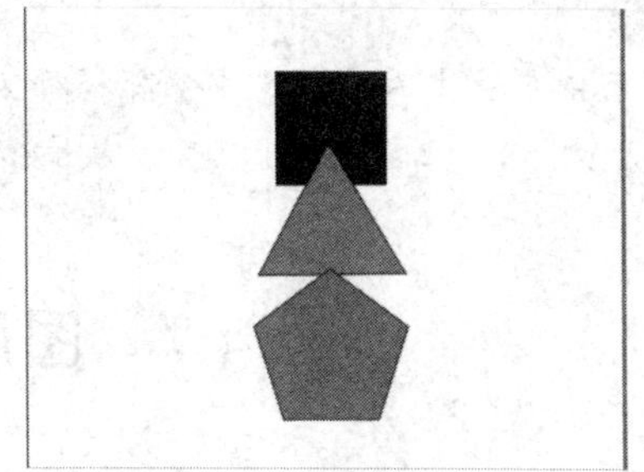

图 4.61　水平居中

## 4.6.2　分布图层对象

【图层】|【分布】下拉菜单中的命令用于均匀分布所选图层，在选择了三个或更多的图层时，我们才能使用这些命令，如图 4.62、图 4.63 所示。

图 4.62　选择图层

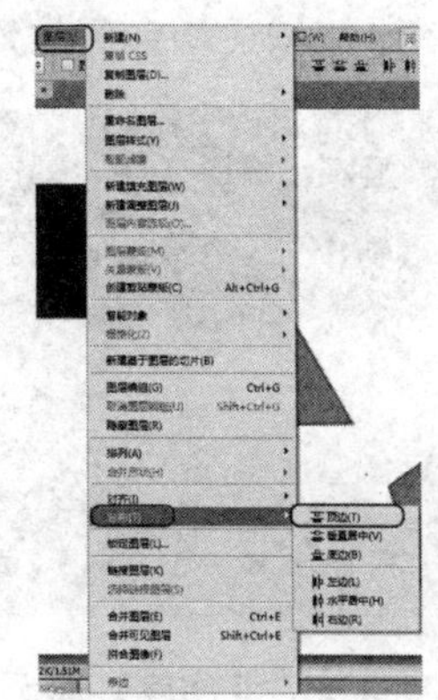

图 4.63　分布命令

【顶边】：可以从每个图层的顶端像素开始，间隔均匀地分布图层，如图 4.64 所示。

【垂直居中】：可以从每个图层的垂直中心像素开始，间隔均匀地分布图层。

【底边】：可以从每个图层的底端像素开始，间隔均匀地分布图层。

【左边】：可以从每个图层的左端像素开始，间隔均匀地分布图层。

【水平居中】：可以从每个图层的水平中心开始，间隔均匀地分布图层。

【右边】：可以从每个图层的右端像素开始，间隔均匀地分布图层。

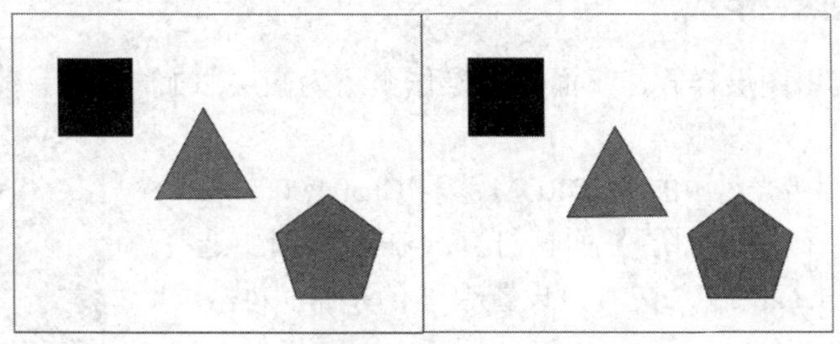

图 4.64　分布顶边

**提 示**

由于分布操作不像对齐操作那样很容易地观察出每种选项的结果，读者可以在每一个分布结果后面绘制可辅助线，以查看效果。

# 4.7 图层混合模式介绍

混合模式最主要的应用方向是控制当前图层中的像素与它下面图层中的像素如何混合。下面学习图层的混合模式。

(1) 打开随书附带光盘中的“CDROM\素材\Cha04\0006.psd”文件，按 F7 键打开【图层】面板，如图 4.65 所示。

(2) 然后在【图层】面板中将图层的混合模式改为【颜色】，效果如图 4.66 所示。在为图层添加混合模式后，使用任何工具在添加了图层混合式的图层上添加颜色或在该图层下面的图层上添加颜色均会产生效果。

图 4.65 【图层】面板

图 4.66 【颜色】混合模式下的效果

# 4.8 应 用 图 层

图层样式又称为图层效果，它是为图层添加的各种效果，可以快速改变图层内容的外观。图层样式是一种非破坏性的功能，可以随时修改、隐藏或者删除，此外，使用 Photoshop 预设的样式，或者载入外部样式，便可以将效果应用于图像。

## 4.8.1 应用图层样式

本节将介绍应用图层样式，下面通过操作介绍为图层添加图层样式。

(1) 打开随书附带光盘中的“CDROM\素材\Cha04\0007.jpg”文件，然后按 F7 键将【图层】面板打开。在工具箱中选择【横排文字工具】T，输入文本，设置合适的字体大小，如图 4.67 所示。

图 4.67 输入文本

(2) 在【图层】面板下方单击【添加图层样式】按钮 fx，然后在打开的下拉列表中选择一个效果命令，即可打开【图层样式】对话框并进入到相应效果的设置面板，或者双击文本图层名称右侧的空白区域。在弹出的【图层样式】对话框中，勾选【投影】和【描边】复选框，设置数值，完成后进行确定，如图 4.68 所示。

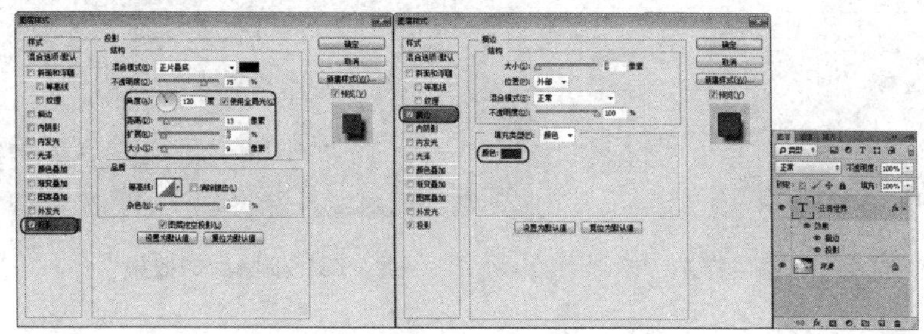

图 4.68　设置【图层样式】参数

(3) 至此就完成了对文本图层的添加图层样式。效果如图 4.69 所示。

图 4.69　完成后的效果

## 4.8.2　清除图层样式

清除图层样式常用于清除一些多余图层样式，下面介绍如何清除图层样式。

(1) 打开随书附带光盘中的“CDROM\素材\Cha04\0008.psd”文件，然后打开【图层】面板，即可看到创建好的图层样式，如图 4.70 所示。

(2) 在菜单栏中选择【图层】|【图层样式】|【清除图层样式】命令，可以将选中图层的图层样式全部清除，如图 4.71 所示。

图 4.70　打开素材文件

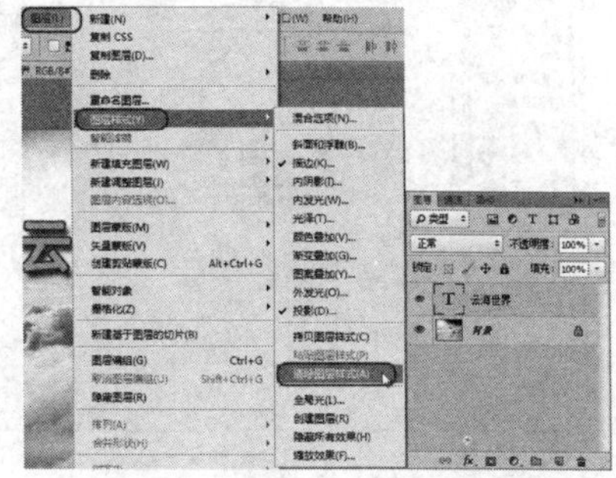

图 4.71　在菜单栏中选择【清除图层样式】命令

(3) 还可以在【图层】面板中选择一个图层样式，将其直接拖曳到【删除图层】按钮上，只可将图层中的一个图层样式进行删除，如图 4.72、图 4.73 所示。

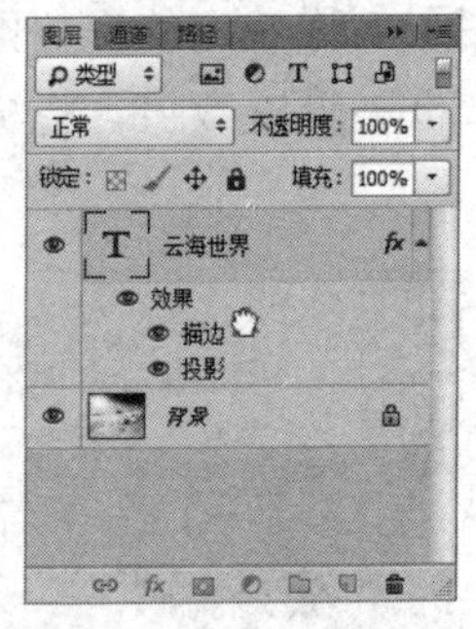

图 4.72　选择一个图层样式

图 4.73　清除后的效果

# 4.9　添加图层样式

在使用 Photoshop 预设图层样式的时候，如果找不到预想的样式效果，可以通过创建新的图层样式来进行填补样式。

## 4.9.1　添加并创建图层样式

下面介绍如何创建图层样式。

(1) 新建一个空白文件，在【图层】面板中，双击【背景】层将其解锁。确定【图层 0】在选中的情况下，在菜单栏中选择【图层】|【图层样式】命令或在图层名称右侧空白处双击，在弹出的【图层样式】对话框中编辑所要为图层添加的图层样式效果，如图 4.74 所示。

(2) 添加完图层样式后，在【图层样式】对话框中选择【样式】选项卡，在【样式】组中单击【更多】按钮，在弹出的下拉菜单中可以根据需要选择图层样式类型，如图 4.75 所示。

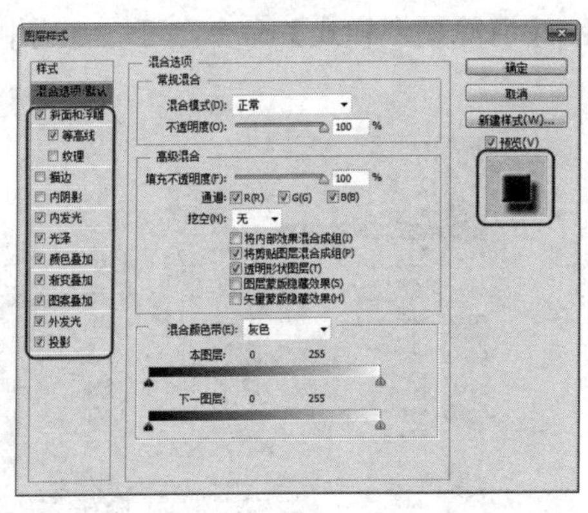

图 4.74　设置图层样式

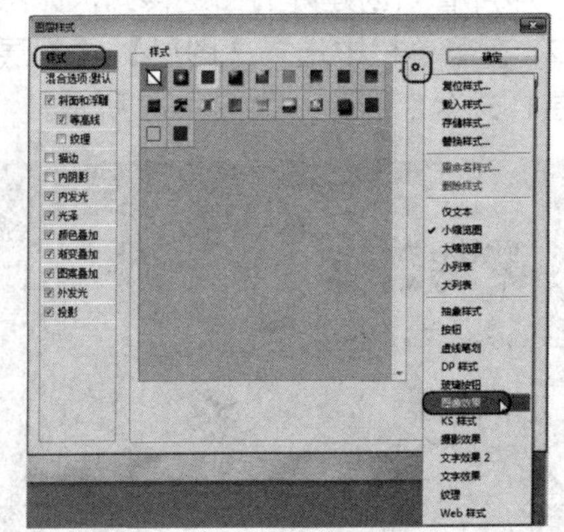

图 4.75　样式菜单

(3) 选择完成后，会弹出【图层样式】对话框，单击【追加】按钮，如图 4.76 所示。

(4) 设置完成后，此时在【样式】列表中即可追加刚才选择的图层样式类型中的图层样式，如图 4.77 所示。

图 4.76　【图层样式】对话框

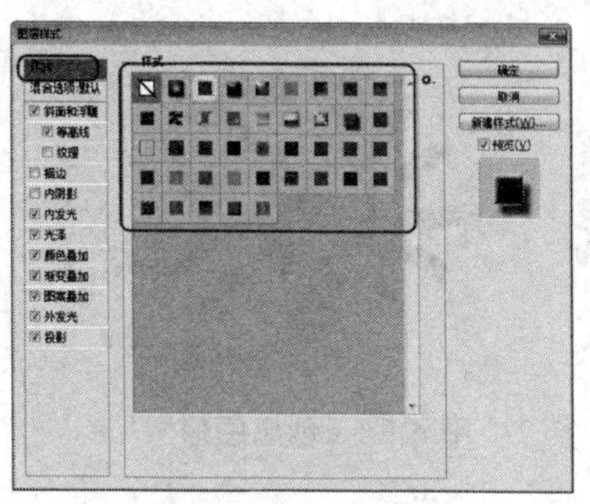

图 4.77　新增样式

(5) 以上我们增加的是系统默认的样式，下面学习如何添加自定义样式，选择【样式】选项，然后单击【新建样式】按钮，在弹出的【新建样式】对话框中，对新建的样式进行命名，然后单击【确定】按钮，如图 4.78 所示。

(6) 单击【确定】按钮后，即可在图层样式对话框的样式选项卡中，看到刚才添加的图层样式，如图 4.79 所示。

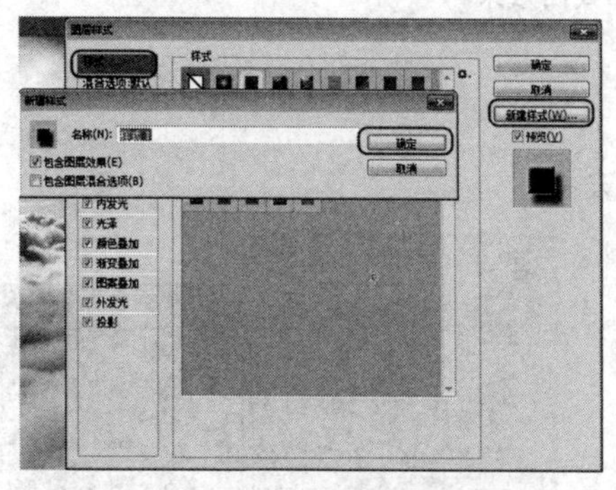

图 4.78　【新建样式】对话框

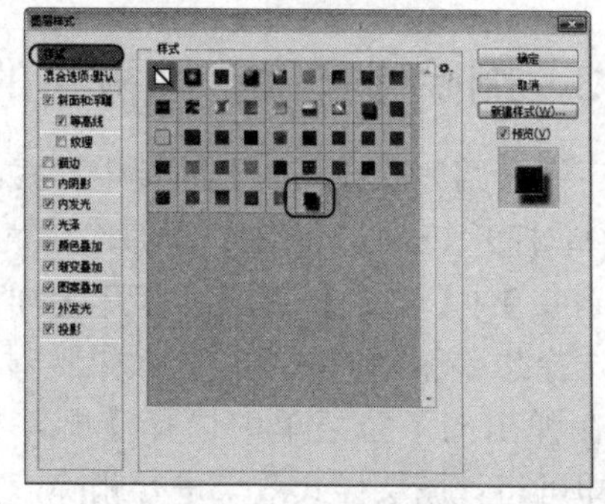

图 4.79　完成新建

## 4.9.2　管理图层样式

下面将介绍如何管理图层样式。

(1) 新建一个空白文档，在工具箱中选择【自定形状工具】，在工具选项栏中设置填充颜色以及描边颜色，并选择一种图形，然后在文件中进行绘制创建，如图 4.80 所示。

(2) 在菜单栏中选择【窗口】|【样式】命令，打开【样式】面板，在确定绘制的形状图层处于编辑的状态下，在【样式】面板中选择一种样式，进行应用，如图 4.81 所示。

(3) 如果所选样式不符合需要，即可在【样式】面板中重新进行样式的选择，进行应用，这样就可替换原有的样式，如图 4.82 所示。

图 4.80　创建图形

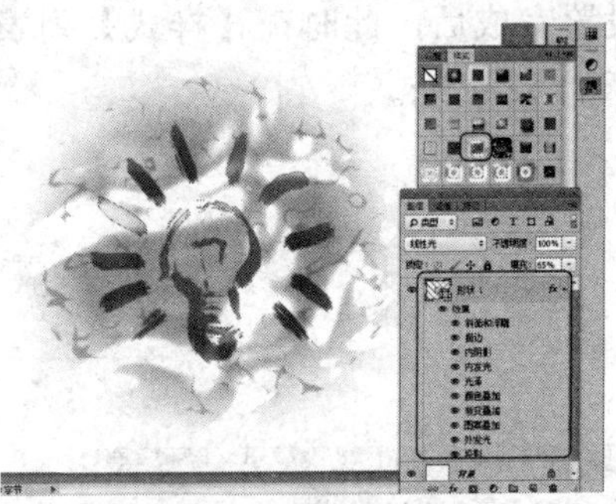

图 4.81　应用样式效果

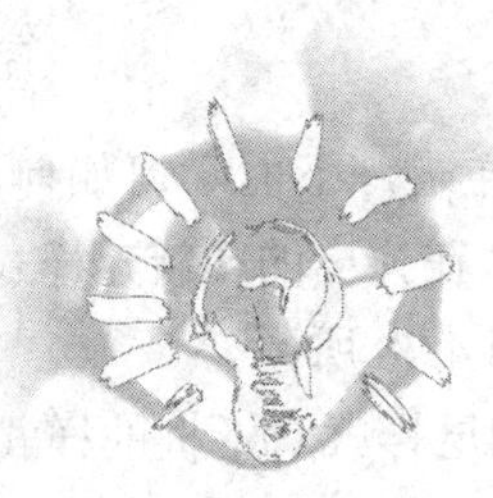

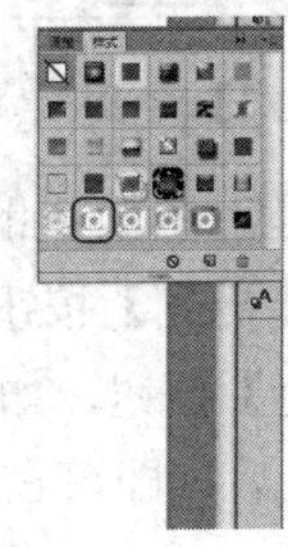

图 4.82　替换原样式后效果

## 4.9.3　删除【样式】面板中的样式

下面介绍删除【样式】面板中样式的两种方法。

(1) 打开 Photoshop CC 软件，在菜单栏中选择【窗口】|【样式】命令，打开【样式】对话框，选择想要删除的图层样式效果，对其进行右击，在弹出的下拉菜单中选择【删除样式】命令，即可将该图层样式效果进行删除，如图 4.83 所示。

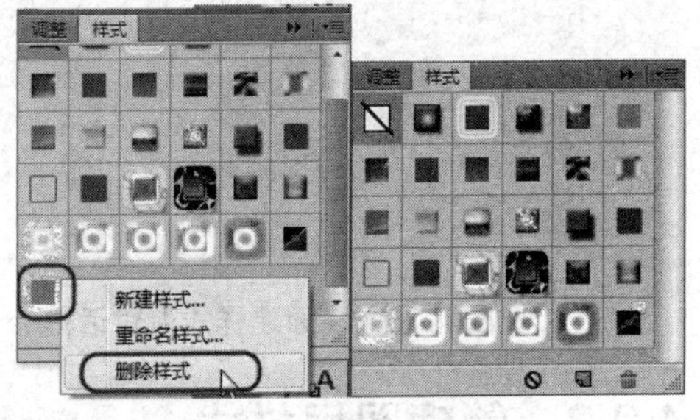


图 4.83　在【样式】面板中删除样式

(2) 还可以通过在打开的【图层样式】对话框中，选择【样式】选项，从中选择想要删除的图层样式效果，对其右击，在弹出的快捷菜单中，选择【删除样式】命令，即可删除该图层样式效果，如图 4.84 所示。

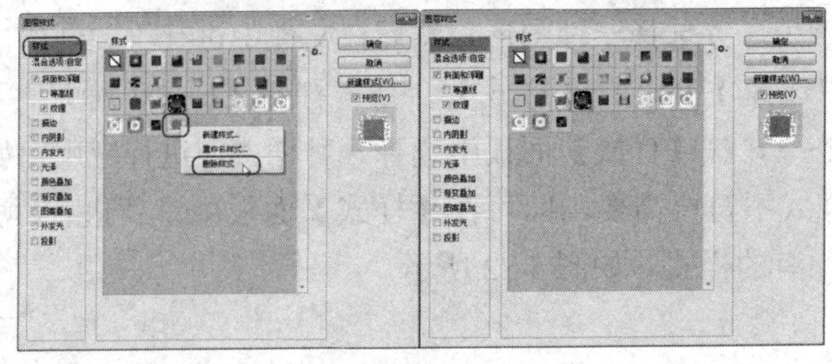

图 4.84　在【图层样式】对话框中删除样式

**提　示**

除以上两种方法外，还可以使用以下两种方式删除样式，在【样式】面板中选择一个图层样式并将其拖曳至【删除】按钮上，或者在按住 Alt 键的同时单击需要删除的样式将其拖曳至【删除】按钮上直接删除。

## 4.9.4　使用图层样式

在 Photoshop 中，对图层样式进行管理是通过【图层样式】对话框来完成的，还可以通过【图层】|【图层样式】命令添加各种样式，如图 4.85 所示。

也可以单击【图层】面板下方的【添加图层样式】按钮 fx 来完成，如图 4.86 所示，双击图层名称右侧空白处，也可以打开【图层样式】对话框。

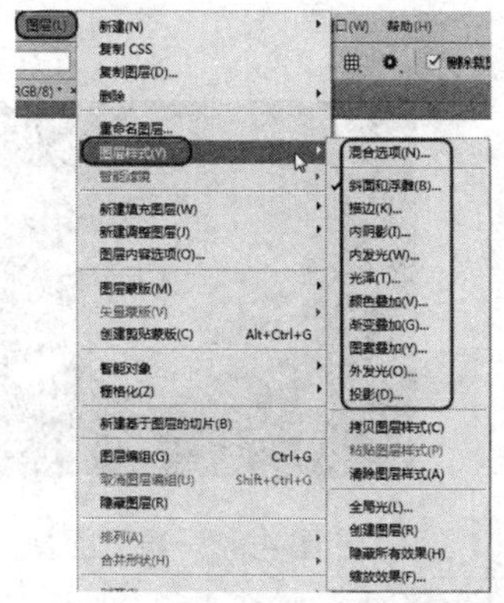


图 4.85　选择【图层样式】命令

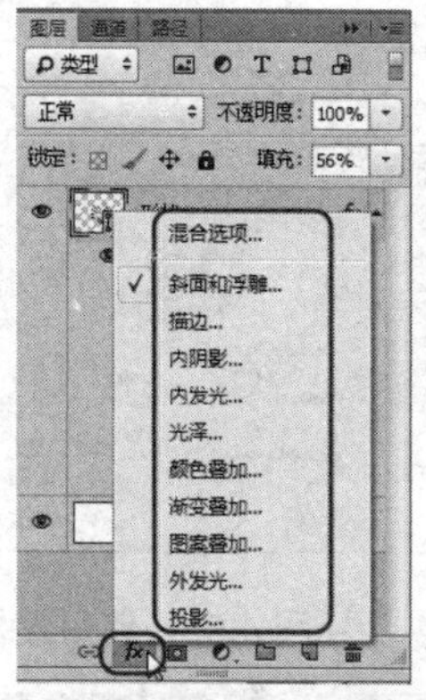


图 4.86　添加图层样式

在【图层样式】对话框的右侧列出了 10 种效果，如图 4.87 所示。

在该对话框中选择任意效果选项后，即勾选该选项名称前面的复选框，表示在图层中添加了该效果。单击一个效果的名称，可以选中该效果，对话框的右侧会显示与之对应的设置选项，如图 4.88 所示。

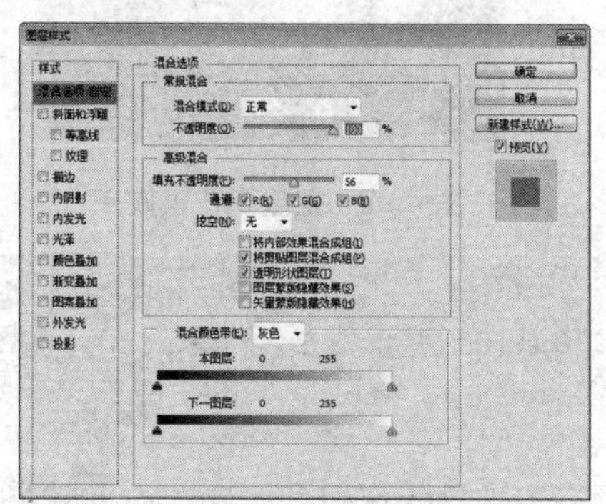

图 4.87　【图层样式】对话框

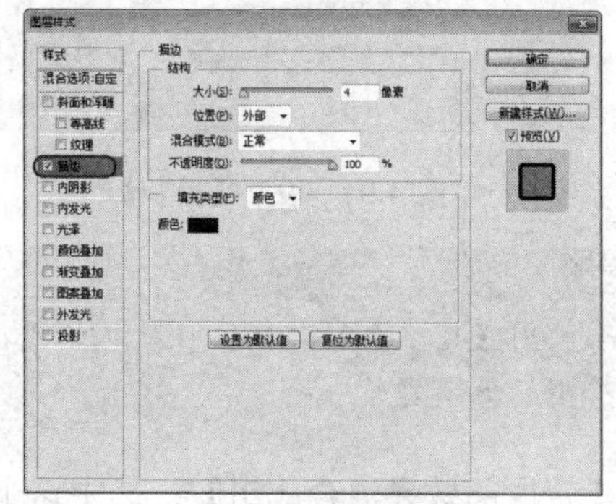

图 4.88　选择效果

如果只单击效果名称前面的复选框，则可以应用该效果，但不会显示效果的选项，如图 4.89 所示。

逐一尝试各个选项的功能后就会发现，所有样式的选项参数窗口都有许多的相似之处。

【混合模式】：在介绍图层【混合模式】时已经学过了，在次就不再赘述。

【不透明度】：可以输入数值或拖曳滑块设置图层效果的不透明度。

【通道】：在 3 个复选框中，可以选择参加高级混合的 R、G、B 通道中的任何一个或者多个，也可以一个都不选，但是一般得不到理想的效果。至于通道的详细概念，会在以后的【通道】面板中加以阐述。

【挖空】：控制投影在半透明图层中的可视性或闭合。应用这个选项可以控制图层色调的深浅，如图 4.90 所示。单击下三角按钮可以弹出下拉列表，它们的效果各不相同。将【挖空】设置为深，将【填充不透明度】数值设定为 0，如图 4.91 所示，挖空到背景图层效果，如图 4.92 所示。

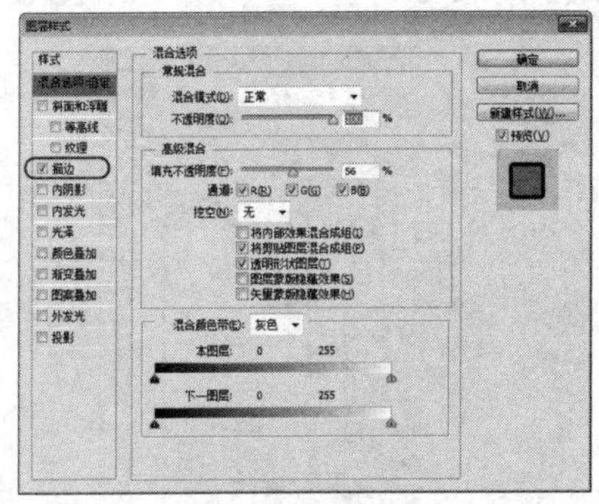

图 4.89　使用效果

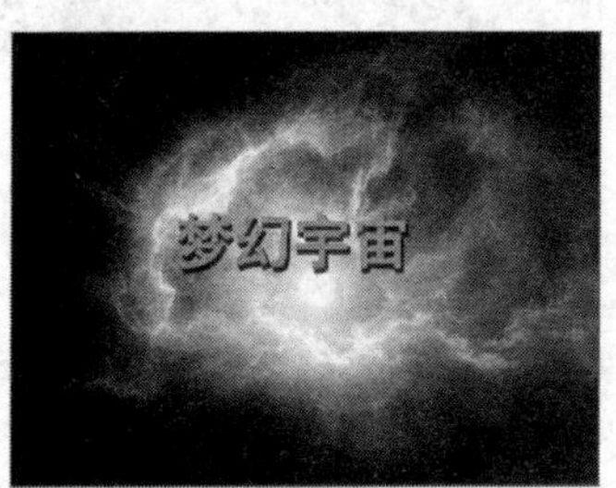


图 4.90　调整色调

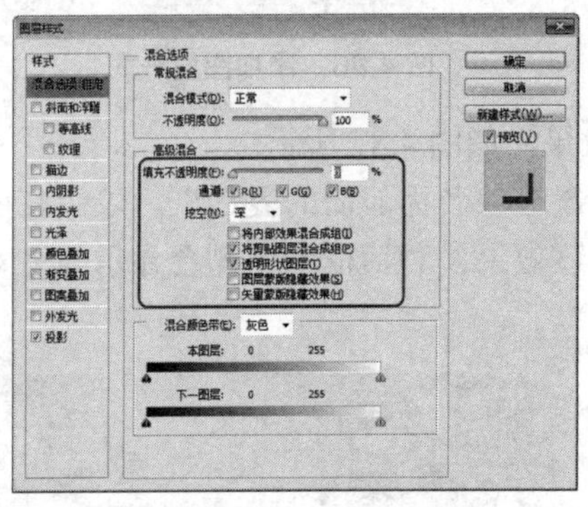

图 4.91　设置【挖空】

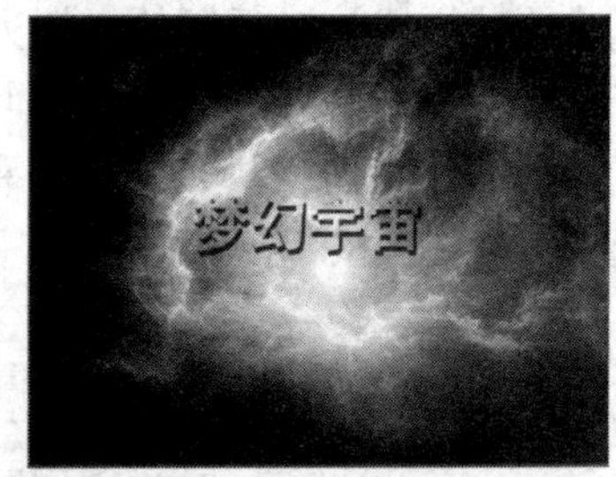


图 4.92　挖空到背景效果

**注 意**

当使用【挖空】的时候，在默认的情况下会从该图层挖到背景图层。如果没有背景图层，则以透明的形式显示。

【将内部效果混合成组】：选中这个复选项可将本次操作作用到图层的内部效果，然后合并到一个组中。这样在下次使用的时候，出现在窗口的默认参数即为现在的参数。

【将剪贴图层混合成组】：将剪贴的图层合并到同一个组中。

【透明形状图层】：可以限制样式或挖空效果的范围。

【图层蒙版隐藏效果】：用来定义图层效果在图层蒙版中的应用范围。如果在添加了图层蒙版的图层上取消勾选【图层蒙版隐藏效果】复选框，则效果会在蒙版区域内显示，如图 4.93 所示；如果勾选【图层蒙版隐藏效果】复选框，则图层蒙版中的效果不会显示，如图 4.94 所示。

图 4.93　取消勾选【图层蒙版隐藏效果】复选框

图 4.94　勾选【图层蒙版隐藏效果】复选框

【矢量蒙版隐藏效果】：用来定义图层效果在矢量蒙版中的应用范围，勾选该复制框矢量蒙版中的效果不会显示；取消勾选，则效果也会在矢量蒙版区域内显示。

【混合颜色带】：用来控制当前图层与它下面的图层混合时，在混合结果中显示哪些像素。

在该对话框中的【混合颜色带】中可以发现，【本图层】和【下一个图层】的颜色条两端均是由两个小三角形做成的，它们是用来调整该图层色彩深浅的。如果直接用鼠标拖曳的话，则只能将整个三角形拖曳，没有办法缓慢变化图层的颜色深浅。如果按住 Alt 键后拖曳鼠标，则可拖曳右侧的小三角，从而达到缓慢变化图层颜色深浅的目的。使用同样的方法可以对其他的三角形进行调整。

## 4.9.5　投影

【投影】效果可以人为图层内容添加投影，使其产生立体感，如图 4.95 所示为原来的图。

打开【图层新式】对话框设置【投影】选项的参数，将【角度】设置为 120，将【扩展】设置为 10，将【大小】设置为 4，如图 4.96 所示。

执行以上操作后单击【确定】按钮后的效果，如图 4.97 所示。

图 4.95　原图像

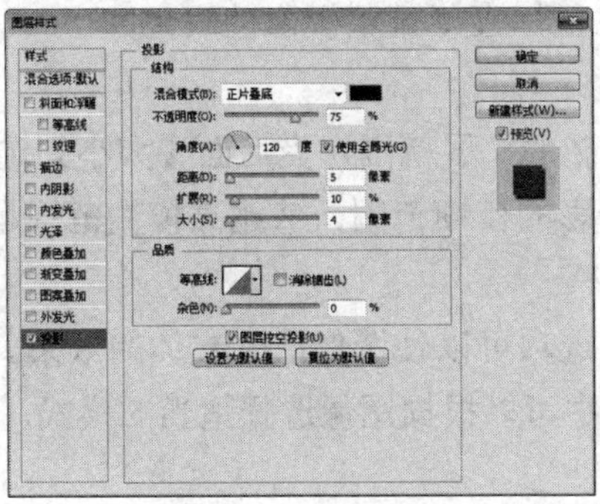

图 4.96　设置投影

图 4.97　设置阴影后的效果

【混合模式】：用来设置投影与下面图层的【混合模式】，该选项默认为【正片叠底】。

【投影颜色】：单击【混合模式】右侧的色块，可以在打开的【选择阴影颜色】对话框中设置投影的颜色，如图 4.98 所示。

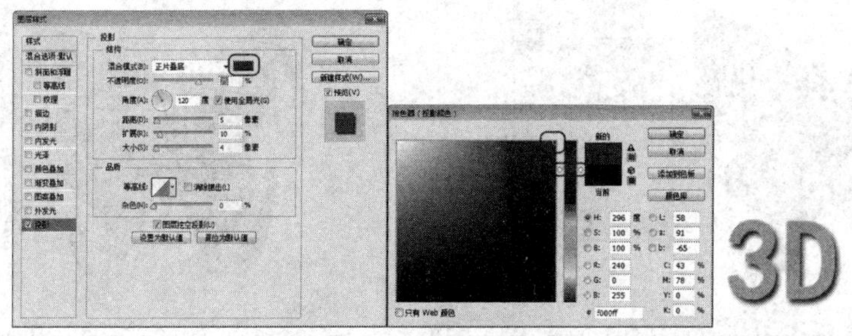


图 4.98　设置投影颜色

【不透明度】：拖曳滑块或输入数值可以设置投影的不透明度，该值越高，投影越深，值越低，投影越浅，如图 4.99 所示。

【角度】：确定效果应用于图层时所采用的光照角度，可以在文本框中输入数值，也可以拖曳圆形的指针来进行调整，指针的方向为光源的方向，如图 4.100 所示。

图 4.99　设置不透明度 　　　　图 4.100　设置角度

【使用全局光】：勾选该复选框，所产生的光源作用于同一个图像中的所有图层。取消勾选该复选框，产生目光源只作用于当前编辑的图层。

【距离】：控制阴影离图层中图像的距离，值越高，投影越远。也可以将光标放在场景文件的投影上当鼠标为✥形状，单击并拖曳鼠标直接调整摄影的距离和角度，如图 4.101 所示。

图 4.101　拖曳投影的距离

【扩展】：用来设置投影的扩展范围，受后面【大小】选项的影响。

【大小】：用来设置投影的模糊范围，值越高模糊范围越广，值越小，投影越清晰，如图 4.102 相同的投影。

【等高线】：应用这个选项可以使图像产生立体的效果。单击其下拉按钮会弹出【等高线“拾色器”】窗口，从中可以根据图像选择适当的模式，如图 4.103 所示。

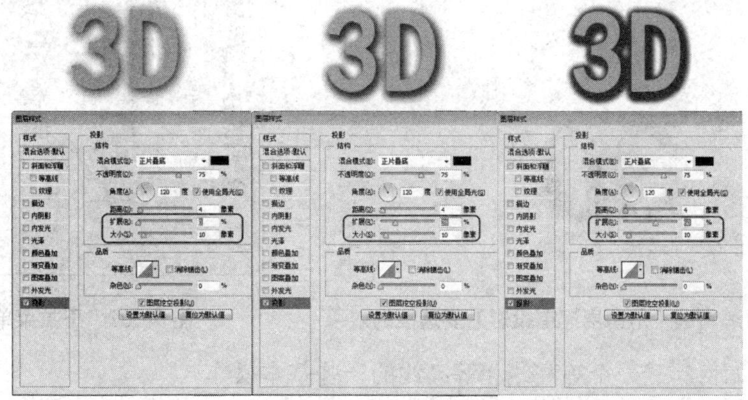

图 4.102　相同【大小】值不同【扩展】值的效果

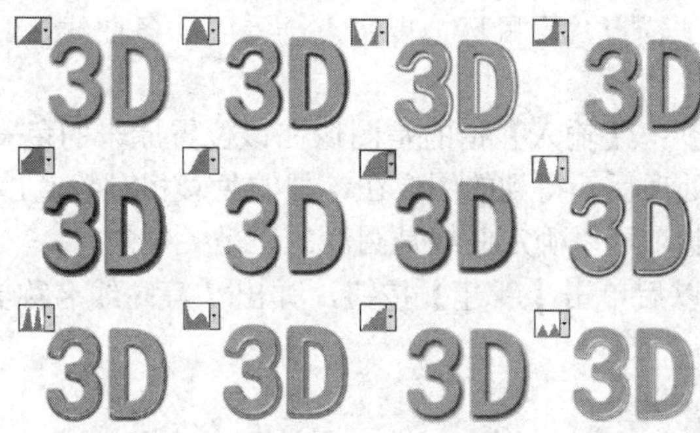

图 4.103　12 种等高线模式

【消除锯齿】：勾选该复选框，在用固定的选区做一些变化时，可以使变化的效果不至于显得很突然，可使效果过渡变得柔和。

【杂色】：用来在投影中添加杂色，该值较高时，投影将显示为点状，如图 4.104 所示。

【用图层挖空投影】：用来控制半透明图层中投影的可见性。选择该选项后，如果当前图层的【填充】小于 100%，则半透明图层中的投影不见，如图 4.105 所示，如图 4.106 所示取消选择的效果。

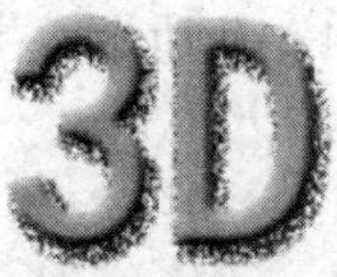

图 4.104　添加在后的效果 　　图 4.105　勾选【用图层挖空投影】复选框

如果觉得这里的模式太少，则可以通过打开【等高线拾色器】窗口后，单击右上角的按钮，打开如图 4.107 所示的菜单。

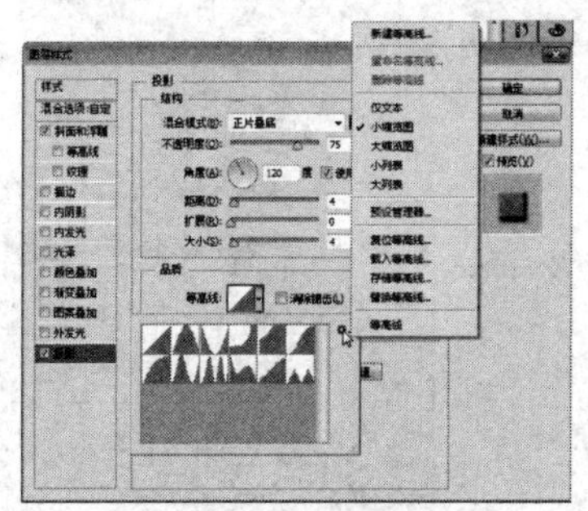

图 4.106　取消勾选【用图层挖空投影】复选框的效果　　　图 4.107　下拉菜单

下面介绍如何新建一个等高线和等高线的一些基本操作。

单击等高线图标可以弹出【等高线编辑器】对话框，如图 4.108 所示。

【预设】：在下拉列表框中可以先选择比较接近用户需要的等高线，然后在【映射】区中的曲线上面单击添加锚点，用鼠标拖曳锚点会得到一条曲线，其默认的模式是平滑的曲线。

【输入】和【输出】：【输入】指的是图像在该位置原来的色彩相对数值。【输出】指的是通过这条等高线处理后，得到的图像在该处的色彩相对数值。

【边角】：这个复制项可以确定曲线是圆滑的还是尖锐的。

完成对曲线的制作以后单击【新建】按钮，弹出【等高线名称】对话框，如图 4.109 所示。

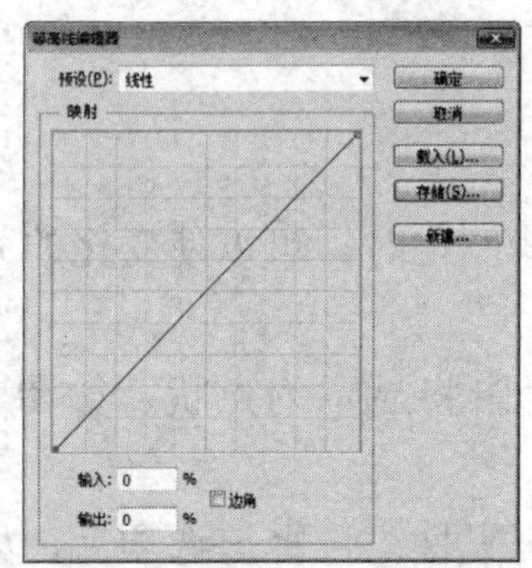


图 4.108　等高线编辑器

图 4.109　【等高线名称】对话框

如果对当前调整的等高线进行保留，可以通过单击【存储】按钮对等高线进保存，在弹出的【另存为】对话框中命名保存即可，如图 4.110 所示。载入等高线的操作和保存类似。

## 4.9.6　内阴影

应用【内阴影】选项可以围绕图层内容的边缘添加内阴影效果，使图层呈凹陷的外观效果。打开随书附带光盘中的“CDROM\素材\Cha04\0009.jpg”文件，如图 4.111 所示。

在工具箱中选择【横排文字工具】，在工具选项栏中并将【字体】设置为黑体，将【字体大小】设置为【100 点】并在素材上输入文字，然后打开【图层样式】对话框，在该对话框中设置【内阴影】参数，将【混合模式】设置为正片叠底，将【不透明度】设置

为 75%，将【角度】设置为 30，将【距离】设置为 7，将【阻塞】设置为 4，将【大小】设置为 5，如图 4.112 所示。

设置完成后单击【确定】按钮，添加内阴影后的效果，如图 4.113 所示。

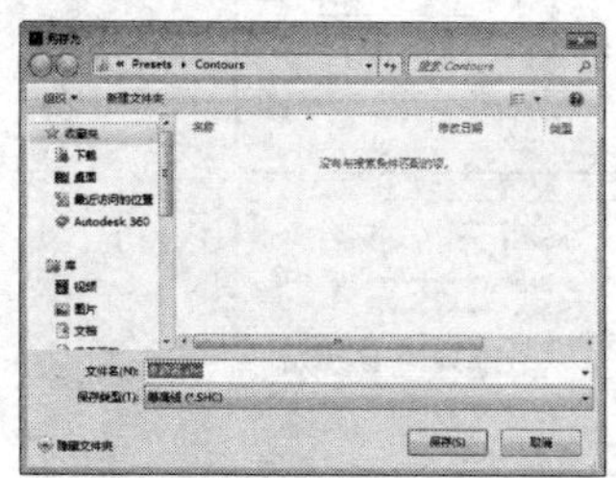

图 4.110　【另存为】对话框

图 4.111　素材文件

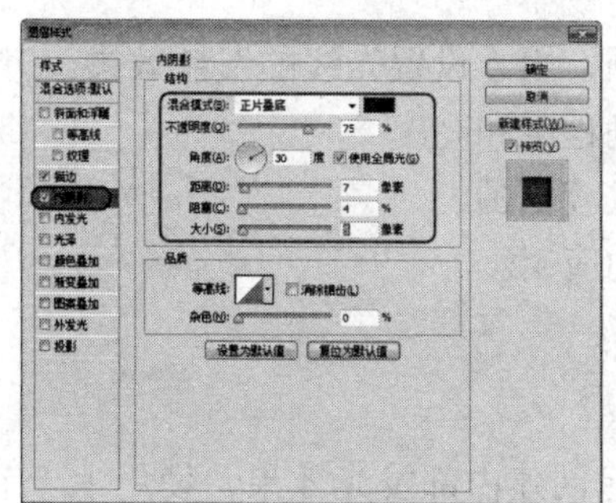

图 4.112　设置内阴影

图 4.113　设置后的效果

与【投影】相比，【内阴影】下半部分参数的设置在【投影】中都涉及了。而上半部分则稍有不同。

从图中可以看出，这个部分只是将原来的【扩展】改为了现在的【阻塞】，这是一个和扩展相似的功能，但它是扩展的逆运算。扩展是将阴影向图像或选区的外面扩展，而阻塞则是向图像或选区的里边扩展，得到的效果图极为类似，在精确制作时可能会用到。如果将这两个选项都选中并分别对它们进行参数设定，则会得到意想不到的效果。

## 4.9.7　外发光

应用【外发光】选项可以围绕图层内容的边缘创建外部发光效果。打开随书附带光盘中的“CDROM\素材\Cha04\010.psd”文件，如图 4.114 所示。

选择文字图层，然后打开【图层样式】对话框，设置【外发光】参数，将【混合模式】设置为滤色，将【不透明度】设置为 44，勾选【纯色】选项，将【方法】设置为柔和，将【扩展】设置为 28，将【大小】设置为 9，如图 4.115 所示。

设置完成后单击【确定】按钮，设置后的效果，如图 4.116 所示。

外发光选项参数中各项的含义如下。

【可选颜色】：选择色块单选按钮，然后单击色块，在弹出的【拾色器】对话框中可以选择一种颜色作为外发光的颜色；选择右侧的渐变单选按钮，然后单击渐变条，可在弹出的【渐变编辑器】对话框中设置渐变颜色作为外发光颜色。

图 4.114　原图像

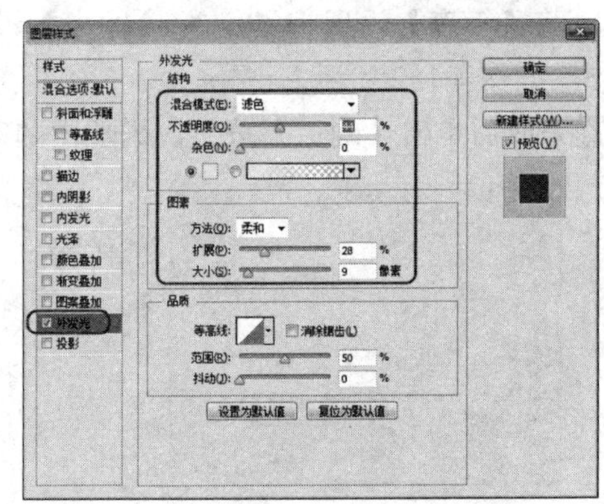


图 4.115　设置外发光参数

【方法】：包括【柔和】和【精确】两个选项，用于设置光线的发散效果。

【扩展】和【大小】：用于设置外发光的模糊程度和亮度。

【范围】：该选项用于设置颜色不透明度的过渡范围。

【抖动】：用于改变渐变的颜色和不透明度的应用。

## 4.9.8　内发光

应用【内发光】选项可以围绕图层内容的边缘创建内部发光效果。使用上一节中的素材文件，如图 4.117 所示。

图 4.116　设置后的效果

图 4.117　素材文件

选择文字图层，打开【图层样式】对话框，在打开的对话框中设置【内发光】参数，将【混合模式】设置为正常，将【不透明度】设置为 75，勾选【纯色】选项并将颜色设置为红色，将【方法】设置为柔和，将【阻塞】设置为 6，将【大小】设置为 13，如图 4.118 所示。

设置完成后单击【确定】按钮，效果如图 4.119 所示。

**注 意**

在印刷的过程中，关于样式的应用要尽最少使用。

【内发光】选项和【外发光】选项几乎一样。只是【外发光】选项中的【扩展】选项变成了【内发光】中的【阻塞】。【外发光】得到的阴影是在图层的边缘，在图层之间看不到效果的影响。而【内发光】得到的效果只在图层内部，即得到的阴影只出现在图层的不透明区域。

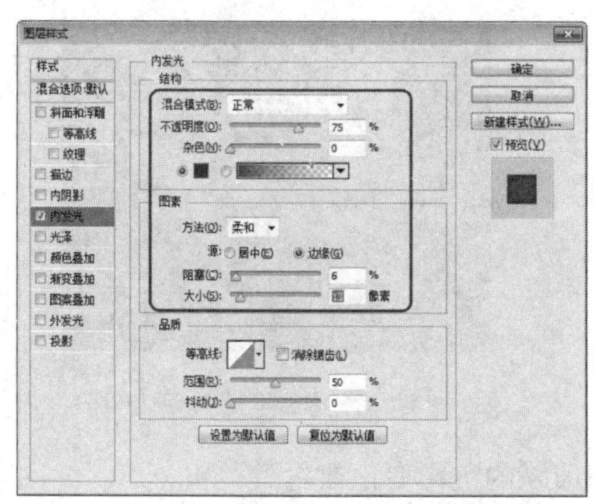

图 4.118　设置内发光参数

图 4.119　设置后的效果

## 4.9.9　斜面和浮雕

应用【斜面和浮雕】选项可以为图层内容添加暗调和高光效果，使图层内容呈现突起的浮雕效果。

使用上一节中的素材文件，如图 4.120 所示。

选择文字图层，打开【图层样式】对话框，在打开的对话框中设置【斜面和浮雕】参数，将【样式】设置为外斜面，将【深度】设置为 246，将【大小】设置为 13，将【软化】设置为 1，如图 4.121 所示。

图 4.120　素材文件

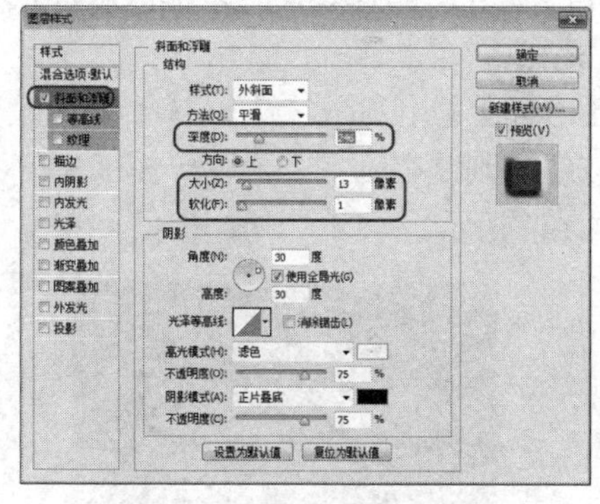

图 4.121　设置斜面和浮雕

设置完成后单击【确定】按钮，效果如图 4.122 所示。

【样式】：在此下拉列表中共有 5 个模式，分别是【外斜面】、【内斜面】、【浮雕效果】、【枕状浮雕】和【描边浮雕】。

【方法】：在此下拉列表框中有 3 个选项，分别是【平滑】、【雕刻清晰】和【雕刻柔和】。

【平滑】：选择这个选项可以得到边缘过渡比较柔和的图层效果，也就是它得到的阴影边缘变化不尖锐，如图 4.123 所示。

【雕刻清晰】：选择这个选项将产生边缘变化明显的效果。比起【平滑】选项来，它产生的效果立体感特别强，如图 4.124 所示。

图 4.122　斜面和浮雕效果

图 4.123　平滑效果

【雕刻柔和】：与雕刻清晰类似，但是它的边缘的色彩变化要稍微柔和一点，如图 4.125 所示。

图 4.124　雕刻清晰

图 4.125　雕刻柔和

【深度】：控制效果的颜色深度，数值越大，得到的阴影越深，数值越小，得到的阴影颜色越浅。

【方向】：包括【上】、【下】两个方向，用来切换亮部和阴影的方向。选中【上】单选按钮，则是亮部在上面，如图 4.126 所示；选中【下】单选按钮，则是亮部在下面，如图 4.127 所示。

图 4.126　【上】效果

图 4.127　【下】效果

【大小】：用来设置斜面和浮雕中阴影面积的大小。

【软化】：用来设置斜面和浮雕的柔和程度，该值越高，效果越柔和。

【角度】：控制灯光在圆中的角度。圆中的圆圈符号可以用鼠标移动。

【高度】：是指光源与水平面的夹角。值为 0 表示底边；值为 90 表示图层的正上方。

【使用全局光】：决定应用于图层效果的光照角度。既可以定义全部图层的光照效果，也可以将光照应用到单个图层中，可以制造出一种连续光源照在图像上的效果。

【光泽等高线】：此选项的编辑和使用方法和前面提到的等高线的编辑方法是一样的。

【消除锯齿】：勾选该复选框，可以使混合等高线或光泽等高线的边缘像素变化的效果不至于显得很突然，可使效果过渡变得柔和。此选项在具有复杂等高线的小阴影上最有用。

【高光模式】：指定斜面或浮雕高光的混合模式。这相当于在图层的上方有一个带色光源，光源的颜色可以通过右边的颜色方块来调整，它会使图层达到许多种不同的效果。

【阴影模式】：指定斜面或浮雕阴影的混合模式，可以调整阴影的颜色和模式。通过右边的颜色方块可以改变阴影的颜色，在下拉列表框中可以选择阴影的模式。

在对话框的左侧选择【等高线】选项，可以切换到【等高线】设置面板，如图 4.128 所示。使用【等高线】可以勾画在浮雕处理中被遮住的起伏、凹陷、凸起，如图 4.129 所示。

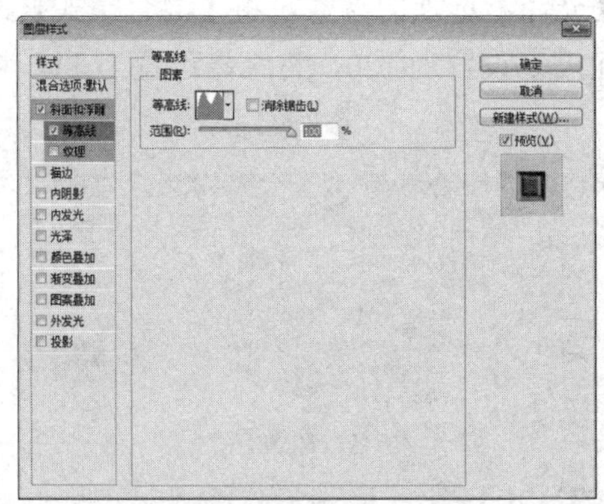

图 4.128　设置等高线

图 4.129　设置后的效果

【斜面和浮雕】对话框的【纹理】参数设置如图 4.130 所示。

【图案】：在这个选框中可以选择合适的图案。斜面和浮雕的浮雕效果就是按照图案的颜色或者它的浮雕模式进行的，如图 4.131 所示。在预览图上可以看出待处理的图像的浮雕模式和所选图案的关系。

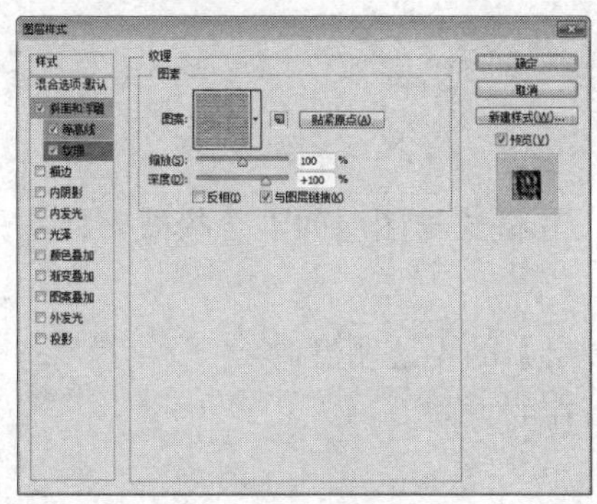

图 4.130　纹理设置界面

图 4.131　两种图案浮雕模式

【贴紧原点】：单击此按钮可使图案的浮雕效果从图像或者文档的角落开始。

【缩放】：拖曳滑块或输入数值可以调整图案的大小。

【深度】：用来设置图案的纹理应用程度。

【反相】：可反转图案纹理的凹凸方向。

【与图层链接】：勾选该选项可以将图案链接到图层，此时对图层进行变换操作时，图案也会一同变换。在该选项处于勾选状态时，单击【紧贴原点】按钮，可以将图案的原点对齐到文档的原点。如果取消选择该选项，则单击【紧贴原点】按钮，可以将原点放在图层的左上角。

## 4.9.10 光泽

应用【光泽】选项可以根据图层内容的形状在内部应用阴影，创建光滑的打磨效果。启动软件后新建文件，在工具箱中选择【自定形状工具】，在工具选项栏中设置填充颜色和描边颜色，并选择一种形状，在文件中进行绘制，如图 4.132 所示。

然后打开【图层样式】对话框，并设置【光泽】选项的参数，将【混合模式】设置为正片叠底，将【不透明度】设置为 50，将【角度】设置为 120，将距离设置为 11，将【大小】设置为 14，如图 4.133 所示。

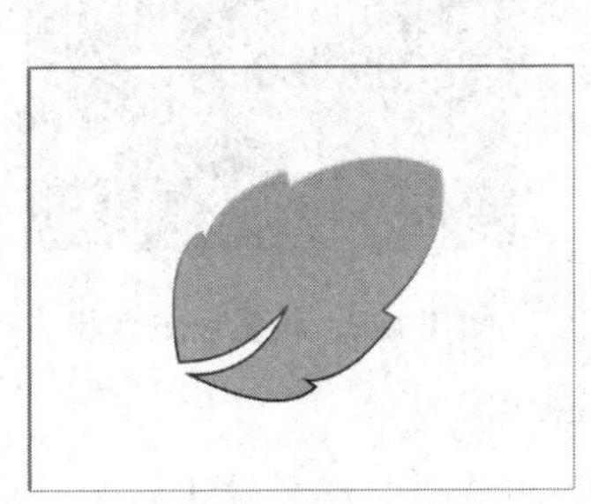

图 4.132　绘制的图形

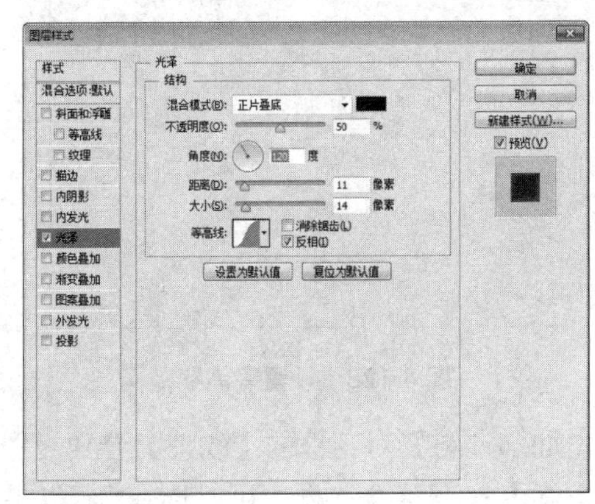


图 4.133　设置【光泽】选项

设置完成后单击【确定】按钮，效果如图 4.134 所示。

**注 意**

在【结构】窗口中，阴影是在图像的内部。

【混合模式】：它以图像和黑色为编辑对象，其模式与图层的混合模式一样，只是在这里，Photoshop 将黑色当作一个图层来处理。

【不透明度】：调整【混合模式】中颜色【图层】的不透明度。

【角度】：即光照射的角度，它控制着阴影所在的方向。

【大小】：即光照的大小，它控制阴影的大小。

【距离】：指定阴影或光泽效果的偏移距离。可以在文档窗口中拖曳以调整偏移距离。数值越小，图像上被效果覆盖的区域越大。此距离值控制着阴影的距离。

【等高线】：这个选项在前面的效果选项中已经提到过了，这里不再赘述。

## 4.9.11　颜色叠加

应用【颜色叠加】选项可以为图层内容添加颜色。继续使用上一节在没有应用图层样式时绘制的文件，如图 4.135 所示。

图 4.134　设置后的效果

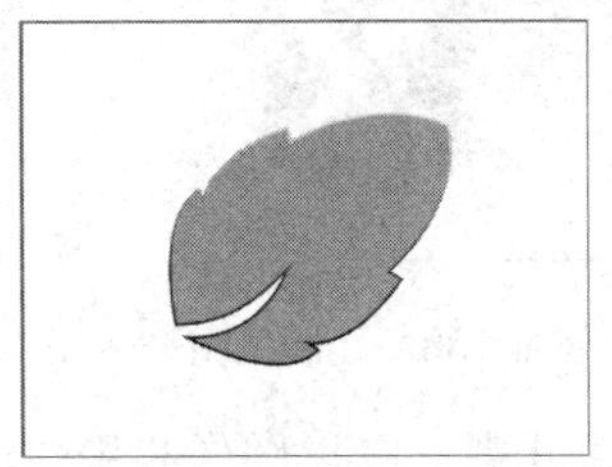

图 4.135　创建的文件

打开【图层样式】对话框，选择【颜色叠加】选项，并设置【颜色叠加】参数，将【混合模式】设置为正常，将其颜色设置为红色，将【不透明度】设置为 45，如图 4.136 所示。

设置完成后单击【确定】按钮，效果如图 4.137 所示。颜色叠加是将颜色当作一个图层，然后再对这个图层施加一些效果或者混合模式。

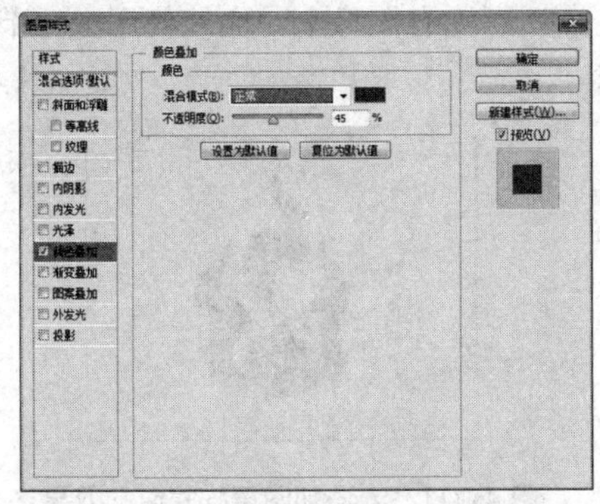


图 4.136　设置【颜色叠加】参数

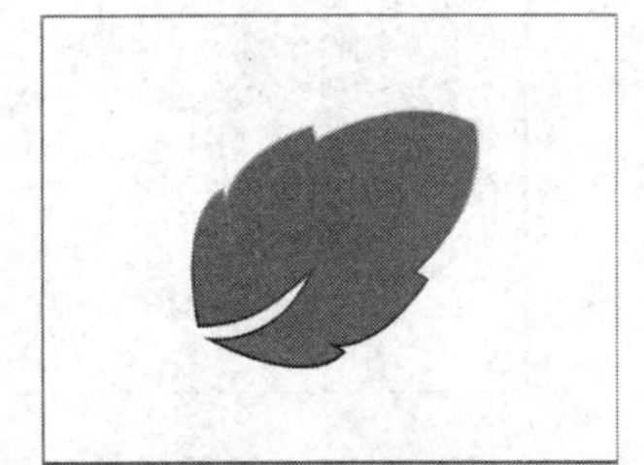

图 4.137　设置后的效果

## 4.9.12　渐变叠加

应用【渐变叠加】选项可以为图层内容添加渐变颜色。启动软件后新建文件，在工具栏中选择【自定形状工具】，在工具选项栏中设置填充颜色和描边颜色，并选择一种形状，在文件中绘制出来，如图 4.138 所示。

在该对话框中选择【渐变叠加】选项，并设置【渐变叠加】参数，将【混合模式】设置为正常，将【不透明度】设置为 100，选择一种渐变样式，将【角度】设置为 90，如图 4.139 所示。

设置完成后单击【确定】按钮，效果如图 4.140 所示。

该选项与【颜色叠加】选项一样，都可以将原有的颜色进行叠加改变，然后通过调整混合模式与不透明度控制渐变颜色的不同效果。

图 4.138　绘制的图形

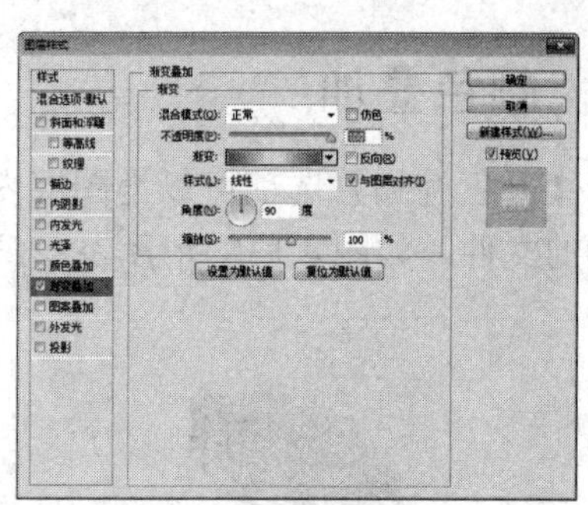

图 4.139　设置【渐变叠加】参数

【混合模式】：它以图像和黑白渐变为编辑对象，其模式与图层的混合模式一样，用于设置使用渐变叠加时色彩混合的模式。

【不透明度】：用于设置对图像进行渐变叠加时色彩的不透明程度。

【渐变】：设置使用的渐变色。

【样式】：用于设置渐变类型。

### 4.9.13　图案叠加

应用【图案叠加】选项可以选择一种图案叠加到原有图像上。继续使用上一节在没有应用图层样式时绘制的文件，如图 4.141 所示。

图 4.140　设置后的效果

图 4.141　未添加图层样式时的效果

打开【图层样式】对话框，选择【图案叠加】选项，并设置【图案叠加】参数，将【混合模式】设置为变亮，将【不透明度】设置为 100，选择一种图案，如图 4.142 所示。设置完成后单击【确定】按钮，如图 4.143 所示。

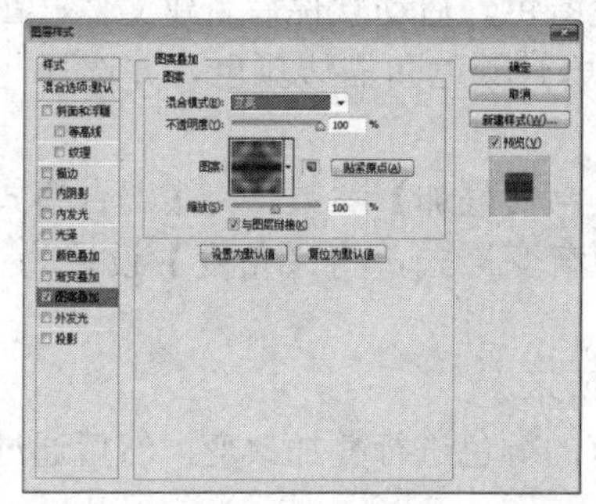

图 4.142　设置【图案叠加】参数

图 4.143　设置后的效果

### 4.9.14　描边

该选项可以使用颜色、渐变或图案来描绘对象的轮廓。继续上面的操作，为其添加【描边】效果，然后对其参数进行设置，将【大小】设置为 10，将【不透明度】设置为 60，将【颜色】设置为黄色，如图 4.144 所示。设置完成后单击【确定】按钮，效果如图 4.145 所示。

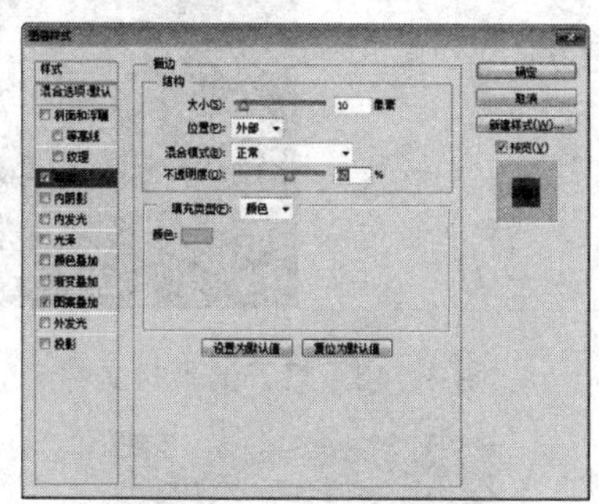

图 4.144　设置【描边】参数

图 4.145　设置后的效果

## 4.10　上 机 练 习

在本节中将通过实例来介绍如何运用 Photoshop 对图层图像进行处理，以达到美观时尚的效果。

### 4.10.1　嵌刻图像效果

本例介绍将图像融入其他图像中，以产生嵌刻在其他图像中的效果，其原理是主要运用了【斜面和浮雕】和【内阴影】图层样式进行表现，完成后的效果如图 4.146 所示。

图 4.146　完成后的效果

(1) 启动 Photoshop CC 软件后在菜单中选择【文件】|【打开】命令，在打开的【打开】对话框中选择“CDROM\素材\Cha04\星球.jpg、简笔马.jpg”文件，然后单击【打开】按钮，如图 4.147 所示。

(2) 将素材打开后的效果，如图 4.148 所示。并确认选择的是“简笔马.jpg”文件。

(3) 在工具箱中选择【移动工具】，在“简笔马.jpg”文件中单击鼠标并拖曳至“星球.jpg”文件名字上，并在该文件中释放鼠标即可将“简笔马.jpg”文件复制到“星球.jpg”文件中，效果如图 4.149 所示。

(4) 将素材拖入后，软件将会使拖入的素材文件变为【图层 1】，确认选中【图层 1】，按 Ctrl+T 组合键，切换至自由变换显示变换控件，按住 Shift 的同时使用光标调整变换空间的控制角点，将素材调整至合适的大小，并调整到合适的位置，然后在工具箱中选择【魔棒工具】，在【图层 1】的空白处单击，即可选择图像，效果如图 4.150 所示。

图 4.147 【打开】对话框

图 4.148 打开的素材文件

图 4.149 调整大小及位置

图 4.150 选择图像

(5) 按 Delete 键将选择的图像删除，将空白区域删除后的效果如图 4.151 所示。

(6) 在菜单栏中选择【选择】|【选择相似】命令，系统将会自动将图层中与白色区域相似的像素选中，按 Delete 键进行删除，如图 4.152 所示。

图 4.151 删除空白区域

图 4.152 删除相似区域

(7) 打开【图层】面板，确认选中【图层 1】，按住 Ctrl 键单击该图层的缩略图，即可载入选区，如图 4.153 所示。

(8) 在菜单栏中选择【选择】|【修改】|【扩展】命令，在弹出的【扩展选区】对话框中将【扩展量】设置为 1 像素，然后单击【确定】按钮，如图 4.154 所示。

(9) 按 D 键将前景色与背景色还原至默认设置，按 Alt+Delete 组合键为选区填充前景色，效果如图 4.155 所示。按 Ctrl+D 组合键取消选区。

(10) 在【图层】面板中双击【图层 1】右侧的空白处，即可打开【图层样式】对话框，如图 4.156 所示。

图 4.153 载入选区

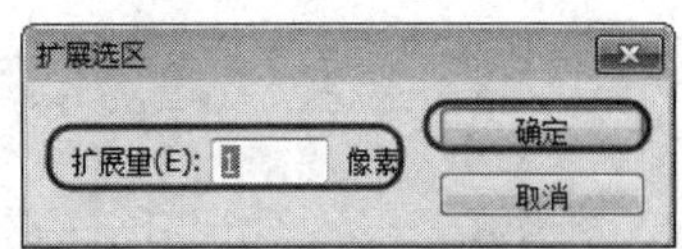


图 4.154 扩展选区

图 4.155 为选取填充颜色

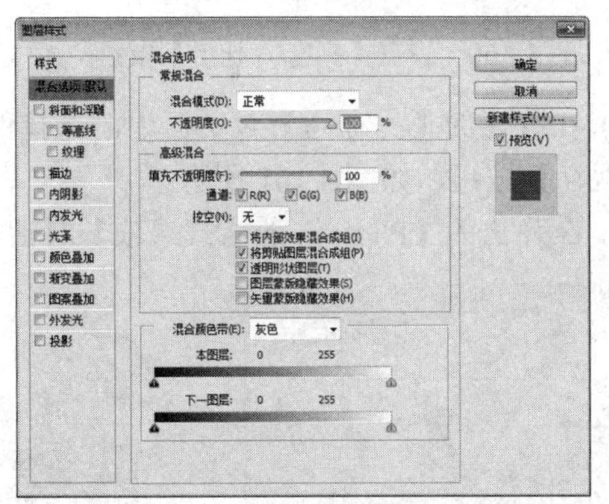

图 4.156 【图层样式】对话框

(11) 在该对话框中选择左侧的【斜面和浮雕】选项，在右侧将【样式】设置为【外斜面】，将【方法】设置为【雕刻清晰】，将【方向】设置为【下】，将【大小】设置为 10，将【角度】设置为 30，将【高度】设置为 2，将【光泽等高线】设置为半圆，单击【确定】按钮，如图 4.157 所示。

(12) 在【图层】面板中选择背景图层，在菜单栏中选择【图像】|【调整】|【亮度/对比度】命令，如图 4.158 所示。

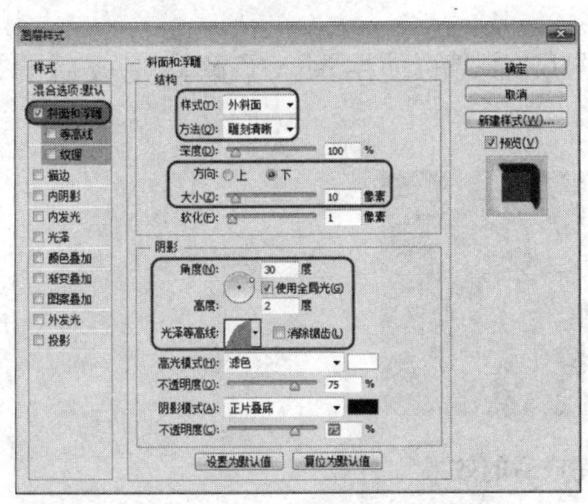

图 4.157 设置【斜面和浮雕】参数

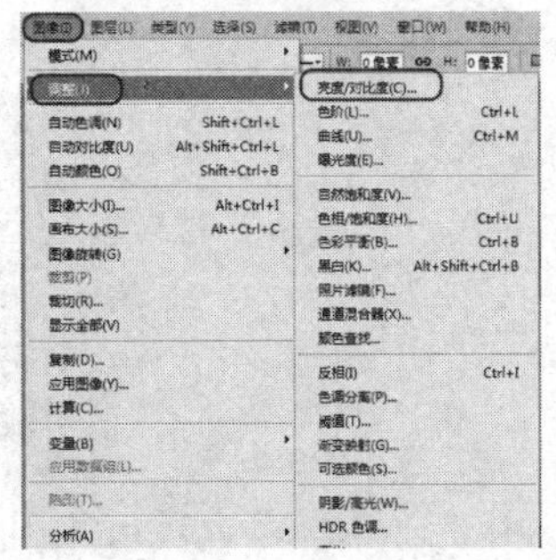

图 4.158 选择【亮度/对比度】命令

(13) 在弹出的【亮度/对比度】对话框中，将【亮度】设置为 70，将【对比度】设置为-48，如图 4.159 所示。

(14) 设置完成后单击【确定】按钮，至此嵌刻图像效果就制作完成了，然后在菜单栏中选择【文件】|【存储为】命令，如图 4.160 所示。

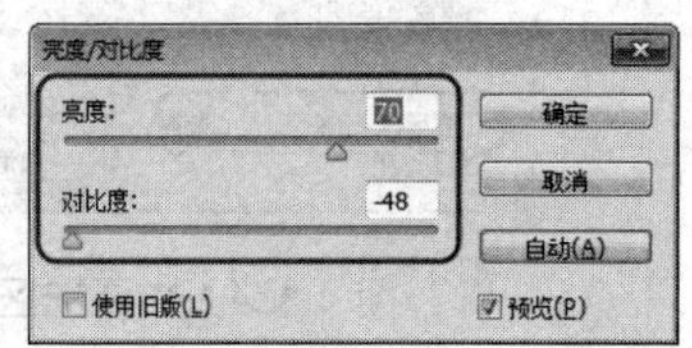


图 4.159　设置【亮度/对比度】参数

图 4.160　选择【存储为】命令

(15) 在打开的【另存为】对话框中，选择保存位置，输入文件名称，选择保存类型，单击【保存】按钮，如图 4.161 所示。

(16) 在弹出的【Photoshop 格式选项】对话框中单击【确定】按钮，如图 4.162 所示。

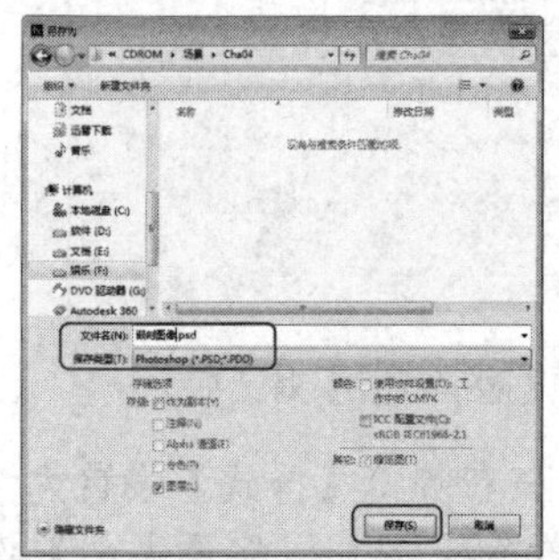

图 4.161　设置保存路径、名称和类型

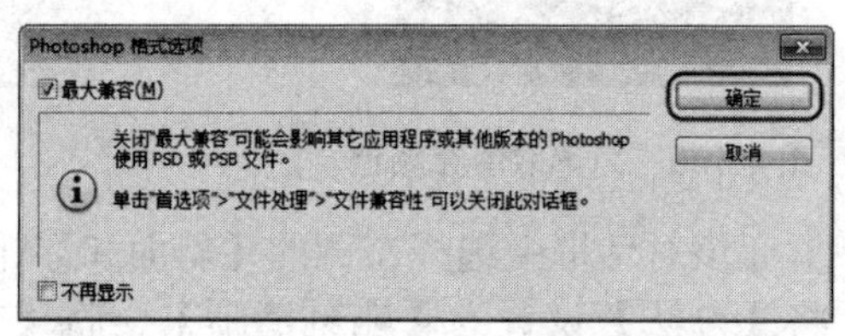


图 4.162　【Photoshop 格式选项】对话框

(17) 至此嵌刻图像效果制作完成。

## 4.10.2　制作 Windows 风格按钮

在本例中将通过制作按钮，进一步对图层样式的使用深入了解，完成后的效果如图 4.163 所示。

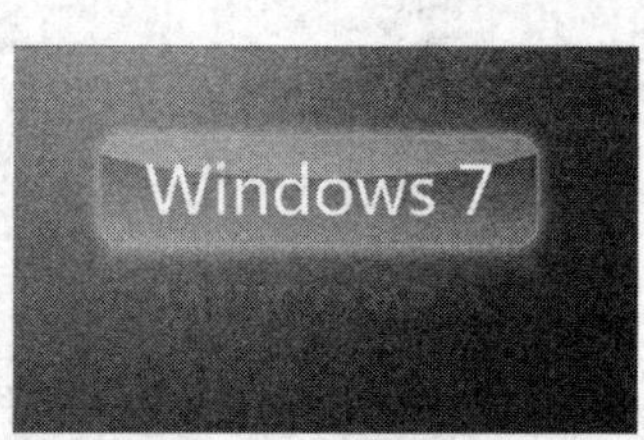


图 4.163　完成后的效果

(1) 启动软件后，按 Ctrl+N 组合键，打开【新建】对话框，在该对话框中将【宽度】设置为 5 厘米，将【高度】设置为 3 厘米，将【分辨率】设置为 300 像素，如图 4.164 所示。

(2) 单击【确定】按钮，即可新建文件，在工具箱中选择【渐变工具】，在工具选项栏中单击渐变条，在打开的【渐变编辑器】对话框中将下方渐变条左侧的色标 RGB 值设置为 159、219、253，将渐变条右侧的 RGB 设置为 38、128、251，效果如图 4.165

所示。

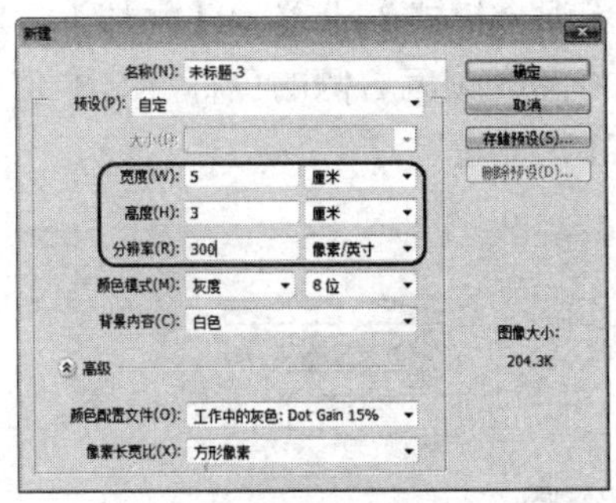

图 4.164　【新建】对话框

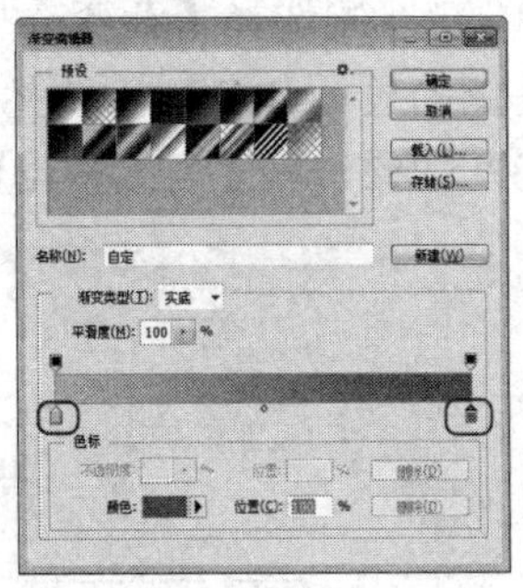

图 4.165　设置渐变色

(3) 设置完成后单击【确定】按钮，在工具选项栏中单击【径向渐变】按钮，在文件中单击鼠标并拖曳，拖曳至合适的位置即可拖出渐变，拖出渐变后的效果如图 4.166 所示。

(4) 在工具箱中选择【圆角矩形工具】，在工具选项栏中选择【形状】，将填充设置为无，将【描边】设置为无，将【半径】设置为 20，设置完成后在文件中绘制一个圆角矩形，效果如图 4.167 所示。

图 4.166　拖出渐变

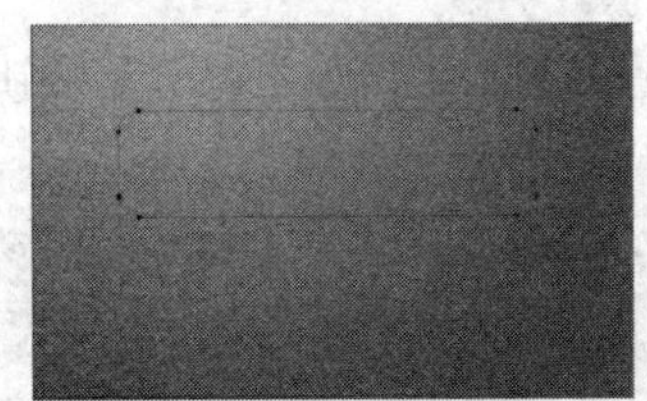

图 4.167　绘制圆角矩形

(5) 绘制完成后即可自动创建一个形状图层，打开【图层】面板即可看到，然后双击该图层右侧空白处，打开【图层样式】对话框，如图 4.168 所示。

(6) 在该对话框中选择左侧的【描边】选项，在右侧将【大小】设置为 1，将颜色的 RGB 值设置为 174、205、241，如图 4.169 所示。

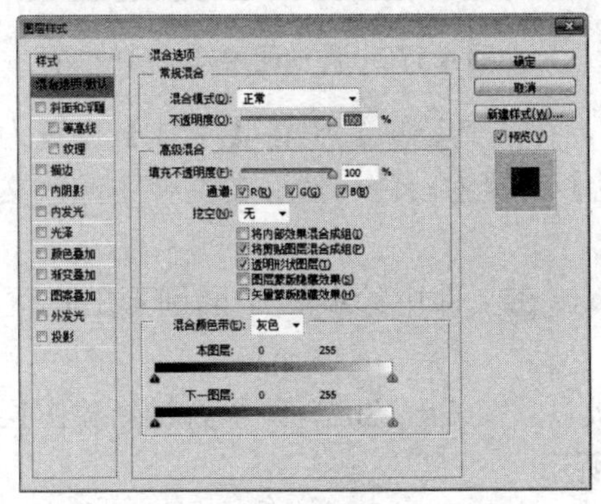

图 4.168　【图层样式】对话框

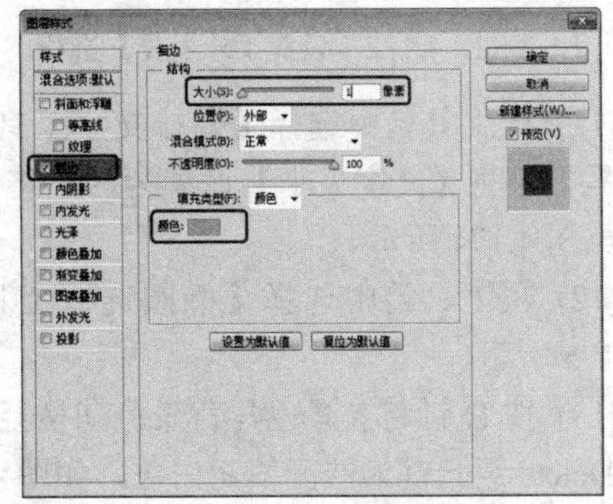

图 4.169　【描边】选项

(7) 在左侧选择【内发光】选项，在右侧将颜色设置为白色，将【大小】设置为 1，如

图 4.170 所示。

(8) 在左侧选择【渐变叠加】选项，在右侧将【混合模式】设置为【叠加】，将渐变颜色左侧的色标 RGB 值设置为 145、203、253，将渐变颜色右侧的色标 RGB 值设置为 42、132、252，将【角度】设置为 90 度，如图 4.171 所示。

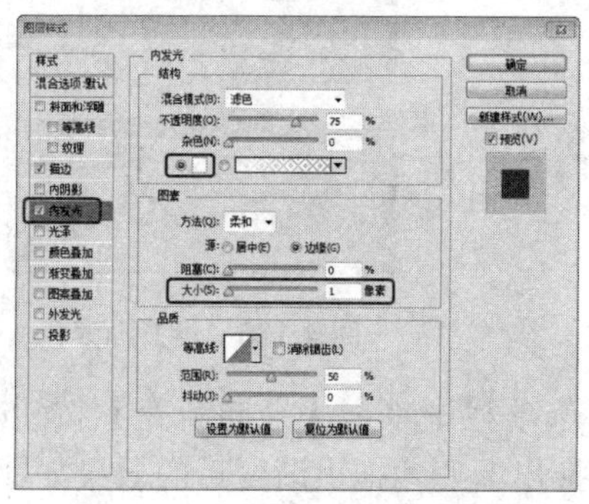

图 4.170 设置【内发光】选项

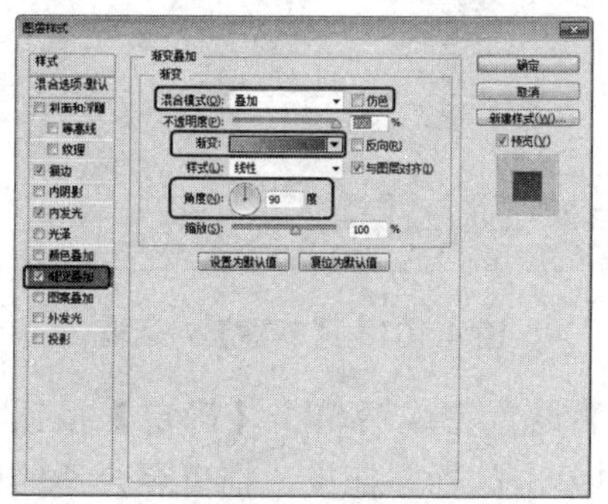

图 4.171 设置【渐变叠加】选项

(9) 在左侧选择【外发光】选项，在右侧将【混合模式】设置为滤色，将【不透明度】设置为 50，将颜色设置为白色，将【扩展】设置为 0，将【大小】设置为 18，如图 4.172 所示。

(10) 设置完成后单击【确定】按钮，效果如图 4.173 所示。

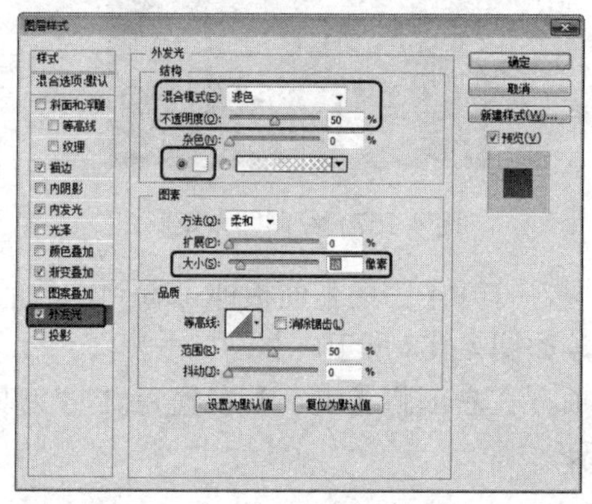

图 4.172 设置【外发光】选项

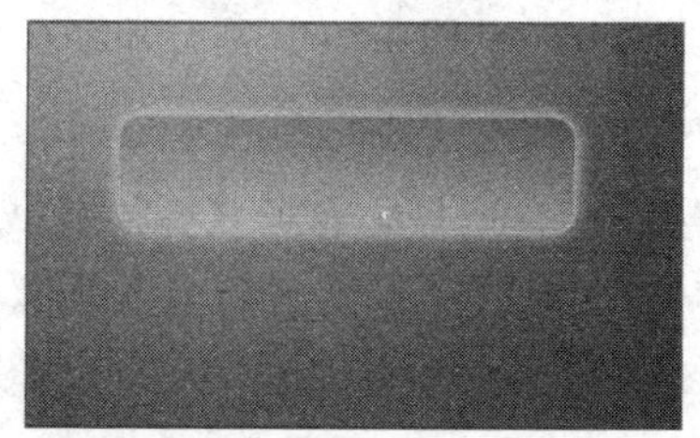

图 4.173 添加图层样式后的效果

(11) 在工具箱中选择【横排文字工具】T，在工具选项栏中将【字体】设置为【微软雅黑】，将【文字大小】设置为 9，将【颜色】设置为白色，然后在文件中输入文字，效果如图 4.174 所示。

(12) 在工具箱中选择【椭圆选框工具】，在文件中绘制一个椭圆形的选区，如图 4.175 所示。

(13) 按 D 键将前景色与背景色切换至默认状态，按 Ctrl+Shift+N 组合键新建图层，按 Ctrl+Delete 组合键为选区填充白色，如图 4.176 所示。

(14) 打开【图层】面板，按住 Ctrl 键的同时单击【圆角矩形 1】图层的缩略图，即可载入选区，按 Ctrl+Shift+I 组合键进行反选，效果如图 4.177 所示。

图 4.174　输入文字

图 4.175　绘制椭圆形的选区

图 4.176　为选区填充白色

图 4.177　反选选区

(15) 反选选区后，按 Delete 键删除选区中的图像，按 Ctrl+D 组合键取消选区，在【图层】面板中将该图层的不透明度设置为 50%，如图 4.178 所示。

(16) 在【图层】面板中，单击【背景】图层左侧的【指示图层可见性】按钮，使背景图层隐藏，按 Ctrl+Shift+Alt+E 组合键，对可见图层进行盖印，即可自动新建【图层 2】，如图 4.179 所示。

图 4.178　设置图层不透明度

图 4.179　盖印图层

(17) 在工具箱中选择【移动工具】，在文件中将通过盖印得到的【图层 2】，向下移动，按 Ctrl+T 组合键切换至自由变换，然后右击，在弹出的快捷菜单中选择垂直翻转，翻转后按 Enter 键确认变换，变换后的效果如图 4.180 所示。

(18) 确认选中【图层 2】，在图层面板中单击【添加图层蒙版】按钮，即可为该图层添加图层蒙版，如图 4.181 所示。

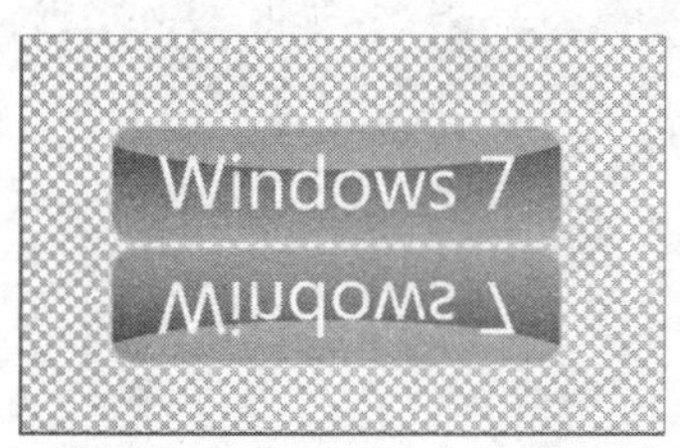


图 4.180　变换后的效果

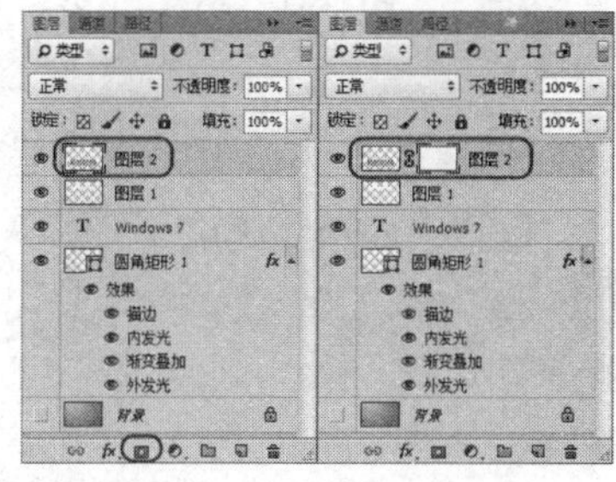

图 4.181　添加图层蒙版

(19) 在工具箱中选择【渐变工具】，在工具选项栏中，将渐变条设置为白黑渐变，然后单击【线性渐变】按钮，在文件中为图层蒙版添加渐变色，并在文件中使背景图层显示出来，效果如图 4.182 所示。

(20) 在【图层】面板中确认选中【图层 2】，将其【混合模式】设置为【叠加】，效果如图 4.183 所示。

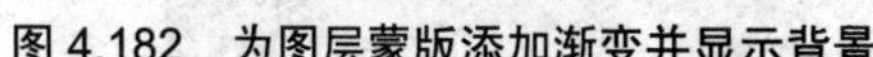

图 4.182　为图层蒙版添加渐变并显示背景

图 4.183　设置混合模式

(21) 至此 Windows 7 风格按钮制作完成，对完成后的场景进行保存即可。

## 4.11　思考与练习

1. 如何创建新图层?
2. 如何添加图层样式?

# 第 5 章　文本的输入与编辑

在平面设计作品中，文字不仅可以传达信息，还能起到美化版面、强化主题的作用。Photoshop 的工具箱中包含 4 种文字工具，可以创建不同类型的文字。在本章里将来介绍点文本、段落文本和蒙版文本的创建及对于文本的编辑。

## 5.1　文本的输入

文字是人们传达信息的主要方式，在设计工作中显得尤为重要。文字的不同大小、颜色及不同的字体传达给人们的信息也不相同。所以，熟练地掌握关于文字的输入与设定的方法，是掌握 Photoshop 必不可少的程序。

点文本的输入方法非常简单，它通常用于文字比较少的场合，例如标题等。输入时，在工具箱中选择文字工具，在画布中单击输入即可，它不会自动换行。

### 5.1.1　点文本的输入

下面来介绍一下如何输入点文本。

**1. 横排文字工具**

(1) 打开一个素材文件，在工具箱中选择【横排文字工具】T，在工具箱选项栏中将文字样式设置为黑体，将字号设置为 36，将文本颜色的 RGB 值设置为 24、27、170，如图 5.1 所示。

(2) 在打开的图形上单击，输入文本即可，按 Ctrl+Enter 组合键确认输入，如图 5.2 所示。

图 5.1　设置参数

图 5.2　输入文字

**提 示**

当用户在图形上输入文本后，系统将会为输入的文字单独生成一个图层，如图 5.3 所示。

**2. 直排文字工具**

(1) 打开一个素材文件，在工具箱中选择【直排文字工具】IT，在工具箱选项栏中将文字样式设置为黑体，将字号设置为 36，将文本颜色设置为红色，如图 5.4 所示。

(2) 在打开的图形上单击，输入文本即可，按 Ctrl+Enter 组合键确认输入，如图 5.5 所示。

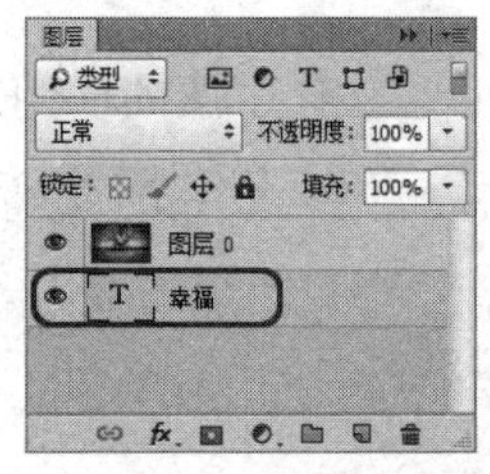

图 5.3　单独生成的文字图层

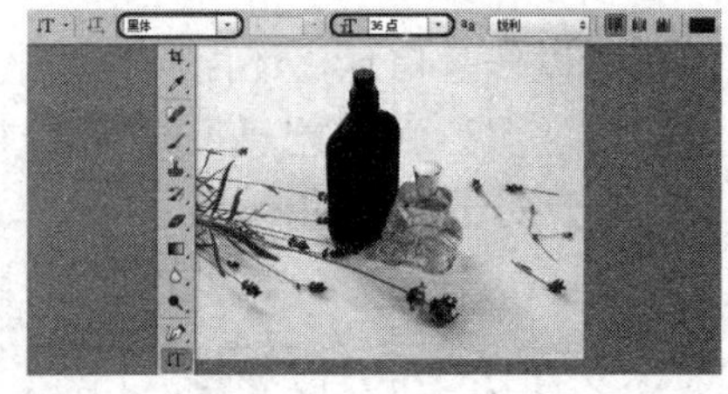

图 5.4　设置参数

图 5.5　输入文字

## 5.1.2　设置文字属性

下面介绍如何设置文字属性的方法。

选择【横排文字工具】，其工具选项栏如图 5.6 所示。

图 5.6　文本工具选项栏

- 【更改文本方向】：单击此按钮，可以在横排文字和直排文字之间进行切换。
- 【字体】设置框：在该设置框中，可以设置字体类型。
- 【字号】设置框：在该设置框中，可以设置字体大小。
- 【消除锯齿】设置框：消除锯齿的方法，包括【无】、【锐利】、【犀利】、【浑厚】和【平滑】等，通常设定为【平滑】。
- 【段落格式】设置区：包括【左对齐文本】、【居中对齐文本】和【右对齐文本】。
- 【文本颜色】设置项：单击可以弹出拾色器，从中可以设置文本颜色。
- 【取消】：取消当前的所有编辑。
- 【提交】：提交当前的所有编辑。

## 5.1.3　编辑段落文本

段落文字是在文本框内输入的文字，它具有自动换行、可调整文字区域大小等优势，在处理文字量较大的文本时，可以使用段落文字来完成。下面将具体介绍段落文本的创建。

(1) 打开一个素材图片，在工具箱中选择【横排文字工具】，在工作区单击并拖曳鼠标，拖出一个矩形定界框，如图 5.7 所示。

(2) 释放鼠标，在素材图形中会出现一个闪烁的光标后，进行文本的输入，这时当输入的文字到达文本框边界时系统会进行自动的换行，如图 5.8 所示。完成文本的输入后，按 Ctrl+Enter 组合键进行确定。

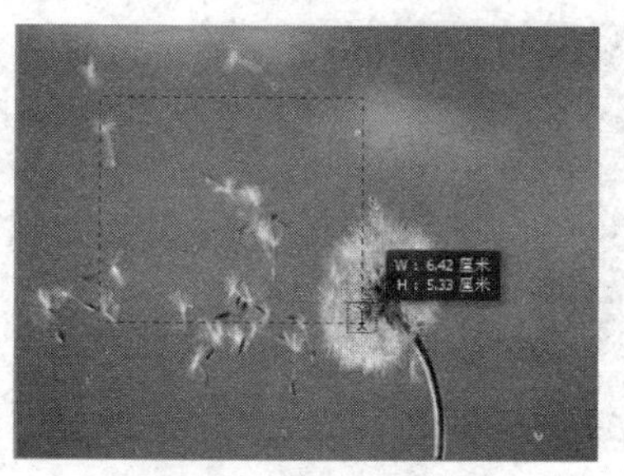


图 5.7　创建矩形定界框

图 5.8　输入文字

(3) 当文本框内不能显示全部文字时，它右下角的控制点会显示为田状，如图 5.9 所示。可以拖曳文本框上的控制点可以调整定界框大小，字体会在调整后的文本框内进行重新排列。

**提 示**

在创建文本定界框时，如果按住 Alt 键，会弹出【段落文字大小】对话框，如图 5.10 所示，在对话框中输入【宽度】值和【高度】值可以精确定义文字区域的大小。

图 5.9　文本显示不全时的效果

图 5.10　【段落文字大小】对话框

## 5.1.4　点文本与段落文本之间的转换

在文本的文字输入中，点文本与段落文本之间是可以转换的，下面将详细介绍点文本和段落文本之间的转换的方法。

### 1. 点文本转换为段落文本

下面介绍如何将点文本转换为段落文本。

(1) 打开一个素材图片，在工具箱中单击【横排文字工具】，在工具选项栏中将字体设置为黑体，将字号设置为 14，将文本颜色的 RGB 值设置为 0、0、0，在素材图形中单击并输入文字，输入后的效果如图 5.11 所示。

(2) 在【图层】面板中右击文字图层，在弹出的快捷菜单中选择【转换为段落文本】命令，如图 5.12 所示。

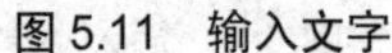
图 5.11　输入文字

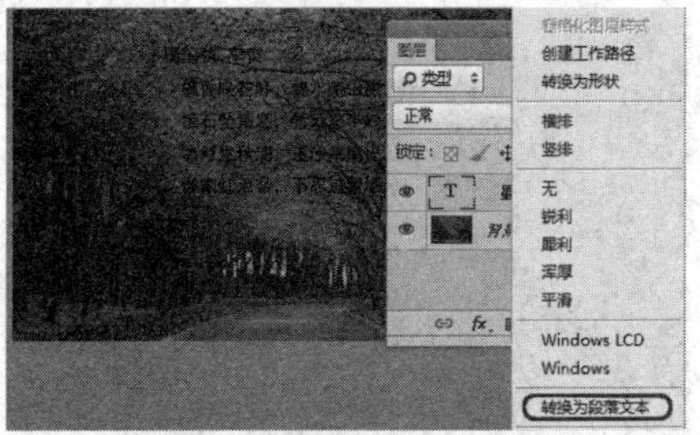


图 5.12　选择【转换为段落文本】命令

(3) 操作执行完后即可将文本转换为段落文本，完成后的效果如图 5.13 所示。

### 2. 段落文本转换为点文本

下面将介绍段落文本转换为点文本的操作。

(1) 继续 5.1.3 节的操作，在【图层】面板中的文字图层上右击，在弹出的快捷菜单中选择【转换为点文本】命令，如图 5.14 所示。

(2) 执行操作后，即可将其转换为点文本，效果如图 5.15 所示。除此之外用户还可以通过，在菜单栏中选择【图层】|【文字】|【转换为点文本】命令来转换点文本。

图 5.13　转换成段落文本

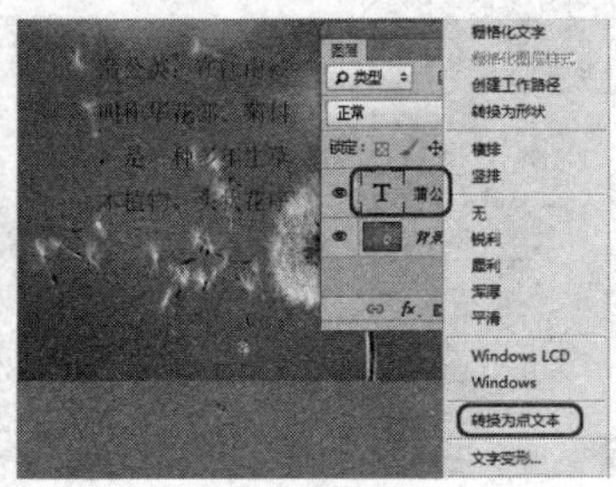


图 5.14　选择【转换为点文本】命令

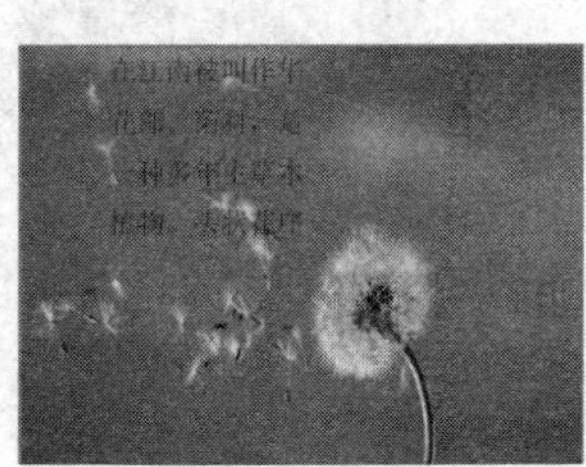
图 5.15　完成后的效果

## 5.2　创建蒙版文本

创建蒙版文本主要选用工具箱中的【横排蒙版工具】和【直排蒙版工具】，对文本进行创建文字状选区。

### 5.2.1　横排文字蒙版的输入

下面将介绍如何创建横排文字蒙版的输入。

(1) 打开随书附带光盘中的“CDROM\素材\Cha05\横排文字蒙版.jpg”文件，在工具箱中选择【横排文字蒙版工具】，在工具选项栏中将文字设置为【华文楷体】，将字号设置为 120，如图 5.16 所示。

(2) 单击该图片确定文字的输入点，图像会迅速的出现一个红色蒙版，如图 5.17 所示。

图 5.16　设置文字

图 5.17　创建蒙版

(3) 输入文字，并按 Ctrl+Enter 组合键确认，如图 5.18 所示。

(4) 在工具箱中选择【渐变工具】，在工具选项栏中单击【点按可编辑渐变】按钮，打开【渐变编辑器】对话框，单击按钮，在弹出的下拉列表中选择【色谱】命令，再在弹出的对话框中单击【确定】按钮，在预设列表框中任选一个色谱，单击【确定】按钮，然后在工作区中对文字进行填充，按 Ctrl+D 组合键取消选区，完成后的效果如图 5.19 所示。

图 5.18　输入文字

图 5.19　完成后效果

## 5.2.2　直排文字蒙版的输入

下面介绍如何创建直排文字蒙版的输入。

(1) 打开随书光盘中的“CDROM\素材\Cha05\直排文字蒙版.jpg”文件，在工具箱中选择【直排文字蒙版工具】，在工具选项栏中将文字设置为【华文楷体】，将字号设置为 120，如图 5.20 所示。

(2) 单击该图片确定文字的输入点，图像会迅速的出现一个红色蒙版，如图 5.21 所示。

(3) 输入文字，并按 Ctrl+Enter 组合键确认，如图 5.22 所示。

(4) 在工具箱中选择【渐变工具】，在工具选项栏中单击【点按可编辑渐变】按钮，打开【渐变编辑器】对话框，单击按钮，在弹出的下拉列表中选择【色谱】命令，再在弹出的对话框中单击【确定】按钮，在预设列表框中任选一个色谱，单击【确定】按钮，然后在工作区中对文字进行填充，按 Ctrl+D 组合键取消选区，完成后的效果如图 5.23 所示。

图 5.20　设置文字

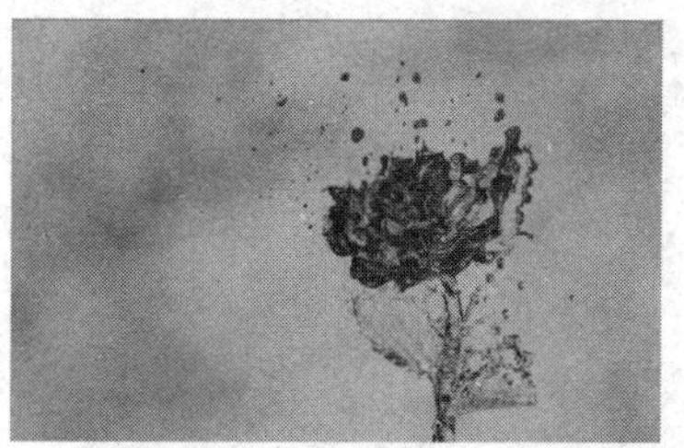

图 5.21　创建蒙版

图 5.22　输入文字

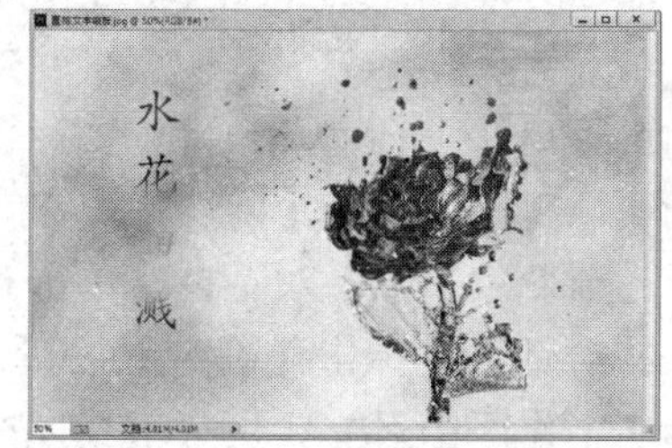

图 5.23　完成后的效果

# 5.3　文本的编辑

对于创建的文字进行编辑主要运用文字的变形、样式和栅格化。在 Photoshop 中，各种滤镜、绘画工具和调整命令不能用于文字图层，这就需要先对所输入的文字进行编辑处理，从而达到预想效果。

## 5.3.1　设置文字字形

为了增强文字的效果，可以创建变形文本。下面将介绍设置文字变形的方法。

(1) 打开随书附带光盘中的“CDROM\素材\Cha05\设置文字变形.psd”文件，在工具箱中选择【横排文字工具】，在素材中选择文字，如图 5.24 所示。

(2) 在工具选项栏中单击【创建变形文字】按钮，在弹出的【变形文字】对话框中单击【样式】右侧的下三角按钮，在弹出的下拉列表中选择【扇形】选项，如图 5.25 所示。

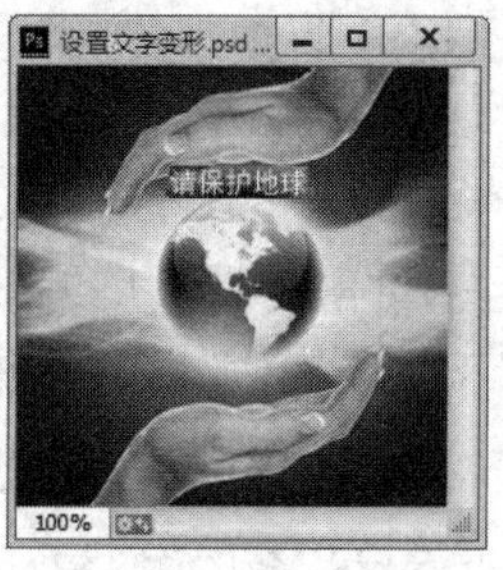


图 5.24　选择素材中的文字

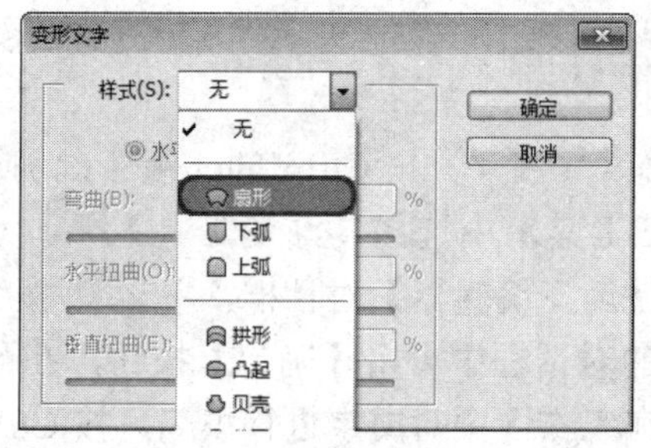


图 5.25　选择【扇形】选项

图 5.26　文字变形后的效果

(3) 单击【确定】按钮，即可完成对文字的变形，效果如图 5.26 所示。

## 5.3.2　应用文字样式

下面将介绍如何应用文字样式，不同的文字样式会出现不同的效果，具体操作步骤如下。

(1) 打开随书附带光盘中的“CDROM\素材\Cha05\设置文字变形.psd”素材文件，在工具箱中选择【横排文字工具】T，在素材图形中选择文字，在工具选项栏中单击【设置字体系列】下三角按钮，在弹出的下拉列表中选择【宋体】选项，如图 5.27 所示。

(2) 执行操作后，即可改变字体样式，效果如图 5.28 所示。

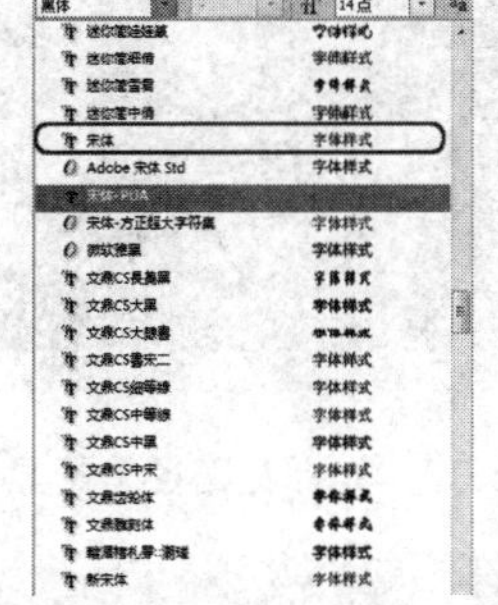


图 5.27　在【设置字体系列】中选择字体

图 5.28　完成后的效果

## 5.3.3　栅格化文字

文字图层是一种特殊的图层。要想对文字进行进一步的处理，可以对文字进行栅格化处理，即先将文字转换成一般的图像再进行处理。

对文字进行栅格化处理的方法如下。

(1) 打开随书附带光盘中的“CDROM\素材\Cha05\栅格化文字.psd”文件，在【图层】面板中的文字图层上右击，在弹出的下拉菜单中选择【栅格化文字】命令，如图 5.29 所示。

(2) 执行操作后，即可将文字进行栅格化，效果如图 5.30 所示。

图 5.29　选择【栅格化文字】命令

图 5.30　完成后的效果

### 5.3.4 载入文本路径

路径文字是创建在路径上的文字，文字会沿路径排列出图形效果。下面将介绍如何创建路径文本，其具体操作步骤如下。

(1) 打开一个素材文件，在工具箱中选择【直线工具】，将【选择工具模式】更改为形状，在工作区中绘制一条直线，如图 5.31 所示。

(2) 在工具箱中选择【横排文字工具】，在工具选项栏中将字体设置为黑体，将字号设置为 36，将字体颜色设置为红色，将光标放在路径上，当光标变为时，如图 5.32 所示，单击鼠标左键，输入文字即可，完成后的效果如图 5.33 所示。

图 5.31　绘制直线

图 5.32　光标在路径上的显示形状

**提 示**

除此之外，用户还可以改变文字的路径，在工具箱中选择【直接选择工具】，将鼠标放置到路径的末端，单击鼠标并进行拖曳，完成后的效果如图 5.34 所示。

图 5.33　输入文字后的效果

图 5.34　使用【直接选择工具】移动路径

### 5.3.5 将文字转换为智能对象

下面介绍一下文字文本转换为智能对象的方法。

(1) 在已建立的【图层】面板上的文字图层处于选择状态时，单击鼠标右键，在弹出的快捷菜单中选择【转换为智能对象】命令，如图 5.35 所示。

(2) 即可将文字转换为智能对象，如图 5.36 所示。

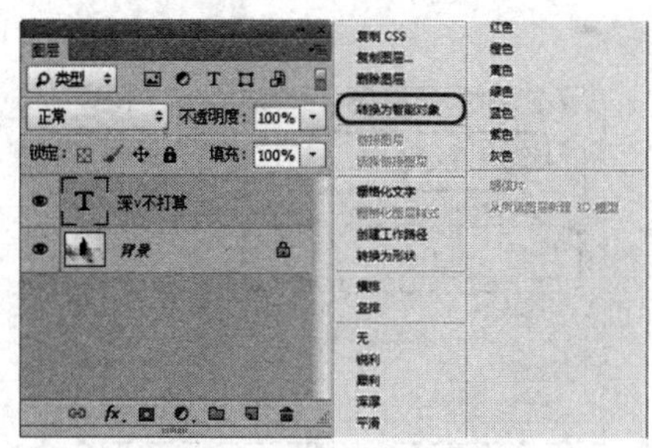

图 5.35　选择【转换为智能对象】命令

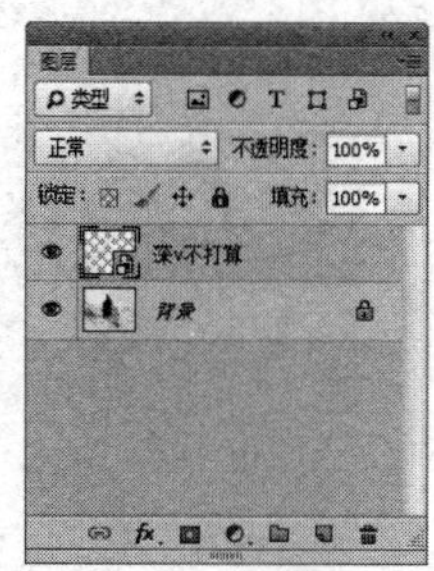

图 5.36　转换后的图层

## 5.4　上 机 练 习

下面将介绍制作光泽文字和印章文字的制作方法及操作步骤。

### 5.4.1　制作光泽文字

本小节主要介绍了光泽文字效果的表现，其中主要应用了图层样式的设置，完成后的效果，如图 5.37 所示。

(1) 启动软件，按 Ctrl+O 组合键，选择“CDROM\素材\Cha05\光泽文字.jpg”素材文件，如图 5.38 所示。

图 5.37　光泽文字

图 5.38　打开素材文件

(2) 在工具箱中选择【横排文字工具】，在文档窗口输入 love，在工具栏中将【字体】设为 Imprint MT Shadow，将【字体大小】设为 100 点，将【字体颜色】的 RGB 值设为 92、90、80，如图 5.39 所示。

(3) 确认文字处于选择状态，在【工具选项栏】中单击【创建文字变形】按钮，随即弹出【变形文字】对话框，将【样式】设为【上弧】，选中【水平】单选按钮，将【弯曲】设为 61%，然后单击【确定】按钮，如图 5.40 所示。

(4) 设置完成后，按 Ctrl+Enter 组合键，在文档窗口调整文字的文字位置，如图 5.41 所示。

(5) 打开【图层】面板，选择 LOVE 图层，单击面板底部的【图层样式】按钮，在弹出的下拉列表中选择【光泽】命令，如图 5.42 所示。

(6) 随即弹出【图层样式】对话框，将【混合模式】设为【正常】，将右侧颜色设为白色，将【距离】设为 5 像素，将【大小】设为 35 像素，将【不透明度】设置为 100，如

图 5.43 所示。

图 5.39　输入文字

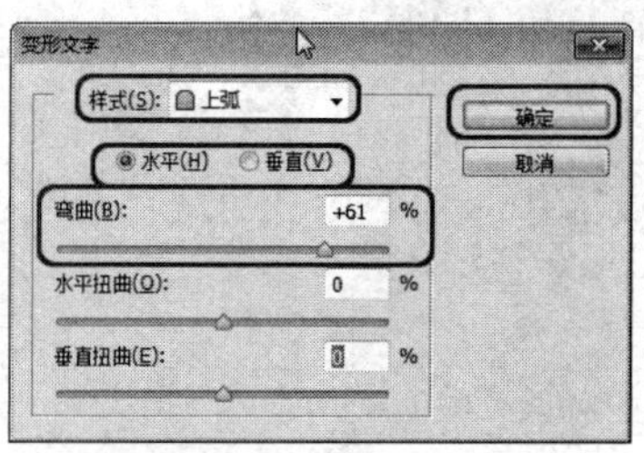

图 5.40　【变形文字】对话框

图 5.41　调整文字

图 5.42　选择【光泽】命令

(7) 切换到【外发光】选项界面，将【发光颜色】设为白色，将【大小】设置为 17，其他保持默认值，单击【确定】按钮，如图 5.44 所示。

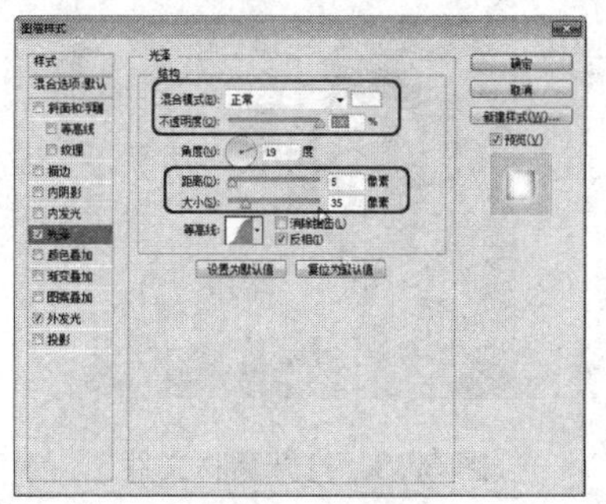

图 5.43　设置光泽

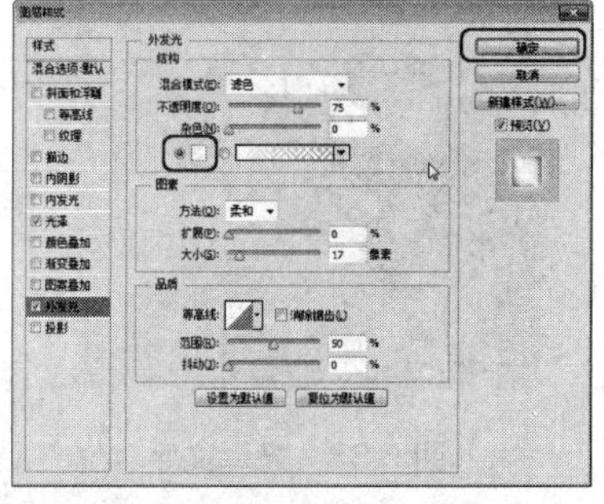

图 5.44　设置外发光

(8) 设置完图层样式后的效果，如图 5.45 所示。

(9) 按 Shift+Ctrl+S 组合键，弹出【另存为】对话框，设定正确的保存路径和格式，单击【保存】按钮，如图 5.46 所示。

图 5.45　完成后的效果

图 5.46　【另存为】对话框

## 5.4.2　制作印章文字

下面制作印章文字，完成后的效果如图 5.47 所示。其具体操作步骤如下。

(1) 启动软件，按 Ctrl+N 组合键，弹出【新建】对话框，在该对话框中将【宽度】设为 500 像素，将【高度】设为 500 像素，将【分辨率】设为 300 像素，然后单击【确定】按钮，如图 5.48 所示。

图 5.47　印章文字

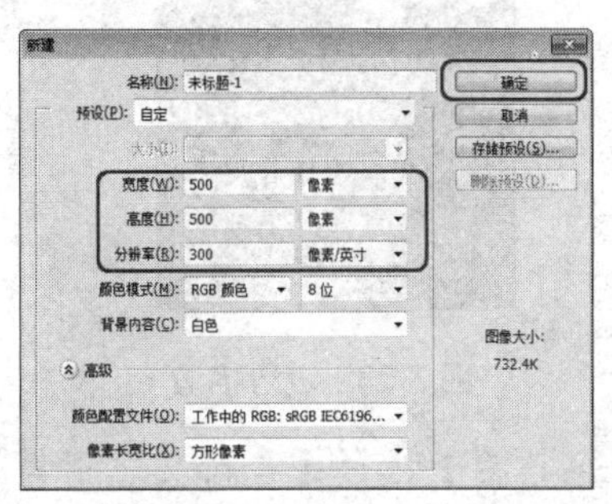


图 5.48　【新建】对话框

(2) 将【前景色】设为黑色，按 Alt+Delete 组合键，填充前景色，完成后的效果如图 5.49 所示。

(3) 在工具箱中选择【矩形选框工具】，在场景的内侧创建选区，如图 5. 50 所示。

图 5.49　填充颜色

图 5.50　创建选区

(4) 在菜单栏选择【编辑】|【描边】命令，随即弹出【描边】对话框，将【宽度】设为 6 像素，将【颜色】设为红色，将【位置】设为【居中】，然后单击【确定】按钮，如图 5.51 所示。

(5) 按 Ctrl+D 组合键取消选取，再次在场景的内侧创建选区，如图 5.52 所示。

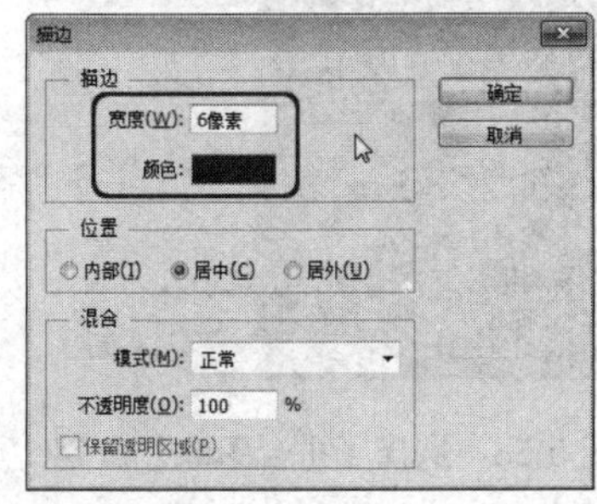


图 5.51　【描边】对话框

图 5.52　创建选区

(6) 在菜单栏选择【编辑】|【描边】命令，随即弹出【描边】对话框，将【宽度】设为 6 像素，将【颜色】设为红色，将【位置】设为【居中】，然后单击【确定】按钮，完成后的效果如图 5.53 所示。

(7) 按 Ctrl+D 组合键取消选取，再次在场景的右侧创建选区，将【前景色】设为红色，并为选区填充红色，填充后的效果如图 5.54 所示。

图 5.53 进行描边

图 5.54 填充颜色

(8) 在工具箱中选择【直排文字工具】，在工具选项栏中将【字体】设为【汉仪柏青体简】，将【字体大小】设为 44 点，将【字体】颜色黑色，并输入【高照】，效果如图 5.55 所示。

(9) 继续选择【直排文字工具】，输入【福星】，在工具选项栏中将【字体】设为【汉仪柏青体间】，将【字体大小】设为 44 点，将【字体】颜色红色，效果如图 5.56 所示。

图 5.55 输入文字

图 5.56 输入文字

(10) 在【图层】面板中选择【背景】图层，在工具箱中选择【矩形选框工具】，在舞台中绘制选区，设置【前景色】为黑色，并对选区填充【前景色】，按 Ctrl+D 组合键取消选取，完成后的效果如图 5.57 所示。

(11) 选择【福星】图层，在图层面板中单击【图层菜单】按钮，在弹出的下拉菜单中选择【拼合图像】命令，将图层合并，如图 5.58 所示。

图 5.57 填充颜色

图 5.58 选择【拼合图像】命令

(12) 在菜单栏中选择【滤镜】|【滤镜库】命令，随即弹出【滤镜库】对话框，选择

【画笔描边】下的【喷溅】滤镜特效，将【喷色半径】设为 8，将【平滑度】设为 8，然后单击【确定】按钮，如图 5.59 所示

(13) 在菜单栏中选择【滤镜】|【模糊】|【高斯模糊】命令，随即弹出【高斯模糊】对话框，将【半径】设为 1 像素，然后单击【确定】按钮，如图 5.60 所示。

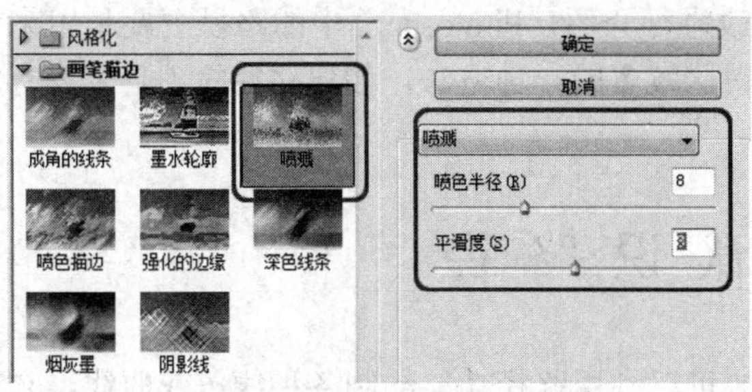


图 5.59　填充颜色

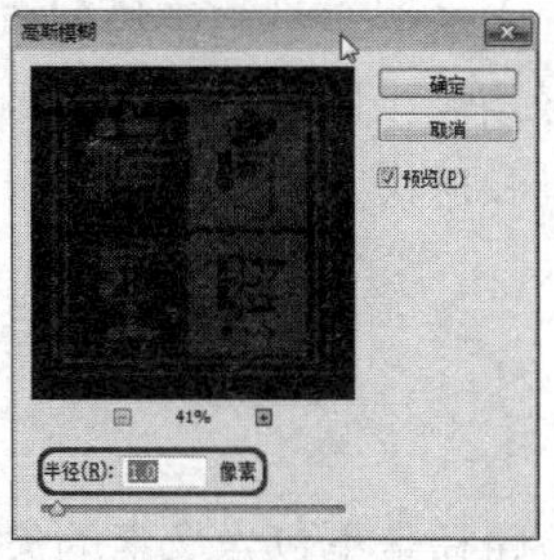


图 5.60　【高斯模糊】对话框

(14) 在菜单栏中选择【选择】|【色彩范围】命令，随即弹出【色彩范围】对话框，选择场景中的黑色，将【颜色容差】设为 200，然后单击【确定】按钮，这样就可以选择黑色区域，如图 5.61 所示。

(15) 将前景色设为白色，按 Ctrl+Delete 组合键，填充白色，按 Ctrl+D 组合键取消选取，完成后的效果如图 5.62 所示。

图 5.61　选择黑色区域

图 5.62　【高斯模糊】对话框

## 5.5　思考与练习

1. 如何精确设置【段落文本大小】对话框的大小。
2. 如何将文字转换为图像？
3. 掌握点文本与段落文本之间的转换？

# 第 6 章　路径的创建与编辑

本章主要对路径的创建、编辑和修改进行介绍，Photoshop 中的路径主要是用来精确选择图像、精确绘制图形，是工作中用得比较多的一种方法，创建路径的工具主要有钢笔工具和形状工具。

## 6.1　认 识 路 径

路径是不包含像素的矢量对象，用户可以利用路径功能绘制各种线条或曲线，它在创建复杂选区，准确绘制图形方面有更快捷、更实用的优点。

### 6.1.1　路径的形态

【路径】是由线条及其包围的区域组成的矢量轮廓。它包括有起点和终点的开放式路径，如图 6.1 所示，以及没有起点和终点的闭合式两种，如图 6.2 所示。此外，路径也可以由多个相互独立的路径组件组成，这些路径组件被称为子路径，如图 6.3 所示的路径中包含 3 个子路径。

图 6.1　开放式路径

图 6.2　闭合式路径

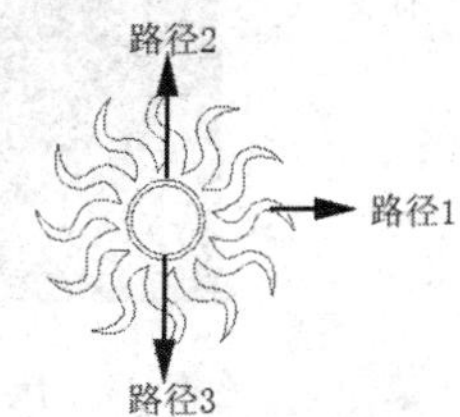


图 6.3　多子路径组合路径

### 6.1.2　路径的组成

路径由一个或多个曲线段或直线段、控制点、锚点和方向线等构成，如图 6.4 所示。

**提 示**

锚点被选中时为一个实心的方点，不被选中时是一个空心的方点。控制点在任何时候都是实心的方点，而且比锚点小。

锚点又称为定位点，它的两端会连接直线或曲线。根据控制柄和路径的关系，可分为几种不同性质的锚点。平滑点连接可以形成平滑的曲线，如图 6.5 所示；角点连接形成的直线或转角曲线，如图 6.6 所示。

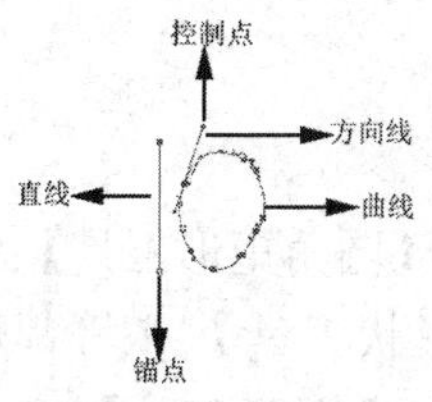


图 6.4　路径构成

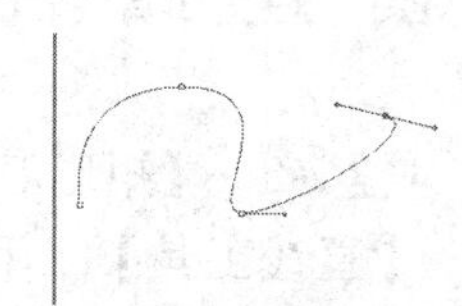

图 6.5　平滑点连接成的平滑曲线

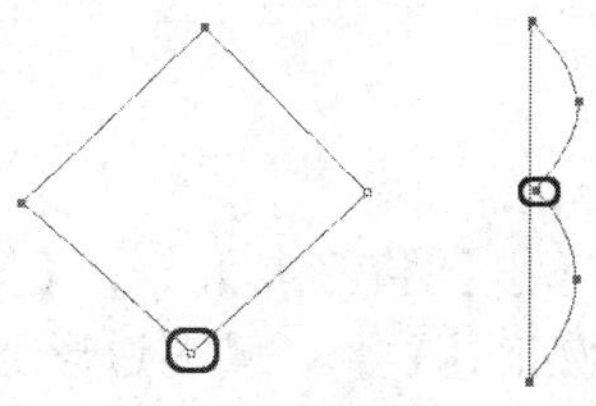

图 6.6　角点连接成的直线、转角曲线

### 6.1.3　【路径】面板

【路径】面板用来存储和管理路径。

执行【窗口】|【路径】命令，可以打开【路径】面板，面板中列出了每条存储的路径，以及当前工作路径和当前矢量蒙版的名称和缩览图，如图 6.7 所示。

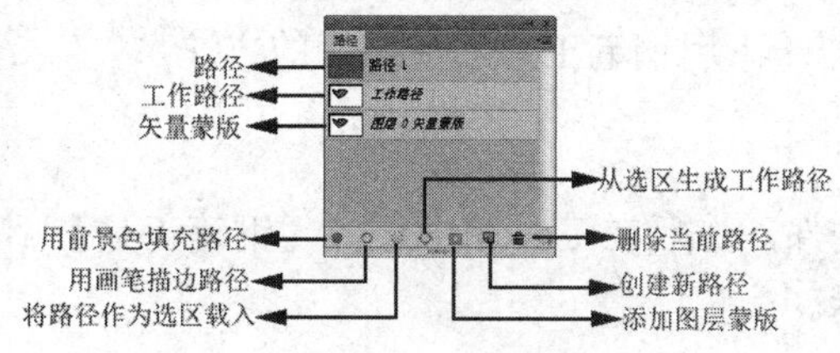


图 6.7　【路径】面板

- 【路径】：当前文档中包含的路径。
- 【工作路径】：工作路径是出现在【路径】面板中的临时路径，用于定义形状的轮廓。
- 【矢量蒙版】：当前文档中包含的矢量蒙版。
- 【用前景色填充路径】按钮：单击该按钮，可以用前景色填充路径形成的区域。
- 【用画笔描边路径】按钮：单击该按钮，可以用画笔工具沿路径描边。
- 【将路径作为选区载入】按钮：单击该按钮，可以将当前选择的路径转换为选区。
- 【从选区生成工作路径】按钮：如果创建了选区，单击该按钮，可以将选区边界转换为工作路径。
- 【添加图层蒙版】按钮：单击该按钮，可以为当前工作路径创建矢量蒙版。
- 【创建新路径】按钮：单击该按钮，可以创建新的路径。如果按住 Alt 键单击该按钮，可以打开【新建路径】对话框，在对话框中输入路径的名称也可以新建路径。新建路径后，可以使用钢笔工具或形状工具绘制图形。
- 【删除当前路径】按钮：选择路径后，单击该按钮，可删除路径。也可以将路径拖曳至该按钮上直接删除。

# 6.2 创建路径

使用【钢笔工具】、【自由钢笔工具】、【矩形工具】、【圆角矩形工具】、【椭圆工具】、【多边形工具】、【直线工具】和【自定形状工具】等都可以创建路径，不过前提是在工具选项栏中的工具模式设置为【路径】。【钢笔工具】是具有最高精度的绘画工具。

## 6.2.1 使用【钢笔工具】创建路径

【钢笔工具】是创建路径的最主要的工具，它不仅可以用来选取图像，而且可以绘制卡通漫画，如图 6.8 所示。作为一个优秀的设计师，应该熟练地使用钢笔工具。

选择【钢笔工具】，开始绘制之前光标会呈形状显示，若大小写锁定键被按下则为形状。下面来学习一下用钢笔工具创建路径的方法。

### 1. 绘制直线路径

(1) 新建一个空白文件，然后在工具箱中选择【钢笔工具】，在工具选项栏中进行选项设置，如图 6.9 所示。

图 6.8　输入参数

图 6.9　设置选项

(2) 在空白文件中，使用【钢笔工具】分别在两个不同的地方单击就可以绘制直线，如图 6.10 所示。

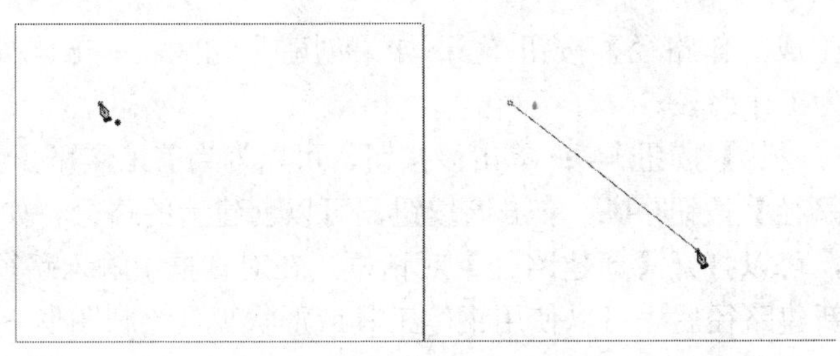

图 6.10　绘制一条直线

### 2. 绘制曲线路径

1) 绘制曲线

单击鼠标绘制出第一点，然后单击并拖曳鼠标绘制出第二点，如图 6.11 所示，这样就

可以绘制曲线并使锚点两端出现方向线。方向点的位置及方向线的长短会影响到曲线的方向和弧度。

2) 绘制曲线之后接直线

绘制出曲线后，若要在之后接着绘制直线，则需要按住 Alt 键在最后一个锚点上单击，使控制线只保留一段，再释放 Alt 键，在新的地方单击另一点即可，如图 6.12 所示。

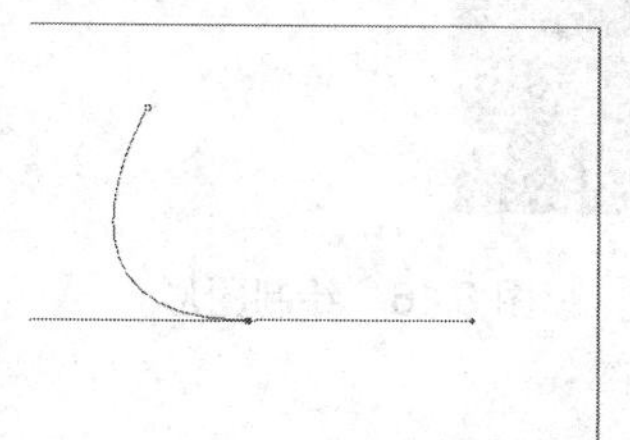

图 6.11　绘制曲线

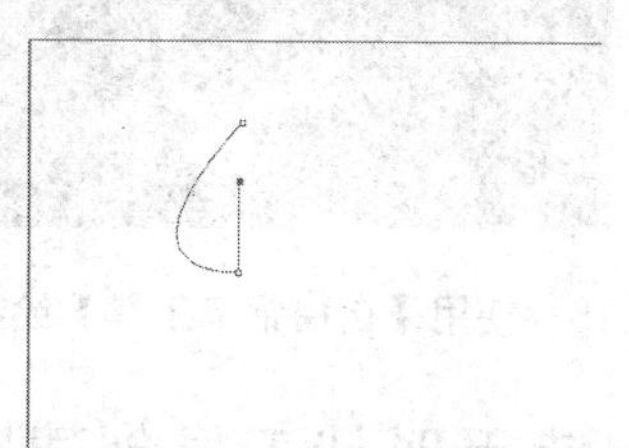

图 6.12　绘制曲线后接直线

**提 示**

直线的绘制方法比较简单，在操作时需要记住单击但不要拖曳鼠标，否则将创建曲线路径。如果绘制水平、垂直或以 45° 为增量的直线，可以按住 Shift 键的同时进行单击。

选择【钢笔工具】，然后在工具选项栏中单击按钮，在弹出的下拉列表中勾选【橡皮带】复选框，如图 6.13 所示，则可在绘制时直观地看到下一节点之间的轨迹，如图 6.14 所示。

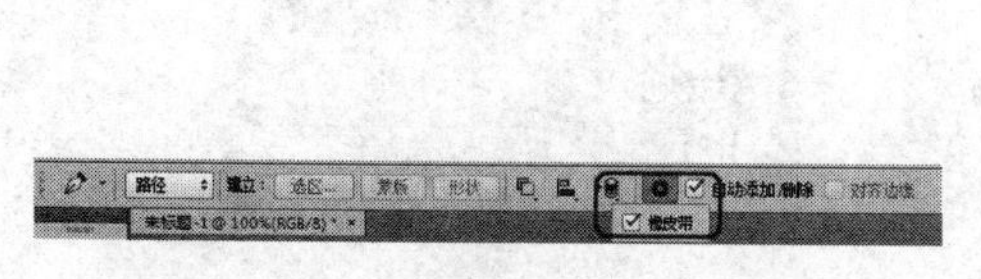

图 6.13　勾选【橡皮带】复选框

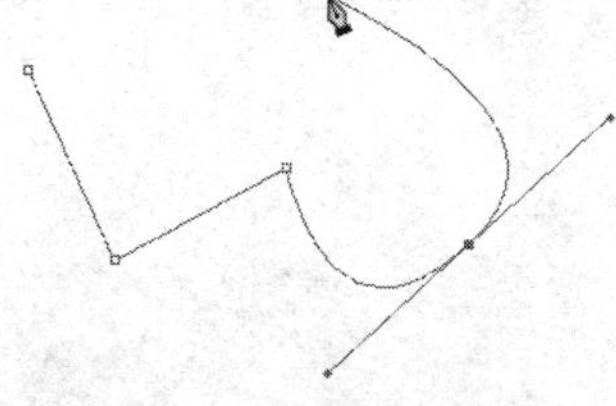

图 6.14　显示绘制路径

## 6.2.2　使用【自由钢笔工具】创建路径

【自由钢笔工具】用来绘制比较随意的图形，它的使用方法与【套索工具】非常相似，选择该工具后，在画面中单击并拖曳鼠标即可绘制路径，如图 6.15 所示。路径的形状为光标运行的轨迹，Photoshop 会自动为路径添加锚点。

下面来详细介绍一下用【自由钢笔工具】创建路径的方法。

(1) 新建一个空白文件，在工具箱中选择【自由钢笔工具】，在工具选项栏中进行选项设置，然后在该空白文件中绘制图形，如图 6.16 所示。

(2) 绘制完成后，可以在工具箱中选择【直接选择工具】或【转换点工具】，对其绘制的路径进行进一步的修改，如图 6.17 所示.。

图 6.15　使用【自由钢笔工具】绘制图形

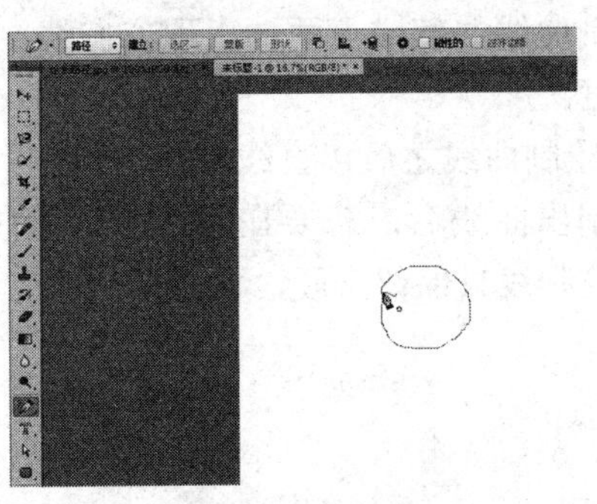

图 6.16　绘制图形

## 6.2.3　使用形状工具创建路径

形状工具包括：【矩形工具】、【圆角矩形工具】、【椭圆工具】、【多边形工具】、【直线工具】和【自定形状工具】。这些工具包含了一些常用的基本形状和自定义图形，通过这些图形可以方便地绘制所需要的基本形状和图形。

### 1. 矩形工具

【矩形工具】用来绘制矩形和正方形，按住 Shift 键的同时拖曳鼠标可以绘制正方形，按住 Alt 键的同时拖曳鼠标，可以以光标所在位置为中心绘制矩形，按住 Shift+Alt 组合键的同时拖曳鼠标，可以以光标所在位置为中心绘制正方形。

选择【矩形工具】后，然后在工具选项栏中选择按钮，弹出如图 6.18 所示的选项面板，在该选项面板中可以选择绘制矩形的方法。

图 6.17　使用【转换点工具】修改

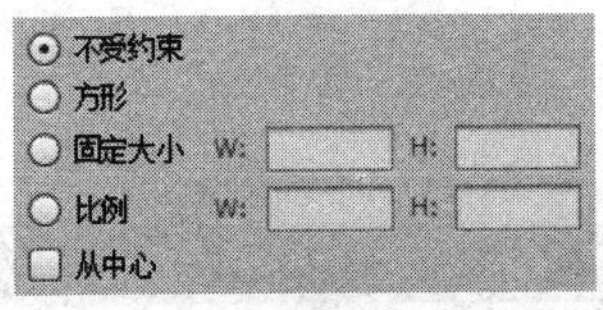


图 6.18　矩形选项面板

- 【不受约束】：选中该单选按钮后，可以绘制任意大小的矩形和正方形。
- 【方形】：选中该单选按钮后，只能绘制任意大小的正方形。
- 【固定大小】：选中该单选按钮后，然后在右侧的文本框中输入要创建的矩形的固定宽度和固定高度，输入完成后，则会按照输入的宽度和高度来创建矩形。
- 【比例】：选中该单选按钮后，然后在右侧的文本框中输入相对宽度和相对高度的值，此后无论绘制多大的矩形，都会按照此比例进行绘制。
- 【从中心】：勾选该复选框后，无论以任何方式绘制矩形，都将以光标所在位置为矩形的中心向外扩展绘制矩形。

### 2. 圆角矩形工具

【圆角矩形工具】用来创建圆角矩形，它的创建方法与矩形工具相同，只是比矩

形工具多了一个【半径】选项，用来设置圆角的半径，该值越高，圆角就越大，如图 6.19、图 6.20 所示为【半径】为 10 像素和【半径】为 60 像素的对比效果。

图 6.19　10 像素效果　　　　图 6.20　60 像素效果

### 3. 椭圆工具

使用【椭圆工具】可以创建规则的圆形，也可以创建不受约束的椭圆形。

### 4. 多边形工具

使用【多边形工具】可以创建多边形和星形，选择【多边形工具】后，然后在工具选项栏中选择按钮，弹出如图 6.21 所示的选项面板，在该面板上可以设置相关参数。

- 【半径】：用来设置多边形或星形的半径。
- 【平滑拐角】：用来创建具有平滑拐角的多边形或星形。如图 6.22 所示为取消勾选与勾选该复选框的对比效果。

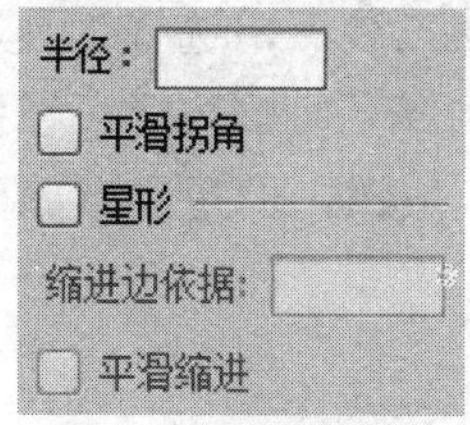


图 6.21　多边形选项面板

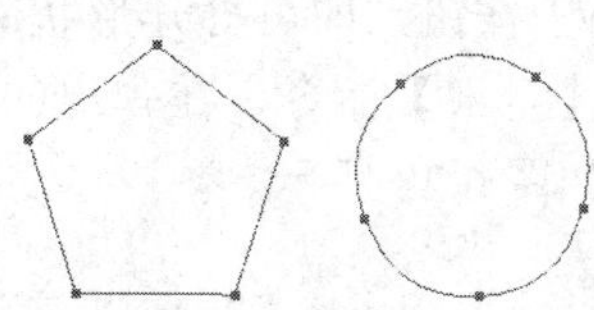

图 6.22　取消勾选【平滑拐角】复选框和勾选【平滑拐角】复选框的效果对比

- 【星形】：勾选该复选框可以创建星形。
- 【缩进边依据】：当勾选【星形】复选框后该选项才会被激活，用于设置星形的边缘向中心缩进的数量，该值越高，缩进量就越大，如图 6.23、图 6.24 所示为【缩进边依据】为 50%和【缩进边依据】为 70%的对比效果。

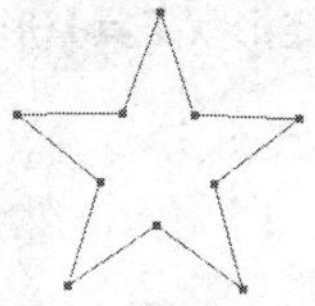

图 6.23　【缩进边依据】为 50%的效果

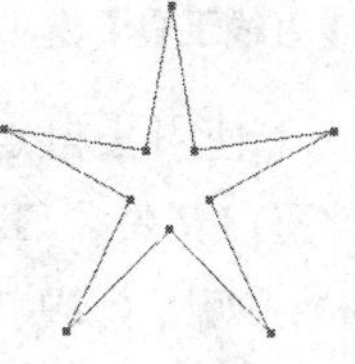

图 6.24　【缩进边依据】为 70%的效果

- 【平滑缩进】：当勾选【星形】复选框后该选项才会被激活，勾选该复选框可以使星形的边平滑缩进，如图 6.25、图 6.26 所示为勾选前与勾选后的对比效果。

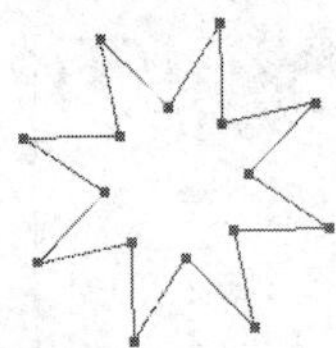

图 6.25　取消勾选【平滑缩进】复选框的效果

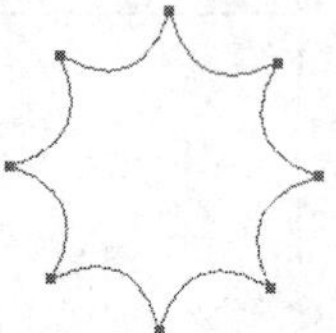

图 6.26　勾选【平滑缩进】复选框的效果

### 5. 直线工具

【直线工具】是用来创建直线和带箭头的线段的。选择【直线工具】后，然后在工具选项栏中选择按钮，弹出如图 6.27 所示的选项面板。

- 【起点/终点】：勾选【起点】复选框后会在直线的起点处添加箭头，勾选【终点】复选框后会在直线的终点处添加箭头，如果同时勾选这两个复选框，则会绘制出双向箭头。
- 【宽度】：该选项用来设置箭头宽度与直线宽度的百分比。
- 【长度】：该选项用来设置箭头长度与直线宽度的百分比。
- 【凹度】：该选项用来设置箭头的凹陷程度。

### 6. 自定形状工具

在【自定形状工具】中有许多 Photoshop 自带的形状，选择该工具后，选择工具选项栏中的【形状】后的按钮，即可打开形状库。然后选择形状库右上角的按钮，在弹出的下拉菜单中选择【全部】命令，在弹出的提示框中单击【确定】按钮，即可显示系统中存储的全部图形，如图 6.28 所示。

图 6.27　【直线工具】选项面板

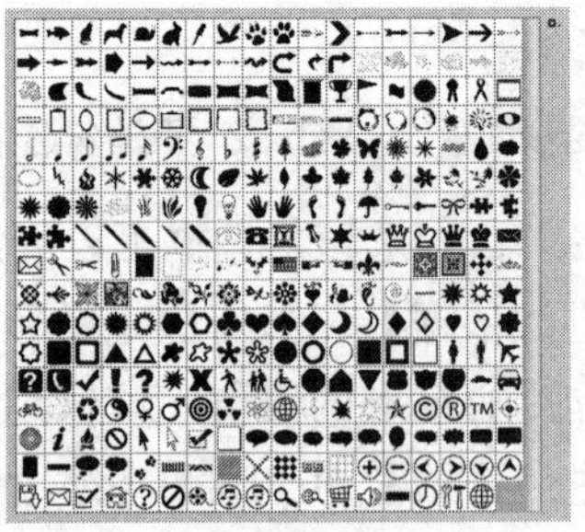

图 6.28　【自定形状工具】形状库

下面来介绍一下使用【自定形状工具】创建路径的方法。

(1) 新建一个空白文件，在工具箱中选择【自定形状工具】，然后在工具选项栏中选中所需要的形状，如图 6.29 所示。

(2) 在空白文件中单击并拖曳鼠标左键即可创建图形，效果如图 6.30 所示。

图 6.29　选择所需形状

图 6.30　绘制的图形

## 6.2.4　将选区转换为路径

下面介绍一下将选区转换为路径的方法。

(1) 新建一个空白文件，在工具箱中选择【矩形选框工具】，在空白文件中创建矩形选区，如图 6.31 所示。

(2) 打开【路径】面板，在路径面板中选择【从选区生成工作路径】按钮，即可将绘制的选区生成一个工作路径，如图 6.32 所示。

图 6.31　创建选区

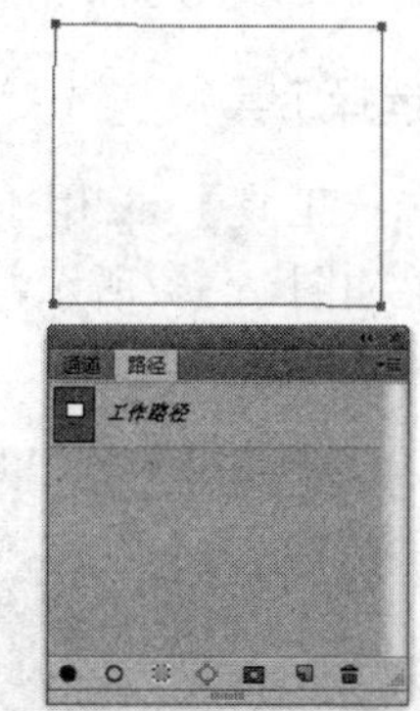



图 6.32　从选区生成工作路径

# 6.3　修 改 路 径

本节来介绍关于路径的修改，路径的修改工具主要有：【路径选择工具】、【直接选择工具】、【添加锚点工具】、【删除锚点工具】和【转换点工具】等，使用它们可以对路径进行任意修改，如改变锚点性质、选择、复制、删除以及移动路径等操作。

## 6.3.1　选择路径

本节主要介绍了【路径选择工具】和【直接选择工具】两种路径选择的方法。

### 1. 路径选择工具

路径选择工具用于选择一个或几个路径并对其进行移动、组合、对齐、分布和变形。选择【路径选择工具】，或反复按 Shift+A 组合键，其属性栏如图 6.33 所示。

图 6.33 【路径选择工具】属性栏

(1) 选择【自定形状工具】，在工作区中创建一个工作路径，然后打开【路径】面板，选择【工作路径】，如图 6.34 所示。

(2) 在工具箱中选择【路径选择工具】，然后单击创建的路径，可以看到路径上的锚点都是实心显示的，即可移动路径，如图 6.35 所示。

图 6.34 创建路径

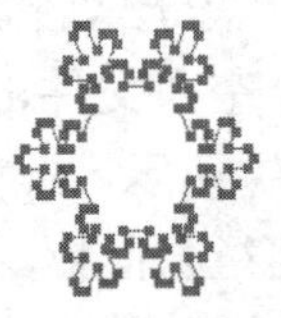

图 6.35 选择并移动路径

### 2. 直接选择工具

【直接选择工具】用于移动路径中的锚点或线段，还可以调整手柄和控制点。路径的原始效果如图 6.36 所示，选择【直接选择工具】，拖曳路径中的锚点来改变路径的弧度，如图 6.37 所示。

图 6.36 原始效果

图 6.37 使用【直接选择工具】调整后

继续上节的操作，按住 Ctrl 键可以使其转换为【直接选择工具】，这样就可以对锚点进行修改，如图 6.38 所示。

## 6.3.2 添加/删除锚点

本节主要介绍了【添加锚点工具】和【删除锚点工具】在路径中的使用方法，下面就详细来介绍一下这两种工具的使用。

### 1. 添加锚点工具

【添加锚点工具】用于在路径上添加的新锚点。

(1) 在工具箱中选择【自定形状工具】，在工作区中绘制一个工作路径，然后再在工具箱中选择【添加锚点工具】，如图 6.39 所示。

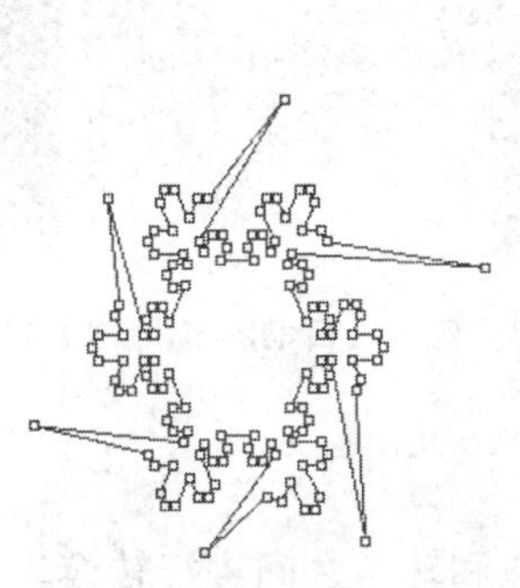

图 6.38　使用【直接选择工具】修改锚点

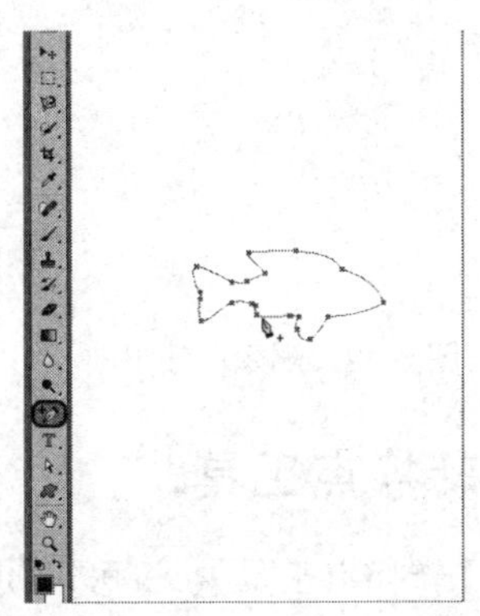

图 6.39　使用【添加锚点工具】

(2) 在刚建立的路径上单击，则可以在新建立的路径上添加新锚点了，如图 6.40 所示。

### 2. 删除锚点工具

【删除锚点工具】用于删除路径上已经存在的锚点。

(1) 在工具箱中选择【自定形状工具】，在工作区绘制一个工作路径。然后再在工具箱中选择【删除锚点工具】，如图 6.41 所示。

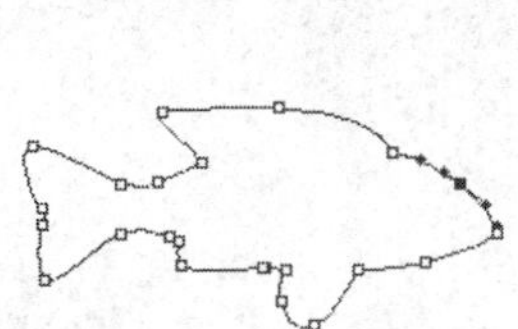

图 6.40　添加后效果

图 6.41　使用【删除锚点工具】

(2) 在刚建立的路径上，选择路径上已经存在的锚点，单击锚点将其删除，效果如图 6.42 所示。

**提 示**

也可以在【钢笔工具】状态下，在工具选项栏中勾选【自动添加/删除】复选框，此时在路径上单击即可添加锚点，在锚点上单击即可删除锚点，如图 6.43 所示。

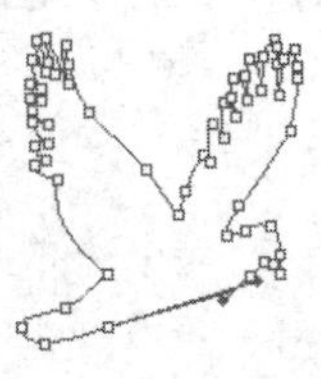

图 6.42　删除后效果

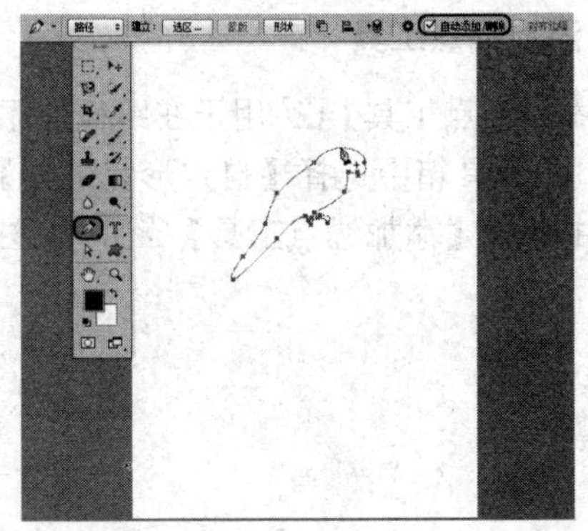

图 6.43　勾选【自动添加/删除】复选框

### 6.3.3　转换点工具

使用【转换点工具】可以使锚点在角点、平滑点和转角之间进行转换。

- 将角点转换成平滑点：使用【转换点工具】在锚点上单击并拖曳鼠标，即可将角点转换成平滑点，如图 6.44 所示。
- 将平滑点转换成角点：使用【转换点工具】直接在锚点上单击即可，如图 6.45 所示。

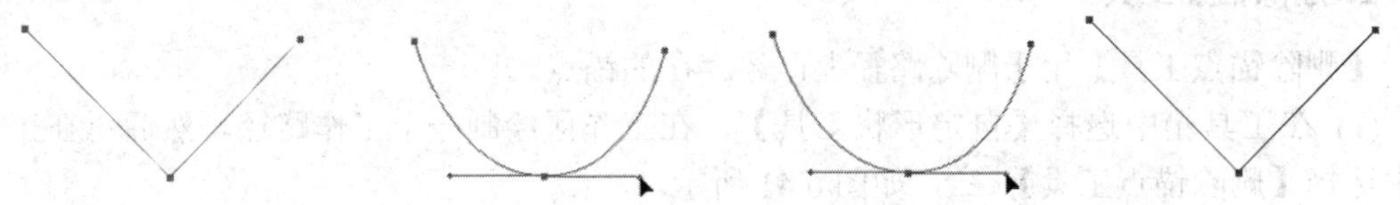

图 6.44　将角点转换成平滑点　　图 6.45　将平滑点转换成角点

- 将平滑点转换成转角：使用【转换点工具】单击方向点并拖曳，更改控制点的位置或方向线的长短即可，如图 6.46 所示。

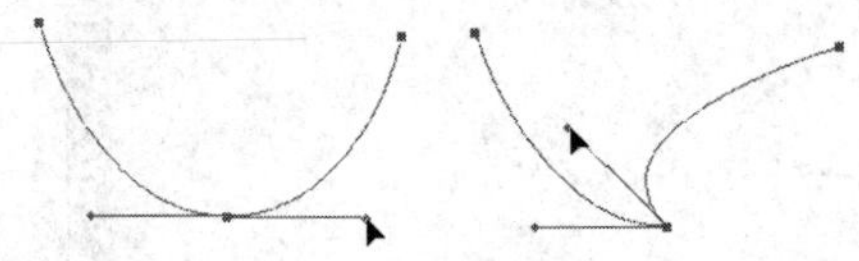

图 6.46　将平滑点转换成转角

## 6.4　编 辑 路 径

初步绘制的路径往往不够完美，需要对局部或整体进行编辑，编辑路径的工具与修改路径的工具相同，下面来介绍一下编辑路径的方法。

## 6.4.1　路径和选区的转换

下面来介绍路径与选区之间的转换。

在【路径】面板中单击【将路径作为选区载入】按钮，可以将路径转换为选区进行操作，如图 6.47 所示，也可以按快捷键 Ctrl+Enter 来完成这一操作。

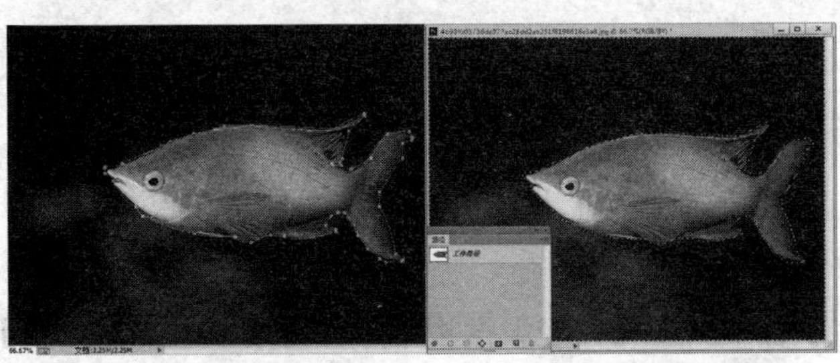

图 6.47　将路径转换成选区

如果在按住 Alt 键的同时单击【将路径作为选区载入】按钮，则可弹出【建立选区】对话框，如图 6.48 所示。通过该对话框可以设置【羽化半径】等选项。

单击【从选区生成工作路径】按钮，可以将当前的选区转换为路径进行操作。如果在按住 Alt 键的同时单击【从选区生成工作路径】按钮，则可弹出【建立工作路径】对话框，如图 6.49 所示。

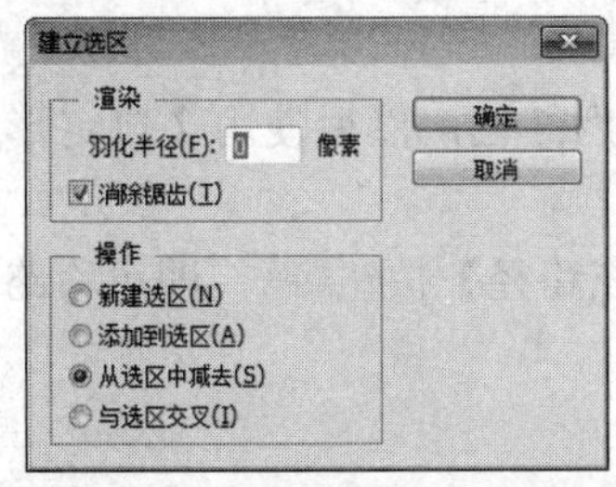


图 6.48　【建立选区】对话框

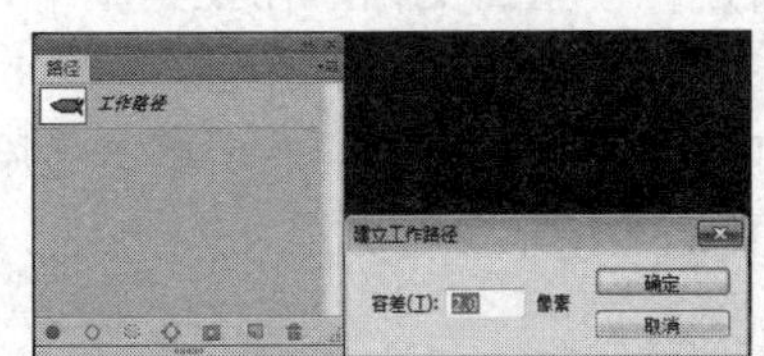


图 6.49　【建立工作路径】对话框

**提 示**

图 6.49 中的【容差】是控制选区转换为路径时的精确度的，【容差】值越大，建立路径的精确度就越低；【容差】值越小，精确度就越高，但同时锚点也会增多

## 6.4.2　描边路径

描边路径是指用绘画工具和修饰工具沿路径描边。下面来学习一下描边路径的使用方法。

(1) 新建一个空白文档，然后使用工具箱中的【自定形状工具】绘制一个路径，如图 6.50 所示。

(2) 在工具箱中选择【画笔工具】，然后在菜单栏中选择【窗口】|【画笔】命令或按 F5 键打开【画笔】面板，在该面板中选择 134 号形状，然后再设置其大小和间距，如图 6.51 所示。

图 6.50　创建路径

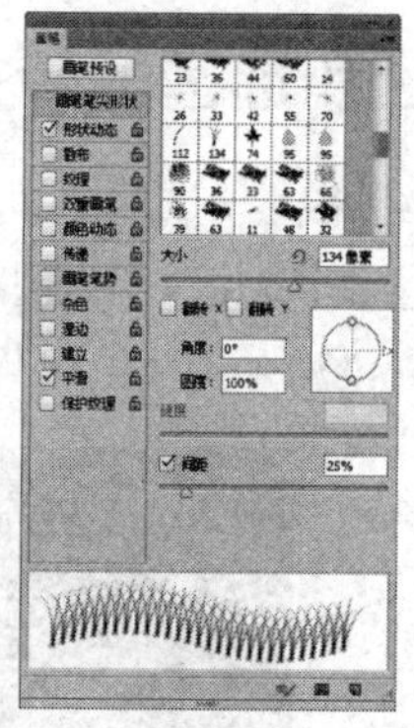

图 6.51　【画笔】面板

(3) 打开【路径】面板，在【路径】面板中单击【用画笔描边路径】按钮，即可为路径描边，效果如图 6.52 所示。

提 示

在【路径】面板中选择一个路径后，单击【用画笔描边路径】按钮，可以使用画笔工具的当前设置描边路径。再次单击该按钮会增加描边的不透明度，使描边看起来更粗。

### 6.4.3　填充路径

下面来介绍一下填充路径的使用方法。

(1) 新建一个空白文档，在工具箱中设置前景色为红色，然后使用【自定形状工具】绘制一个路径，如图 6.53 所示。

(2) 打开【路径】面板，然后单击【用前景色填充路径】按钮，即可将路径填充为红色，如图 6.54 所示。

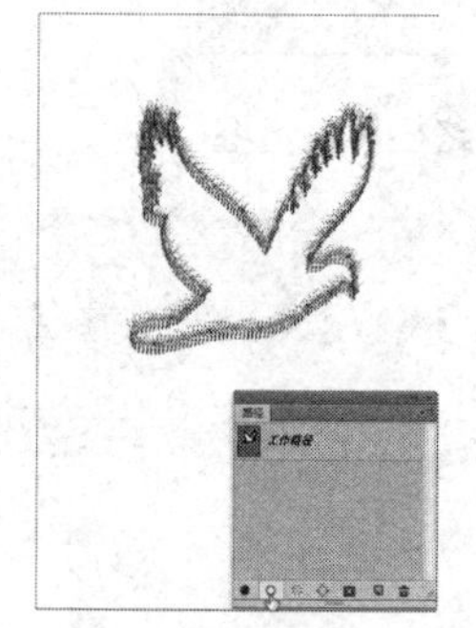

图 6.52　描边后的效果

图 6.53　绘制路径

图 6.54　填充后的效果

## 6.5　上机练习——羽毛的制作

在本例中将通过使用钢笔工具绘制路径，以得到羽毛的外形，并通过其他工具进行修饰，最终的效果如图 6.55 所示。

图 6.55　羽毛的效果

(1) 在菜单栏中选择【文件】|【新建】命令，打开【新建】对话框，在弹出的对话框中将【宽度】参数设置为 40，将单位定义为【厘米】，将【高度】参数设置为 18 厘米，将【分辨率】设置为 72 像素/英寸，单击【确定】按钮，如图 6.56 所示。

(2) 在工具箱中选择【钢笔工具】，在场景中创建出羽毛的基本形状，如图 6.57 所示。

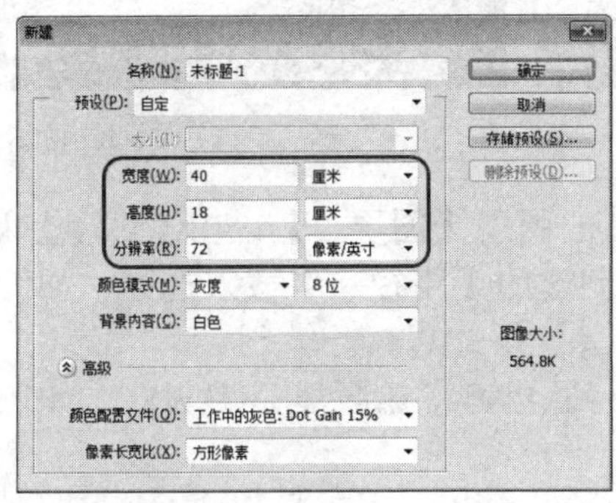


图 6.56　【新建】对话框

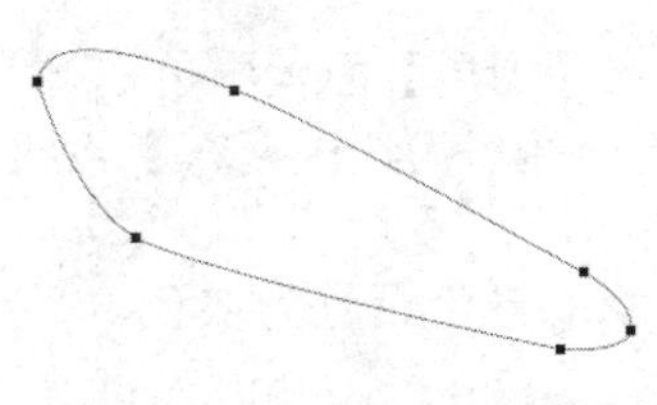

图 6.57　创建出羽毛的基本形状

(3) 在工具箱中选择【转换点工具】，在场景中调整羽毛的形状，使羽毛形状圆滑，如图 6.58 所示。

(4) 为了方便观察，按 D 键恢复默认前景色和背景色，按 Alt+Delete 组合键将场景文件填充为黑色，如图 6.59 所示。

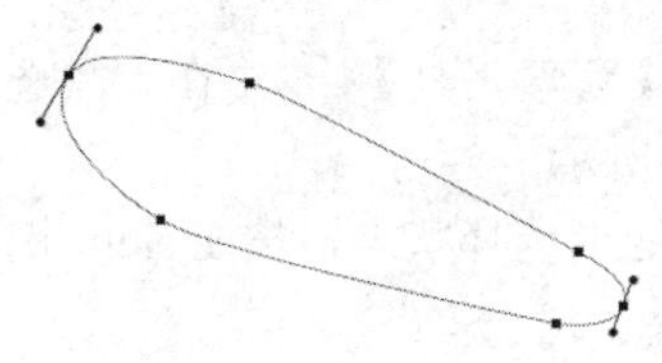

图 6.58　创建形状路径

图 6.59　将场景文件填充为黑色

(5) 在【图层】面板中单击【创建新图层】按钮，新建图层【图层 1】，在【路径】面板中单击【将路径作为选区载入】按钮，将创建的路径载入选区，如图 6.60 所示。

(6) 确定背景色为白色，按 Ctrl+Delete 组合键将选区填充为白色，如图 6.61 所示。

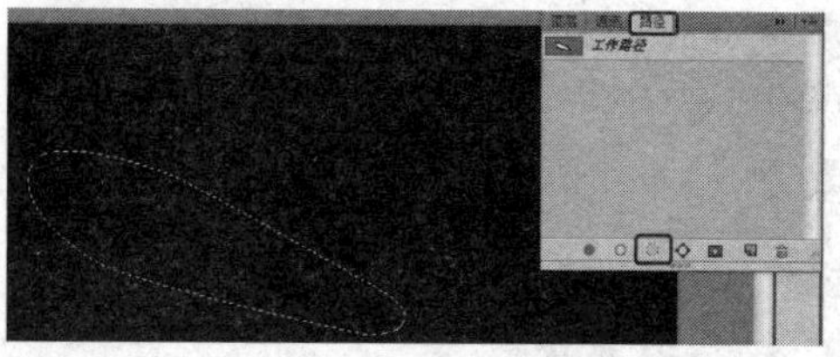
图 6.60　将路径载入选区

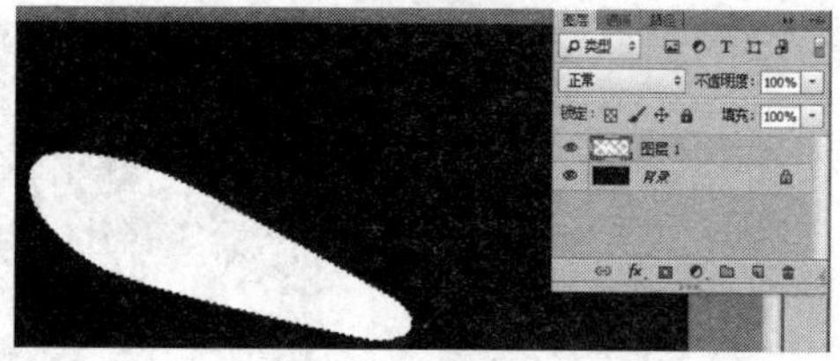
图 6.61　将选区填充为白色

(7) 在【路径】面板中选择【创建新路径】按钮，创建新的路径层，再使用【钢笔工具】绘制出羽毛梗的基本形状，再使用【转换点工具】，将羽毛梗调整平滑，如图 6.62、图 6.63 所示。

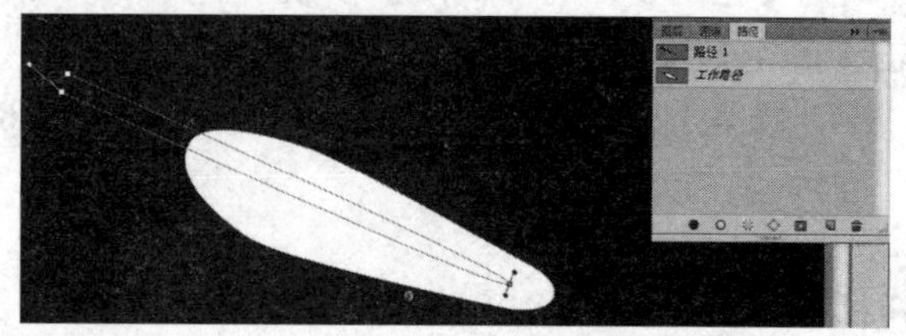
图 6.62　绘制羽毛梗的基本形状

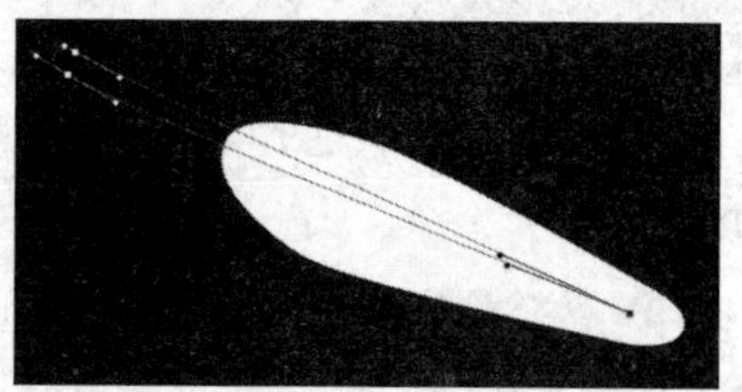
图 6.63　将羽毛梗形状调整平滑

(8) 在【图层】面板中单击按钮，创建新的图层【图层 2】，在【路径】面板中单击【将路径作为选区载入】按钮，即可将创建的【路径 1】载入选区，如图 6.64 所示。

(9) 将前景色设置为灰色，并按 Alt+Delete 组合键将选区填充为灰色，如图 6.65 所示。

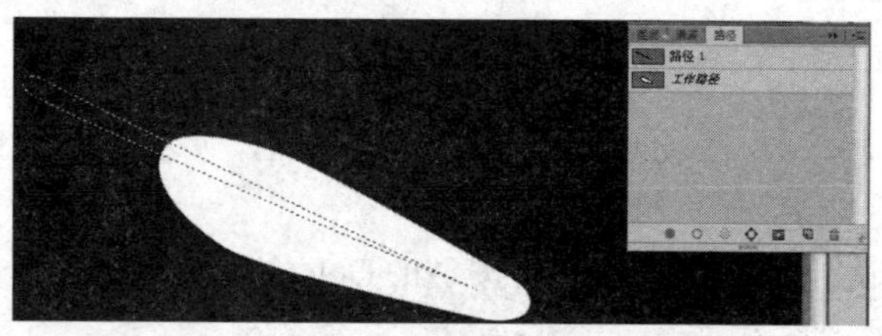
图 6.64　将路径载入选区

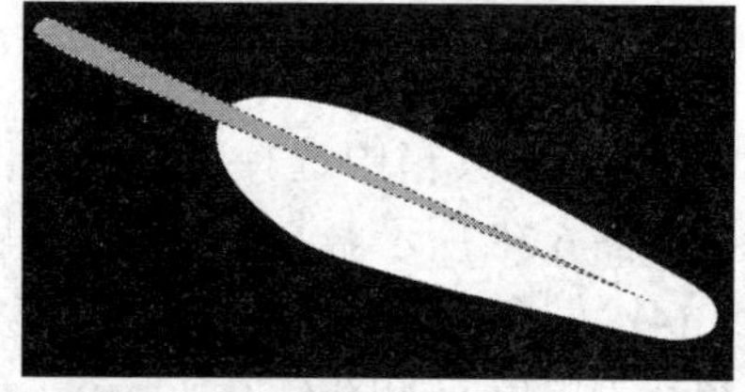
图 6.65　将选区填充为灰色

(10) 按 Ctrl+D 组合键取消选区，在工具箱中选择【套索工具】，在工具选项栏中选择工具可以在场景中连续创建多个选区，如图 6.66 所示。

(11) 在【图层】面板中选择【图层 1】，确定选区处于选择状态，按 Delete 键将选区中的图像删除，按 Ctrl+D 组合键取消选区，如图 6.67 所示。

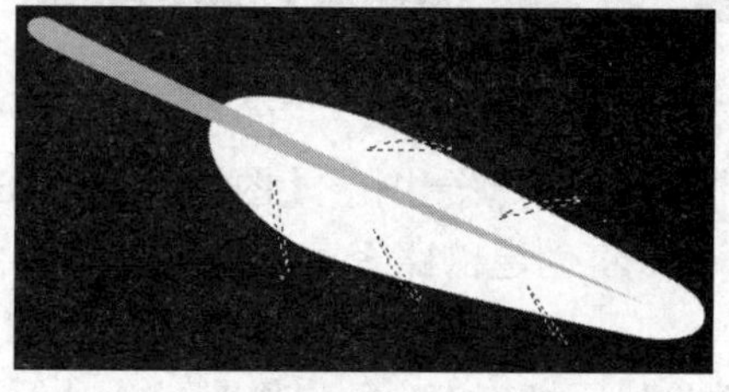
图 6.66　创建选区

图 6.67　删除选区中的内容

(12) 在工具箱中选择【涂抹工具】，在工具选项栏中将【手指绘画】选项取消选择，单击按钮，在弹出的【画笔】面板中选择 Spatter 59 pixels 画笔，并将【强度】设置为 50%，如图 6.68 所示。

(13) 在场景中先涂抹出羽毛的基本形状，如图 6.69 所示。

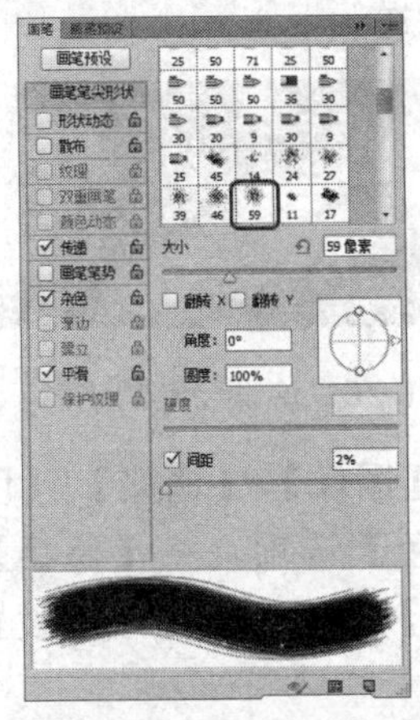

图 6.68　设置涂抹工具的画笔

图 6.69　涂抹数羽毛的基本形状

(14) 在羽毛根部涂抹，形成如图 6.70 所示的形状。

(15) 再次设置【涂抹工具】，将【画笔】调小一些，并在场景中向内涂抹羽毛，如图 6.71 所示。

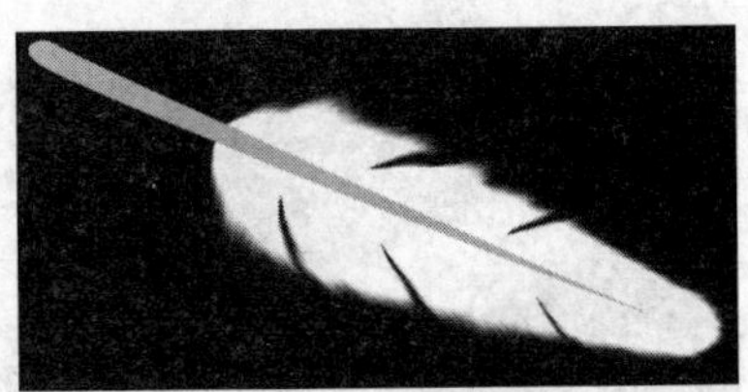

图 6.70　涂抹羽毛的根部

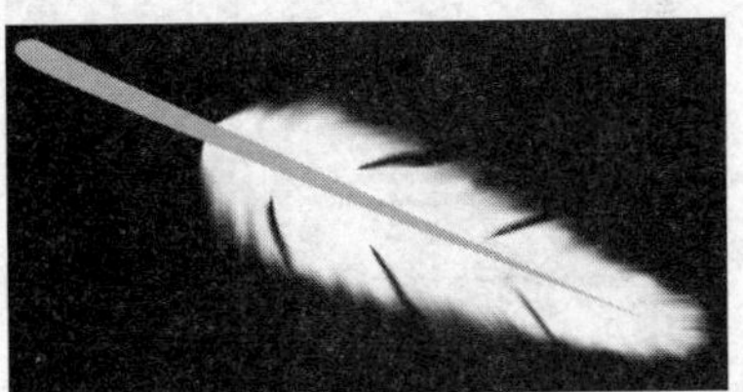

图 6.71　向内涂抹收缩羽毛

(16) 在【图层】面板中单击【创建图层】按钮，创建新的图层【图层 3】，在工具箱中选择【画笔工具】，在选项控制栏中设置【画笔】为圆形硬边，在场景中绘制出白色的绒毛白色，如图 6.72 所示。

(17) 使用【涂抹工具】，在工具选项栏中设置一个合适的画笔笔触，并在场景中涂抹绒毛的效果，如图 6.73 所示。

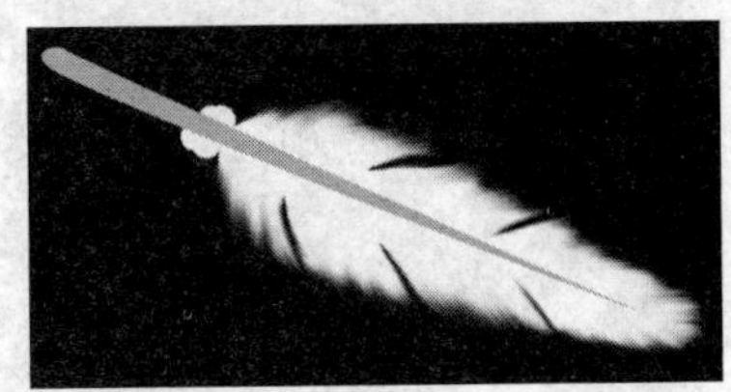

图 6.72　绘制绒毛的基本白色

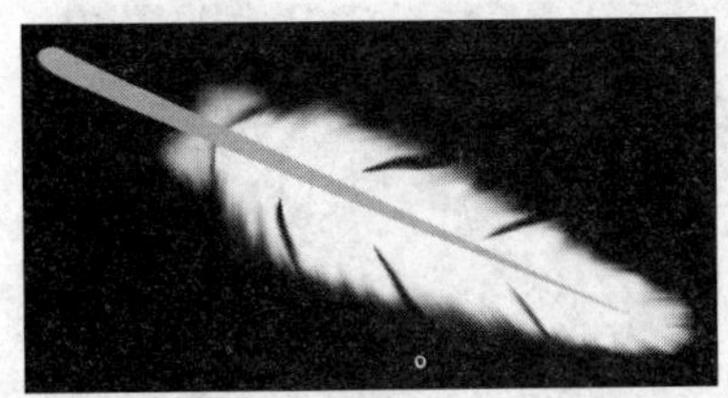

图 6.73　涂抹绒毛的基本形状

(18) 在【图层】面板中单击【创建图层】按钮，创建出【图层 4】，并将该图层

放置到【图层 2】羽毛梗图层的上方，并使用【画笔工具】在梗部区域绘制出白色的区域，使用【涂抹工具】涂抹白色区域形成白色的羽毛，如图 6.74 所示。

(19) 在【图层】面板中选择【图层 2】，在工具箱中选择【加深工具】，在工具选项栏中选择一个柔边笔触，将【范围】设置为【中间调】，将【曝光度】参数设置为 15%，涂抹羽毛梗的阴影区域使其产生立体感，如图 6.75 所示。

图 6.74　涂抹羽毛的效果

图 6.75　涂抹羽毛的阴影

(20) 确定【图层 2】处于选择状态，在菜单栏中选择【图像】|【调整】|【色相/饱和度】命令。在弹出的【色相/饱和度】对话框中选择【着色】选项，将【色相】参数设置为 45、【饱和度】为 20、【明度】为 55，单击【确定】按钮，为羽毛梗设置颜色，如图 6.76 所示。

(21) 在【图层】面板中选择【图层 1】～【图层 4】，单击【链接图层】按钮，将图层锁定，并将其拖曳到【创建新图层】按钮上复制图层，并按 Ctrl+E 组合键将复制的图层合并为一个，并在场景中调整其位置，大小和角度，如图 6.77 所示。

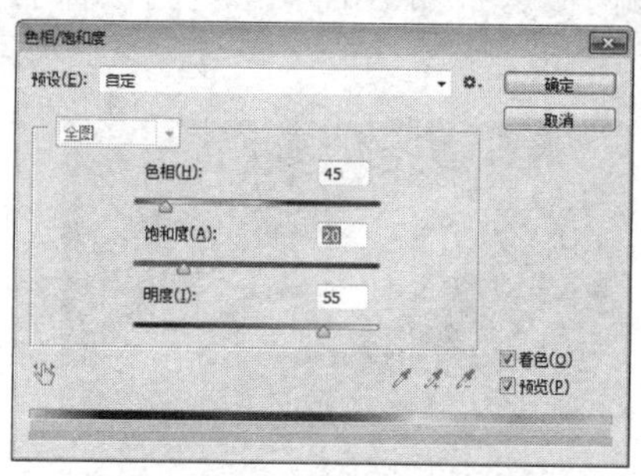


图 6.76　设置羽毛梗的色相/饱和度

图 6.77　复制羽毛并调整

(22) 在菜单栏中选择【文件】|【打开】命令，在打开的对话框中选择“CDROM\素材\Cha06\蓝天.jpg”文件，如图 6.78 所示。

(23) 将素材打开后，选择之前创建文件中的【图层 4 拷贝】图层，将其拖曳至打开的素材文件中，对其进行复制并调整位置和大小，效果如图 6.79 所示。

图 6.78　打开的素材文件

图 6.79　调整后的效果

## 6.6　思考与练习

1. 绘制曲线路径时如何接着绘制直线？
2.【矩形工具】的使用方法？
3. 如何自动添加和删除锚点？

# 第 7 章　蒙版与通道在设计中的应用

蒙版是进行图像合成的重要手法，它可以控制部分图像的显示与隐藏，还可以对图像进行抠图处理，本章主要来介绍蒙版在设计中的应用，Photoshop 提供了 4 种用来合成图像的蒙版，分别是：图层蒙版、快速蒙版、矢量蒙版和剪贴蒙版，这些蒙版都有各自的用途和特点。

## 7.1　快 速 蒙 版

利用快速蒙版能够快速地创建一个不规则的选区，当创建了快速蒙版后，图像就等于是创建了一层暂时的遮罩层，此时可以在图像上利用画笔、橡皮擦等工具进行编辑。被选取的区域和未被选取的区域以不同的颜色进行区分。当离开快速蒙版模式时，选区的区域转换成为选区。

### 7.1.1　创建快速蒙版

下面来介绍如何创建快速蒙版以及使用方法。

(1) 选择随书附带光盘中的“CDROM\素材\Cha07\0001.jpg”文件，在工具箱中首先将前景色设置为黑色，然后单击【以快速蒙版模式编辑】按钮，进入到快速蒙版状态下。在工具箱中选择【画笔工具】，在工具选项栏中选择一个硬笔触，并将【不透明度】、【流量】均设置为 100%，然后沿着对象的边缘进行涂抹选取，如图 7.1 所示。

(2) 选择完成后，使用工具箱中的【油漆桶】工具，在选取的区域内进行单击填充，使蒙版覆盖整个需要的对象，如图 7.2 所示。

图 7.1　选取图像

图 7.2　填充选取的图像

(3) 完成上一步的操作后单击工具箱中的【以标准模式编辑】按钮，退出快速蒙版模式，未涂抹部分变为选区，如图 7.3 所示。

(4) 按下 Ctrl+Shift+I 组合键进行反选，即可选中所需的图像，此时在工具箱中选择【移动工具】，将鼠标放置到选区内单击鼠标并拖曳，可以对选区内的图像进行移动操作，效果如图 7.4 所示。

图 7.3　退出快速蒙版模式

图 7.4　反选对象

## 7.1.2　编辑快速蒙版

本节介绍对快速蒙版进行编辑。让我们通过实例体会一下快速蒙版的使用。

(1) 继续上面的操作，在工具箱中单击【以快速蒙版模式编辑】按钮，再次进入快速蒙版模式，如图 7.5 所示。

(2) 在键盘上按 X 键，将前景色与背景色交换，然后使用【画笔工具】，对选区进行修改，如图 7.6 所示。

**提 示**

将前景色设定为白色，用画笔工具可以擦除蒙版(添加选区)；将前景色设定为黑色，用画笔工具可以添加蒙版(删除选区)。

图 7.5　进入快速蒙版模式

图 7.6　编辑快速蒙版

(3) 单击工具箱中的【以标准模式编辑】按钮，退出蒙版模式，双击【以快速蒙版模式编辑】按钮，弹出【快速蒙版选项】对话框，从中可以对快速蒙版的各种属性进行设定，如图 7.7 所示。

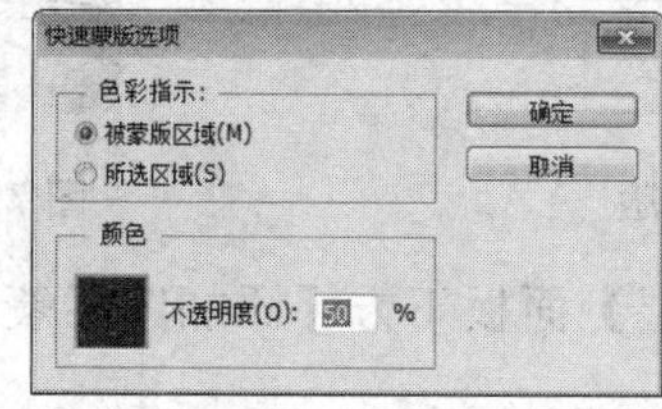


图 7.7　【快速蒙版选项】对话框

**注 意**

【颜色】和【不透明度】设置都只影响蒙版的外观，对如何保护蒙版下面的区域没有影响。更改这些设置能使蒙版与图像中的颜色对比更加鲜明，从而具有更好的可视性。

【被蒙版区域】：可使被蒙版区域显示为 50%的红色，使选中的区域显示为透明。用黑色绘画可以扩大被蒙版区域，用白色绘画可以扩大选中区域。选择该选项时，工具箱中的按钮显示为。

【所选区域】：可使被蒙版区域显示为透明，使选中区域显示为 50%的红色。用白色绘画可以扩大被蒙版区域。用黑色绘画可选中扩大选中区域。选中该单选按钮时，工具箱中的按钮显示为。

【颜色】：要选取新的蒙版颜色，可单击颜色框选取新颜色。

【不透明度】：要更改蒙版的不透明度，可在【不透明度】文本框中输入一个 0~100 之间的数值。

# 7.2 图 层 蒙 版

图层蒙版是与当前文档具有相同分辨率的位图图像，不仅可以用来合成图像，在创建调整图层、填充图层或者应用智能滤镜时，Photoshop 也会自动为其添加图层蒙版。因此，图层蒙版可以在颜色调整、应用滤镜和指定选择区域中发挥重要的作用。

## 7.2.1 创建图层蒙版

创建图层蒙版的方法有 4 种，下面将分别对其进行介绍。

(1) 在菜单栏中选择【图层】|【图层蒙版】|【显示全部】命令，如图 7.8 所示，创建一个白色图层蒙版。

(2) 在菜单栏中选择【图层】|【图层蒙版】|【隐藏全部】命令，如图 7.9 所示，创建一个黑色图层蒙版。

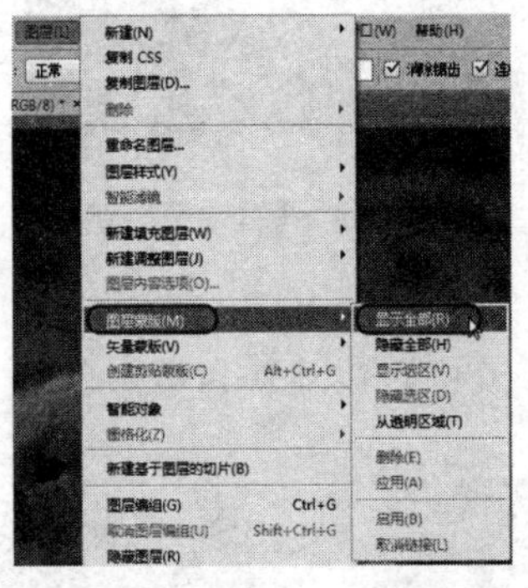

图 7.8 创建白色图层蒙版

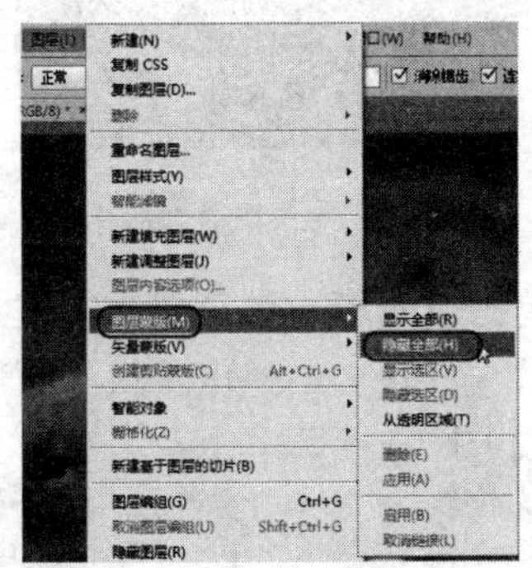

图 7.9 创建黑色图层蒙版

(3) 按住 Alt 键单击【图层】面板下方【添加图层蒙版】按钮，创建一个黑色图层蒙版。

(4) 按住 Shift 单击【添加图层蒙版】按钮，创建一个白色图层蒙版。

## 7.2.2 编辑图层蒙版

创建图层蒙版后，可以像编辑图像那样使用各种绘画工具和滤镜编辑蒙版。下面就来

介绍通过编辑图层蒙版合成一幅作品。

(1) 选择随书附带光盘中的“CDROM\素材\Cha07\0002.psd”文件，如图 7.10 所示。

(2) 在菜单栏中选择【图层】|【图层蒙版】|【隐藏全部】命令，为【图层 1】添加图层蒙版。在工具箱中选择画笔工具，在工具选项栏中选择一个合适的柔边笔触，设置其不透明度为 35%，然后对图层进行涂抹，最终效果如图 7.11 所示。

图 7.10　打开的素材文件

图 7.11　添加蒙版并进行涂抹

# 7.3　矢量蒙版

矢量蒙版是通过路径和矢量形状控制图像显示区域的蒙版，需要使用绘图工具才能编辑蒙版。矢量蒙版中的路径是与分辨率无关的矢量对象，因此，在缩放蒙版时不会产生锯齿。向矢量蒙版添加图层样式可以创建标志、按钮、面板或者其他 Web 设计元素。

## 7.3.1　创建矢量蒙版

创建矢量蒙版的方法有 4 种，下面将分别对它们进行介绍。

(1) 选择一个图层，然后在菜单栏中选择【图层】|【矢量蒙版】|【显示全部】命令，创建一个白色矢量图层，如图 7.12 所示。

(2) 按 Ctrl 键单击【添加图层蒙版】按钮，即可创建一个隐藏全部内容的白色矢量蒙版。

(3) 在菜单栏中选择【图层】|【矢量蒙版】|【隐藏全部】命令，创建一个灰色的矢量蒙版，如图 7.13 所示。

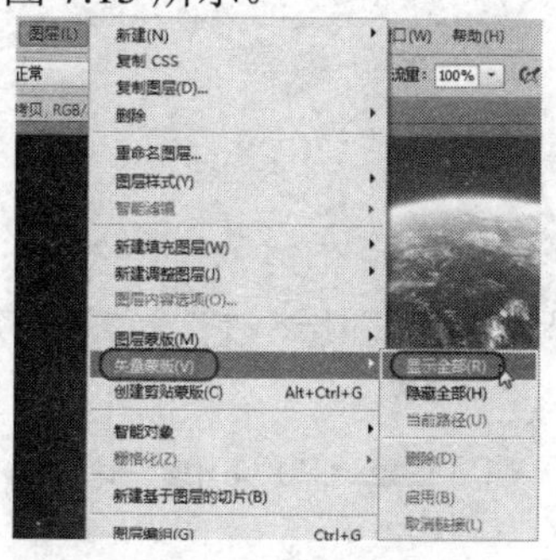


图 7.12　创建白色矢量蒙版

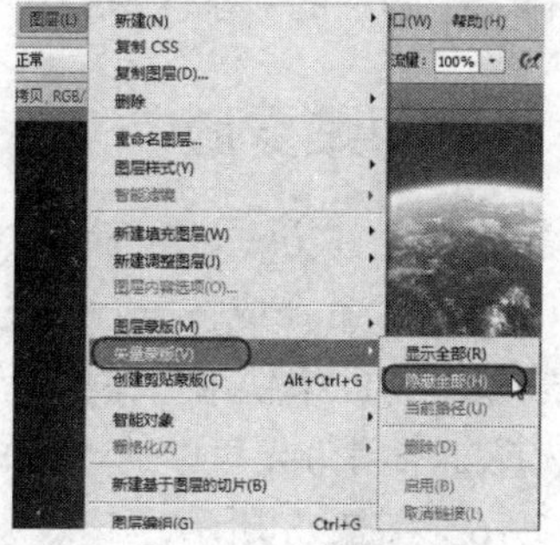


图 7.13　创建灰色矢量蒙版

(4) 按住 Ctrl+Alt 组合键单击【添加图层蒙版】按钮，创建一个隐藏全部的灰色矢量蒙版。

**提 示**

多通道，位图或索引颜色模式的图像不支持图层，在这样的图像上输入文字时，文字将以栅格化的形式出现在背景上，因而不会创建文字图层。

### 7.3.2 编辑矢量蒙版

图层蒙版和剪贴蒙版都是基于像素的蒙版，而矢量蒙版则是基于矢量对象的蒙版，它是通过路径和矢量形状来控制图像显示区域的，为图层添加矢量蒙版后，【路径】面板中会自动生成一个矢量蒙版路径，如图 7.14 所示，编辑矢量蒙版时需要使用绘图工具。

矢量蒙版与分辨率无关，因此，在进行缩放、旋转、扭曲等变换和变形操作时不会产生锯齿，但这种类型的蒙版只能定义清晰的轮廓，无法创建类似图层蒙版那种淡入淡出的遮罩效果。在 Photoshop 中，一个图层可以同时添加一个图层蒙版和一个矢量蒙版，矢量蒙版显示为灰色图标，并且总是位于图层蒙版之后，如图 7.15 所示。

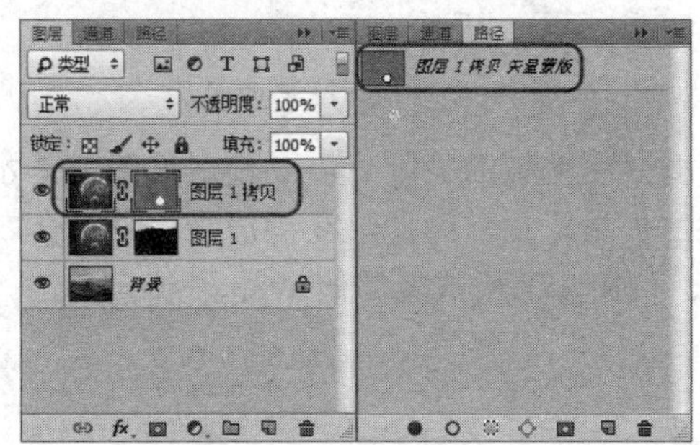


图 7.14 矢量蒙版路径

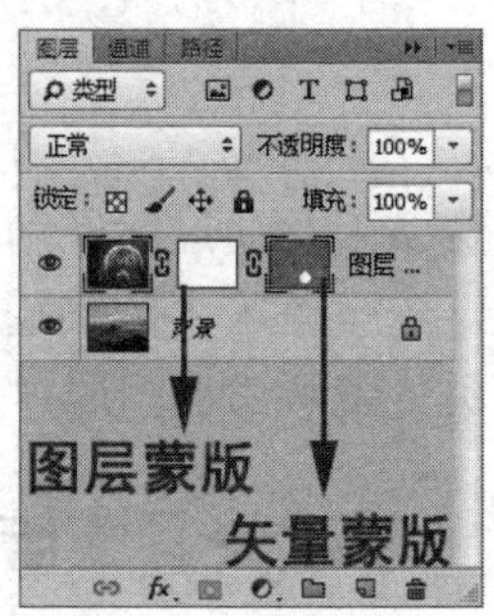


图 7.15 矢量蒙版的显示

## 7.4 剪 贴 蒙 版

剪贴蒙版是一种非常灵活的蒙版，它可以使用下面图层中图像的形状限制上层图像的显示范围。因此，可以通过一个图层来控制多个图层的显示区域，而矢量蒙版和图层蒙版都只能控制一个图层的显示区域。

### 7.4.1 创建剪贴蒙版

剪贴蒙版的创建方法非常简单，只需选择一个图层，然后在菜单栏中选择【图层】|【创建剪贴蒙版】命令或按下 Alt+Ctrl+G 组合键，即可将该图层与它下面的图层创建为一个剪贴蒙版。下面来使用剪贴蒙版合成一幅作品。

(1) 选择随书附带光盘中的“CDROM\素材\Cha07\0003.png、0004.jpg 和 0005.jpg”文件，如图 7.16～图 7.18 所示。

(2) 在工具箱中选择【移动工具】，将素材文件“0003.png”和“0005.jpg”文件拖曳至“0004.jpg”文件中，然后调整其位置(注意图层的排列顺序)，如图 7.19 所示。

(3) 接下来将光标放在【图层】面板中分隔两个图层的线上，按住 Alt 键，光标会变为↓□状，单击鼠标即可创建剪贴蒙版，如图 7.20 所示。

(4) 将剪贴蒙版创建完成后的效果，如图 7.21 所示。

图 7.16　打开的素材文件 0003

图 7.17　打开的素材文件 0004

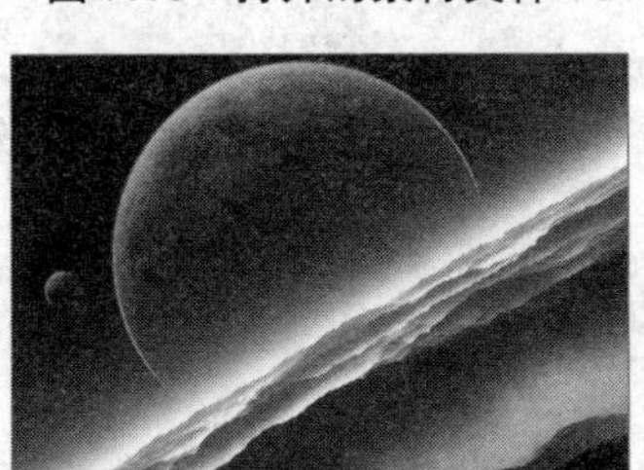

图 7.18　打开的素材文件 0005

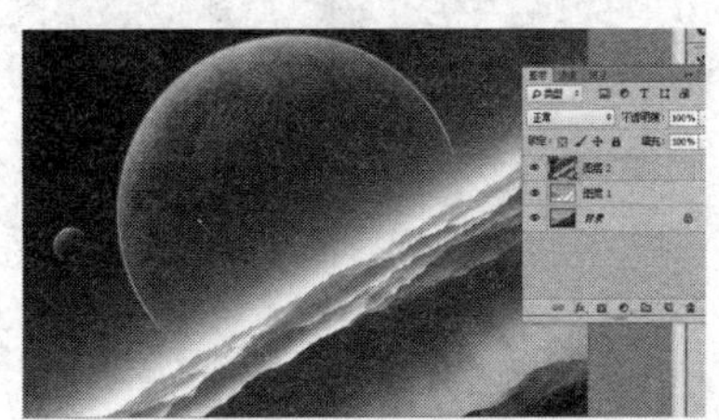

图 7.19　移动图层

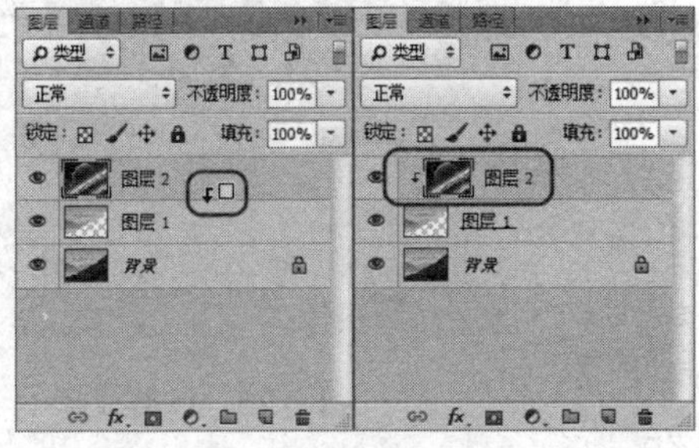


图 7.20　创建剪贴蒙版

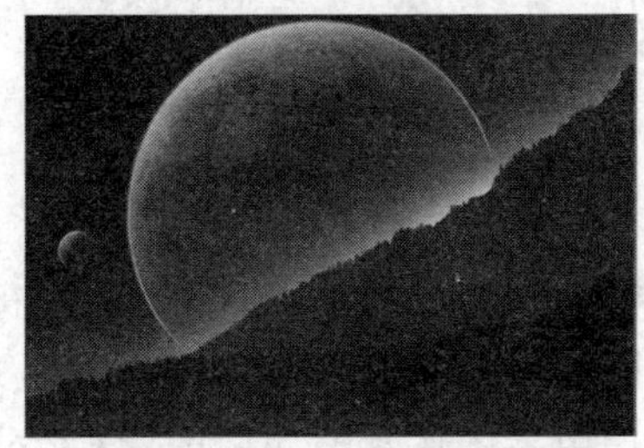

图 7.21　完成后的效果

## 7.4.2　编辑剪贴蒙版

创建剪贴蒙版后，可以对其进行编辑。在剪贴蒙版中基底图层的形状决定了内容图层的显示范围，如图 7.22 所示。

移动基底图层中的图形可以改变内容图层的显示区域，如图 7.23 所示。

图 7.22　显示的图像

图 7.23　移动图形后显示的图像

如果在基底层添加其他形状，可以增加内容图层的显示区域，如图 7.24 所示。

当需要释放剪贴蒙版时，可以选择内容图层，然后在菜单栏中选择【图层】|【释放剪贴蒙版】命令或者按 Ctrl+Alt+G 组合键，如图 7.25 所示，将剪贴蒙版释放。

图 7.24　添加图层显示区域

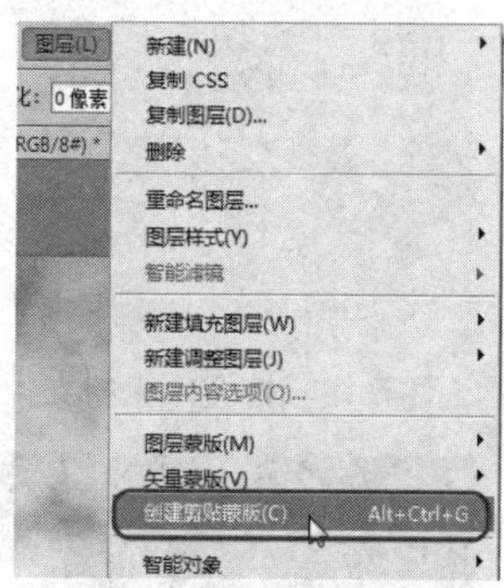


图 7.25　释放剪贴蒙版

# 7.5　编 辑 蒙 版

在学习和了解了各种蒙版的使用方法和作用后，下面将介绍蒙版的一些基本操作，使大家可以更好地掌握蒙版的使用。

## 7.5.1　应用或删除蒙版

按住 Shift 键的同时单击蒙版缩略图，即可停用蒙版，同时蒙版缩略图中会显示红色叉号，表示此蒙版已经停用，图像随即还原成原始效果，如图 7.26 所示。如果需要启用蒙版，再次按住 Shift 键的同时单击蒙版缩略图即可启用蒙版。

图 7.26　停用蒙版

**提 示**

此外，还可以在蒙版缩览图中右击，在弹出的快捷菜单中选择【停用图层蒙版】/【启用图层蒙版】可以将蒙版停用或启用。

## 7.5.2　删除蒙版

选择蒙版后，在蒙版缩略图中右击，在弹出的快捷菜单中选择【删除图层蒙版】命令，如图 7.27 所示，即可将蒙版删除。

还可以通过选择蒙版缩略图，然后单击【图层】面板下方【删除图层】按钮，此时会弹出提示对话框，如图 7.28 所示。单击【应用】按钮，可以将蒙版删除，效果仍应用于图层中；单击【删除】按钮，可以将蒙版删除，效果不会应用到图层中；单击【取消】按钮，取消本次操作。

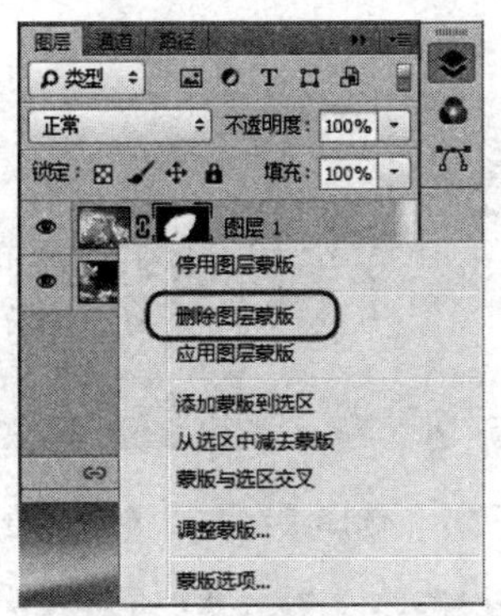


图 7.27　删除图层蒙版

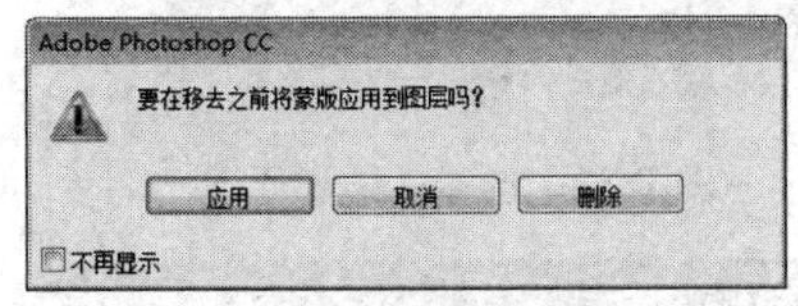


图 7.28　提示对话框

# 7.6　通道的原理与工作方法

通道是 Photoshop 中最重要、也是最为核心的功能之一，它用来保存选区和图像的颜色信息。当打开一个图像时，【通道】面板中会自动创建该图像的颜色信息通道，如图 7.29 所示。

在图像窗口中看到的彩色图像是复合通道的图像，它是由所有颜色通道组合起来产生的效果，如图 7.30 所示的【通道】面板，可以看到，此时所有的颜色通道都处于激活状态。

图 7.29　打开的图像

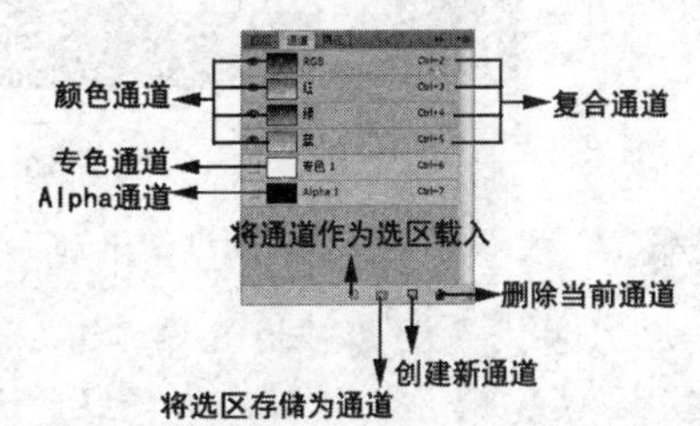


图 7.30　【通道】面板

单击一个颜色通道即可选择该通道，图像窗口中会显示所选通道的灰度图像，如图 7.31 所示。

按住 Shift 键单击其他通道，可以选择多个通道，此时窗口中将显示所选颜色通道的复合信息，如图 7.32 所示。

通道是灰度图像，我们可以像处理图像那样使用绘画工具和滤镜对它们进行编辑。编辑复合通道时将影响所有的颜色通道，如图 7.33 所示。

编辑一个颜色通道时，会影响该通道及复合通道，但不会影响其他颜色通道，如图 7.34 所示。

颜色通道用来保存图像的颜色信息，因此，编辑颜色通道时将影响图像的颜色和外观效果。Alpha 通道用来保存选区，因此，编辑 Alpha 通道时只影响选区，不会影响图像。对颜色通道或者 Alpha 通道编辑完成后，如果要返回到彩色图像状态，可单击复合通道，此时，所有的颜色通道将重新被激活，如图 7.35 所示。

图 7.31　选择【绿】通道

图 7.32　选择【红】、【绿】通道

图 7.33　编辑复合通道

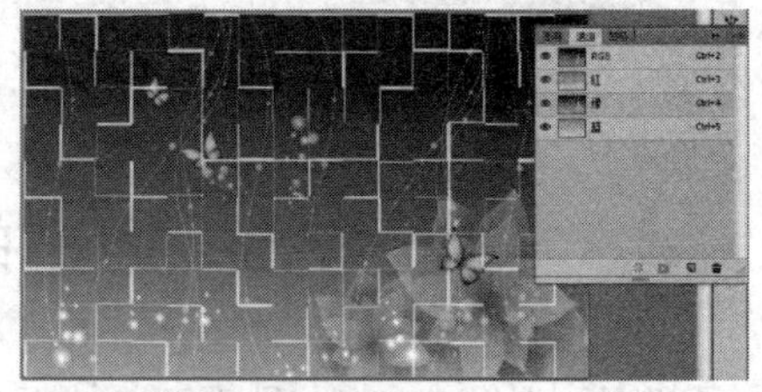

图 7.34　编辑一个通道

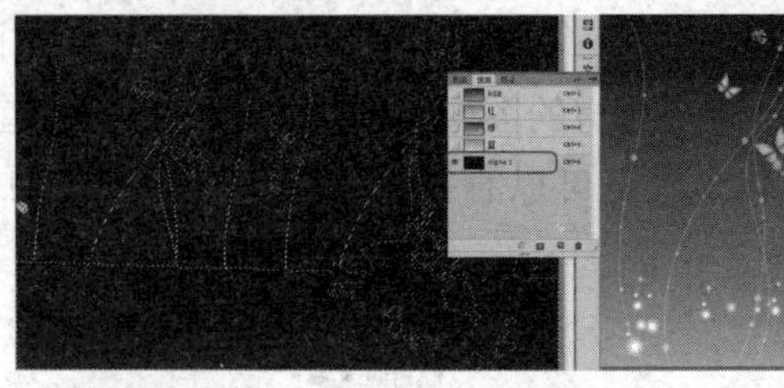

图 7.35　返回到彩色图像状态

**提 示**

按 Ctrl+数字键可以快速选择通道，以 RGB 模式图像为例，按 Ctrl+3 组合键可以选择红色通道、按 Ctrl+4 组合键可以选择绿色通道、按 Ctrl+5 组合键可以选择蓝色通道，如果图像包含多个 Alpha 通道，则增加相应的数字便可以将它们选择。如果要回到 RGB 复合通道查看彩色图像，可以按 Ctrl+2 组合键。

## 7.7 【通道】面板的使用

打开一个 RGB 模式的图像，在菜单栏中选择【窗口】|【通道】命令，打开【通道】面板，如图 7.36 所示。

**提 示**

由于复合通道(即 RGB 通道)是由各原色通道组成的，因此在选中隐藏面板中的某个原色通道时，复合通道将会自动隐藏。如果选择显示复合通道的话，那么组成它的原色通道将自动显示。

【查看与隐藏通道】：单击👁图标可以使通道在显示和隐藏之间切换，用于查看某一颜色在图像中的分布情况。例如在 RGB 模式下的图像，如果选择显示 RGB 通道，则 R 通道、G 通道和 B 通道都自动显示，如图 7.37 所示。但选择其中任意原色通道，其他通道则会自动隐藏，如图 7.38 所示。

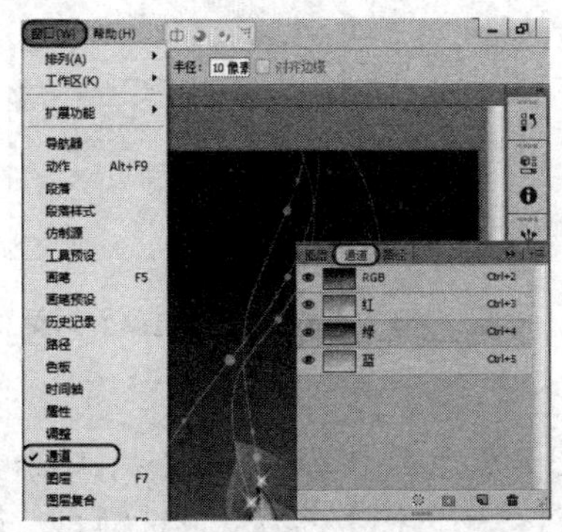

图 7.36　选择【通道】命令

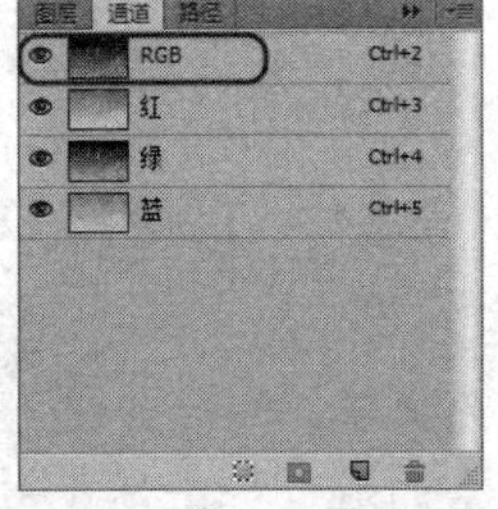


图 7.37　选择 RGB 通道

【通道缩略图调整】：单击右上角的按钮，从弹出下拉菜单中选择【面板选项】命令，如图 7.39 所示。打开【通道面板选项】对话框，从中可以设定通道缩略图的大小，以便对缩略图进行观察，如图 7.40 所示。

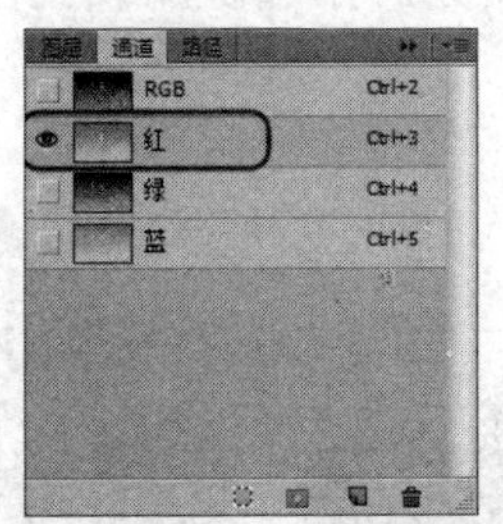


图 7.38　选择【红色】通道

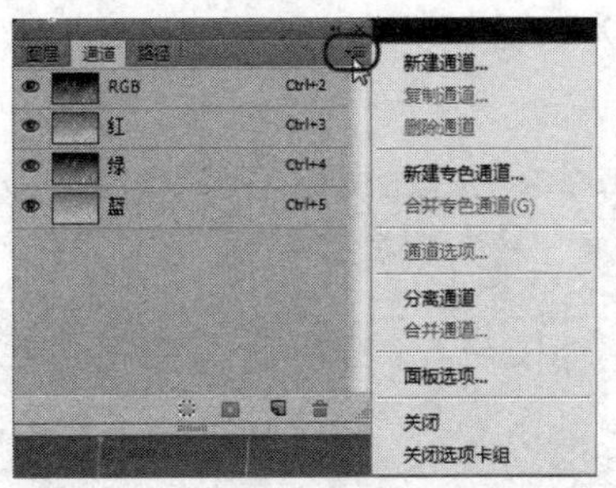


图 7.39　选择【面板选项】命令

【通道的名称】：它能帮助用户很快识别各种通道的颜色信息。各原色通道和复合通道的名称是不能更改的，Alpha 通道的名称可以通过双击通道名称任意修改，如图 7.41 所示。

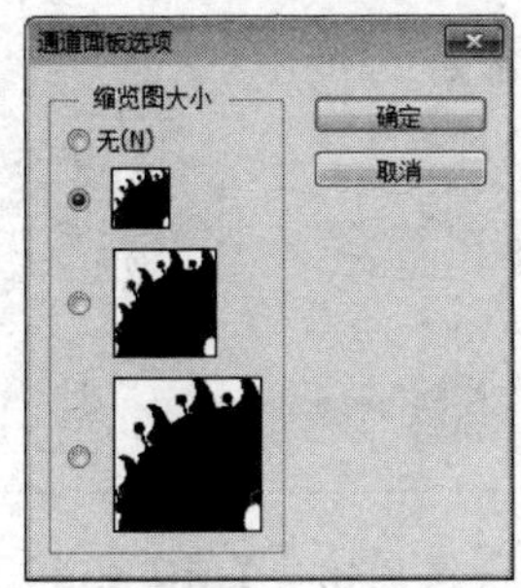


图 7.40　【通道面板选项】对话框

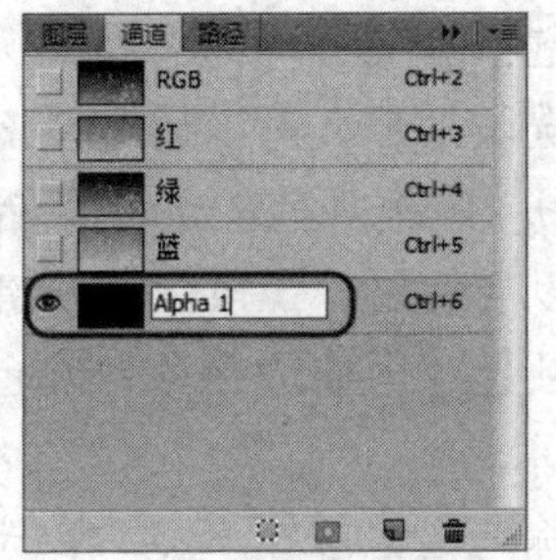


图 7.41　重命名 Alpha 通道

【新建通道】：单击图标可以创建新的 Alpha 通道，按住 Alt 键并单击图标可以设置新建 Alpha 通道的参数，如图 7.42 所示。如果按住 Ctrl 键并单击该图标，则可以创建新的专色通道，如图 7.43 所示。

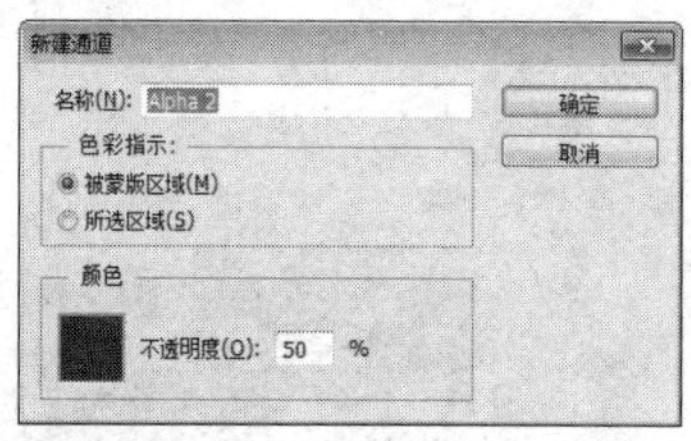


图 7.42 【新建通道】对话框

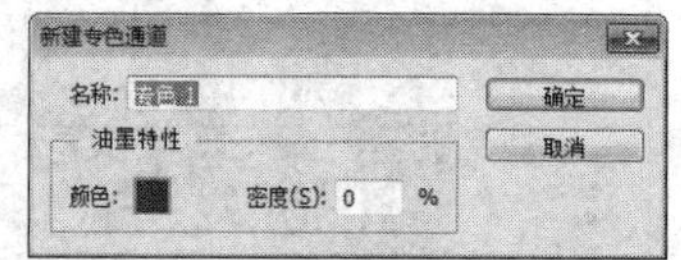


图 7.43 【新建专色通道】对话框

**注 意**

将颜色通道删除后会改变图像的色彩模式。例如原色彩为 RGB 模式时，删除其中的 G 通道，剩余的通道将变为青色和黄色通道，此时色彩模式将变化为多通道模式，如图 7.44 所示。

【创建新通道】按钮：所创建的通道均为 Alpha 通道，颜色通道无法用【创建新通道】创建。

【将通道作为选区载入】按钮：选择任意一个通道，在面板中单击【将通道作为选区载入】按钮，则可将通道中的颜色比较淡的部分当作选区加载到图像中，如图 7.45 所示。

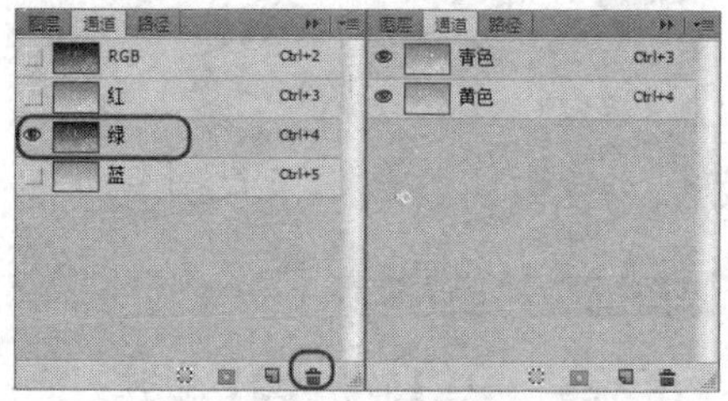


图 7.44 删除【绿】通道

图 7.45 将通道作为选区载入

**注 意**

通过通道载入选区还可以使用，按住 Ctrl 键并在面板中单击该通道来实现。

【将选区存储为通道】按钮：如果当前图像中存在选区，那么可以通过单击【将选区存储为通道】按钮把当前的选区存储为新的通道，以便修改和以后使用。在按住 Alt 键的同时单击该图标，可以新建一个通道并且为该通道设置参数，如图 7.46 所示。

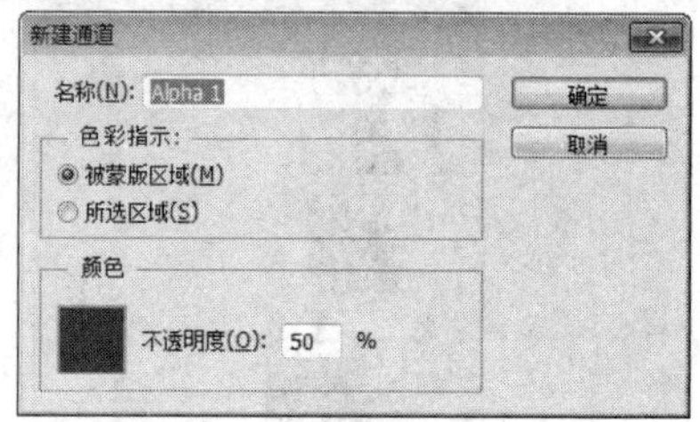


图 7.46 【新建通道】对话框

【删除通道】按钮：单击【删除通道】按钮可以将当前的编辑通道删除。

# 7.8　通道的类型及应用

Photoshop 中包括 3 种类型的通道，分别是颜色通道、Alpha 通道和专色通道。颜色通道保存了图像的颜色信息；Alpha 通道保存了选区；专色通道保存的是专色。

## 7.8.1　Alpha 通道的作用

Alpha 通道用来保存选区，它可以将选区存储为灰度图像。在 Alpha 通道中，白色代表了被选择的区域，黑色代表了未被选择的区域，灰色则代表了被部分选择的区域，即羽化的区域。如图 7.47 所示的图像，为一个添加了渐变的 Alpha 通道，并通过 Alpha 通道载入选区。如图 7.48 所示的图像，为载入该通道中的选区后切换至 RGB 复合通道并删除选区中像素后的效果的图像。

图 7.47　显示图像的 Alpha 通道

图 7.48　选区通道中的图像

除了可以保存选区外，我们也可以在 Alpha 通道中编辑选区。用白色涂抹通道可以扩大选区的范围，用黑色涂抹可以收缩选区的范围，用灰色涂抹则可以增加羽化的范围，如图 7.49 所示为修改后的 Alpha 通道，图 7.50 所示为载入该通道中的选区选取出来的图像。

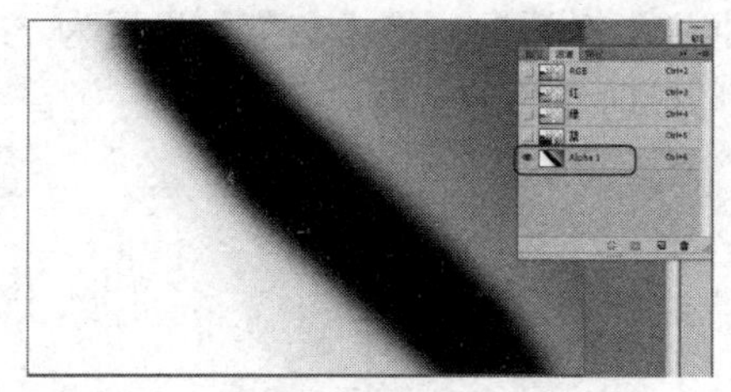

图 7.49　修改后的 Alpha 通道

图 7.50　选区通道中的图像

## 7.8.2　专色通道的作用

专色通道是用来存储专色的通道。专色是特殊的预混油墨，例如金属质感的油墨、荧光油墨等。它们用于替代或补充印刷色(CMYK)油墨，因为印刷色油墨打印不出金属和荧光等炫目的颜色。专色通道通常使用油墨的名称来命名，如图 7.51 所示的背景的填充颜色便是一种专色，从专色通道的名称中可以看到，这种专色是 PANTONE 368C。

专色通道的创建方法比较特别。下面通过实际操作来了解如何创建专色通道。

(1) 按 Ctrl+O 组合键，在弹出的打开对话框中选择随书附带光盘中的“CDROM\素材\Cha07\0012.jpg”文件，如图 7.52 所示。

图 7.51　专色通道

图 7.52　打开的素材

(2) 在工具箱中选择【魔棒工具】，在工具选项栏中将【容差】设置为 15，取消勾选【连续】复选框，然后在打开的素材中选择图像，如图 7.53 所示。

(3) 打开【通道】面板，按住 Ctrl 键的同时，单击【创建新通道】按钮，在弹出的【新建专色通道】对话框中，单击【颜色】右侧的颜色块，如图 7.54 所示。

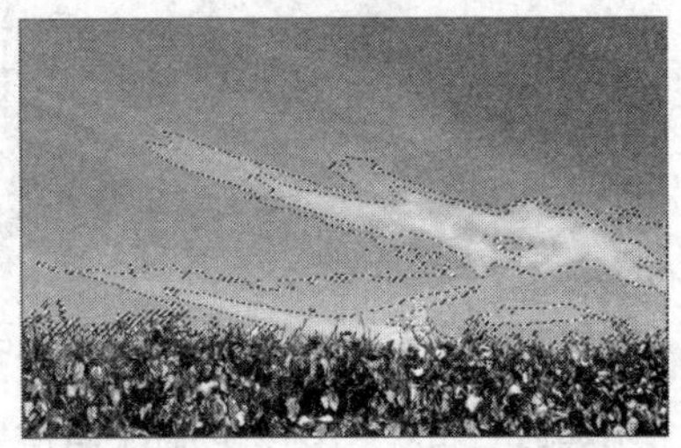

图 7.53　创建选区

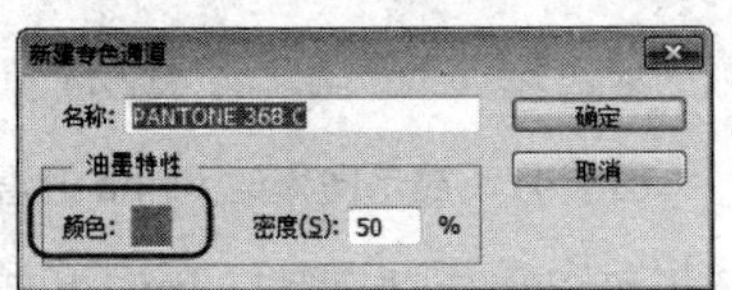


图 7.54　【新建专色通道】对话框

(4) 在弹出的【拾色器】对话框，在单击【颜色库】按钮，切换为【颜色库】对话框，选择一种专色，如图 7.55 所示。

(5) 单击【确定】按钮，返回到【新建专色通道】对话框，将【密度】设置为 50%，如图 7.56 所示。更改密度后，可以在屏幕上模拟印刷时专色的密度。

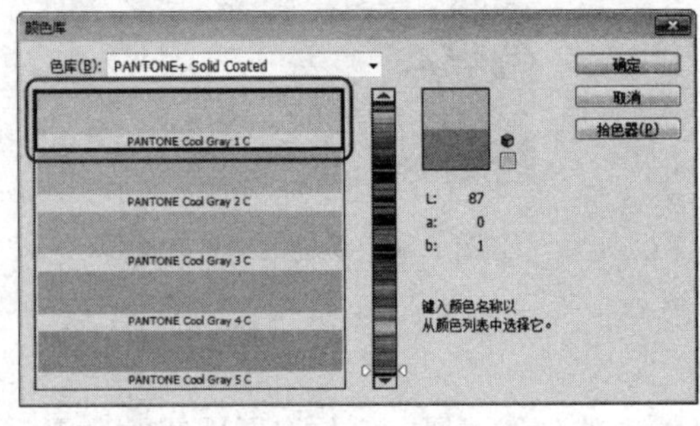


图 7.55　选择颜色

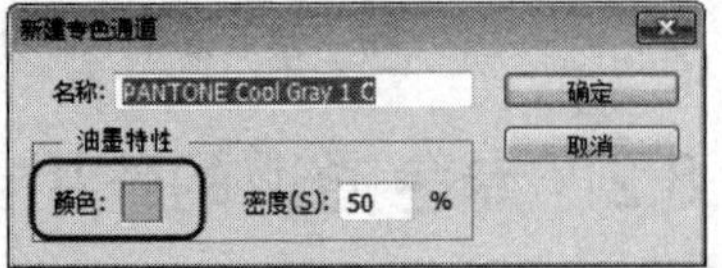


图 7.56　【新建专色通道】对话框

(6) 单击【确定】按钮，创建一个专色通道，如图 7.57 所示。

(7) 原选区将由指定的专色填充，如图 7.58 所示，为创建专色通道后的效果。

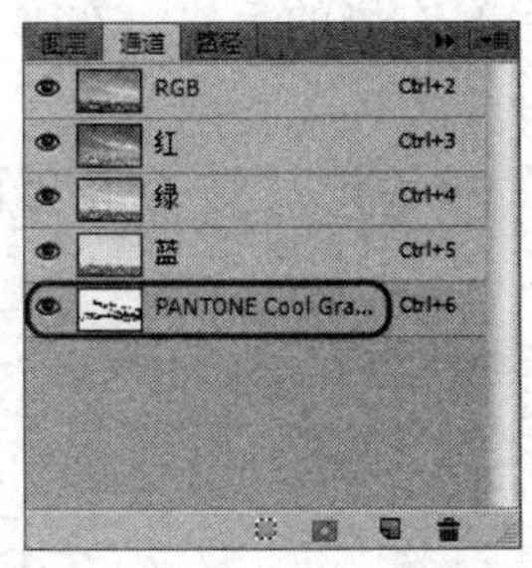


图 7.57　创建的专色通道

图 7.58　创建后的效果

## 7.9　编 辑 通 道

在本节中将对图像通道进行操作编辑，以使得方便我们的工作习惯工作以及提高工作效率。

### 7.9.1　合并专色通道

合并专色通道指的是将专色通道中的颜色信息混合到其他的各个原色通道中。它会对图像在整体上添加一种颜色，使得图像带有该颜色的色调。

打开一张图像未添加专色通道的图像，如图 7.59 所示。合并专色通道前后的对比效果如图 7.60 所示。

图 7.59　未加专色通道的图像

图 7.60　合并专色通道后的效果

合并专色通道的具体操作步骤如下。

(1) 按 Ctrl+O 组合键，在弹出的【打开】对话框中选择随书附带光盘中的“CDROM\素材\Cha07\018.jpg”文件，如图 7.61 所示。

(2) 在工具箱中选择【魔棒工具】，然后在打开的素材图片中选择图像，如图 7.62 所示。

图 7.61　打开的素材文件

图 7.62　创建选区

(3) 打开【通道】面板，按住 Ctrl 键的同时单击【创建新通道】按钮，创建一个专色通道，在弹出的对话框中单击【油墨特性】选项组中【颜色】右侧的色块，在弹出的【颜色库】对话框中选择一种专色，如图 7.63 所示。

(4) 单击【确定】按钮，再次返回【创建专色通道】对话框，将【密度】设置为 50%，单击【确定】按钮，如图 7.64 所示。

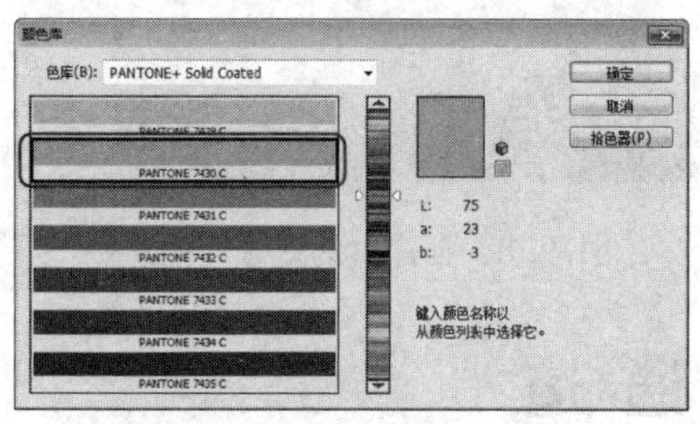

图 7.63　设置专色

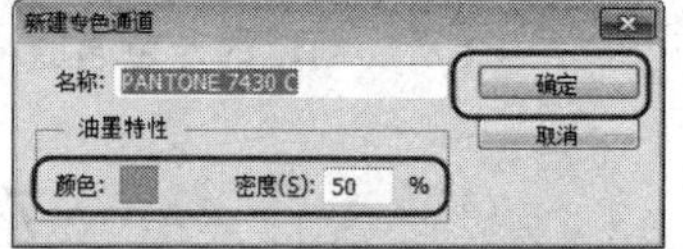

图 7.64　设置密度参数

(5) 在【通道】面板中单击右上角的按钮，在弹出的下拉菜单中选择【合并专色通道】命令，如图 7.65 所示。

(6) 合并专色通道后的效果如图 7.66 所示。

图 7.65　选择【合并专色通道】命令

图 7.66　合并专色通道后的效果

## 7.9.2　分离通道

分离通道后会得到 3 个通道，它们都是灰色的。其标题栏中的文件名为源文件名加上该通道名称的缩写，而原文件则被关闭。当需要在不能保留通道的文件格式中保留单个通道信息时，分离通道就非常有用，如图 7.67 所示为原图像及其通道，图 7.68 所示为执行【分离通道】命令后得到的图像。

图 7.67　原图像及其通道

图 7.68　分离通道后的图像

**提 示**

【分离通道】命令只能用来分离拼合后的图像，分层的图像不能进行分离通道的操作。

分离通道的操作方法如下。

(1) 按 Ctrl+O 组合键，在弹出的【打开】对话框中选择随书附带光盘中的“CDROM\素材\Cha07\0013.jpg”文件，如图 7.69 所示。

(2) 在【通道】面板中单击右上角的按钮，在弹出的下拉菜单中选择【分离通道】命令，如图 7.70 所示。

图 7.69　打开的素材文件

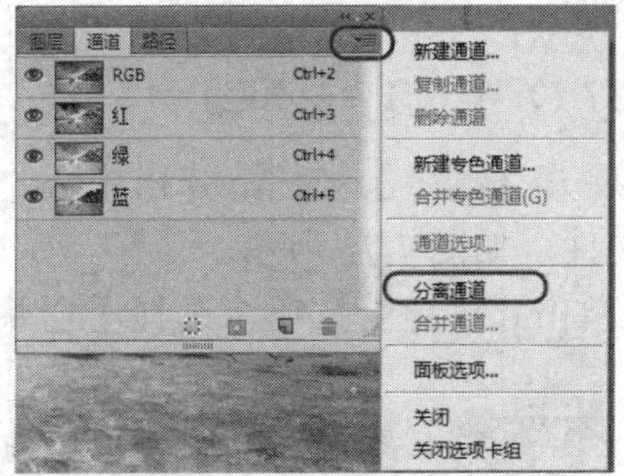



图 7.70　选择【分离通道】命令

(3) 分离通道后的效果如图 7.71 所示。

图 7.71　分离通道后的效果

### 7.9.3　合并通道

在 Photoshop 中，可以将多个灰度图像合并为一个图像的通道，进而创建彩色的图像。用来合并的图像必须是灰度模式、具有相同的像素尺寸，而且还要处于打开的状态。合并通道的操作方法如下。

(1) 按 Ctrl+O 组合键，在弹出【打开】对话框中选择随书附带光盘中的“CDROM\素材\Cha07\0015.jpg、0016.jpg 和 0017.jpg”三个灰度模式的文件，如图 7.72 所示。

(2) 在【通道】面板中单击右上角的按钮，在弹出的下拉菜单中的选择【合并通道】命令，如图 7.73 所示。

图 7.72　打开的 3 个灰度模式文件

(3) 打开【合并通道】对话框，在【模式】下拉列表中选择【RGB 颜色】，如图 7.74 所示。

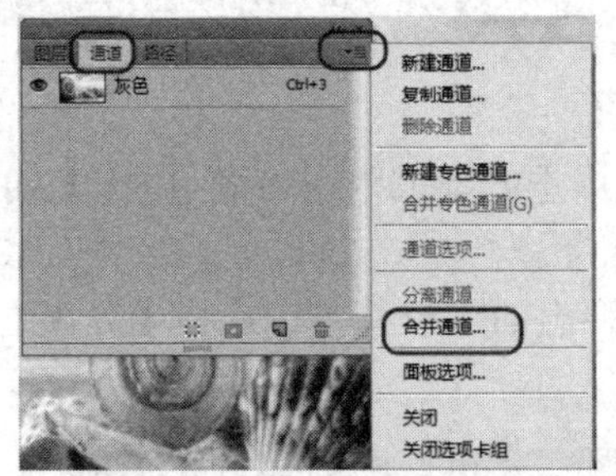


图 7.73　选择【合并通道】命令

图 7.74　【合并通道】对话框

(4) 单击【确定】按钮，弹出【合并 RGB 通道】对话框，指定红、绿和蓝色通道使用的图像文件，如图 7.75 所示。

(5) 单击【确定】按钮，选择【合并 RCB 通道】命令后的效果如图 7.76 所示。

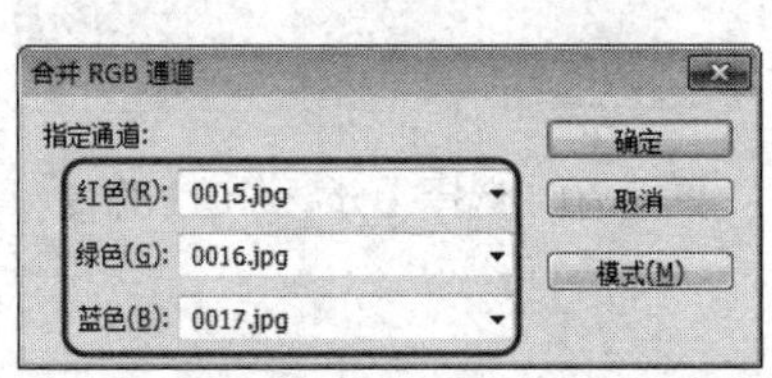


图 7.75　【合并 RGB 通道】对话框

图 7.76　效果图

**提 示**

如果打开了 4 个灰度图像，则可以在【模式】下拉列表中选择【CMYK 颜色】选项，将它们合并为一个 CMYK 图像。

## 7.9.4　重命名与删除通道

如果要重命名 Alpha 通道或专色通道，可以双击该通道的名称，在显示的文本框中输入新名称，如图 7.77 所示。复合通道和颜色通道不能重命名。

如果要删除通道，可将其拖曳到【删除当前通道】按钮上，如图 7.78 所示。如果删除的是一个颜色通道，则 Photoshop 会将图像转换为多通道模式，如图 7.79 所示。

**提 示**

多通道模式不支持图层，因此，图像中所有的可见图层都会拼合为一个图层。删除 Alpha 通道、专色通道或快速蒙版时，不会拼合图像。

图 7.77　重命名通道

图 7.78　删除颜色通道

图 7.79　删除通道后的效果

## 7.9.5　载入通道中的选区

Alpha 通道、颜色通道和专色通道都包含选区，在【通道】面板中选择要载入选区的通道，然后单击【将通道作为选区载入】按钮，即可载入通道中的选区，如图 7.80 所示。

按住 Ctrl 键单击通道的缩略图可以直接载入通道中的选区，这种方法的好处在于不必通过切换通道就可以载入选区，因此，也就不必为了载入选区而在通道间切换，如图 7.81 所示。

图 7.80　使用【将通道作为选区载入】载入通道选区

图 7.81　配合 Ctrl 键载入通道选区

# 7.10　上 机 练 习

在本节中将通过实例对本章所学的知识，进一步了解、巩固。

## 7.10.1　冰箱宣传单

在本例中将通过使用快速蒙版对图像进行选取，已使得我们对该工具加深了解，效果

如图 7.82 所示。

图 7.82　冰箱宣传单

(1) 启动软件后，在菜单栏中选择【文件】|【打开】命令，或者按 Ctrl+O 组合键，在打开的对话框中选择“CDROM\素材\Cha07\人物.jpg”文件，如图 7.83 所示。

(2) 在工具箱中单击【以快速蒙版模式编辑】按钮，或者按 Q 键进入快速蒙版模式，确认前景色为黑色，在工具箱中选择【画笔工具】，选择一个合适的笔触，对人物进行涂抹，效果如图 7.84 所示。

(3) 对人物涂抹完成后，按 Q 键退出以快速蒙版模式编辑，即可载入选区，按 Ctrl+Shift+I 组合键进行反选，即可选中文件中的人物，如图 7.85 所示。

图 7.83　打开的素材

图 7.84　进入快速蒙版模式并编辑

图 7.85　选择人物

(4) 按 Ctrl+J 组合键，即可复制当前选区中的图像，并创建新图层，效果如图 7.86 所示。

图 7.86　复制选区中的图像并创建图层

(5) 使用同样方法打开素材文件“冰箱.jpg”，并使用同样方法为文件中的冰箱复制并创建新图层，效果如图 7.87 所示。

(6) 使用同样的方法打开素材文件“雪山背景.jpg”和“装饰.png”，将素材打开后，在工具箱中选择【移动工具】，将打开的“装饰.png”素材文件拖曳至“雪山背景.jpg”文件中，即可得到【图层 1】，效果如图 7.88 所示。

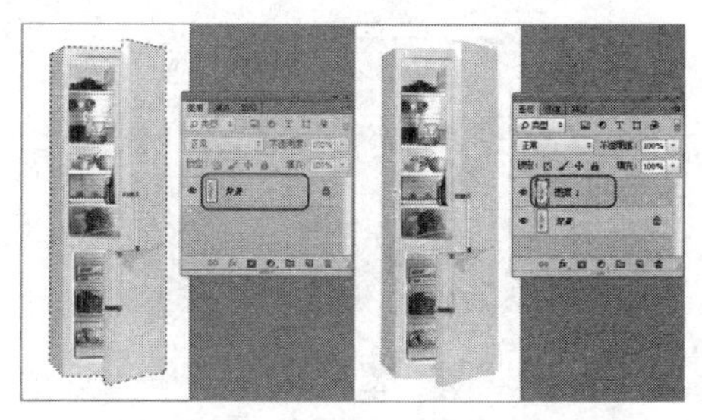

图 7.87　复制选区中的图像并创建图层

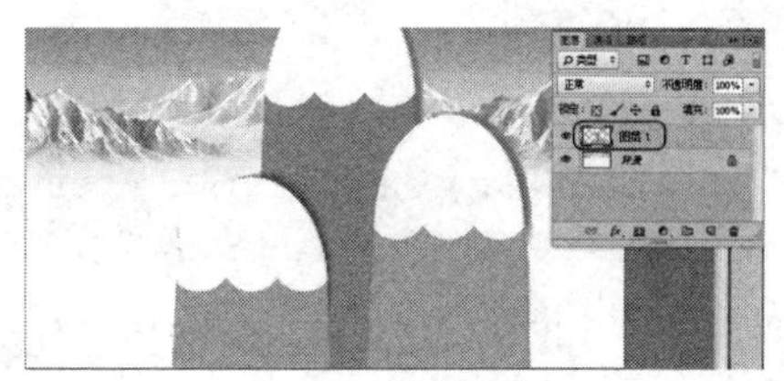

图 7.88　拖入素材得到【图层 1】

(7) 确认【图层 1】处于选中状态，然后按 Ctrl+T 组合键切换到自由变换，调整该图层的大小与位置，按 Enter 键确认变换，效果如图 7.89 所示。

(8) 使用【移动工具】将“冰箱.jpg”与“人物.jpg”文件中复制的图层均拖曳至“雪山背景.jpg”文件中，效果如图 7.90 所示。

图 7.89　调整【图层 1】

图 7.90　拖入图层

(9) 使用同样的方法调整刚拖入两个图层的大小与位置，调整后的效果如图 7.91 所示。

(10) 使用相同的方法打开素材文件“雪花.png”，将素材打开后使用移动工具将其拖曳至“雪山背景.jpg”文件中，并使用同样方法调整其大小与位置，效果如图 7.92 所示。

图 7.91　调整图层的大小与位置

图 7.92　拖入素材并调整

(11) 打开【图层】面板，将其【不透明度】设置为 60，效果如图 7.93 所示。

(12) 确认选中带有雪花的图层，在工具箱中选择【移动工具】，按住 Alt 键拖曳雪花图像，即可对雪花进行复制，然后使用相同的方法对复制的雪花调整大小与位置，效果如图 7.94 所示。

(13) 在工具箱中选择【自定形状工具】，在工具选项栏中，选择【形状】，将【填充】设置为黄色，将【描边】设置为红色，将描边宽度设置为 2，将【形状】设置为星爆，然后在文件中单击鼠标并拖曳即可创建形状，效果如图 7.95 所示。

图 7.93　设置图层的不透明度

图 7.94　复制图层并调整

(14) 在工具箱中选择【横排文字工具】T，在工具选项栏中，将【字体】设置为华文隶书，将【字体大小】设置为 50，将【颜色】设置为红色，然后在文件中输入文字，效果如图 7.96 所示。

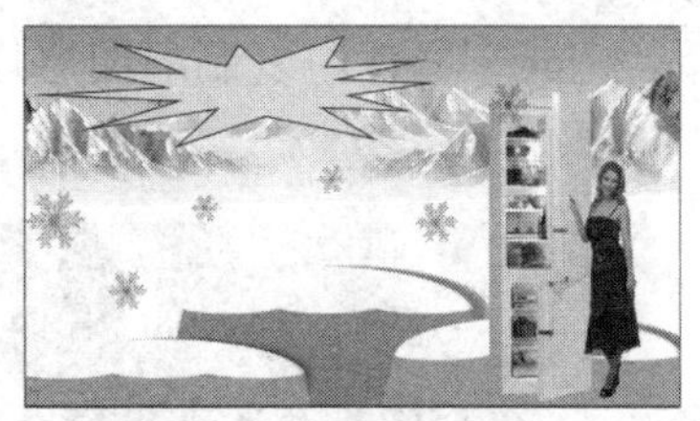

图 7.95　创建形状

图 7.96　输入文字

(15) 使用相同的方法绘制形状、并使用同样的方法输入其他文字设置文字大小颜色，效果如图 7.97 所示。

(16) 通过查看整体效果对所有图层进行调整，调整后的效果如图 7.98 所示。

图 7.97　输入并调整其他文字及形状

图 7.98　对图层进行调整

(17) 至此冰箱宣传单就制作完成了，对完成后的场景进行保存即可。

## 7.10.2　制作栅格图像

本例将通过在通道面板中创建通道并载入选区的方法为图像添加栅格效果，完成后的效果如图 7.99 所示。

图 7.99　栅格图像

(1) 启动软件后打开“CDROM\素材\Cha07\栅格效果.jpg”文件，将素材打开后的效果如图 7.100 所示。

(2) 将素材打开后，打开【图层】面板，使用鼠标选中背景图层并拖曳至【创建新图层】按钮上，即可复制图层，如图 7.101 所示。

图 7.100　打开的素材

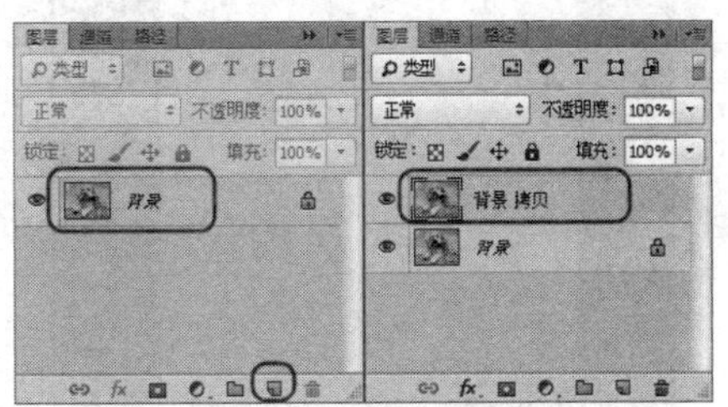

图 7.101　复制图层

(3) 确认选中复制的图层，在菜单栏中【滤镜】|【模糊】|【动感模糊】命令，在弹出的【动感模糊】对话框中，将【角度】设置为 0，将【距离】设置为 100，如图 7.102 所示。

(4) 设置完成后单击【确定】按钮，效果如图 7.103 所示。

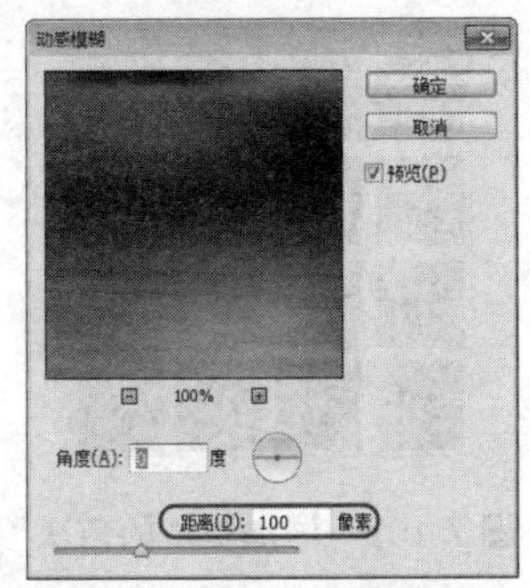

图 7.102　【动感模糊】对话框

图 7.103　设置动感模糊后的效果

(5) 打开【通道】面板，单击【创建新通道】按钮，即可创建 Alpha 通道，如图 7.104 所示。

(6) 创建新通道后，按 Ctrl+N 组合键新建文件，在弹出的【新建】对话框中将【宽度】设置为 1 厘米，将【高度】设置为 1 厘米，将【分辨率】设置为 300 像素/英寸，如图 7.105 所示。

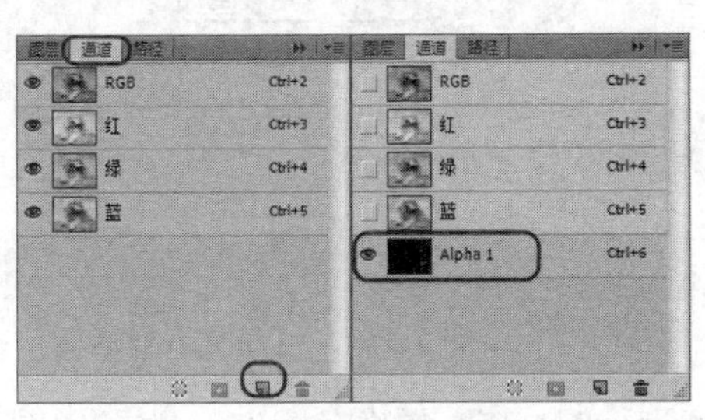

图 7.104　创建通道

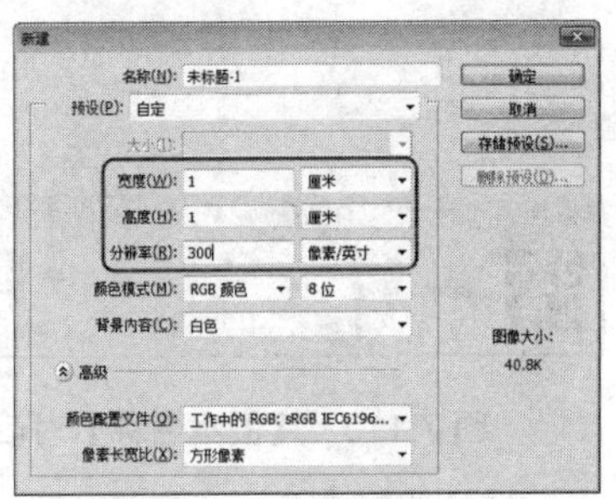

图 7.105　【新建】对话框

(7) 设置完成后单击【确定】按钮，然后按 Ctrl+O 组合键，使文件适合屏幕显示，如

图 7.106 所示。

(8) 在工具箱中选择【矩形选框工具】，在文件中按住 Shift 键绘制一个正方形的选区，效果如图 7.107 所示。

图 7.106　使文件适合和屏幕显示

图 7.107　绘制正方形的选区

(9) 按 D 键将前景色与背景色替换为默认颜色，按 Alt+Delete 组合键为选区填充黑色，如图 7.108 所示。

(10) 使用相同的方法为文件添加其他黑色块，效果如图 7.109 所示。

图 7.108　为选取填充颜色

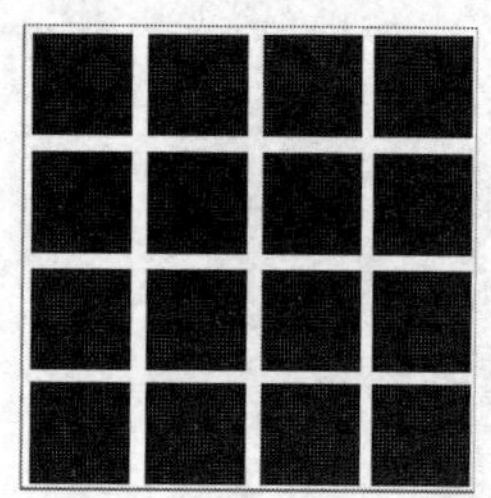

图 7.109　添加更多的色块

(11) 在菜单栏中选择【编辑】|【定义图案】命令，在打开的【图案名称】对话框中，使用默认设置单击【确定】按钮，如图 7.110 所示。

(12) 返回到打开的素材文件中，打开【通道】面板，确认选中 Alpha 通道，按 Shift+F5 组合键打开【填充】对话框，将【使用】设置为【图案】，选择刚才定义的图案，如图 7.111 所示。

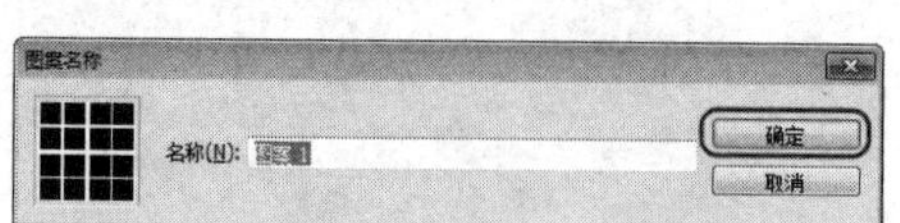


图 7.110　【图案名称】对话框

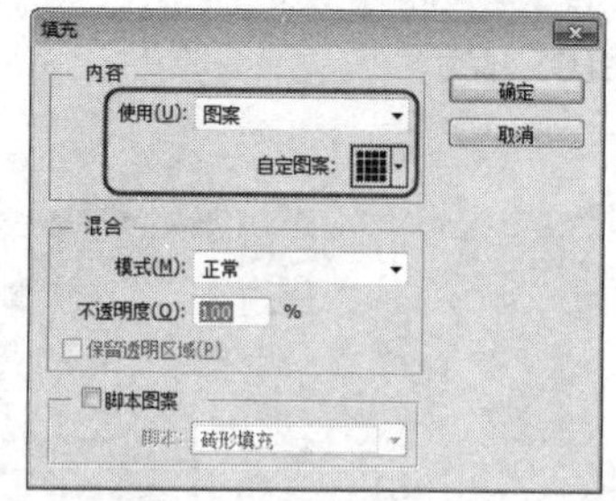


图 7.111　【填充】对话框

(13) 设置完成后单击【确定】按钮，即可为 Alpha 通道填充图案，效果如图 7.112 所示。

(14) 为通道填充图案后，按住 Ctrl 键同时单击 Alpha 通道的缩略图，载入选区，效果

如图 7.113 所示。

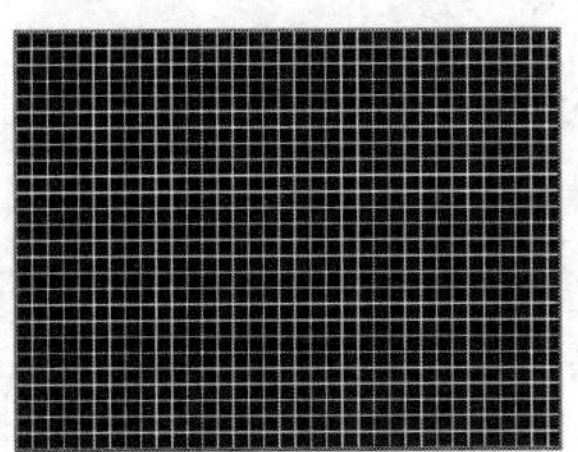

图 7.112　为 Alpha 通道填充图案

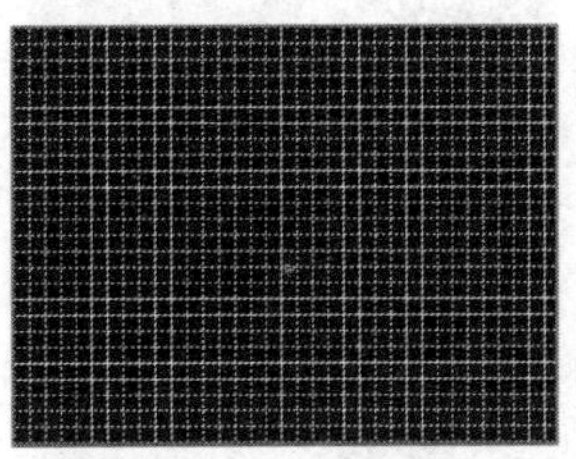

图 7.113　载入选区

(15) 打开【图层】面板，选择【背景拷贝】图层，按 Delete 键删除选区中的图像，按 Ctrl+D 组合键取消选取，效果如图 7.114 所示。

(16) 在【图层】面板中确认选中【背景拷贝】图层，将其【混合模式】设置为【颜色减淡】，将【不透明度】设置为 80%，如图 7.115 所示。

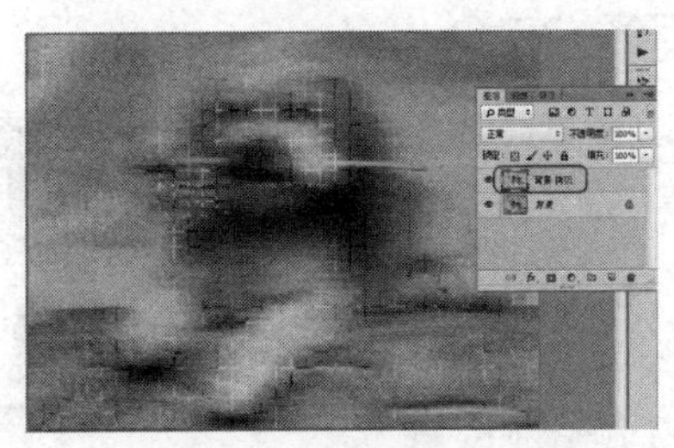

图 7.114　删除选区中的图像

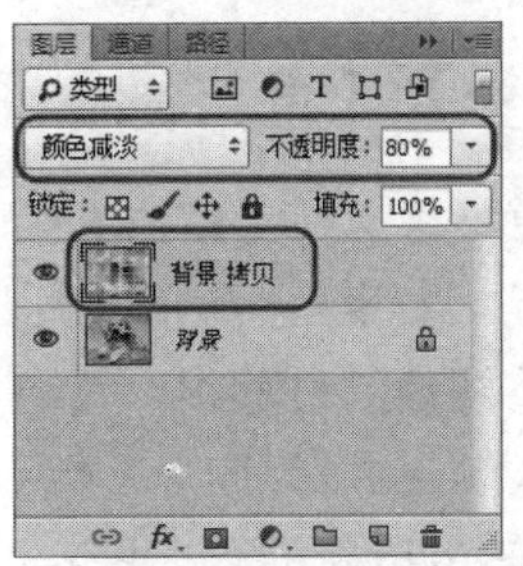


图 7.115　设置图层的混合模式和不透明度

(17) 在工具箱中选择【橡皮擦工具】，在工具选项栏中选择一个笔触，将不透明度设置为 50%，然后在文件中对【背景拷贝】图层中的小狗头部进行涂抹，效果如图 7.116 所示。

(18) 至此栅格图像制作完成，对完成后的场景进行保存即可。

图 7.116　涂抹后的效果

## 7.11　思考与练习

1. 如何创建图层蒙版？
2. 如何创建矢量蒙版？
3. 如何快速选择通道？

# 第 8 章　图像色彩及处理

本章主要介绍图像色彩与色调的调整方法及技巧。通过对本章的学习，可以根据不同的需要应用多种调整命令，对图像色彩和色调进行细微的调整，还可以对图像进行特殊颜色的处理。

## 8.1　查看图像的颜色分布

快速查看图像的基本信息和图像的色调，可以通过【信息】面板和【直方图】面板对其进行查看。

### 8.1.1　使用【直方图】面板查看颜色分布

在菜单栏中选择【窗口】|【直方图】命令，即可打开【直方图】面板，如图 8.1 所示。

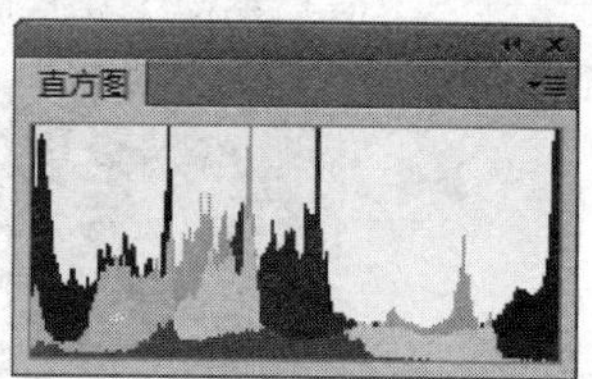


图 8.1　【直方图】面板

在调整图像的过程中，【直方图】面板中会出现两个叠加的直方图，如图 8.2、图 8.3 所示。黑色的直方图为当前调整状态下的直方图(最新的直方图)，灰色的直方图为调整前的直方图(原始的直方图)，通过新旧直方图的对比，我们可以更加清楚地观察到直方图的变化情况。

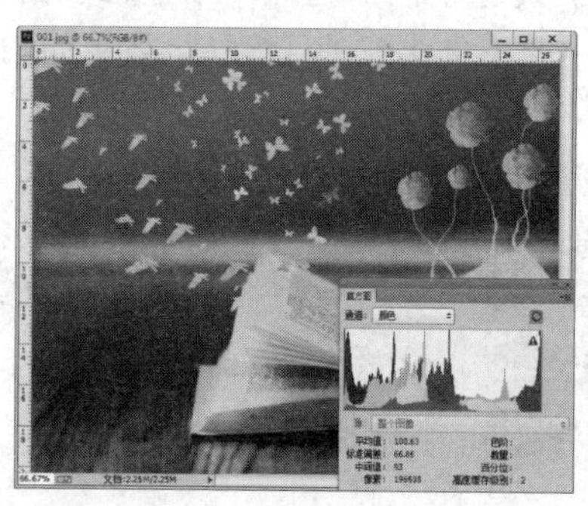

图 8.2　调整之前的图像及直方图

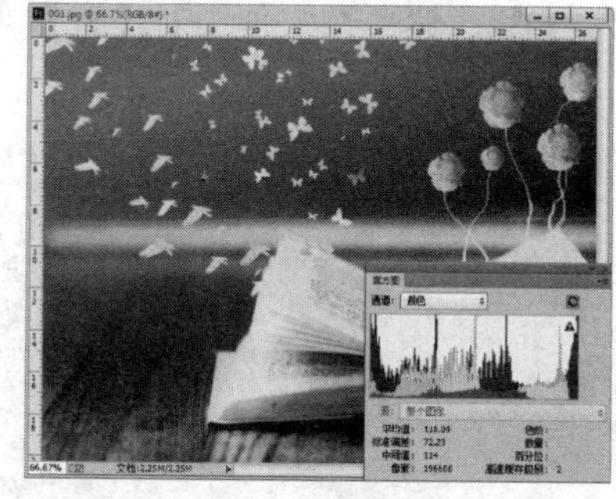

图 8.3　调整之后的图像及直方图

在【直方图】面板中，可以通过单击该面板右上角的三角按钮，在弹出的下拉菜单中对【直方图】的显示方式进行更改，下拉菜单如图 8.4 所示。

该下拉菜单中各个选项的讲解如下。

【紧凑视图】：该选项是默认的显示方式．它显示的是不带统计数据或控件的直方图。

【扩展视图】：选择该选项显示的是带有统计数据和控件的直方图，如图 8.5 所示。

【全部通道视图】：该选项显示的是带有统计数据和控件的直方图，同时还显示每一个通道的单个直方图(不包括 Alpha 通道、专色通道和蒙版)，如图 8.6 所示，如果选择面板菜单中的【用原色显示通道】命令，则可以用原色显示通道直方图，如图 8.7 所示。

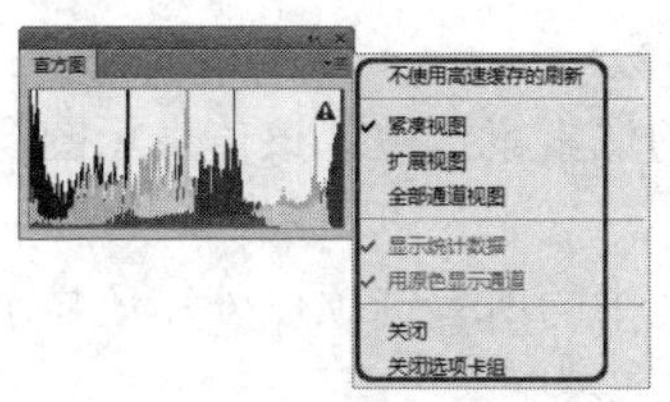


图 8.4　【直方图】选项下拉菜单

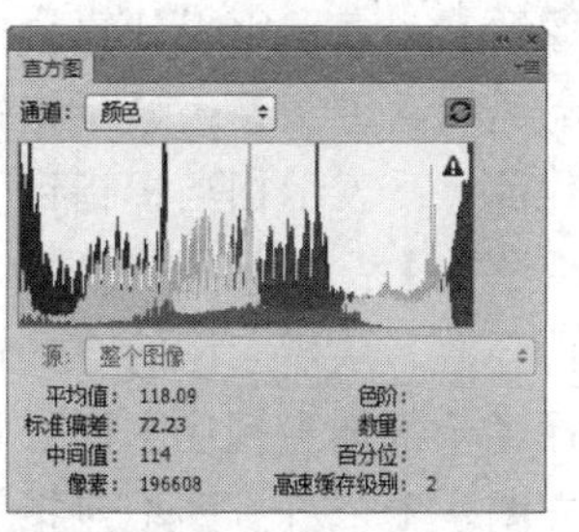


图 8.5　【扩展视图】显示方式

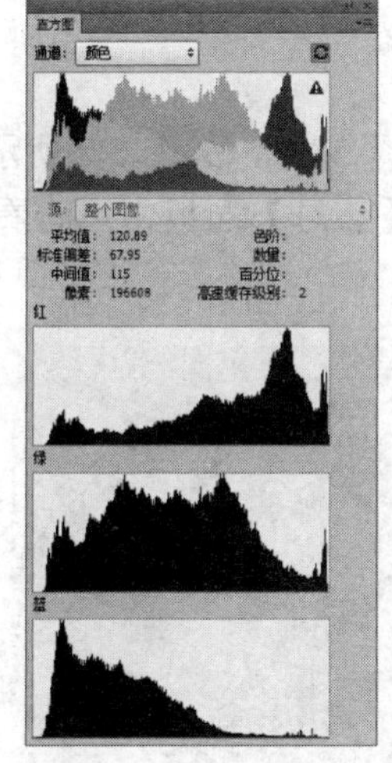


图 8.6　全部通道视图

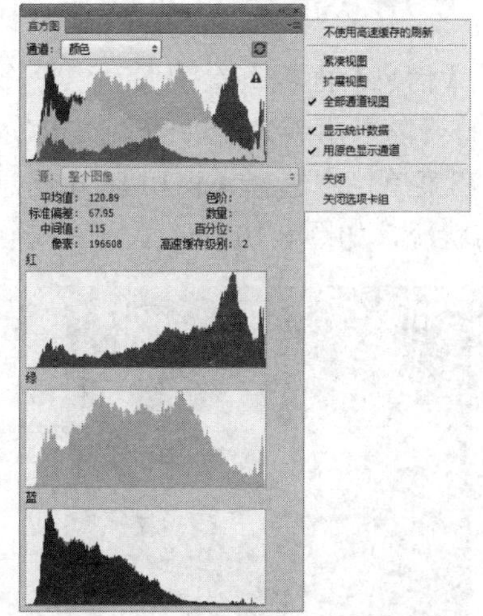


图 8.7　【用源色显示通道】选项

有关像素亮度值的统计信息出现在【直方图】面板的中间位置，如果要取消显示有关像素亮度值的统计信息，可以从面板菜单中取消选择【显示统计数据】选项，如图 8.8 所示。

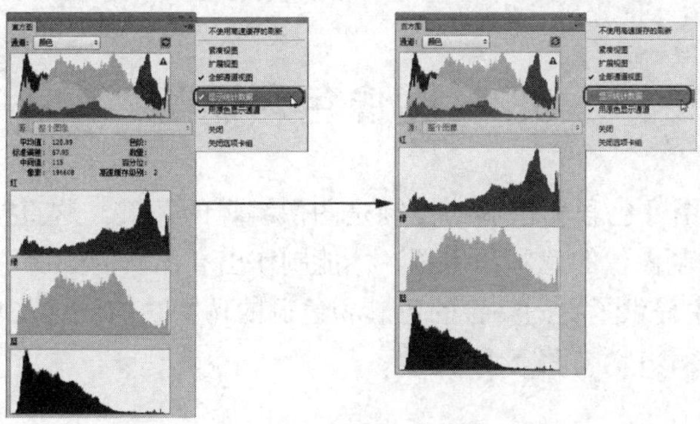

图 8.8　选择【显示统计数据】与不选择【显示统计数据】选项的不同

统计信息包括以下几项。

【平均值】：表示平均亮度值。

【标准偏差】：表示亮度值的变化范围。

【中间值】：显示亮度值范围内的中间值。

【像素】：表示用于计算直方图的像素总数。

【高速缓存级别】：显示指针下面的区域的亮度级别。

【数量】：表示相当于指针下面亮度级别的像素总数。

【百分位】：显示指针所指的级别或该级别以下的像素累计数。该值表示图像中所有像素的百分数，从最左侧的 0 到最右侧的 100%。

选择【全部通道视图】时，除了显示【扩展视图】中的所有选项以外，还显示通道的单个直方图。单个直方图不包括 Alpha 通道、专色通道或蒙版。

### 8.1.2 使用【信息】面板查看颜色分布

使用【信息】面板查看图像颜色分布的具体操作步骤如下。

(1) 打开随书附带光盘中的“CDROM\素材\Cha08\002.jpg”文件，如图 8.9 所示。

(2) 在菜单栏中选择【窗口】|【信息】命令，在弹出的【信息】面板中可查看图形颜色的分布状况，如图 8.10 所示。

图 8.9 打开的素材文件

图 8.10 【信息】面板

**提 示**

在图像中将鼠标定义在不同的位置，则【信息】面板中显示的基本信息不同。

## 8.2 图像色彩调整

Photoshop 中对图像色彩和色调的控制是图像编辑的关键，这直接关系到图像最后的效果，只有有效地控制图像的色彩和色调，才能制作出高品质的图像。

Photoshop CC 中提供了更为完善的色彩和色调的调整功能，这些功能主要存放在【图像】|【调整】的子菜单中，如图 8.11 所示。

### 8.2.1 调整亮度/对比度

亮度/对比度可以对图像的色调范围进行简单的调整。在菜单栏中选择【图像】|【调整】|【亮度/对比度】命令，打开【亮度/对比度】对话框，如图 8.12 所示。

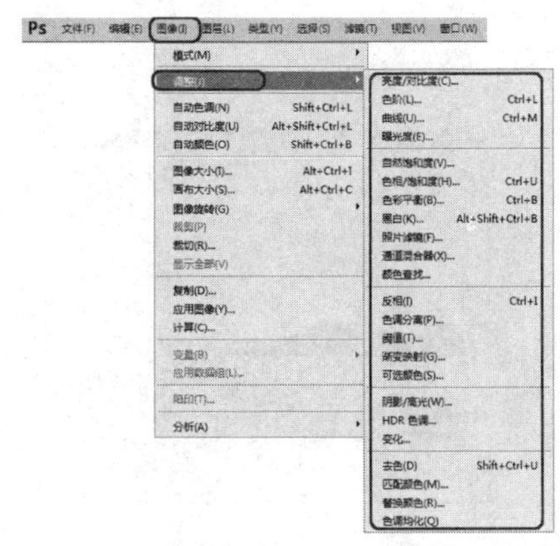

图 8.11　色彩调整选项

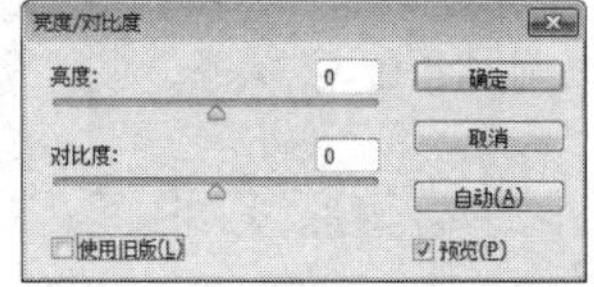

图 8.12　【亮度/对比度】对话框

在该对话框中勾选【使用旧版】复选框，然后向左侧拖曳滑块可以降低图像的亮度和对比度，如图 8.13 所示；向右侧拖曳滑块则增加亮度和对比度，如图 8.14 所示。

图 8.13　降低图像的亮度和对比度

图 8.14　增加图像的亮度和对比度

提 示

亮度/对比度会对每个像素进行相同程度的调整(即线性调整)，有可能导致丢失图像细节，对于高端输出，最好使用【色阶】或【曲线】命令，这两个命令可以对图像中的像素应用按比例(非线性)调整。

## 8.2.2　色阶

【色阶】通过调整图像暗调、灰色调和高光的亮度级别来校正图像的影调，包括反差、明暗和图像层次以及平衡图像的色彩。

打开【色阶】对话框的方法有以下几种。

(1) 在菜单栏中选择【图像】|【调整】|【色阶】命令。

(2) 按 Ctrl+L 组合键。

(3) 选择导入的图像，按 F7 键打开【图层】面板，在该面板中单击【创建新的填充或调整图层】按钮，在弹出的快捷菜单中选择【色阶】命令，如图 8.15 所示。

打开的【色阶】对话框如图 8.16 所示。

【色阶】对话框中各个选项的讲解如下。

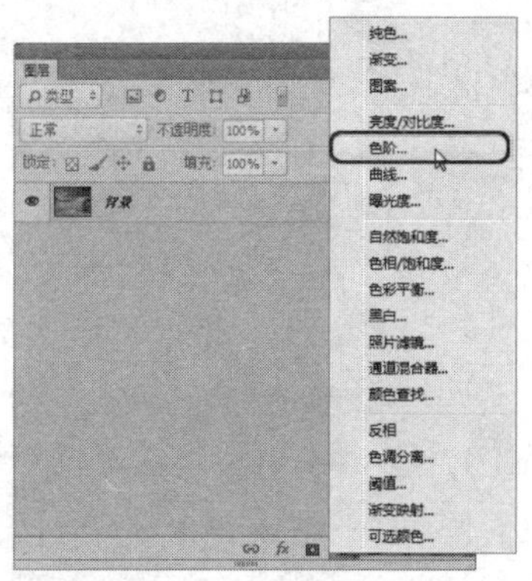

图 8.15 选择【色阶】命令

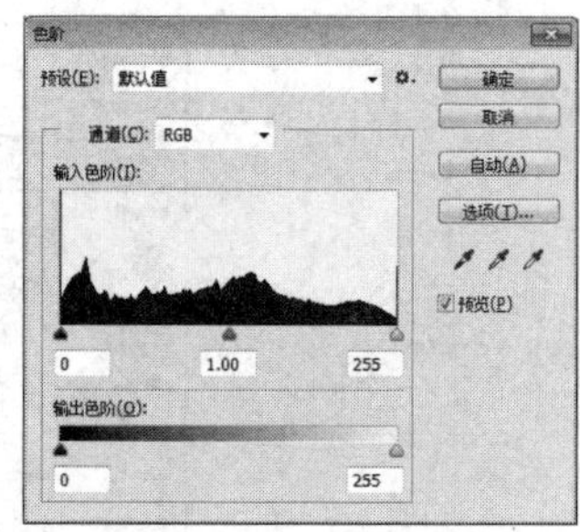

图 8.16 【色阶】对话框

(1) 【通道】下拉列表框

利用此下拉列表框，可以在整个的颜色范围内对图像进行色调调整，也可以单独编辑特定颜色的色调。若要同时编辑一组颜色通道，在选择【色阶】命令之前应按住 Shift 键在【通道】面板中选择这些通道。之后，通道菜单会显示目标通道的缩写，例如 CM 代表青色和洋红。此下拉列表框还包含所选组合的个别通道。可以只分别编辑专色通道和 Alpha 通道。

(2) 【输入色阶】参数框

在【输入色阶】参数框中，可以分别调整暗调、中间调和高光的亮度级别来修改图像的色调范围，以提高或降低图像的对比度。

可以在【输入色阶】参数框中输入目标值，这种方法比较精确，但直观性不好。

以输入色阶直方图为参考，拖曳 3 个【输入色阶】滑块可使色调的调整更为直观。

最左边的黑色滑块(阴影滑块)：向右拖可以将增大图像的暗调范围，使图像显示得更暗。同时拖曳的程度会在【输入色阶】最左边的方框中得到量化，如图 8.17 所示。

最右边的白色滑块(高光滑块)：向左拖曳可以增大图像的高光范围，使图像变亮。高光的范围会在【输入色阶】最右边的方框中显示，如图 8.18 所示。

图 8.17 增大图像的暗调范围

图 8.18 增大图像的高光范围

中间的灰色滑块(中间调滑块)：左右拖曳可以增大或减小中间色调范围，从而改变图像的对比度。其作用与在【输入色阶】中间方框输入数值相同。

(3) 【输出色阶】参数框

【输出色阶】参数框中只有暗调滑块和高光滑块，通过拖曳滑块或在方框中输入目标值，可以降低图像的对比度。

具体来说，向右拖曳暗调滑块，【输出色阶】左边方框中的值会相应增加，但此时图像却会变亮；向左拖曳高光滑块，【输出色阶】右边方框中的值会相应减小，但图像却会变暗。这是因为在输出时 Photoshop 的处理过程是这样的：比如将第一个方框的值调为 10，则表示输出图像会以在输入图像中色调值为 10 的像素的暗度为最低暗度，所以图像会变亮；将第二个方框的值调为 245，则表示输出图像会以在输入图像中色调值 245 的像素的亮度为最高亮度，所以图像会变暗。

总而言之，【输入色阶】的调整是用来增加对比度的，而【输出色阶】的调整则是用来减少对比度的。

(4) 吸管工具

吸管工具共有 3 个，即【图像中取样以设置黑场】、【图像中取样以设置灰场】、【图像中取样以设置白场】，它们分别用于完成图像中的黑场、灰场和白场的设定。使用设置黑场吸管在图像中的某点颜色上单击，该点则成为图像中的黑色，该点与原来黑色的颜色色调范围内的颜色都将变为黑色，该点与原来白色的颜色色调范围内的颜色整体都进行亮度的降低。使用设置白场吸管，完成的效果则正好与设置黑场吸管的作用相反。使用设置灰场吸管可以完成图像中的灰度设置。

(5) 【自动】按钮

单击【自动】按钮可将高光和暗调滑块自动地移动到最亮点和最暗点。

## 8.2.3　曲线

【曲线】命令可以通过调整图像色彩曲线上的任意一个像素点来改变图像的色彩范围，其具体操作步骤如下。

(1) 打开随书附带光盘中的“CDROM\素材\Cha08\曲线.jpg”素材文件，如图 8.19 所示。

(2) 在菜单栏中选择【图像】|【调整】|【曲线】命令，打开【曲线】对话框，在该对话框中将【输出】设置为 107，将【输入】设置为 54，如图 8.20 所示。

图 8.19　打开的素材文件

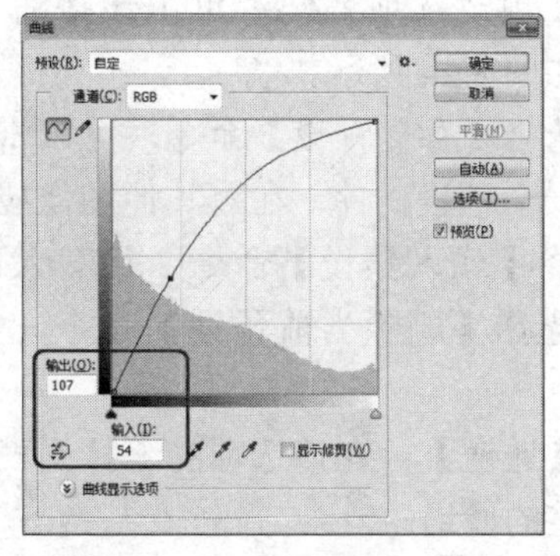


图 8.20　【曲线】对话框

(3) 设置完成后单击【确定】按钮，完成后的效果如图 8.21 所示。

【曲线】对话框中个选项的介绍如下。

【预设】：该选项的下拉列表中包含了 Photoshop 提供的预设调整文件，如图 8.22 所示。当选择【默认值】时，可通过拖曳曲线来调整图像，选择其他选项时，则可以使用预设文件调整图像，各个选项的结果如图 8.23 所示。

图 8.21　完成后的效果

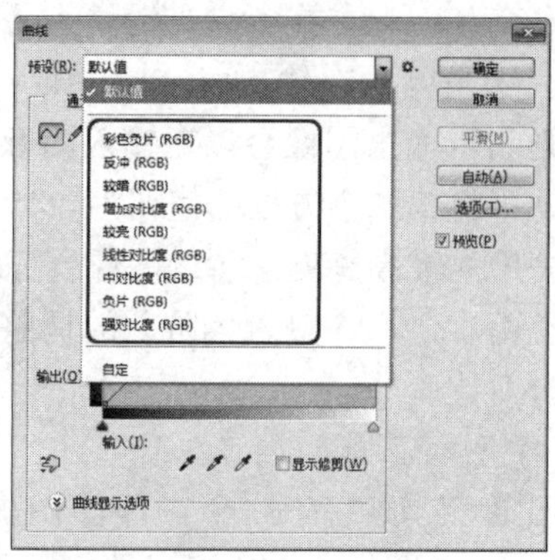


图 8.22　打开的素材文件

图 8.23　使用预设文件调整图像

【预设选项】：单击该按钮，弹出一个下拉列表，如图 8.24 所示。

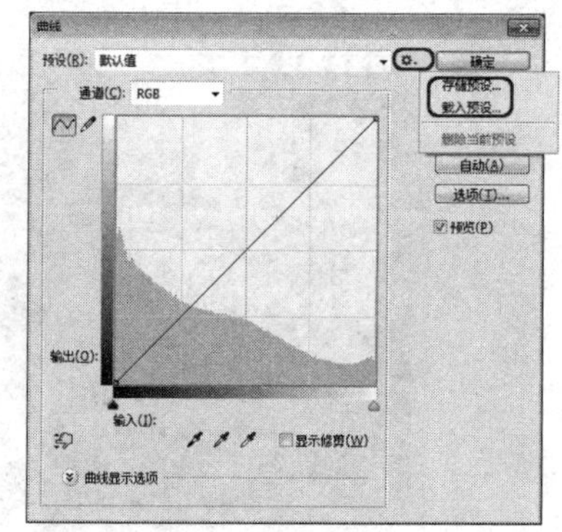


图 8.24　【预设选项】下拉列表

选择【存储预设】命令，可以将当前的调整状态保存为一个预设文件，在对其他图像应用相同的调整时可以选择【载入预设】命令，用载入的预设文件自动调整；选择【删除当前预设】命令，则删除存储的预设文件。

【通道】：在该选项的下拉列表中可以选择一个需要调整的通道。

【编辑点以修改曲线】：按下该按钮后，在曲线中单击可添加新的控制点，拖曳控制点改变曲线形状即可对图像做出调整。

【通过绘制来修改曲线】：单击该按钮，可在对话框内绘制手绘效果的自由形状曲线，如图 8.25 所示。绘制自由曲线后，单击对话框中的【编辑点以修改曲线】按钮，可在曲线上显示控制点，如图 8.26 所示。

【平滑】按钮：用【通过绘制来修改曲线】工具绘制曲线后，单击该按钮，可对曲线进行平滑处理。

【输入色阶/输出色阶】：【输入色阶】显示了调整前的像素值，【输出色阶】显示了调整后的像素值。

【高光/中间调/阴影】：移动曲线顶部的点可以调整图像的高光区域；拖曳曲线中间的点可以调整图像的中间调；拖曳曲线底部的点可以调整图像的阴影区域。

【黑场/灰点/白场】：这几个工具和选项与【色阶】对话框中相应工具的作用相同，在此就不再赘述。

【选项】按钮：单击该按钮，会弹出【自动颜色校正选项】对话框，如图 8.27 所示。自动颜色校正选项用来控制由【色阶】和【曲线】中的【自动颜色】、【自动色阶】、【自动对比度】和【自动】选项应用的色调和颜色校正，它允许指定阴影和高光剪切百分比，并为阴影、中间调和高光指定颜色值。

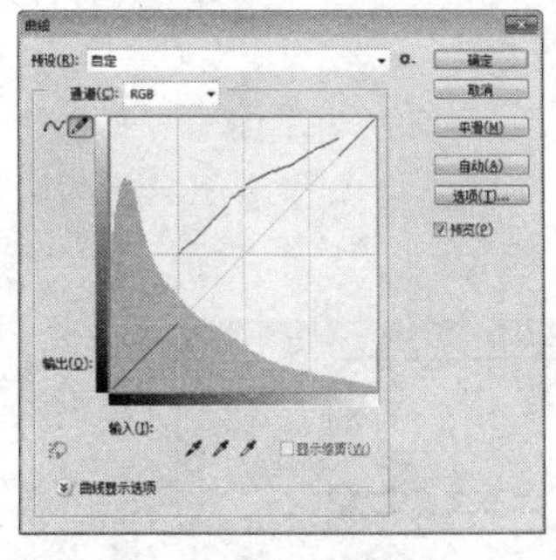

图 8.25　绘制曲线

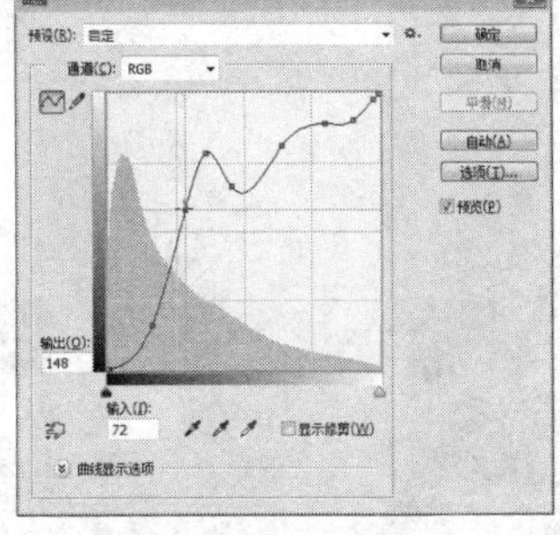

图 8.26　修改曲线

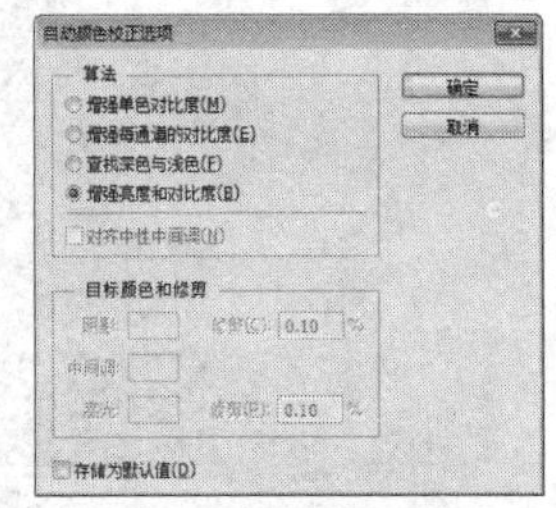


图 8.27　【自动颜色校正选项】对话框

## 8.2.4　曝光度

【曝光度】命令主要为了调整高动态范围(HDR)图像的色调。其具体操作步骤如下。

(1) 打开随书附带光盘中的“CDROM\素材\Cha08\曝光度.jpg”文件，如图 8.28 所示。

(2) 在菜单栏中选择【图像】|【调整】|【曝光度】命令，打开【曝光度】对话框，在该对话框中将【曝光度】设置为+1.5，如图 8.29 所示。

(3) 设置完成后单击【确定】按钮，设置曝光后的效果如图 8.30 所示。

图 8.28　打开的素材文件

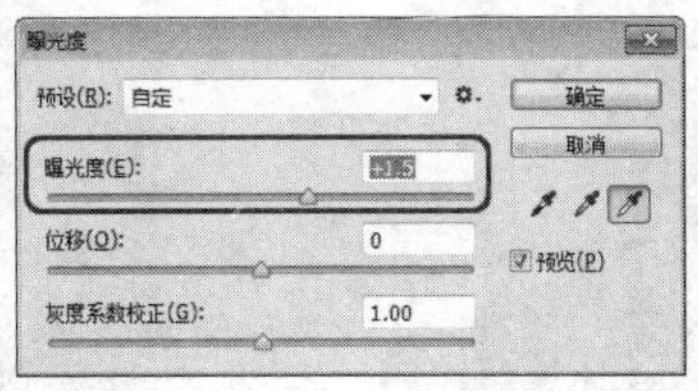


图 8.29　设置曝光

图 8.30　完成后的效果

【曝光度】对话框中各选项的介绍如下。

【曝光度】：该选项用于调整色彩范围的高光端，对极限阴影的影响不大。

【位移】：调整该选项的参数，可以使阴影和中间调变暗，对高光的影响不大。

【灰度系数校正】：通过设置该参数，来调整图像的灰度系数。

## 8.2.5 自然饱和度

使用【自然饱和度】命令调整饱和度，以便在图像颜色接近最大饱和度时，最大限度地减少修剪。其操作方法如下。

(1) 打开随书附带光盘中的“CDROM\素材\Cha08\自然饱和度.jpg”素材文件，如图 8.31 所示。

(2) 在菜单栏中选择【图像】|【调整】|【自然饱和度】命令，打开【自然饱和度】对话框，在该对话框中将【自然饱和度】设置为+100，将【饱和度】设置为+100，如图 8.32 所示。

图 8.31　打开的素材文件

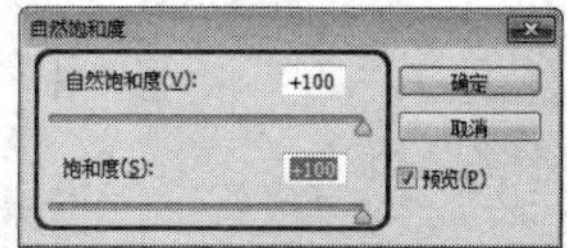


图 8.32　【自然饱和度】对话框

(3) 设置完成后单击【确定】按钮，完成后的效果如图 8.33 所示。

## 8.2.6 色相/饱和度

【色相/饱和度】命令可以调整图像中特定颜色分量的色相、饱和度和亮度，或者同时调整图像中的所有颜色，该命令尤其适用于微调 CMYK 图像中的颜色，以便它们处在输出设备的色域内。其具体操作步骤如下。

(1) 打开随书附带光盘中的“CDROM\素材\Cha08\色相/饱和度.jpg”素材文件，如图 8.34 所示。

图 8.33　完成后的效果

图 8.34　打开的素材文件

(2) 在菜单栏中选择【图像】|【调整】|【色相/饱和度】命令，打开【色相/饱和度】对话框，在该对话框中将【色相】设置为+180，如图 8.35 所示。

(3) 设置完成后单击【确定】按钮，完成后的效果如图 8.36 所示。

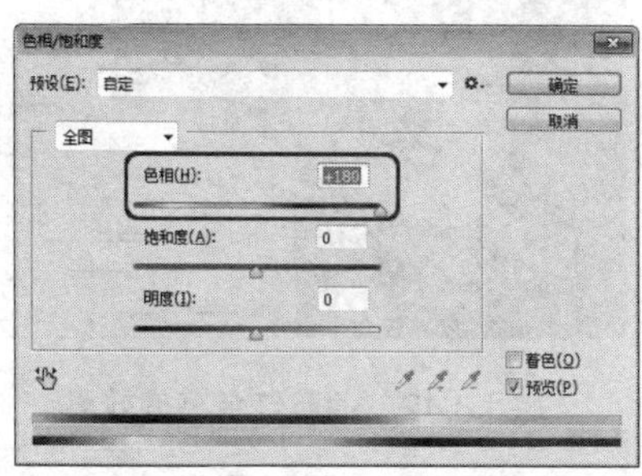


图 8.35　设置【色相】值

图 8.36　完成后的效果

【曝光度】对话框中各选项的介绍如下。

【色相】：在默认情况下，在【色相】文本框中输入数值，或者拖曳该滑块可以改变整个图像的色相，如图 8.37 所示。我们也可以在【编辑】选项下拉列表选择一个特定的颜色，然后拖曳色相滑块，单独调整该颜色的色相，如图 8.38 所示为单独调整红色色相的效果。

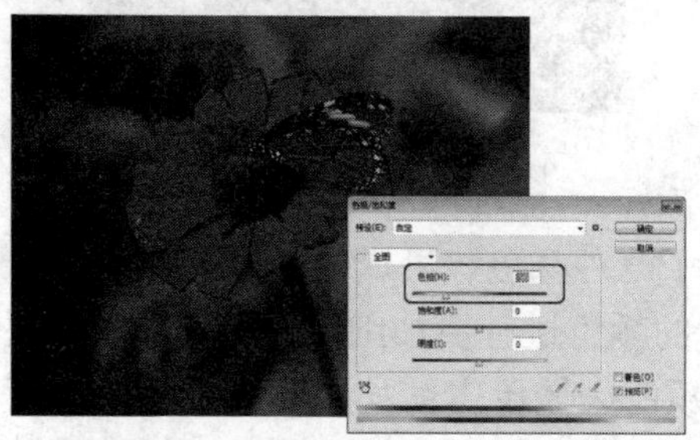

图 8.37　拖曳滑块调整图像的色相

图 8.38　调整红色色相的效果

【饱和度】：向右侧拖曳饱和度滑块可以增加饱和度，向左侧拖曳滑块则减少饱和度。我们同样也可以在【编辑】选项下拉列表选择一个特定的颜色，然后单独调整该颜色的饱和度；如图 8.39 所示为增加整个图像饱和度的调整结果，图 8.40 所示为单独增加红色饱和度的调整结果。

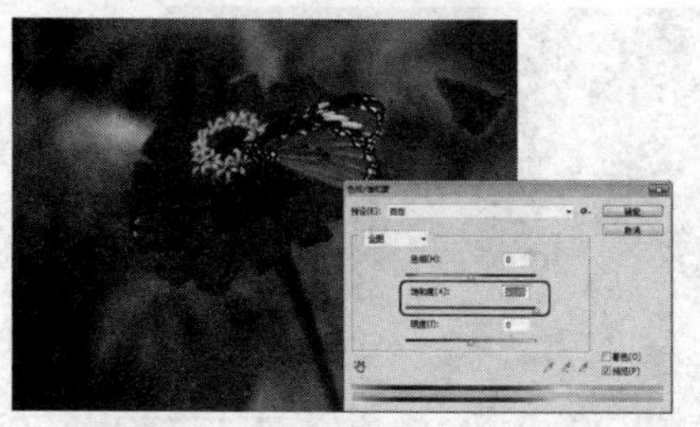

图 8.39　拖曳滑块调整图像的饱和度

图 8.40　调整红色饱和度的效果

【明度】：向左侧拖曳滑块则降低亮度，如图 8.41 所示；向右侧拖曳明度滑块可以增加亮度，如图 8.42 所示。可在【编辑】下拉列表中选择【红色】，调整图像中红色部分的亮度。

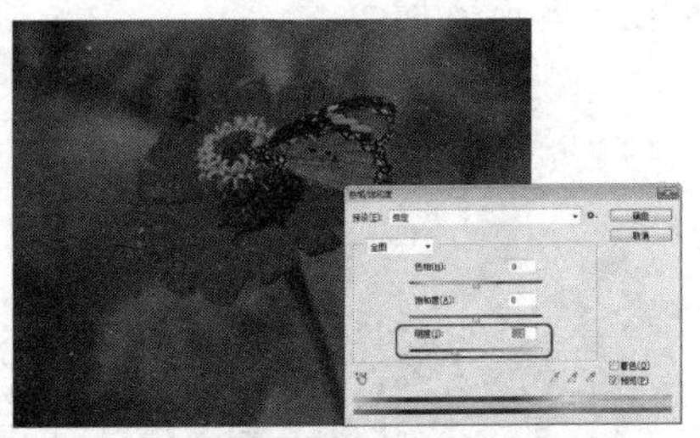

图 8.41　拖曳滑块调整图像的亮度

图 8.42　调整红色亮度效果

【着色】：勾选该复选框，图像将转换为只有一种颜色的单色调图像，如图 8.43 所示。变为单色调图像后，可拖曳色相滑块和其他滑块来调整图像的颜色，如图 8.44 所示。

图 8.43　单色调图像

图 8.44　调整其他颜色

【吸管工具】：如果在【编辑】选项中选择了一种颜色，可以使用【吸管工具】，在图像中单击，定位颜色范围，然后对该范围内的颜色进行更加细致的调整。如果要添加其他颜色，可以用【添加到取样】在相应的颜色区域单击；如果要减少颜色，可以用【从取样中减去】，单击相应的颜色。

【颜色条】：对话框底部有两个颜色条，上面的颜色条代表了调整前的颜色，下面的颜色条代表了调整后的颜色。如果在【编辑】选项中选择了一种颜色，两个颜色条之间便会出现几个滑块，如图 8.45 所示。两个内部的垂直滑块定义了将要修改的颜色范围，调整所影响的区域会由此逐渐向两个外部的三角形滑块处衰减，三角形滑块以外的颜色不会受到影响，如图 8.46 所示。

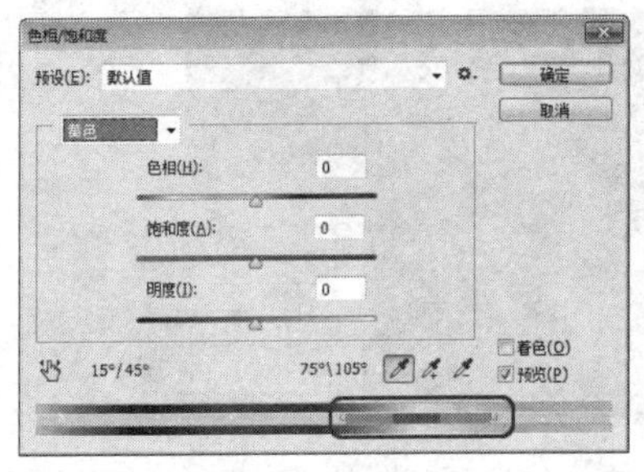


图 8.45　【色相/饱和度】对话框

图 8.46　调整颜色

## 8.2.7　色彩平衡

【色彩平衡】可以更改图像的总体颜色，常用来进行普通的色彩校正。

下面介绍一下使用【色彩平衡】调整图像总体颜色的操作方法。

(1) 打开随书附带光盘中的“CDROM\素材\Cha08\色彩平衡.jpg”文件，如图 8.47 所示。

(2) 在菜单栏中选择【图像】|【调整】|【色彩平衡】命令，打开【色彩平衡】对话框，在该对话框中将【色彩平衡】选项组中将【色阶】分别设置为+100、-100、-100，如图 8.48 所示。

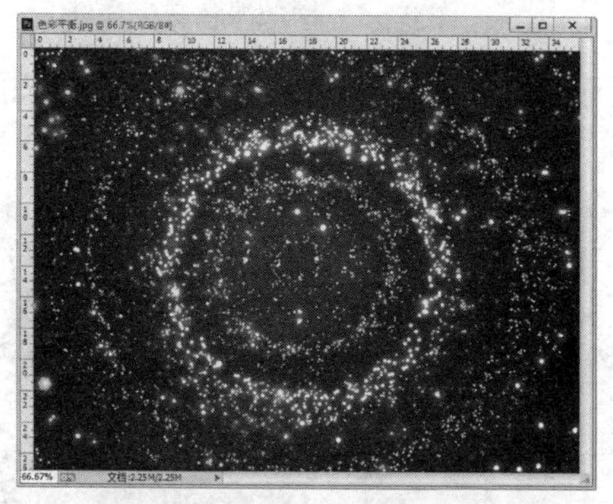

图 8.47　打开的素材文件

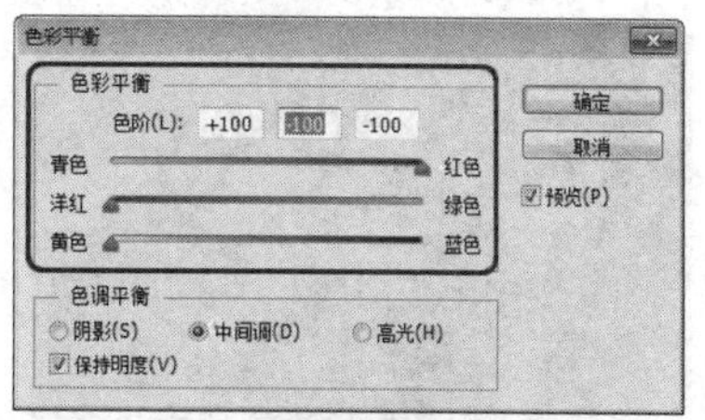


图 8.48　【色彩平衡】对话框

(3) 设置完成后单击【确定】按钮，完成后的效果如图 8.49 所示。

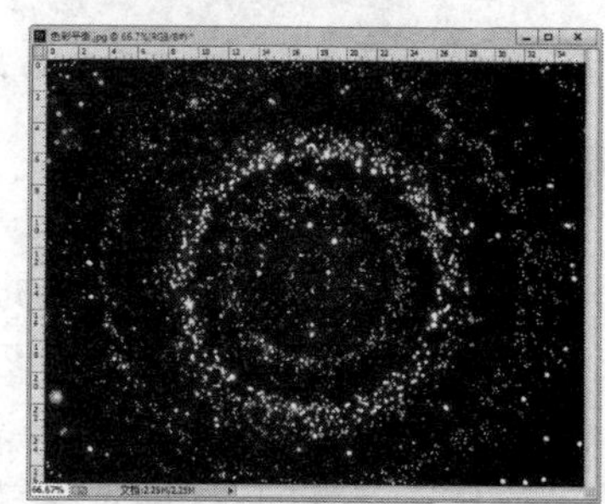

图 8.49　完成后的效果

在进行调整时，首先应在【色调平衡】选项组中选择要调整的色调范围，包括【阴影】、【中间调】和【高光】，然后在【色阶】文本框中输入数值，或者拖曳【色彩平衡】选项组内的滑块进行调整。当滑块靠近一种颜色时，将减少另外一种颜色。例如：如果将最上面的滑块移向【青色】，其他参数保持不变，可以在图像中增加青色，减少红色，如图 8.50 所示。如果将滑块移向【红色】，其他参数保持不变，则增加红色，减少青色，如图 8.51 所示。

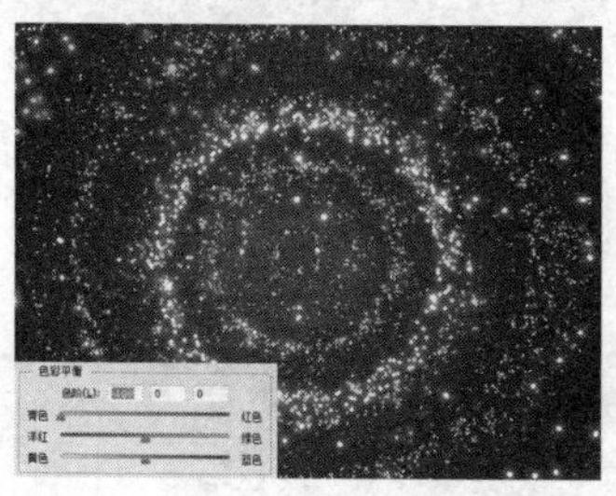

图 8.50　增加青色减少红色

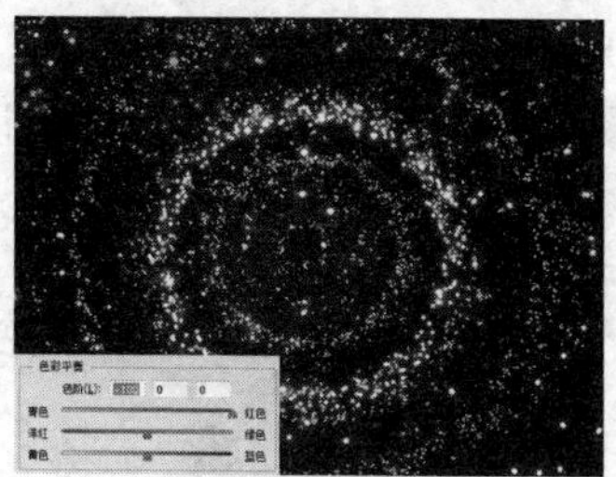

图 8.51　增加红色减少青色

将滑块移向【洋红】后的效果如图 8.52 所示。将滑块移向【绿色】后的效果如图 8.53 所示。

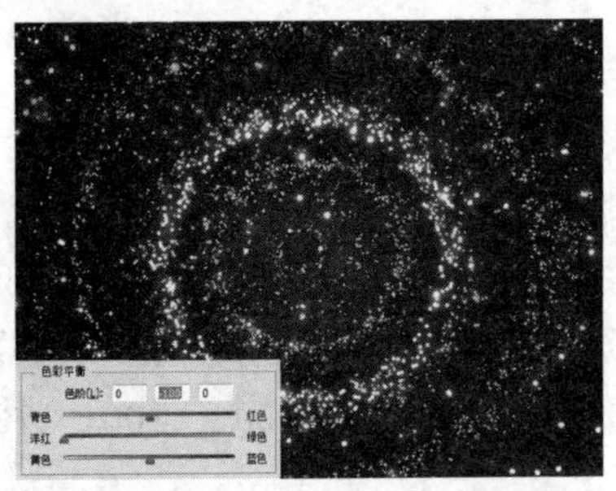

图 8.52　增加洋红减少绿色

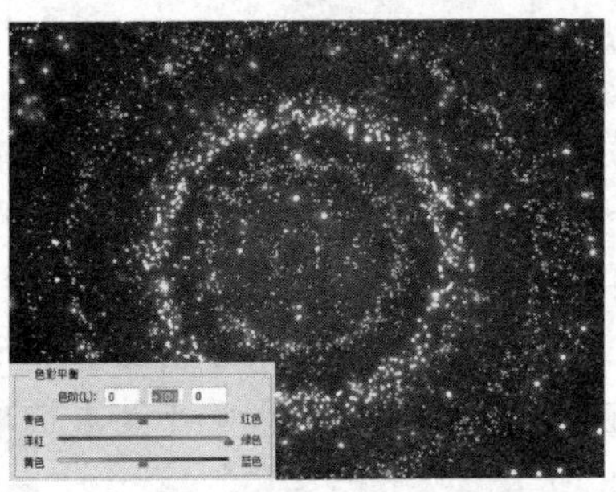

图 8.53　增加绿色减少洋红

将滑块移向【黄色】后的效果如图 8.54 所示。将滑块移向【蓝色】后的效果如图 8.55 所示。

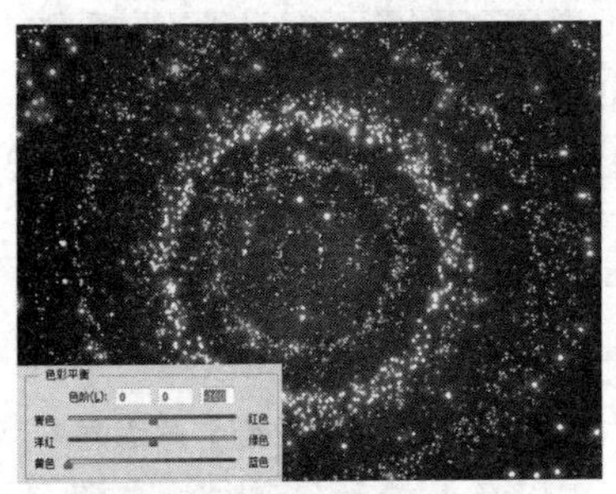

图 8.54　增加黄色减少蓝色

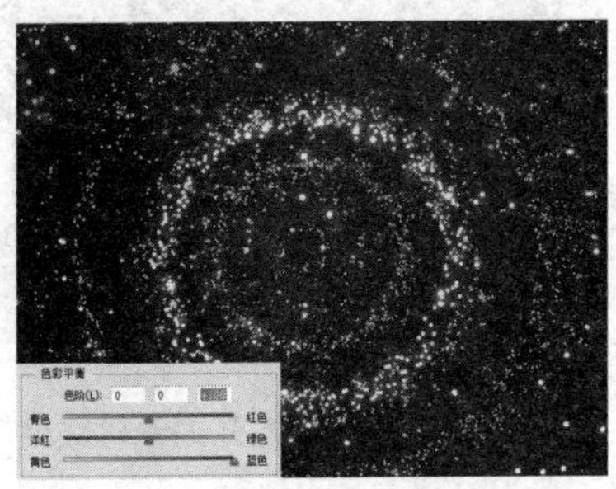

图 8.55　增加蓝色减少黄色

## 8.2.8　照片滤镜

照片滤镜通过模拟在相机镜头前面加装彩色滤镜来调整通过镜头传输的光的色彩平衡和色温，或者使胶片曝光，该命令还允许用户选择预设的颜色或者自定义的颜色调整图像的色相。调整操作方法如下。

(1) 打开随书附带光盘中的“CDROM \素材\Cha08\照片滤镜.jpg”素材文件，如图 8.56 所示。

(2) 在菜单栏中选择【图像】|【调整】|【照片滤镜】命令，打开【照片滤镜】对话框，在弹出的【照片滤镜】对话框中的【滤镜】下拉列表中选择【深蓝】选项，将【浓度】设置为 75%，如图 8.57 所示。

(3) 设置完成后单击【确定】按钮，完成后的效果如图 8.58 所示。

图 8.56　打开的素材文件

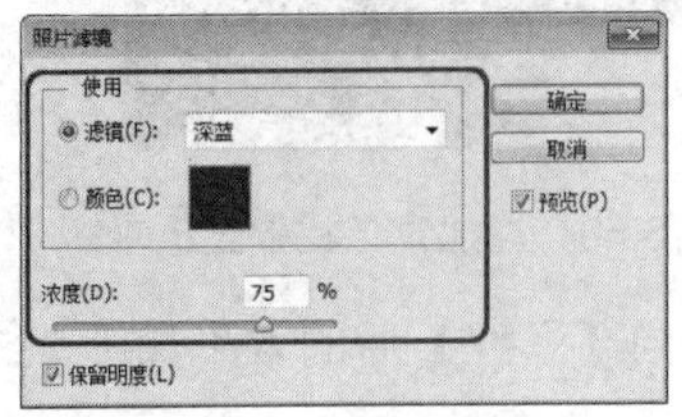


图 8.57　【照片滤镜】对话框

【照片滤镜】对话框中各个选项的介绍如下。

图 8.58　完成后的效果

【滤镜】：在该选项下拉列表中可以选择要使用的滤镜。加温滤镜(85 和 LBA)及冷却滤镜(80 和 LBB)用于调整图像中的白平衡的颜色转换；加温滤镜(81)和冷却滤镜(82)使用光平衡滤镜来对图像的颜色品质进行细微调整；加温滤镜(81)可以使图像变暖(变黄)，冷却滤镜(82)可以使图像变冷(变蓝)；其他个别颜色的滤镜则根据所选颜色给图像应用色相调整。

【颜色】：单击该选项右侧的颜色块，可以在打开的【拾色器】中设置自定义的滤镜颜色。

【浓度】：可调整应用到图像中的颜色数量，该值越高，颜色的调整幅度就越大，如图 8.59、图 8.60 所示。

图 8.59　【浓度】为 30%时

图 8.60　【浓度】为 100%时

【保留明度】：勾选该复选框，可以保持图像的亮度不变，如图 8.61 所示；取消勾选该项时，会由于增加滤镜的浓度而使图像变暗，如图 8.62 所示。

图 8.61　勾选【保留明度】复选框

图 8.62　取消勾选【保留明度】复选框

## 8.2.9　通道混合器

通道混合器可以使用图像中现有(源)颜色通道的混合来修改目标(输出)颜色通道，从而控制单个通道的颜色量。利用该命令可以创建高品质的灰度图像、棕褐色调图像或其他色调图像，也可以对图像进行创造性的颜色调整。在菜单栏中选择【图像】|【调整】|【通道

混合器】命令，打开【通道混合器】对话框，如图 8.63 所示。

【通道混合器】对话框中各个选项的介绍如下。

【预设】：在该选项的下拉列表中包含了预设的调整文件，可以选择一个文件来自动调整图像；如图 8.64 所示。

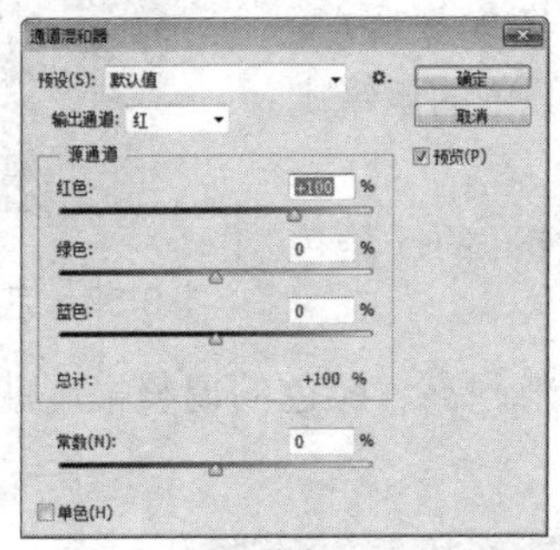


图 8.63 【通道混合器】对话框

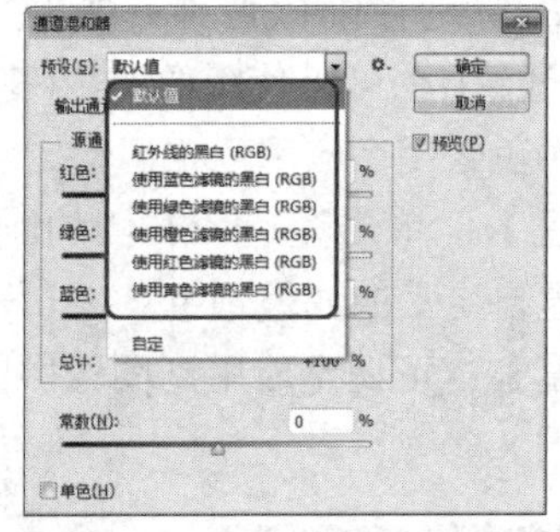


图 8.64 【预设】下拉列表选项

【输入通道/源通道】：在【输出通道】下拉列表中选择要调整的通道，选择一个通道后，该通道的源滑块会自动设置为 100%，其他通道则设置为 0%。例如，如果选择【蓝色】作为输出通道，则会将【源通道】中的绿色滑块为 100%，红色和蓝色滑块为 0%。如图 8.65 所示，选择一个通道后，拖曳【源通道】选项组中的滑块，即可调整此输出通道中源通道所占的百分比。将一个源通道的滑块向左拖曳时，可减小该通道在输出通道中所占的百分比；向右拖曳则增加百分比，负值可以使源通道在被添加到输出通道之前反相。调整红色通道的效果如图 8.66 所示。调整绿色通道的效果如图 8.67 所示。调整蓝色通道的效果如图 8.68 所示。

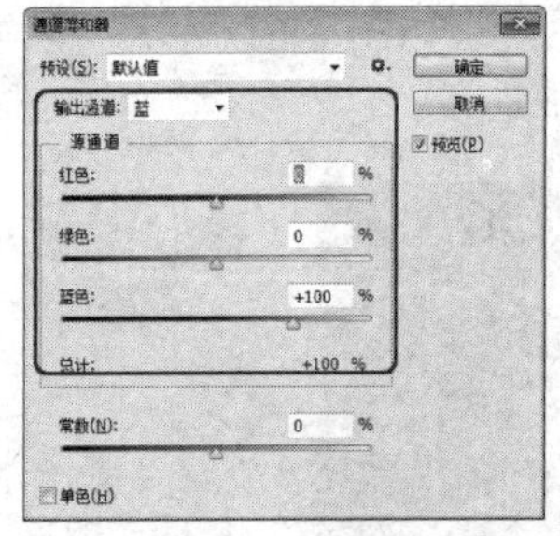

图 8.65 以【蓝色】作为输出通道

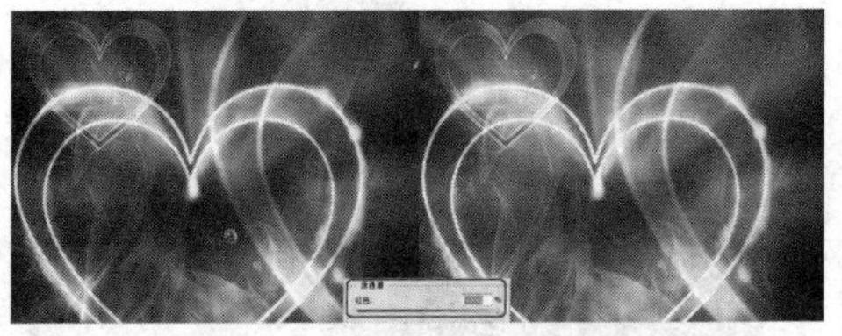

图 8.66 调整红色通道的效果

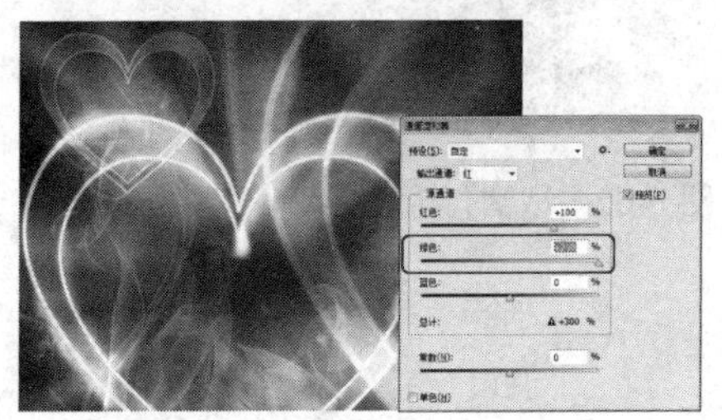

图 8.67 调整绿色通道的效果

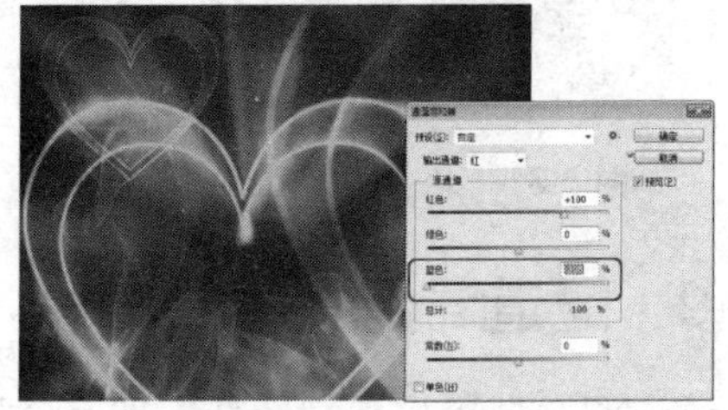

图 8.68 调整蓝色通道的效果

【总计】：如果源通道的总计值高于 100%，则该选项左侧会显示一个警告图标▲；

如图 8.69 所示。

【常数】：该选项是用来调整输出通道的灰度值。负值会增加更多的黑色，正值会增加更多的白色，-200%会使输出通道成为全黑，如图 8.70 所示；+200%会使输出通道成为全白，如图 8.71 所示。

【单色】：勾选该复选框，彩色图像将转换为黑白图像，如图 8.72 所示。

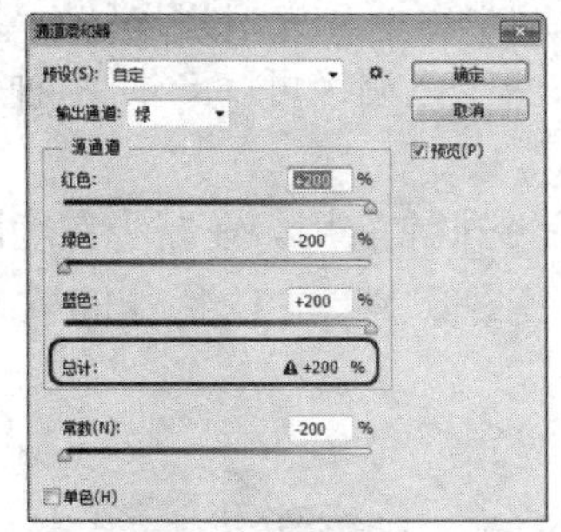

图 8.69　总计值高于 100%

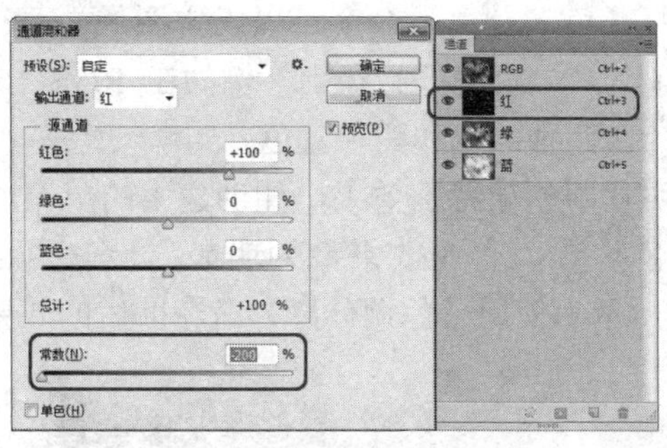

图 8.70　常数值为-200%

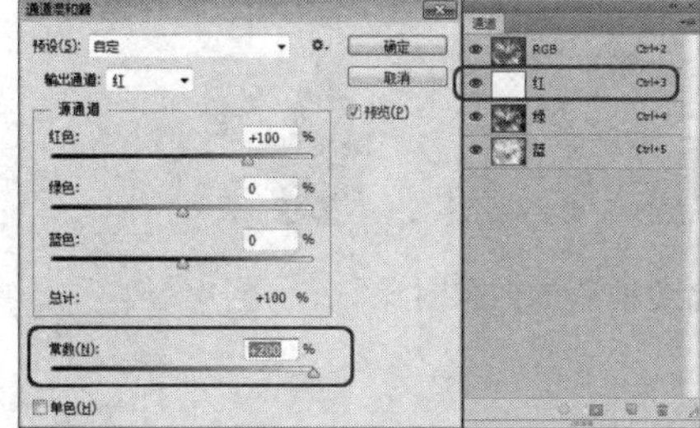

图 8.71　常数值为+200%

图 8.72　单色效果

## 8.2.10　反相

选择【反相】命令，可以反转图像中的颜色，通道中每个像素的亮度值都会转换为 256 级颜色值刻度上相反的值。例如值为 255 的正片图像中的像素会转换为 0，值为 5 的像素会转换为 250。使用【反相】命令的操作方法如下。

(1) 打开随书附带光盘中的“CDROM\素材\Cha08\反相.jpg”素材文件，如图 8.73 所示。

(2) 在菜单栏中选择【图像】|【调整】|【反相】命令，即可对图像进行反相，如图 8.74 所示。

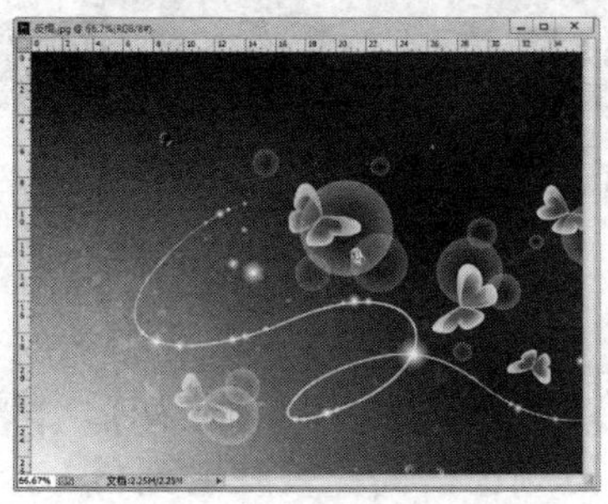

图 8.73　打开的素材文件

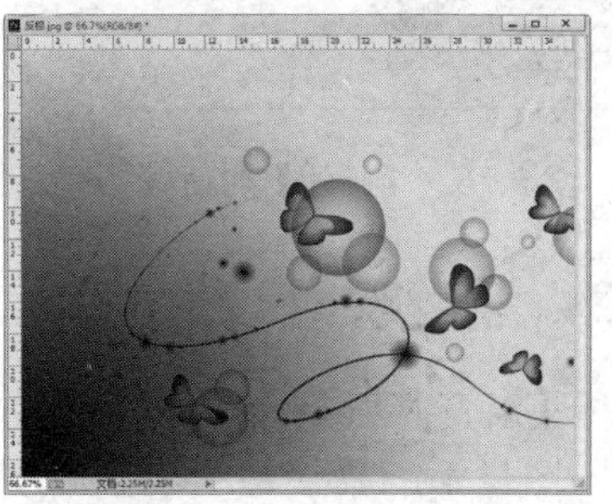

图 8.74　反相后的效果

**提 示**

用户还可以按 Ctrl+I 组合键执行【反相】命令。

## 8.2.11 色调分离

选择【色调分离】命令可以指定图像中每个通道的色调级(或亮度值)的数目，然后将像素映射为最接近的匹配级别。例如在 RGB 图像中选取两个色调级可以产生 6 种颜色：两种红色、两种绿色和两种蓝色。

在照片中创建特殊效果，如创建大的单调区域时此命令非常有用。在减少灰度图像中的灰色色阶数，它的效果最为明显。但它也可以在彩色图像中产生些特殊的效果。如图 8.75 所示为使用【色调分离】命令前后的效果对比。

图 8.75 使用【色调分离】命令前后的效果对比

## 8.2.12 阈值

【阈值】命令可以删除图像的色彩信息。将其转换为只有黑白两色的高对比度图像。其具体操作方法如下。

打开一张图像文件，在菜单栏中选择【图像】|【调整】|【阈值】命令，即可打开【阈值】对话框，如图 8.76 所示；在该对话框中输入【阈值色阶】值，或者拖曳直方图下面的滑块，也可以指定某个色阶作为阈值，所有比阈值亮的像素便被转换为白色；相反，所有比阈值暗的像素则被转换为黑色，如图 8.77 所示为调整阈值前后的效果对比。

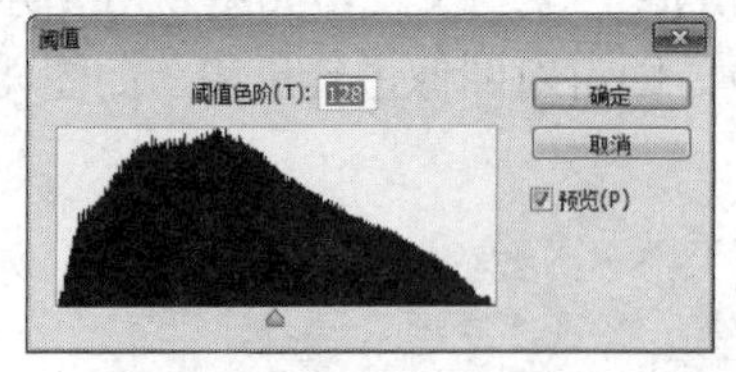


图 8.76 【阈值】对话框

图 8.77 调整阈值前后的效果对比

## 8.2.13 渐变映射

选择【渐变映射】命令可以将图像的色阶映射为一组渐变色的色阶。如指定双色渐变填充时，图像中的暗调被映射到渐变填充的一个端点颜色，高光被映射到另一个端点颜色，中间调被映射到两个端点之间的层次。

在菜单栏中选择【图像】|【调整】|【渐变映射】命令，即可打开【渐变映射】对话框，如图 8.78 所示。应用【渐变映射】命令前后的效果对比如图 8.79 所示。

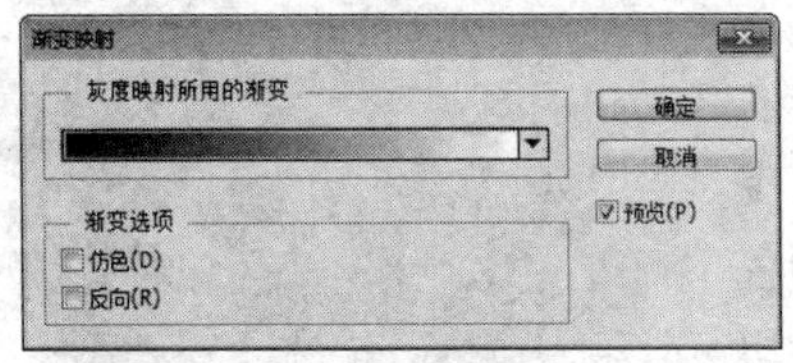


图 8.78 【渐变映射】对话框

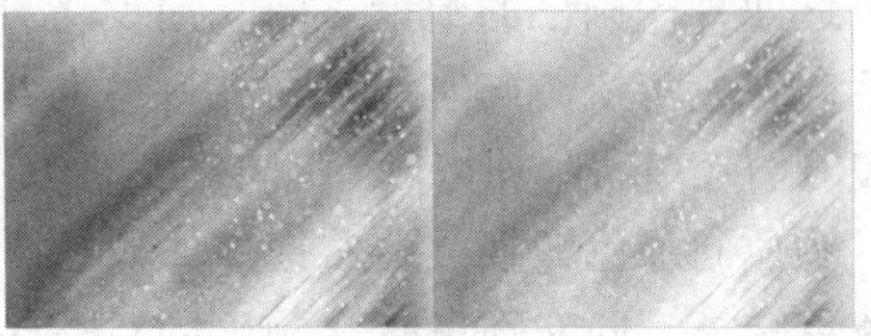

图 8.79 应用【渐变映射】命令前后的效果对比

【渐变映射】对话框中各个选项的介绍如下。

【灰度映射所用的渐变】下拉列表框：从列表框中选择一种渐变类型。默认情况下，图像的暗调、中间调和高光分别映射到渐变填充的起始(左端)颜色、中间点和结束(右端)颜色。

【仿色】复选框：通过添加随机杂色，可使渐变映射效果的过渡显得更为平滑。

【反向】复选框：颠倒渐变填充方向，以形成反向映射的效果。

## 8.2.14 可选颜色

【可选颜色】命令是高端扫描仪和分色程序使用的一种技术，用于在图像中的每个主要原色成分中更改印刷色的数量。使用【可选颜色】可以有选择性地修改主要颜色中的印刷色的数量，但不会影响其他主要颜色。例如，可以减少图像绿色图素中的青色，同时保留蓝色图素中的青色不变。其具体操作方法如下。

(1) 打开随书附带光盘中的“CDROM\素材\Cha08\可选颜色.jpg”素材文件，如图 8.80 所示。

(2) 在菜单栏中选择【图像】|【调整】|【可选颜色】命令，打开【可选颜色】对话框，在该对话框中将【颜色】定义为【红色】，将【青色】、【洋红】均设置为-100%，将【黄色】设置为+14%，将【黑色】设置为+100%，如图 8.81 所示。

图 8.80 打开的素材文件

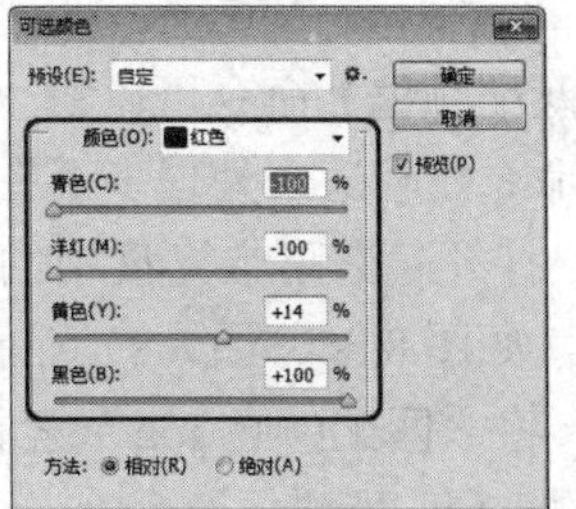


图 8.81 【可选颜色】对话框

(3) 设置完成后单击【确定】按钮，完成后的效果如图 8.82 所示。

【可选颜色】对话框中各个选项的介绍如下。

【颜色】：在该选项下拉列表中可以选择要调整的颜色，这些颜色由加色原色、减色原色、白色、中性色和黑色组成。选择一种颜色后，可拖动【青色】、【洋红】、【黄色】和【黑色】滑块来调整这四种印刷色的数量。向右拖曳【青色】滑块时，颜色向青色转换，向左拖曳时，颜色向红色转换；向右拖曳【洋红】滑块时，颜色向洋红色转换，向左拖曳时，颜色向绿色转换；向右拖曳【黄色】滑块时，颜色向黄色转换，向左拖曳时，颜色向蓝色转换；拖曳【黑色】滑块可以增加或减少黑色。

图 8.82　完成后的效果

【方法】：用来设置色值的调整方式。选择【相对】时，可按照总量的百分比修改现有的青色、洋红、黄色或黑色的含量。例如，如果从 50%的洋红像素开始添加 10%，结果为 55%的洋红(50%+50%×10%=55%)。选择【绝对】时，则采用绝对值调整颜色。例如，如果从 50%的洋红像素开始添加 10%，则结果为 60%洋红。

## 8.2.15　去色

执行【去色】命令可以删除彩色图像的颜色，但不会改变图像的颜色模式，如图 8.83、图 8.84 所示分别为执行该命令前后的图像效果。如果在图像中创建了选区，则执行该命令时，只会删除选区内图像的颜色，如图 8.85 所示。

图 8.83　执行该命令之前的效果

图 8.84　执行该命令之后的效果

图 8.85　去除选区内的颜色

## 8.2.16　匹配颜色

【匹配颜色】命令可以将一个图像(源图像)的颜色与另一个图像(目标图像)的颜色相匹配，该命令比较适合处理多个图片，以使它们的颜色保持一致。

(1) 打开随书附带光盘中的“CDROM\素材\Cha08\匹配颜色.jpg、匹配颜色 1.jpg”素材文件，如图 8.86、图 8.87 所示。

(2) 将“匹配颜色.jpg”素材文件置为要修改的图层，然后在菜单栏中选择【图像】|【调整】|【匹配颜色】命令；打开【匹配颜色】对话框，在【源】选项下拉列表中选择“匹配颜色 1.jpg”文件，如图 8.88 所示。

(3) 设置完成后单击【确定】按钮，完成后的效果如图 8.89 所示。

图 8.86　打开的素材文件

图 8.87　打开的素材文件

匹配颜色
目标图像
目标：匹配颜色.jpg(RGB/8)
应用调整时忽略选区(I)
图像选项
明亮度(L) 100
颜色强度(C) 100
渐隐(F) 0
中和(N)
图像统计
使用源选区计算颜色(R)
使用目标选区计算调整(T)
源(S)：匹配颜色1.jpg
图层(A)：背景
载入统计数据(O)...
存储统计数据(V)...
确定
取消
预览(P)

图 8.88　【匹配颜色】对话框

图 8.89　完成后的效果

【匹配颜色】对话框中各个选项的介绍如下。

【目标】：显示了被修改的图像的名称和颜色模式等信息。

【应用调整时忽略选区】：如果当前的图像中包含选区，勾选该复选框，可忽略选区，调整将应用于整个图像，如图 8.90 所示；取消勾选该复选框，则仅影响选区内的图像，如图 8.91 所示。

图 8.90　勾选【应用调整时忽略选区】复选框时的效果

图 8.91　取消勾选【应用调整时忽略选区】复选框时的效果

【明亮度】：拖曳滑块或输入数值，可以增加或减小图像的亮度。

【颜色强度】：用来调整色彩的饱和度。该值为1时，可生成灰度图像。

【渐隐】：用来控制应用于图像的调整量，该值越高，调整的强度越弱，如图 8.92、图 8.93 所示为【渐隐】值分别为 30、70 时的效果。

图 8.92　【渐隐】值为 30 时的效果

图 8.93　【渐隐】值为 70 时的效果

【中和】：勾选该复选框，可消除图像中出现的色偏。

【使用源选区计算颜色】：如果在源图像中创建了选区，勾选该复选框，可使用选区中的图像匹配颜色，如图 8.94 所示；取消勾选，则使用整幅图像进行匹配，如图 8.95 所示。

图 8.94　勾选【使用源选区计算颜色】复选框时的效果

图 8.95　取消勾选【使用源选区计算颜色】复选框时的效果

【使用目标选区计算调整】：如果在目标图像中创建了选区，勾选该复选框，可使用选区内的图像来计算调整，；取消勾选，则会使用整个图像中的颜色来计算调整。

【源】：用来选择与目标图像中的颜色进行匹配的源图像。

【图层】：用来选择需要匹配颜色的图层。如果要将【匹配颜色】命令应用于目标图像中的某一个图层，应在执行命令前选择该图层。

【存储统计数据/载入统计数据】：单击【存储统计数据】按钮，可将当前的设置保存；单击【载入统计数据】按钮，可载入已存储的设置。当使用载入的统计数据时，无须在 Photoshop 中打开源图像，就可以完成匹配目标图像的操作。

**提 示**

【匹配颜色】命令仅适用于 RGB 模式的图像。

## 8.2.17　替换颜色

【替换颜色】命令可以选择图像中的特定颜色，然后将其替换。该命令的对话框中包含了颜色选择选项和颜色调整选项。颜色的选择方式与【色彩范围】命令基本相同，而颜色的调整方式又与【色相/饱和度】命令十分相似，所以，我们暂且将【替换颜色】命令看作是这两个命令的集合。

下面介绍一下使用【替换颜色】命令替换图像颜色的操作方法。

(1) 打开随书附带光盘中的“CDROM\素材\Cha08\替换颜色.jpg”素材文件，如图 8.96

所示。

(2) 在菜单栏中选择【图像】|【调整】|【替换颜色】命令，打开【替换颜色】对话框，使用吸管工具，在图像上吸取心形部分的颜色，如图 8.97 所示。

图 8.96　打开的素材文件

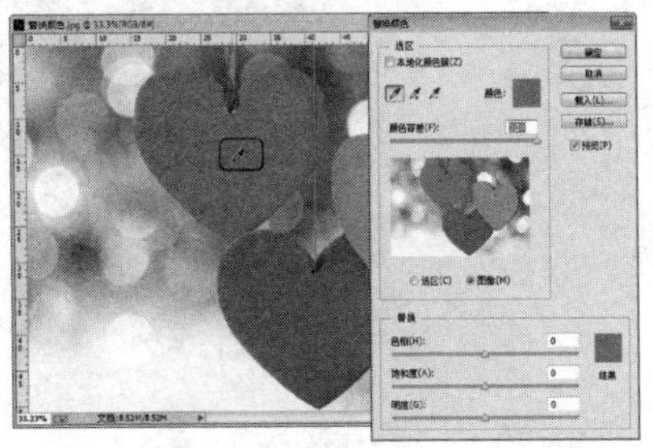

图 8.97　吸取颜色

(3) 将【颜色容差】设置为 200，在【替换】选项组中将【色相】设置为+180，将【饱和度】设置为+45，如图 8.98 所示。

(4) 设置完成后单击【确定】按钮，完成后的效果如图 8.99 所示。

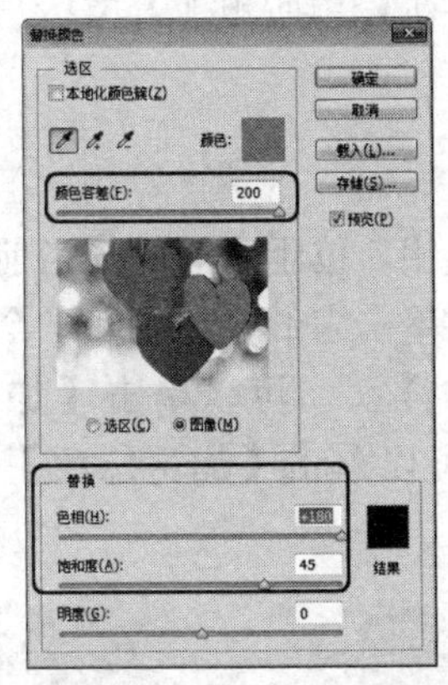


图 8.98　打开的素材文件

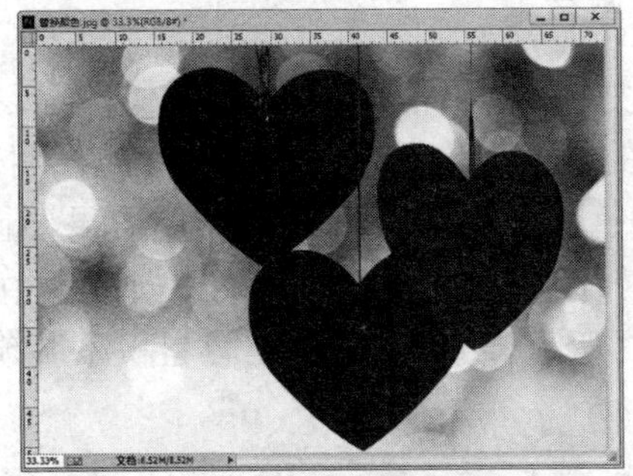

图 8.99　吸取颜色

## 8.2.18　变化

【变化】命令是一个非常简单和直观的图像调整命令，它不像其他命令那样有复杂的选项。在使用该命令时，我们只需单击图像的缩览图便可以调整色彩平衡、对比度和饱和度，并且还可以观察到原图像与调整结果的对比效果。

### 1. 【变化】对话框

打开一张图像文件，在菜单栏中选择【图像】|【调整】|【变化】命令，打开【变化】对话框，如图 8.100 所示。

【原稿】：该缩览图显示的是调整前的图像。

【当前挑选】：该缩览图显示的是调整后的图像；当我们第一次打开对话框时，【原稿】和【当前挑选】缩览图的图像是一样的，随着调整的进行，【当前挑选】图像将实时显示当前的调整结果。

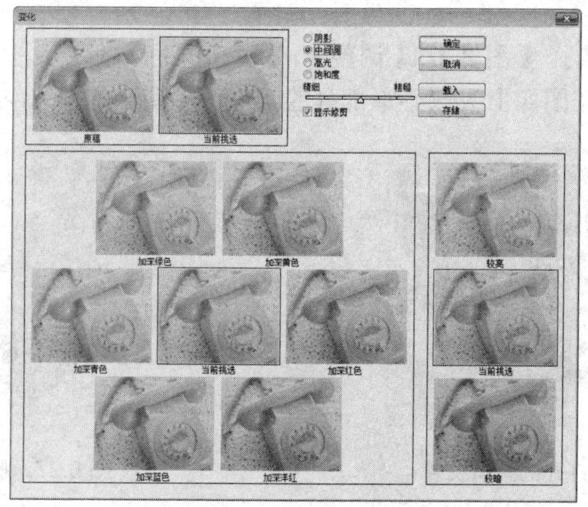


图 8.100 【变化】对话框

如果单击【原稿】缩览图，则可将图像恢复为调整前的状态。

在进行调整时，如果想要增加每次的调整量，可以移动【精细/粗糙】滑块，滑块每移动一格，调整量便会双倍增加。

## 2. 调整色相

在【变化】对话框中，左侧的 7 个缩览图用来调整色相，位于中间的【当前挑选】缩览图显示的是调整结果，另外 6 个缩览图用来调整颜色，单击它们中的任何一个都可以将相应的颜色添加到图像中。例如，如果要向图像中添加洋红，可以单击【加深洋红】缩览图，如图 8.101 所示；如果要向图像中添加绿色，可以单击【加深绿色】缩览图，如图 8.102 所示。连续单击则可以累积添加颜色。

图 8.101 加深洋红

图 8.102 加深绿色

【变化】命令是基于色轮来进行颜色调整的，当我们增加一种颜色时，将自动减少该颜色的补色。例如，增加洋红色会减少绿色；而增加绿色又会减少洋红色，因此，如果要减少一种颜色，可以单击其补色的缩览图，了解这个规律后，再进行颜色调整时就会有的放矢了。

在默认情况下，我们调整的是中间调的色相，如果要调整阴影或者高光的色相，可以在对话框顶部选择【阴影】或者【高光】选项，然后再进行调整。

### 3. 调整亮度

对话框右侧的 3 个缩览图用来调整图像的亮度。如果要提高图像的亮度，可以单击【较亮】缩览图，如果要使图像变暗，则单击【较暗】缩览图，如图 8.103 为提高图像亮度和降低图像亮度的对比。中间的【当前挑选】缩览图显示了调整后的图像效果。

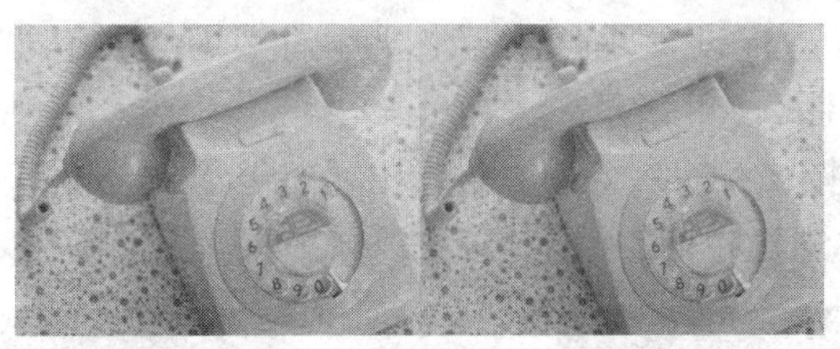

图 8.103　提高图像亮度和降低图像亮度的对比

### 4. 调整饱和度

如果要调整图像的饱和度，可以选择对话框顶部的【饱和度】选项，对话框中会出现三个缩览图。要增加饱和度，可单击【增加饱和度】缩览图，如图 8.104 所示；要减少饱和度，可单击【减少饱和度】缩览图，如图 8.105 所示。中间的【当前挑选】缩览图显示的是调整后的效果。

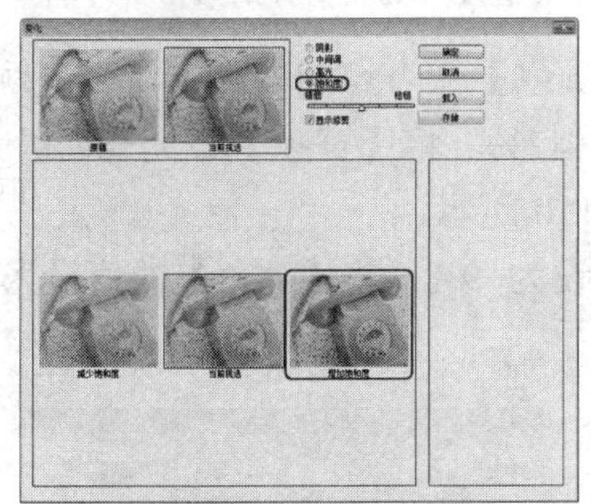

图 8.104　增加饱和度

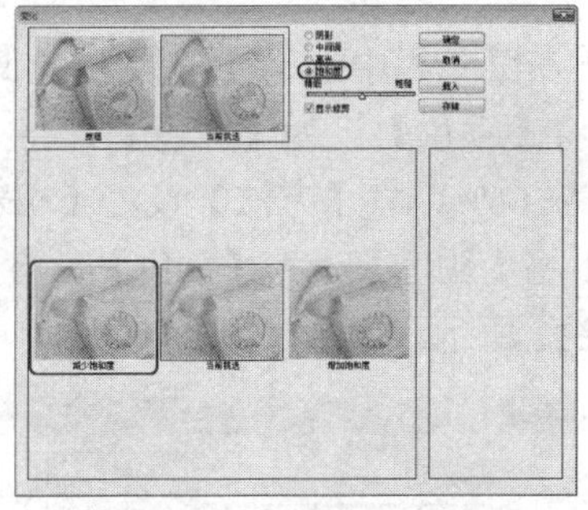

图 8.105　减少饱和度

在增加饱和度时，为防止丢失细节，可以选择【显示修剪】选项。选择该选项后，如果缩览图上出现了异常颜色，就表示颜色被修剪了，这样的区域将丢失细节。如图 8.106 所示为取消勾选该复选框时图像的调整状态，图 8.107 所示为勾选该复选框时图像的调整状态。

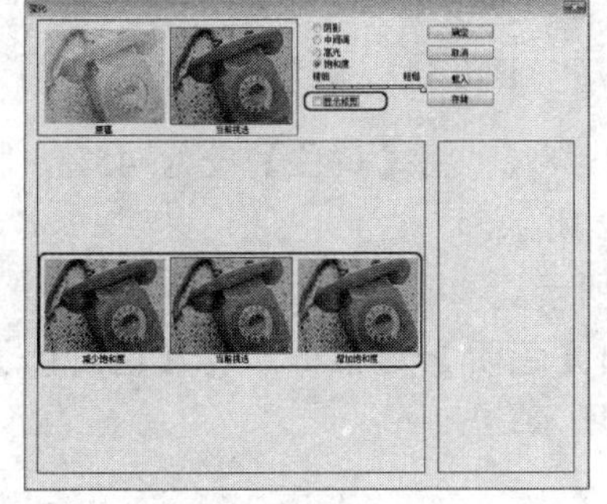

图 8.106　取消勾选【显示修剪】复选框

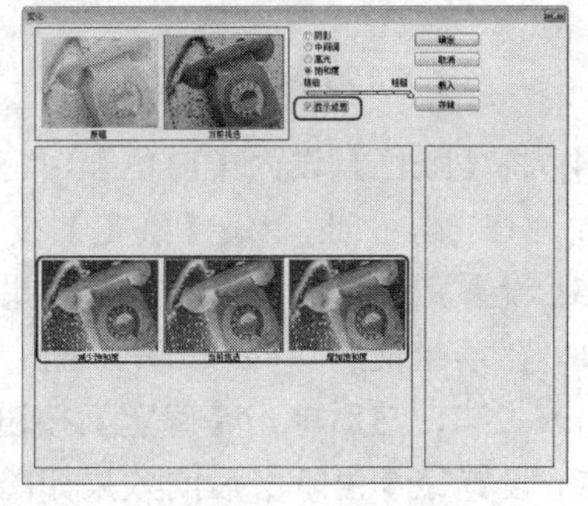

图 8.107　勾选【显示修剪】复选框

# 8.3 上机练习

## 8.3.1 创建和谐色调

下面对有瑕疵照片进行设置，通过调整图片的【颜色】和【色阶】以实现照片的完美，其完成后的效果如图 8.108 所示。

(1) 启动软件后，按 Ctrl+O 组合键，弹出【打开】对话框，选择随书附带光盘中的“CDROM\素材\Cha08\创建和谐的色调.jpg”素材文件，如图 8.109 所示。

图 8.108　完成后的效果

图 8.109　打开的素材文件

(2) 在菜单栏中选择【图像】|【调整】|【可选颜色】命令，随即弹出【可选颜色】对话框，将【颜色】设为【红色】，将【洋红】设为-47%，将【黄色】设为-44%，将【黑色】设为-66%，将【方法】设为【相对】，如图 8.110 所示。

(3) 将【颜色】设为【黄色】，将【洋红】的值设为+9%，将【黄色】的值设为-32%，如图 8.111 所示。

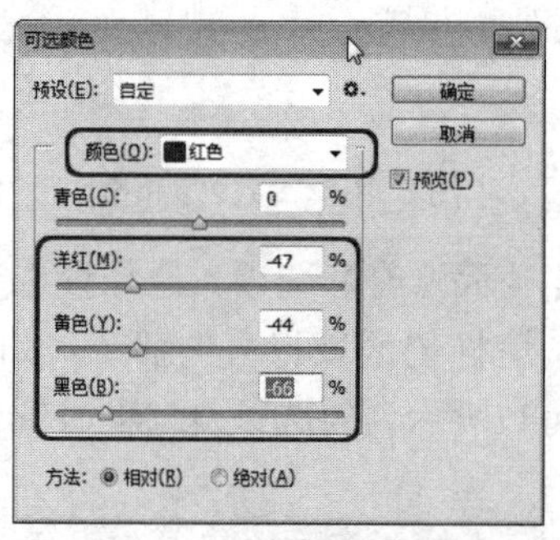


图 8.110　设置【红色】

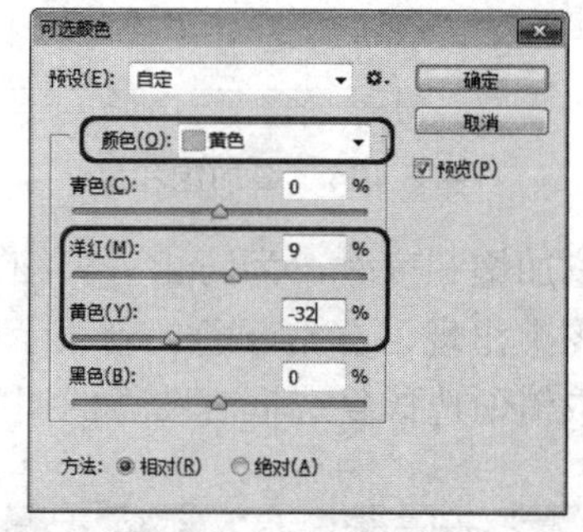


图 8.111　设置【黄色】

(4) 将【颜色】设为【白色】，将【洋红】设为-48%，将【黄色】设为-45%，将【黑色】设为+51%，然后单击【确定】按钮，如图 8.112 所示。

(5) 设置完【可选颜色】后的效果，如图 8.113 所示。

(6) 在场景文件中按 Ctrl+L 组合键，随即弹出【色阶】对话框，将【色阶值】设为 0、1.49、234，然后单击【确定】按钮，如图 8.114 所示。

(7) 设置完【色阶】后的效果如图 8.115 所示。

图 8.112　设置【白色】

图 8.113　完成后的效果

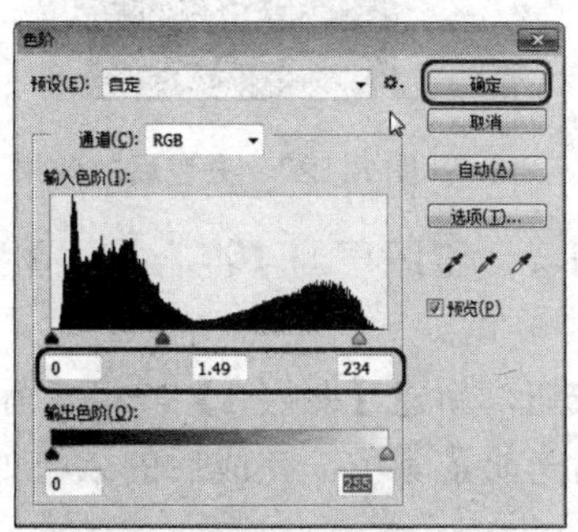

图 8.114　设置【色阶】

图 8.115　设置【色阶】后的效果

(8) 设置完成后，在菜单栏中选择【文件】|【存储为】命令，弹出【另存为】对话框，设置正确的保存路径及格式，并单击【保存】按钮，如图 8.116 所示。

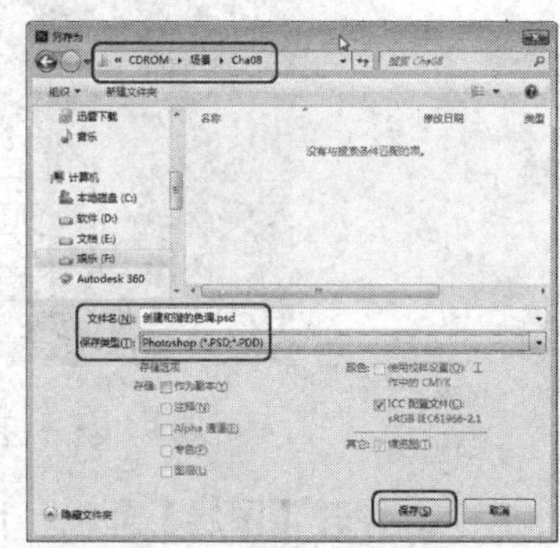

图 8.116　【另存为】对话框

## 8.3.2　复古色调效果

下面介绍如何将照片制作成复古的效果，主要利用了图层的【混合模式】和调整【曲线】命令，完成后的效果如图 8.117 所示。

(1) 启动软件后，按 Ctrl+O 组合键，在弹出的【打开】对话框中选择随书附带光盘中的“CDROM\素材\Cha08\复古色调.jpg”素材文件，如图 8.118 所示。

图 8.117　效果图

图 8.118　打开的素材文件

(2) 打开【图层】面板，选择【背景】图层，并将其拖曳至【创建新图层】按钮上，创建【背景 拷贝】图层，如图 8.119 所示。

(3) 在菜单栏中选择【图像】|【调整】|【去色】命令，完成后的效果如图 8.120 所示。

图 8.119　复制图层

图 8.120　去色后的效果

(4) 打开【图层】面板，选择【背景拷贝】图层，将图层的【混合模式】设为【滤色】，将【不透明度】设为 50%，如图 8.121 所示。

(5) 打开【图层】面板，单击【创建新图层】按钮，新建【图层 1】，将【前景色】的 RGB 设为 73、52、6，然后按 Alt+Delete 组合键填充前景颜色，完成后的效果如图 8.122 所示。

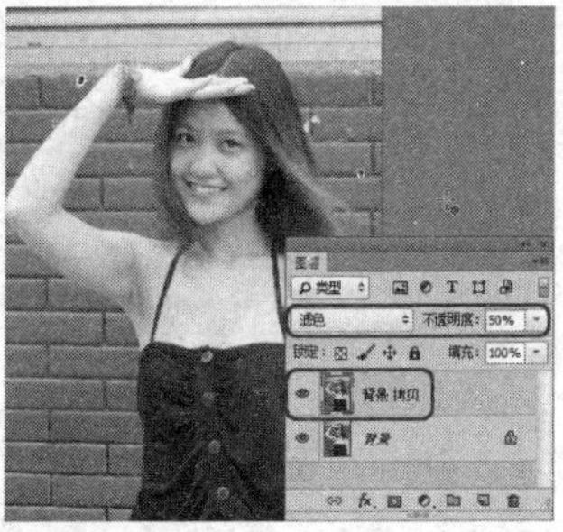

图 8.121　设置图层

图 8.122　填充颜色

(6) 打开【图层】面板，选择【图层 1】将其【混合模式】设为【颜色】，完成后的效果如图 8.123 所示。

(7) 打开【图层】面板，选择【背景】图层，并对其进行复制，并将复制的图层拖曳至【图层 1】的下面，如图 8.124 所示。

图 8.123　设置图层的混合模式

图 8.124　复制【背景】图层

(8) 确定【背景 拷贝】图层处于被选择状态，按 Ctrl+Alt+Shift+E 组合键，盖印图层，如图 8.125 所示。

(9) 按 Ctrl+M 组合键，弹出【曲线】对话框，将【输出值】设为 197，将【输入值】设为 154，然后单击【确定】按钮，如图 8.126 所示。

图 8.125　盖印图层

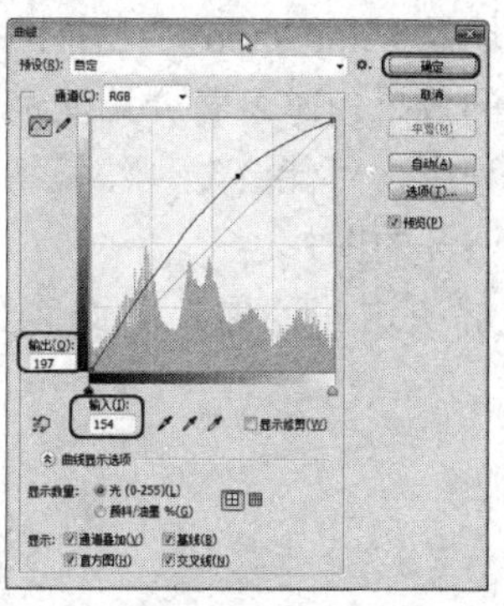

图 8.126　设置曲线

(10) 设置完成后，按 Shift+Ctrl+S 组合键，弹出【另存为】对话框，设置正确保存路径和格式，然后单击【确定】按钮，如图 8.127 所示。

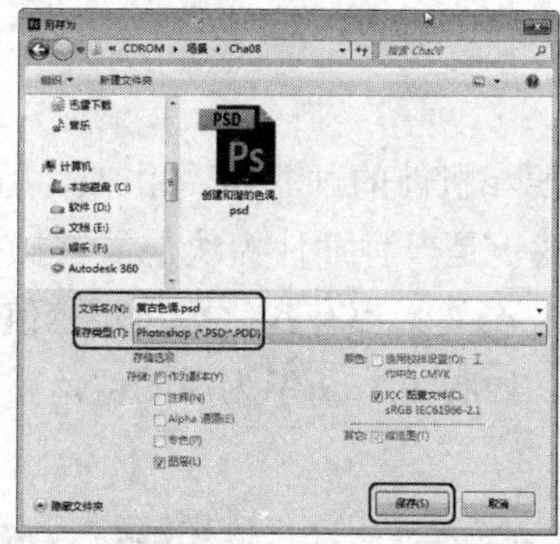

图 8.127　【另存为】对话框

## 8.4　思考与练习

1. 如果对图像的整体颜色进行调整，需要使用什么命令对其进行设定？
2. 什么命令可以删除图像的色彩信息，将其转换为只有黑白两色的高对比度图像？
3. 什么命令可以删除彩色图像的颜色，但不会改变图像的颜色模式？

# 第 9 章　滤镜在设计中的应用

滤镜是 Photoshop 中独特的工具，其菜单中有 100 多种滤镜，利用它们可以制作出各种各样的效果。本章将介绍滤镜在设计中的应用，在使用 Photoshop 中的滤镜特效处理图像的过程中，可能会发现滤镜特效太多了，不容易把握，也不知道这些滤镜特效究竟适合处理什么样的图片。

要解决这些问题，就必须先了解这些滤镜特效的基本功能和特性。本章将解决这些问题。

## 9.1　初 识 滤 镜

滤镜是 Photoshop 中最具吸引力的功能之一，它就像是一个魔术师，可以把普通的图像变为非凡的视觉作品。滤镜不仅可以制作各种特效，还能模拟素描、油画、水彩等绘画效果，在这一章中，我们就来详细了解各种滤镜的特点和使用方法。

### 9.1.1　认识滤镜

滤镜原本是摄影师安装在照相机前的过滤器，用来改变照片的拍摄方式，以产生特殊的拍摄效果，Photoshop 中的滤镜是一种插件模块，能够操纵图像中的像素，我们知道，位图图像是由像素组成的，每一个像素都有其位置和颜色值，滤镜就是通过改变像素的位置或颜色生成各种特殊效果的。如图 9.1 所示为原图像，图 9.2 所示是用【拼缀图】滤镜处理后的图像。

图 9.1　原图像

图 9.2　滤镜处理后的图像

Photoshop 的【滤镜】菜单中包含多达 100 多种滤镜，如图 9.3 所示。其中，【滤镜库】、【镜头校正】、【液化】和【消失点】是特殊的滤镜，被单独列出，而其他滤镜都依据其主要的功能被放置在不同类别的滤镜组中，如图 9.4 所示。

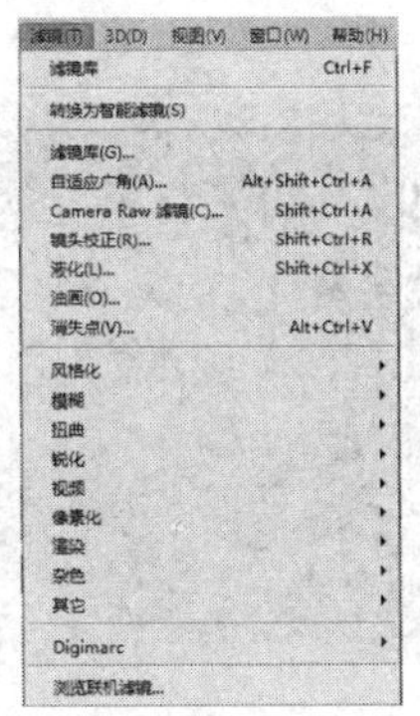

图 9.3　【滤镜】下拉菜单

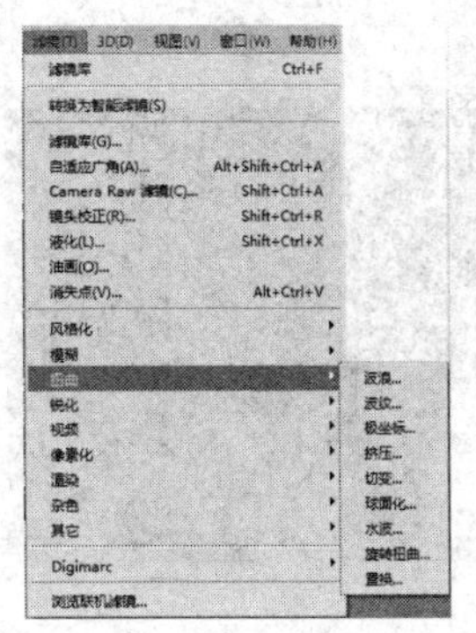

图 9.4　【滤镜】级联菜单

## 9.1.2　滤镜的分类

Photoshop 中的滤镜可分为 3 种类型，第一种是修改类滤镜，它们可以修改图像中的像素，如【扭曲】、【纹理】、【素描】等滤镜，这类滤镜的数量最多。第二种是复合类滤镜，这类滤镜有自己的工具和独特的操作方法，更像是一个独立的软件，如【液化】、【消失点】和【滤镜库】，如图 9.5 所示。第三种是创造类滤镜，这类滤镜不需要借助任何像素便可以产生效果，如【云彩】滤镜可以在透明的图层上生成云彩，如图 9.6 所示。这类滤镜的数量最少。

**提 示**

【滤镜】菜单中显示为灰色的命令是不能使用的命令，通常情况下，这是由于图像的模式造成的，例如，部分滤镜不能用于 CMYK 模式的图像。

图 9.5　【液化】滤镜

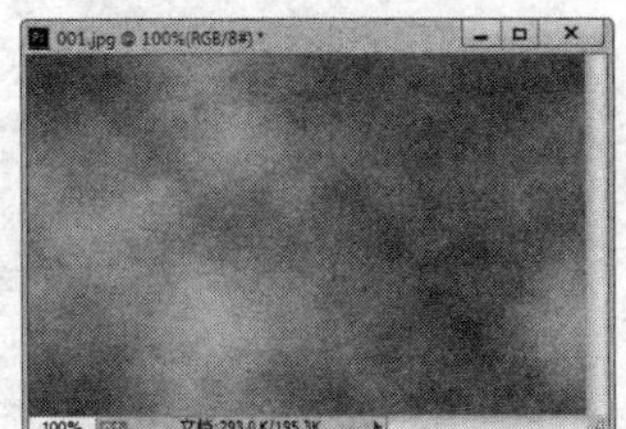

图 9.6　【云彩】滤镜

## 9.1.3　使用滤镜的一般规则与技巧

Photoshop 中的滤镜具有以下几个相同的特点，在操作时需要遵守这些规则，才能准确有效地处理图像。

### 1. 滤镜的使用规则

使用滤镜处理图层中的图像时，该图层必须是可见的。如果创建了选区，滤镜只处理选区内的图像，如图 9.7 所示。没有创建选区，则处理当前图层中的全部图像，如图 9.8

所示。

图 9.7　对选区图像执行命令

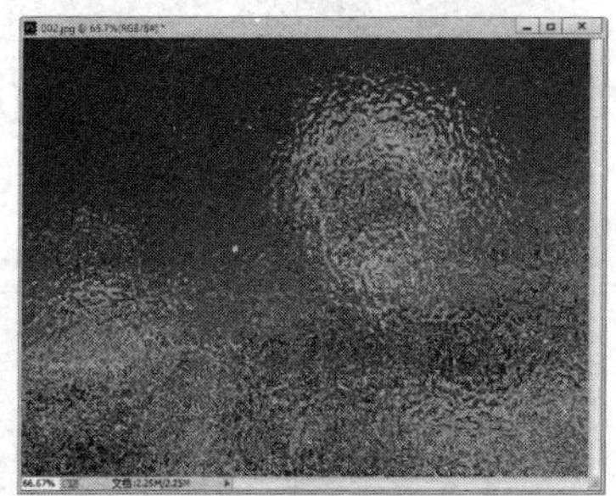

图 9.8　对全部图像执行命令

滤镜可以处理图层蒙版、快速蒙版和通道。

滤镜的处理效果是以像素为单位进行计算的，因此，相同的参数处理不同分辨率的图像，其效果也会不同。

只有【云彩】滤镜可以应用在没有像素的区域，其他滤镜都可以应用在包含像素的区域，否则不能使用这些滤镜。如图 9.9 所示是在透明的图层上应用【动感模糊】滤镜时弹出的警告。

RGB 模式的图像可以使用全部的滤镜，部分滤镜不能用于 CMYK 模式的图像，索引模式和位图模式的图像则不能使用滤镜。如果要对位图模式、索引模式或 CMYK 模式的图像应用一些特殊滤镜，可以先将它们转换为 RGB 模式，再进行处理。

### 2. 滤镜的使用技巧

在使用滤镜处理图像时，以下技巧可以帮助我们更好地完成操作。

执行完一个滤镜命令后，【滤镜】菜单的第一行便会出现该滤镜的名称，如图 9.10 所示，单击它或者按 Ctrl+F 组合键可以快速应用这一滤镜。

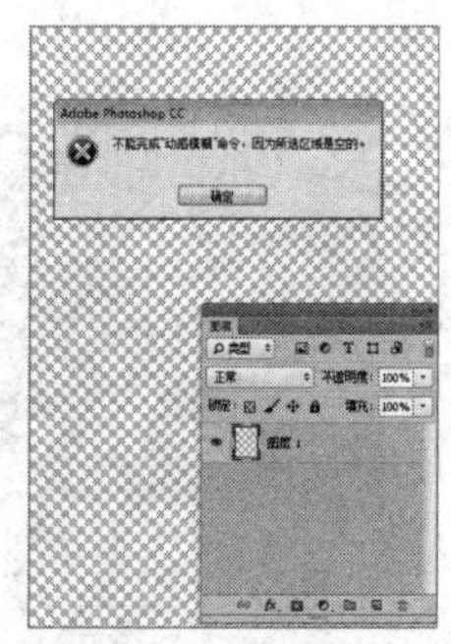

图 9.9　在透明图层中使用【动感模糊】滤镜

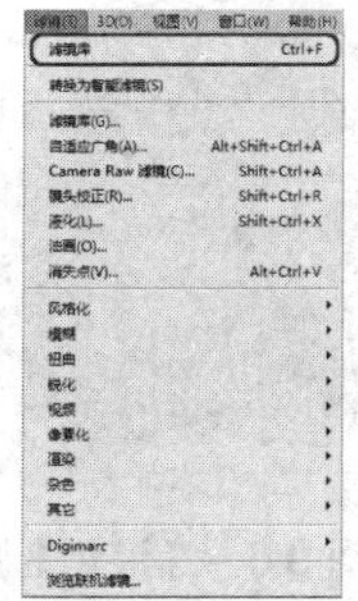

图 9.10　显示上一次执行的滤镜

在任意滤镜对话框中按住 Alt 键，对话框中的【取消】按钮都会变成【复位】按钮，如图 9.11 所示。单击它可以将滤镜的参数恢复到初始状态。

如果在执行滤镜的过程中想要终止滤镜，可以按 Esc 键。

执行滤镜时通常会打开滤镜库或者相应的对话框，在预览框中可以预览滤镜效果，单击⊞和⊟按钮可以放大或缩小图像的显示比例。将光标移至预览框中，单击并拖曳鼠标，可移动预览框内的图像，如图 9.12 所示。如果想要查看某一区域内的图像，则可将鼠标移

至文档中，光标会显示为一个方框状，单击鼠标，滤镜预览框内将显示单击处的图像，如图 9.13 所示。

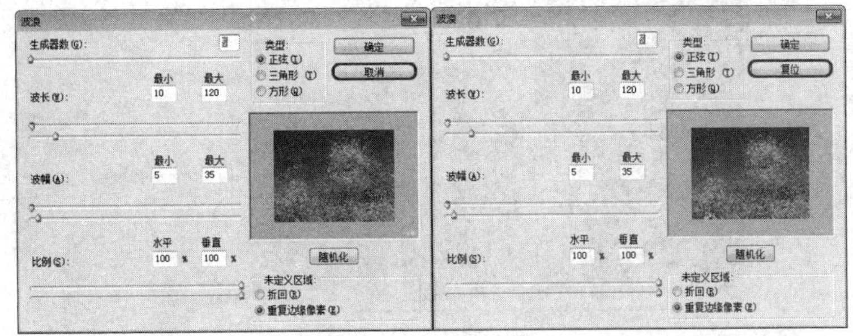


图 9.11　【取消】按钮与【复位】按钮

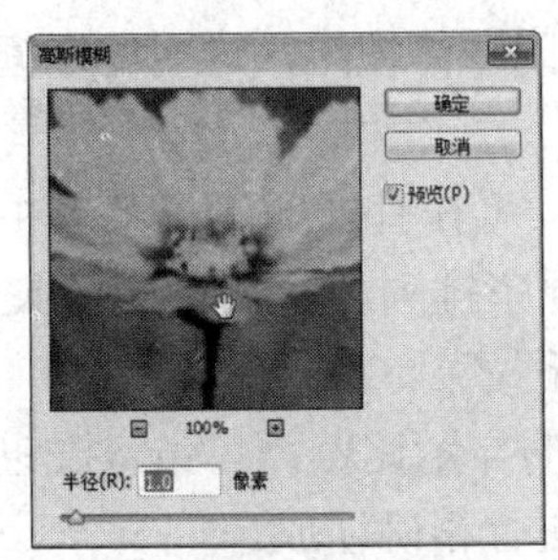


图 9.12　移动预览框中的图像

图 9.13　滤镜预览框中的显示

使用滤镜处理图像后，可执行【编辑】|【渐隐】命令修改滤镜效果的混合模式和不透明度。使用【渐隐】命令必须是在进行了编辑操作后立即执行，如果这中间又进行了其他操作，则无法执行该命令。

## 9.2　滤　镜　库

Photoshop 将【风格化】、【画笔描边】、【扭曲】、【素描】、【纹理】和【艺术效果】滤镜组中的主要滤镜整合在一个对话框中，这个对话框就是【滤镜库】。通过【滤镜库】可以将多个滤镜同时应用于图像，也可以对同一图像多次应用同一滤镜，并且，还可以使用其他滤镜替换原有的滤镜。

执行【滤镜】|【滤镜库】命令，可以打开【滤镜库】对话框，如图 9.14 所示。对话框的左侧是滤镜效果预览区，中间是 6 组滤镜列表，右侧是参数设置区和效果图层编辑区。

- 【预览区】：用来预览滤镜的效果。
- 【滤镜组/参数设置组】：【滤镜库】中共包含 6 组滤镜，单击一个滤镜组前的▶按钮，可以展开该滤镜组，单击滤镜组中的一个滤镜即可使用该滤镜，与此同时，右侧的参数设置区内会显示该滤镜的参数选项。
- 【当前选择的滤镜缩览图】：显示了当前使用的滤镜。

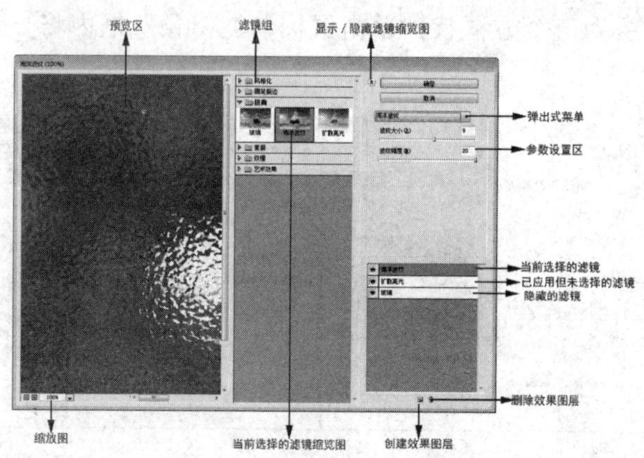


图 9.14　【滤镜库】对话框

- 【显示/隐藏滤镜缩览图】：单击按钮，可以隐藏滤镜组，进而将空间留给图像预览区，再次单击则显示滤镜组。
- 【弹出式菜单】：单击海洋波纹，可在打开的下拉菜单中选择一个滤镜，这些滤镜是按照滤镜名称拼音的先后顺序排列的，如果想要使用某个滤镜，但不知道它在哪个滤镜组，便可以通过该下拉菜单进行选择。
- 【缩放图】：单击按钮，可放大预览区图像的显示比例，单击按钮，可缩小图像的显示比例，也可以在文本框中输入数值进行精确缩放。

# 9.3　智 能 滤 镜

智能滤镜是一种非破坏性的滤镜，它可以单独存在于图层面板中，并且可以对其进行操作，还可以随时进行删除或者隐藏，所有的操作都不会对图像造成破坏。

## 9.3.1　创建智能滤镜

对普通图层中的图像执行【滤镜】命令后，此效果将直接应用在图像上，原图像将遭到破坏；而对智能对象应用【滤镜】命令后，将会产生智能滤镜。智能滤镜中保留有为图像执行的任何【滤镜】命令和参数设置，这样就可以随时修改执行的【滤镜】参数，且源图像仍保留有原有的数据。使用智能滤镜的具体操作如下。

(1) 打开随书附带光盘中的“CDROM\素材\Cha09\荷花.psd”文件，如图 9.15 所示。

(2) 执行菜单栏中的【滤镜】|【转换为智能滤镜】命令，此时会弹出系统提示对话框，如图 9.16 所示。

(3) 单击【确定】按钮，将图层中的对象转换为智能对象，然后选择菜单栏中的【滤镜】|【模糊】|【高斯模糊】命令，此时会弹出【高斯模糊】对话框，将【半径】设置为 4 像素，如图 9.17 所示。

(4) 单击【确定】按钮，产生的模糊效果及智能滤镜如图 9.18 所示。

图 9.15　打开的素材

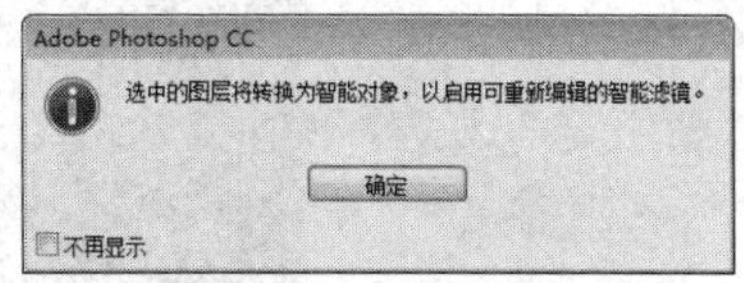


图 9.16　提示对话框

图 9.17　【高斯模糊】对话框

图 9.18　【高斯模糊】后的效果

## 9.3.2　停用/启用智能滤镜

单击【高斯模糊】前的👁可以使滤镜不应用，图像恢复为原始状态，如图 9.19 所示。或者执行菜单栏中的【图层】|【智能滤镜】|【停用智能滤镜】命令，也可以将该滤镜停用。

如果我们需要恢复使用滤镜，执行菜单栏中的【图层】|【智能滤镜】|【启用智能滤镜】命令，如图 9.20 所示。或者在👁图标位置处单击，即可恢复使用。

图 9.19　停用智能滤镜

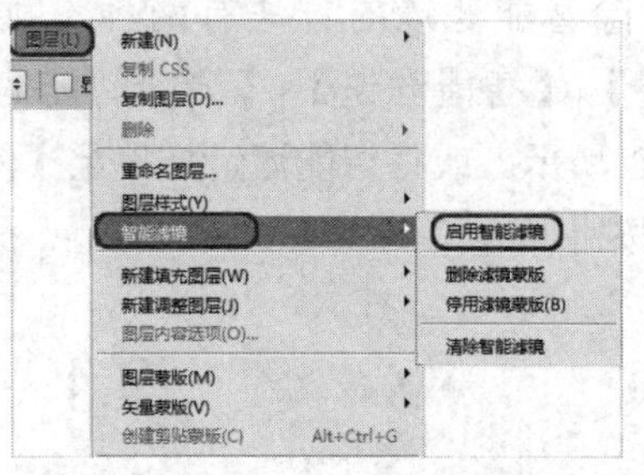


图 9.20　选择【启用智能滤镜】命令

## 9.3.3　编辑智能滤镜蒙版

当将智能滤镜应用于某个智能对象时，在【图层】面板中该智能对象下方的【智能滤镜】上会显示一个蒙版缩略图。默认情况下，此蒙版显示完整的滤镜效果。如果在应用智能滤镜前已建立选区，则会在【图层】面板中的【智能滤镜】行上显示适当的蒙版而非一个空白蒙版。

滤镜蒙版的工作方式与图层蒙版非常相似，可以对它们进行绘画，用黑色绘制的滤镜区域将隐藏，用白色绘制的区域将可见，如图 9.21 所示。

图 9.21　编辑蒙版后的效果

## 9.3.4　删除智能滤镜蒙版

删除智能滤镜蒙版的操作方法有以下 3 种。

- 将【图层】面板中的滤镜蒙版缩览图拖曳至面板下方的按钮上，释放鼠标左键。
- 单击【图层】面板中的滤镜蒙版缩览图，将其设置为工作状态，然后单击【蒙版】中的按钮。
- 选择【智能滤镜】效果，并执行【图层】|【智能滤镜】|【删除智能滤镜】命令。

## 9.3.5　清除【智能滤镜】

清除智能滤镜的方法有两种，执行菜单栏中的【图层】|【智能滤镜】|【清除智能滤镜】命令，如图 9.22 所示。或将智能滤镜拖曳至【图层】面板下方的按钮上。

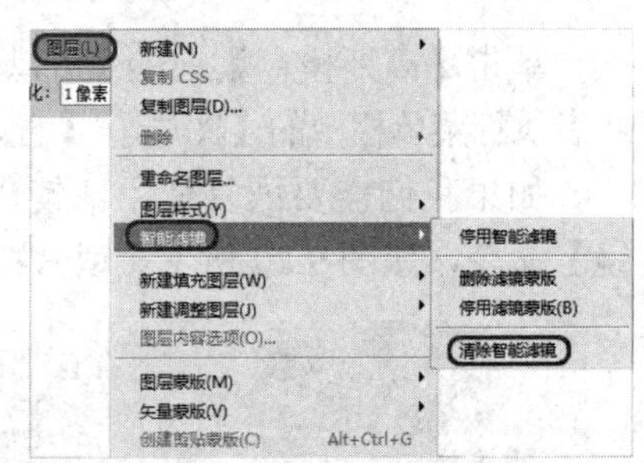


图 9.22　选择【清除智能滤镜】命令

# 9.4　镜 头 校 正

【镜头校正】滤镜可修复常见的镜头瑕疵、色差和晕影等，也可以修复由于相机垂直或水平倾斜而导致的图像透视现象。

执行【滤镜】|【镜头校正】|命令，此时会弹出【镜头校正】对话框，如图 9.23 所示。其中左侧是工具栏，中间部分是预览窗口，右侧是参数设置区域。

在工具栏中选择【拉直工具】，然后在图像预览窗口中拖曳鼠标绘制一条直线，如图 9.24 所示。

释放鼠标后，图像会以该直线为基准进行角度校正，如图 9.25 所示。

图 9.23　【镜头校正】对话框

图 9.24　使用【拉直工具】

图 9.25　完成后的效果

# 9.5　液化与消失点

【液化】滤镜可用于推、拉、旋转、反射、折叠和膨胀图像的任意区域。利用【消失点】将以立体方式在图像中的透视平面上工作。当使用【消失点】来修饰、添加或移去图像中的内容时，结果将更加逼真，因为系统可正确确定这些编辑操作的方向，并且将它们缩放到透视平面。

## 9.5.1　液化

【液化】滤镜是修饰图像和创建艺术效果的强大工具，使用该滤镜可以非常灵活地创建推拉、扭曲、旋转、收缩等变形效果。下面让我们来学习一下【液化】滤镜的使用方法。

打开随书附带光盘中的“CDROM\素材\Cha09\液化.jpg”文件，如图 9.26 所示，执行【滤镜】|【液化】命令，打开【液化】对话框，如图 9.27 所示。

### 1. 使用变形工具

- 【液化】对话框中包含各种变形工具，选择这些工具后，在对话框中的图像上单击并拖曳鼠标涂抹即可行变形处理，变形效果将集中在画笔区域的中心，并且会随着鼠标在某个区域中的重复拖曳而得到增强。
- 【向前变形工具】：拖曳鼠标时可以向前推动像素，如图 9.28 所示。

- 【重建工具】：在变形的区域单击或拖曳鼠标进行涂抹，可以恢复图像，如图 9.29 所示。

图 9.26　打开的素材

图 9.27　【液化】对话框

图 9.28　使用【向前变形工具】

图 9.29　使用【重建工具】

- 【褶皱工具】：在图像中单击或拖曳鼠标可以使像素向画笔区域的中心移动，使图像产生向内收缩的效果，如图 9.30 所示。
- 【膨胀工具】：在图像中单击或拖曳鼠标可以使像索向画笔区域中心以外的方向移动，使图像产生向外膨胀的效果，如图 9.31 所示。

图 9.30　使用【褶皱工具】

图 9.31　使用【膨胀工具】

- 【左推工具】：垂直向上拖曳鼠标时，像素向左移动，如图 9.32 所示；向下拖曳，则像素向右移动，如图 9.33 所示；按住 Alt 键垂直向上拖曳时，像素向右移动；按住 Alt 键向下拖曳时，像素向左移动。如果围绕对象顺时针拖曳，则可增加其大小，逆时针拖曳时则减小其大小。
- 【手抓工具】：可以在图像的操作区域中对图像进行拖曳并查看。按住空格键拖曳鼠标，可以移动画面。

- 【缩放工具】：可将图像进行放大缩小显示；也可以通过快捷键来操作，如按 Ctrl++组合键，可以放大视图；按 Ctrl+-组合键，可以缩小视图。

图 9.32　垂直向上使用【左推工具】

图 9.33　向下使用【左推工具】

### 2. 设置工具选项

【液化】对话框中的【工具选项】选项组用来设置当前选择的工具的属性。

- 【画笔大小】：用来设置扭曲工具的画笔大小。
- 【画笔压力】：用来设置扭曲速度，范围为 1～100。较低的压力可以减慢变形速度，因此，更易于对变形效果进行控制。
- 【重建选项】：用于重建工具，选取的模式决定了该工具如何重建预览图像的区域。
- 【光笔压力】：当计算机配置有数位板和压感笔时，勾选该项可通过压感笔的压力控制工具。

### 3. 设置重建选项

在【液化】对话框中扭曲图像时，可以通过【重建选项】选项组来撤销所做的变形。具体的操作方法是：首先在【模式】选项下拉列表中选择一种重建模式，然后单击【重建】按钮，按照所选模式恢复图像，如果连续单击【重建】按钮，则可以逐步恢复图像。如果要取消所有扭曲效果，将图像恢复为变形前的状态，可以单击【恢复全部】按钮。

## 9.5.2　消失点

消失点是一个特殊的滤镜，它可以在包含透视平面(如建筑物侧面或任何矩形对象)的图像中进行透视校正编辑使用【消失点】滤镜时，我们首先要在图像中指定透视平面，然后再进行绘画、仿制、拷贝或粘贴以及变换等操作，所有的操作都采用该透视平面来处理，Photoshop 可以确定这些编辑操作的方向，并将它们缩放到透视平面，因此，可以使编辑结果更加逼真。【消失点】对话框如图 9.34 所示。其中【消失点】各项参数如下。

图 9.34　【消失点】对话框

- 【编辑平面工具】：用来选择、编辑、移动平面的节点以及调整平面的大小。

- 【创建平面工具】：用来定义透视平面的四个角节点，创建了四个角节点后，可以移动、缩放平面或重新确定其形状。按住 Ctrl 键拖曳平面的边节点可以拉出一个垂直平面。
- 【选框工具】：在平面上单击并拖曳鼠标可以选择图像。选择图像后，将光标移至选区内，按住 Alt 键拖曳可以复制图像，按住 Ctrl 键拖曳选区，则可以用源图像填充该区域。
- 【图章工具】：选择该工具后，按住 Alt 键在图像中单击设置取样点，然后在其他区域单击并拖曳鼠标即可复制图像。按住 Shift 键单击可以将描边扩展到上一次单击处。

**提 示**

选择【图章工具】后，可以在对话框顶部的选项中选择一种修复模式。如果要绘画而不与周围像素的颜色、光照和阴影混合应选择【关】，如果要绘画并将描边与周围像素的光照混合，同时保留样本像素的颜色，应选择【亮度】，如果要绘画并保留样本图像的纹理同时与周围像素的颜色、光照和阴影混合，应选择【开】。

- 【画笔工具】：可在图像上绘制选定的颜色。
- 【变换工具】：使用该工具时，可以通过移动定界框的控制点来缩放、旋转和移动浮动选区，类似于在矩形选区上使用【自由变换】命令。
- 【吸管工具】：可拾取图像中的颜色作为画笔工具的绘画颜色。
- 【测量工具】：可在平面中测量项目的距离和角度。
- 【抓手工具】：放大图像的显示比例后，使用该工具可在窗口内移动图像。
- 【缩放工具】：在图像上单击，可放大图像的视图；按住 Alt 键单击，则缩小视图。

下面通过实际的操作来学习一下【消失点】滤镜的使用。

(1) 打开随书附带光盘中的“CDROM\素材\Cha09\消失点.jpg”文件，如图 9.35 所示。

(2) 执行菜单栏中的【滤镜】|【消失点】命令，此时会弹出【消失点】对话框，如图 9.36 所示。

图 9.35 打开的素材

图 9.36 【消失点】对话框

(3) 在【消失点】对话框中单击【创建平面工具】按钮，然后连续单击鼠标左键在公路分界线上创建一个矩形框，并对其进行适当调整，如图 9.37 所示。

(4) 调整完成后，选择【选框工具】按钮，在绘制的矩形框中单击鼠标左键拖曳创建一个矩形选框，创建完成后，按住键盘上 Alt 键的同时单击鼠标左键并拖曳，将其放置

在合适的位置，如图 9.38 所示。

(5) 调整完成后单击【确定】按钮结束操作，退出【消失点】对话框，完成后的效果如图 9.39 所示。

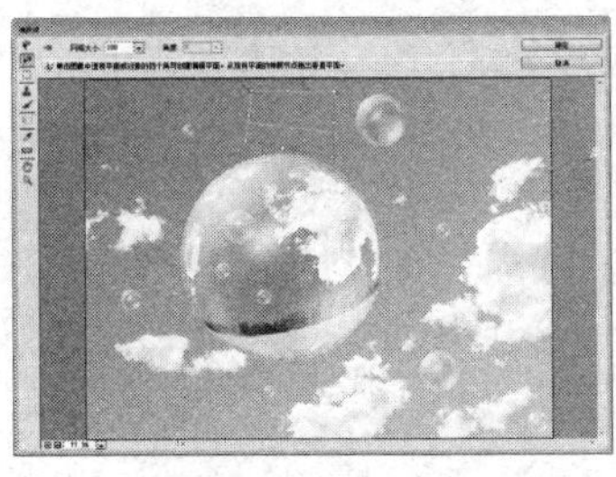

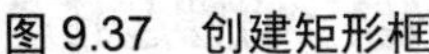

图 9.37　创建矩形框

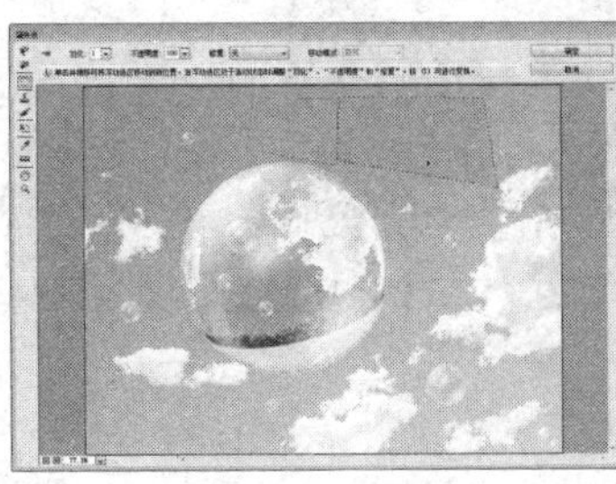

图 9.38　拖曳选框

图 9.39　完成后效果

# 9.6　【风格化】滤镜

风格化滤镜组中包含 9 种滤镜，它们可以置换像素、查找并增加图像的对比度，产生绘画和印象派风格的效果。它们分别是：查找边缘、等高线、风、浮雕效果、扩散、拼贴、曝光过度、凸出、照亮边缘。下面将介绍几种常用的风格化滤镜。

## 9.6.1　查找边缘

使用该滤镜可以将图像的高反差区变亮，低反差区变暗，并使图像的轮廓清晰化。像描画【等高线】滤镜一样，【查找边缘】滤镜用相对于白色背景的黑色线条勾勒图像的边缘，这对于生成图像周围的边界非常有用。选择【滤镜】|【风格化】|【查找边缘】命令，【查找边缘】滤镜的对比效果如图 9.40 所示。

图 9.40　【查找边缘】滤镜效果对比

## 9.6.2　等高线

【等高线】滤镜可以查找并为每个颜色通道淡淡地勾勒主要亮度区域的转换，以获得与等高线图中的线条类似的效果。执行【滤镜】|【风格化】|【等高线】命令，在弹出的【等高线】对话框中对图像的色阶进行调整后，单击【确定】按钮，【等高线】滤镜的对比效果如图 9.41 所示。

图 9.41 【等高线】滤镜效果对比

## 9.6.3 风

【风】滤镜可在图像中增加一些细小的水平线来模拟风吹效果，方法包括【风】、【大风】(用于获得更生动的风效果)和【飓风】(使图像中的风线条发生偏移)等几种。执行【滤镜】|【风格化】|【风】命令，在弹出的【风】对话框中进行各项设置后，可以为图像制作出风吹的效果。【风】滤镜的对比效果如图 9.42 所示。

图 9.42 【风】滤镜效果对比

## 9.6.4 浮雕效果

使用【浮雕效果】将选区的填充色转换为灰色，并用原填充色描画边缘，从而使选区显得凸起或压低。

执行【滤镜】|【风格化】|【浮雕效果】命令，打开【浮雕效果】对话框，如图 9.43 所示，在该对话框中进行设置，使用此滤镜的对比效果如图 9.44 所示。

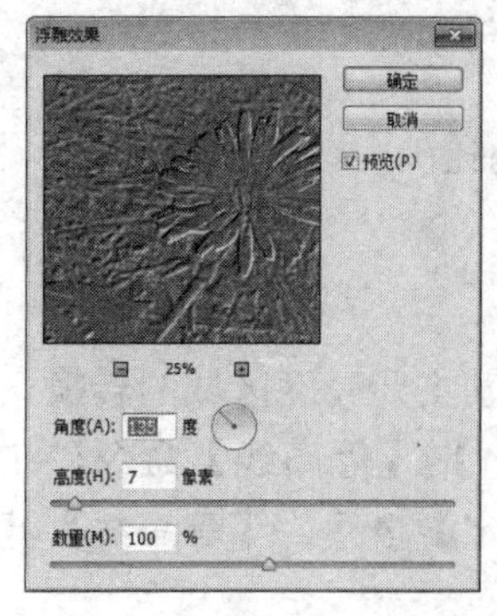


图 9.43 【浮雕效果】对话框

图 9.44 【浮雕效果】滤镜效果对比

该对话框中的选项包括【角度】(从-360°使表面压低，+360°使表面凸起)、【高度】和选区中颜色数量的百分比(1%～500%)。

若要在进行浮雕处理时保留颜色和细节，可在应用【浮雕效果】滤镜之后使用【渐隐】命令。

## 9.6.5　扩散

根据【扩散】对话框的选项搅乱选区中的像素，可使选区显得十分聚焦。

执行【滤镜】|【风格化】|【扩散】命令，打开【扩散】对话框，如图 9.45 所示，在该对话框中进行设置，使用【扩散】滤镜的对比效果如图 9.46 所示。

图 9.45　【扩散】对话框

图 9.46　【扩散】滤镜效果对比

【扩散】对话框中各项功能如下。

- 【正常】：该选项可以将图像的所有区域进行扩散，与原图像的颜色值无关。
- 【变暗优先】：该选项可以将图像中较暗区域的像素进行扩散，用较暗的像素替换较亮的区域。
- 【变亮优先】：该选项与【变暗优先】选项相反，是将亮部的像素进行扩散。
- 【各向异性】：该选项可在颜色变化最小的方向上搅乱像素。

## 9.6.6　拼贴

该滤镜将图像分解为一系列拼贴，使选区偏移原有的位置。可以选取下列对象填充拼贴之间的区域：【背景色】、【前景色】、图像的反转版本或图像的未改版本，它们可使拼贴的版本位于原版本之上并露出原图像中位于拼贴边缘下面的部分。

执行【滤镜】|【风格化】|【拼贴】命令，打开【拼贴】对话框，如图 9.47 所示，在该对话框中进行设置，【拼贴】滤镜的对比效果如图 9.48 所示。

【拼贴】对话框中各选项功能如下。

- 【拼贴数】：可以设置在图像中使用的拼贴块的数量。
- 【最大位移】：可以设置图像中的拼贴块的间隙的大小。
- 【背景色】：可以将拼贴块之间的间隙的颜色填充为背景色。
- 【前景色】：可以将拼贴块之间的间隙的颜色填充为前景色。
- 【反向图像】：可以将间隙的颜色设置为与原图像相反的颜色。
- 【为改变的图像】：可以将图像间隙的颜色设置为图像汇总的原颜色，设置拼贴后的图像不会有很大的变化。

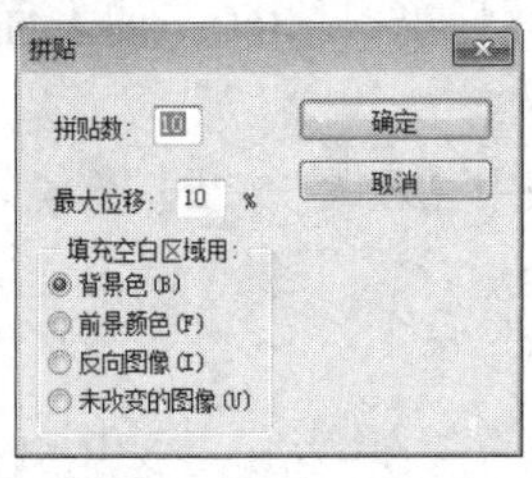


图 9.47 【拼贴】对话框

图 9.48 【拼贴】滤镜效果对比

### 9.6.7 曝光过度

该滤镜混合负片和正片图像，类似于显影过程中将摄影照片短暂曝光。执行【滤镜】|【风格化】|【曝光过度】命令，使用【曝光过度】滤镜的效果对比如图 9.49 所示。

图 9.49 【曝光过度】滤镜效果对比

### 9.6.8 凸出

该滤镜可以将图像分割为指定的三维立方块或棱锥体(此滤镜不能应用在 Lab 模式下)。【凸出】滤镜的效果对比如图 9.50 所示。

图 9.50 【凸出】滤镜效果对比

## 9.7 【画笔描边】滤镜

画笔描边滤镜组中包含 8 种滤镜，它们当中的一部分滤镜通过不同的油墨和画笔勾画图像产生绘画效果，有些滤镜可以添加颗粒、绘画、杂色、边缘细节或纹理。这些滤镜不能用于 Lab 和 CMYK 模式的图像。使用画笔描边滤镜组中的滤镜时，将打开【滤镜库】，在这里就只介绍常用的几种给大家。

### 9.7.1 成角的线条

【成角的线条】滤镜可以用一个方向的线条绘制亮部区域，用相反方向的线条绘制暗

部区域，通过对角描边重新绘制图像，下面来学习一下【成角的线条】滤镜的使用。

(1) 打开随书附带光盘中的“CDROM\素材\Cha09\004.jpg”文件，如图 9.51 所示。

(2) 在菜单栏中选择【滤镜】|【滤镜库】命令，随即弹出【滤镜库】对话框，选择【画笔描边】下的【成角的线条】滤镜，如图 9.52 所示。

图 9.51　打开的素材文件

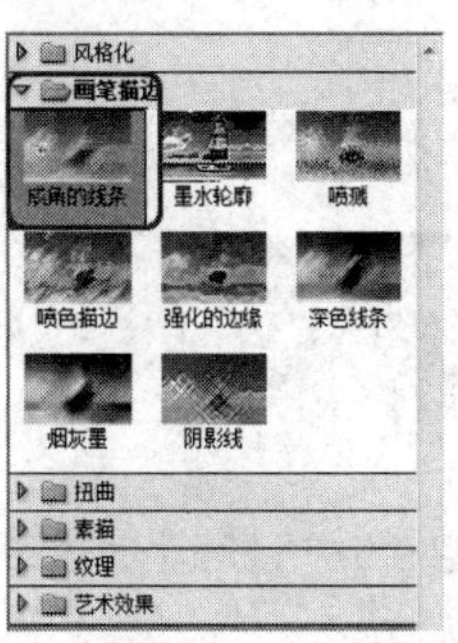


图 9.52　选择【成角的线条】滤镜

(3) 在右侧编辑栏中将【方向平衡】设置为 20，将【描边长度】设为 40，将【锐化程度】设为 7，然后单击【确定】按钮，如图 9.53 所示。

(4) 添加【成角的线条】滤镜后的效果如图 9.54 所示

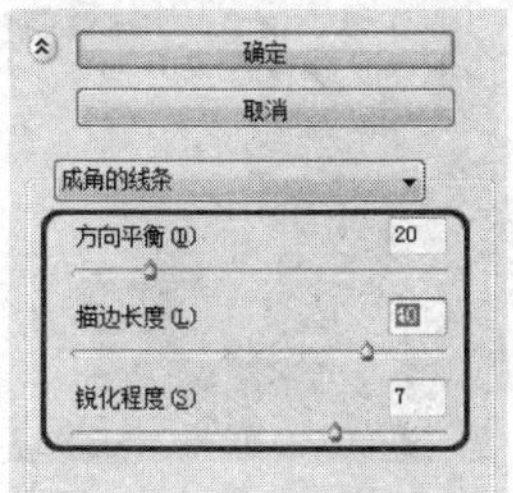


图 9.53　进行设置

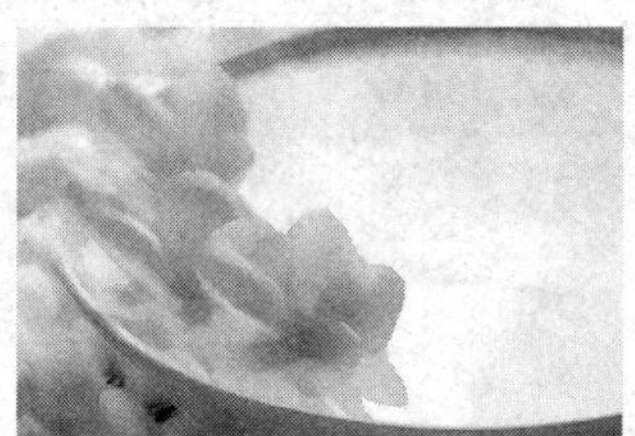

图 9.54　完成后的效果

## 9.7.2　喷溅

【喷溅】滤镜能够模拟喷枪，使图像产生笔墨喷溅的艺术效果。如图 9.55 所示为滤镜参数，如图 9.56 所示为执行该滤镜命令后的图像效果。

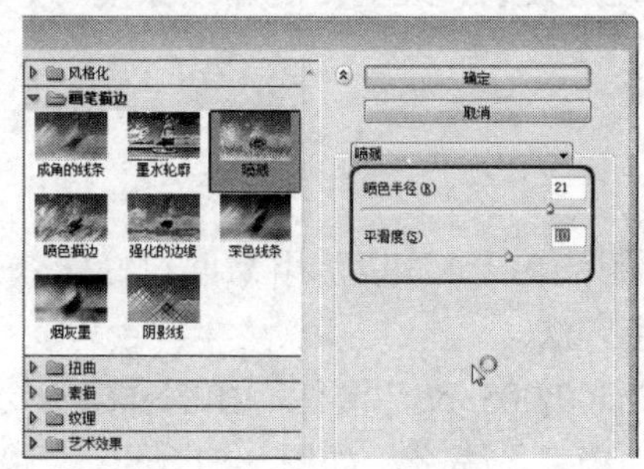


图 9.55　【喷溅】参数

图 9.56　完成后的效果

### 9.7.3 强化的边缘

【强化的边缘】滤镜可以强化图像的边缘产生纹理状的效果，如图 9.57 所示为该滤镜的参数选项。如图 9.58 所示为执行该滤镜后的效果。

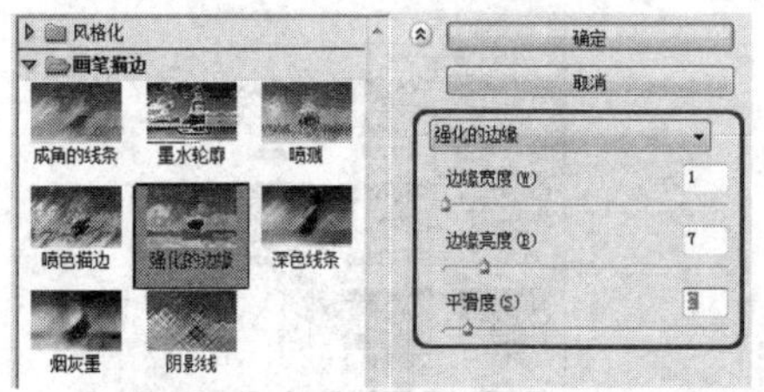


图 9.57 【强化的边缘】参数

图 9.58 完成后的效果

### 9.7.4 深色线条

【深色线条】滤镜会将图像的暗部区域与亮部区域分别进行不同的处理，暗部区域将会用深色线条进行绘制，亮部区域将会用长的白色线条进行绘制。如图 9.59 所示为其设置参数，效果如图 9.60 所示

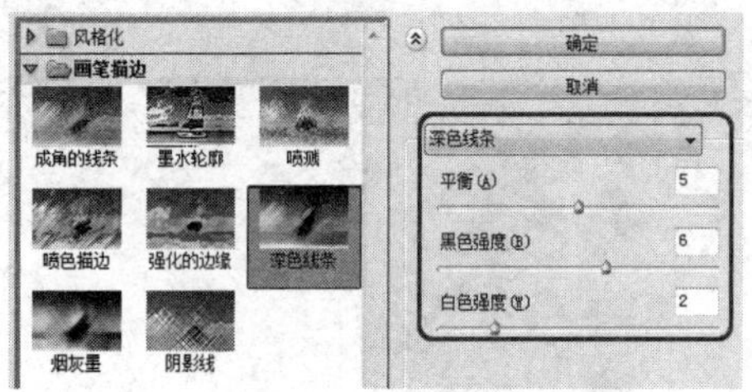


图 9.59 【深色线条】参数

图 9.60 完成后的效果

## 9.8 【模糊】滤镜

模糊滤镜组中包含 11 种滤镜，它们可以使图像产生模糊效果。在去除图像的杂色，或者创建特殊效果时会经常用到此类滤镜。下面就为大家介绍主要的几种【模糊】滤镜的使用方法。

### 9.8.1 表面模糊

【表面模糊】滤镜能够在保留边缘的同时模糊图像，该滤镜可用来创建特殊效果并消除杂色或颗粒，下面介绍【表面模糊】滤镜的使用方法。

(1) 打开随书附带光盘中的“CDROM\素材\Cha09\005.jpg”文件，如图 9.61 所示。

(2) 在菜单栏中选择【滤镜】|【模糊】|【表面模糊】命令，如图 9.62 所示

(3) 随即弹出【表面模糊】对话框，将【半径】设为 73 像素，将【阈值】设为 111 色阶，然后单击【确定】按钮，如图 9.63 所示。

(4) 添加【表面模糊】滤镜后的效果，如图 9.64 所示。

图 9.61　打开的素材文件

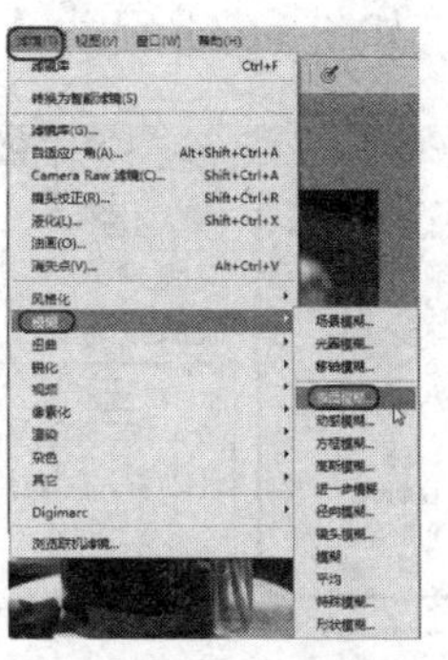

图 9.62　选择【表面模糊】命令

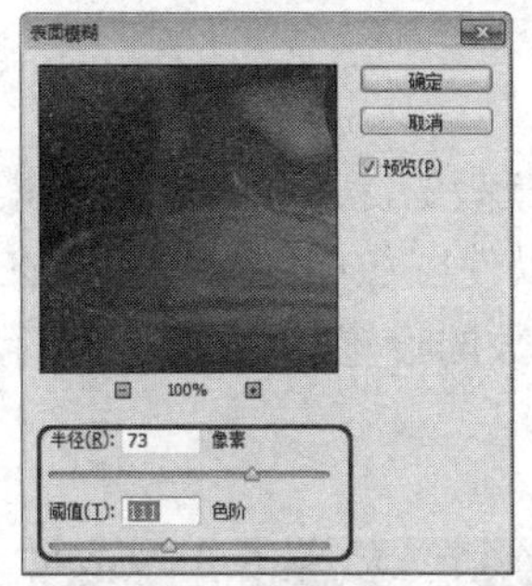

图 9.63　【表面模糊】对话框

图 9.64　完成后的效果

## 9.8.2　动感模糊

【动感模糊】滤镜可以沿指定的方向，以指定的强度模糊图像，产生一种移动拍摄的效果，在表现对象的速度感时经常会用到该滤镜，在菜单栏中选择【滤镜】|【模糊】|【动感模糊】对话框，在该对话框中进行设置，完成后的效果如图 9.66 所示。

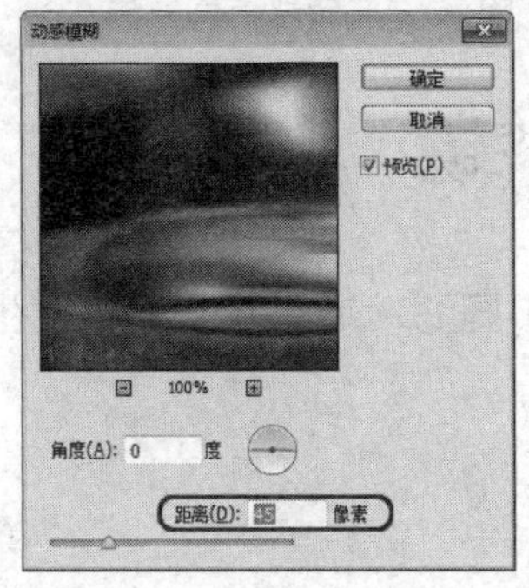

图 9.65 【动感模糊】对话框

图 9.66　完成后的效果

## 9.8.3　径向模糊

【径向模糊】滤镜可以模拟缩放或旋转的相机所产生的模糊效果，该滤镜包含两种模糊方法，选中【旋转】单选按钮，然后指定旋转的【数量】值，可以沿同心圆环线模糊，选中【缩放】单选按钮，然后指定缩放【数量】值，则沿着径向线模糊，图像会产生放射状的模糊效果，如图 9.67 所示为【径向模糊】对话框设置，图 9.68 所示为完成后的效果。

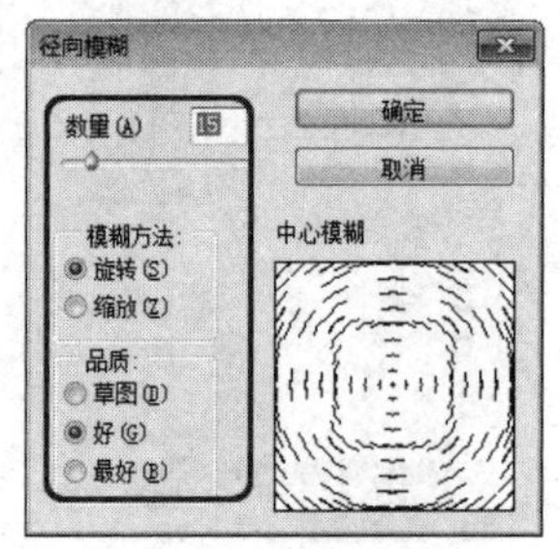


图 9.67 【径向模糊】对话框

图 9.68 完成后的效果

## 9.8.4 镜头模糊

【镜头模糊】滤镜通过图像的 Alpha 通道或图层蒙版的深度值来映射像素的位置，产生带有镜头景深的模糊效果，该滤镜的强大之处是可以使图像中的一些对象在焦点内，另一些区域变得模糊，如图 9.69 所示为【镜头模糊】参数的设置，图 9.70 所示为完成后的效果。

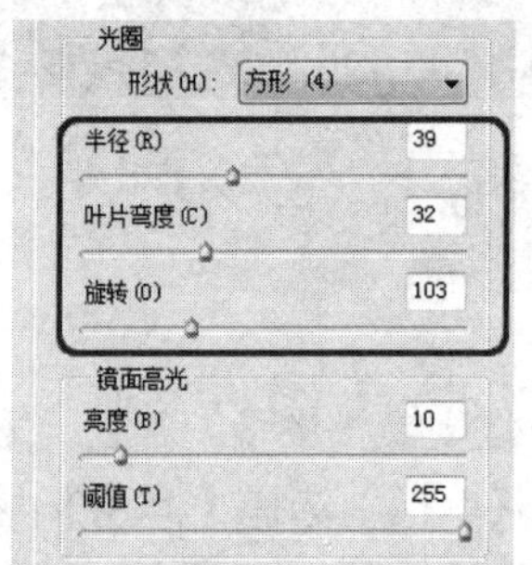


图 9.69 【镜头模糊】参数设置

图 9.70 完成后的效果

# 9.9 【扭曲】滤镜

【扭曲】滤镜可以使图像产生几何扭曲的效果，不同滤镜通过设置可以产生不同的扭曲的效果，下面介绍几种常用【扭曲】滤镜的使用方法。

## 9.9.1 波浪

【波浪】滤镜可以使图像产生类似波浪的效果，有时波浪的效果需要该滤镜进行设置，下面介绍【波浪】滤镜的使用方法。

(1) 打开随书附带光盘中的“CDROM\素材\Cha09\006.jpg”文件，如图 9.71 所示。

(2) 在菜单栏中选择【滤镜】|【扭曲】|【波浪】命令，如图 9.72 所示。

(3) 随即弹出【波浪】对话框，将【类型】设置【三角形】，将【生成器数】设为 5，将【波长】的最小值设为 297，将最大值设为 656，将【波幅】的最小值设为 24，将最大值设为 67，然后单击【确定】按钮，如图 9.73 所示。

(4) 添加【波浪】滤镜后的效果，如图 9.74 所示。

图 9.71　打开的素材文件

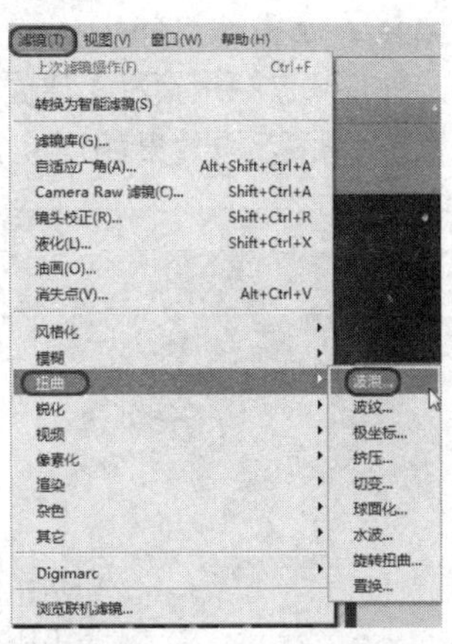


图 9.72　选择【波浪】命令

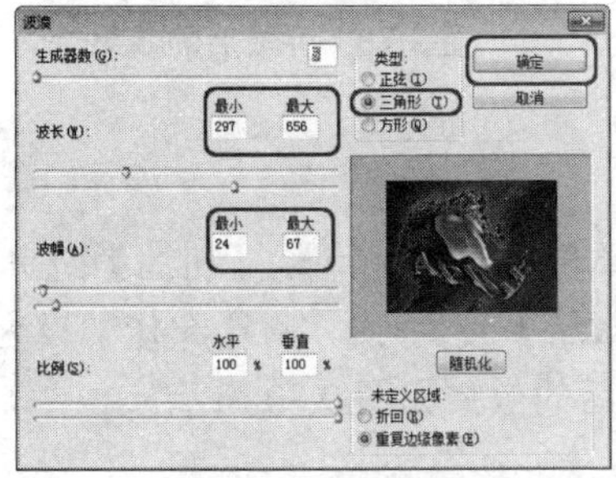


图 9.73　【波浪】对话框

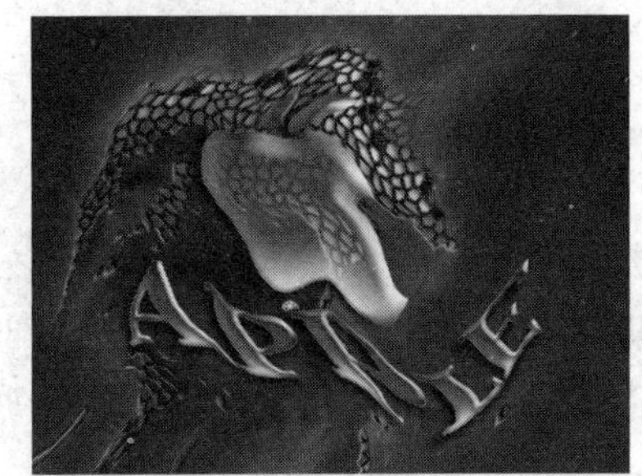

图 9.74　完成后的效果

## 9.9.2　极坐标

【极坐标】特效可以将图形对象在平面坐标和极坐标之间转换，在菜单栏中执行【滤镜】|【扭曲】|【极坐标】命令后，随即弹出【极坐标】对话框，在该对话框可以设置【平面坐标到极坐标】和【极坐标到平面坐标】的变化，在这里选择【极坐标到平面坐标】，如图 9.75 所示，完成后的效果如图 9.76 所示。

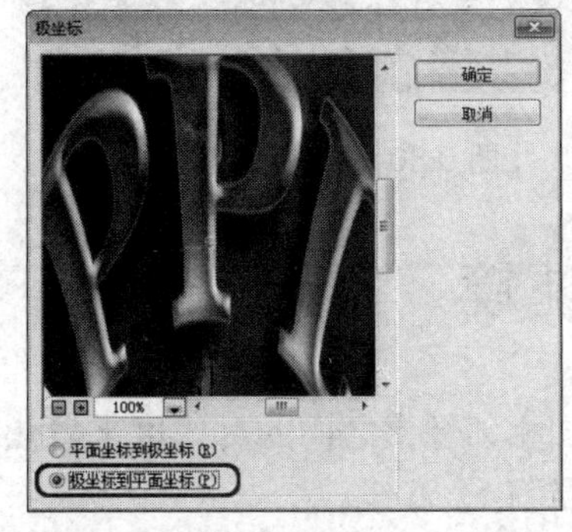


图 9.75　【极坐标】对话框

图 9.76　完成后的效果

### 9.9.3 球面化

【球面化】滤镜通过将选区变形为球形，通过设置不同的模式而在不同方向产生球面化的效果，如图 9.77 所示为【球面化】对话框，其中将【数量】设为 55%，将【模式】设为【正常】，完成后的效果如图 9.78 所示。

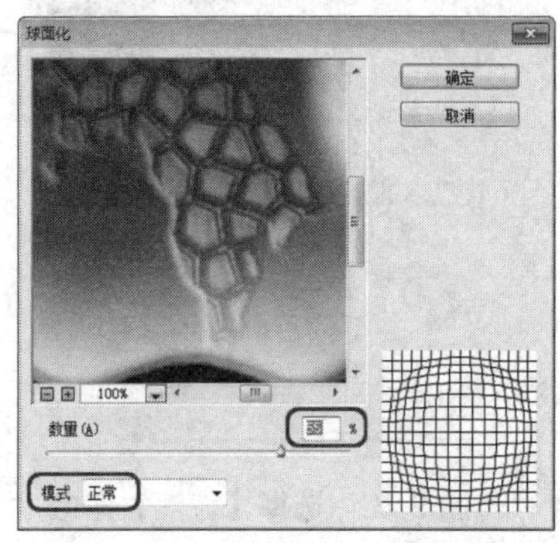


图 9.77 【球面化】对话框

图 9.78 完成后的效果

### 9.9.4 水波

【水波】滤镜可以产生水波波纹的效果，在菜单栏选择【滤镜】|【扭曲】|【水波】命令，随即弹出【水波】对话框，在该对话框中将【数量】设为 29，将【起伏】设为 8，将【样式】设为【水池波纹】，如图 9.79 所示，添加后的效果如图 9.80 所示。

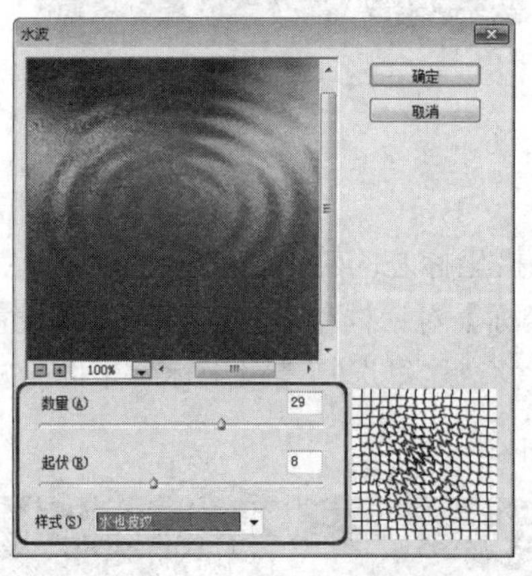


图 9.79 【水波】对话框

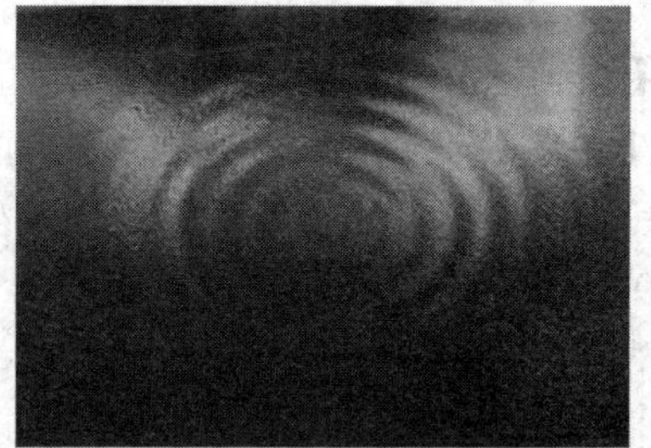

图 9.80 完成后的效果

## 9.10 【锐化】滤镜

【锐化】滤镜包括 6 种滤镜，该滤镜主要通过增加相邻像素之间的对比度来聚焦模糊的图像，使图像变得更加清晰，下面介绍几种常用的【锐化】滤镜。

### 9.10.1　USM 锐化

USM 锐化滤镜可以调整边缘细节的对比度，并在边缘的每一侧生成一条亮线和一条暗线，此过程将使边缘突出。打开随书附带光盘中的“CDROM\素材\Cha09\008.jpg”文件，在菜单栏中选择【滤镜】|【锐化】|【USM 锐化】命令，随即弹出【USM 锐化】对话框，将【数量】设置为 99%，将【半径】设为 36 像素，将【阈值】设置 22 色阶，如图 9.81 所示，其完成后的效果如图 9.82 所示。

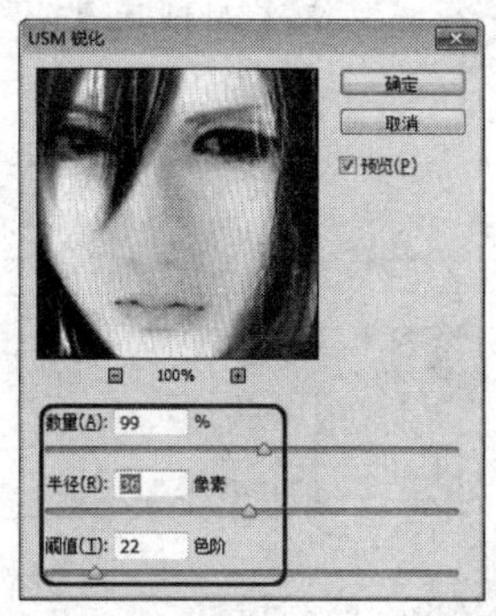


图 9.81　【USM 锐化】对话框

图 9.82　完成后的效果

### 9.10.2　智能锐化

【智能锐化】滤镜可以对图像进行更全面的锐化，它具有独特的锐化控制功能，通过该功能可设置锐化算法，或控制在阴影和高光区域中进行的锐化量。在菜单栏中执行【滤镜】|【锐化】|【智能锐化】命令，随即弹出【智能锐化】对话框，将【数量】设为 277%，将【半径】设为 2.7 像素，将【减少杂色】设为 80%，将【移去】设为【高斯模糊】，如图 9.83 所示，完成后的效果如图 9.84 所示。

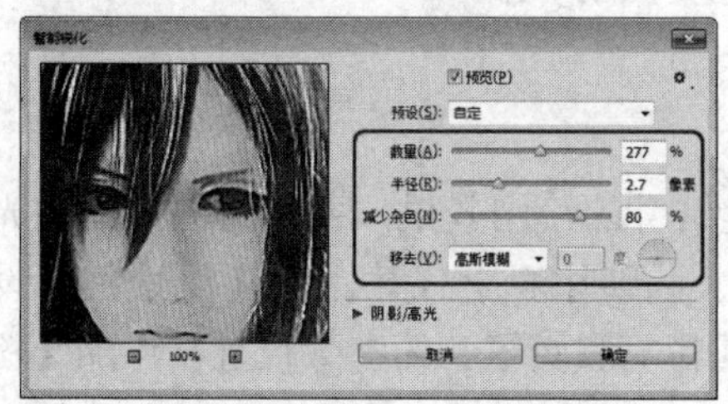


图 9.83　【智能锐化】对话框

图 9.84　完成后的效果

## 9.11　【素描】滤镜

【素描】滤镜包括 14 种滤镜，它们可以将纹理添加到图像，常用来模拟素描和速写等艺术效果或手绘外观，其中大部分滤镜在重绘图像时都要使用前景色和背景色，因此，设置不同的前景色和背景色，可以获得不同的效果。可以通过滤镜库来应用所有素描滤镜，下面就为大家介绍主要的几种。

## 9.11.1 半调图案

【半调图案】滤镜主要利用了前景色和背景色来模拟半调图案的效果，其具体操作方法如下。

(1) 打开随书附带光盘中的“CDROM\素材\Cha09\009.jpg”文件，并将【前景颜色】设为黑色，将【背景颜色】设为白色，如图 9.85 所示。

(2) 在菜单栏中选择【滤镜】|【滤镜库】命令，随即弹出【滤镜库】对话框，选择【素描】|【半调图案】，在右侧的设置栏中将【大小】设为 1，将【对比度】设为 11，将【图案类型】设为【网点】，如图 9.86 所示。

图 9.85 打开的素材文件

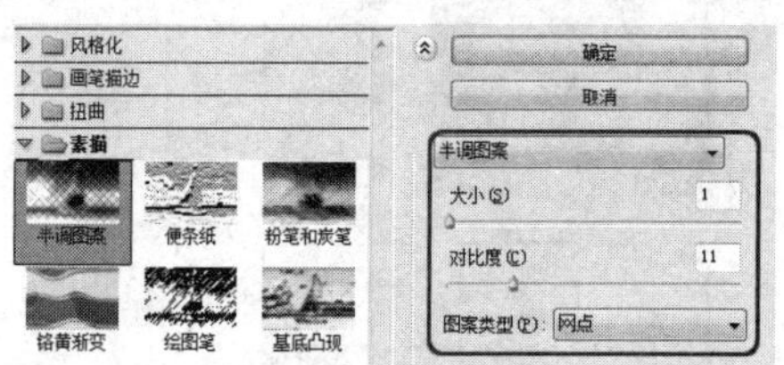


图 9.86 进行设置

(3) 添加【半调图案】的效果如图 9.87 所示。

图 9.87 添加【半调图案】后的效果

## 9.11.2 粉笔和炭笔

【粉笔和炭笔】滤镜可以制作出粉笔和炭笔结合的绘图效果，并重绘图形的高光和中间调，其背景为粗糙粉笔绘制的中间调，阴影区域则让炭笔代替。将【前景色】设为黑色，将【背景色】设为白色，如图 9.88 所示为【粉笔和炭笔】的参数设置，添加【粉笔和炭笔】滤镜后的效果，如图 9.89 所示。

图 9.88 进行设置

图 9.89 添加【粉笔和炭笔】后的效果

### 9.11.3　撕边

【撕边】滤镜可以重建图像，使之像是由粗糙、撕破的纸片状组成的，然后使用前景色与背景色为图像着色。对于文本或高对比度对象，该滤镜尤其有用。如图 9.90 所示为【撕边】滤镜的参数设置，图 9.91 所示为添加滤镜后的效果。

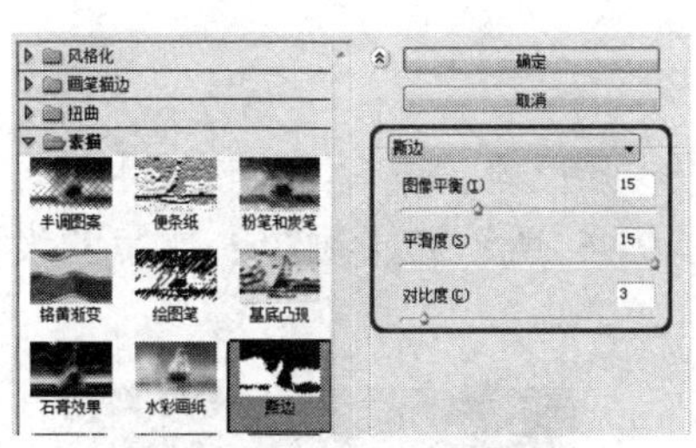


图 9.90　进行设置

图 9.91　添加撕边后的效果

## 9.12　【纹理】滤镜

【纹理】滤镜可以是图像的表面产生具有深度感和质感。该滤镜包括 6 种滤镜，下面介绍常用的几种滤镜。

### 9.12.1　龟裂缝

【龟裂缝】滤镜以将图像绘制在一个高凸现的石膏表面上，以循着图像等高线生成精细的网状裂缝，使用该滤镜可以对包含多种颜色值或灰度值的图像创建浮雕效果。下面介绍该滤镜的使用方法。

(1) 打开随书附带光盘中的“CDROM\素材\Cha09\010.jpg”文件，如图 9.92 所示。

(2) 在菜单栏中选择【滤镜】|【滤镜库】命令，在弹出的对话框中选择【纹理】中的【龟裂缝】选项，并对其进行设置，如图 9.93 所示。

图 9.92　打开的素材文件

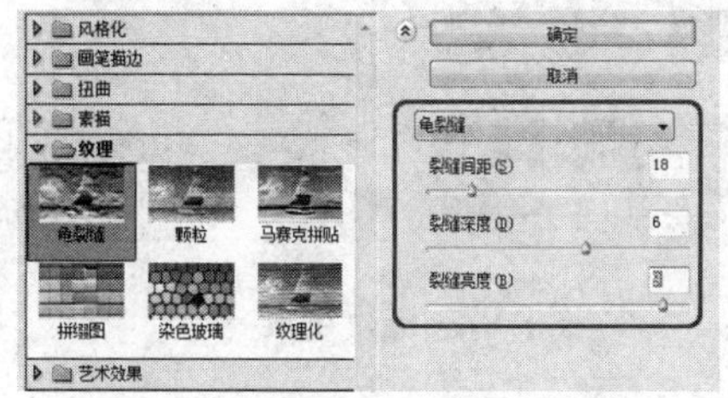


图 9.93　进行设置

(3) 设置完成后单击【确定】按钮，完成后的效果如图 9.94 所示。

图 9.94　添加【龟裂缝】滤镜后的效果

### 9.12.2　颗粒

【颗粒】滤镜可以使用常规、软化、喷洒、结块、强反差、扩大、点刻、水平、垂直和斑点等不同种类的颗粒在图像中添加纹理。如图 9.95 所示为【颗粒】滤镜的设置参数，图 9.96 所示为完成后的效果。

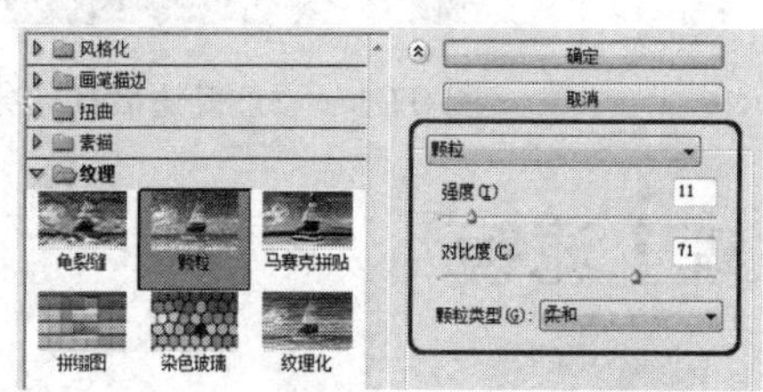

图 9.95　进行设置

图 9.96　添加【颗粒】滤镜后的效果

### 9.12.3　纹理化

【纹理化】滤镜可以在图像中加入各种纹理，使图像呈现纹理质感，可选择的纹理包括【砖形】、【粗麻布】、【画布】和【砂岩】。如果单击【纹理】选项右侧的按钮，在打开的下拉菜单中选择【载入纹理】命令，则可以载入一个 PSD 格式的文件作为纹理文件。如图 9.97 所示为设置该滤镜的参数，图 9.98 所示为【砖形】纹理效果。

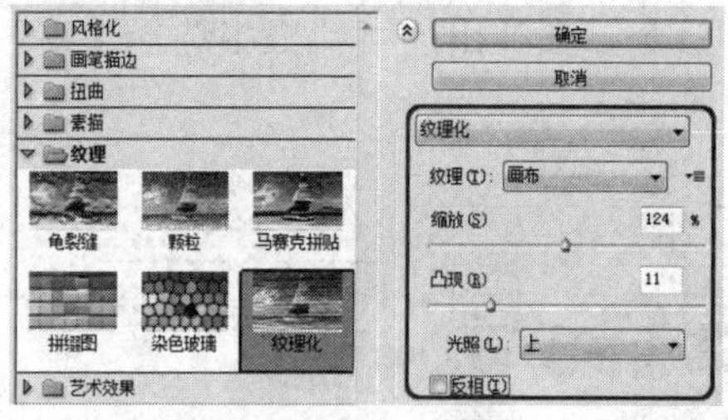

图 9.97　进行设置

图 9.98　添加【纹理化】滤镜后的效果

## 9.13　【像素画】滤镜

【像素化】滤镜包括 7 种滤镜，该滤镜主要通过像素颜色而产生块的形状。下面介绍几种常用的滤镜。

## 9.13.1　彩色半调

【彩色半调】滤镜可以使图像变为网点效果，它先将图像的每一个通道划分出矩形区域，再将矩形区域转换为圆形，圆形的大小与矩形的亮度成比例，高光部分生成的网点较小，阴影部分生成的网点较大。下面介绍【彩色半调】滤镜的使用方法。

(1) 打开随书附带光盘中的“CDROM\素材\Cha09\011.jpg”文件，如图 9.99 所示。

(2) 在菜单栏中选择【滤镜】|【像素化】|【彩色半调】命令，如图 9.100 所示

图 9.99　打开的素材文件

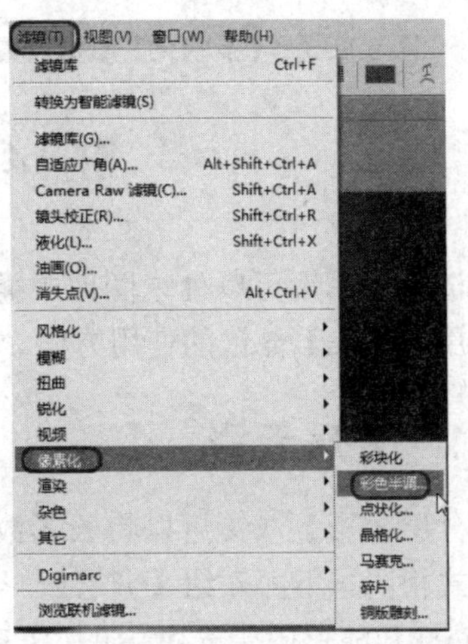


图 9.100　选择【彩色半调】命令

(3) 弹出【彩色半调】对话框，将【最大半径】设为 4 像素，将所有通道的值设为 100，然后单击【确定】按钮，如图 9.101 所示。

(4) 添加【彩色半调】滤镜后的效果，如图 9.102 所示。

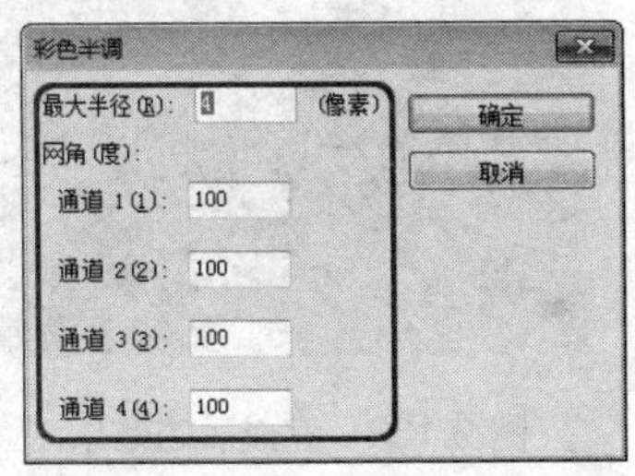


图 9.101　【彩色半调】对话框

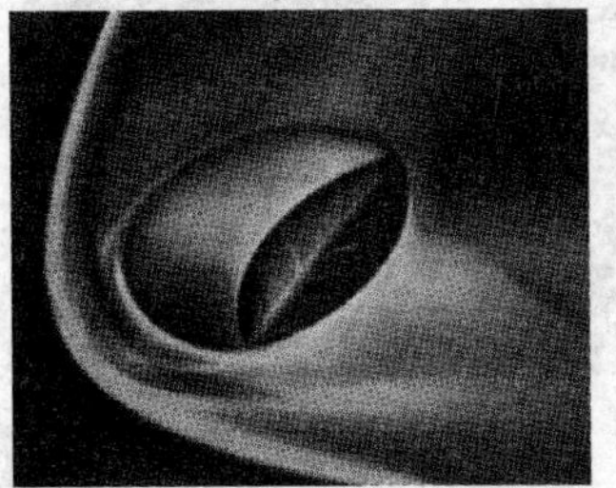

图 9.102　完成后的效果

## 9.13.2　点状化

【点状化】滤镜可以将图像中的颜色分散为随机分布的网点，如同点状绘画效果，背景色将作为网点之间的画布区域使用该滤镜时，可通过【单元格大小】来控制网点的大小，如图 9.103 所示为设置该滤镜参数，图 9.104 所示为添加该滤镜后的效果。

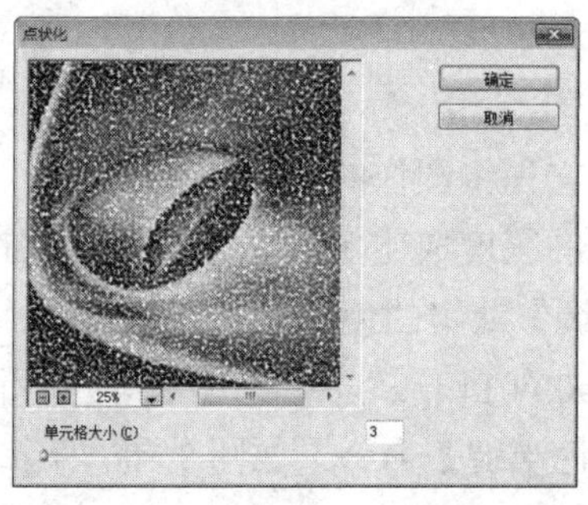


图 9.103　【点状化】参数设置

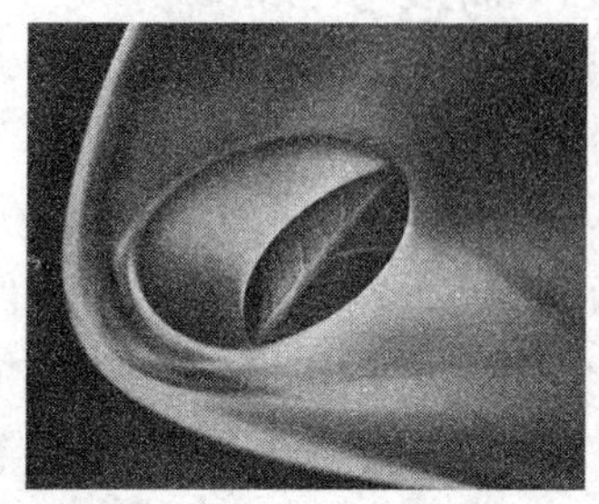

图 9.104　完成后的效果

# 9.14　【渲染】滤镜

【渲染】滤镜可以处理图像中类似云彩的效果，还可以模拟出光照的效果。下面介绍几种常用【渲染】滤镜的使用方法。

## 9.14.1　分层云彩

【分层云彩】滤镜可以将云彩数据和现有的像素混合，其方式与【差值】模式混合颜色的方式相同。下面介绍【分层云彩】滤镜的使用方法。

(1) 打开随书附带光盘中的“CDROM\素材\Cha09\012.jpg”文件，并将【前景颜色】设为红色，将【背景颜色】设为白色，如图 9.105 所示。

(2) 在菜单栏中选择【滤镜】|【渲染】|【分层云彩】命令，此时会根据【前景颜色】和【背景颜色】对图像进行更改，完成后的效果，如图 9.106 所示。

图 9.105　打开的素材文件

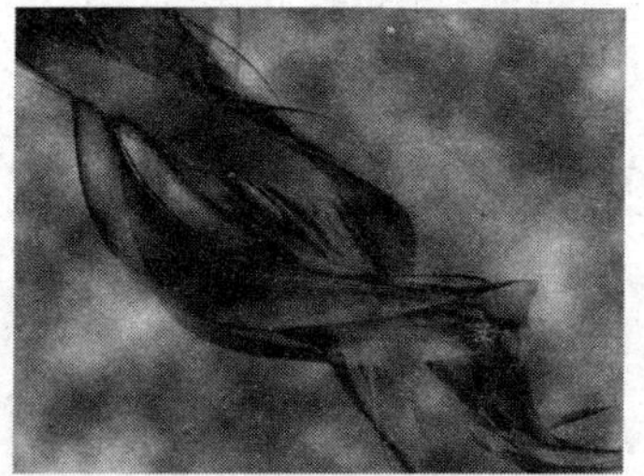

图 9.106　完成后的效果

## 9.14.2　光照效果

【光照效果】滤镜是一个比较特殊的滤镜，它包含 17 种光照样式、3 种光照类型和 4 套光照属性，可以在 RGB 图像上产生无数种光照效果，还可以使用灰度文件的纹理(称为凹凸图)产生类似 3D 的效果。

(1) 打开随书附带光盘中的“CDROM\素材\Cha09\ 012.jpg”文件，如图 9.107 所示。

(2) 在菜单栏中选择【滤镜】|【渲染】|【光照效果】命令，如图 9.108 所示。

图 9.107　打开的素材文件

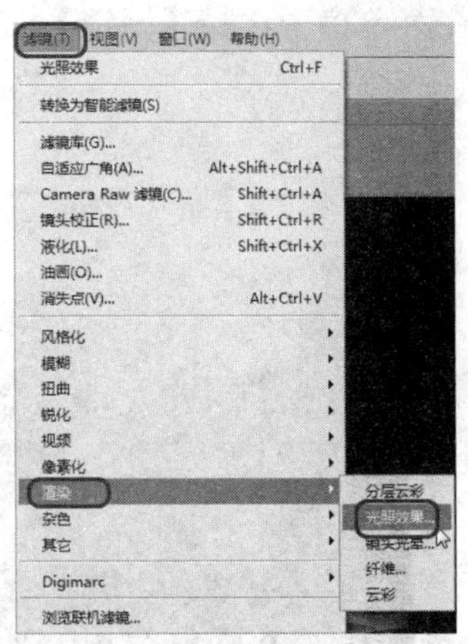


图 9.108　选择【光照效果】命令

(3) 随即在文档的窗口的右侧弹出【光照效果】对话框，将【光照效果】设为【点光】，将【强度】设为 69，将【曝光度】设为 36，将【光泽】设为-39，将【金属质感】设为 57，然后单击【确定】按钮，如图 9.109 所示。

(4) 添加【光照效果】滤镜后的效果，如图 9.110 所示。

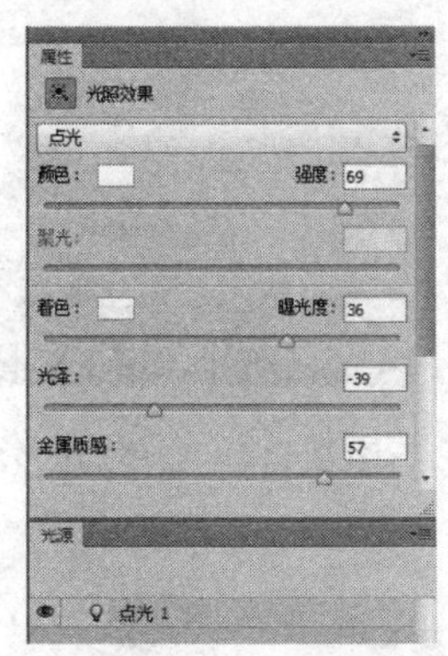


图 9.109　进行设置

图 9.110　完成后的效果

# 9.15　【艺术效果】滤镜

【艺术效果】滤镜组中包含 15 种滤镜，它们可以模仿自然或传统介质效果，使图像看起来更贴近绘画或艺术效果。可以通过【滤镜库】应用所有艺术效果滤镜。下面就为大家介绍主要的几种。

## 9.15.1　壁画

【壁画】滤镜可以是图像产生壁画的效果，主要使用短而圆的、粗略涂抹的小块颜料，以一种粗糙的风格绘制图像。下面介绍【壁画】滤镜的使用方法。

(1) 打开随书附带光盘中的“CDROM\素材\Cha09\012.jpg”文件，如图 9.111 所示。

(2) 在菜单栏中选择【滤镜】|【滤镜库】命令，如图 9.112 所示。

图 9.111　打开的素材

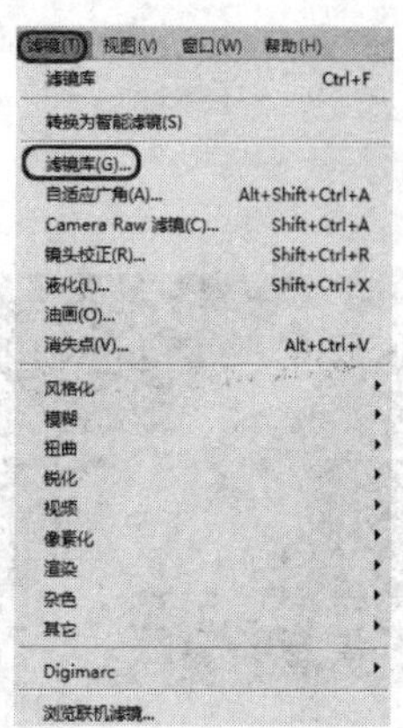

图 9.112　选择【滤镜库】命令

(3) 在弹出的【滤镜库】对话框中选择【艺术效果】|【壁画】，将【画笔大小】设为 3，将【画笔细节】设为 5，将【纹理】设为 2，如图 9.113 所示。

(4) 添加【壁画】滤镜后的效果，如图 9.114 所示。

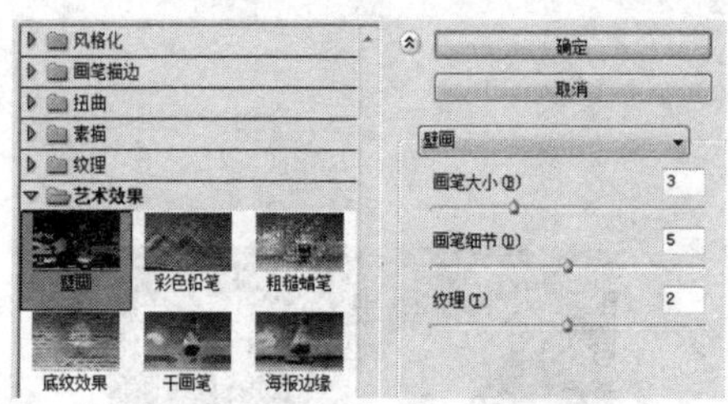

图 9.113　打开的素材

图 9.114　完成后的效果

## 9.15.2　彩色铅笔

【彩色铅笔】滤镜使用彩色铅笔在纯色背景上绘制图像，并保留重要边缘，外观呈粗糙阴影线，纯色背景色会透过比较平滑的区域显示出来。如图 9.115 所示为【彩色铅笔】滤镜的参数设置，图 9.116 所示为添加后的效果。

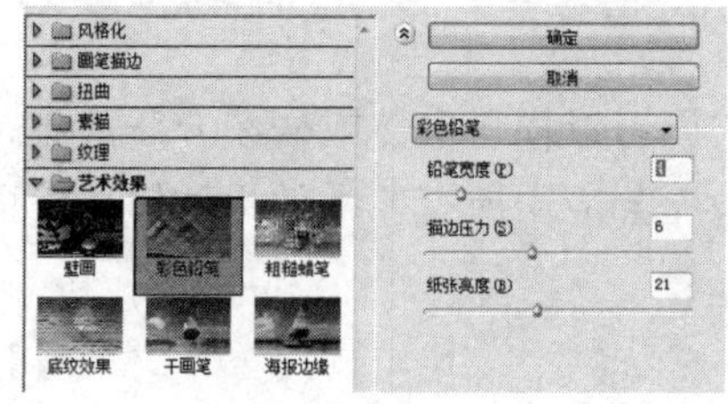

图 9.115　设置滤镜参数

图 9.116　完成后的效果

## 9.15.3　胶片颗粒

【胶片颗粒】滤镜将平滑图案应用于图像的阴影色调和中间色调，将一种更平滑、饱

和度更高的图案添加到图像的亮区，在消除混合的条纹和将各种来源的图素在视觉上进行统一时，该滤镜非常有用。如图 9.117 所示为滤镜参数，图 9.118 所示为完成后的效果。

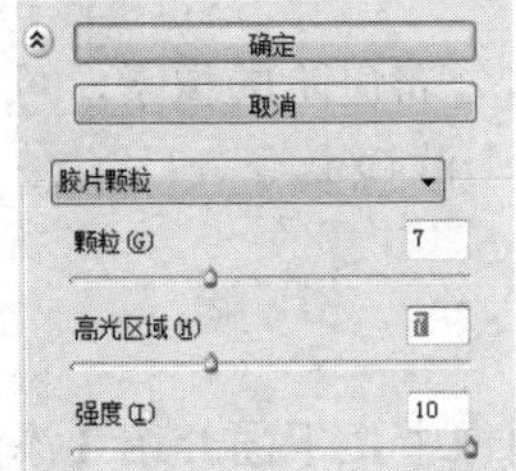


图 9.117　设置滤镜参数

图 9.118　完成后的效果

## 9.15.4　霓虹灯光

【霓虹灯光】滤镜可以在柔化图像外观时给图像着色，在图像中产生彩色氖光灯照射的效果。下面介绍【霓虹灯光】滤镜的使用方法。

(1) 打开随书附带光盘中的“CDROM\素材\Cha09\012.jpg”文件，并将前景色设为黑色，如图 9. 119 所示。

(2) 在菜单栏中选择【滤镜】|【滤镜库】命令，如图 9.120 所示。

图 9.119　打开的素材文件

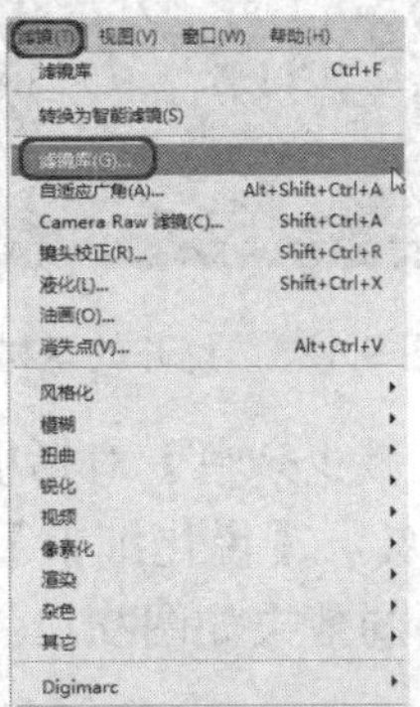


图 9.120　选择【滤镜库】命令

(3) 弹出【滤镜库】对话框，将【发光大小】设为 5，将【发光高度】设为 15，将【发光颜色】设为白色，如图 9.121 所示。

(4) 设置完成后的效果，如图 9.122 所示。

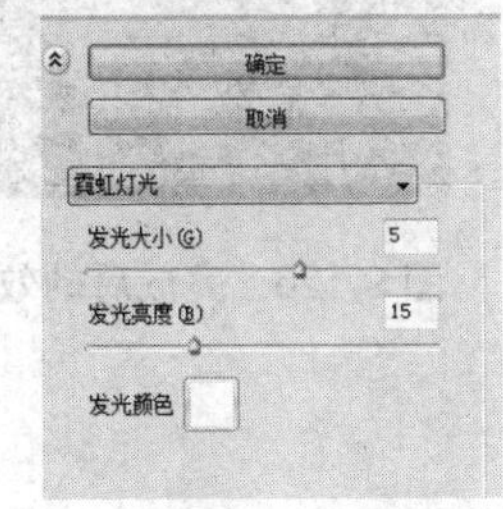


图 9.121　参数设置

图 9.122　完成后的效果

# 9.16 【杂色】滤镜

【杂色】滤镜可以为图像添加或移除杂色或带有随即分布色阶的像素，可以创建与众不同的纹理效果或移除图像中有问题的区域，该组包括 5 个滤镜命令。

## 9.16.1 添加杂色

该滤镜可以将一定数量的杂色以随机的方式添加到图像中，下面介绍【添加杂色】滤镜的使用方法。

(1) 打开随书附带光盘中的“CDROM\素材\Cha09\0134.jpg”文件，如图 9.123 所示。

(2) 在菜单栏中选择【滤镜】|【杂色】|【减少杂色】命令，如图 9.124 所示。

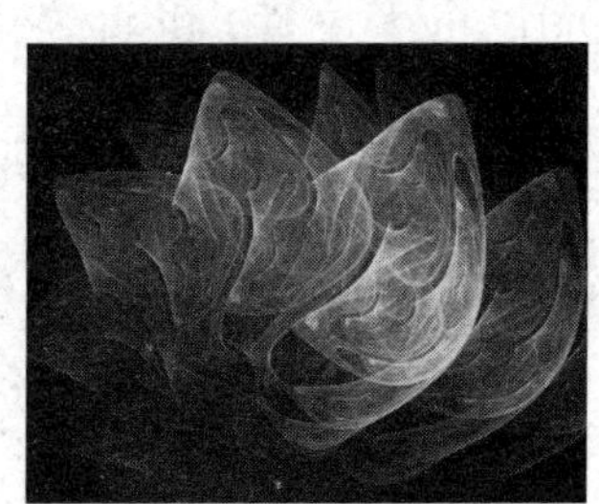

图 9.123 打开的素材

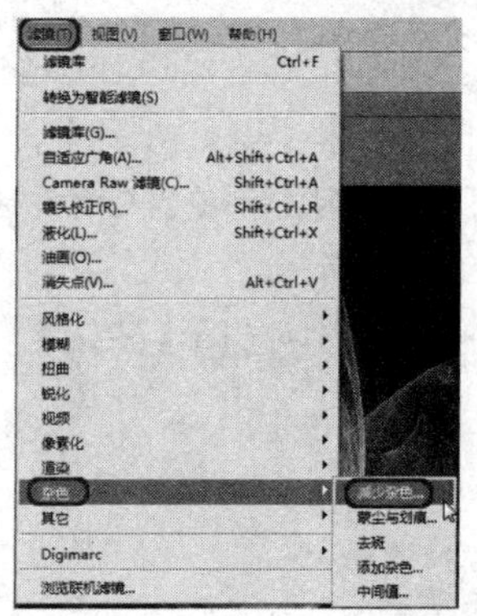

图 9.124 选择【减少杂色】命令

(3) 弹出【减少杂色】对话框，将【强度】设为 8，【保留细节】设为 76%，【减少杂色】设为 54%，【锐化细节】设为 44%，然后单击【确定】按钮，如图 9.125 所示。

(4) 完成后的效果如图 9.126 所示。

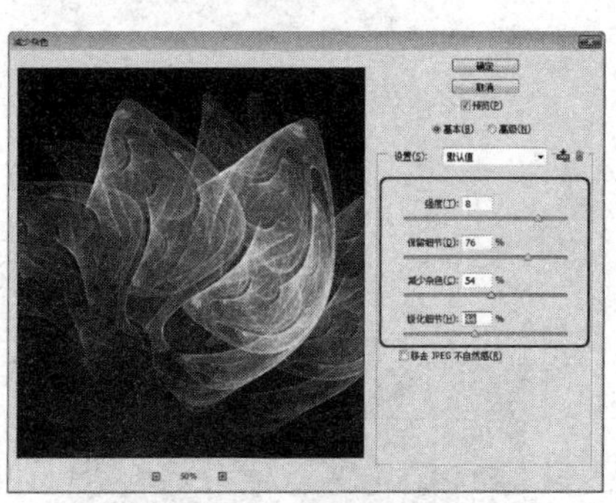

图 9.125 打开的素材

图 9.126 完成后的效果

## 9.16.2 中间值

【中间值】滤镜通过混合选区中像素的亮度来减少图像的杂色。该滤镜可以搜索像素选区的半径范围以查找亮度相近的像素，扔掉与相邻像素差异太大的像素，并用搜索到的

像素的中间亮度值替换中心像素，在消除或减少图像的动感效果时非常有用。如图 9.127 所示为【中间值】对话框，图 9.128 所示为添加滤镜后的效果。

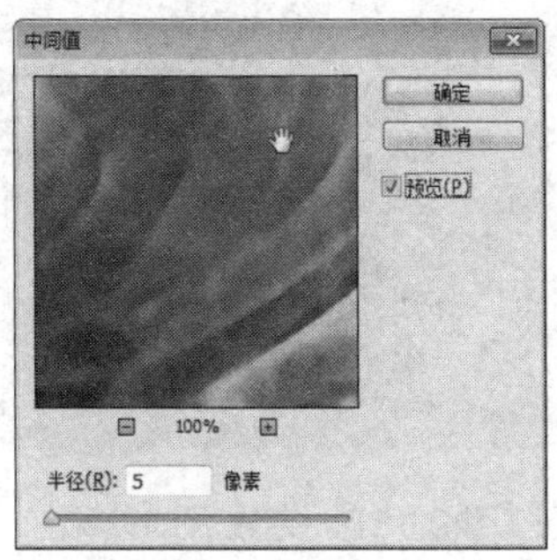


图 9.127　【中间值】对话框

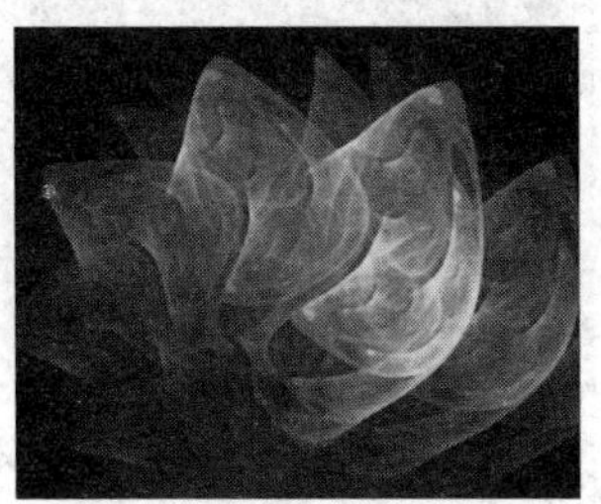

图 9.128　完成后的效果

# 9.17　【其他】滤镜

在【其他】滤镜组中包括 5 种滤镜，它们中有允许用户自定义滤镜的命令，也有使用滤镜修改蒙版、在图像中使选区发生位移和快速调整颜色的命令。下面介绍两种常用的滤镜使用方法。

## 9.17.1　高反差保留

【高反差保留】滤镜可以在有强烈颜色转变发生的地方按指定的半径保留边缘细节，并且不显示图像的其余部分，该滤镜对于从扫描图像中取出艺术线条和大的黑白区域非常有用。下面介绍【高反差保留】滤镜的使用方法。

(1) 打开随书附带光盘中的“CDROM\素材\Cha09\015.jpg”文件，如图 9. 129 所示。

(2) 在菜单栏中选择【滤镜】|【其他】|【高反差保留】命令，如图 9.130 所示。

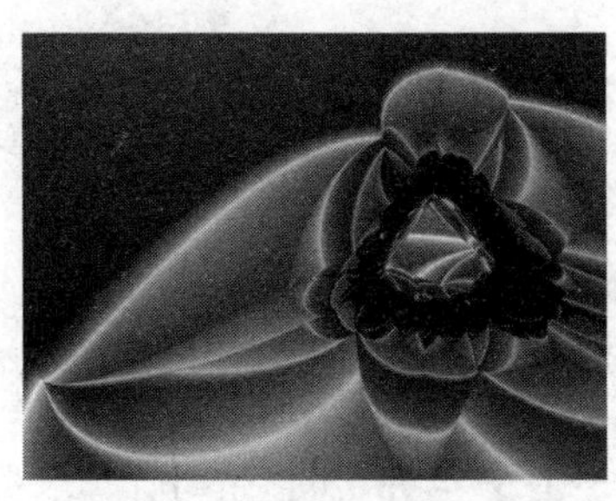

图 9.129　打开的素材文件

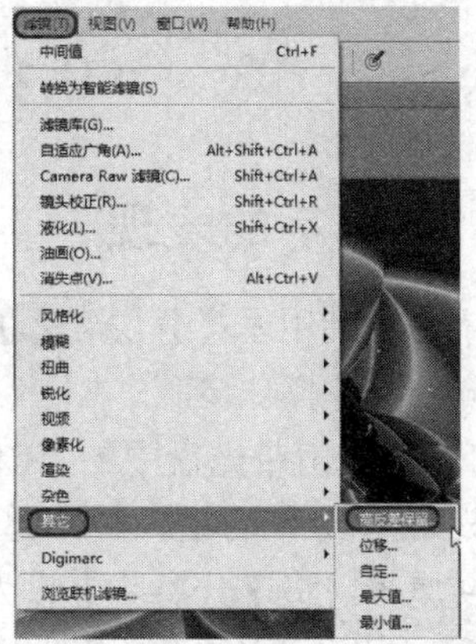

图 9.130　选择【高反差保留】命令

(3) 弹出【高反差保留】对话框，将【半径】设为 50 像素，如图 9.131 所示。

(4) 设置完成后查看效果，如图 9.132 所示。

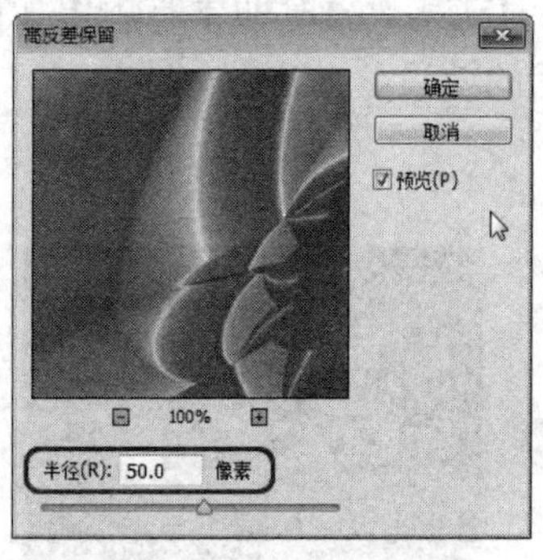


图 9.131 【高反差保留】对话框

图 9.132 完成后的效果

## 9.17.2 位移

【位移】滤镜可以水平或垂直偏移图像，对于由偏移生成的空缺区域，还可以用不同的方式来填充。选中【设置为背景】单选按钮，将以背景色填充空缺部分；选中【重复边缘像素】单选按钮，可在图像边界的空缺部分填入扭曲边缘的像素颜色；选中【折回】单选按钮，可在空缺部分填入溢出图像之外的内容，在这里选中【折回】单选按钮，其参数如图 9.133 所示，完成后的效果如图 9.134 所示。

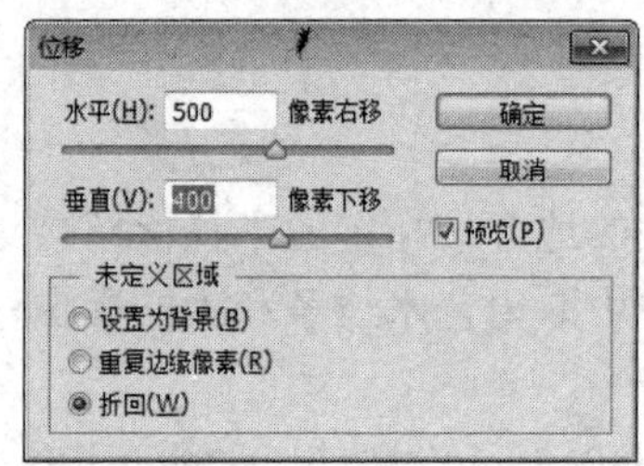


图 9.133 【位移】对话框

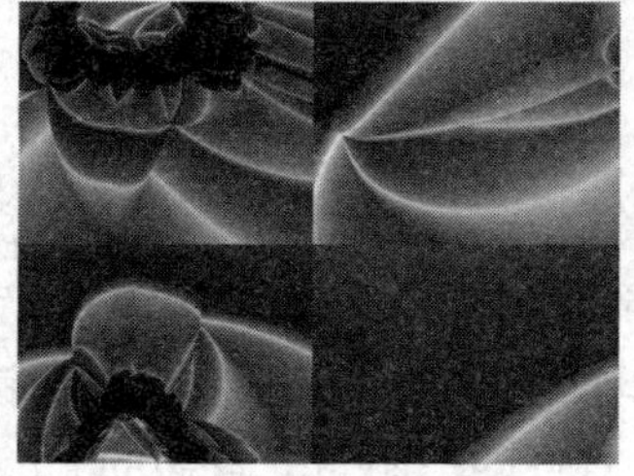

图 9.134 完成后的效果

# 9.18 上 机 练 习

## 9.18.1 油印字的表现

油印字主要利用了【分层云彩】和【粗糙画笔】滤镜，其完成后的效果如图 9.135 所示。下面介绍具体操作步骤。

(1) 打开随书附带光盘中的“CDROM\素材\Cha09\017.jpg”文件，如图 9. 136 所示。

(2) 按 Ctrl+N 组合键，随即弹出【新建】对话框，将【宽度】设为 17 厘米，将【高度】设为 9 厘米，将【分辨率】设为 300 像素/英寸，如图 9.137 所示。

(3) 新建一图层，在工具箱中选择【矩形选框工具】，在文件中绘制一个矩形选框，在工具栏中将【羽化】设为 0 像素，如图 9.138 所示。

图 9.135　完成后的效果

图 9.136　打开素材文件

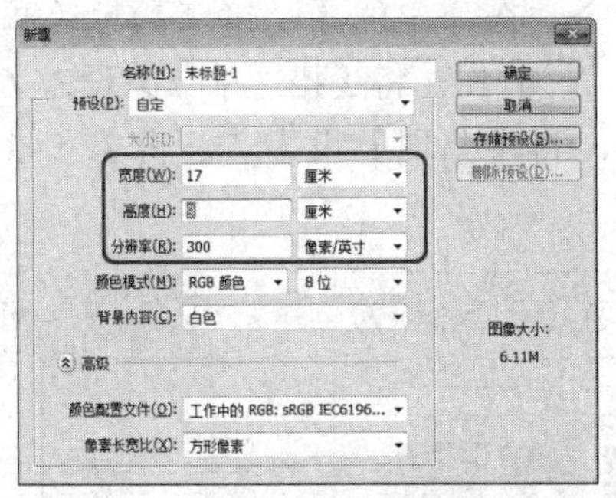


图 9.137　【新建】对话框

图 9.138　创建选区

(4) 在菜单栏中选择【编辑】|【描边】命令，随即弹出【描边】对话框，将【宽度】设为 20 像素，将【颜色】设为黑色，将【位置】设为【内部】，然后单击【确定】按钮，如图 9.139 所示。

(5) 完成后按 Ctrl+D 组合键，在工具箱中选择【横排文字工具】，在场景中输入 LOVE，选择输入的文字，将【字体】设为 Iskoola Pota，将【字体大小】设为 130 点，字体颜色随便设置一个颜色，如图 9.140 所示。

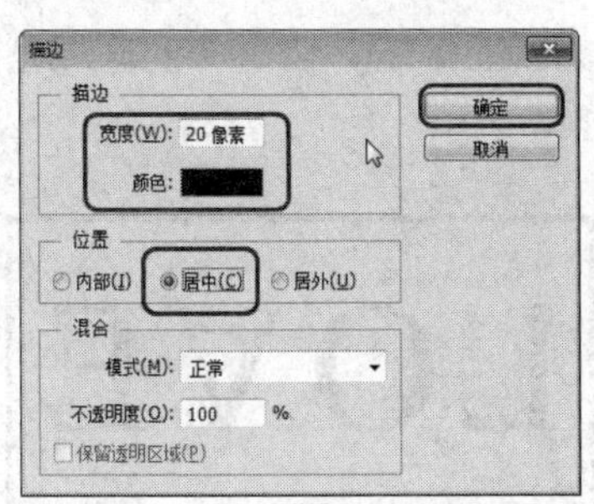


图 9.139　【描边】对话框

图 9.140　输入文字

(6) 按 Ctrl+E 组合键将文字图层向下合并，然后新建一图层【图层 2】，在菜单栏中选择【编辑】|【填充】命令，随即弹出【填充】对话框，将【使用】设置为【前景色】，【前景色】默认为黑色，完成后的效果如图 9.141 所示。

(7) 在菜单栏中选择【滤镜】|【渲染】|【分层云彩】命令，完成后的效果如图 9.142 所示。

(8) 使用与上一步同样的方法再次执行【分层云彩】命令，完成后的效果，如图 9.143

所示。

图 9.141　填充颜色

图 9.142　添加滤镜后的效果

(9) 在菜单栏中选择【滤镜】|【滤镜库】命令，在弹出的【滤镜库】对话框中选择【艺术效果】下的【粗糙蜡笔】，将【描边长度】设为 16，将【描边细节】设为 6，定义【纹理】设为【砂岩】，将【缩放】设为 100%，将【凸现】设为 7，将【光照】设为【下】，然后单击【确定】按钮，如图 9.144 所示。

图 9.143　添加滤镜效果

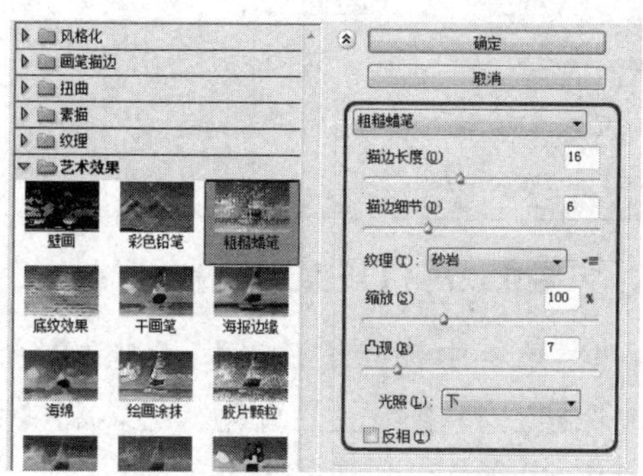


图 9.144 【滤镜库】对话框

(10) 单击【图层 1】的缩略图，将图层载入选区，然后按 Ctrl+Shift+I 组合键，进行反选，如图 9.145 所示。

(11) 在【图层】面板中选择【图层 2】，然后按 Delete 键，将选择的区域删除，然后按 Ctrl+D 组合键取消选取，完成后的效果，如图 9.146 所示。

图 9.145　添加滤镜效果

图 9.146　完成后的效果

(12) 在菜单栏中选择【图像】|【调整】|【色阶】命令，随即弹出【色阶】对话框，分别将【色阶值】设为 34、4、120，然后单击【确定】按钮，如图 9.147 所示。

(13) 切换到【油印画】文件，选择【图层 2】并将其拖曳“017.jpg”素材文件上，按 Ctrl+T 组合键，对图像进行调整，完成后的效果如图 9.148 所示。

(14) 按 Ctrl+S 组合键，弹出【另存为】对话框，选择正确的路径对文档进行保存，如图 9.149 所示。

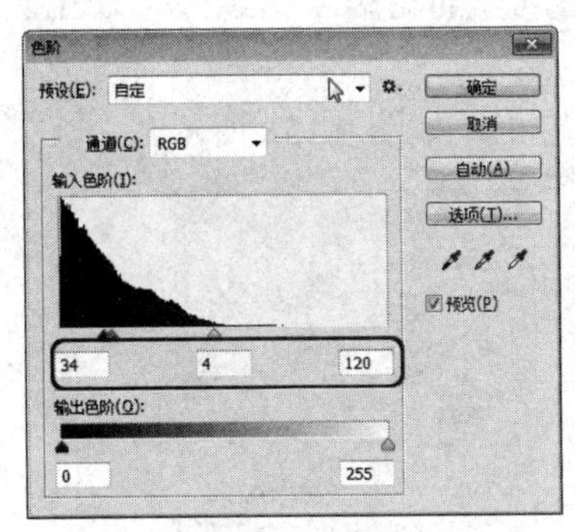

图 9.147　【色阶】对话框

图 9.148　完成后的效果

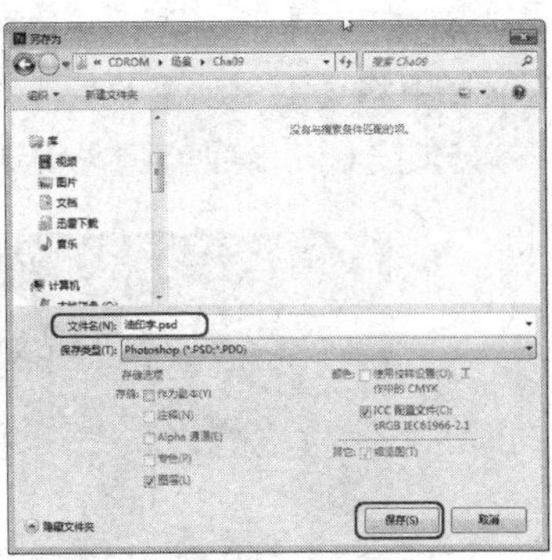

图 9.149　【另存为】对话框

## 9.18.2　制作放射背景照片

制作放射背景照片主要利用了滤镜中的【径向模糊】滤镜，其完成后的效果如图 9.150 所示。下面介绍其具体操作步骤。

(1) 按 Ctrl+O 组合键，选择随书附带光盘中的“CDROM\素材\Cha09\018.jpg”素材文件，打开的文件如图 9.151 所示。

图 9.150　完成后的效果

图 9.151　打开的素材文件

(2) 按 Ctrl+M 组合键，随即弹出【曲线】对话框，将【输出】设为 218，将【输入】设为 120，然后单击【确定】按钮，如图 9.152 所示。

(3) 在菜单栏中选择【图像】|【调整】|【色阶】命令，随即弹出【色阶】对话框，在该对话框中单击【自动】按钮，然后单击【确定】按钮，如图 9.153 所示。

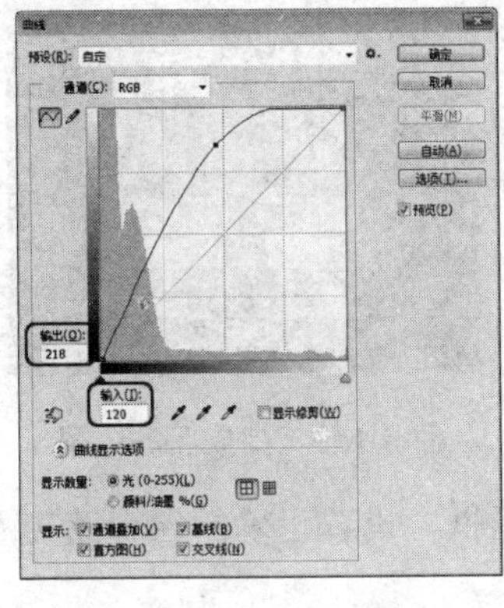

图 9.152　【曲线】对话框

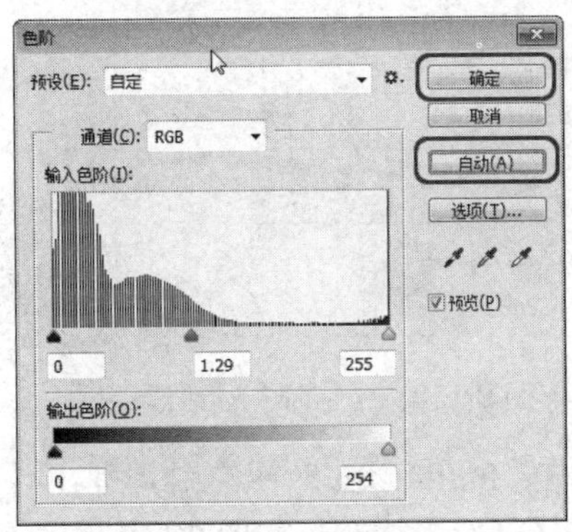

图 9.153　【色阶】对话框

(4) 在工具箱中选择【磁性套索工具】，在文档中沿着汽车的轮廓绘制选区，在工具选项栏中将【羽化值】设为3像素，如图9.154所示。

(5) 按Ctrl+J组合键，将选择的选区复制到一个新的图层上，如图9.155所示。

图9.154　绘制选区

图9.155　新建图层

(6) 在【图层】面板中选择【背景】图层，然后在菜单栏中选择【滤镜】|【模糊】|【径向模糊】命令，随即弹出【径向模糊】对话框，将【数量】设为40，将【模糊方法】设为【缩放】，将【品质】设为【好】，然后单击【确定】按钮，如图9.156所示。

(7) 添加【径向模糊】滤镜后的效果如图9.157所示。

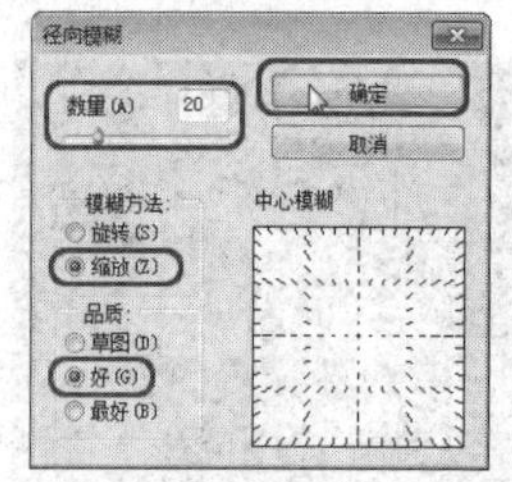


图9.156　【径向模糊】对话框

图9.157　添加滤镜后的效果

(8) 在【图层】面板中选择【图层 1】，然后按Ctrl+L组合键，随即弹出【色阶】对话框，在该对话框中将【色阶值】分别设为0、1、237，如图9.158所示。

(9) 单击【确定】按钮，完成放射背景照片的操作，完成后的效果如图9.159所示。

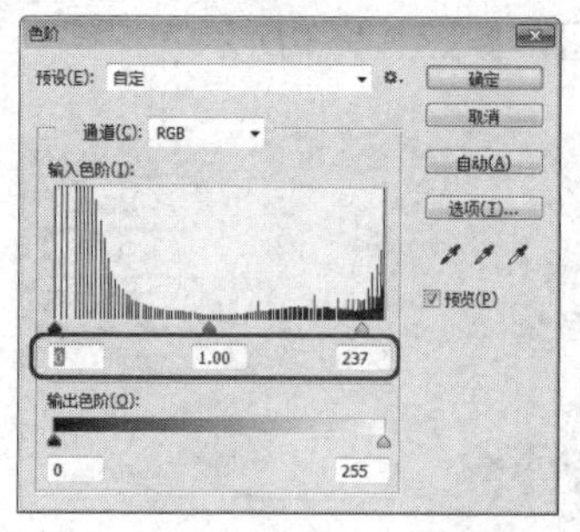


图9.158　【色阶】对话框

图9.159　完成后的效果

(10) 按Shift+Ctrl+S组合键，弹出【另存为】对话框，设置正确的保存路径及名称，然后单击【保存】按钮，如图9.160所示。

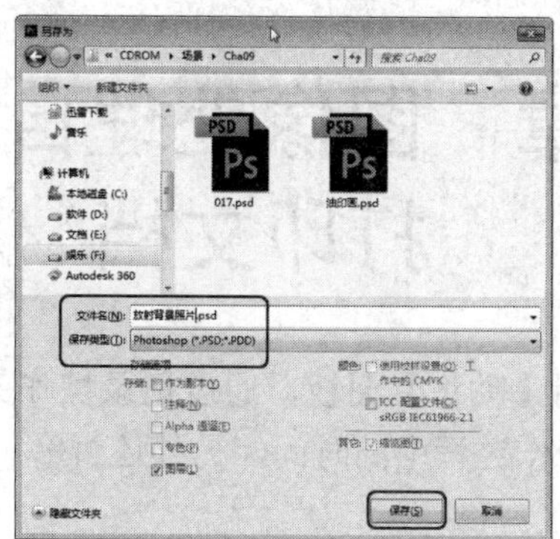

图 9.160　【另存为】对话框

## 9.19　思考与练习

1. 如果照片中出现镜头瑕疵、色差和晕影现象，应该使用什么滤镜对其进行矫正？
2. 如何对平静的湖面创建水波特效？

# 第 10 章　图像处理自动化与打印文档

图像处理自动化主要应用【动作】面板，通过记录操作的动作，以达到自动对图像进行编辑的方式，以节省图像操作过程中的时间，另外还讲解了打印文档的操作方法。

## 10.1　创建与编辑动作

动作是让图像文件一次执行一系列操作的命令，而不需要进行烦琐的操作而达到想要的结果，在【动作】面板中记录了大量命令和工具操作，通过对其相应的设置来实现动作的应用。

### 10.1.1　认识【动作】面板

在菜单栏选择【窗口】|【动作】命令，也可以使用快捷键 Alt+F9 来打开【动作】面板，如图 10.1 所示为【动作】面板，其【动作】菜单如图 10.2 所示。

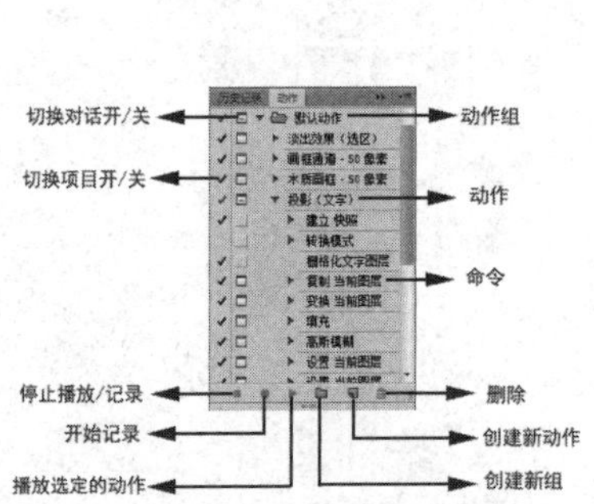


图 10.1　【动作】面板

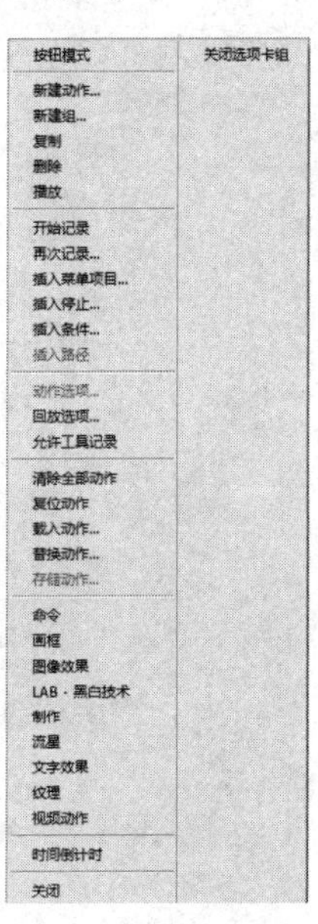


图 10.2　【动作】菜单

【动作】面板中各个功能选项如下。

- 【切换对话开/关】图标：若在该面板中出现图标，则在执行该图标所在的动作时，会暂停在有图标的位置。在弹出的对话框中单击【继续】按钮，动作继续往下执行。若没有图标，动作则按照设定的过程逐步地进行操作，直至到达最后一个操作完成动作。有的图标是红色的，那就表示该动作中只有部分动作是可执行的，此时在该图标上单击，它会自动地将动作中所有的不可执行的操作全部变成可执行的操作。

- 【切换项目开/关】：如果面板上的动作的左边有该图标的话，这个动作就是可执行的，否则这个动作是不可执行的。
- 【展开工具】：单击该按钮，如果是一个序列的话，那么它将会把所有的动作都展开；如果是一个动作，它将会把所有的操作步骤都展开；而如果是一个操作的话，它将把执行该操作的参数设置展开。可见，动作是由一个个的操作序列组合到一起形成的。
- 单击按钮，将会弹出【动作】面板的下拉菜单，如图 10.2 所示。
- 【停止播放/记录】按钮：该按钮是停止录制动作和停止播放动作的按钮。它只有在新录制、播放动作时才是可用的。
- 【开始记录】按钮：单击该按钮，会开始录制一个新的动作。处于录制状态时，按钮呈红色显示。
- 【播放选定的动作】按钮：当做好一个动作时，可以单击该按钮观看【动作】执行的效果。如果中间要停下来，可以单击【停止播放/记录】按钮。
- 【创建新组】按钮：单击该按钮可以新建一个动作组。
- 【创建新动作】按钮：单击该按钮可以在面板上新建一个动作。
- 【删除】按钮：单击该按钮可以将当前的动作、动作组，或者动作的某一步操作删除。

## 10.1.2　创建动作组

系统一般提供了一些常用的动作，用户有时可以创建一些动作，创建动作的具体步骤如下。

(1) 在【动作】面板中单击【创建新组】按钮，弹出【新建组】对话框，如图 10.3 所示。

(2) 在该对话框中可以使用默认名称，也可以自定义名称，然后单击【确定】按钮，即可创建新的动作组，如图 10.4 所示。

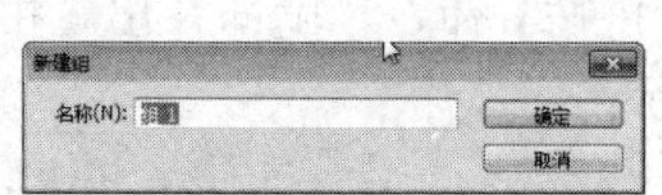


图 10.3　【新建组】对话框

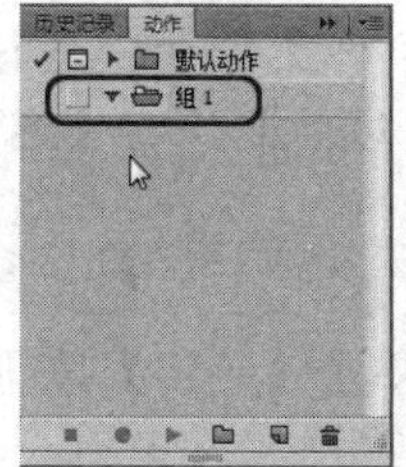


图 10.4　新建组

## 10.1.3　创建新动作

在操作过程中主要有动作来完成的，下面介绍如何创建新动作。

(1) 打开【动作】面板，单击【创建新动作】按钮，打开【新建动作】对话框，如

图 10.5 所示。

(2) 在该对话框中可以为新动作命名，选择要添加新动作的动作组，为新动作设置快捷键和颜色，然后单击【记录】按钮，即可创建新动作，如图 10.6 所示。

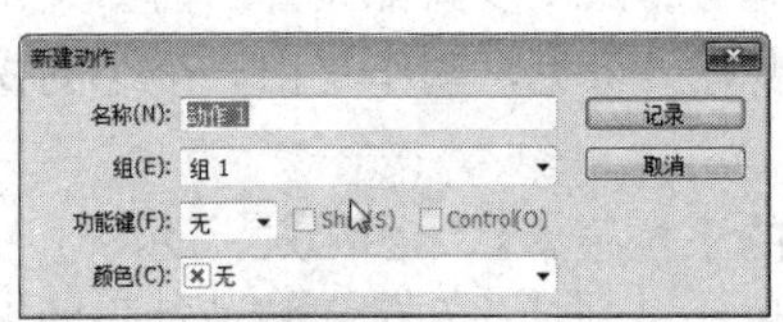

图 10.5 【新建动作】对话框

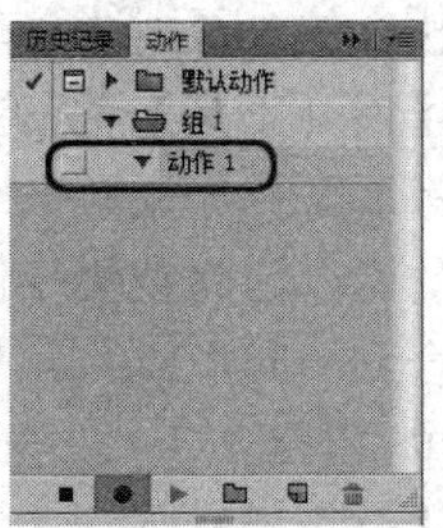

图 10.6 新建动作

## 10.1.4 记录动作

在操作过程中有时需要节省时间，需要将一些动作记录下来，下面介绍如何记录动作。

(1) 在菜单栏中选择【文件】|【打开】命令，在弹出的对话框中打开随书附带光盘中的“CDROM\素材\Cha10\001.jpg”素材文件，单击【打开】按钮，如图 10.7 所示。

(2) 按 Alt+F9 组合键打开【动作】面板，单击【创建新组】按钮，弹出【新建组】对话框，将【名称】设为【修改】，如图 10.8 所示。

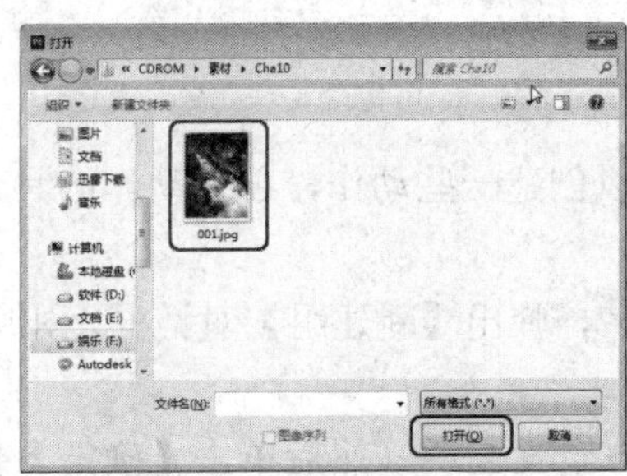

图 10.7 选择素材文件

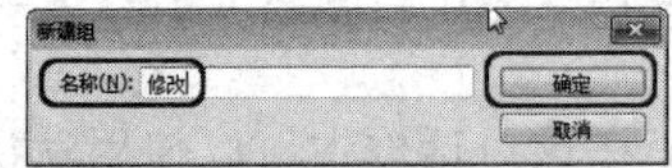

图 10.8 【新建组】对话框

(3) 在【动作】面板中选择【修改】组，然后单击【创建新动作】按钮，随即弹出【新建动作】对话框，将【名称】设为“拼贴”，然后单击【记录】按钮，如图 10.9 所示。

(4) 在菜单栏中选择【滤镜】|【风格化】|【拼贴】命令，随即弹出【拼贴】对话框，保持默认值，单击【确定】按钮，如图 10.10 所示。

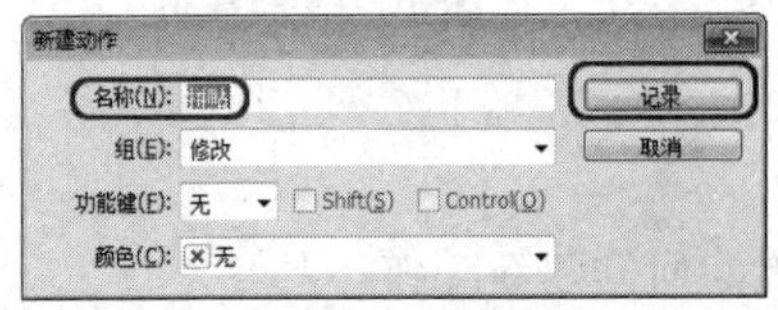

图 10.9 【新建动作】对话框

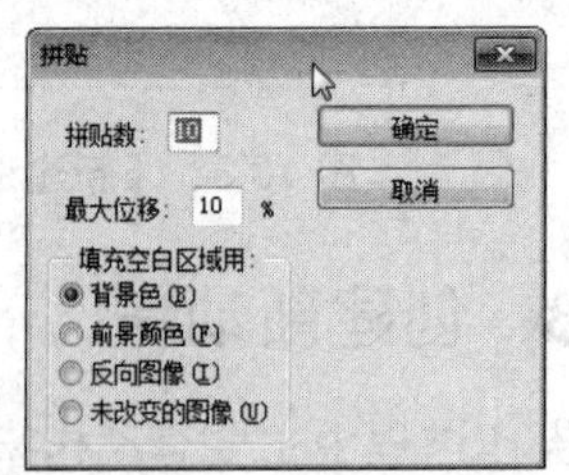

图 10.10 【拼贴】对话框

(5) 此时完成后的效果如图 10.11 所示。

(6) 打开【动作】面板，单击【停止播放/记录】按钮，完成动作的记录，如图 10.12 所示。

图 10.11　修补图像

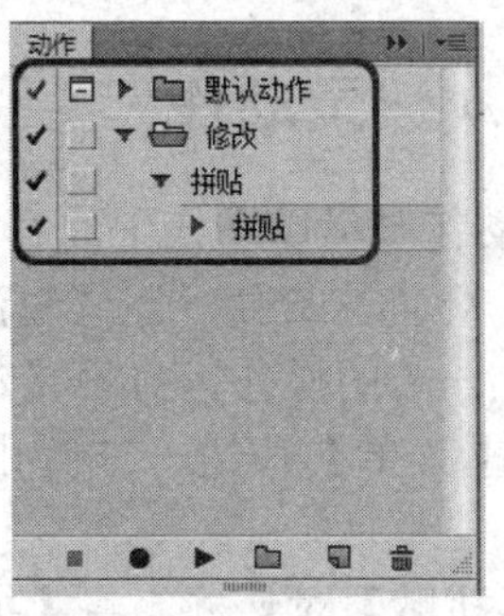


图 10.12　记录的动作

## 10.1.5　播放动作

播放动作的过程就是制作图像的过程。下面介绍如何利用播放动作制作图像。

(1) 在菜单栏中选择【文件】|【打开】命令，在弹出的对话框中打开随书附带光盘中的“CDROM\素材\Cha10\002.jpg”素材文件，单击【打开】按钮，如图 10.13 所示。

(2) 打开【动作】面板，选择【拼贴】动作，然后单击【播放选定的动作】按钮，即可将在上一小节中创建的动作应用于该图像，如图 10.14 所示。

图 10.13　选择素材文件

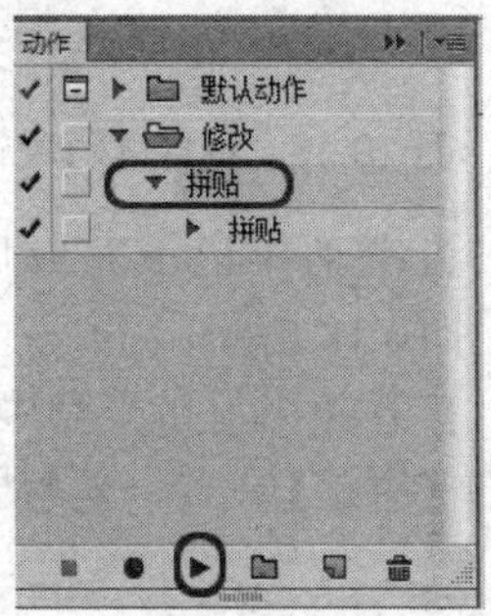


图 10.14　选择【拼贴】动作

(3) 播放动作后，此时图片就会按着设定的动作产生相应的效果，如图 10.15 所示。

图 10.15　播放动作后的效果

**提 示**

按住 Ctrl 键单击动作相应的名称，可以选择多个不连续的动作，按住 Shift 键，单击两个不相连的动作可以选择两个动作之间的全部动作。

## 10.1.6 再次记录动作

再次记录动作时仍以动作中原有的命令为基础，但会打开对话框，让用户重新设置对话框中的参数。下面来介绍一下【再次记录】命令的使用方法。

(1) 继续上一节的操作，打开【动作】面板中选择【拼贴】动作，然后单击【动作】面板右上角的【菜单】按钮，在弹出的下拉列表中选择【再次记录】命令，如图 10.16 所示。

(2) 弹出【拼贴】对话框，将【拼贴数】设为 15，将【填充空白区域用】设为【前景颜色】，然后单击【确定】按钮，如图 10.17 所示。

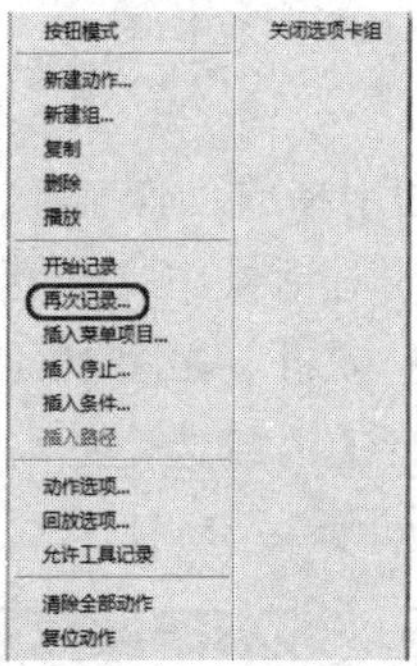


图 10.16 选择【再次记录】命令

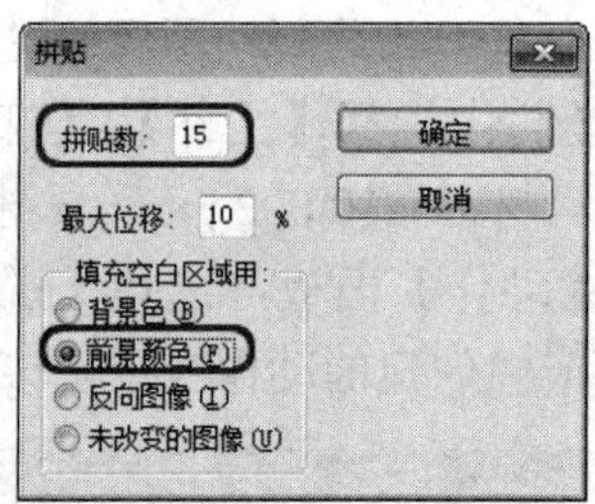


图 10.17 【拼贴】对话框

(3) 再次动作记录完成后，需要注意的是这里前景颜色已经设为红色，可以查看效果，如图 10.18 所示。

(4) 打开随书附带光盘中的“CDROM\素材\Cha10\001.jpg”素材文件，打开【动作】面板，选择【拼贴】动作，然后单击【播放选定的动作】按钮，此时图像的效果如图 10.19 所示。

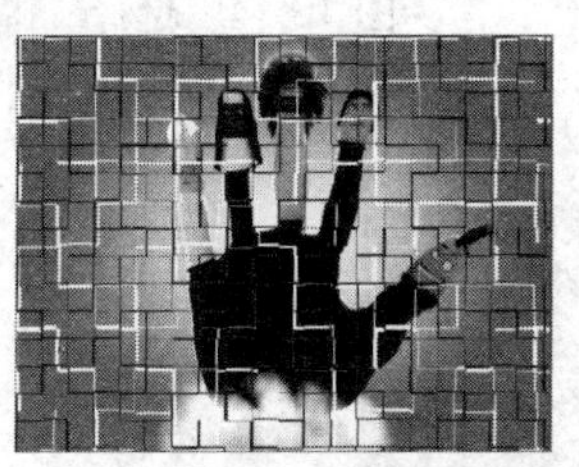

图 10.18 选择【再次记录】后的效果

图 10.19 完成后的效果

## 10.1.7 复制、删除、存储动作

在操作过程中有时需要执行同样的动作，使用复制命令，就可以完成动作的复制，不需要一步步的操作，节省操作时间，下面介绍动作的编辑操作。

### 1. 复制动作

下面介绍复制动作的具体操作方法。

(1) 按 Alt+F9 组合键，弹出【动作】面板，选择某一动作，这里选择【拼贴】动作，如图 10.20 所示。

(2) 单击【动作】面板右上角的【菜单】按钮，在弹出的下拉菜单中选择【复制】命令，这样就可以复制该动作，如图 10.21 所示。

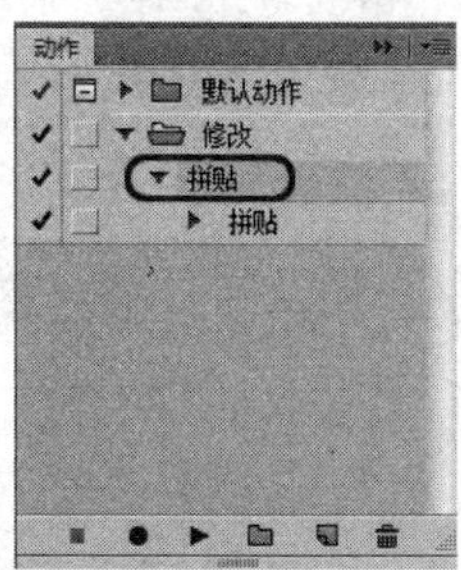

图 10.20　选择【拼贴】动作

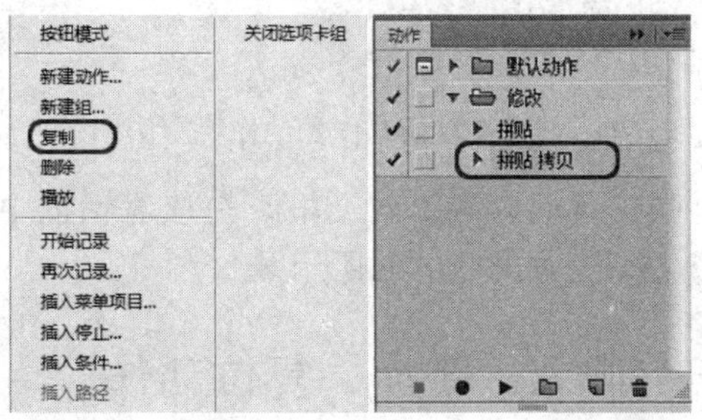


图 10.21　复制动作

**提 示**

按住 Alt 键，选择将要复制的动作或命令，并将其拖曳至动作面板的新位置，或者将动作拖曳至面板底部的【创建新动作】按钮上，也可以对其进行复制。

### 2. 删除动作

下面介绍如何将多余的动作删除。

(1) 接上一节的操作，在【动作】面板中选择【拼贴 拷贝】动作，如图 10.22 所示。

(2) 单击【动作】面板右上角的【菜单】按钮，在弹出的下拉菜单中选择【删除】命令，会弹出【提示】对话框，单击【确定】按钮，这样就可以将选择的【拼贴拷贝】动作删除，如图 10.23 所示。

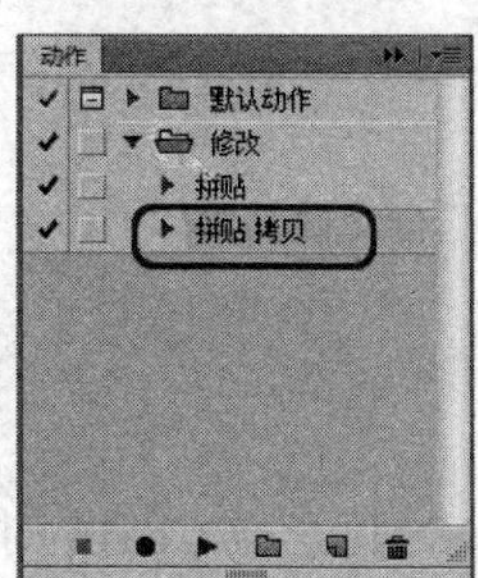


图 10.22　选择【拼贴 拷贝】动作

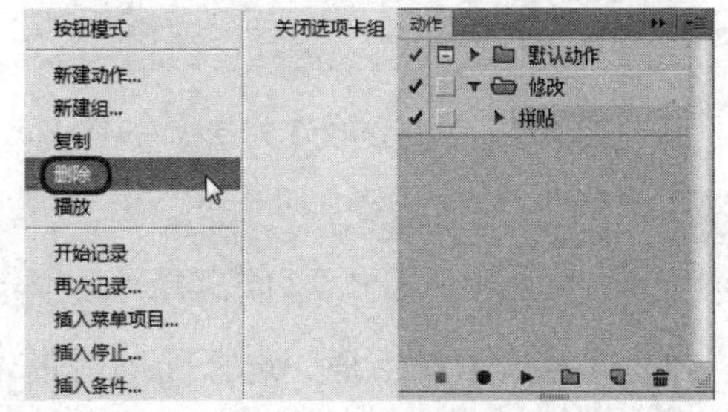


图 10.23　删除动作

### 3. 存储动作

下面介绍如何对动作进行存储。

(1) 打开【动作】面板，选择【默认动作】动作组，如图 10.24 所示。

(2) 单击【动作】面板右上角的【菜单】按钮，在弹出的下拉菜单中选择【存储动作】命令，如图 10.25 所示。

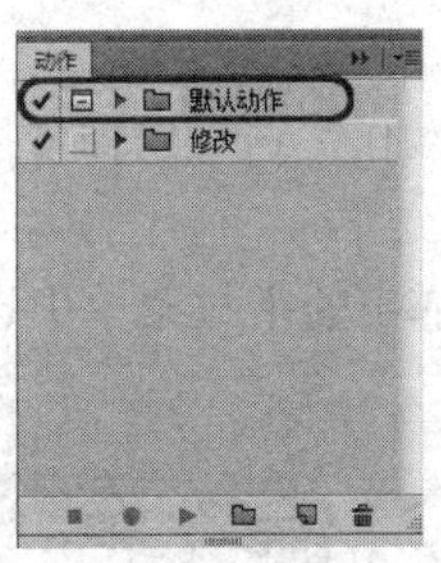

图 10.24　选择【默认动作】动作组

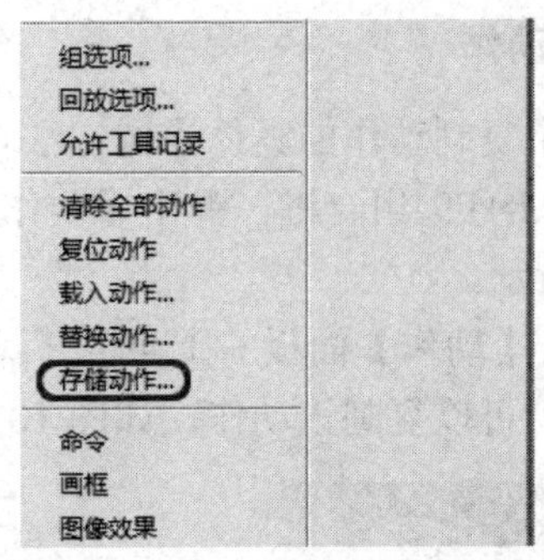


图 10.25　选择【存储动作】命令

(3) 弹出【另存为】对话框，在该对话框中设置相应的保存路径及文件名，然后单击【保存】按钮，如图 10.26 所示。

## 10.1.8　载入、替换、复位动作

下面介绍如何对动作进行载入、替换和复位。

### 1. 载入动作

(1) 启动软件后，打开【动作】面板，单击【动作】面板右上角的【菜单】按钮，在弹出的下拉列表中选择【载入动作】命令，如图 10.27 所示。

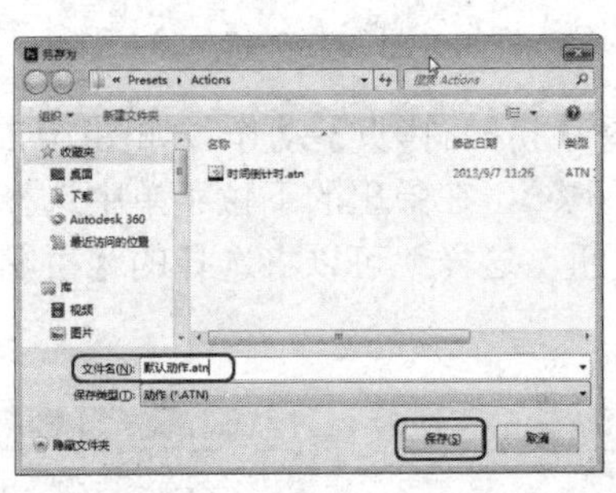

图 10.26　【另存为】对话框

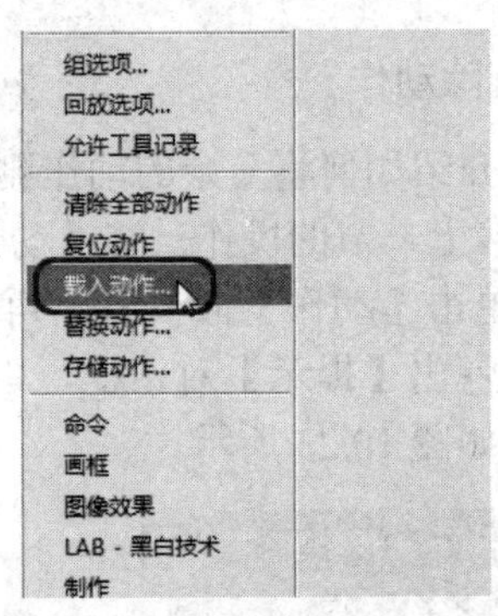


图 10.27　选择【载入动作】命令

**提 示**

【存储动作】命令只能存储动作组，而不能存储单个的动作。

(2) 弹出【载入】对话框，选择随书附带光盘中的“CDROM\|素材\Cha10\时间倒计时.atn”素材文件，如图 10.28 所示。

**提 示**

【载入动作】命令可以将在网上下载的或者磁盘中所存储的文件添加到当前的动作列表之后。

(3) 单击【载入】按钮，这样就可以把所选的动作载入到【动作】面板中，如图 10.29 所示。

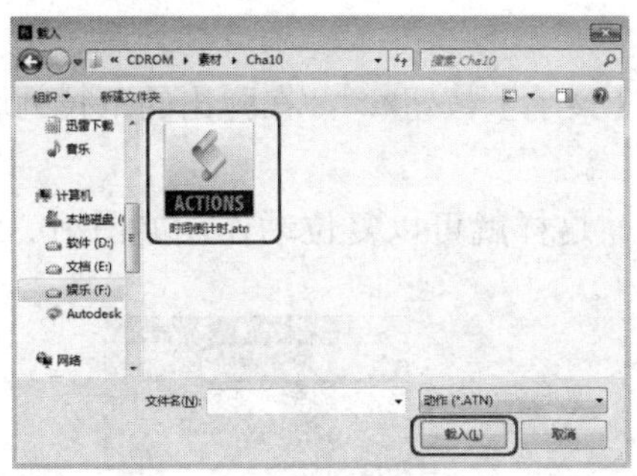


图 10.28　【载入】对话框

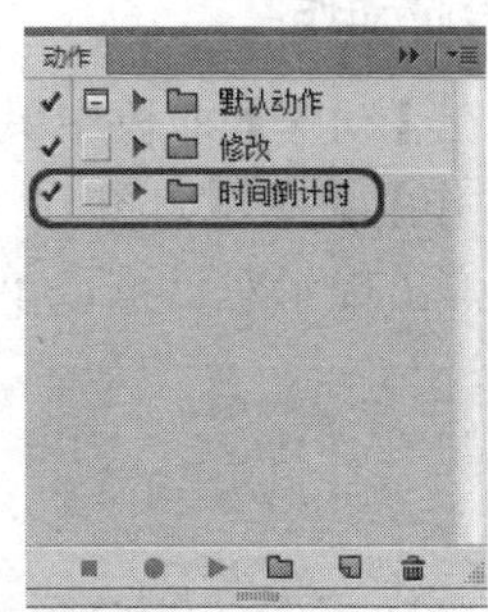


图 10.29　载入的动作

2. 替换动作

(1) 按 Alt+F9 组合键，弹出【动作】面板，选择【默认动作】动作组，如图 10.30 所示。

(2) 单击【动作】面板右上角【菜单】按钮，在弹出的下拉列表中选择【替换动作】命令，如图 10.31 所示。

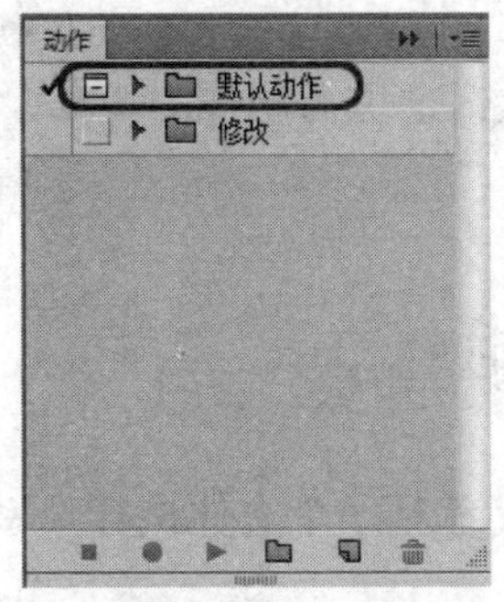


图 10.30　选择【默认动作】动作组

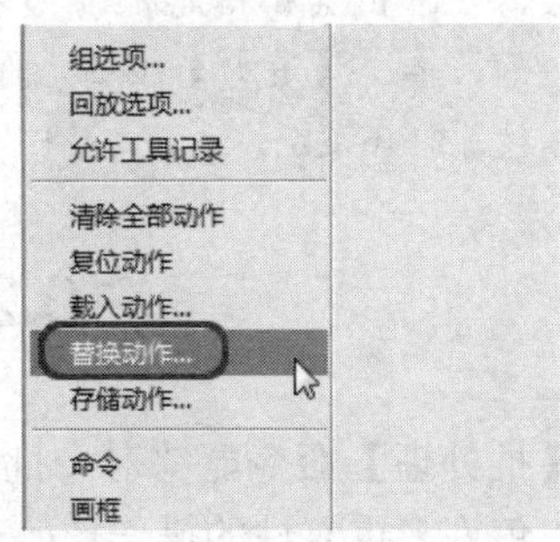


图 10.31　选择【替换动作】命令

(3) 弹出【载入】对话框，选择随书附带光盘中的“CDROM\素材\Cha10\时间倒计时.atn”素材文件，如图 10.32 所示。

(4) 单击【载入】按钮，此时的【动作】面板中的【默认动作】被替换为【时间倒计时】动作，如图 10.33 所示。

图 10.32　【载入】对话框

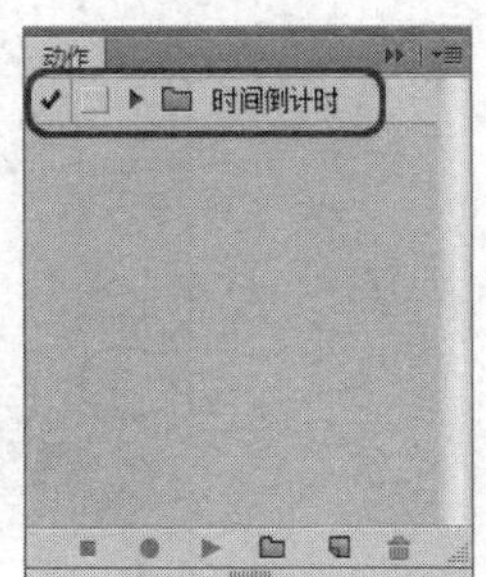


图 10.33　替换的动作组

3. 复位动作

(1) 在【动作】面板中单击面板右上角的【菜单】按钮，在弹出的下拉列表中选择【复位动作】命令，如图 10.34 所示。

(2) 弹出提示对话框，单击【确定】按钮，这样就可以复位动作，如图 10.35 所示。

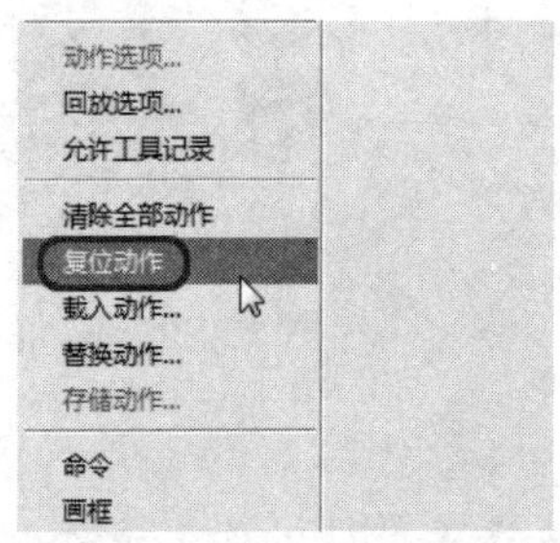


图 10.34　选择【复位动作】命令

图 10.35　复位动作组

**提 示**

复位动作是使用时安装时的默认动作组代替当前面板中的所有动作组，在选择【复位动作】命令后，会弹出提示信息框，如果单击【确定】按钮，即可将【动作】面板恢复到安装时的状态，如果单击【追加】按钮，即可在默认的基础上载入其他的动作，如果单击【取消】按钮，则保持原样不变。

## 10.2　批处理功能

使用【批处理】命令能够对一批文件执行一个动作或者对一个文件执行一系列动作，这样能够避免许多重复性的操作。

选择菜单栏中的【文件】|【自动】|【批处理】命令，即可打开【批处理】对话框，如图 10.36 所示。

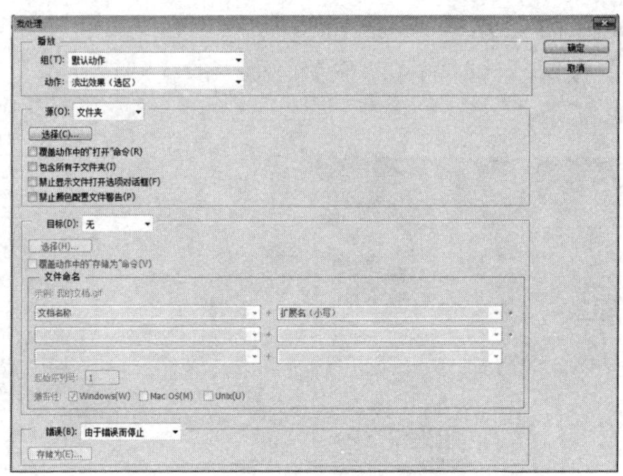


图 10.36　【批处理】对话框

- 【播放】设置区：用于选择需要执行的动作命令。
- 【组】下拉列表框：用于选择动作组，这取决于用户在【动作】面板中加载的动作组。如果用户在【动作】面板中只加载了默认动作组，那么在此下拉列表框中就只有该动作组可以选择。
- 【动作】下拉列表框：用于从动作组中选择一个具体的动作。
- 【源】下拉列表框：选择将要处理的文件来源。它可以是一个文件夹中的所有图像，也可以是导入或打开的图像。

当在【目标】下拉列表框中选择【文件夹】选项时，会有下面几个选项被激活，如图 10.37 所示。

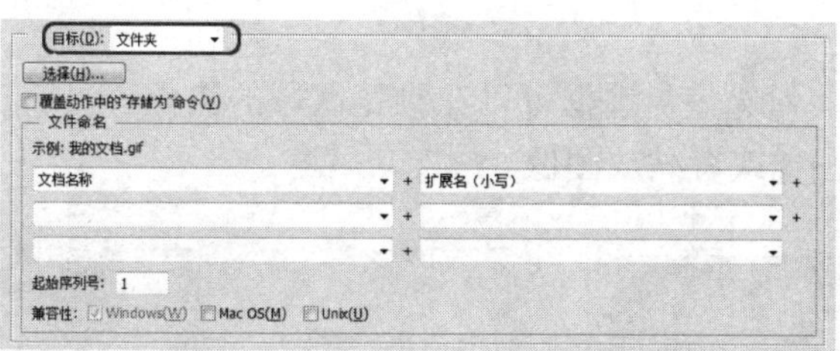


图 10.37　选择【文件夹】选项

- 【选择】按钮：单击此按钮可以浏览选择文件夹。
- 【文件命名】设置区：用于确定文件命名的方式，在该选框中提供有多种命名的方式，这样可以避免重复并且便于查找。
- 【错误】下拉列表框：提供遇到错误时的两种处理方案：一是由于错误而停止；二是将错误记录到文件。

# 10.3　打 印 文 档

当作品制作完成后，需要对其进行打印，下面介绍如何打印文档。

在菜单栏中选择【文件】|【打印】命令，或按 Ctrl+P 组合键，也能弹出【打印】对话框，如图 10.38 所示。

图 10.38　打印设置对话框

### 1. 设置基本打印选项

下面介绍基本打印选项。

- 【打印机】：在该选项的下拉列表中可以选择打印机。
- 【份数】：设置要打印的份数。
- 【页面设置】：单击该按钮，可以打开一个对话框，用来设置纸张的方向等。
- 【位置】：如果勾选【居中】复选框，可以使图像位于可打印区域的中心；如果取消勾选该复选框，则可以在【顶】和【左】选项中输入数值定位图像。也可以在预览区域中移动图像，进行自由定位，从而打印部分图像，如图 10.39 和图 10.40 所示。
- 【定界框】：勾选该复选框可以在预览区域的图像上显示定界框，通过调整定界框可以移动图像或者缩放图像。

图 10.39　勾选【居中】复选框后的效果　　图 10.40　【顶】和【左】都设置为 1 效果

### 2. 设置色彩管理选项

在【打印】对话框中选择【色彩管理】选项，如图 10.41 所示。在面板中可以设置如何调整色彩管理设置以获得尽可能最好的打印效果。

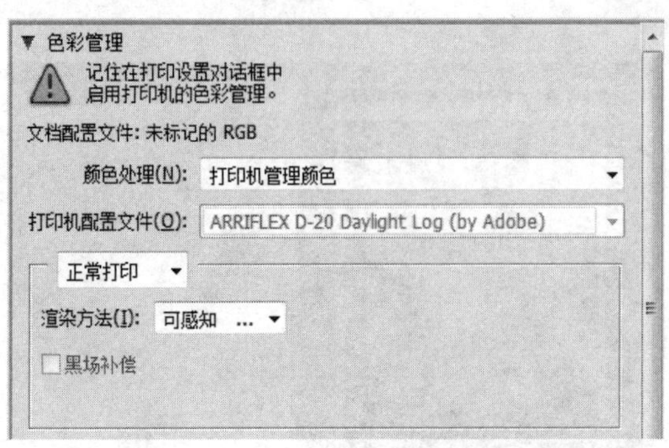


图 10.41　【色彩管理】选项

- 【颜色处理】：用来确定是否使用色彩管理，如果使用，则需要确定将其用在应用程序中，还是打印设备中。

- 【打印机配置文件】：可选择适用于打印机和将要使用的纸张类型的配置文件。
- 【渲染方法】：当打印方式设置为【正常打印】，指定 Photoshop 如何将颜色转换为打印机颜色空间。对于大多数照片而言，【可感知】或【相对比色】是适合的选项。
- 【黑场补偿】：通过模拟输出设备的全部动态范围来保留图像中的阴影细节。
- 【校样设置/模拟纸张颜色/模拟黑色油墨】：当选中【校样】单选按钮时，可在该选项中选择以本地方式存在于硬盘驱动器上的自定校样，以及模拟颜色在模拟设备的纸张上的显示效果，模拟设备的深色的亮度。

### 3. 设置印前输出选项

在打印前可以设置输出选项，以达到输出想要的效果。

- 【打印标记】：可在图像周围添加各种打印标记，包括【角裁剪标志】、【说明】、【中心裁剪标志】、【标签】和【套准标记】的设置。
- 【函数】：单击【函数】选项组中的【背景】、【边界】和【出血】按钮，即可打开相应的选项设置对话框，其中【背景】用于选择要在页面上的图像区域外打印的背景色；【边界】用于在图像周围打印一个黑色边框；【出血】用于在图像内而不是在图像外打印裁切标记。

## 10.4　思考与练习

1. 如何复制动作？
2. 复位动作时应注意什么？

# 第 11 章　项目指导——常用广告艺术文字特效

文字特效在日常生活中随处可见，例如：海报中的文字、广告等。本章将通过对三种文字特效的介绍来巩固一下文字的设置。

## 11.1　玻 璃 文 字

下面制作玻璃文字，完成后的效果如图 11.1 所示。其具体操作步骤如下。

(1) 启动软件后，按 Ctrl+O 组合键，随即弹出【打开】对话框，选择随书附带光盘中的“CDROM\素材\Cha11\玻璃文字.jpg”素材文件，如图 11.2 所示。

图 11.1　玻璃文字

图 11.2　打开的素材

(2) 在工具箱中选择【横排文字工具】，在工具选项栏中将【字体】设为【汉仪超粗宋简】，将【字体大小】设为 18 点，将【字体颜色】设为蓝色，在文档中输入【笑看风云】，如图 11.3 所示。

(3) 打开【图层】面板，选择【笑看风云】图层，按着 Ctrl 键单击图层的缩略图，将其载入选区，完成后的效果如图 11.4 所示。

图 11.3　输入文字

图 11.4　载入选区

(4) 在菜单栏中选择【选择】|【修改】|【收缩】命令，随即弹出【收缩选区】对话框，将【收缩量】设为 2 像素，然后单击【确定】按钮，如图 11.5 所示。

(5) 按 Shift+F6 组合键，打开【羽化选区】对话框，将【羽化半径】设为 2 像素，然后单击【确定】按钮，如图 11.6 所示。

图 11.5　【收缩选区】对话框

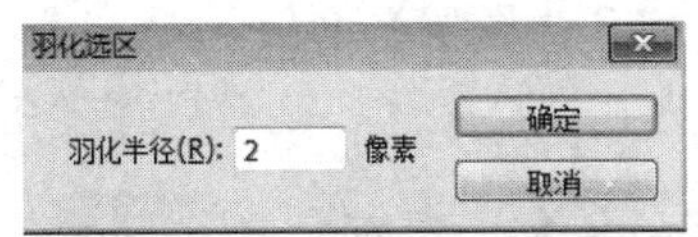


图 11.6　【羽化选区】对话框

(6) 在工具箱中将前景色的 RGB 值设置为 114、160、254，打开【图层】面板，单击【新建图层】按钮，新建【图层 1】，按 Alt+Delete 组合键对其填充前景色，按 Ctrl+D 组合键取消选区，完成效果如图 11.7 所示。

(7) 在工具箱中选择【移动工具】，确认【图层 1】处于选择状态，将键盘上的下方向按键和右方向按键各按一次，完成后的效果如图 11.8 所示。

图 11.7　填充颜色

图 11.8　进行移动

(8) 将“笑看风云”文字载入选区，在菜单栏选择【选择】|【修改】|【收缩】命令，弹出【收缩选区】对话框，在该对话框中将【将收缩量】设为 2 像素，然后单击【确定】按钮，完成后的效果如图 11.9 所示。

(9) 在工具箱中将前景色的 RGB 值设为 153、204、255，然后新建【图层 2】，按 Alt+Delete 组合键，对其填充颜色，完成后的效果如图 11.10 所示。

图 11.9　收缩选区

图 11.10　填充颜色

(10) 在工具箱中选择【矩形选框工具】，将键盘上的上方向键和左方向键各按 3 次，然后按 Shift+F6 组合键，弹出【羽化选区】对话框，将【羽化半径】设为 2 像素，然后单击【确定】按钮，完成后的效果如图 11.11 所示。

(11) 按 Delete 键将选区删除，按 Ctrl+D 组合键，取消选区，然后在工具箱中选择【移动工具】，确认【图层 2】处于选择状态，在键盘上分别按右方向键和下方向键各一次，完成后的效果如图 11.12 所示。

(12) 将“笑看风云”文字载入选区，在菜单栏选择【选择】|【修改】|【收缩】命令，随即弹出【收缩选区】对话框，将【收缩量】设为 2 像素，设置完成后单击【确定】按钮，如图 11.13 所示。

(13) 打开【图层】面板，单击【新建图层】按钮，新建【图层 3】，将前景色设置为白色，并为其填充颜色，其效果如图 11.14 所示。

图 11.11　羽化选区

图 11.12　移动选区

图 11.13　收缩选区

图 11.14　填充颜色

(14) 在工具箱中选择【矩形选框】工具，按键盘上的右方向键和下方向键各两次，然后按 Delete 键删除选区内容，并按 Ctrl+D 组合键取消选区选择，效果如图 11.15 所示。

(15) 在工具箱中选择【移动工具】，按键盘上的左方向键和上方向键各一次，效果如图 11.16 所示。

图 11.15　删除选区内容

图 11.16　进行移动

(16) 打开【图层】面板，选择【笑看风云】图层，单击鼠标右键，在弹出的快捷菜单中选择【混合选项】命令，随即弹出【图层样式】对话框，在该对话框中勾选【投影】选项，将【不透明度】设为 40%，将【距离】设为 5 像素，将【大小】设为 5 像素，然后单击【确定】按钮，如图 11.17 所示。

(17) 添加图层样式后的效果如图 11.18 所示，至此玻璃文字就制作完成，最后将场景文件进行保存。

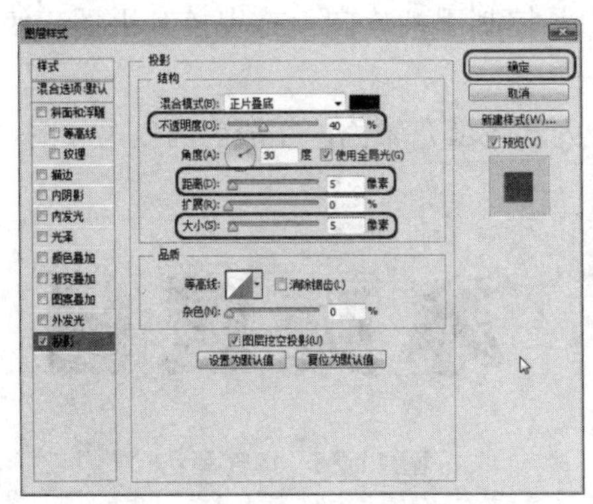

图 11.17　设置【投影】选项

图 11.18　完成后的效果

## 11.2　冰 雪 文 字

下面介绍结冰文字的制作方法，其完成后的效果如图 11.19 所示。

(1) 启动软件后按 Ctrl+O 组合键，随即弹出【打开】对话框，选择随书附带光盘中的“CDROM\素材\Cha11\冰雪文字.jpg”素材文件，如图 11.20 所示。

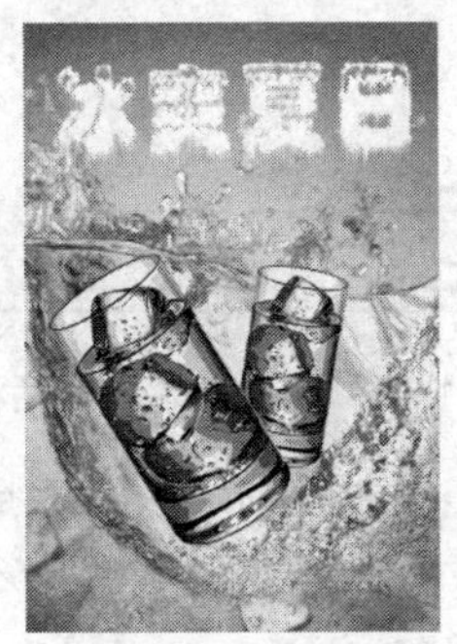

图 11.19　冰雪文字

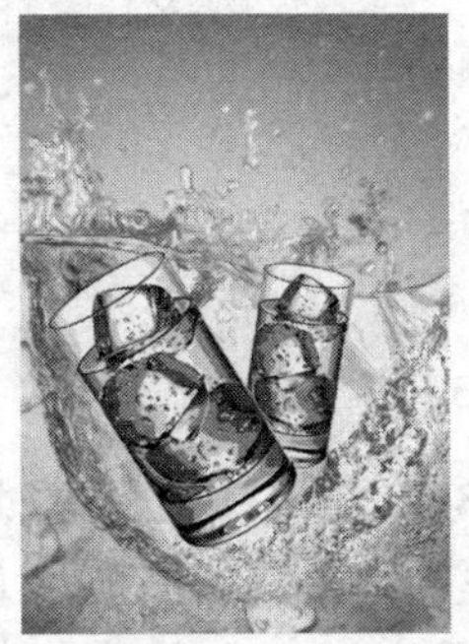

图 11.20　打开的素材文件

(2) 打开【图层】面板，单击【新建图层】按钮，新建【图层 1】，将前景色设为白色，并为其填充颜色，完成后的效果如图 11.21 所示。

(3) 在工具箱中选择【横排文字蒙版工具】，在【工具选项栏】将【字体】设为【汉仪雪峰体简】，将【字体大小】设为 55 点，在场景中输入【清爽夏日】，然后按 Enter 键将其转为选区，如图 11.22 所示。

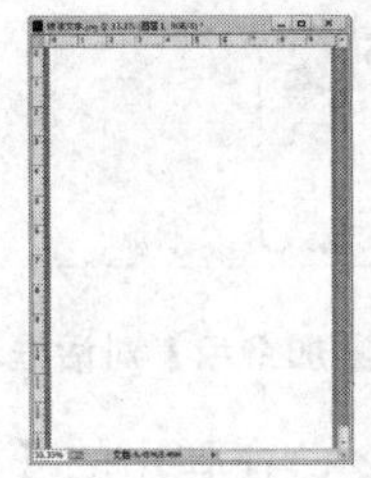

图 11.21　填充颜色

图 11.22　载入选区

(4) 按 Ctrl+T 组合键，此时在选区周围出现了控制手柄，向上拖曳控制手柄，使选区变高，然后按 Enter 键确认，如图 11.23 所示。

(5) 调整完成后，将【前景色】设为黑色，并为选区填充颜色，完成后的效果如图 11.24 所示。

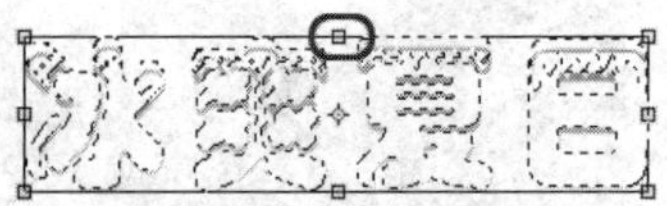


图 11.23 变换选区

图 11.24 填充黑色

(6) 按 Shift+Ctrl+I 组合键对选区进行反选，反选效果如图 11.25 所示。

(7) 在菜单栏中选择【滤镜】|【像素化】|【晶格化】命令，在弹出【晶格化】对话框，将【单元格大小】设为 15，然后单击【确定】按钮，如图 11.26 所示。

图 11.25 进行反选

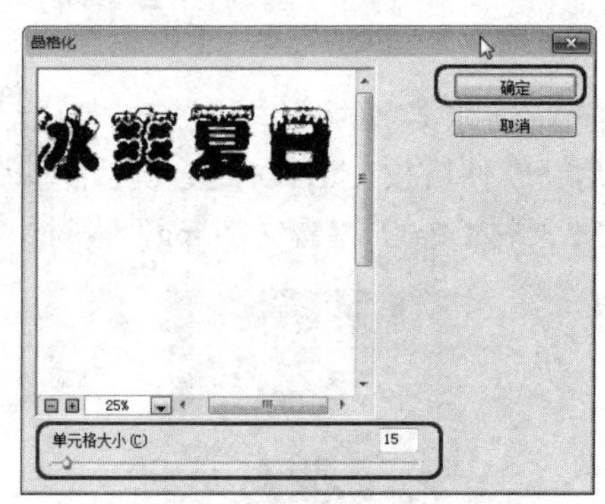


图 11.26 【晶格化】对话框

(8) 再次按 Shift+Ctrl+I 组合键对选区进行反选，反选效果如图 11.27 所示。

(9) 在菜单栏中选择【滤镜】|【杂色】|【添加杂色】命令，弹出【添加杂色】对话框，将【数量】设为 70%，将【分布】设为【高斯分布】，并勾选【单色】复选框，然后单击【确定】按钮，如图 11.28 所示。

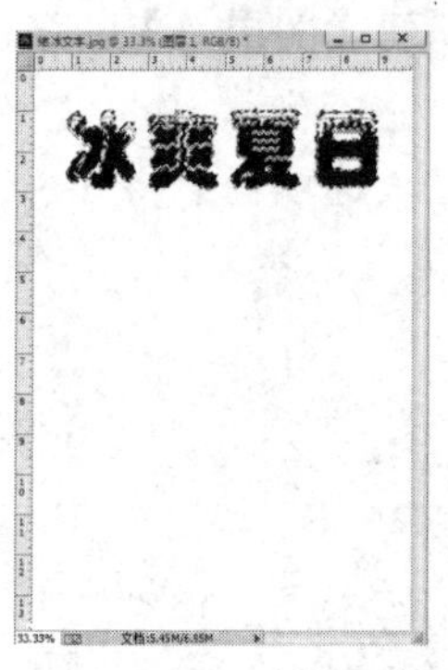


图 11.27 进行反选

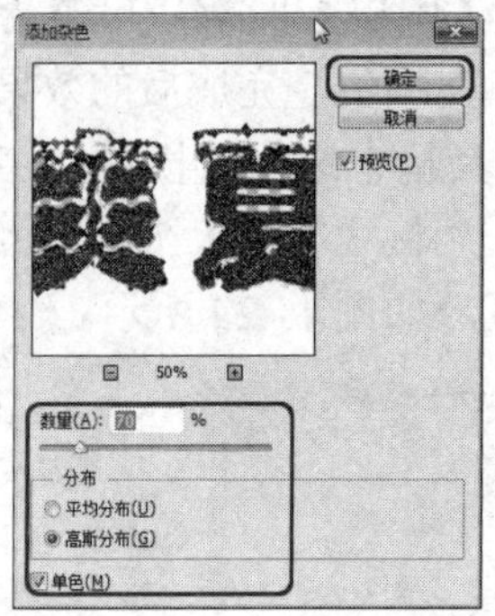


图 11.28 【添加杂色】对话框

(10) 在菜单栏中选择【滤镜】|【模糊】|【高斯模糊】命令，在弹出的【高斯模糊】对话框中将【半径】设为 3 像素，然后单击【确定】按钮，如图 11.29 所示。

(11) 按 Ctrl+D 组合键，取消选区，然后按 Ctrl+M 组合键，打开【曲线】对话框，在该对话框中进行调整，然后单击【确定】按钮，如图 11.30 所示。

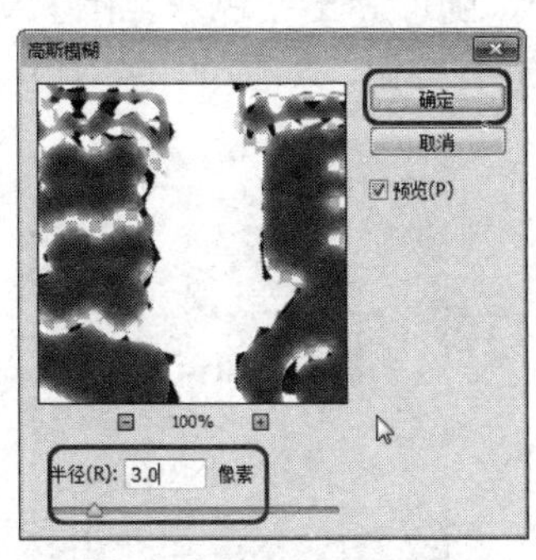


图 11.29　【高斯模糊】对话框

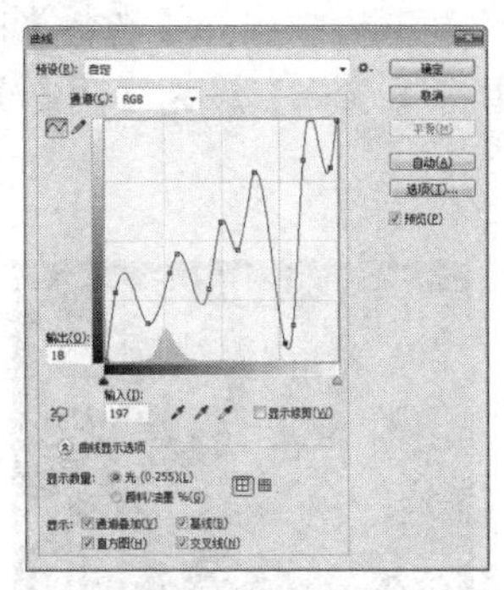

图 11.30　【曲线】对话框

(12) 按 Ctrl+I 组合键对对象进行反向处理，效果如图 11.31 所示。

(13) 在菜单栏中选择【图像】|【图像旋转】|【90 度(顺时针)】命令，对图像进行旋转，完成后的效果如图 11.32 所示。

图 11.31　进行反向

图 11.32　旋转图像

(14) 在菜单栏中选择【滤镜】|【风格化】|【风】命令，在弹出【风】对话框将【方法】设为【风】，【方向】设为【从右】，然后单击【确定】按钮，如图 11.33 所示。

(15) 此时风效果不太明显，然后按 Ctrl+F 组合键，再次执行风效果，完成后的效果如图 11.34 所示。

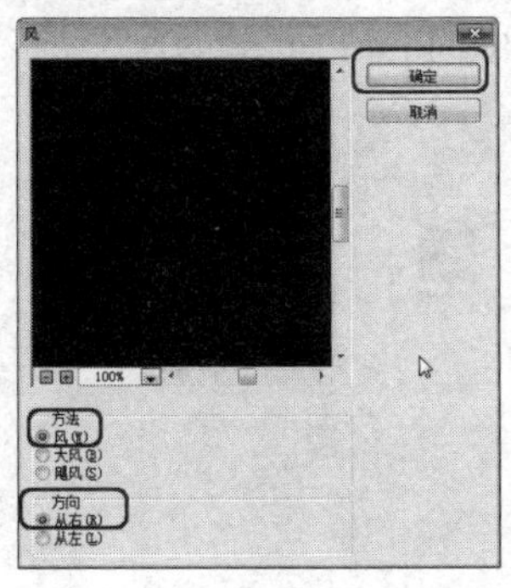

图 11.33　【风】对话框

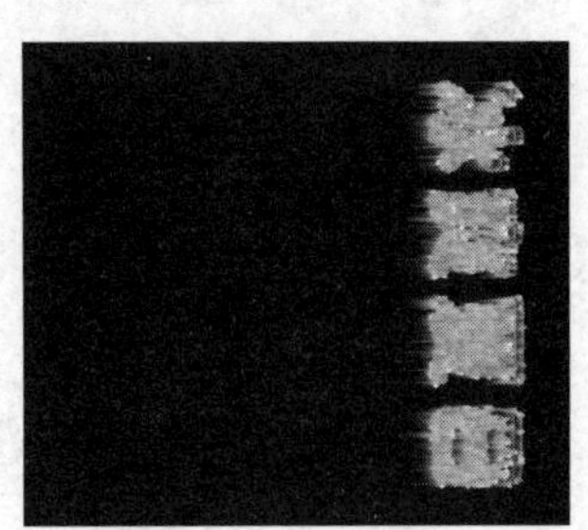

图 11.34　添加风效果

(16) 在菜单栏中选择【图像】|【图像旋转】|【90 度(逆时针)】命令，将图像进行逆时针旋转，完成后的效果如图 11.35 所示。

(17) 在菜单栏中选择【选择】|【色彩范围】命令，随即弹出【色彩范围】对话框，在该对话框中将【选择】设为【阴影】，然后单击【确定】按钮，如图 11.36 所示。

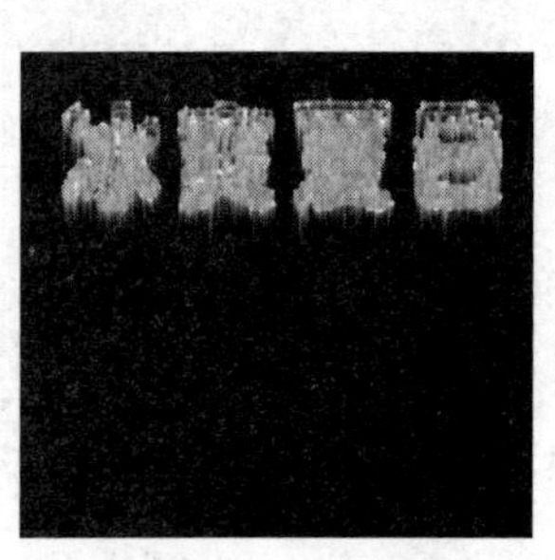

图 11.35　旋转图像

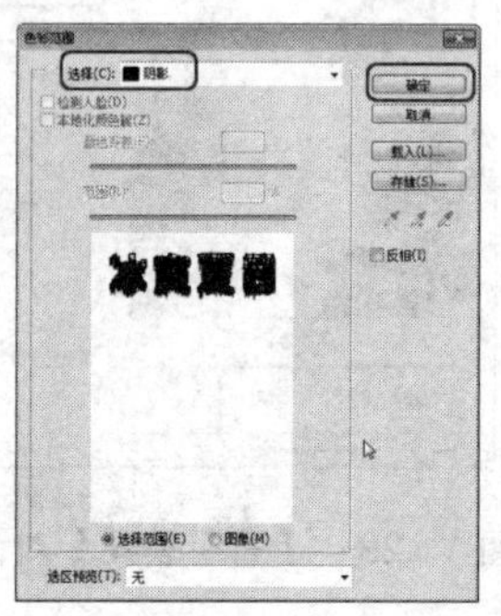

图 11.36　【色彩范围】对话框

(18) 按 Delete 键将选区内容删除，并按 Ctrl+D 组合键取消选区，效果如图 11.37 所示。

(19) 按 Ctrl+U 组合键，打开【色相/饱和度】对话框，在该对话框中勾选【着色】复选框，将【明度】设为+100，然后单击【确定】按钮，如图 11.38 所示。

图 11.37　删除选区内容

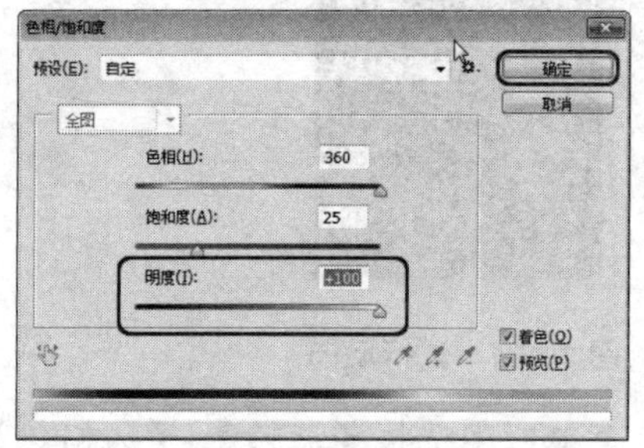


图 11.38　【色相/饱和度】对话框

(20) 设置完成后的效果如图 11.39 所示。

(21) 制作完成后，在菜单栏中选择【文件】|【存储为】对话框，弹出【另存为】对话框，设置正确的名称和格式，然后单击【保存】按钮，如图 11.40 所示。

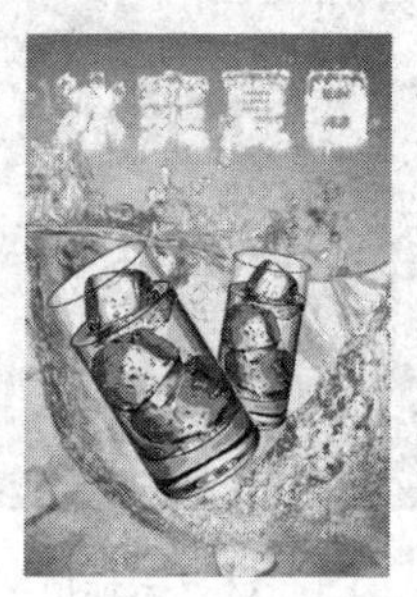

图 11.39　完成后的效果

图 11.40　【另存为】对话框

# 11.3 激 光 文 字

下面制作激光文字，完成的效果如图 11.41 所示。其具体操作步骤如下。

(1) 启动软件，按 Ctrl+N 组合键，弹出【新建】对话框，将【宽度】设为 6200 像素，将【高度】设为 2001 像素，将【分辨率】设为 300 像素，然后单击【确定】按钮，如图 11.42 所示。

图 11.41　激光文字

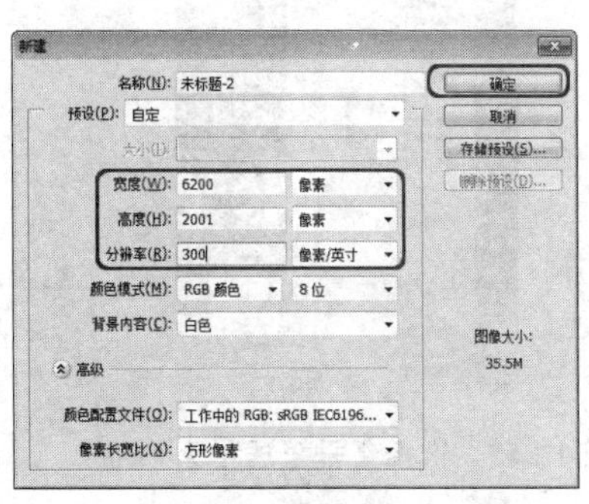


图 11.42　【新建】对话框

(2) 将前景色设为黑色，打开【图层】面板，选择【背景】图层，对其填充黑色，完成后的效果如图 11.43 所示。

(3) 在工具箱中选择【横排文字工具】，在工具选项栏将【字体】设为【经典粗仿黑】，将【字体大小】设为 200 点，将【字体颜色】设为白色，在文档中输入“强势来袭”，如图 11.44 所示。

图 11.43　填充颜色

強勢來襲

图 11.44　输入文字

(4) 打开【图层】面板，选择【强势来袭】图层，单击鼠标右键，在弹出的快捷菜单中选择【栅格化文字】命令，将文字图层转换为普通图层，如图 11.45 所示。

(5) 打开【图层】面板，按 Ctrl 键选择【背景】和【强势来袭】图层，并在该图层单击【链接图层】按钮，如图 11.46 所示。

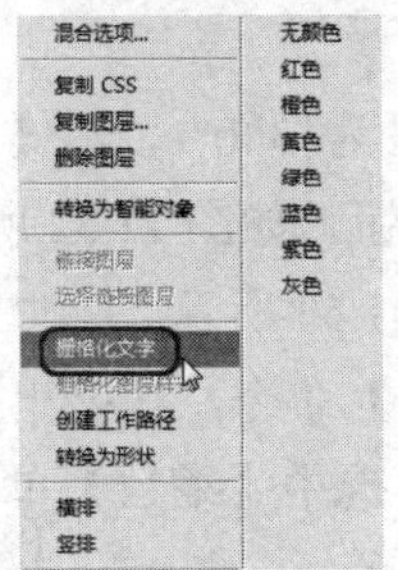


图 11.45　选择【栅格化文字】命令

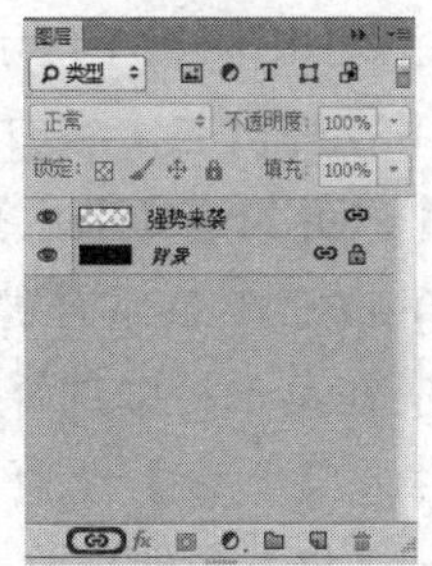


图 11.46　单击【链接图层】按钮

(6) 在菜单栏中选择【图层】|【对齐】|【垂直居中】命令，将文字与背景图层垂直居中对齐，如图 11.47 所示。

(7) 在菜单栏中选择【图层】|【对齐】|【水平居中】命令，将文字与背景图层水平居中对齐，完成后的效果如图 11.48 所示。

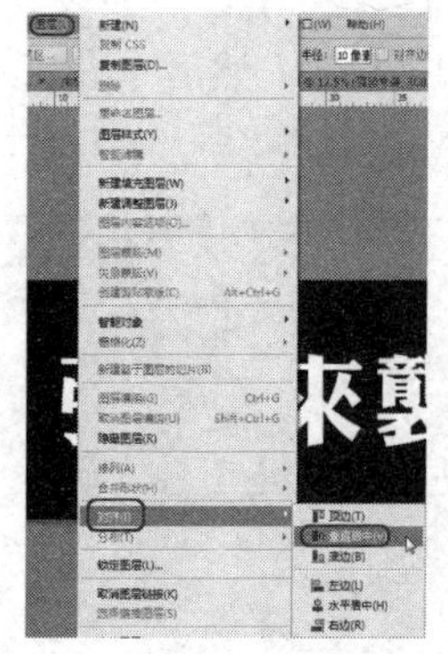

图 11.47　选择【垂直居中】命令

强勢來襲

图 11.48　对齐后的效果

(8) 打开【图层】面板，单击【新建图层】按钮，新建【图层 1】，如图 11.49 所示。

(9) 确认【图层 1】处于选择状态，按 Ctrl 键的同时单击【强势来袭】图层的缩略图，将其载入选区，确认【前景色】是白色，按 Alt+Delete 组合键，填充前景色，并将【强袭来袭】图层隐藏，如图 11.50 所示。

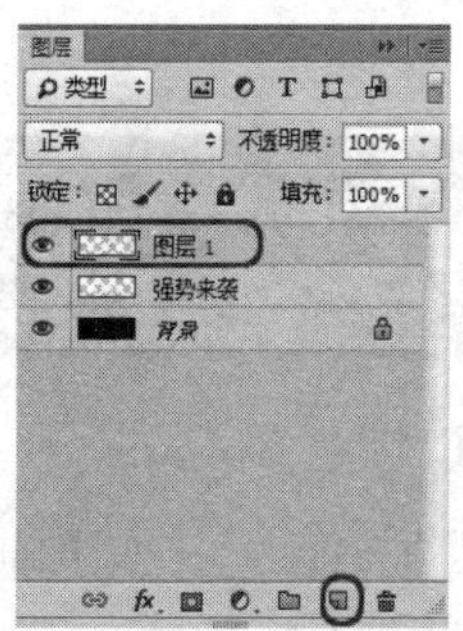


图 11.49　新建【图层 1】

图 11.50　填充颜色

(10) 确认【图层 1】处于选择状态，再在菜单栏中选择【滤镜】|【杂色】|【添加杂色】命令，如图 11.51 所示。

(11) 在弹出的【添加杂色】对话框中，将【数量】设为 300%，将【分布】设为【高斯分布】，并勾选【单色】复选框，然后单击【确定】按钮，如图 11.52 所示。

(12) 按 Ctrl+D 组合键取消选区，完成后的效果如图 11.53 所示。

(13) 在菜单栏中选择【滤镜】|【模糊】|【径向模糊】命令，在弹出的【径向模糊】对话框中将【数量】设为 100，在【模糊方法】选项组下选中【缩放】单选按钮，将【品质】设为【好】，然后单击【确定】按钮，如图 11.54 所示。

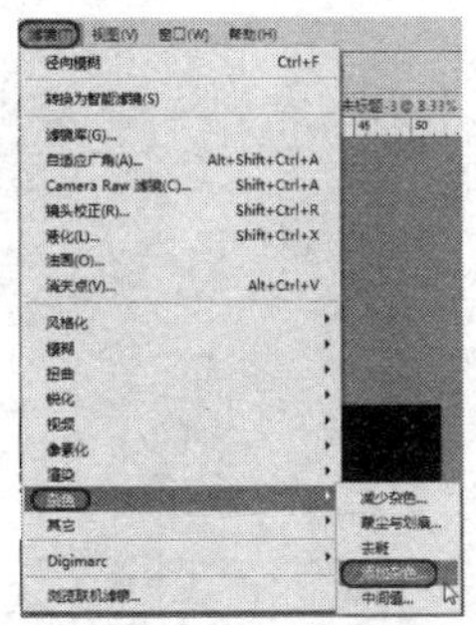
图 11.51　选择【添加杂色】命令

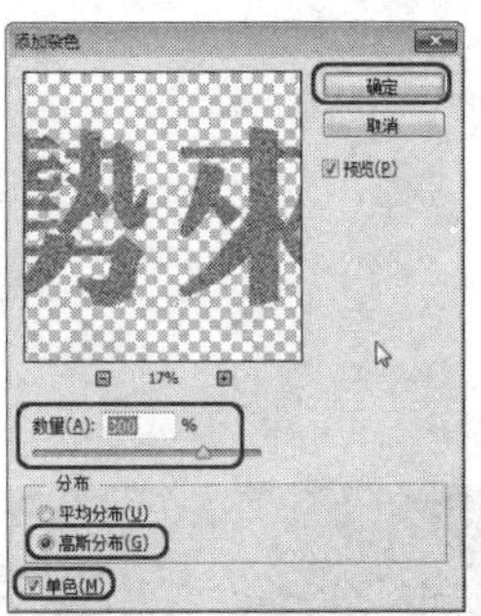
图 11.52　【添加杂色】对话框

图 11.53　添加杂色

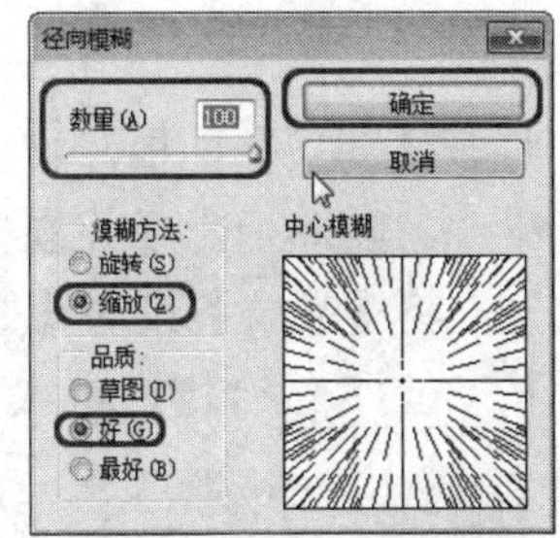

图 11.54　【径向模糊】对话框

(14) 按 Ctrl+F 组合键，再次进行【径向模糊】，完成后的效果如图 11.55 所示。

(15) 打开【图层】面板，选择【图层 1】图层，按 Ctrl+J 组合键，复制该图层，选择【图层 1 拷贝】图层，然后在菜单栏中选择【滤镜】|【锐化】|【USM 锐化】命令，在弹出的【USM 锐化】对话框中将【数量】设为 500%，将【半径】设为 10 像素，如图 11.56 所示。

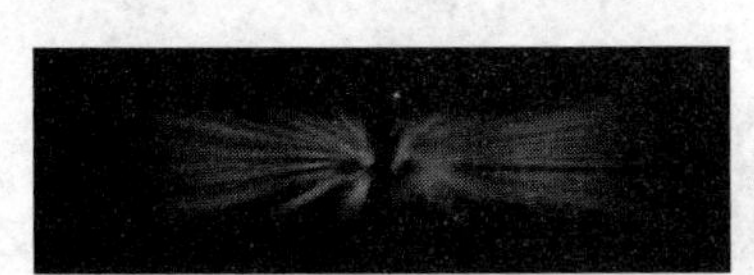
图 11.55　添加【径向模糊】后的效果

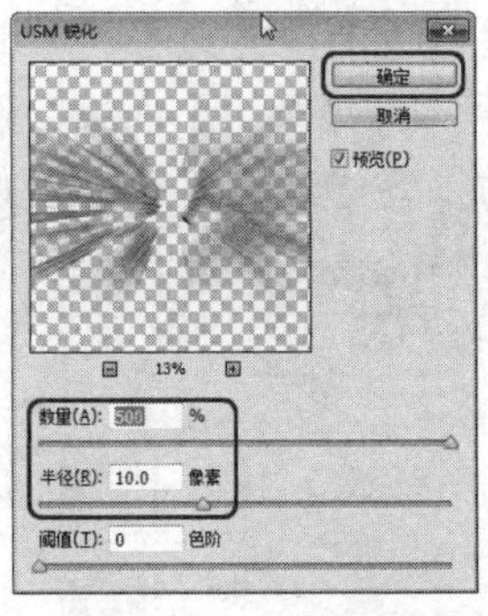
图 11.56　【USM 锐化】对话框

(16) 打开【图层】面板，将【图层 1】隐藏，在菜单栏中选择【滤镜】|【模糊】|【径向模糊】命令，打开【径向模糊】对话框，在该对话框中将【数量】设为 100，将【模糊方法】设为【缩放】，将【品质】设为【好】，然后单击【确定】按钮，如图 11.57 所示。

(17) 打开【图层】面板，选择【图层 1】图层，按 Ctrl+J 组合键，复制该图层，选择【图层 1 拷贝】图层，然后在菜单栏中选择【滤镜】|【锐化】|【USM 锐化】命令，在弹出的【USM 锐化】对话框中将【数量】设为 500%，将【半径】设为 10 像素，如图 11.58

所示。

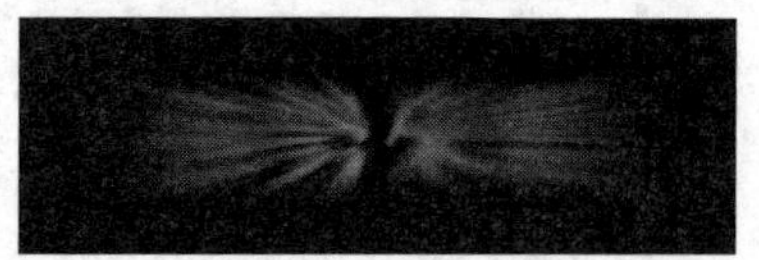

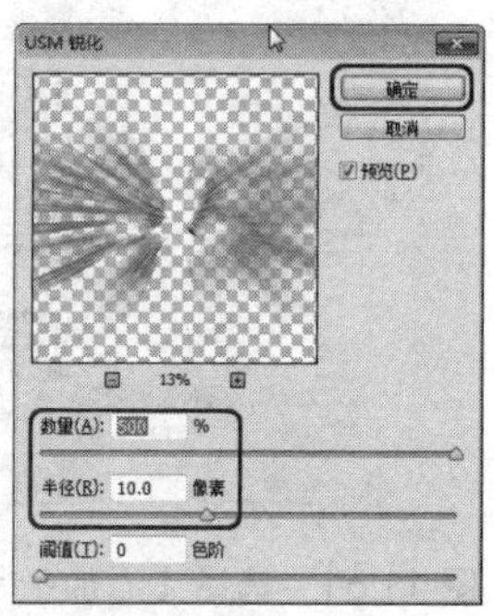


图 11.57　添加【径向模糊】后的效果　　图 11.58　【USM 锐化】对话框

(18) 打开【图层】面板，将【图层 1】隐藏，在菜单栏中选择【滤镜】|【模糊】|【径向模糊】命令，随即弹出【径向模糊】对话框，将【数量】设为 100，将【模糊方法】设为【缩放】，将【品质】设为【好】，然后单击【确定】按钮，如图 11.59 所示。

(19) 按 Ctrl+F 组合键，再次对其进行【径向模糊】，完成后的效果如图 11.60 所示。

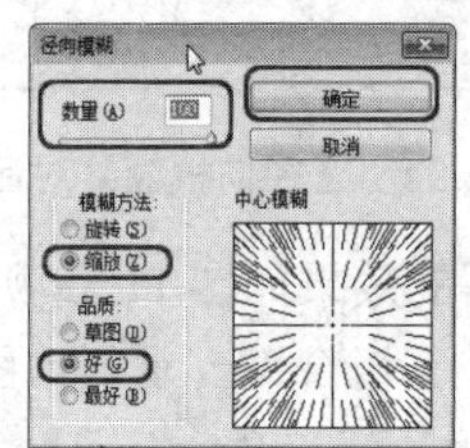


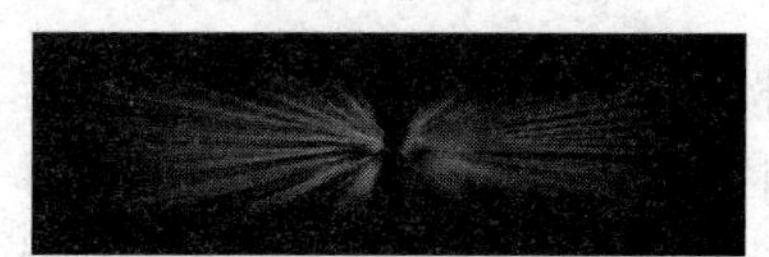

图 11.59　【径向模糊】对话框　　图 11.60　添加【径向模糊】后的效果

(20) 打开【图层】面板，将【图层 1】显示，然后将【图层 1 拷贝】图层的图层模式设置为【滤色】，将其【不透明度】设为 50%，如图 11.61 所示。

(21) 打开【图层】面板，选择【强势来袭】图层，将其显示，并拖曳至【图层】面板的最上方，完成后的效果如图 11.62 所示。

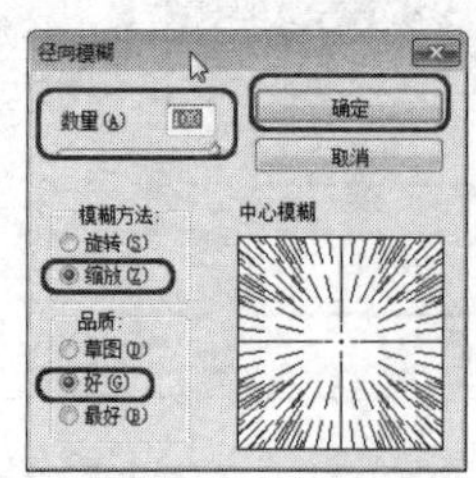

图 11.61　【径向模糊】对话框　　图 11.62　添加【径向模糊】后的效果

(22) 选择【强势来袭】图层并双击，弹出【图层样式】对话框，在该对话框分别勾选【斜面和浮雕】、【外发光】和【内发光】三个复选框，其参数保持默认值，完成后的效果如图 11.63 所示。

(23) 打开【图层】面板，单击面板底部的【创建新的填充和新的图层】按钮，在弹出的下拉列表中选择【色相/饱和度】命令，随即弹出【属性】面板，勾选【着色】复选

框，将【色相】设为 176，将【饱和度】设为 67，如图 11.64 所示。

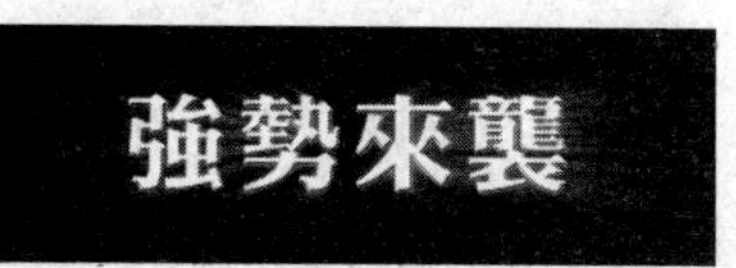


图 11.63　添加图层样式后的效果

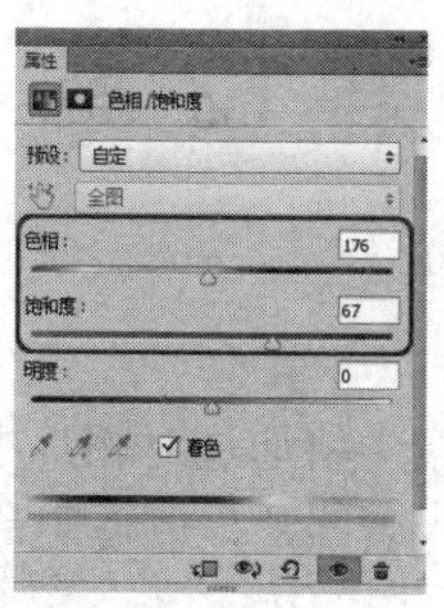


图 11.64　【属性】面板

(24) 在菜单栏中选择【文件】|【存储】命令，随即弹出【另存为】对话框，设置正确的名称及格式，然后单击【保存】按钮，如图 11.65 所示。

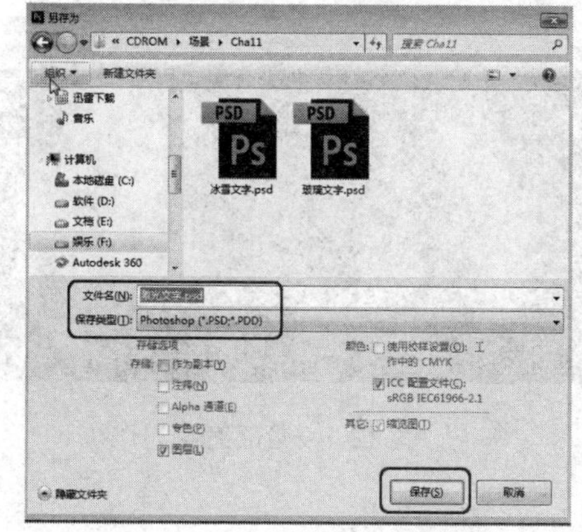


图 11.65　【另存为】对话框

# 第 12 章　项目指导——数码照片修饰与图像合成

在本章中将通过对相片中人物的脸部美白、牙齿美白、消除眼袋、添加唇彩以及使数码照片变为老照片，以使照片更加美观。

## 12.1　脸 部 美 容

在本节中将通过为照片中的人物进行美容，使得大家了解如何对照片进行修饰，效果如图 12.1 所示。

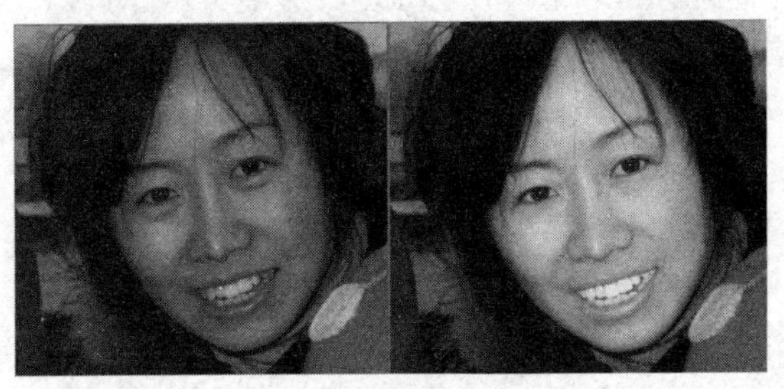

图 12.1　脸部美容

### 12.1.1　美白皮肤

下面来介绍美白皮肤的方法，具体的操作步骤如下。

(1) 在菜单栏中选择【文件】|【打开】命令，在弹出的对话框中打开随书附带光盘中的“CDROM\素材\Cha12\脸部美容.jpg”文件，如图 12.2 所示。

(2) 对图像进行放大，在工具选项栏中选择【污点修复画笔工具】，在工具选项栏中，将画笔大小设置为 15，然后在图像中单击斑点进行修复，如图 12.3 所示。

图 12.2　打开的素材文档

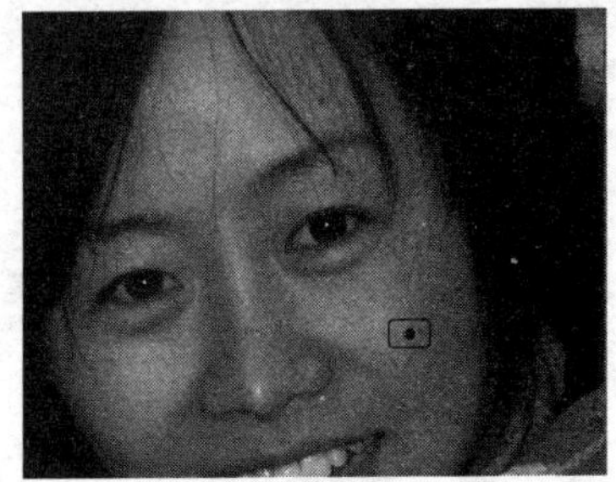

图 12.3　修复斑点

(3) 使用同样的方法祛除人物脸部其他的斑点和疤痕，效果如图 12.4 所示。

(4) 在工具箱中选择【多边形套索工具】，在工具选项栏中将【羽化】设置为 20，在图像中选择人物的脸部区域，效果如图 12.5 所示。

图 12.4　去除斑点和疤痕

图 12.5　选取脸部

(5) 按 Ctrl+J 组合键，将选区内的图像拷贝到【图层 1】上，效果如图 12.6 所示。

(6) 在【图层】面板中将【图层 1】的【混合模式】设置为【滤色】，如图 12.7 所示。

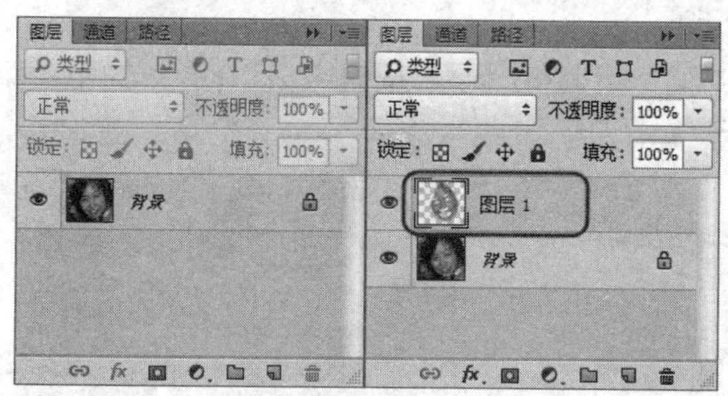

图 12.6　拷贝选区

图 12.7　选择【色阶】命令

(7) 在【图层】面板中确认选中通过拷贝得到的【图层 1】，在菜单栏中选择【图像】|【调整】|【色阶】命令，如图 12.8 所示。

(8) 在打开的【色阶】对话框中，将【输入色阶】选项组下的文本框从左至右分别输入 15、1、255，然后单击【确定】按钮，如图 12.9 所示。

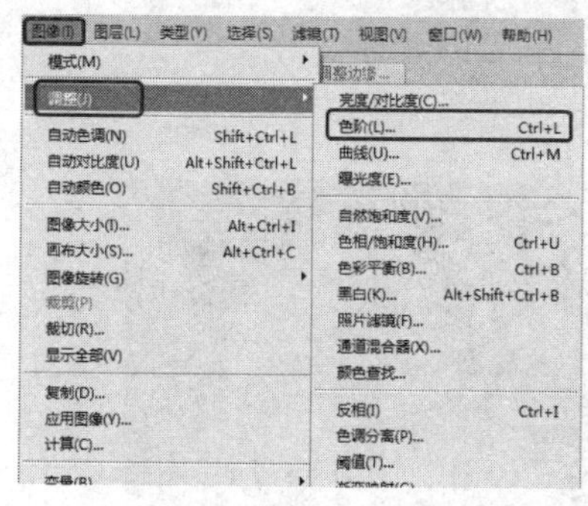

图 12.8　选择【色阶】命令

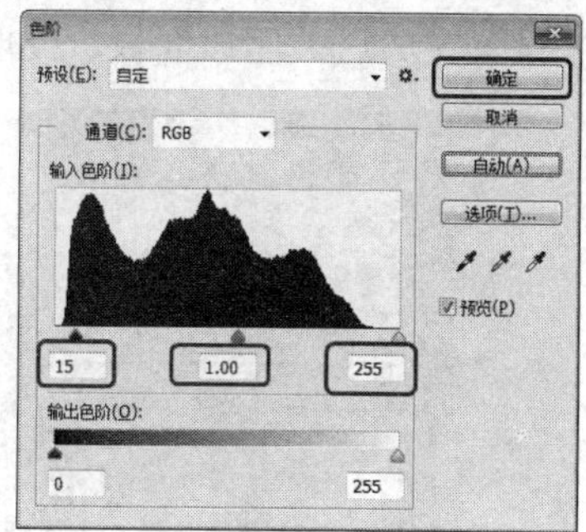

图 12.9　设置【色阶】参数

(9) 按 Ctrl+E 组合键，将图层合并，如图 12.10 所示。

(10) 脸部美白的效果已经完成，如图 12.11 所示。

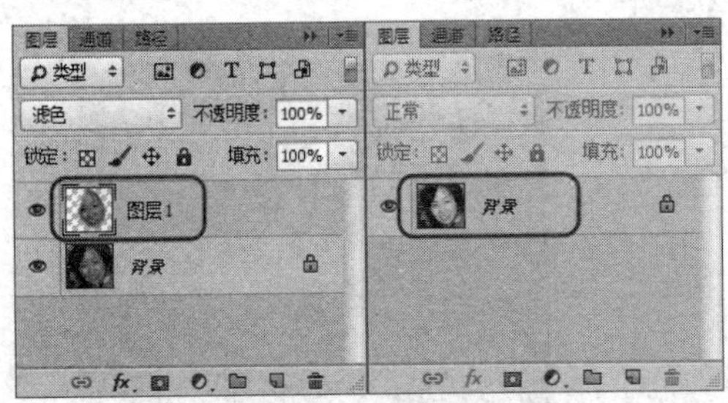


图 12.10　合并图层

图 12.11　美白皮肤后的效果

## 12.1.2　美白牙齿

下面来介绍美白牙齿的方法，具体的操作步骤如下。

(1) 继续上面的操作，在【图层】面板中将【背景】图层拖曳至【创建新图层】按钮上，即可拷贝背景图层，如图 12.12 所示。

(2) 在【图层】面板中单击【创建新的填充或调整图层】按钮，在弹出的下拉菜单中选择【可选颜色】命令，如图 12.13 所示。

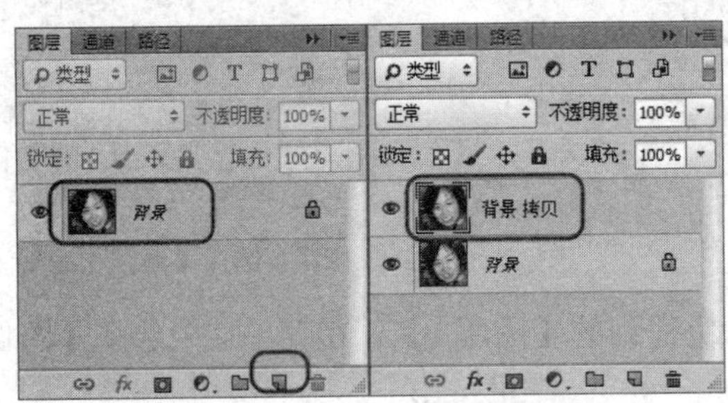


图 12.12　拷贝图层

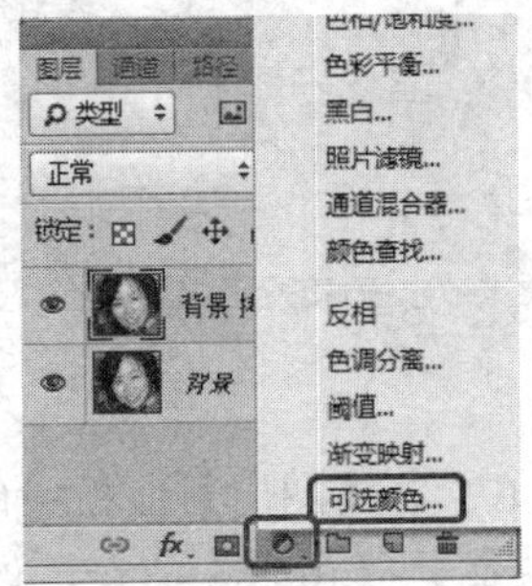


图 12.13　选择【可选颜色】命令

(3) 在弹出的【属性】对话框中将【洋红】设置为-15，如图 12.14 所示。

(4) 设置完成后关闭该面板，此时图像的效果如图 12.15 所示。

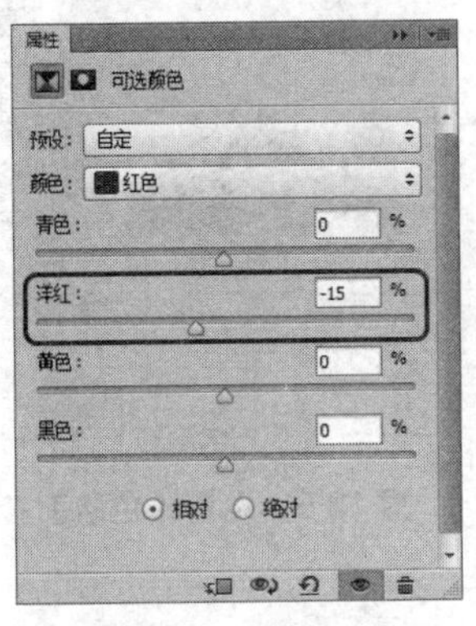


图 12.14　设置颜色

图 12.15　设置颜色后的效果

(5) 在工具箱中选择【缩放工具】，在工具选项栏中单击【放大】按钮，将人物

的嘴放大，如图 12.16 所示。

(6) 在工具箱中选择【多边形套索工具】，在工具选项栏中单击【添加到选区】按钮，将【羽化】设置为 1，然后在图像中选取人物的牙齿，如图 12.17 所示。

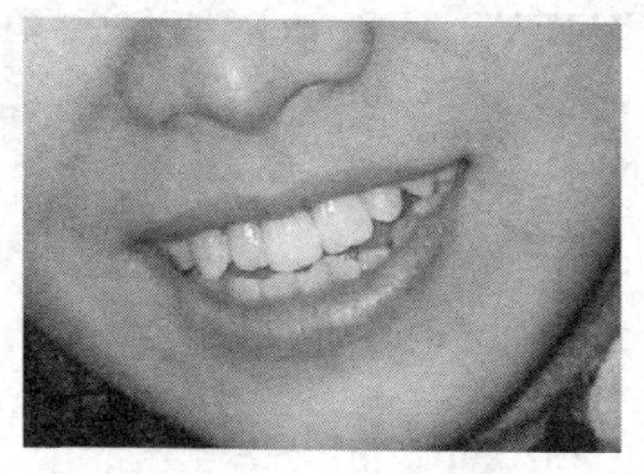

图 12.16　放大嘴部

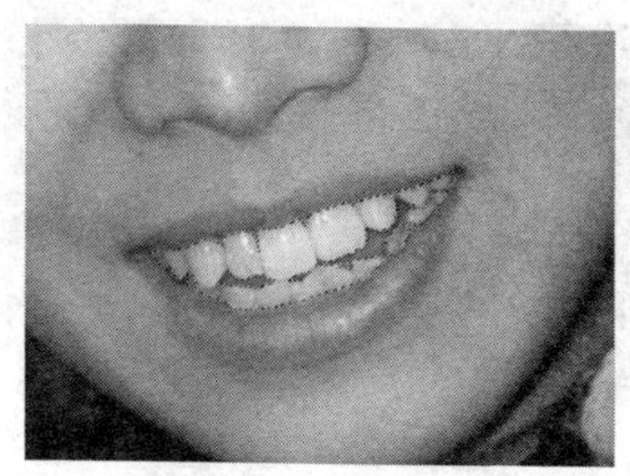

图 12.17　选择牙齿

(7) 在工具箱中选择【减淡工具】，在工具选项栏中将画笔大小设置为 45，【曝光度】设置为 50%，在图层面板中选择【背景拷贝】图层，在选区中进行涂抹，直至牙齿变白，效果如图 12.18 所示。

(8) 按 Ctrl+D 组合键取消选区，牙齿美白的效果已经制作完成，在文件中进行缩放使图像适合屏幕大小，如图 12.19 所示。

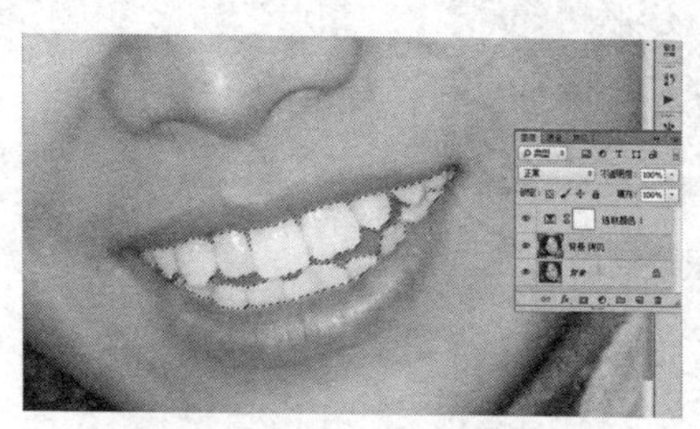

图 12.18　涂抹牙齿

图 12.19　牙齿美白后的效果

## 12.1.3　消除眼袋

下面介绍去除人物眼袋的方法，具体操作步骤如下。

(1) 继续上面的操作，按 Ctrl+Shift+E 组合键，合并可见图层，使用【缩放工具】将人物眼部放大，如图 12.20 所示。

(2) 在工具箱中选择【修补工具】，然后在图像中绘出眼袋区域的选区，绘制完成后释放鼠标，如图 12.21 所示。

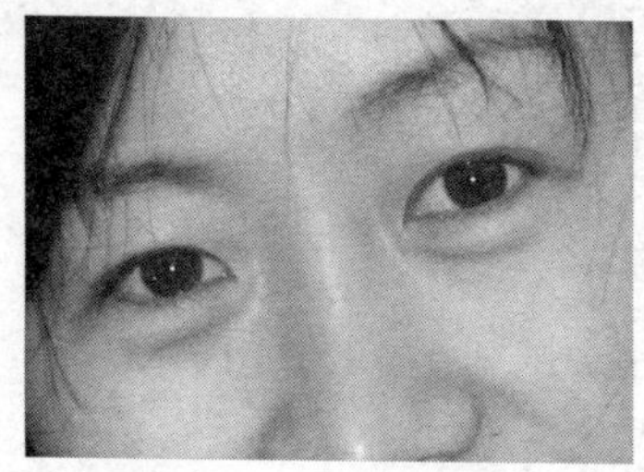

图 12.20　放大眼部

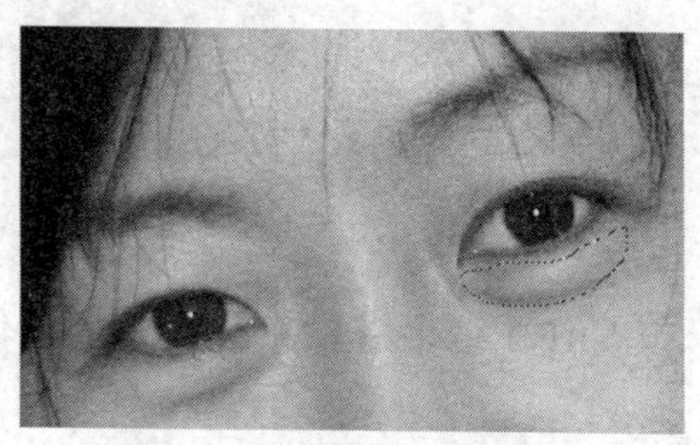

图 12.21　选取眼袋区域

(3) 选取完成后，在选区中单击鼠标向下拖曳眼袋处将被下方的皮肤遮盖，如图 12.22 所示。

(4) 拖曳至合适的位置释放鼠标，按 Ctrl+D 组合键取消选区，效果如图 12.23 所示。

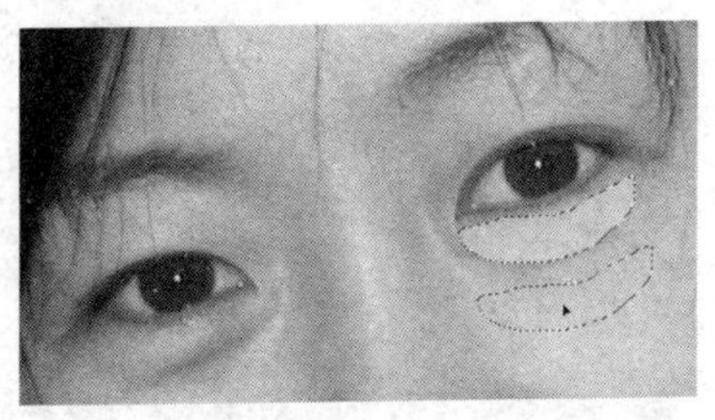

图 12.22 拖动选区

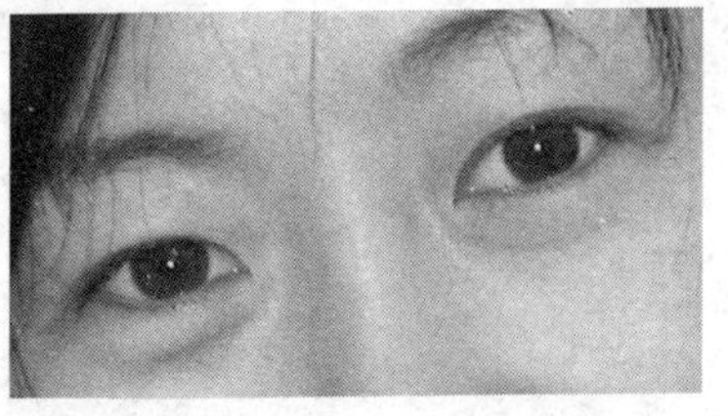

图 12.23 移动选区后的效果

(5) 使用相同的方法去除剩余的眼袋区域，效果如图 12.24 所示。至此去除眼袋就制作完成了。

图 12.24 去除眼袋后的效果

## 12.1.4 添加唇彩

下面介绍为人物添加唇彩的方法，具体操作步骤如下。

(1) 继续上面的操作，在工具箱中选择【缩放工具】，将人物的嘴部放大，如图 12.25 所示。

(2) 在工具箱中选择【多边形套索工具】，在工具选项栏中将【羽化】设置为 3，在图像中选取人物的嘴唇区域，如图 12.26 所示。

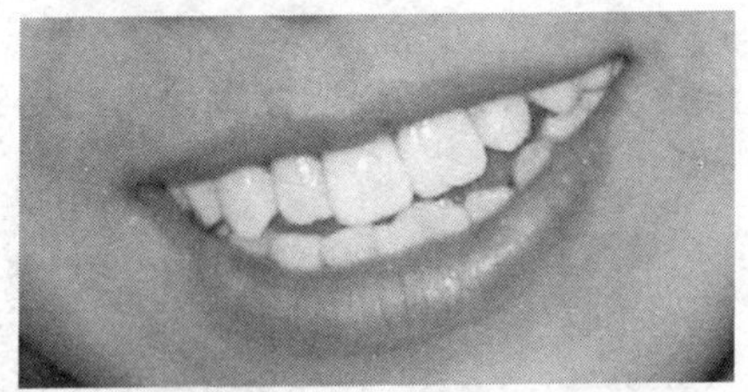

图 12.25 将人物的嘴部放大

(3) 按 Ctrl+J 组合键，将选区中的图像复制到新图层中，如图 12.27 所示。

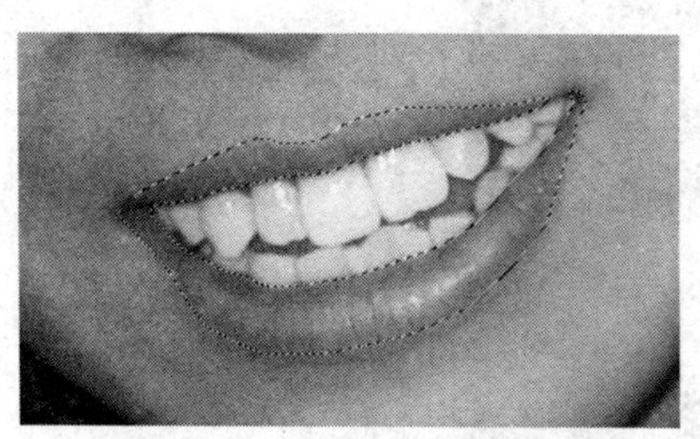

图 12.26　选取人物的嘴唇区域

图 12.27　复制选区到新图层

(4) 在菜单栏中选择【滤镜】|【杂色】|【添加杂色】命令，如图 12.28 所示。

(5) 在弹出的【添加杂色】对话框中，将【数量】设置为 5，选中【平局分布】单选按钮，勾选【单色】复选框，如图 12.29 所示。

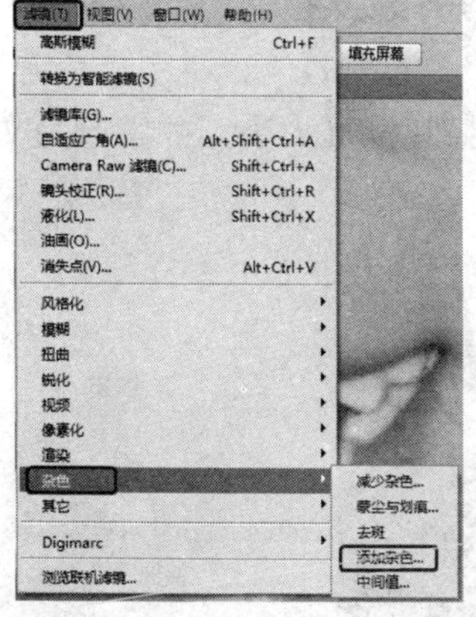


图 12.28　选择【添加杂色】命令

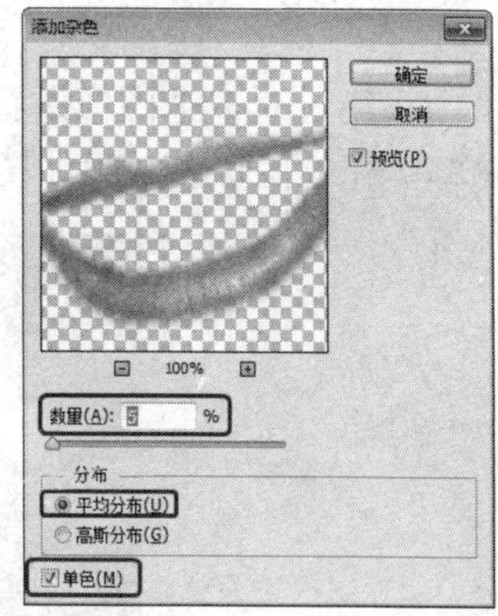


图 12.29　设置杂色参数

(6) 单击【确定】按钮，添加杂色后的效果如图 12.30 所示。

(7) 按 Ctrl+U 组合键，打开【色相/饱和度】对话框，在该对话框中将【色相】设置为 0，【饱和度】设置为-10，【明度】设置为 19，如图 12.31 所示。

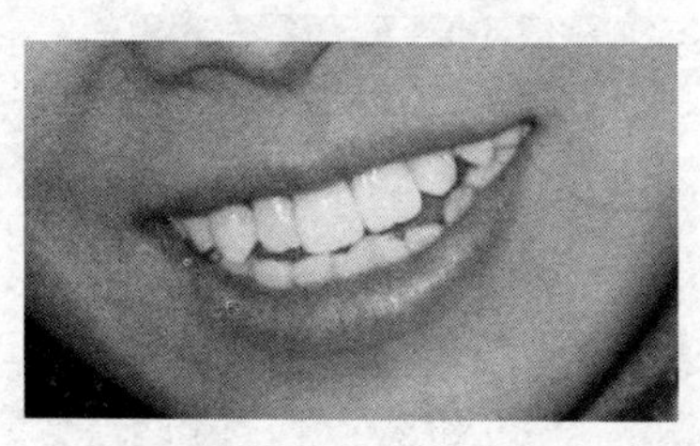

图 12.30　添加杂色后的效果

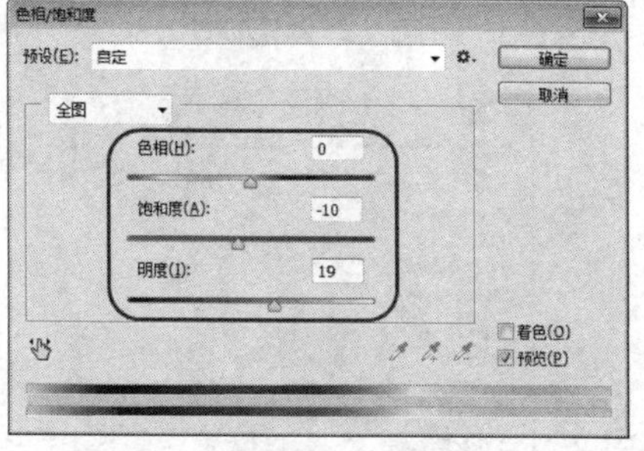


图 12.31　【色相/饱和度】对话框

(8) 设置完成后单击【确定】按钮，设置色相/饱和度后的效果，如图 12.32 所示。至此为人物添加唇彩就制作完成。

图 12.32　添加唇彩后的效果

(9) 至此脸部美容就制作完成了，对完成后的场景进行保存即可。

## 12.2　婚纱照片后期处理

在本节中将通过对多个图像进行合成在一起，调整其位置大小，并学习为文字变形，从而得到一幅美丽的图像，效果如图 12.33 所示。

图 12.33　婚纱照片后期处理

下面介绍如何对图像进行合成的方法，具体操作步骤如下。

(1) 启动软件后，在菜单栏中选择【文件】|【打开】命令，如图 12.34 所示。

(2) 在打开的【打开】对话框中，选择随书附带光盘中的“CDROM\素材\Cha12\背景.jpg”文件，如图 12.35 所示。

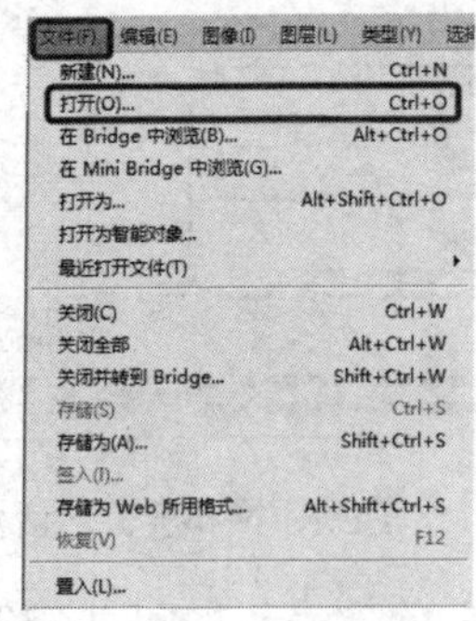


图 12.34　选择【打开】命令

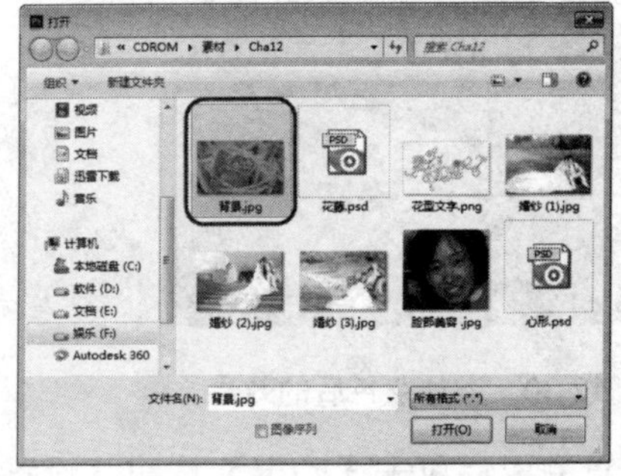


图 12.35　选择素材

(3) 单击【打开】按钮，将文件打开后的效果如图 12.36 所示。

(4) 打开【图层】面板，单击【创建新图层】按钮，在菜单栏中选择【文件】|【置入】命令，如图 12.37 所示。

图 12.36　打开的素材

图 12.37　选择【置入】命令

(5) 在打开的【置入】对话框中选择随书附带光盘中的“CDROM\素材\Cha12\心形.psd”文件，如图 12.38 所示。

(6) 单击【置入】按钮后，效果如图 12.39 所示。

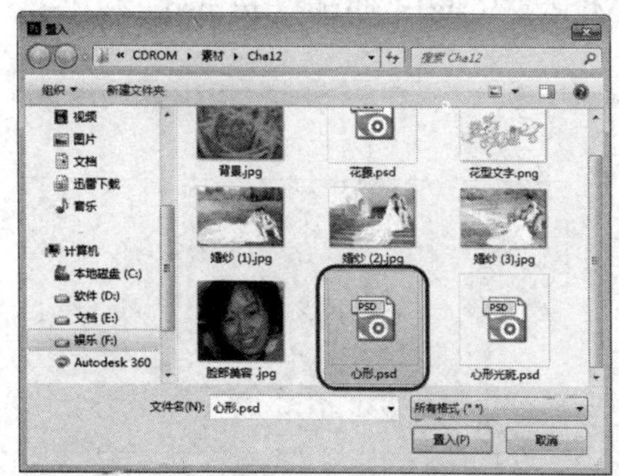

图 12.38　选择置入的文件

图 12.39　置入素材的效果

(7) 在置入的素材上单击鼠标并拖曳，调整置入素材的位置，按 Enter 键确定变换，效果如图 12.40 所示。

(8) 使用同样的方法新建图层，并置入随书附带光盘中的“CDROM\素材\Cha12\婚纱(1) .psd”文件，置入文件后调整文件的大小、角度和位置，效果如图 12.41 所示。

图 12.40　调整置入的素材

图 12.41　置入素材并调整

(9) 打开【图层】面板，选择【婚纱(1) 】图层，单击【添加图层蒙版】按钮，即可为选中的图层添加图层蒙版，如图 12.42 所示。

(10) 在工具箱中选择【画笔工具】，按 D 键将前景色与背景色切换至默认设置，在工具选项栏中选择一个柔边圆笔触，将【不透明度】设置为 50%，在置入的图像上进行涂抹，涂抹后的效果如图 12.43 所示。

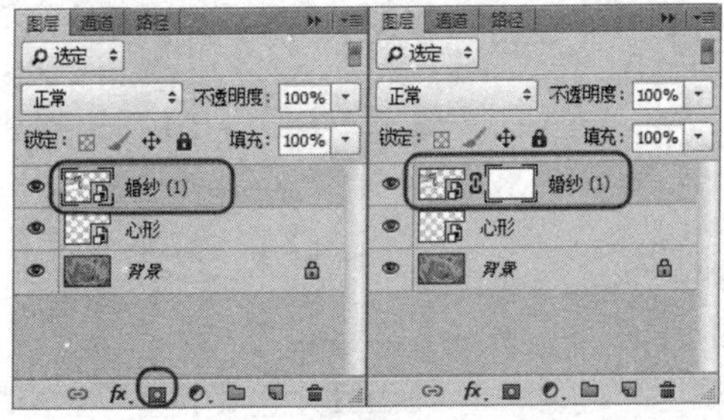

图 12.42 添加图层蒙版

图 12.43 涂抹后的效果

(11) 使用同样的方法新建图层、置入素材文件，并添加图层蒙版进行涂抹，效果如图 12.44 所示。

(12) 在菜单栏中选择【文件】|【打开】命令，或者按 Ctrl+O 组合键，打开【打开】文件对话框，选择随书附带光盘中的“CDROM\素材\Cha12\心形光斑.psd”文件，单击【打开】按钮，效果如图 12.45 所示。

图 12.44 置入素材并调整

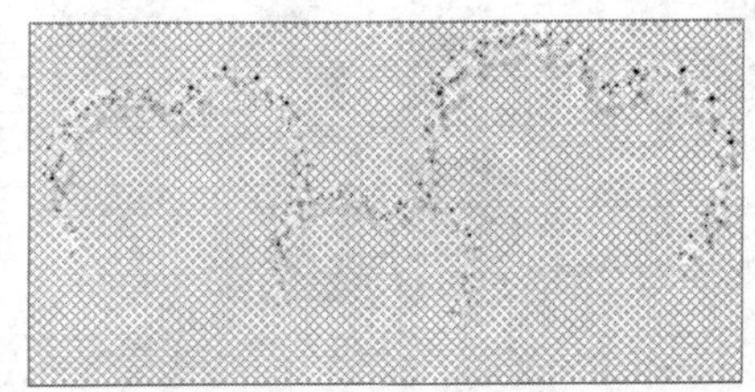

图 12.45 打开的素材文件

(13) 在工具箱中选择【移动工具】，在心形光斑文件的图像上单击鼠标并拖曳至背景文件名称上，切换至背景文件中，在该文件的图像上释放鼠标即可将心形光斑文件拖曳至背景文件中，如图 12.46 所示。

(14) 按 Ctrl+T 组合键，切换至自由变换，调整心形光斑的大小与位置，按 Enter 键确认变换，效果如图 12.47 所示。

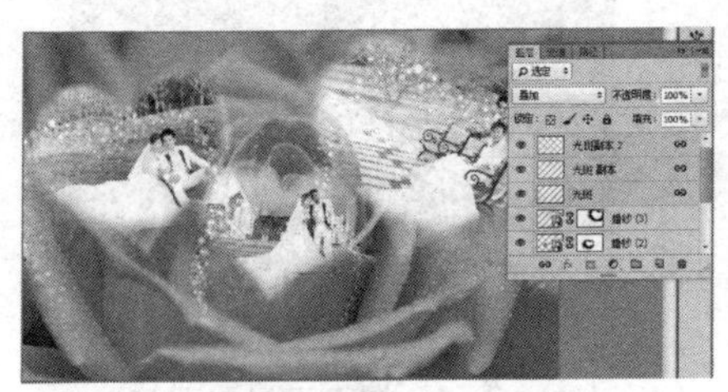

图 12.46 拖入素材

图 12.47 调整拖入的素材

(15) 使用同样的方法打开“花藤.psd”素材文件，将其拖入背景文件中，并调整素材的大小与位置，效果如图 12.48 所示。

(16) 在工具箱中选择【横排文字工具】T，在工具选项栏中，将【字体】设置为方正姚体，将【字体大小】设置为 170，将颜色设置为白色，在文件中输入文字，如图 12.49 所示。

图 12.48　拖入其他素材并调整

图 12.49　输入文字

(17) 打开【图层】面板，选择创建的文字图层并右击，在弹出的快捷菜单中选择【转换为形状】命令，如图 12.50 所示。

(18) 确认刚才转换为形状的图层处于选中状态，在工具箱中选择【直接选择工具】，调整文字的锚点，使文字变形，在变形期间可以通过钢笔工具添加锚点和删除锚点，调整完成后的效果如图 12.51 所示。

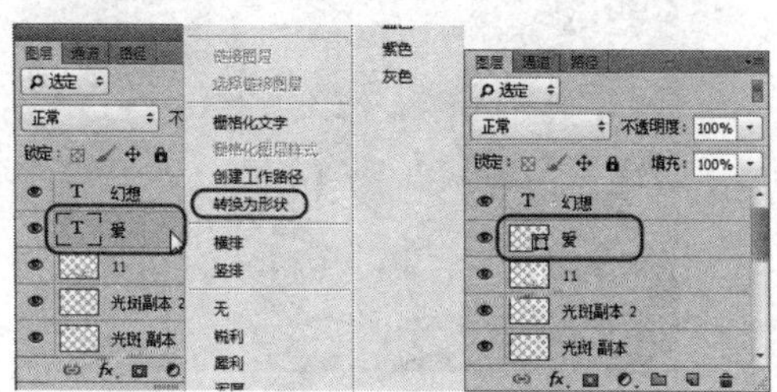


图 12.50　将文字转换为路径

图 12.51　变形文字

(19) 使用同样方法使其他文字转换为形状并进行变形，效果如图 12.52 所示。

(20) 打开【图层】面板，双击【爱】形状图层右侧的空白处，打开【图层样式】对话框，如图 12.53 所示。

图 12.52　将所有文字变形后的效果

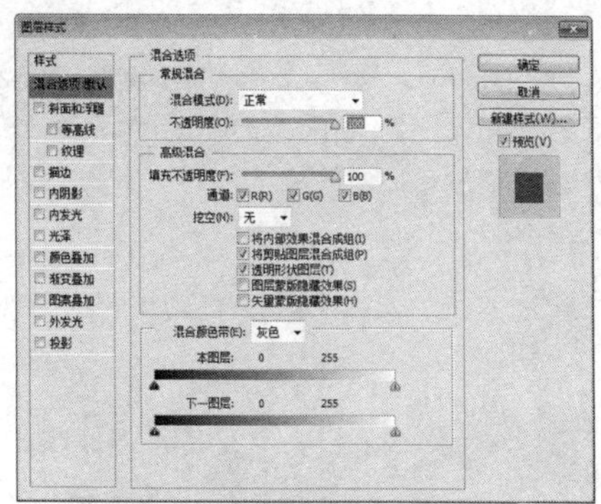


图 12.53　【图层样式】对话框

(21) 在该对话框中选择左侧的【描边】选项，在右侧将【大小】设置为 1，【颜色】

的 RGB 值设置为 0、133、225，如图 12.54 所示。

(22) 在该对话框中选择左侧的【投影】选项，在右侧将【混合模式】设置为【颜色加深】，【角度】设置为 30，【大小】设置为 7，如图 12.55 所示。

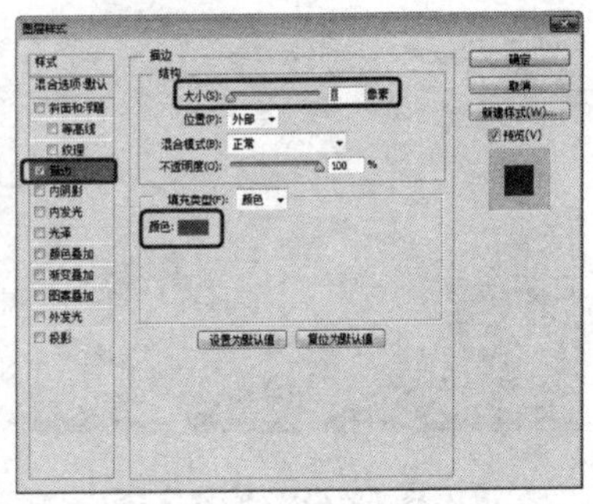

图 12.54　设置【描边】选项

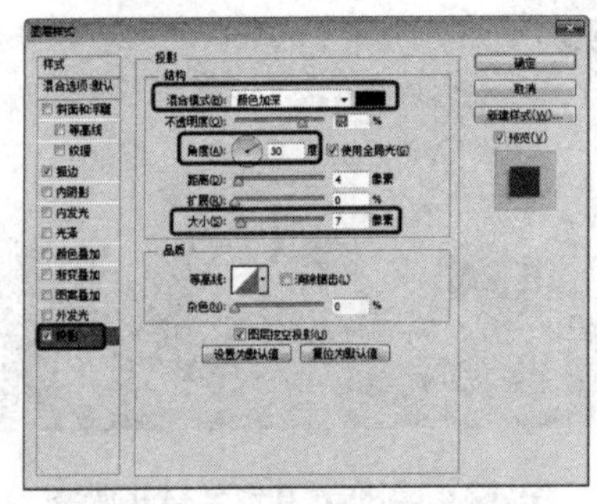

图 12.55　设置【投影】选项

(23) 使用相同的方法为其他文字添加图层样式，效果如图 12.56 所示。

(24) 使用同样的方法打开素材文件，并拖曳到背景文件中，然后调整位置，效果如图 12.57 所示。

图 12.56　为其他文字添加图层样式

图 12.57　拖入素材文件

(25) 至此婚纱照片后期处理已经制作完成，对完成后的场景进行保存即可。

# 第 13 章　项目指导——手绘水果技法

本章介绍绘制水果的技法，以及在绘制图像时用到的命令和工具，并掌握一些常用的快捷键，以使得读者通过本章的实例在制作过程中灵活运用常用的工具和命令。

## 13.1　香蕉的制作

本例介绍使用 Photoshop CC 软件制作香蕉的方法，通过绘制香蕉可以对【钢笔工具】和【路径】面板有更深的了解，并掌握基本的着色，完成后的效果如图 13.1 所示。

图 13.1　香蕉的效果

(1) 启动 Photoshop CC 软件，首先新建一个【宽度】为 30 厘米，【高度】为 30 厘米的场景文件，如图 13.2 所示。

(2) 新建场景后，在【路径】面板中单击【创建新路径】按钮，新建【路径 1】，如图 13.3 所示。

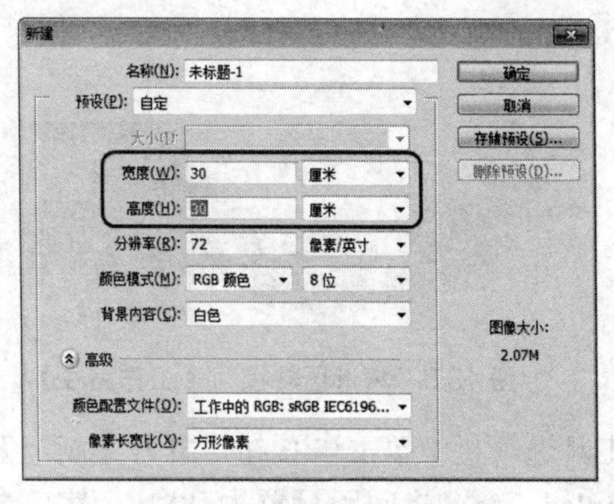


图 13.2　【新建】对话框

图 13.3　新建【路径 1】

(3) 在工具箱中选择【钢笔工具】，在工具选项栏中选择【路径】，在文件中绘制一个香蕉的基本形状，并使用【直接选择工具】调整锚点的位置，使用【转换点工具】对锚点进行转换调整，如图 13.4 所示。

(4) 将香蕉的路径制作完成后，在【路径】面板中选择【路径 1】，单击【将路径作为选区载入】按钮，即可通过路径载入选区，如图 13.5 所示。

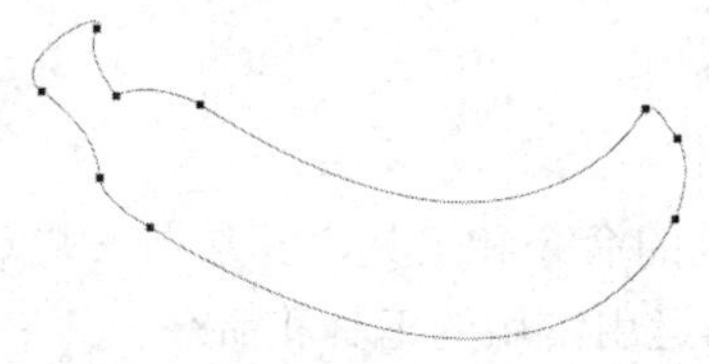

图 13.4　创建香蕉的基本形状

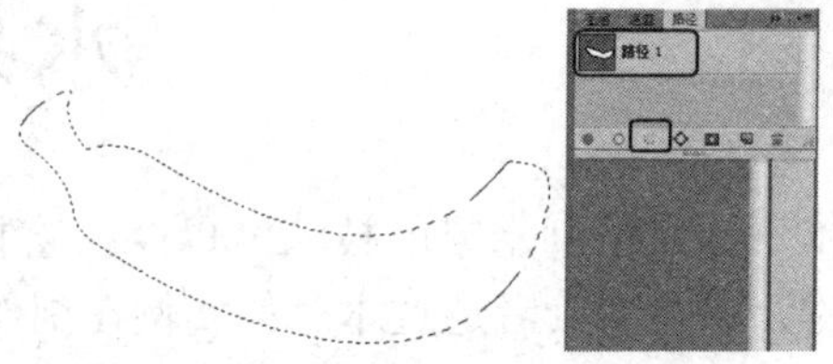

图 13.5　通过【路径 1】载入选区

(5) 通过路径载入选区后，在工具箱中将前景色的 RGB 设置为 255、200、40，如图 13.6 所示。

(6) 在【图层】面板中新建【图层 1】，按 Alt+Delete 组合键为选区填充前景色，如图 13.7 所示，按 Ctrl+D 组合键取消选区。

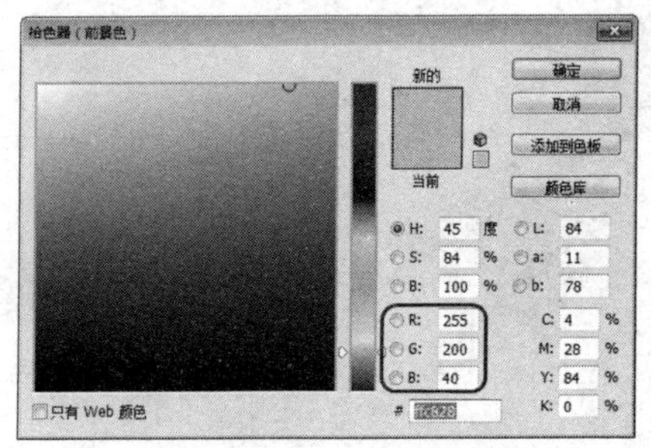

图 13.6　设置前景色

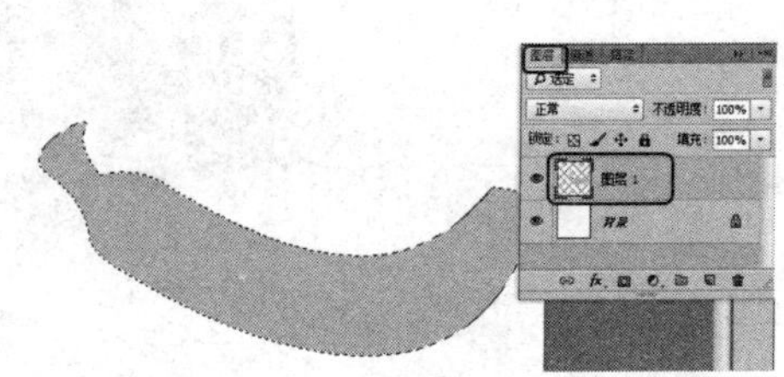

图 13.7　为选区填充前景色

(7) 在工具箱中选择【多边形套索工具】，在工具选项栏中将【羽化】设置为 50，在文件中创建选区，如图 13.8 所示。

(8) 创建选区后，在【路径】面板中单击【从选区生成工作路径】按钮，通过选区创建为【工作路径】，如图 13.9 所示。

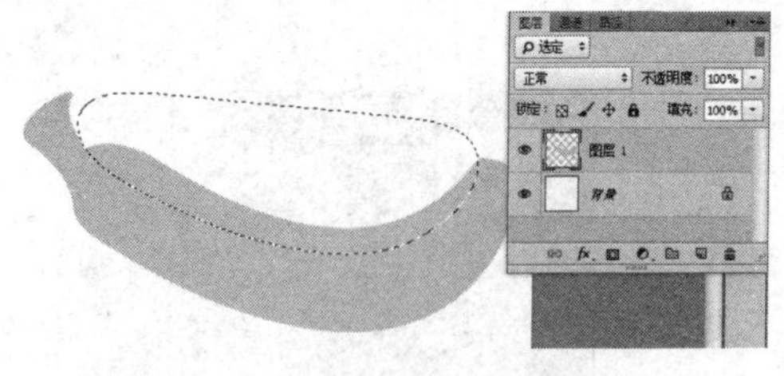

图 13.8　创建选区

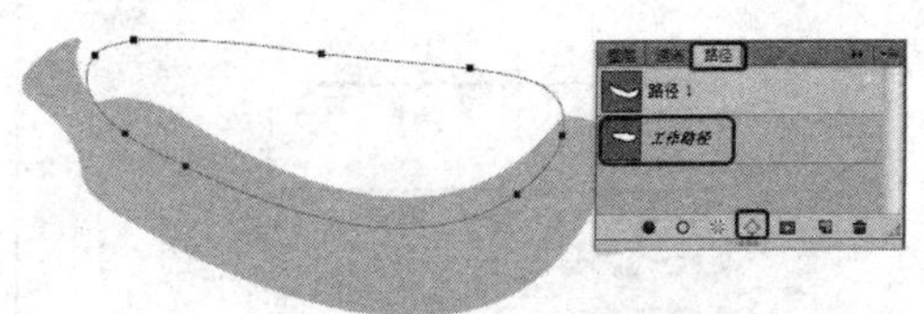

图 13.9　将选区转换为【工作路径】

(9) 在工具箱中选择【画笔工具】，在工具选项栏中单击按钮，打开【画笔】面板，在该面板中选择【画笔笔尖形状】为 Sampled Tip，将间距设置为 85%，然后选择【形状动态】，将【大小抖动】设置为 100，如图 13.10 所示。

(10) 在【图层】面板中新建【图层 2】，在【路径】面板中选择【工作路径】，确定前景色为白色，单击【用画笔为路径描边】按钮，连续按【用画笔为路径描边】按钮

直到效果满意为止，如图 13.11 所示。

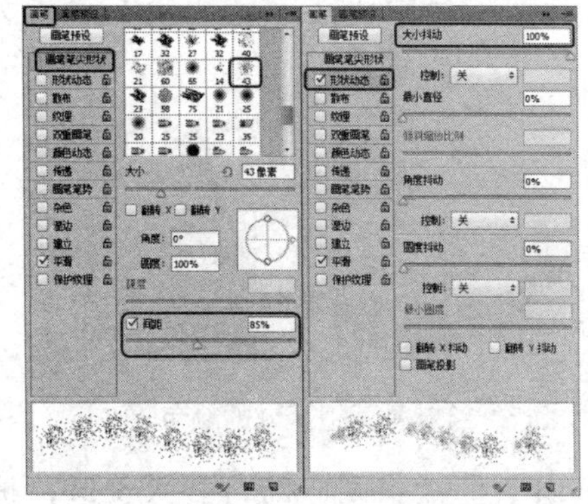

图 13.10　设置画笔形状及画笔的形状动态

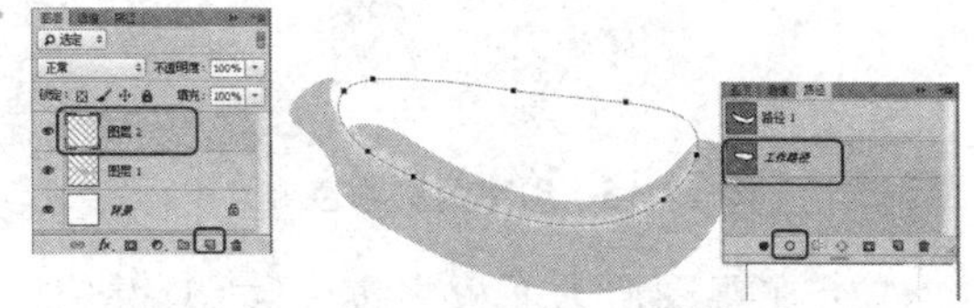

图 13.11　为路径描边

(11) 在工具箱中选择【橡皮擦工具】，在工具选项栏中选择一种喷溅画笔，将【不透明度】设置为 50%，在文件中为图层擦出的高光效果，如图 13.12 所示。

(12) 擦出高光效果后，在【路径】面板中选择【工作路径】，单击【将路径作为选区载入】按钮，即可通过路径载入选区，如图 13.13 所示。

图 13.12　擦出香蕉的高光效果

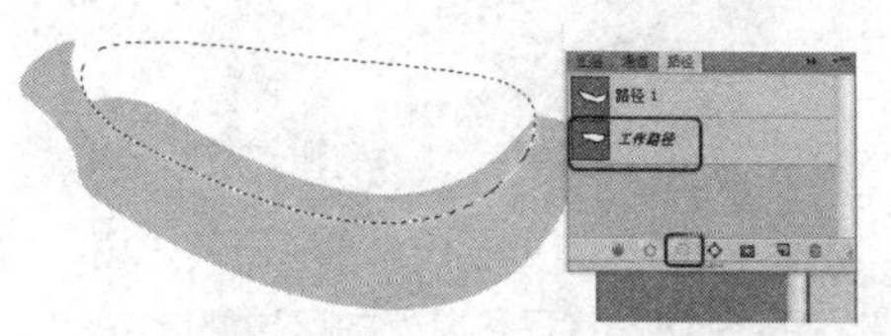

图 13.13　将路径载入选区

(13) 在菜单栏中选择【选择】|【修改】|【羽化】命令或按 Shift+F6 组合键，打开【羽化选区】对话框，在该对话框中将【羽化半径】设置为 15，单击【确定】按钮，如图 13.14 所示。

(14) 设置羽化完成后，在【图层】面板中选择【图层 1】，在工具箱中选择【减淡工具】，在工具选项栏中设置【画笔】为 30 柔边圆，将【范围】设置为【中间调】，【曝光度】参数设置为 30%，在文件中高光的区域进行涂抹，涂抹出高光效果，如图 13.15 所示。

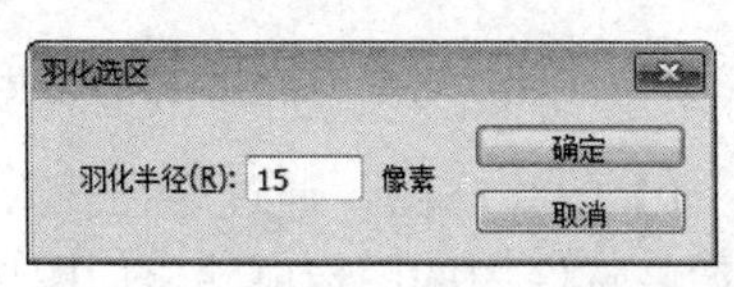


图 13.14　设置【羽化半径】

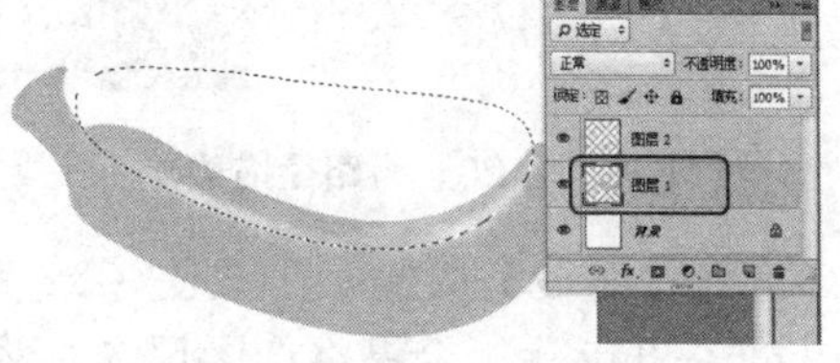

图 13.15　涂抹出高光

(15) 在工具箱中选择【加深工具】，在工具选项栏中将【画笔】设置为 15 柔边圆，【范围】设置为【中间调】，【曝光度】参数设置为 5%，取消勾选【保护色调】复选框，在文件中擦出阴影颜色，如图 13.16 所示。

(16) 在【图层】面板中选择【图层 2】，在工具箱中将前景色的 RGB 值设置为 72、89、28，在工具箱中选择【画笔工具】，在工具选项栏中将【不透明度】设置为 10%，在香蕉把的位置绘制颜色，如图 13.17 所示。

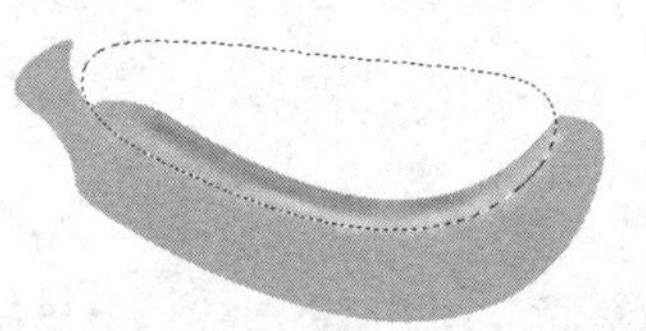

图 13.16　创建阴影颜色

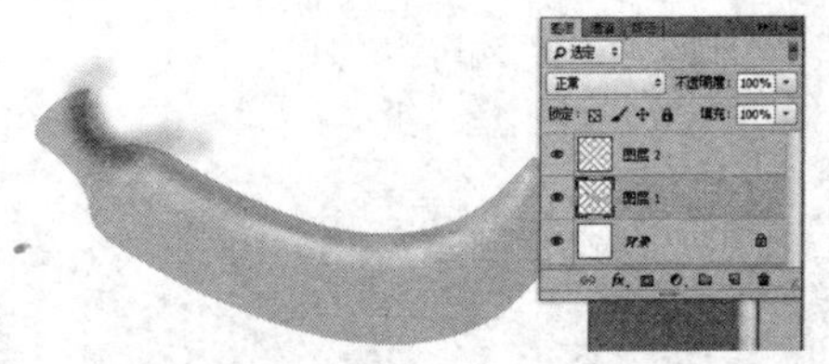

图 13.17　绘制香蕉把区域的颜色

(17) 在【图层】面板中按住 Ctrl 键单击【图层 1】的缩略图，即可载入选区，按 Ctrl+Shift+I 组合键反选选区，按 Delete 键，将选区中的图像删除，效果如图 13.18 所示。

(18) 按 Ctrl+D 组合键取消选区，在工具箱中选择【多边形套索工具】，在工具选项栏中将【羽化】参数设置为 50，在文件中创建选区，创建出选区后在【路径】面板中单击【从选区生成路径】按钮，将选区转换为【工作路径】，效果如图 13.19 所示。

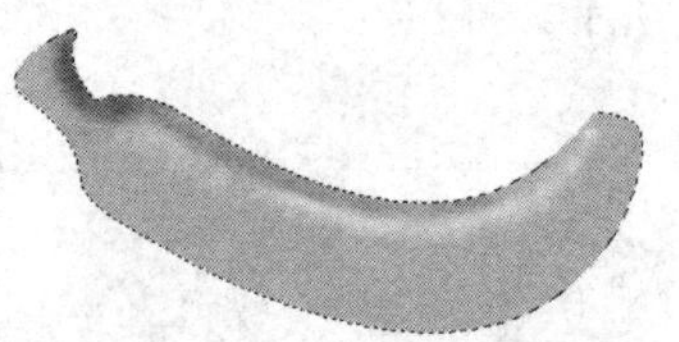

图 13.18　将香蕉以外的区域删除

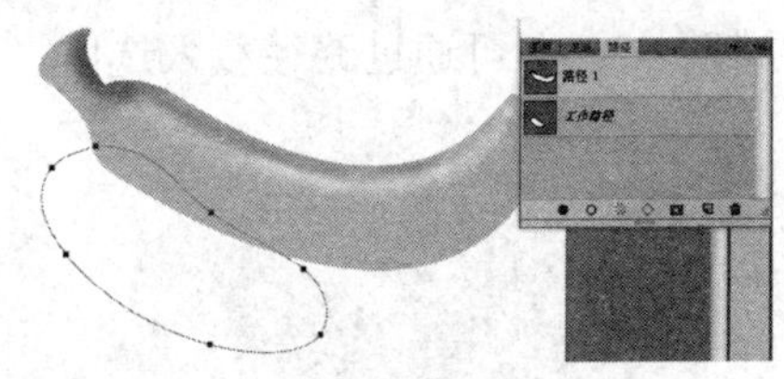

图 13.19　将选区转换为路径

(19) 使用制作香蕉高光时相同的设置，在工具箱中将前景色设置为橘红色，在【路径】面板中单击【用画笔为路径描边】按钮，直到描边效果满意为止，如图 13.20 所示。

(20) 在工具箱中选择【橡皮擦工具】，在工具选项栏中将画笔设置为喷溅 27，设置【不透明度】为 50%，擦除描边的颜色，如图 13.21 所示。

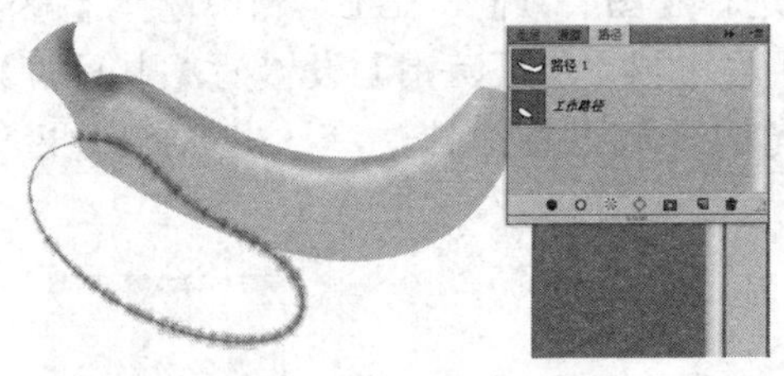

图 13.20　为路径描边

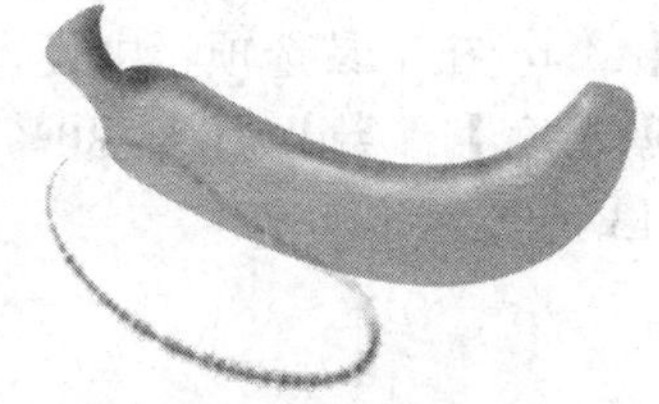

图 13.21　擦出阴影的效果

(21) 在【路径】面板中，按住 Ctrl 键单击【路径 1】的缩略图，通过路径载入选区后，按 Ctrl+Shift+I 组合键将选区反选，然后按 Delete 键将选区中的图像删除，如图 13.22 所示。

(22) 在【路径】面板中，按住 Ctrl 键单击【工作路径】的缩略图载入选区，然后按 Shift+F6 组合键，在弹出的对话框中将【羽化半径】参数设置为 10 像素，单击【确定】按钮，如图 13.23 所示。

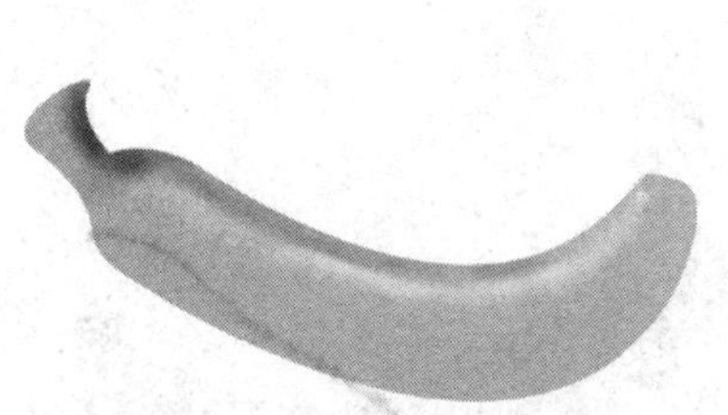

图 13.22　删除多余的区域

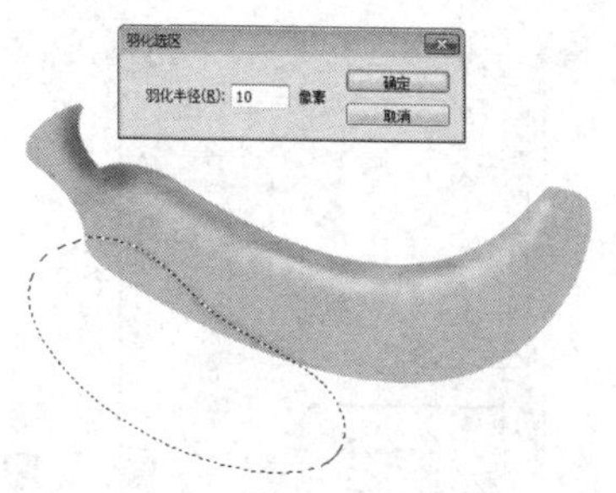

图 13.23　设置选区的【羽化半径】

(23) 使用【加深工具】和【减淡工具】，为【图层 1】的选区添加高光和阴影，如图 13.24 所示。

(24) 按 Ctrl+D 组合键取消选区，在工具箱中选择【画笔工具】，将前景色的 RGB 值设置为 72、89、28，，在工具选项栏中将【画笔】设置为柔边圆，然后在香蕉把的区域绘制出把的颜色，如图 13.25 所示。

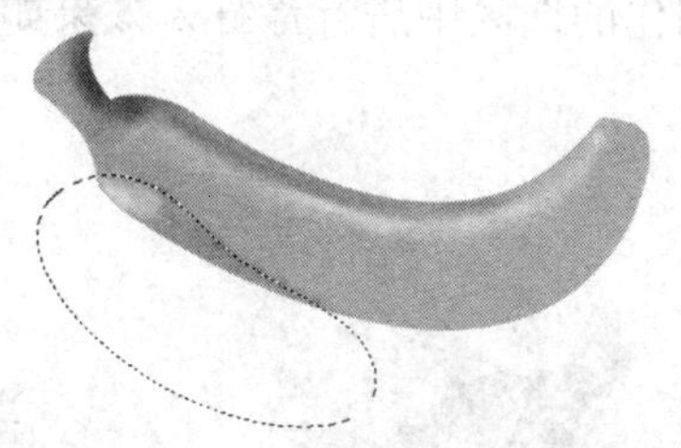

图 13.24　设置选区的阴影和高光效果

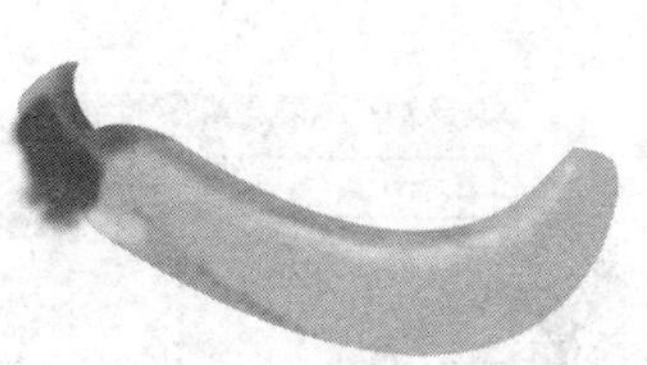

图 13.25　绘制香蕉把的颜色

(25) 在【路径】面板中通过【路径 1】载入选区，然后按 Ctrl+Shift+I 组合键将选区反选，按 Delete 键将选区中图像删除，按 Ctrl+D 组合键取消选区的选择，效果如图 13.26 所示。

(26) 确定带有香蕉形状的图层处于选择状态。在菜单栏中选择【滤镜】|【杂色】|【添加杂色】命令，如图 13.27 所示。

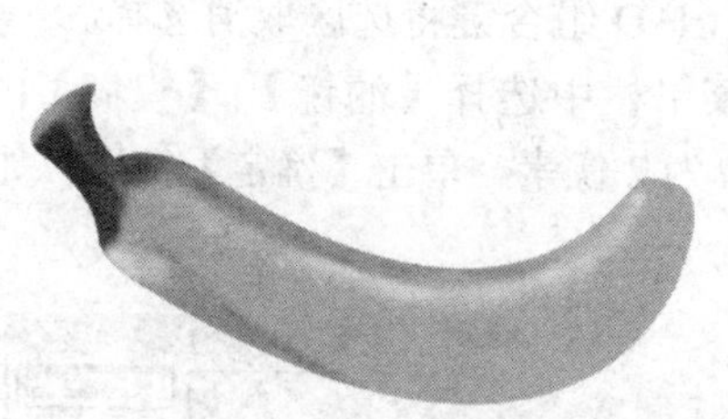

图 13.26　删除多余的形状

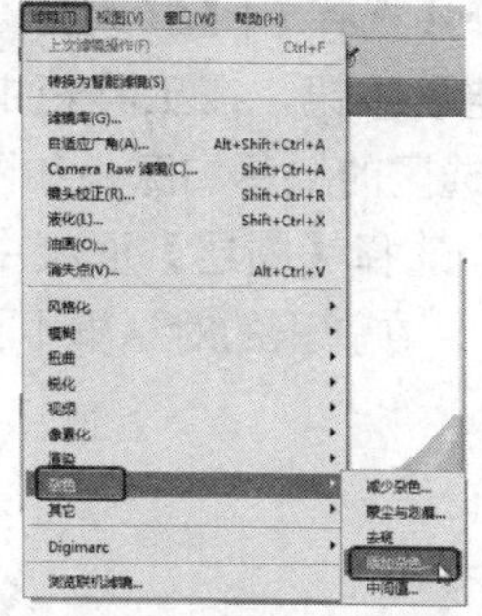

图 13.27　选择【添加杂色】命令

(27) 在弹出的对话框中将【数量】参数设置为 5 像素，选择【平均分布】选项，勾选【单色】复选框，单击【确定】按钮，如图 13.28 所示。

(28) 在【图层】面板中新建图层，在工具箱中选择【多边形套索工具】，在文件中创建选区，并在工具箱中将前景色的 RGB 值设置为 53、39、0，按 Alt+Delete 组合键为选区填充为前景色，如图 13.29 所示。

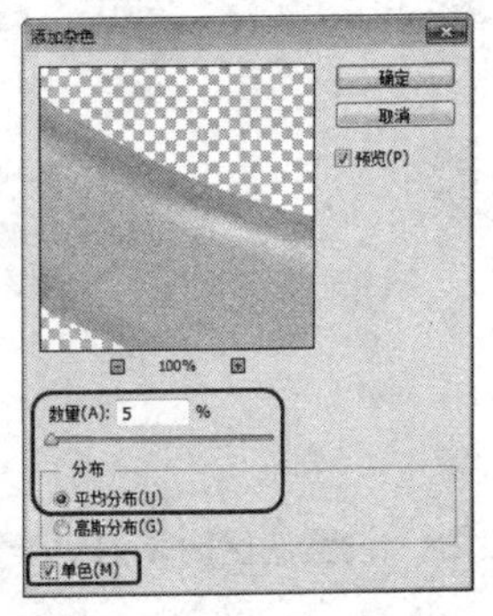


图 13.28 设置【添加杂色】参数

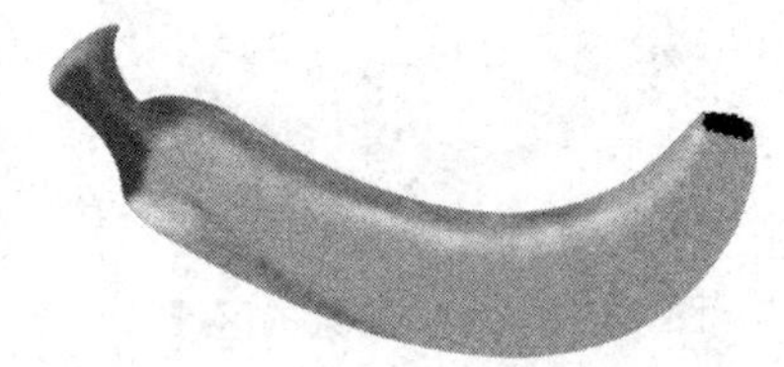

图 13.29 创建并填充选区

(29) 确定选区处于选择状态，按 Shift+F6 组合键，在打开的对话框中将【羽化半径】参数设置为 10 像素，然后单击【确定】按钮，如图 13.30 所示。

(30) 选择【减淡工具】，在工具选项栏中将【画笔】设置为 30 柔边圆，【范围】设置为【中间调】，【曝光度】设置为 30%，在羽化的选区中进行涂抹，效果如图 13.31 所示。

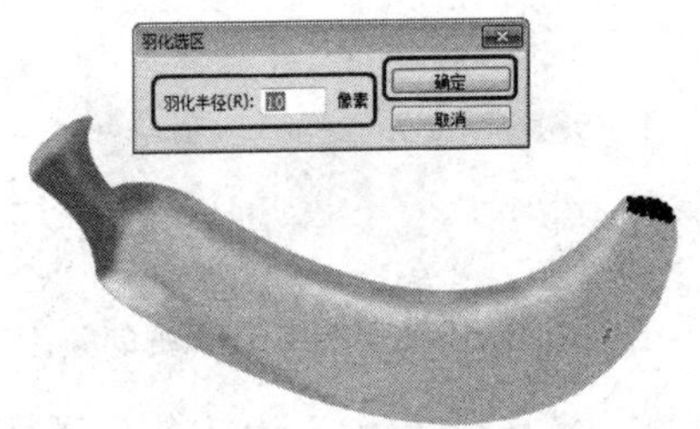


图 13.30 设置选区的羽化

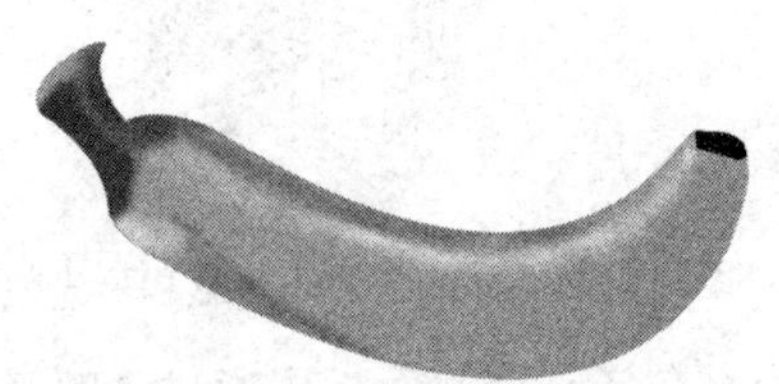

图 13.31 在选区中进行涂抹

(31) 在【图层】面板中，按住 Ctrl 键单击刚才新建的图层缩略图，载入选区，在菜单栏中选择【选择】|【修改】|【边界】命令，在弹出的对话框中将【宽度】设置为 10，单击【确定】按钮，在工具箱中选择【加深工具】，然后在【图层】面板中选择【图层 1】，将选区的颜色加深，如图 13.32 所示，按 Ctrl+D 组合键将选区取消选择。

(32) 选择【图层】面板中新建的图层，在菜单栏中选择【滤镜】|【模糊】|【高斯模糊】命令，在弹出的对话框中将【半径】参数设置为 2 像素，单击【确定】按钮，如图 13.33 所示。

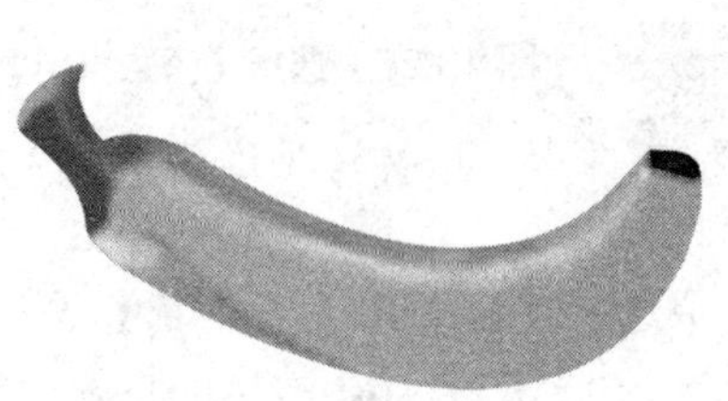

图 13.32 设置参数并加深选区

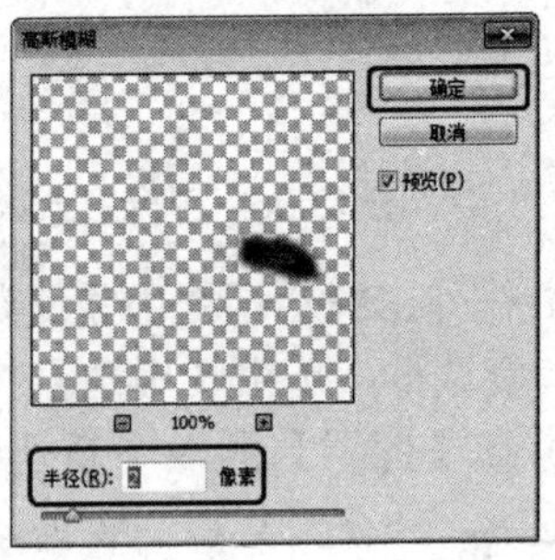


图 13.33 设置【高斯模糊】参数

(33) 在菜单栏中选择【滤镜】|【杂色】|【添加杂色】命令，在弹出的对话框中将【数量】设置为 5%，选择【平均分布】，勾选【单色】复选框，如图 13.34 所示，单击【确定】按钮。

(34) 在【图层】面板中，选择除【背景】图层以外的其他图层，按 Ctrl+E 组合键将选择的图层合并为【图层 3】，如图 13.35 所示。

(35) 按住 Ctrl 键单击【图层 3】的图层缩略图，即可载入选区，然后在菜单栏中选择【滤镜】|【模糊】|【高斯模糊】命令，在弹出的对话框中将【半径】设置为 1 像素，单击【确定】按钮，如图 13.36 所示。

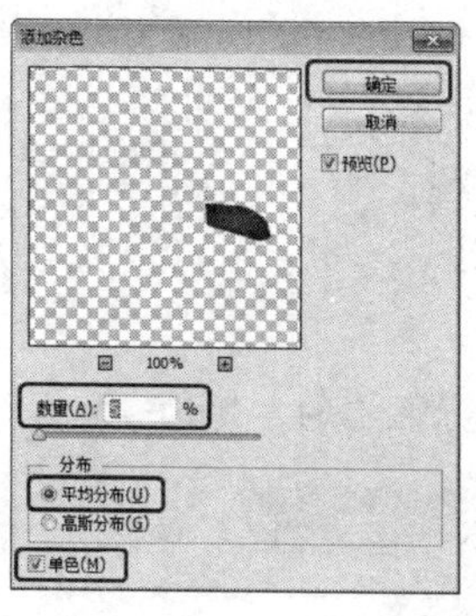

图 13.34　设置【添加杂色】参数

图 13.35　合并图层

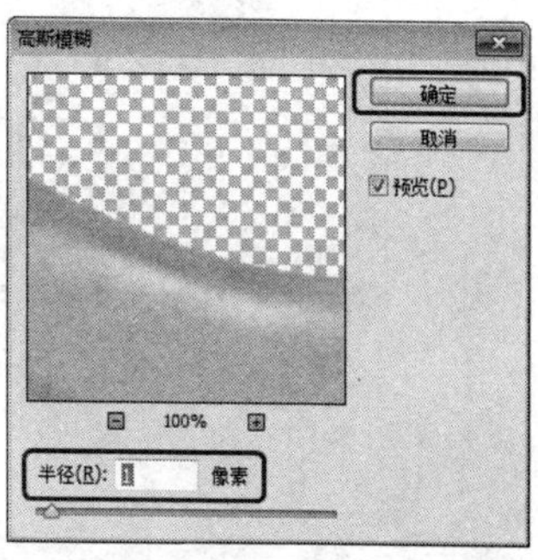

图 13.36　设置选区的模糊

(36) 在【图层】面板中新建 【图层 4】，在工具箱选中将前景色的 RGB 值设置为 254、201、108，在工具箱中选择【矩形选框工具】，在场景中创建矩形选区，然后按 Alt+Delete 组合键将选区填充为橘红色，如图 13.37 所示。

(37) 在菜单栏中选择【滤镜】|【渲染】|【纤维】命令，如图 13.38 所示。

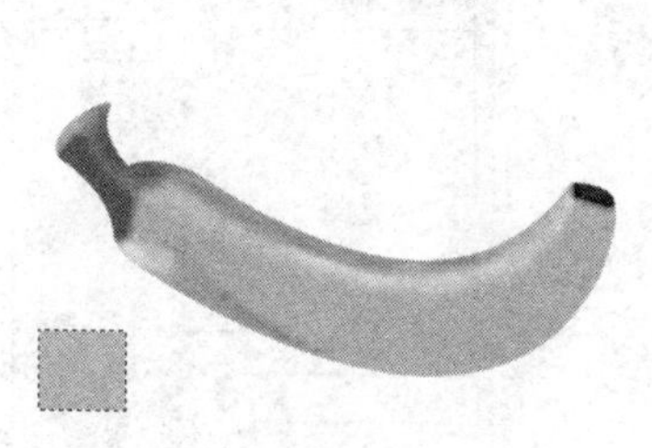

图 13.37　创建并填充选区

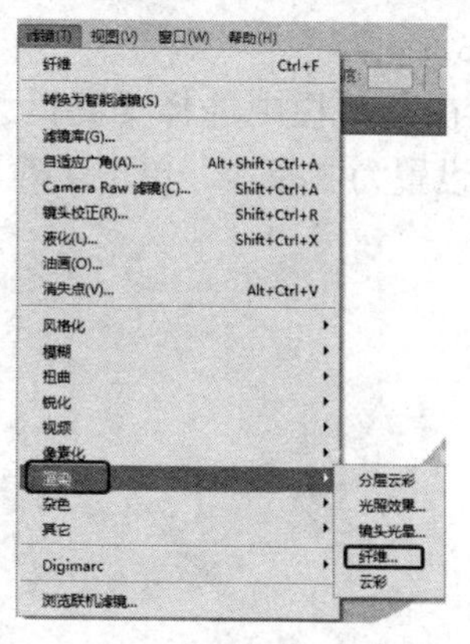

图 13.38　选择【纤维】命令

(38) 完成以上操作后，即可弹出【纤维】对话框，在该对话框中将【差异】设置为 16，【强度】设置为 64，单击【确定】按钮，如图 13.39 所示。

(39) 制作出纤维的效果后，按 Ctrl+T 组合键切换至自由变换，在场景中调整纤维的大小和角度，如图 13.40 所示。

(40) 在工具箱中选择【多边形套索工具】，在文件中将多余的纤维区域选取并删除，如图 13.41 所示，按 Ctrl+D 组合键取消选区。

(41) 按住 Ctrl 键单击【图层 4】的图层缩略图，通过该图层载入选区，然后在菜单栏中选择【选择】|【修改】|【边界】命令，在弹出的对话框中将【宽度】设置为 5，单击【确定】按钮，如图 13.42 所示。

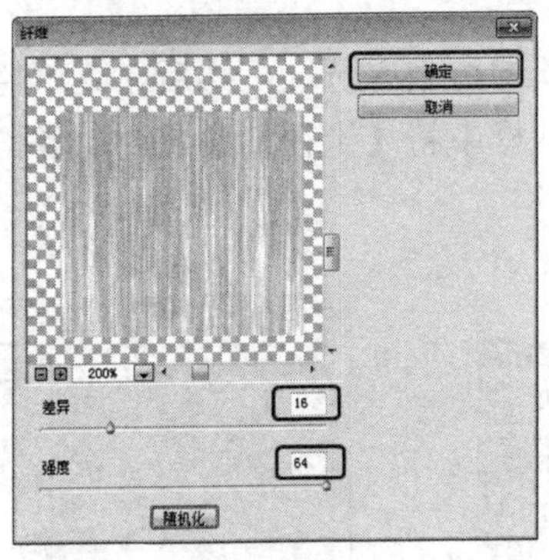

图 13.39　设置【纤维】参数

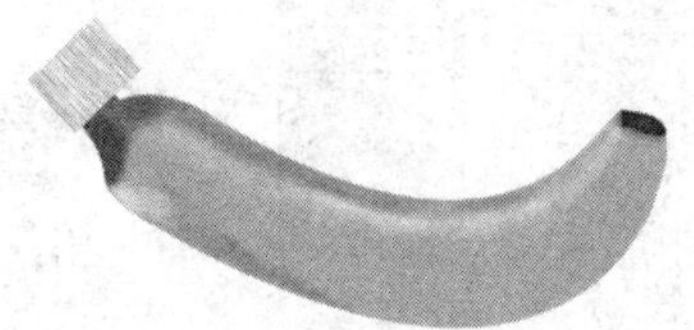

图 13.40　调整图像的大小和角度

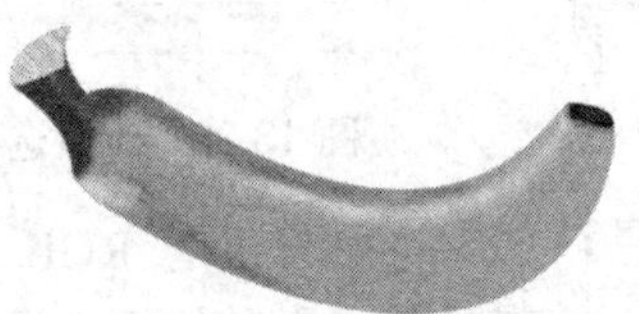

图 13.41　删除多余的区域

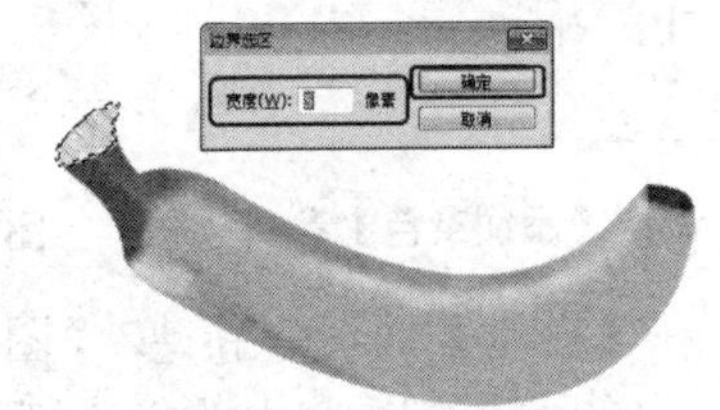

图 13.42　设置选区的【边界】宽度

(42) 将前景色 RGB 值设置为 71、45、0，按 Alt+Delete 组合键为选区填充前景色，如图 13.43 所示。

(43) 在菜单栏中选择【滤镜】|【模糊】|【高斯模糊】命令，在弹出的对话框中将【半径】设置为 3 像素，单击【确定】按钮，如图 13.44 所示。

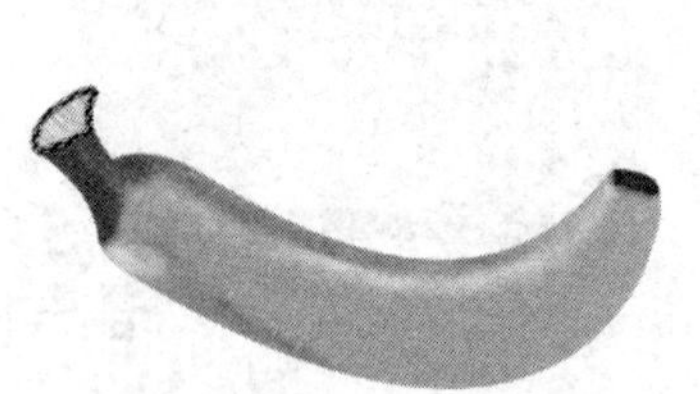

图 13.43　填充选区颜色

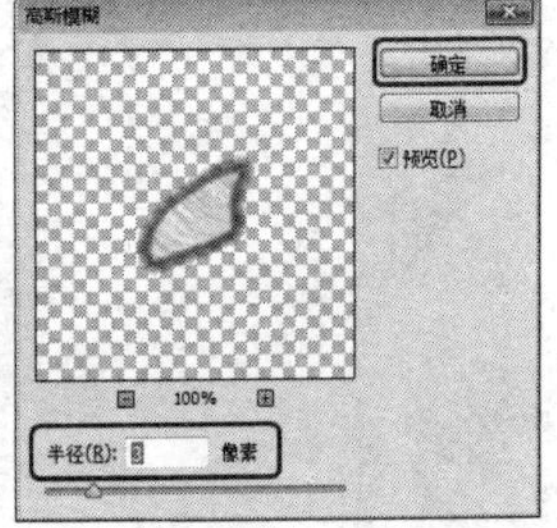

图 13.44　设置选区的模糊

(44) 按 Ctrl+D 组合键将选区取消选择，在菜单栏中选择【滤镜】|【杂色】|【添加杂色】命令，在弹出的对话框中将【数量】设置为 10%，选择【平均分布】选项，并勾选【单色】复选框，如图 13.45 所示。

(45) 将香蕉的图层合并，并将其图层命名为【香蕉 1】，然后在【路径】面板中选择【路径 2】，按 Ctrl+T 组合键调整选区的大小和位置，然后按 Ctrl+Enter 组合键将路径转换为选区，如图 13.46 所示。

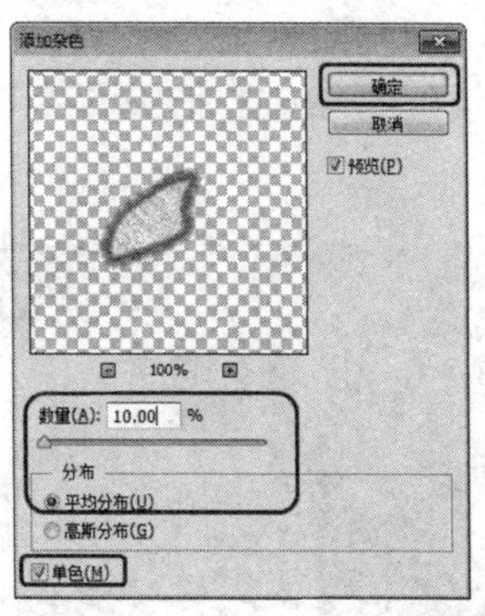


图 13.45　为图像添加杂色

图 13.46　将路径转换为选区

(46) 使用制作香蕉 1 的方法制作其他香蕉，效果如图 13.47 所示。

(47) 打开随书附带光盘中的“CDROM\素材\Cha13\水果拼盘.jpg”文件，如图 13.48 所示。

(48) 在创建的香蕉文件中将所有的香蕉拖曳至打开的素材文件中，并调整大小和位置，如图 13.49 所示。

(49) 至此香蕉的制作已完成，对完成后的场景进行保存即可。

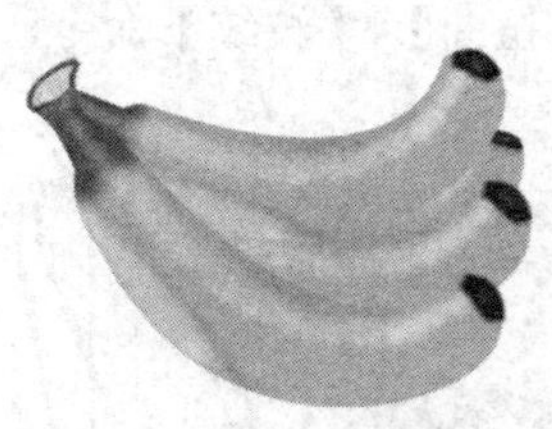

图 13.47　完成的香蕉

图 13.48　打开的素材文件

图 13.49　调整后的效果

## 13.2　西瓜的制作

在本例中将介绍西瓜的制作，西瓜的制作主要应用的是选区、羽化命令，并进一步了解着色的方法，完成后的效果如图 13.50 所示。

图 13.50　西瓜的效果

(1) 运行 Photoshop CC 软件，按 Ctrl+N 组合键，在弹出的对话框中将【宽度】设置为

1200 像素，【高度】设置为 1200 像素，如图 13.51 所示。

(2) 设置完成后单击【确定】按钮，在工具箱中将前景色的 RGB 值设置为 25、95、35，如图 13.52 所示。

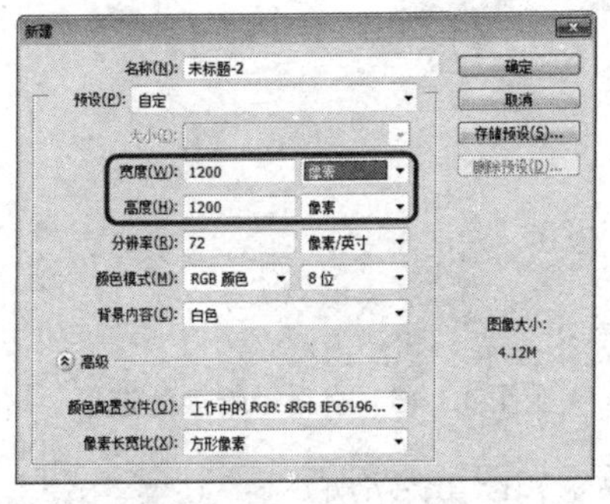


图 13.51 【新建】对话框

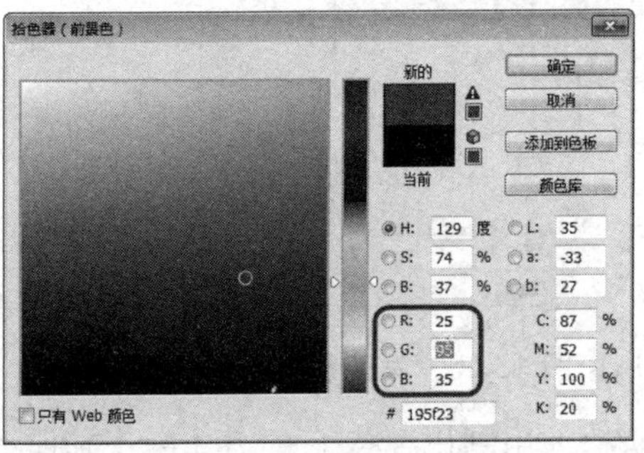


图 13.52 设置前景色

(3) 在工具箱中选择【椭圆选框工具】，打开【图层】面板中新建【图层 1】，然后在【图层 1】上创建椭圆选区，并按 Alt+Delete 组合键将选区填充为前景色，如图 13.53 所示。

(4) 按 Ctrl+D 组合键取消选区，在菜单栏中选择【滤镜】|【扭曲】|【波纹】命令，在弹出的对话框中将【数量】设置为 400%，如图 13.54 所示。

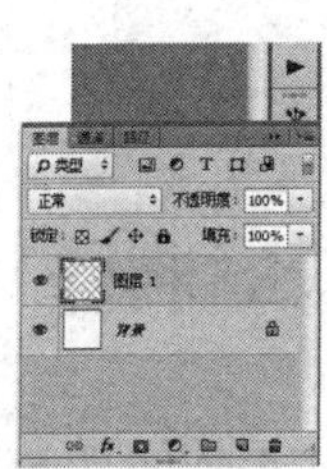

图 13.53 创建并填充椭圆选区

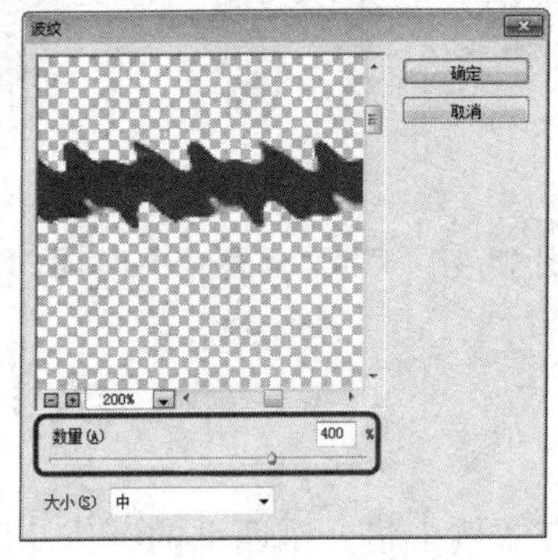


图 13.54 设置【波纹】参数

(5) 设置完成后单击【确定】按钮，为【图层 1】添加波纹扭曲后，在工具箱中选择【移动工具】并按住 Alt 键，再在【图层 1】的图像上单击鼠标并向下拖曳即可复制【图层 1】，对【图层 1】进行多次复制，效果如图 13.55 所示。

(6) 在【图层】面板中，选中【图层 1】以及所有通过【图层 1】复制出的所有图层，按 Ctrl+E 组合键将其合并为【图层 1】，然后按 Ctrl+A 组合键选择整个文件，如图 13.56 所示。

(7) 确定选区处于选择状态，在菜单栏中选择【滤镜】|【扭曲】|【球面化】命令，在弹出的对话框中将【数量】设置为 100，【模式】设置为【正常】，单击【确定】按钮，如图 13.57 所示。

(8) 按 Ctrl+F 组合键，再次为【图层 1】使用【球面化】滤镜，使用【椭圆选框工具】，在文件中将得到的西瓜纹理选取出来，按 Ctrl+Shift+I 组合键反选，再按 Delete

键将反选的区域删除，效果如图 13.58 所示。

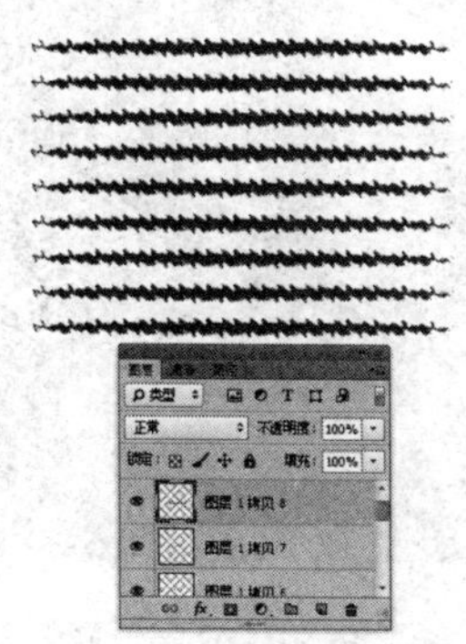

图 13.55　进行多次复制

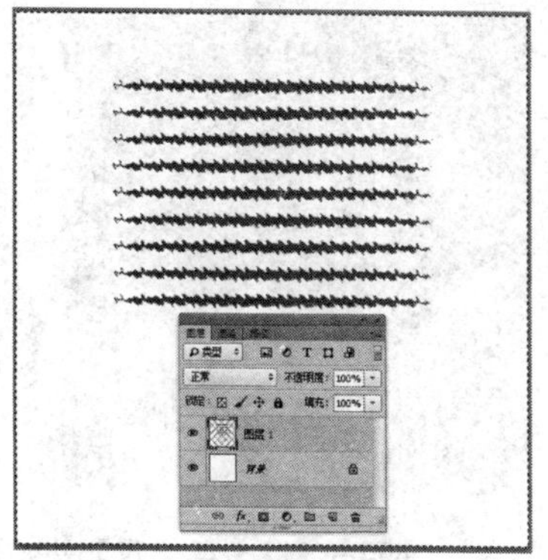

图 13.56　选择整个文件

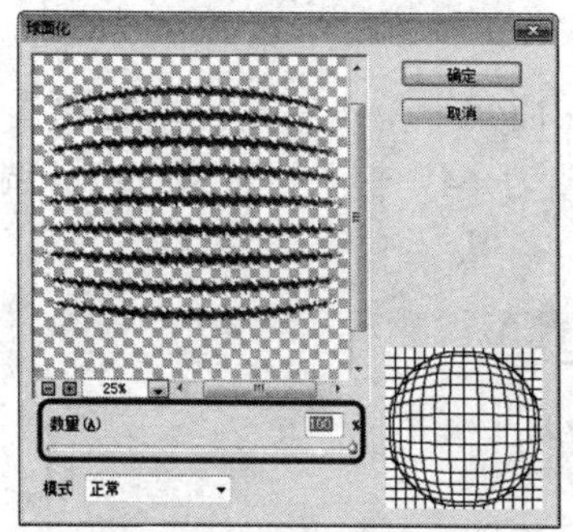

图 13.57　设置球面化

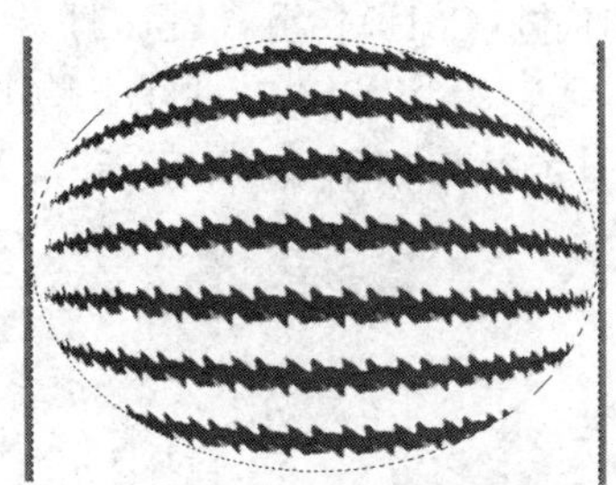

图 13.58　删除多余的选区

(9) 确定选区处于选择状态，再次按 Ctrl+Shift+I 组合键反选选区，选出西瓜的椭圆形状后，在【图层】面板中新建【图层 2】，并将其拖曳到【图层 1】的下面，如图 13.59 所示。

(10) 在工具箱中将背景色的 RGB 值设置为 32、129、17，确认选区处于选择状态并确认【图层 2】处于选中状态，按 Ctrl+Delete 组合键为选区填充背景色，效果如图 13.60 所示。

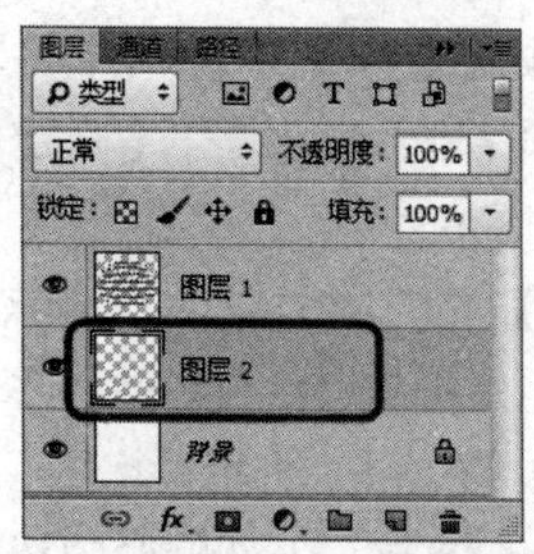


图 13.59　新建并调整图层的位置

图 13.60　填充颜色

(11) 按 Ctrl+D 组合键取消选区，在【图层】面板中新建【图层 3】，将其拖曳至【图层 1】的上面，将图层填充为白色，并将前景色的 RGB 值设置为 8、76、18，背景色为白色，在菜单栏中选择【滤镜】|【渲染】|【分层云彩】命令，效果如图 13.61 所示，按

Ctrl+F 组合键再次为【图层 3】使用【分层云彩】滤镜效果，如图 13.62 所示。

图 13.61 使用一次【分层云彩】的效果

图 13.62 再次使用【分层云彩】的效果

(12) 在菜单栏中选择【滤镜】|【风格化】|【查找边缘】命令，执行该命令后的效果如图 13.63 所示。

(13) 按 Ctrl+M 组合键，打开【曲线】面板，在曲线上单击第一点，将输出设置为 192，输入设置为 64，在曲线上单击第二点，输出设置为 64，输入设置为 191，调整曲线的形状后的效果如图 13.64 所示。

图 13.63 【查找边缘】后的效果

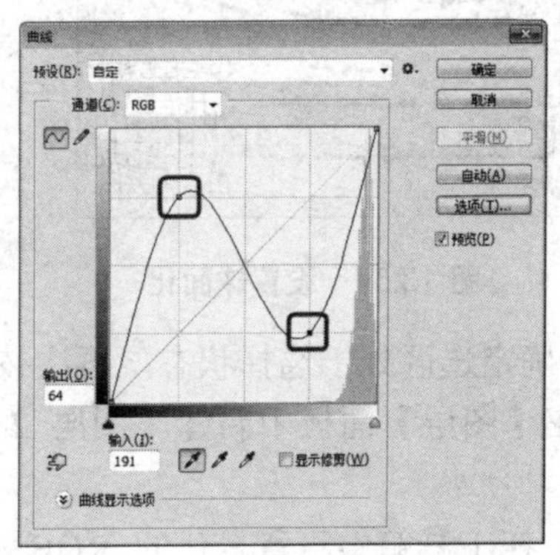

图 13.64 调整【曲线】的形状

(14) 设置完成后单击【确定】按钮，然后在菜单栏中选择【滤镜】|【滤镜库】命令，在弹出的对话框中打开【画笔描边】文件夹，选择【强化边缘】滤镜效果，将【边缘宽度】设置为 1、【边缘亮度】设置为 50、【平滑度】设置为 2，单击【确定】按钮，如图 13.65 所示。

(15) 在【图层】面板中，按住 Ctrl 键单击【图层 2】的图层缩略图，将该图层载入选区，选择【图层 3】，按 Ctrl+Shift+I 组合键反选选区，并再按 Delete 键将多余的选区删除，并将该图层的【混合模式】设置为正片叠底，效果如图 13.66 所示。

(16) 按 Ctrl+Shift+I 组合键反选选区，确认选中【图层 3】，在菜单栏中选择【滤镜】|【扭曲】|【球面化】命令，在弹出的对话框中设置【数量】为 100%，定义【模式】为【正常】，单击【确定】按钮，如图 13.67 所示。

(17) 按 Ctrl+D 组合键取消选区，完成球面化的纹理效果如图 13.68 所示。

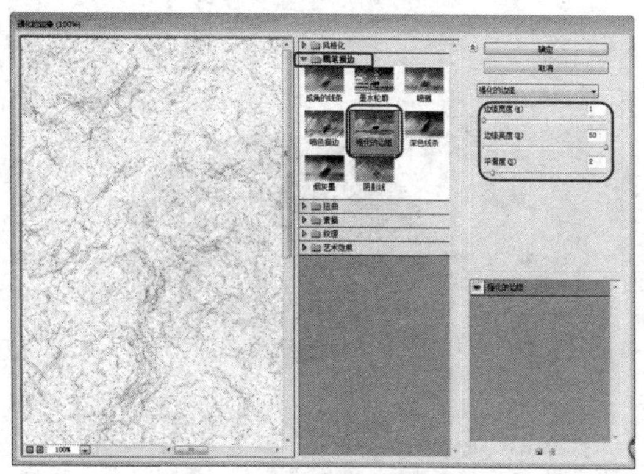

图 13.65　设置画笔描边

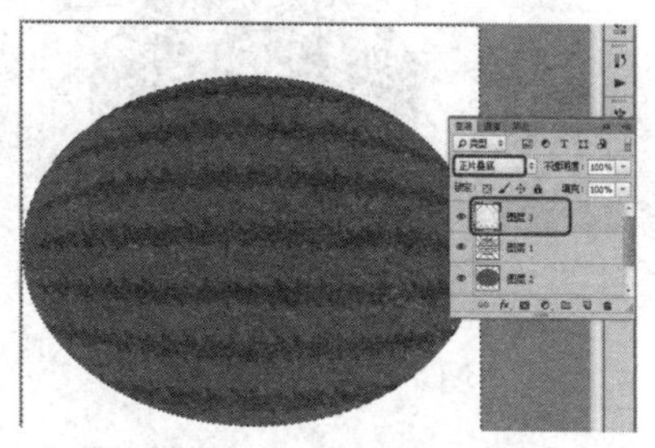

图 13.66　删除多余图像并设置混合模式

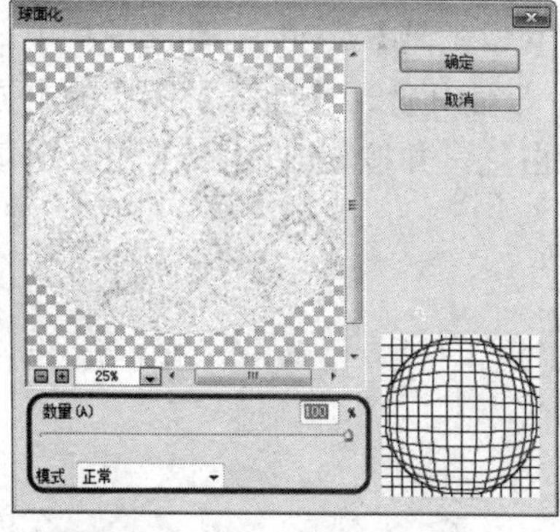


图 13.67　【球面化】对话框

图 13.68　使用球面化后的效果

(18) 在【图层】面板中选择【图层 1】，在菜单栏中选择【滤镜】|【滤镜库】命令，在打开的对话框中打开【艺术效果】文件夹选择【海绵】滤镜效果，将【画笔大小】设置为 1、【清晰度】设置为 25、【平滑度】设置为 15，单击【确定】按钮，完成后的效果如图 13.69 所示。

(19) 按住 Shift 键，在【图层】面板中选择除【背景】图层以外的所有图层，按 Ctrl+E 组合键合并图层，将合并后的图层命名为“西瓜”，如图 13.70 所示。

图 13.69　添加【海绵】滤镜后的效果

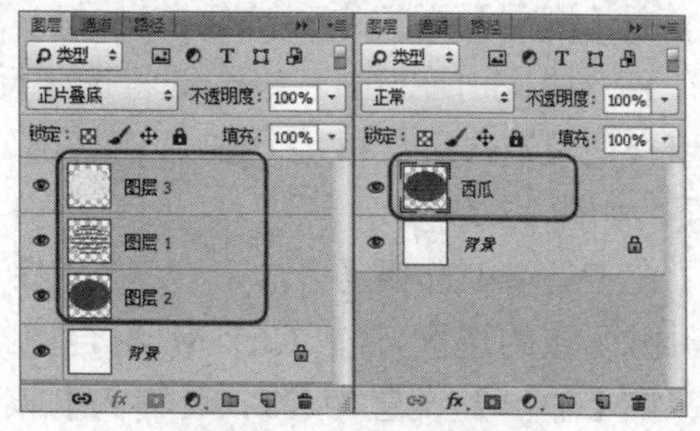


图 13.70　合并图层并命名

(20) 按 Ctrl+T 组合键切换至自由变换，按住 Shift+Alt 组合键调整，西瓜的大小，释放组合键调整西瓜的位置，按 Enter 键确认变换，变换完成后的效果如图 13.71 所示。

(21) 在工具箱中选择【多边形套索工具】，在工具选项栏中将【羽化】设置为 100 像素，在西瓜的右上方创建出高光照射的选区，如图 13.72 所示。

图 13.71　调整西瓜的大小

图 13.72　创建选区

(22) 按 Ctrl+M 组合键打开【曲线】面板，在曲线上单击添加锚点，将【输出】设置为 217、【输入】设置为 94，单击【确定】按钮，如图 13.73 所示。

(23) 按 Ctrl+D 组合键取消选区，在【多边形套索工具】的工具选项栏中，将【羽化】设置为 50，在【图层】面板中新建【图层 1】，使其位于【西瓜】图层的上方，在西瓜的右上方高光的区域再创建选区，确定背景色为白色，并按 Ctrl+Delete 组合键填充颜色选区为白色，如图 13.74 所示。

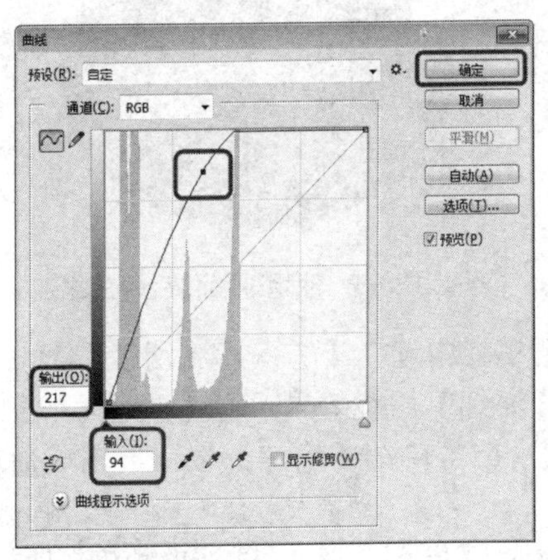


图 13.73　修改曲线

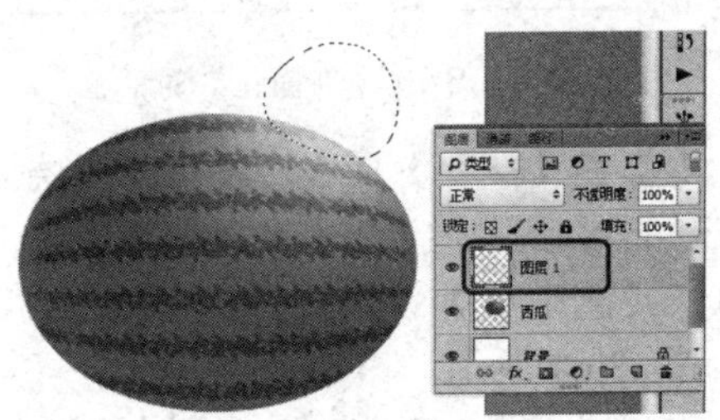


图 13.74　创建并填充选区为白色

(24) 在【图层】面板中，按住 Ctrl 键单击【西瓜】图层的缩略图载入选区，并选择【图层 1】，按 Ctrl+Shift+I 组合键将选区反选，按 Delete 键将选区中的图像删除，按 Ctrl+D 组合键取消选区，再按 Ctrl+E 组合键使【图层 1】向下与【西瓜】图层合并为【西瓜】图层，如图 13.75 所示。

(25) 在工具箱中选择【多边形套索工具】，设置【羽化】为 100，在西瓜背光左下方创建阴影区域的选区，按 Ctrl+M 组合键打开【曲线】对话框，在曲线上单击鼠标添加锚点，将【输出】设置为 73、【输入】设置为 163，单击【确定】按钮，如图 13.76 所示。

(26) 在【图层】面板中新建【图层 1】，在西瓜左下方阴影的区域创建选区，并将选区填充为白色，然后设置【图层 1】的【不透明度】为 50%，如图 13.77 所示。

(27) 在【图层】面板中通过【西瓜】图层载入选区，选择【图层 1】，按 Ctrl+Shift+I 组合键反选选区，按 Delete 键将选区中的图像删除，如图 13.78 所示。

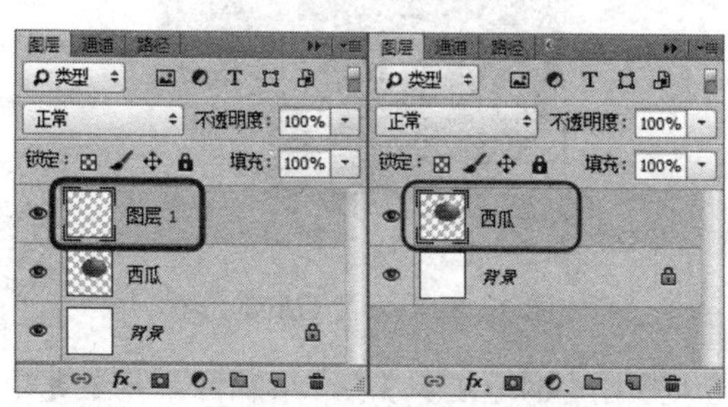

图 13.75　合并图层

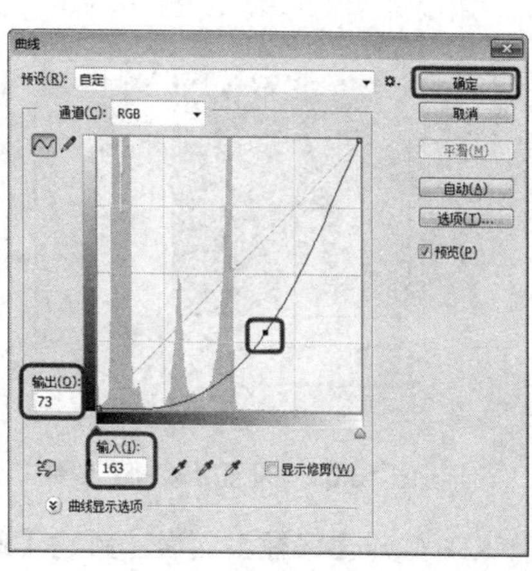

图 13.76　调整曲线

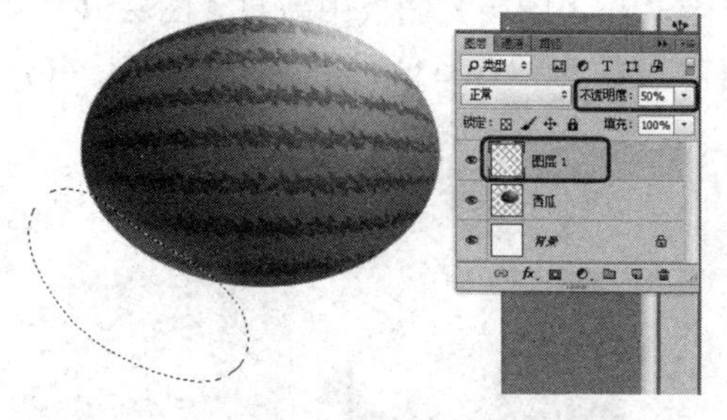

图 13.77　创建并填充选区

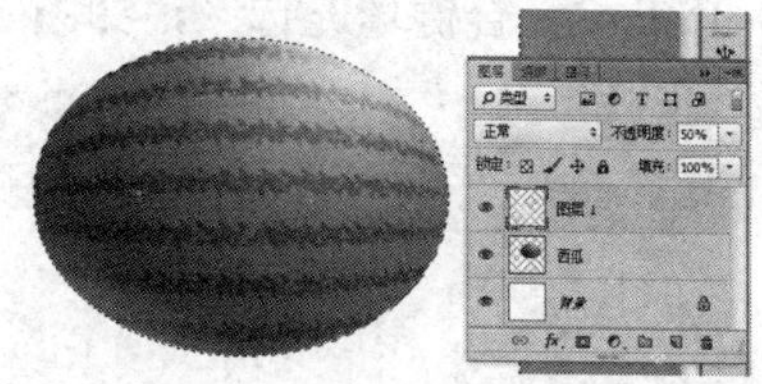

图 13.78　删除多余的高光柔光效果

(28) 按 Ctrl+D 组合键取消选区，再按 Ctrl+E 组合键将【图层 1】向下与【西瓜】图层合并为【西瓜】图层，如图 13.79 所示。

(29) 在【图层】面板中通过【西瓜】图层载入选区，在菜单栏中选择【选择】|【修改】|【边界】命令，在弹出的对话框中将【宽度】设置为 3，单击【确定】按钮，如图 13.80 所示。

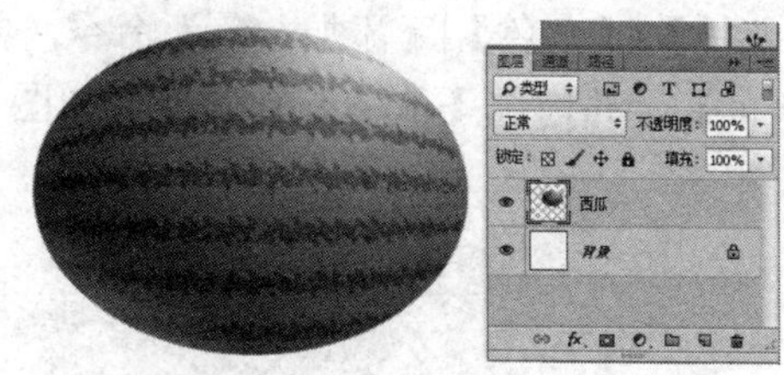

图 13.79　合并图层

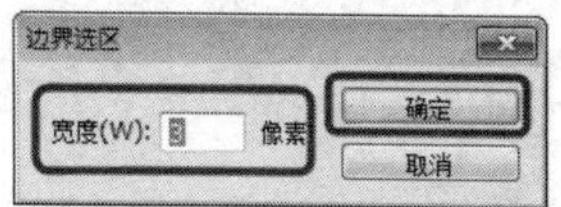

图 13.80　设置【边界】参数

(30) 在菜单栏中选择【滤镜】|【模糊】|【高斯模糊】命令，在弹出的对话框中将【半径】设置为 3，单击【确定】按钮，如图 13.81 所示。

(31) 按 Ctrl+T 组合键切换至自由变换命令，并在自由变换区域中单击鼠标右键，在弹出的快捷菜单中选择【变形】命令，调整西瓜的形状，如图 13.82 所示，按 Enter 键确定操作。

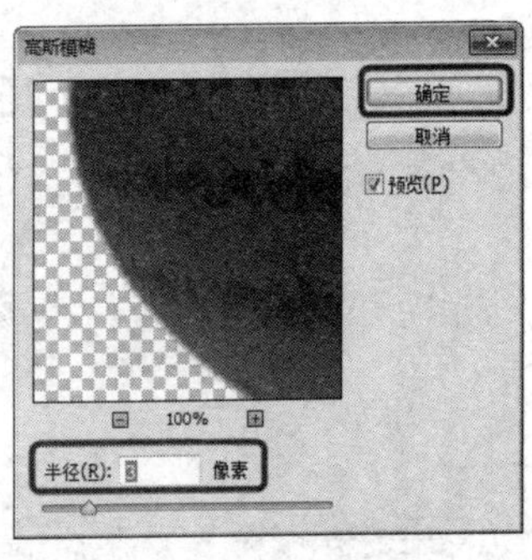

图 13.81　设置【模糊】参数

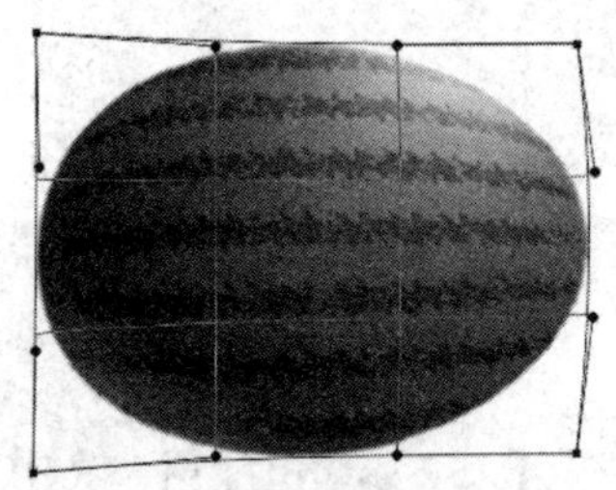
图 13.82　调整西瓜的形状

(32) 打开【路径】面板，新建【路径 1】，使用【钢笔工具】绘制西瓜把的形状，如图 13.83 所示。

(33) 按 Ctrl+Enter 组合键将路径转换为选区，在【图层】面板中新建【图层 1】并将其拖曳至【西瓜】图层的下方，在工具箱中将前景色的 RGB 值设置为 22、97、46，按 Alt+Delete 组合键填充选区，如图 13.84 所示。

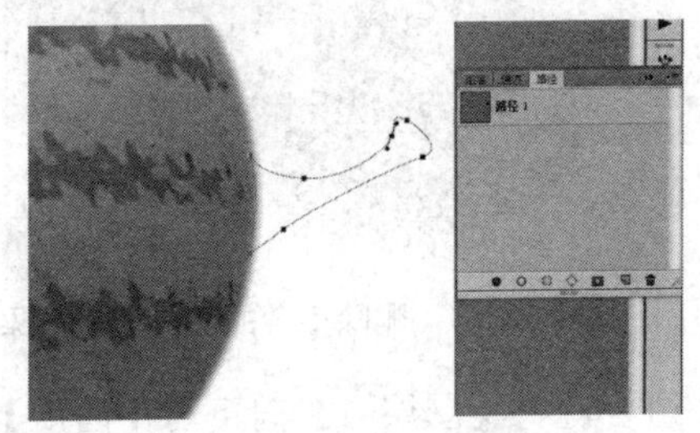
图 13.83　绘制出西瓜的把

图 13.84　创建并填充选区图层

(34) 按 Ctrl+D 取消选区，选择【图层 1】，在工具箱中选择【减淡工具】和【加深工具】，并在工具选项栏中将【画笔】选择喷溅笔触，设置其大小，在【把】图层中擦出高光和阴影的效果，效果如图 13.85 所示。

(35) 选择【图层 1】，在菜单栏中选择【滤镜】|【杂色】|【添加杂色】命令，在弹出的对话框中设置【数量】为 5，选择【平均分布】，并勾选【单色】复选框，如图 13.86 所示。

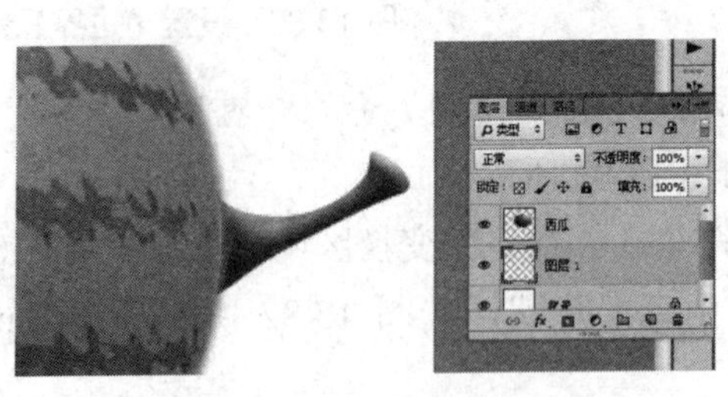
图 13.85　擦出高光和阴影

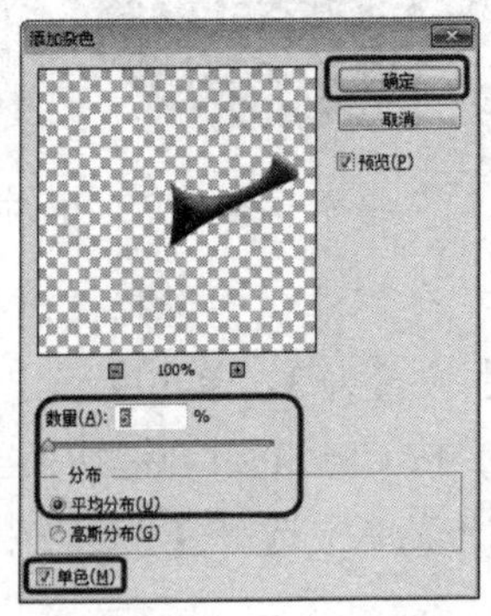

图 13.86　【添加杂色】对话框

(36) 在【图层】面板中将【西瓜】图层拖曳到【创建新图层】按钮上，复制出【西瓜拷贝】图层，将【西瓜】和【图层 1】图层隐藏，选择【西瓜拷贝】图层，选择【多边形套索工具】，设置【羽化】为 0，在场景中选择上半部分的西瓜，按 Delete 键删除，如图 13.87 所示。

(37) 在【图层】面板中通过【西瓜拷贝】图层载入选区，在工具箱中选择【多边形套索工具】，在工具选项栏中单击【新选区】按钮，在场景中移动选区，如图 13.88 所示。

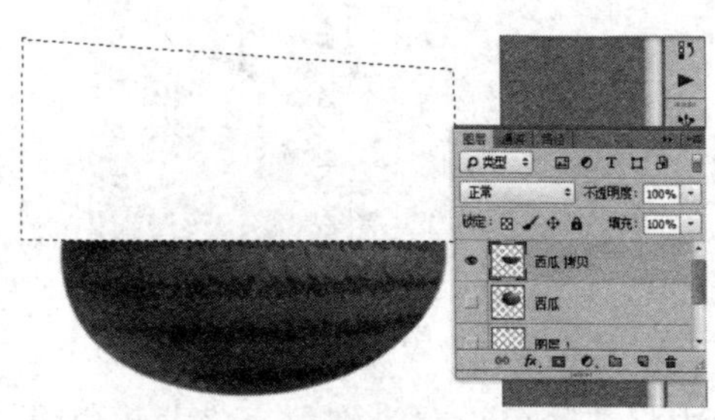


图 13.87 删除选区中的西瓜

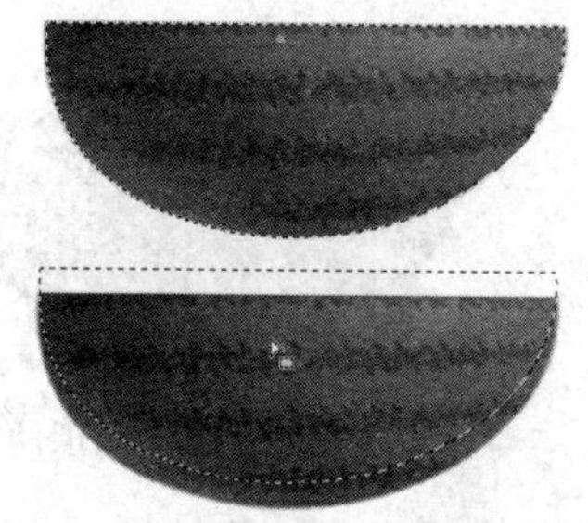

图 13.88 载入并移动选区的效果

(38) 按 Shift+F6 组合键，在弹出的【羽化选区】对话框中将【羽化半径】设置为 10 像素，单击【确定】按钮，如图 13.89 所示。

(39) 在【图层】面板中新建【图层 2】，在工具箱中将前景色设置为白色，按 Alt+Delete 组合键为选区填充为白色，如图 13.90 所示。

图 13.89 设置羽化参数

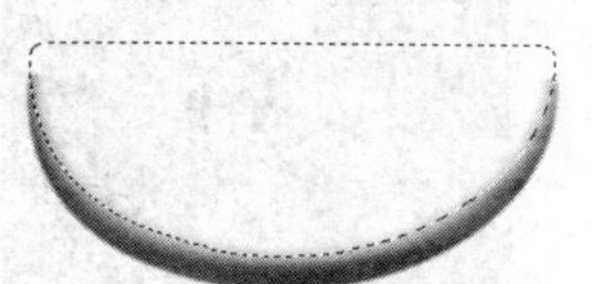

图 13.90 填充选区的颜色

(40) 设置工具箱中背景色的 RGB 值为 241、64、60，在文件中移动选区，在【图层】面板中创建【图层 3】，按 Ctrl+Delete 组合键将选区填充为背景色，效果如图 13.91 所示。

(41) 在【图层】面板中，通过【西瓜拷贝】图层载入选区，按 Ctrl+Shift+I 键反选选区，在【图层】面板中选择【图层 2】和【图层 3】，并分别按 Delete 键删除选区中的图像，效果如图 13.92 所示。

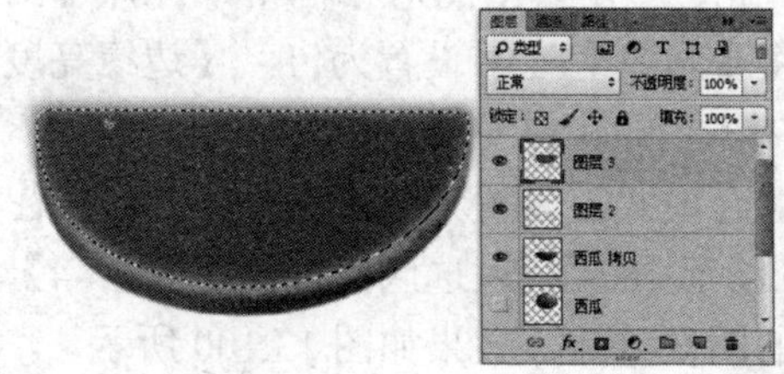


图 13.91 填充选区背景色

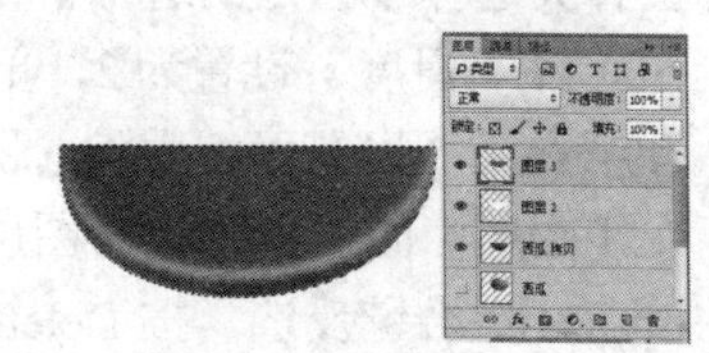

图 13.92 删除选区中多余的图像

(42) 按 Ctrl+D 取消选区，选择【橡皮擦工具】，在工具选项栏中选择合适的笔触并设置【不透明度】，然后在【图层】面板中选择【图层 3】，在文件中进行擦除，效果如图 13.93 所示。

(43) 在【图层】面板中新建【图层 4】，确认该图层在【图层 3】的上面，如图 13.94 所示。

图 13.93　擦出西瓜两端

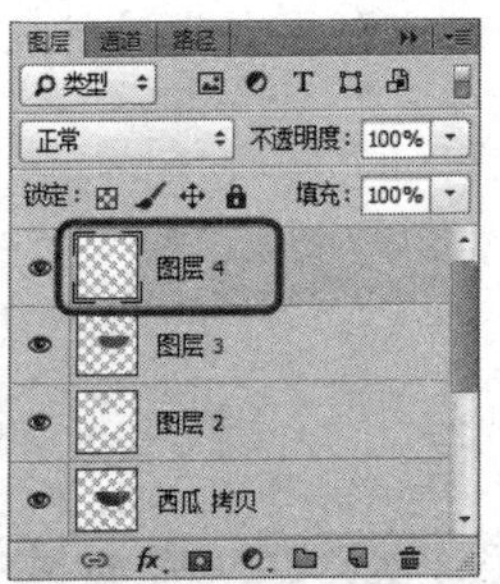


图 13.94　新建图层

(44) 为【图层 4】填充白色，在工具箱中将前景色设置为红色，将背景色设置为白色，在菜单栏中选择【滤镜】|【渲染】|【分层云彩】命令，效果如图 13.95 所示。

(45) 按 Ctrl+F 组合键，再次为图层使用【分层云彩】命令，直到效果满意为止，效果如图 13.96 所示。

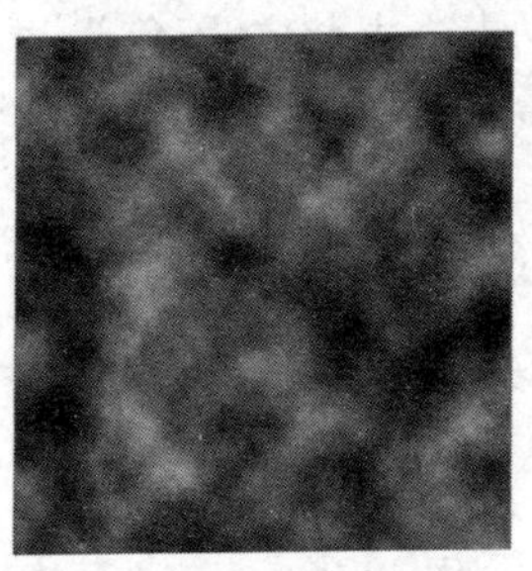

图 13.95　使用一次【分层云彩】命令的效果

图 13.96　再次使用【分层云彩】命令效果

(46) 在菜单栏中选择【滤镜】|【风格化】|【查找边缘】命令，效果如图 13.97 所示。

(47) 按 Ctrl+M 组合键，打开【曲线】命令，在弹出的对话框中单击曲线添加锚点，将【输出】设置为 64，【输入】设置为 191，再次单击曲线添加锚点，将【输出】设置为 191，【输入】设置为 64，设置完成后单击【确定】按钮，如图 13.98 所示。

(48) 在菜单栏中选择【滤镜】|【滤镜库】命令，在弹出的对话框中，打开【画笔描边】文件夹选择【强化的边缘】命令，在右侧将【边缘宽度】设置为 1、【边缘亮度】设置为 50、【平滑度】设置为 2，单击【确定】按钮，如图 13.99 所示。

(49) 在【图层】面板中将【图层 4】的【混合模式】设置为【正片叠底】，按住 Ctrl 键，在【图层】面板中单击【图层 3】的缩略图，为图层载入选区，选择【图层 4】，按 Ctrl+Shift+I 组合键反选，按 Delete 键将选区中的图像删除，效果如图 13.100 所示。

图 13.97　使用【查找边缘】后的效果

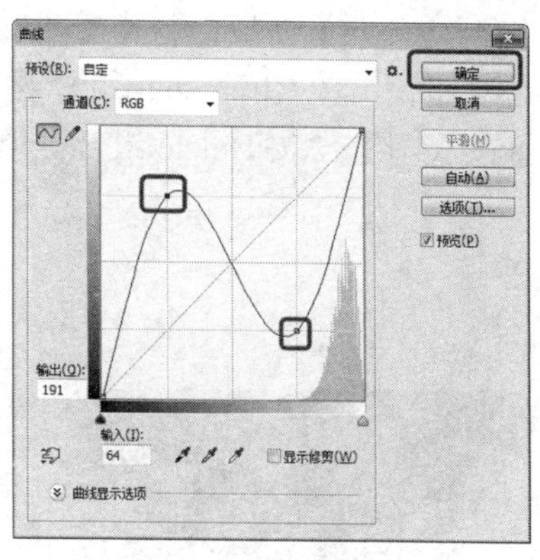

图 13.98　调整曲线

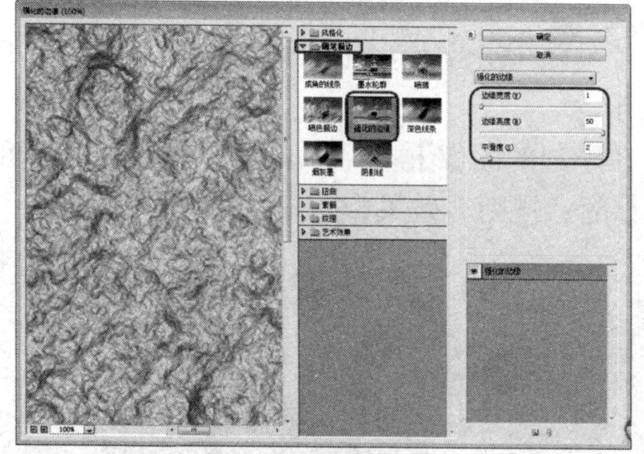

图 13.99　设置【强化的边缘】参数

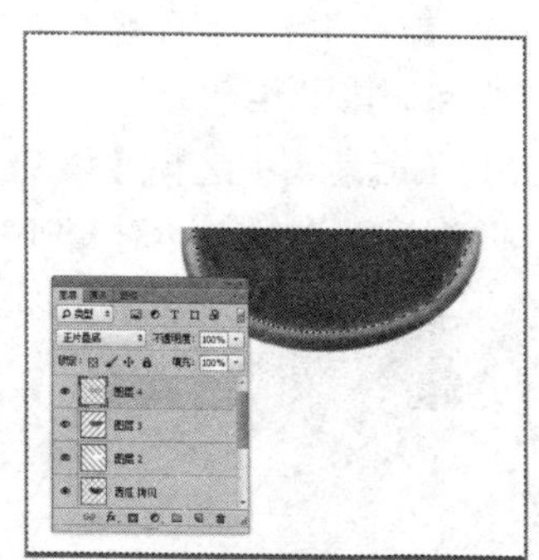

图 13.100　删除多余选区

(50) 按 Ctrl+D 组合键取消选区，在菜单栏中选择【滤镜】|【杂色】|【添加杂色】命令，在弹出的对话框中设置【数量】为 10%，选择【平均分布】选项，勾选【单色】复选框，单击【确定】按钮，如图 13.101 所示。

(51) 在【图层】面板中选择【图层 4】，按两次 Ctrl+E 组合键向下合并图层，合并至【图层 2】，效果如图 13.102 所示。

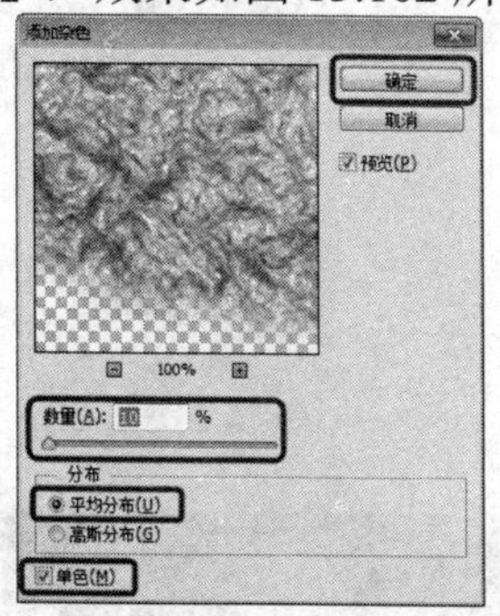

图 13.101　【添加杂色】对话框

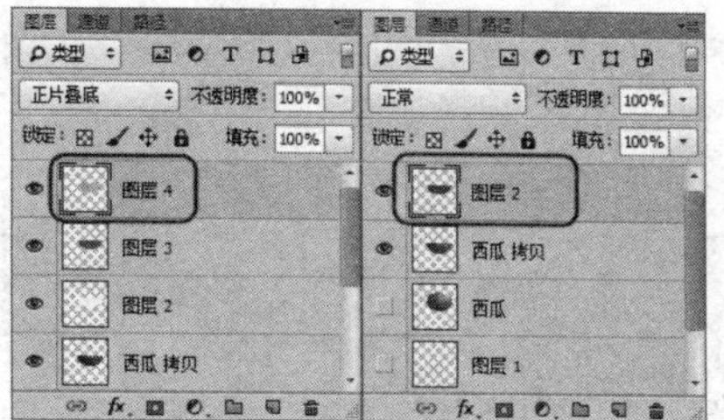

图 13.102　合并选择的图层

(52) 确定合并的【图层 2】处于选择状态，在菜单栏中选择【滤镜】|【杂色】|【添加杂色】命令，在弹出的对话框中设置【数量】为 10，单击【确定】按钮，效果如图 13.103 所示。

(53) 打开【图层】面板，新建【图层 3】，然后在工具箱中选择【钢笔工具】，在该图层中绘制路径，按 Ctrl+Enter 组合键，将路径转换为选区，然后将前景色的 RGB 值设置为 71、85、34，按 Alt+Delete 组合键填充颜色，效果如图 13.104 所示。

图 13.103　添加杂色后的效果

图 13.104　填充选区

(54) 按 Ctrl+D 组合键取消选区，在工具箱中分别使用【减淡工具】和【加深工具】添加高光和阴影效果，效果如图 13.105 所示。

(55) 在工具箱中选择【移动工具】，在绘制的图像上按住 Alt 键拖曳鼠标，即可复制图像，并进行多次复制，对复制的图像进行随意排列，效果如图 13.106 所示。

图 13.105　添加高光和阴影效果

图 13.106　复制的图像

(56) 在【图层】面板中选择所有通过【图层 3】拷贝的图层，并按 Ctrl+E 组合键将选择的图层合并，并将其命名为“瓜子”，如图 13.107 所示。

(57) 按 Ctrl+T 组合键，切换至自由变换调整【瓜子】图层的大小和位置，按 Enter 键确认变换，效果如图 13.108 所示。

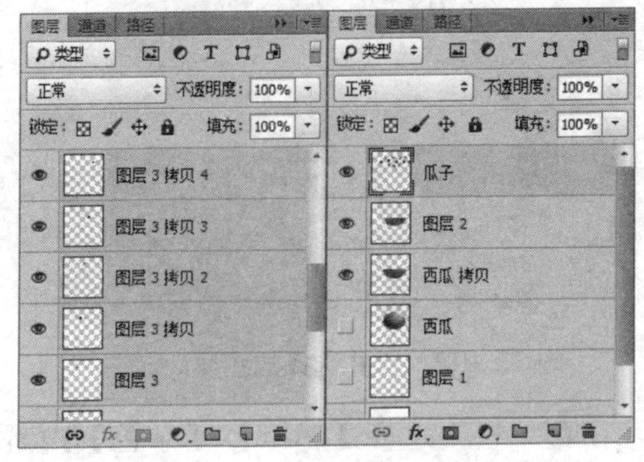


图 13.107　合并图层并命名

图 13.108　调整【瓜子】图层

(58) 在【图层】面板中将【图层 2】拖曳至【创建新图层】按钮上，将复制出的【图层 2 拷贝】拖曳至【瓜子】图层的上面，然后将【图层 2 拷贝】的【不透明度】设置为 75%，如图 13.109 所示。

(59) 在文件中使用【橡皮擦工具】，在工具选项栏中选择合适的笔触，设置【不透明度】，然后对【图层 2 拷贝】进行擦除，效果如图 13.110 所示。

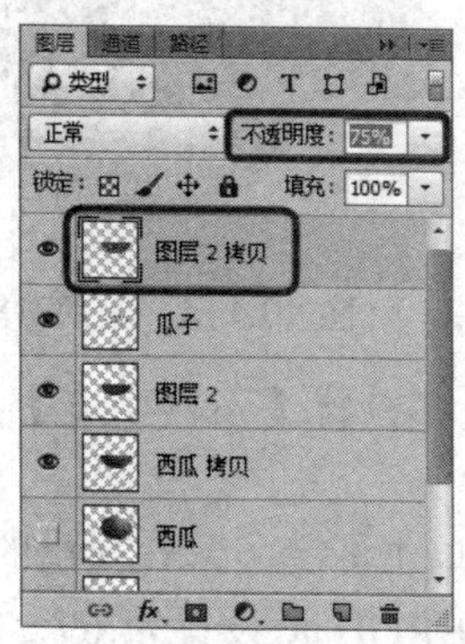


图 13.109　复制并调整图层的不透明度

图 13.110　擦除图层的效果

(60) 在【图层】面板中双击【瓜子】图层，在弹出的【图层样式】对话框中选择【斜面和浮雕】选项，将【样式】设置为【枕状浮雕】、【深度】设置为 200%、【大小】设置为 10、【软化】设置为 0、将【高光模式】的颜色设置灰色，如图 13.111 所示。

(61) 选择【外发光】选项，将【混合模式】设置为【正常】，【不透明度】设置为 100%，【扩展】设置为 0、【大小】设置为 13，其他参数使用默认即可，如图 13.112 所示，单击【确定】按钮。

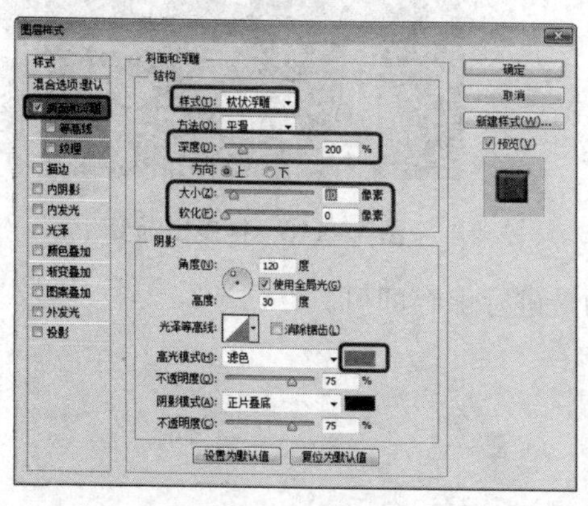

图 13.111　设置【斜面和浮雕】效果

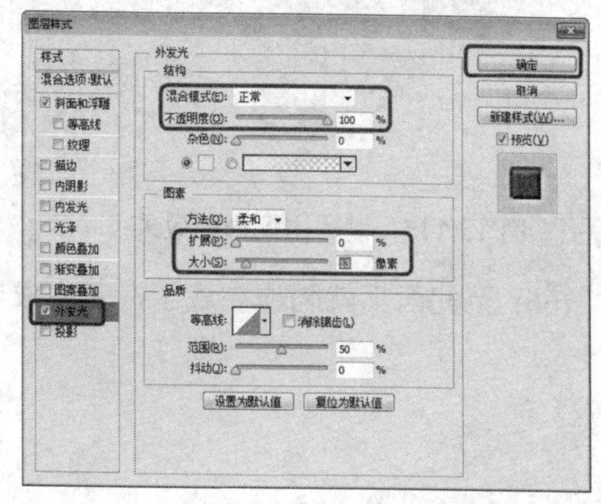

图 13.112　设置【外发光】参数

(62) 按住 Shift 键在【图层】面板中选择【图层 2 拷贝】图层，然后选择【西瓜拷贝】图层，按 Ctrl+E 组合键将选择的图层合并为【半块西瓜】，如图 13.113 所示，然后调整其位置，将其他图层显示。

(63) 在【图层】面板中选择【把】、【西瓜】、【半块西瓜】图层，将其拖曳至【创建新图层】按钮上，复制出图层的拷贝，确定复制出的图层处于选择状态，按 Ctrl+T 组合键打开【自由变换】命令，在自由变换区域中右击，在弹出的快捷菜单中选择【垂直翻转】命令，并在场景中调整其位置，按 Enter 键确认变换，如图 13.114 所示。

图 13.113 合并图层并命名

图 13.114 变换对象

(64) 按 Ctrl+E 组合键将复制的图层拷贝进行合并，并设置【不透明度】为 30%，如图 13.115 所示。

(65) 在工具箱中选择【渐变工具】，在工具选项栏中单击渐变条，在弹出的对话框中将左侧色标的 RGB 值设置为 246、255、0，将右侧色标的 RGB 值设置为 69、152、79，然后单击【确定】按钮，在工具选项栏中单击按钮，在【图层】面板中选择【背景】图层，然后拖曳出渐变，如图 13.116 所示。

图 13.115 制作出倒影的效果

图 13.116 拖曳出渐变

(66) 至此西瓜就制作完成了，对完成后的场景进行保存即可。

# 第 14 章　项目指导——CI 设计

CI 是指企业形象的视觉识别，也就是说将 CI 的非可视内容转换为静态的视觉识别符号，以无比丰富的多样的应用形式，在最为广泛的层面上，进行最为直接的传播。本章主要介绍 CI 的设计，主要包括 LOGO、名片、工作证和会员卡的设计。

## 14.1　LOGO 设计

LOGO 在日常生活中随处可见，LOGO 是一个企业和产品的形象标志，下面介绍如何制作 LOGO，完成后的效果如图 14.1 所示。其具体操作步骤如下。

图 14.1　LOGO 效果

(1) 启动软件后，按 Ctrl+N 组合键，随即弹出【新建】对话框，将【名称】设为 LOGO，【宽度】和【高度】都设为 3000 像素，【分辨率】设为 300 像素，如图 14.2 所示。

(2) 新建文档后在工具箱中选择【横排文字工具】，在舞台中输入 A，在工具选项栏将【字体】设为 Gabriola，将【字体大小】设为 300 点，【字体颜色】的 RGB 值设为 234、6、114，完成后的效果如图 14.3 所示。

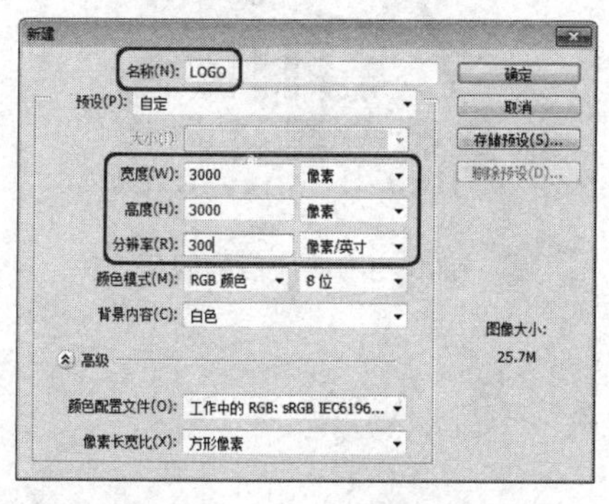


图 14.2　【新建】对话框

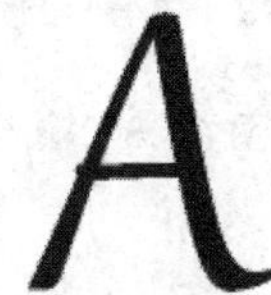


图 14.3　输入文字

(3) 选择 A 图层，右击并在弹出的快捷菜单中选择【栅格化文字】命令，在工具箱中选择【橡皮擦工具】，将 A 文字中间的部分去掉，完成后的效果如图 14.4 所示。

(4) 新建一个图层，在工具箱中选择【钢笔工具】，在文档窗口中绘制路径完成后的效果，如图 14.5 所示。

(5) 绘制完成后按 Ctrl+Enter 组合键，将路径变为选区，将前景色的 RGB 值设为 234、6、114，并为选区填充颜色，按 Ctrl+D 组合键取消选区，完成后的效果如图 14.6 所示。

(6) 在工具箱中选择【横排文字工具】并输入 ilika，打开【字符】面板，将【字体】设为【汉仪圆叠体简】，【字体大小】设为 80 点，【字符间距】设为 150，【字体颜色】

的 RGB 值设为 234、6、114，完成后的效果如图 14.7 所示。

图 14.4 完成后的效果

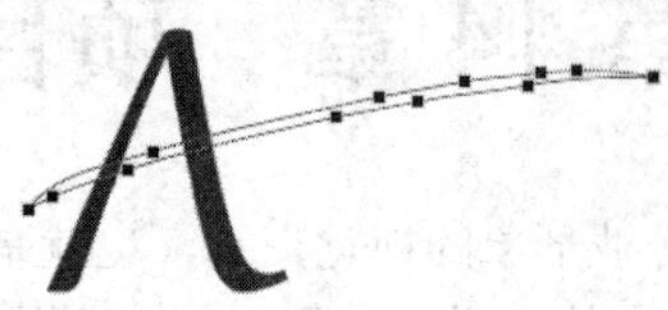

图 14.5 绘制路径

图 14.6 填充颜色

图 14.7 输入文字

(7) 在工具箱中选择【横排文字工具】，并输入“艾利卡美容会所”，打开【字符】面板，将【字体】设为【方正综艺简体】，【字体大小】设为 57 点，【字符间距】设为 48，【字体颜色】的 RGB 值设为 234、6、114，完成后的效果如图 14.8 所示。

(8) 继续使用【横排文字工具】，并输入“Ailika Beauty Club”，打开【字符】面板，将【字体】设置为【方正大黑简体】，【字体大小】设为 40 点，【字符间距】设为 48，【字体颜色】的 RGB 值设为 234、6、114，完成后的效果如图 14.9 所示。

图 14.8 输入文字

图 14.9 完成后的效果

## 14.2 名　片

下面制作名片，完成后的效果 14.10 所示。其具体操作步骤如下。

(1) 启动软件后按 Ctrl+N 组合键，弹出【新建】对话框，将【宽度】设为 9.2 厘米，【高度】设为 5.6 厘米，【分辨率】设为 300 像素，然后单击【确定】按钮，如图 14.11 所示。

(2) 在菜单栏中选择【视图】|【新建参考线】命令，随即弹出【新建参考线】对话框，将【取向】设为【水平】，【位置】设为 0.2 厘米，然后单击【确定】按钮，如图 14.12 所示。

(3) 使用同样的方法分别设置【水平参考线】为 5.4 厘米、【垂直参考线】为 9 厘米，完成后的效果如图 14.13 所示。

图 14.10　名片效果

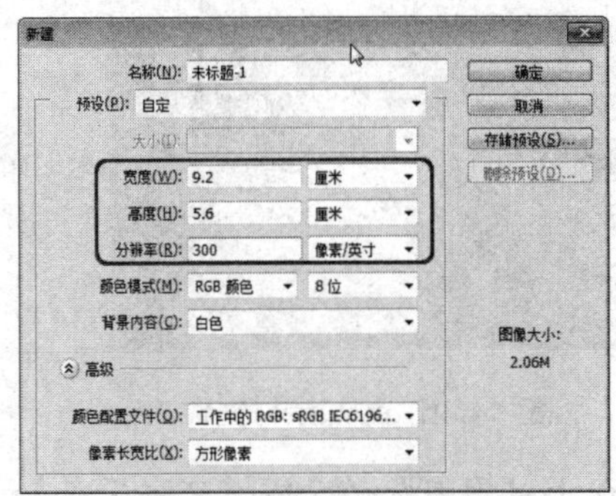


图 14.11　【新建】对话框

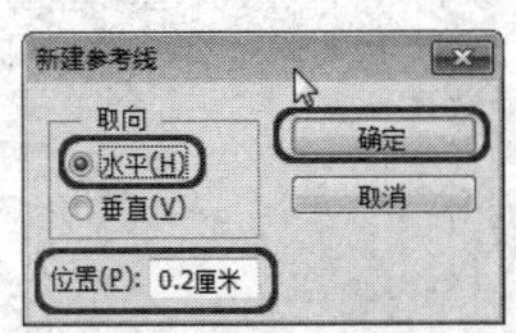


图 14.12　【新建参考线】对话框

图 14.13　新建参考线后的效果

(4) 将前景色的 RGB 值设为 171、83、155，选择【背景】图层，按 Alt+Delete 组合键填充前景色，完成后的效果如图 14.14 所示。

(5) 打开随书附带光盘中的“CDROM\素材\Cha14\01.png”素材文件，然后在工具箱中选择【移动工具】，选择打开的素材图片并将其拖曳至文档中，按 Ctrl+T 组合键对图形位置进行调整，完成后的效果如图 14.15 所示。

图 14.14　填充颜色

图 14.15　拖入素材

(6) 使用上一步同样的方法分别打开素材文件“02.png”、“03.png”和“LOGO.png”素材文件，并将其拖曳到文档的合适位置，完成后的效果如图 14.16 所示。

(7) 在工具箱中选择【横排文字工具】，在工具选项栏中将【字体】设为【方正准圆简体】，【字体大小】设为 15.36 点，【字体颜色】的 RGB 值设为 209、56、70，然后在文档中输入“姜凤”，完成后的效果如图 14.17 所示。

(8) 打开【图层】面板，单击【创建新图层】按钮，新建【图层 5】，将前景色的 RGB 值设为 209、56、70。在工具箱中选择【直线工具】，在工具选项栏将模式设为【像素】，将【粗细】设为 5 像素，按住 Shift 键在舞台中绘制直线，并适当调整位置，完成后的效果如图 14.18 所示。

图 14.16 添加素材文件

图 14.17 输入文字

(9) 在工具箱中选择【横排文字工具】，在工具选项栏中将【字体】设为【方正准圆简体】，【字体大小】设为 7.68，【字体颜色】的 RGB 值设为 209、56、70，在舞台中输入“总经理/店长”，并适当调整位置，完成后的效果如图 14.19 所示。

图 14.18 绘制直线

图 14.19 输入文字

(10) 使用同样的方法，在舞台中输入“156****0420”，并适当调整，完成后的效果如图 14.20 所示。

(11) 在工具箱中选择【横排文字工具】，在工具箱中将【字体】设置为【方正准圆简体】，【字体大小】设为 8 点，【字体颜色】的 RGB 值设为 209、56、70，完成后的效果如图 14.21 所示。

图 14.20 完成后的效果

图 14.21 完成后的效果

(12) 使用同样的方法在舞台中输入其他文字，完成后的效果如图 14.22 所示。

(13) 按 Shift+Ctrl+S 组合键，随即弹出【另存为】对话框，设置名称及格式，然后单击【确定】按钮，如图 14.23 所示。

(14) 打开【图层】面板，选择除【背景】和【图层 1】的所有图层，并将其删除，完成后的效果如图 14.24 所示。

(15) 选择打开“Logo.png”素材文件，并将其拖曳到文档中，按 Ctrl+T 组合键，对其调整大小和位置，完成后的效果如图 14.25 所示，并对其进行保存。

图 14.22　输入文字

图 14.23　【另存为】对话框

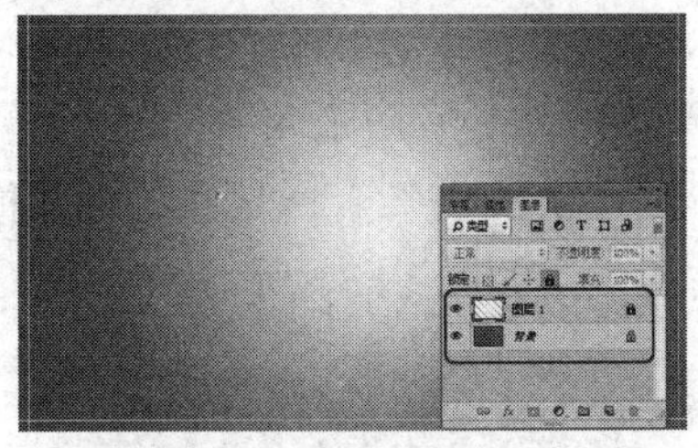

图 14.24　删除图层后的效果

图 14.25　完成后的效果

# 14.3　会　员　卡

下面介绍会员卡的制作过程，完成后的效果如图 14.26 所示。其具体操作步骤如下。

(1) 启动软件后，按 Ctrl+N 组合键，弹出【新建】对话框，将【宽度】设为 9 厘米，【高度】设为 5.4 厘米，【分辨率】设为 300 像素，然后单击【确定】按钮，如图 14.27 所示。

图 14.26　会员卡

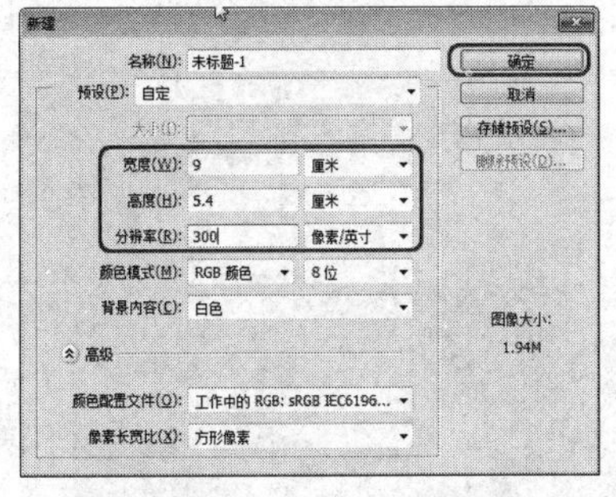


图 14.27　【新建】对话框

(2) 打开【图层】面板，单击【创建新图层】按钮，将【前景色】的 RGB 值设为 13、19、26，在工具箱中选择【圆角矩形工具】，在工具选项栏中将【模式】设为【像素】，【半径】设为 50 像素，在图中绘制圆角矩形，完成后的效果如图 14.28 所示。

(3) 打开随书附带光盘中的“CDROM\素材\Cha14\04.png～09.png”素材文件，选择 04 素材文件，并将其拖曳至文档中，适当调整位置，然后按住 Alt 键，将鼠标置于【图层 1】和【图层 2】之间，单击鼠标右键使其嵌入【图层 1】，完成后的效果如图 14.29 所示。

图 14.28 绘制圆角矩形

图 14.29 嵌入图层后的效果

(4) 分别打开“05.png”、“06.png”和“07.pgn”素材文件并拖曳到文档中，按 Ctrl+T 组合键，并对其调整大小和位置，完成后的效果如图 14.30 所示。

(5) 打开随书附带光盘中的“CDROM\素材\Cha14\LOGO.png”素材文件，将其拖曳到文档中，按 Ctrl+T 组合键，调整大小和位置，完成后的效果如图 14.31 所示。

图 14.30 拖入素材文件

图 14.31 添加 LOGO

(6) 在工具箱中选择【横排文字工具】，在工具选项栏，将【字体】设为【方正大标宋简体】，【大小】设为 43 点，【字体颜色】设为黑色，在文档中输入“VIP”，如图 14.32 所示。

(7) 打开【图层】面板，选择 VIP 图层，单击鼠标右键，在弹出的快捷菜单中选择【栅格化文字】命令，如图 14.33 所示。

图 14.32 输入文字

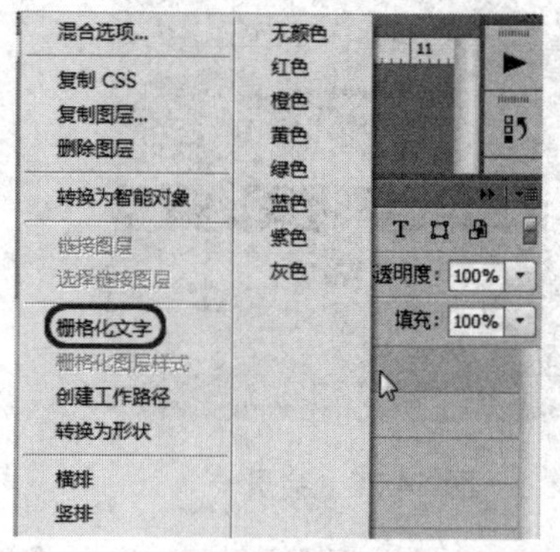


图 14.33 选择【栅格化文字】命令

(8) 打开【图层】面板，按 Ctrl 键，单击 VIP 图层缩略图，将其载入选区，如图 14.34 所示。

(9) 在菜单栏中选择【编辑】|【填充】命令，随即弹出【填充】对话框，将【使用】设为【图案】，然后单击【自定图案】右侧图案，选择【微粒】图案，如图 14.35 所示。然后单击【确定】按钮，按 Ctrl+D 组合键取消选区。

图 14.34　载入选区

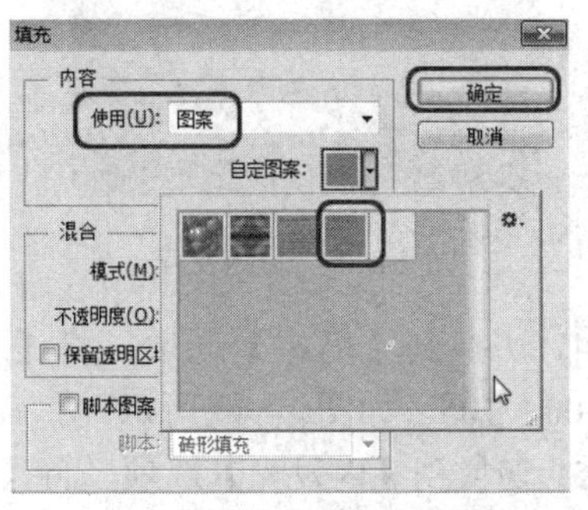


图 14.35　【填充】对话框

(10) 打开【图层】面板，选择 VIP 图层，单击鼠标右键，在弹出的快捷菜单中选择【混合选项】命令，在随即弹出的【图层样式】对话框中选择【斜面和浮雕】选项，将【样式】设为【外斜面】，【方法】设为【雕刻清晰】，【大小】设为 9 像素，如图 14.36 所示。

(11) 切换到【内发光】选项，在【图素】选项中将【阻塞】设为 5%，【大小】设为 9 像素，然后单击【确定】按钮，如图 14.37 所示。

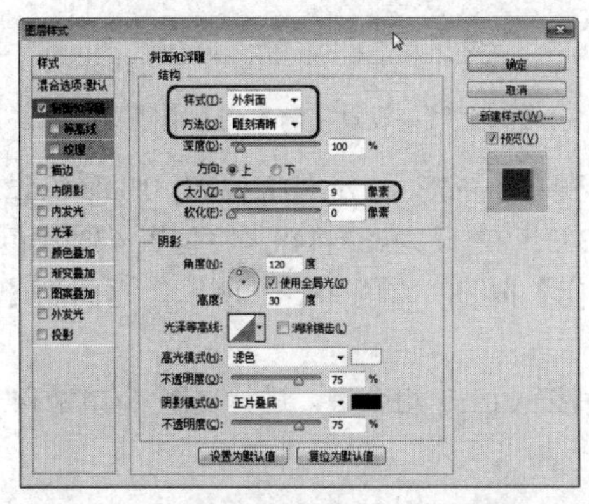


图 14.36　设置【斜面和浮雕】选项

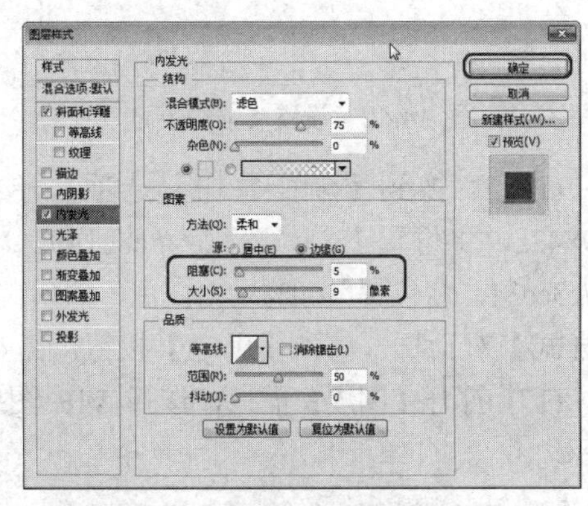


图 14.37　设置【内发光】选项

(12) 在工具箱中选择【横排文字工具】，在舞台中输入 VIP，打开【字符】面板，将【字体】设为【方正大标宋简体】，【大小】设为 38 点，【字符间距】设为 10，【字体颜色】的 RGB 值设为 185、158、41，并调整到合适的位置，完成后的效果如图 14.38 所示。

(13) 打开【图层】面板，选择 VIP 图层，单击鼠标右键，在弹出的快捷菜单中选择【混合选项】命令，在弹出的对话框中选择【斜面和浮雕】选项，将【大小】设为 5 像素，其他保持默认值，如图 14.39 所示。

图 14.38　输入文字

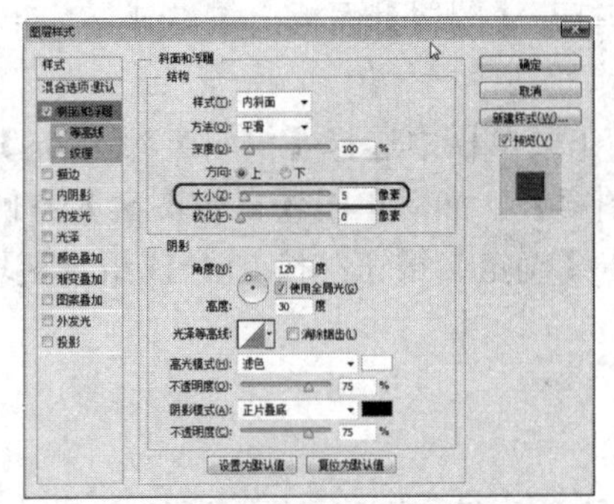

图 14.39　设置【斜面和浮雕】选项

(14) 切换到【描边】选项，将【大小】设为 6 像素，将描边颜色的 RGB 值设为 104、100、105，如图 14.40 所示。

(15) 切换到【内发光】选项，将【阻塞】设为 44%，将【大小】设为 4 像素，其他保持默认值，如图 14.41 所示。

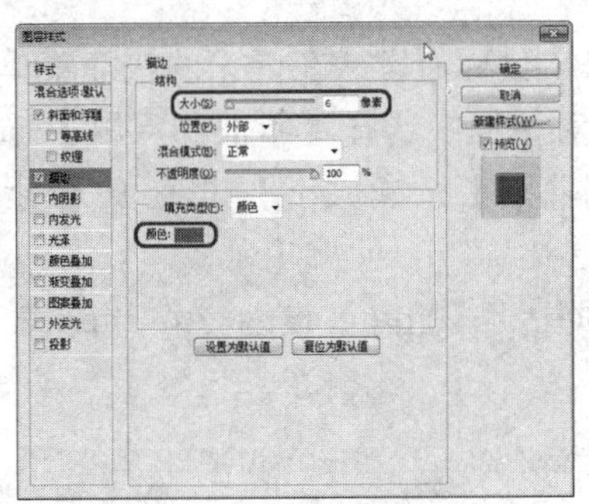

图 14.40　设置【描边】选项

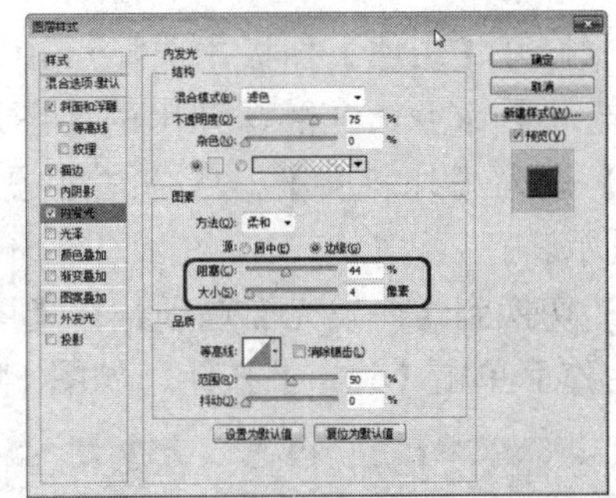

图 14.41　设置【内发光】选项

(16) 切换到【渐变叠加】选项，单击【渐变色】按钮，分别将位置 0%颜色设为#89842a，将位置 15%颜色设为#c8c149，将位置 38%颜色设为#b2a448，将位置 63%颜色设为#e3cc34，将位置 100%设为白色，然后单击【确定】按钮，如图 14.42 所示。返回到【图层样式】对话框，单击【确定】按钮。

(17) 打开【图层】面板，选择 VIP 图层，然后按 Ctrl+J 组合键，进行复制，如图 14.43 所示。

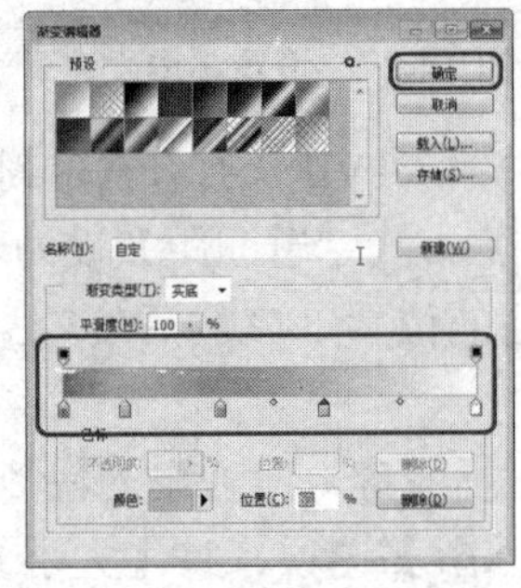

图 14.42　【渐变编辑器】对话框

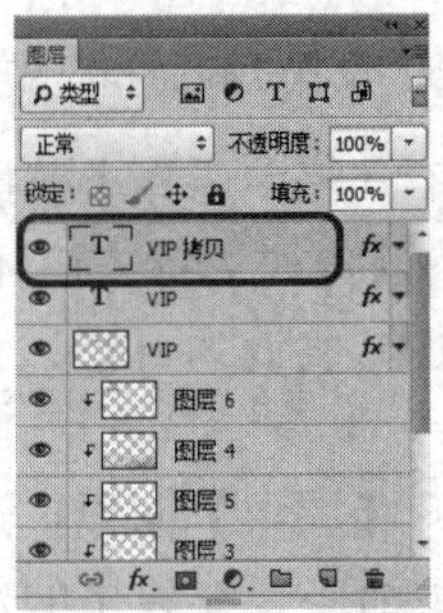

图 14.43　复制图层

(18) 选择【VIP 拷贝】图层，单击【图层样式】按钮，弹出【图层样式】对话框，勾选【纹理】复选框，保持默认值，然后切换到【渐变叠加】复选框，单击【渐变色】按钮，随即弹出【渐变编辑器】对话框，分别将位置 0%颜色设为#c98647，将位置 15%颜色设为#c8864d，将位置 38%颜色设为#ec8362a，将位置 63%颜色设为#e09e11，将位置 100%设为白色，然后单击【确定】按钮，返回到【图层样式】对话框，单击【确定】按钮，完成后的效果如图 14.44 所示。

(19) 在工具箱中选择【横排文字工具】，在工具选项栏中将【字体】设为 Times New Roman，【字体大小】设为 11 点，在文档窗口输入 NO.80000001，如图 14.45 所示。

图 14.44　完成后的效果

图 14.45　输入文字

(20) 选择 NO.80000001 图层，并双击打开【图层样式】对话框，选择【斜面和浮雕】选项，将【样式】设为【外斜面】，【方法】设为【雕刻清晰】，【方向】设为【上】，【大小】设为 2 像素，如图 14.46 所示。

(21) 切换到【内发光】选项，将【大小】设为 9 像素，其他保持默认值，然后单击【确定】按钮，如图 14.47 所示。

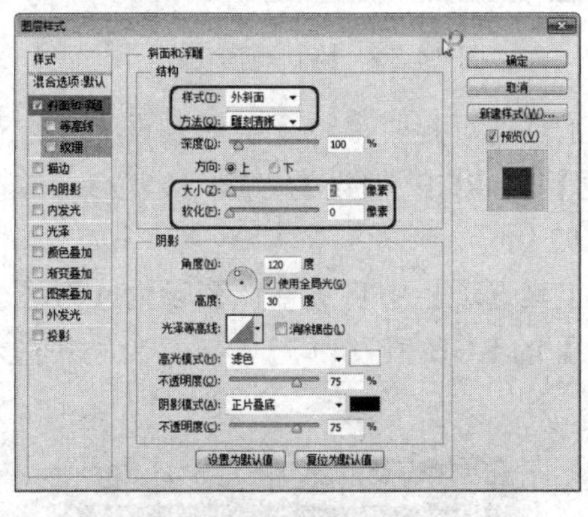

图 14.46　设置【斜面和浮雕】选项

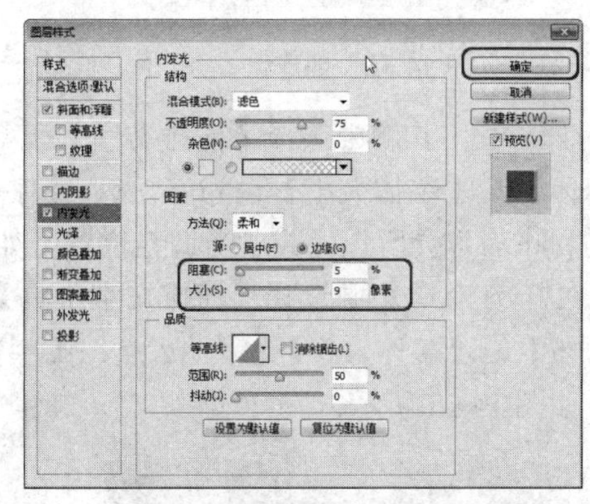

图 14.47　设置【内发光】选项

(22) 在菜单栏中选择【文件】|【存储】命令，随即弹出【另存为】对话框，设置正确的名称及格式，然后单击【保存】按钮，如图 14.48 所示。

(23) 选择“会员卡正面.psd”文件，并对其进行复制，并将多余的图像删除完成后的效果如图 14.49 所示。

(24) 打开【图层】面板，单击【新建组】按钮，并将其命名为“VIP”，并将文字 VIP 移动到该组中，并取消其显示，如图 14.50 所示。

(25) 打开【图层】面板，新建【图层 2】，将【前景色】的 RGB 值设为 12、19、25，在工具箱中选择【矩形工具】，在工具选项栏将模式设为【像素】，在文档窗口绘制矩形，并适当调整位置，如图 14.51 所示。

图 14.48 【另存为】对话框

图 14.49 删除多余的图像

图 14.50 创建组

图 14.51 绘制矩形

(26) 在工具箱中选择【横排文字】工具，在工具选项栏中，将【字体】设为【方正黑体简体】，【字体大小】设为 6 点，【字体颜色】的 RGB 值设为 12、19、25，并输入“艾利咔美容会所”，并适当调整位置，如图 14.52 所示。

(27) 在工具箱中选择【横排文字工具】，在工具选项栏中将【字体】设为【方正大标宋简体】，【字体大小】设为 12 点，【字体颜色】的 RGB 值设为 77、46、20，并输入文字，如图 14.53 所示。

图 14.52 输入文字

图 14.53 输入文字

(28) 按 Ctrl+O 组合键，弹出【打开】对话框，选择打开随书附带光盘中的“CDROM\素材\Cha14\08.png”素材文件，并将其拖曳至文档的合适位置，如图 14.54 所示。

(29) 选择【图层 4】并对其进行复制，并将复制的图形移动到合适的位置，完成后的

效果如图 14.55 所示。

图 14.54　添加素材文件

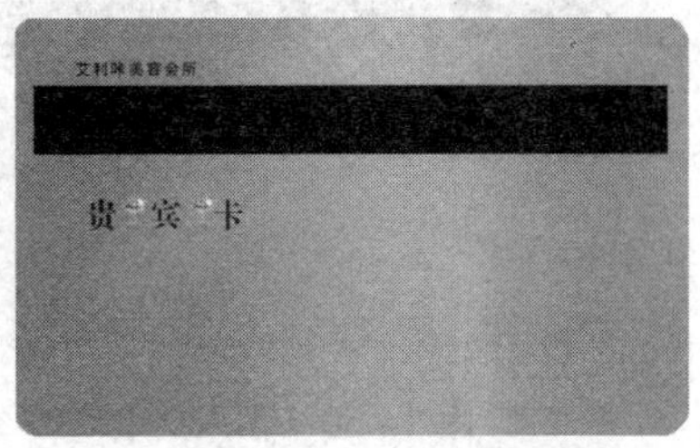


图 14.55　复制图层

(30) 在工具箱中选择【横排文字工具】，在工具选项栏中将【字体】设为【方正黑体简体】，【字体大小】设为 6 点，【字体颜色】的 RGB 值设为 77、46、20，并输入文字“尊贵服务”，完成后效果如图 14.56 所示。

(31) 将前景色的 RGB 值设为 77、46、20，打开【图层】面板，单击【创建新图层】按钮，新建一个图层，在工具箱中选择【椭圆工具】，按 Shift 键的同时，绘制一正圆，完成后的效果如图 14.57 所示。

图 14.56　输入文字

图 14.57　绘制正圆

(32) 在工具箱中选择【横排文字工具】，在工具选项栏中将【字体】设为【方正黑体简体】，【字体大小】设为 6 点，【字体颜色】的 RGB 值设为 77、46、20，并输入文字“会员专项”，完成后的效果如图 14.58 所示。

(33) 打开【图层】面板，选择 VIP 图层组，并将其显示，然后按着 Ctrl+T 组合键，对大小和位置进行设置，完成后的效果如图 14.59 所示。

图 14.58　输入文字

图 14.59　移动文字

(34) 在工具箱中选择【横排文字工具】，在工具选项栏中将【字体】设为【方正黑体简】，将【字体大小】设置为 6 点，并输入文字“贵宾签字”，完成后的效果如图 14.60 所示。

(35) 继续使用【横排文字工具】在文档中输入“THE SIGNATURE”，并将【字体大小】设为 4 点，完成后的效果如图 14.61 所示。

图 14.60　输入文字

图 14.61　输入文字

(36) 打开【图层】面板，新建一个图层，在工具箱中选择【矩形工具】，将【前景色】的 RGB 值设为 244、239、235，在文档中绘制矩形，完成后的效果如图 14.62 所示。

(37) 在工具箱中选择【横排文字工具】，在工具选项栏中将【字体】设为 Century，【字体大小】设为 4 点，【字体颜色】的 RGB 值设为 140、138、136，在舞台中输入“VIP”，然后按 Ctrl+T 组合键，对输入的文字进行旋转，完成后的效果如图 14.63 所示。

图 14.62　绘制矩形

图 14.63　输入文字

(38) 在工具箱中选择【移动工具】，按住 Alt 键，进行复制，完成后的效果如图 14.64 所示。

(39) 选择所有复制的图层，然后按 Ctrl+E 组合键，进行合并，如图 14.65 所示。

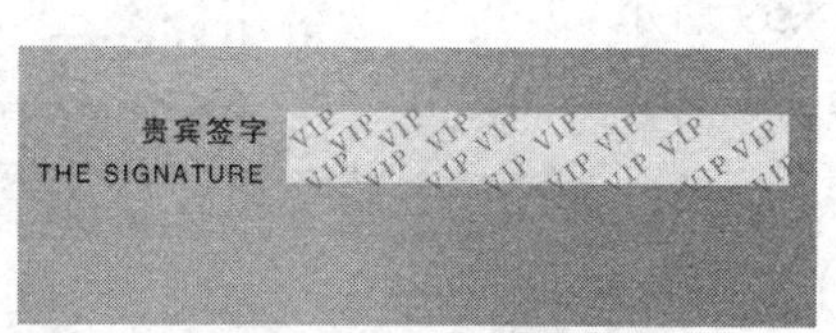


图 14.64　复制图层

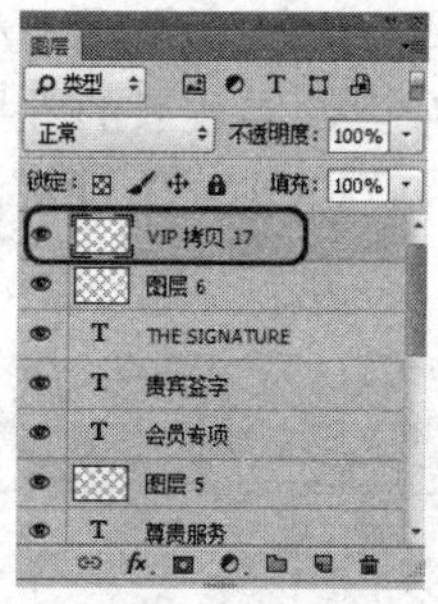


图 14.65　合并后的图层

(40) 打开【图层】面板，按着 Alt 键，将鼠标移动到【VIP 拷贝 17】图层，进行嵌入图层，完成后的效果如图 14.66 所示。

(41) 在工具箱中选择【横排文字工具】，在工具选项栏中将【字体】设为【方正黑体简体】，【字体大小】设为 6 点，【字体颜色】的 RGB 值设为 12、18、25，在文档中输入文字，完成后的效果如图 14.67 所示。

图 14.66　嵌入图层

图 14.67　输入文字

(42) 在工具箱中选择【横排文字工具】，在工具选项栏中将【字体】设为【方正黑体简体】，【字体大小】设为 7 点，【字体颜色】的 RGB 值设为 12、18、15，输入文字，完成后的效果如图 14.68 所示。

(43) 使用同样的方法，输入其他文字，完成后的效果如图 14.69 所示。

图 14.68　输入文字

图 14.69　完成后的效果

## 14.4　工　作　证

下面制作工作证，完成后的效果如图 14.70 所示。其具体操作步骤如下。

(1) 启动软件后按 Ctrl+N 组合键，弹出【新建】对话框，在该对话框中将【宽度】设为 16.5 厘米，【高度】设为 16.5 厘米，【分辨率】设为 300 像素，【颜色模式】设为【RGB 颜色】，然后单击【确定】按钮，如图 14.71 所示。

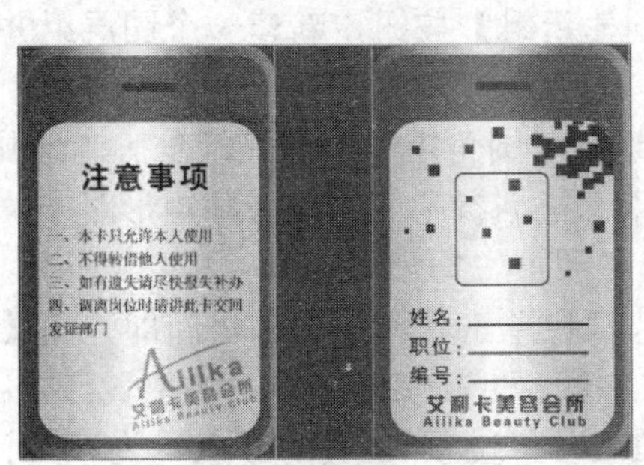


图 14.70　输入文字

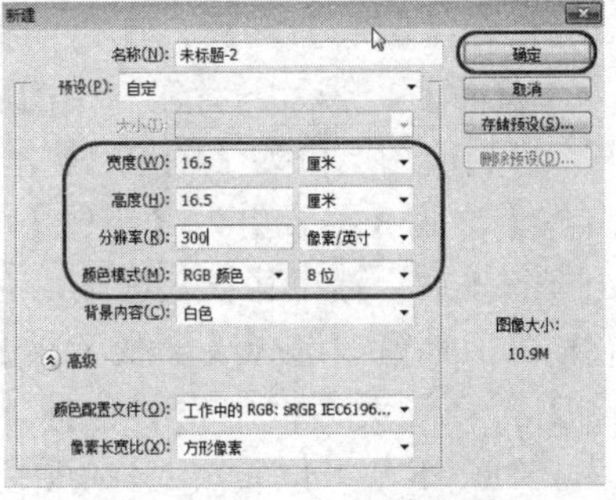


图 14.71　【新建】对话框

(2) 将前景色的 RGB 值设为 113、112、113，打开【图层】面板，按 Alt+Delete 组合键，对【背景】图层填充颜色，完成后的效果如图 14.72 所示。

(3) 在菜单栏中选择【视图】|【新建参考线】命令，弹出【新建参考线】对话框，将【取向】设为【水平】，【位置】设为3.5厘米，然后单击【确定】按钮，如图14.73所示。

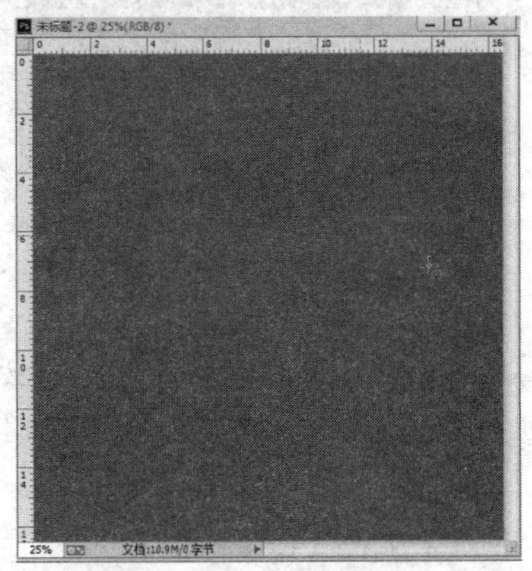

图14.72　填充颜色

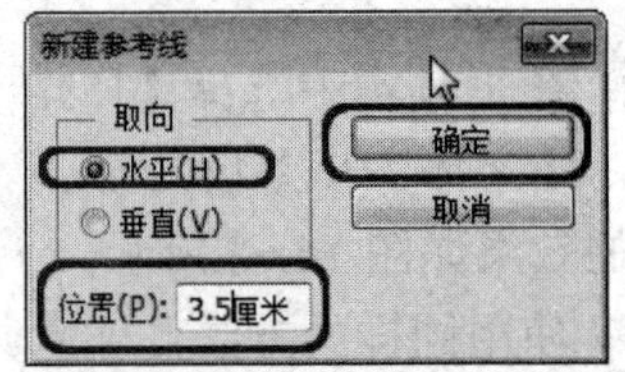


图14.73　【新建参考线】对话框

(4) 使用同样的方法，将水平方向设置为12厘米，在垂直方向的2厘米、7.4厘米、9.4厘米和14.8厘米处新建参考线，完成后的效果如图14.74所示。

(5) 在菜单栏中选择【视图】|【锁定参考线】命令，将参考线锁定，如图14.75所示。

图14.74　添加参考线

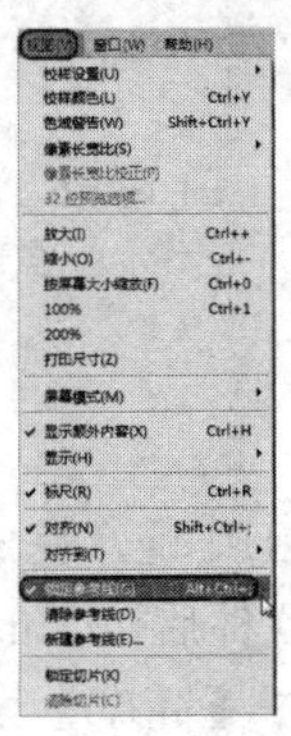

图14.75　锁定参考线

(6) 打开【图层】面板，单击面板底部的【创建新组】按钮，新建一个图层组并将其命名为【背面】，然后再新建一个图层，如图14.76所示。

(7) 将当前图层设为【图层1】，在工具箱中选择【圆角矩形工具】，在工具选项栏中将【样式】设为【路径】，【半径】设为80像素，根据参考线绘制圆角矩形路径，然后按Ctrl+Enter组合键将其载入选区，完成后的效果如图14.77所示。

(8) 在工具箱中选择【渐变工具】，在工具选项栏单击【渐变条】，随即弹出【渐变编辑器】，在该对话框中设置色标，将0位置的颜色设为#E5E2DE，将位置27%的颜色设为#928C8F，将位置52%的颜色设为#F7F9FA，将位置87%的颜色设为#878182，将位置100%的颜色设为#AEAFAF，然后单击【确定】按钮，如图14.78所示。

(9) 按住鼠标左键由左向右拖曳鼠标填充渐变色，然后按Ctrl+D组合键，取消选区，完成后的效果如图14.79所示。

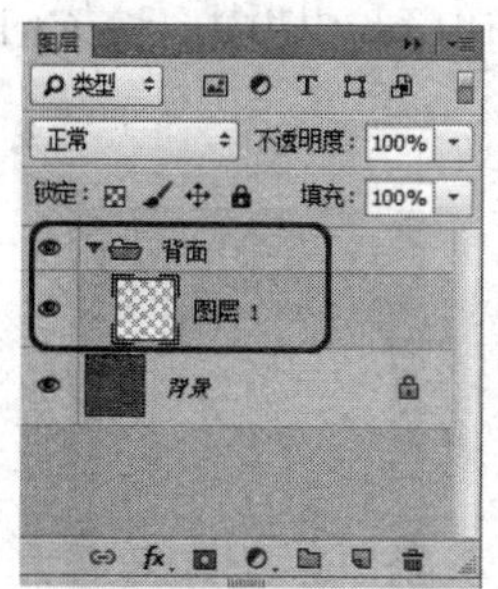

图 14.76 新建图层组

图 14.77 载入选区

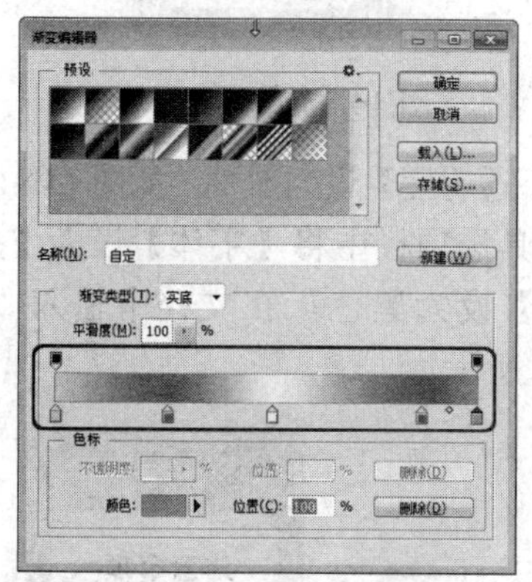

图 14.78 【渐变编辑器】对话框

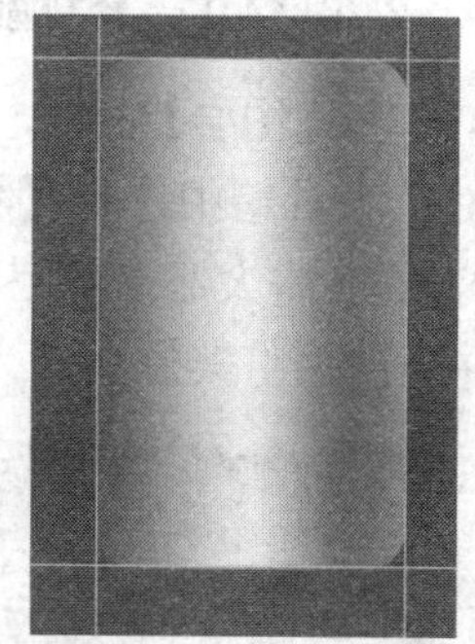

图 14.79 填充渐变色

(10) 打开【图层】面板，选择【图层 1】，然后按 Ctrl+J 组合键，复制出【图层 1 拷贝】，选择该图层按 Ctrl+T 组合键，然后在工具选项栏中单击【保持长宽比】按钮将其锁定，将 W 值设为 95%，按两次 Enter 键进行确认，效果如图 14.80 所示。

(11) 将前景色的 RGB 值设为 113、112、113，打开【图层】面板，选择【图层 1 拷贝】图层，按 Ctrl 键单击【图层】缩略图，将其载入选区，并对其填充前景色，按 Ctrl+D 组合键取消选区的选择，完成后的效果如图 14.81 所示。

图 14.80 复制图层

图 14.81 填充颜色

(12) 打开【图层】面板，单击面板底部的【创建新图层】按钮，新建【图层 2】，在工具箱中选择【圆角矩形工具】，在工具选项栏中将样式设为【像素】，将【半径】设为 80 像素，确认【前景色】为白色，在文档绘制圆角矩形，并适当调整位置，完成后的效果如图 14.82 所示。

(13) 打开随书附带光盘中的“CDROM\素材\Cha14\LOGO.png”素材文件，然后在工具箱中选择【移动工具】，选择打开的素材图片并将其拖曳到文档中，按 Ctrl+T 组合键对图形位置进行调整，完成后的效果如图 14.83 所示。

图 14.82　绘制圆角矩形

图 14.83　添加 LOGO

(14) 打开【图层】面板，选择【图层 3】，将【不透明度】设为 50%，如图 14.84 所示。

(15) 在工具箱中选择【横排文字】工具，在工具选项栏中将【字体】设为【文鼎 CS 大黑】，【字体大小】设为 18 点，【字体颜色】设为黑色，在文档中输入“注意事项”，并适当调整其位置，完成后的效果如图 14.85 所示。

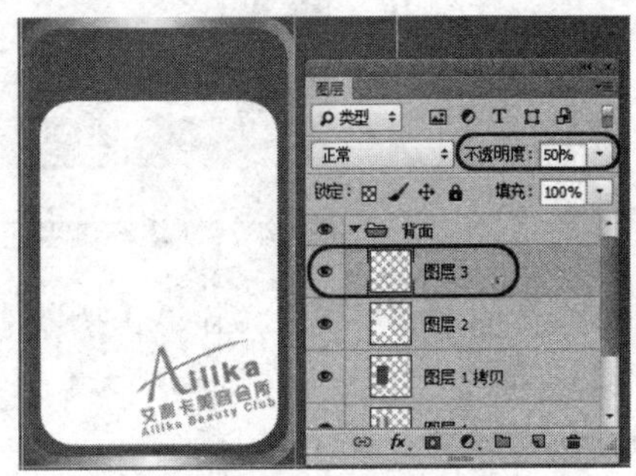


图 14.84　设置【不透明度】

图 14.85　输入文字

(16) 使用同样的方法输入其他文字，在【字符】面板中将【字体】设为【Adobe 宋体 Std】，【字体大小】设为 9 点，【字符间距】设为-4，完成后的效果如图 14.86 所示。

(17) 打开【图层】面板，选择【图层 1】，按 Ctrl+J 组合键，复制出【图层 1 拷贝 2】并将其拖曳到图层的最上方，并将其【不透明度】设为 30%，完成后的效果如图 14.87 所示。

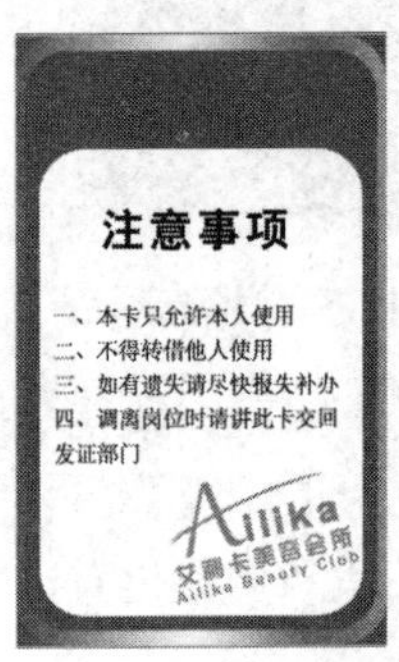


图 14.86　输入文字后的效果

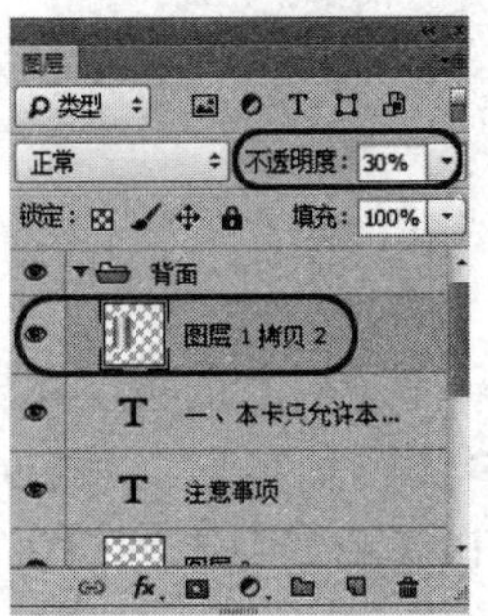


图 14.87　复制图层

(18) 确认【图层 1 拷贝 2】图层处于选择状态，按 Ctrl+T 组合键，在工具选项栏中单击【保持长宽比】按钮，将其锁定，并将 W 值设为 95%，按两次 Enter 键确认，完成后的效果如图 14.88 所示。

(19) 打开【图层】面板，单击【创建新图层】按钮，新建【图层 4】，并将前景色的 RGB 值设为 113、112、113，在工具箱中选择【圆角矩形工具】，在工具选项栏中将【样式】设为【像素】，【半径】设为 80 像素，在舞台中绘制图形，并适当调整位置，完成后的效果如图 14.89 所示。

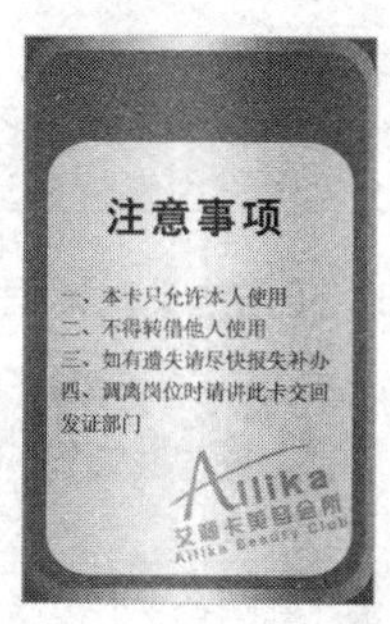


图 14.88　完成后的效果

图 14.89　绘制圆角矩形

(20) 打开【图层】面板，选择【图层 1】、【图层 1 拷贝】和【图层 2】，并单击面板底部的【链接图层】按钮，将其链接，如图 14.90 所示。

(21) 选择【背面】图层组，然后单击【创建新组】按钮，新建一个图层组，并将其命名为“正面”，选择【背面】组中的【图层 1】、【图层 1 拷贝】和【图层 2】并进行复制，将复制出的图层移动到【正面】组中，如图 14.91 所示。

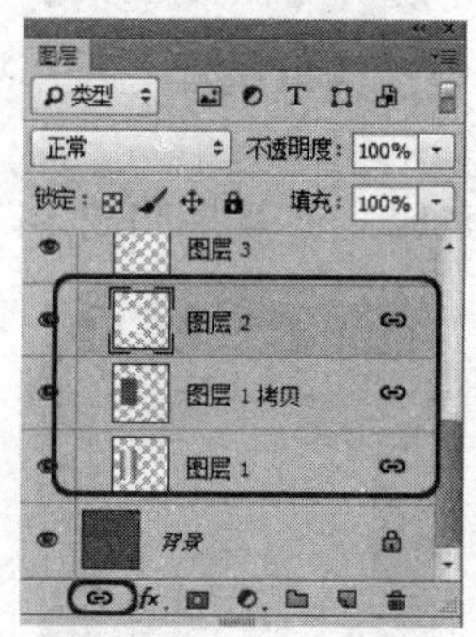


图 14.90　链接图层

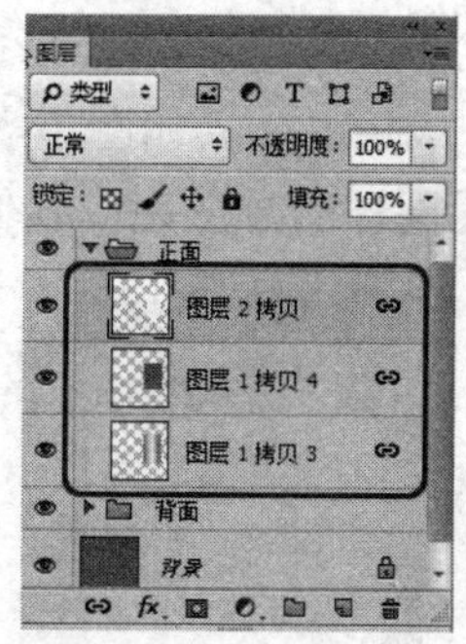


图 14.91　复制图层

(22) 打开【正面】图层组，并新建一个图层，在工具箱中选择【圆角矩形工具】，在工具选项栏中将【样式】设为【路径】，【半径】设为 20 像素，在文档中绘制圆角矩形路径，按 Ctrl+Enter 组合键，并将其载入选区，如图 14.92 所示。

(23) 在菜单栏中选择【编辑】|【描边】命令，随即弹出【描边】对话框，将【宽度】设为 3 像素，【颜色】设为黑色，【位置】设为【居中】，然后单击【确定】按钮，如图 14.93 所示。

(24) 按 Ctrl+D 组合键取消选区，完成后的效果如图 14.94 所示。

(25) 在工具箱中选择【横排文字工具】，在工具选项栏中将【字体】设为【方正黑体简体】，【字体大小】设为 12 点，【字体颜色】设为黑色，然后在舞台中输入文字，完成后的效果如图 14.95 所示。

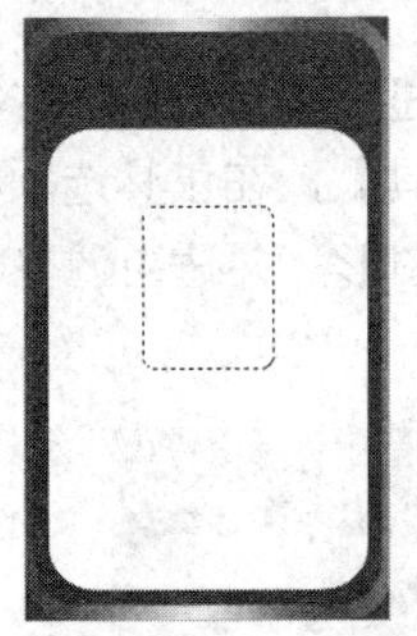

图 14.92　载入选区

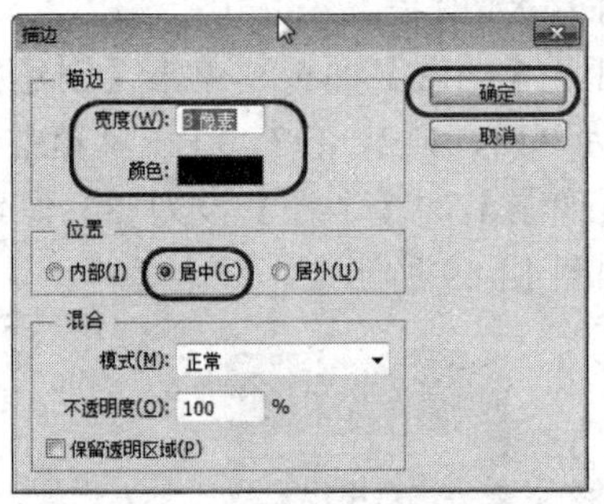


图 14.93　【描边】对话框

图 14.94　完成后的效果

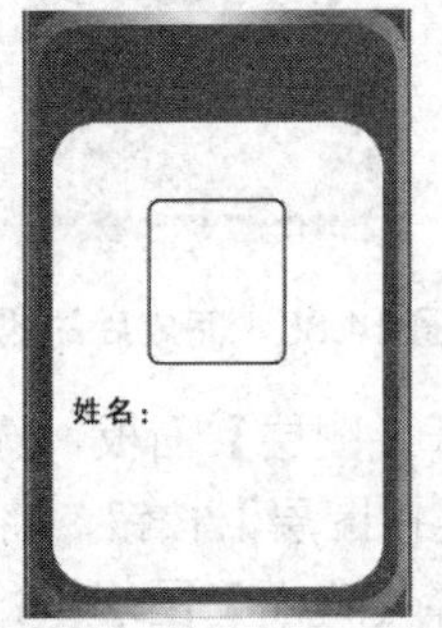


图 14.95　输入文字

(26) 打开【图层】面板，新建一个图层，在工具箱中选择【直线工具】，在工具选项栏中将【样式】设为【像素】，【粗细】设为 5 像素，确认【前景色】为黑色，在文档中绘制直线，完成后的效果如图 14.96 所示。

(27) 使用同样的方法完成其他文字和直线的绘制，完成后的效果如图 14.97 所示。

图 14.96　绘制直线

图 14.97　完成其他文字

(28) 打开随书附带光盘中的“CDROM\素材\Cha14\LOGO.png”素材文件，在工具箱中选择【矩形选框工具】，在文档选区文字部分，然后在工具箱中选择【移动工具】，将其移动文档中，按 Ctrl+T 组合键，调整大小及位置，完成后的效果如图 14.98 所示。

(29) 打开【图层】面板，选择【图层 7】，然后单击面板底部的【创建新组】按钮，

新建一个图层组并将其命名为“矩形”，如图 14.99 所示。

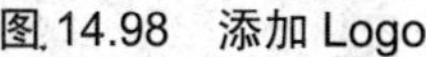

图 14.98　添加 Logo

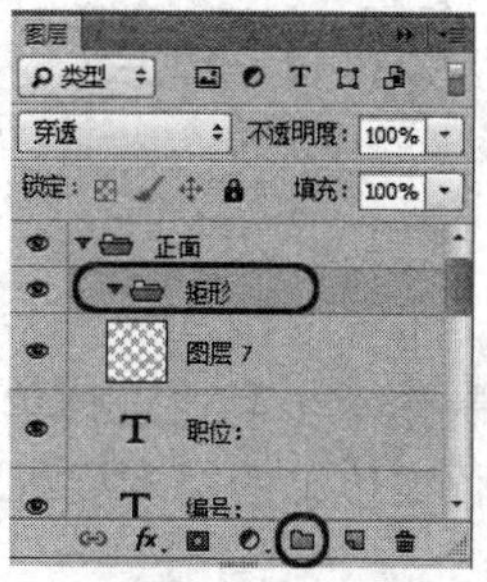


图 14.99　新建【矩形】图层组

(30) 选择【矩形】图层组，单击【创建新图层】按钮，新建图层，在工具箱中将【前景色】的 RGB 值设为 234、6、114，按 Shift 键，在文档中绘制正方形，完成后的效果如图 14.100 所示。

(31) 按 Ctrl+J 组合键复制出多个图形，按 Ctrl+T 组合键，调整大小及位置，完成后的效果如图 14.101 所示。

(32) 打开【背面】图层组，选择【图层 1 拷贝 2】和【图层 4】并对其进行复制，并将复制的图层移动的【正面】图层组的最上方，在文档中调整该图层图形的位置，完成后的效果如图 14.102 所示。

图 14.100　完成后的效果

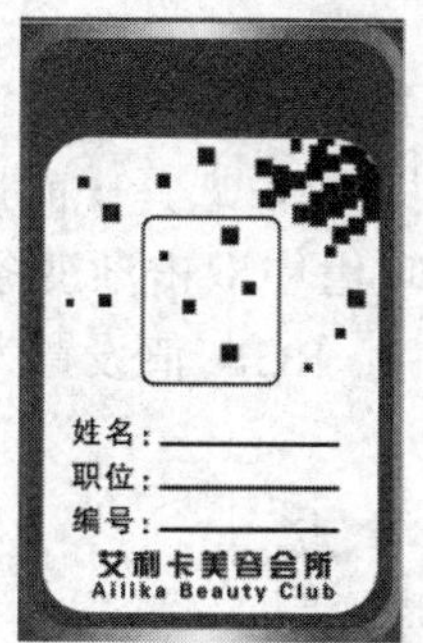


图 14.101　创建矩形

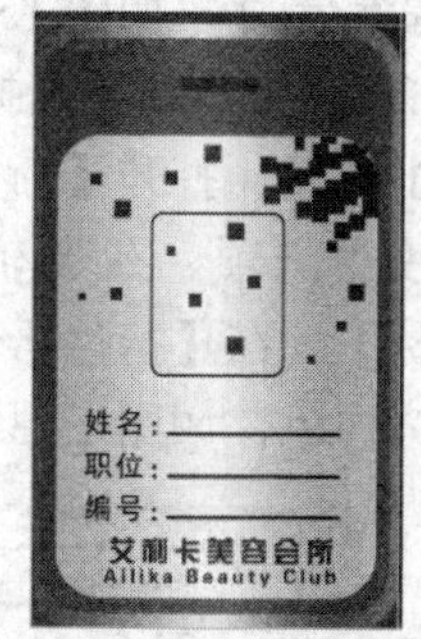


图 14.102　完成后的效果

# 第 15 章　项目指导——商业宣传单

本案例将制作两个商业宣传单：环保宣传单和房地产宣传单，通过做这两个宣传单，可以深入地了解宣传单的基本要求和制作技巧。

## 15.1　制作环保宣传单

下面介绍怎样制作环保宣传单，首先新建一个文档，然后为其填充渐变颜色，输入相应的文字，然后对文字进行变形，导入相应的素材文件，完成后的效果如图 15.1 所示。其具体操作步骤如下。

图 15.1　环保宣传单

(1) 启动 Photoshop CC 软件，按 Ctrl+N 组合键，打开【新建】对话框，将其重命名为“环保宣传单”，将【宽度】设置为 29.7 厘米，将【高度】设置为 39.96 厘米，将【分辨率】设置为 300 像素/英寸，如图 15.2 所示。

(2) 在工具箱中选择【渐变工具】，再单击【点击可编辑渐变】按钮，打开【渐变编辑器】对话框，选择【前景色到背景色渐变】选项，在【渐变类型】选项组中双击渐变条下左侧的【色标】，在【拾色器】对话框中将其 RGB 值设置为 109、177、22，将右侧色标的颜色设置为白色，如图 15.3 所示。

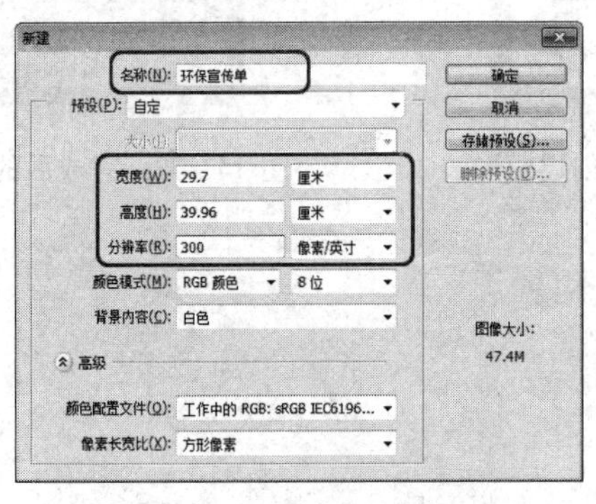

图 15.2　【新建】对话框

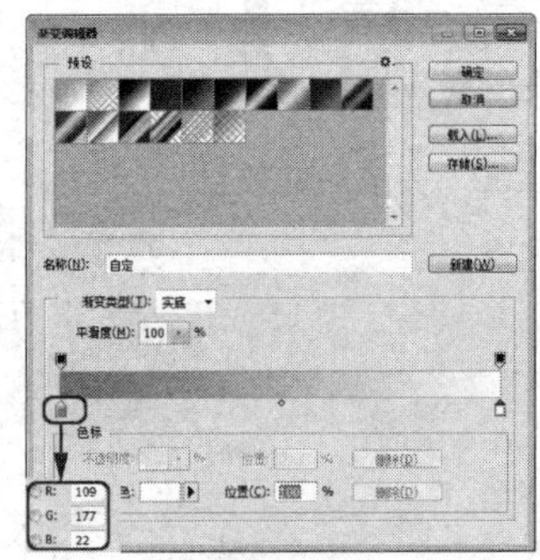
图 15.3　【渐变编辑器】对话框

(3) 设置完成后单击【确定】按钮，在图像窗口中按住 Shift 键的同时单击鼠标由上到下进行拖曳，填充渐变颜色，如图 15.4 所示。

(4) 在工具箱中选择【横排文字工具】，在图像窗口中单击鼠标并输入“栽树忙一天 利益得百年”，将【字体】设置为【汉仪菱心体简】，将【大小】设置为 51 点，将颜色设置为白色，如图 15.5 所示。

(5) 设置完成后使用【移动工具】将其调整至合适的位置，然后在该文字的下方输入“同种一棵绿树　共建生态环境”，并设置其大小及字体，然后将其调整至合适的位置，如图 15.6 所示。

图 15.4　填充渐变颜色

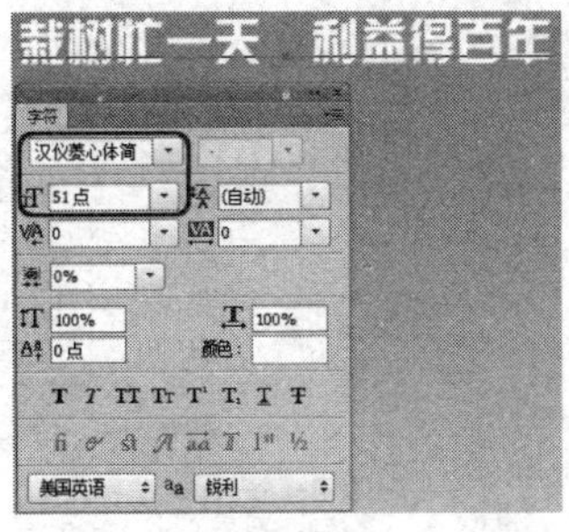


图 15.5　输入文字并设置属性

(6) 再次选择【横排文字工具】，在图像窗口中单击鼠标输入“3 12”，打开【字符】面板，将【字体】设置为 Arial Black，将【大小】设置为 150 点，将【字距】设置为 200，如图 15.7 所示。

图 15.6　输入文字信息

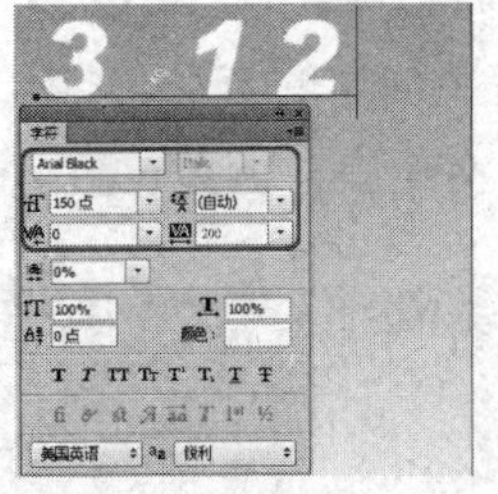


图 15.7　输入数字

(7) 在【图层】面板中双击文字图层，打开【图层样式】对话框，在【样式】列表中选中【投影】复选框，在【结构】区域中将【不透明度】设置为 38%，将【角度】设置为 143 度，将【距离】设置为 51 像素，如图 15.8 所示。

(8) 设置完成后单击【确定】按钮，设置阴影后的效果如图 15.9 所示。

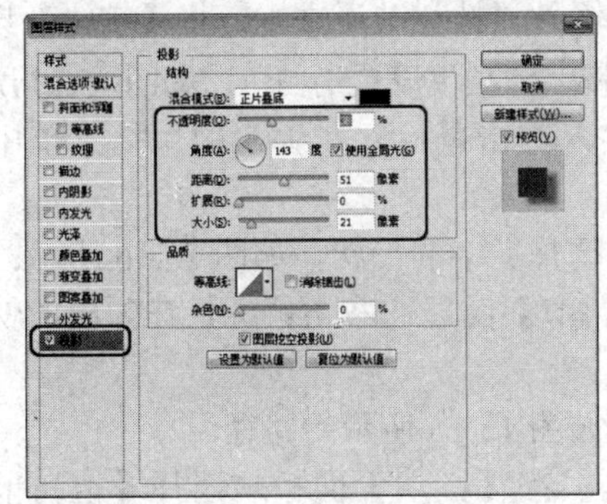

图 15.8　【图层样式】对话框

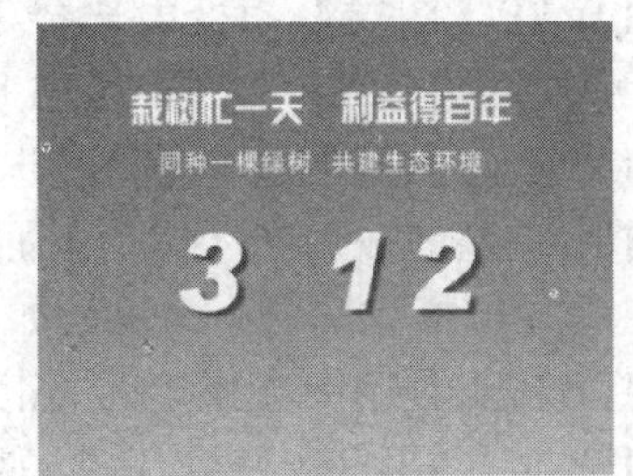


图 15.9　设置图层样式后的效果

(9) 按 Ctrl+O 组合键，在弹出的对话框中选择随书附带光盘中的“CDROM\素材\Cha15\气泡.png”素材文件，如图 15.10 所示。

(10) 单击【确定】按钮，使用【移动工具】，将其拖曳至当前文档中，按 Ctrl+T 组合键，将其调整至合适的大小，并将其移动至合适的位置，如图 15.11 所示。

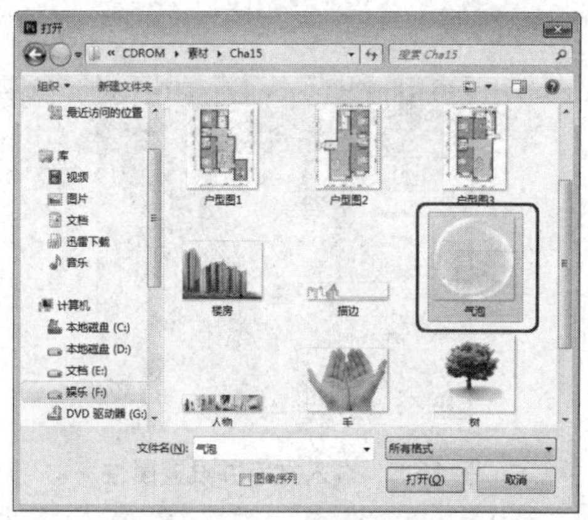

图 15.10　选择素材文件

图 15.11　添加素材文件

(11) 使用同样的方法，打开“树.png”素材文件，并将其添加至当前文件中，调整其大小及位置，效果如图 15.12 所示。

(12) 使用同样的方法，打开“光.png”、“线.png”和“云彩.png”素材文件，并将其拖曳至当前文档中，调整位置，效果如图 15.13 所示。

图 15.12　添加素材

图 15.13　完成后的效果

(13) 在工具箱中选择【横排文字工具】，输入“植树节”文本，将【字体】设置为【方正粗倩简体】，将【大小】设置为 135 点，将字体颜色设置为白色，如图 15.14 所示。

(14) 在【图层】面板中选择【植树节】图层，右击鼠标，在弹出的快捷菜单中选择【转换为形状】命令，如图 15.15 所示。

(15) 在工具箱中选择【直接选择工具】，调整文字的形状，如图 15.16 所示。

(16) 调整完成后在【图层】面板中选择【植树节】图层，右击鼠标，在弹出的快捷菜单中选择【栅格化图层】命令，如图 15.17 所示。

(17) 在工具箱中选择【钢笔工具】，绘制如图 15.18 所示的路径。

(18) 按 Ctrl+Enter 组合键将路径转换为选区，在【图层】面板中选择【植树节】图层，将前景色设置为白色，按 Alt+Delete 组合键填充前景色，如图 15.19 所示。

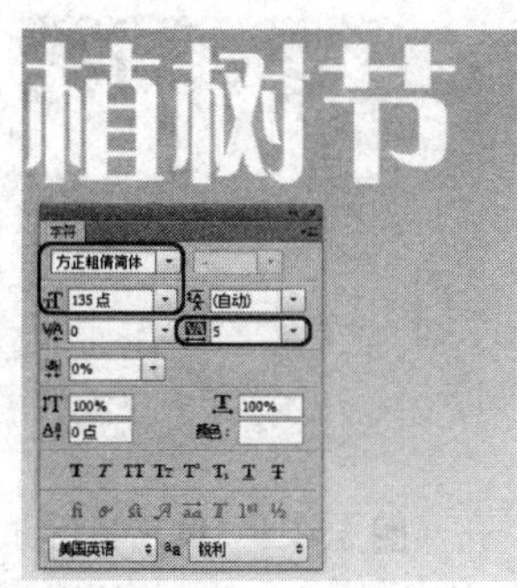

图 15.14　输入文字并设置文字属性

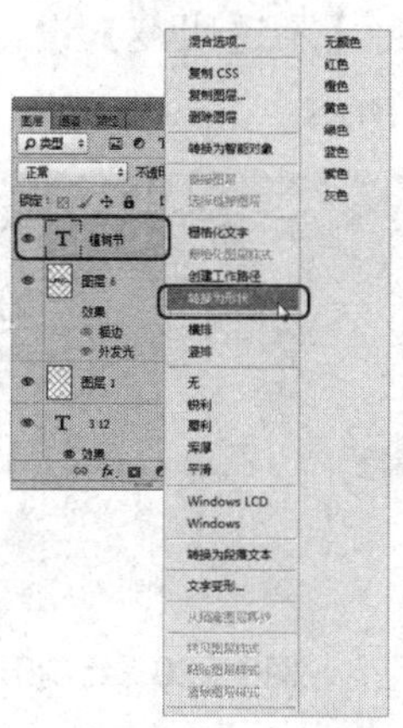

图 15.15　选择【转换为形状】命令

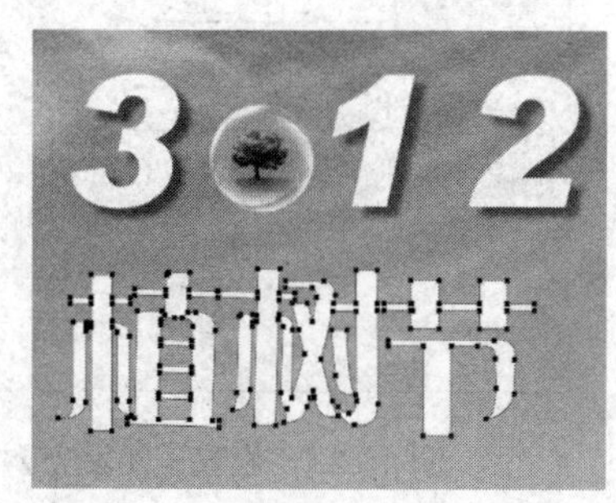

图 15.16　调整形状

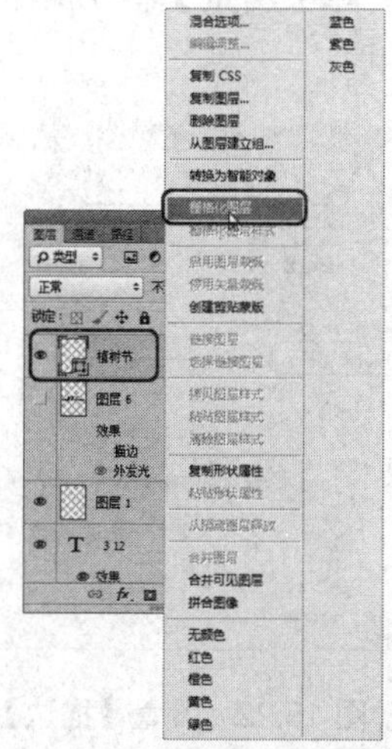

图 15.17　选择【栅格化图层】命令

图 15.18　绘制形状

图 15.19　复制图层并重命名图层

(19) 使用同样的方法，绘制其他形状，如图 15.20 所示。

(20) 按 Ctrl+Enter 组合键将路径转换为选区，在【图层】面板中选择【植树节】图层，将前景色设置为白色，按 Alt+Delete 组合键填充前景色，如图 15.21 所示。

(21) 填充完成后在【图层】面板中双击【植树节】图层，打开【图层样式】对话框，在【样式】选项栏中勾选【描边】复选框，在【结构】区域中将【大小】设置为

27 像素，将【不透明度】设置为 100%，将【颜色】的 RGB 值设置为 148、196、83，如图 15.22 所示。

图 15.20 绘制形状

图 15.21 填充颜色

(22) 设置完成后勾选【外发光】复选框，将【不透明度】设置为 87%，将【颜色】设置为白色，将【图素】区域中的【扩展】设置为 27%，【大小】设置为 106 像素，如图 15.23 所示。

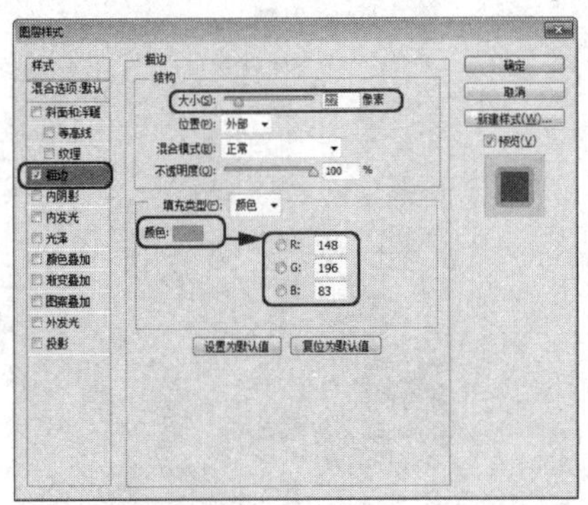

图 15.22 设置【描边】

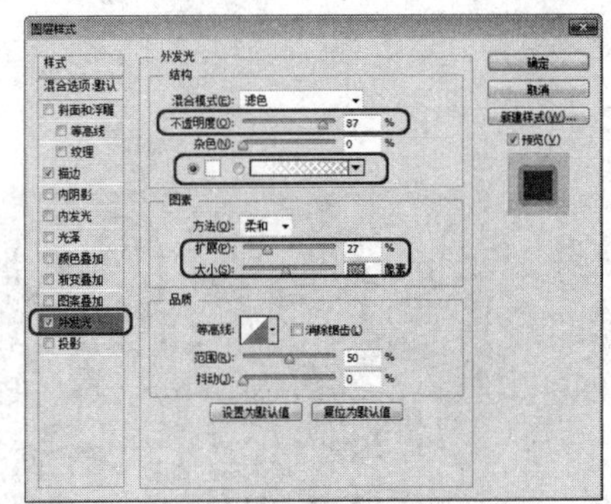

图 15.23 设置【外发光】

(23) 设置完成后单击【确定】按钮，效果如图 15.24 所示。

(24) 使用同样的方法，打开“手.png”素材文件，并将其拖曳至当前文档中，将其调整至合适的位置，如图 15.25 所示。

图 15.24 设置图层样式后的效果

图 15.25 添加素材

(25) 选择【图层 1】图层，按 Ctrl+J 组合键复制该图层，调整其大小及位置，并在【图层】面板中将该图层调整至【图层 6】图层的上方，如图 15.26 所示。

(26) 复制该图层，按 Ctrl+T 组合键，打开自由变换，右击鼠标，在弹出的快捷菜单中

选择【水平翻转】命令，如图 15.27 所示。

图 15.26　复制图层并调整对象

图 15.27　选择【水平翻转】命令

(27) 执行该命令后即可翻转图像，按 Enter 键确认该操作即可，然后使用同样的方法，打开“树苗.png”素材文件并将其拖曳至当前文档中，调整位置后的效果如图 15.28 所示。

(28) 再次打开“蝴蝶 1.png”和“蝴蝶 2.png”素材文件，并将其拖曳至当前文档中，调整至合适的位置，如图 15.29 所示。

图 15.28　添加素材文件

图 15.29　添加素材

(29) 至此，环保宣传单就制作完成了。在菜单栏中选择【文件】|【另存为】命令，在弹出的对话框中为其指定一个正确的保存路径，将【保存类型】设置为 JPEG 格式，如图 15.30 所示。

(30) 在弹出的对话框中保持默认设置，单击【确定】按钮即可。

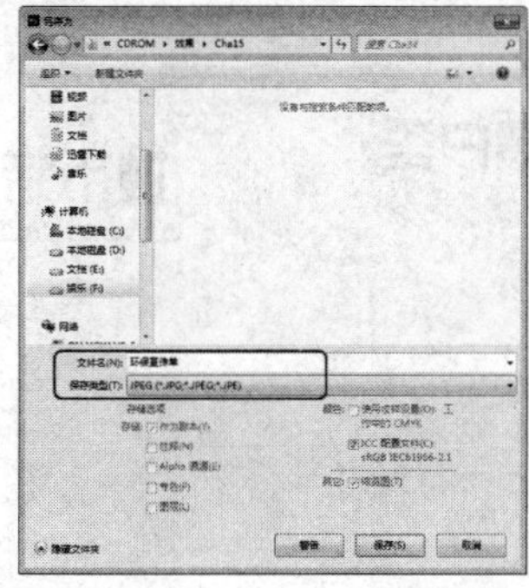

图 15.30　【另存为】对话框

## 15.2　制作房地产宣传单

房地产宣传单是我们比较常见的一种宣传单页，它能够给人们带来更为直观的了解。下面介绍制作一个房地产宣传单，效果如图 15.31 所示。其具体操作步骤如下。

图 15.31　房地产宣传单

(1) 启动 Photoshop CC 软件，按 Ctrl+N 组合键，打开【新建】对话框，将【名称】重命名为“房地产宣传单”，将【宽度】设置为 25.11 厘米，将【高度】设置为 33.36 厘米，将【分辨率】设置为 300，如图 15.32 所示。

(2) 设置完成后单击【确定】按钮，将前景色的 RGB 值设置为 253、243、226，按 Alt+Delete 组合键填充前景色，如图 15.33 所示。

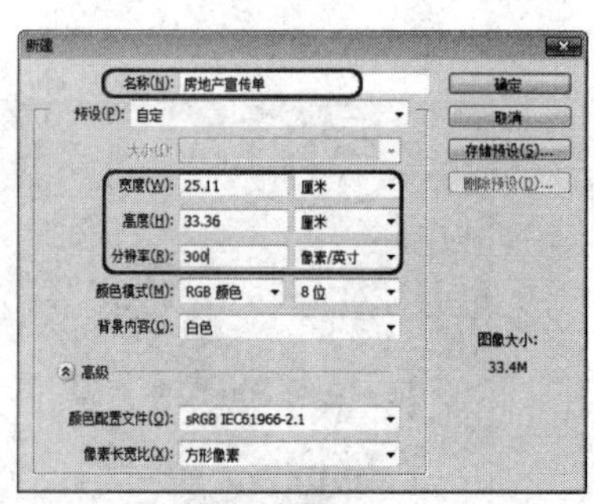


图 15.32　【新建】对话框

图 15.33　填充前景色

(3) 在工具箱中选择【横排文字工具】T，在图像窗口中单击鼠标，输入“城市新中心　经典全景户型”，在【字符】面板中将【字体】设置为【汉仪综艺体简】，将【大小】设置为 39 点，将【颜色】的 RGB 值设置为 117、25、57，如图 15.34 所示。

(4) 再次选择【横排文字工具】T，在文字的下方输入相应的英文，在【字符】面板中将【字体】设置为 Myriad Pro，将【大小】设置为 19.5 点，将【字距】设置为 10，如图 15.35 所示。

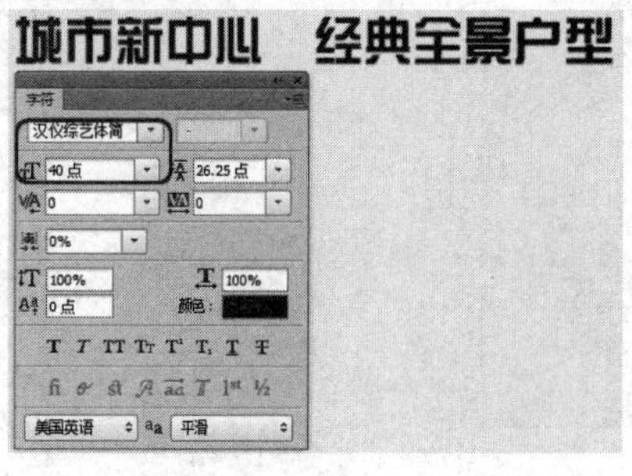


图 15.34　输入文字并设置属性

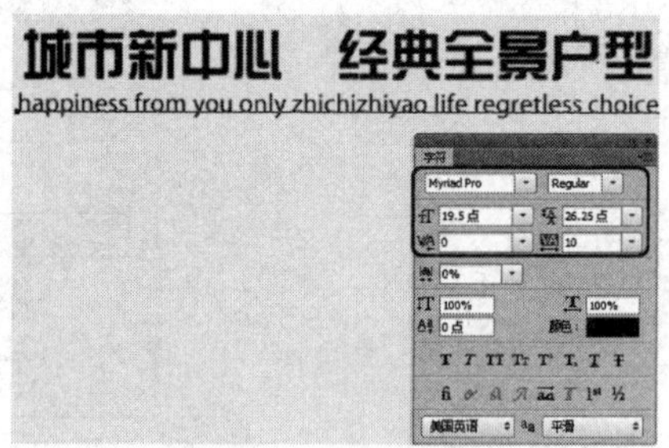


图 15.35　输入文字并设置属性

(5) 在工具箱中选择【矩形选区工具】，在图像窗口中绘制矩形选区，在【图层】面板中新建一个图层，并将其重命名为“矩形”，如图 15.36 所示。

(6) 将前景色设置为黑色，按 Alt+Delete 组合键填充前景色，如图 15.37 所示。

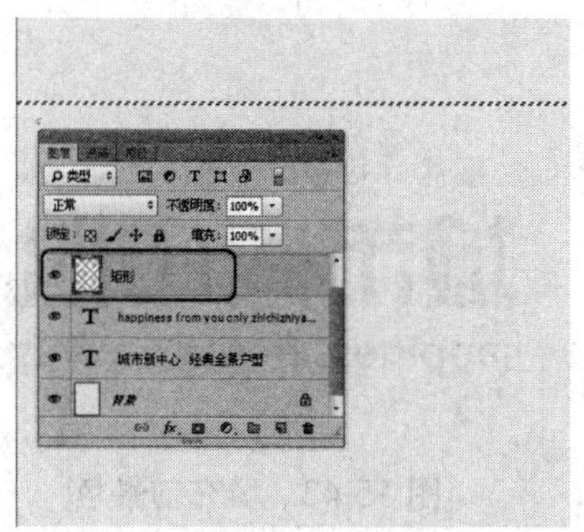


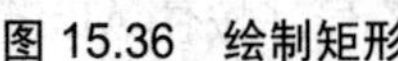
图 15.36　绘制矩形

图 15.37　填充前景色

(7) 使用同样的方法，绘制其他的矩形选框并为其填充黑色，完成后的效果如图 15.38 所示。

(8) 在工具箱中选择【横排文字工具】，在图像窗口中单击鼠标并输入文本，在【字符】面板中将【字体】设置为黑体，将【大小】设置为 13 点，将【字距】设置为 200，将【颜色】的 RGB 值设置为 117、25、57，如图 15.39 所示。

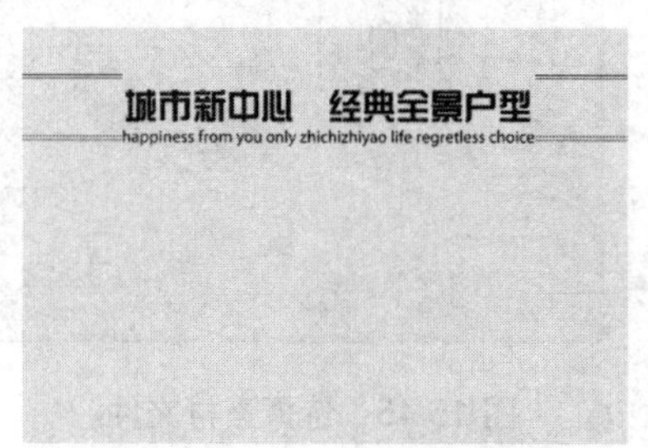


图 15.38　绘制完成后的效果

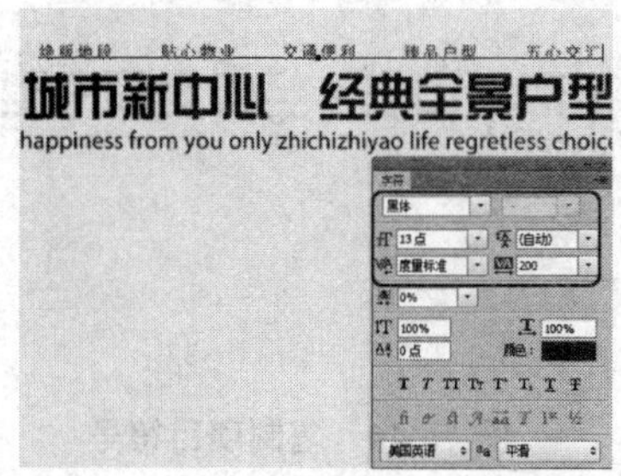


图 15.39　输入文字并设置属性

(9) 在工具箱中选择【椭圆选框工具】，在【图层】面板中新建一个图层，并将其重命名为“项目符号”，在图像窗口中绘制一个正圆，如图 15.40 所示。

(10) 在菜单栏中选择【编辑】|【描边】命令，打开【描边】对话框，将【宽度】设置为 3 像素，将【颜色】的 RGB 值为 117、25、57，如图 15.41 所示。

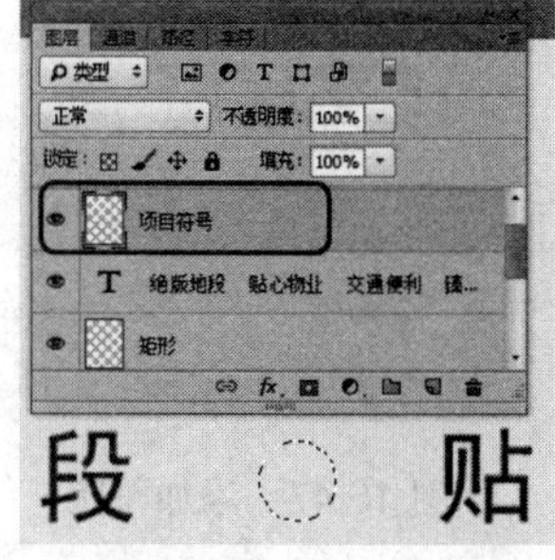


图 15.40　绘制椭圆

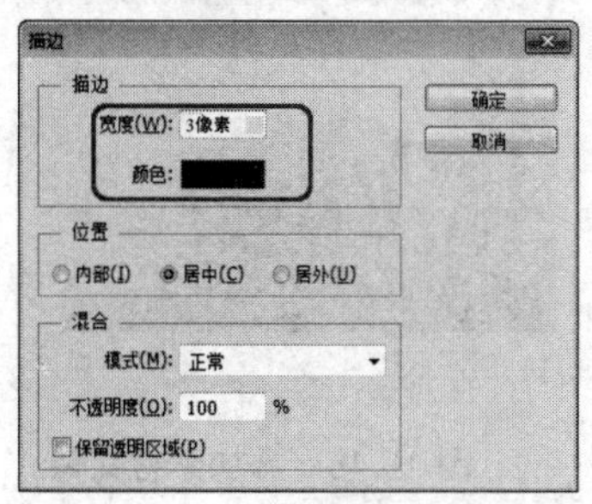


图 15.41　【描边】对话框

(11) 设置完成后单击【确定】按钮，即可为选区进行描边，如图 15.42 所示。

(12) 使用同样的方法，在绘制的圆中再绘制一个正圆，将前景色的 RGB 值设置为 117、25、57，为其填充前景色，如图 15.43 所示。

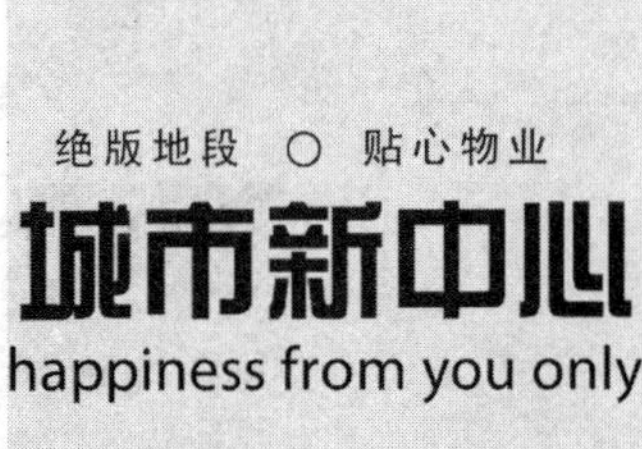


图 15.42　描边后的效果

图 15.43　填充前景色

(13) 取消选区，使用【移动工具】选择绘制的项目符号，按住 Alt 键的同时拖曳鼠标进行复制，并将其调整至合适的位置，如图 15.44 所示。

(14) 按 Ctrl+O 组合键，在弹出的对话框中选择随书附带光盘中的“CDROM\素材\Cha15\楼.png”素材文件，如图 15.45 所示。

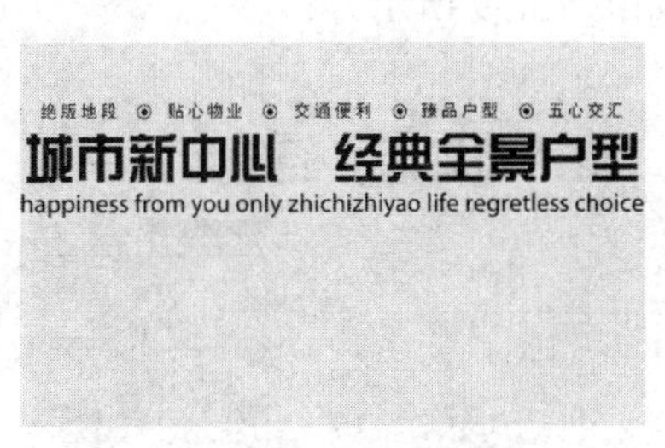


图 15.44　复制项目符号

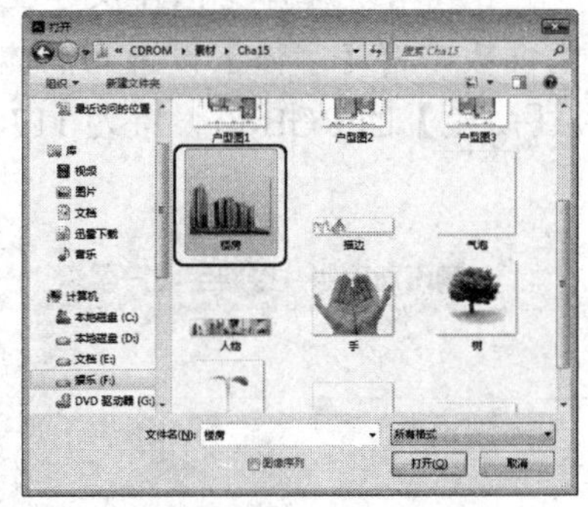

图 15.45　选择素材文件

(15) 单击【打开】按钮，使用【移动工具】将其拖曳至当前文档中，并将其调整至合适的位置，缩放大小至合适的位置，如图 15.46 所示。

(16) 选择添加的楼素材文件，在图层面板中将该层重命名为“楼”，在该面板中单击【添加图层蒙版】按钮，为该图层添加蒙版，如图 15.47 所示。

图 15.46　添加素材文件

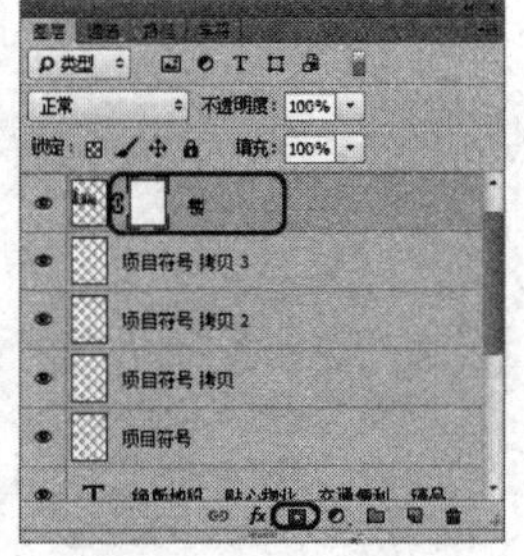


图 15.47　添加蒙版

(17) 在工具箱中选择【渐变工具】，在选项栏中单击渐变拾色器下三角按钮，在

弹出的列表中选择【前景色到背景色渐变】选项，如图 15.48 所示。

(18) 在添加的楼素材上进行拖曳，为其添加蒙版效果，如图 15.49 所示。

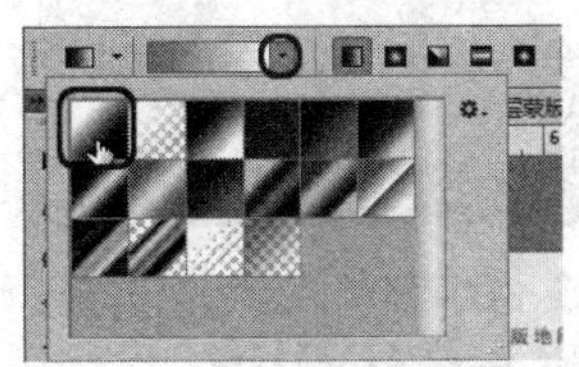

图 15.48　选择渐变类型

图 15.49　添加蒙版

(19) 在工具箱中选择【横排文字工具】T，在图像窗口中单击鼠标，输入“城市家庭，让心去选择”，在【字符】面板中将【字体】设置为【微软雅黑】，将【大小】设置为 16 点，将【颜色】的 RGB 值设置为 117、25、57，如图 15.50 所示。

(20) 使用同样的方法，输入其他的文字并设置其属性，完成后的效果如图 15.51 所示。

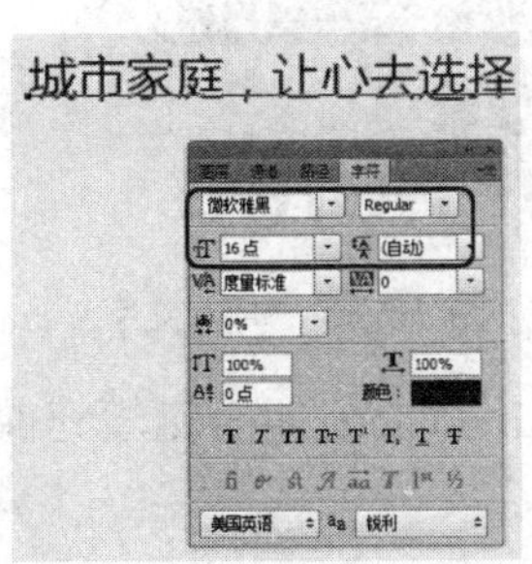


图 15.50　输入文字并设置文字属性

图 15.51　输入其他的文字

(21) 再次选择【横排文字工具】T，在图像窗口中单击鼠标，输入英文，在【字符】面板中将【字体】设置为【方正大黑简体】，将【大小】设置为 63 点，将【字距】设置为-2，将【颜色】的 RGB 值设置为 117、25、57，如图 15.52 所示。

(22) 设置完成后使用【移动工具】将其调整至合适的位置，然后使用同样的方法输入其他的文字，如图 15.53 所示。

(23) 打开“人物.png”素材文件，使用【移动工具】，将其拖曳至当前的文档中，调整至合适的位置，如图 15.54 所示。

(24) 使用同样的方法，在图片的下方输入文字，并设置其属性，完成后的效果如图 15.55 所示。

(25) 打开【图层】面板，在该面板中新建一个图层，并将其重命名为“矩形 1”，在工具箱中选择【矩形选框工具】，在选项栏中单击【添加到选区】按钮，在图像窗口中绘制选区，如图 15.56 所示。

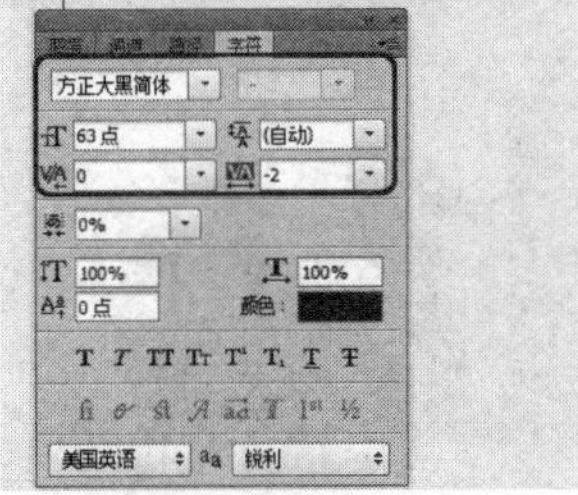


图 15.52　输入文字并设置其属性

图 15.53　完成后的效果

图 15.54　添加素材文件

图 15.55　输入文字

(26) 将前景色的 RGB 值设置为 117、25、57，按 Alt+Delete 组合键填充前景色，然后取消选区，如图 15.57 所示。

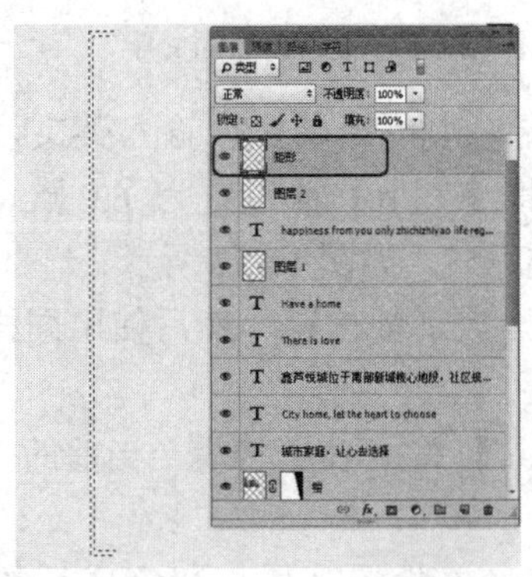

图 15.56　绘制矩形

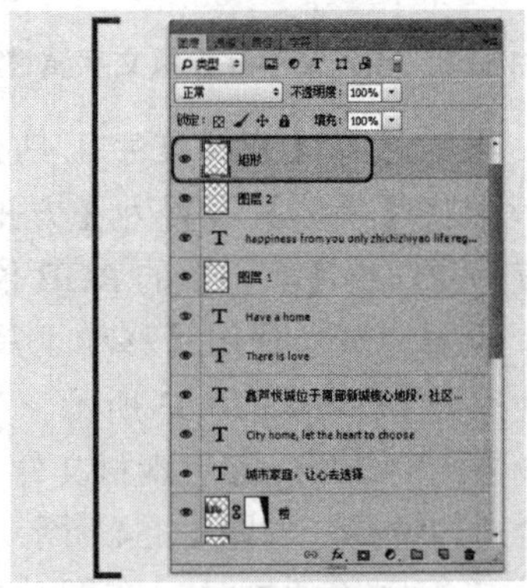

图 15.57　填充颜色

(27) 使用【选择工具】，按住 Alt 键的同时拖曳进行复制，并将其拖曳至合适的位置，按 Ctrl+T 组合键，在对象处于自由变换的状态下，右击鼠标，在弹出的快捷菜单中选择【水平翻转】命令，如图 15.58 所示。

(28) 按 Enter 键确认该操作，然后将其调整至合适的位置，如图 15.59 所示。

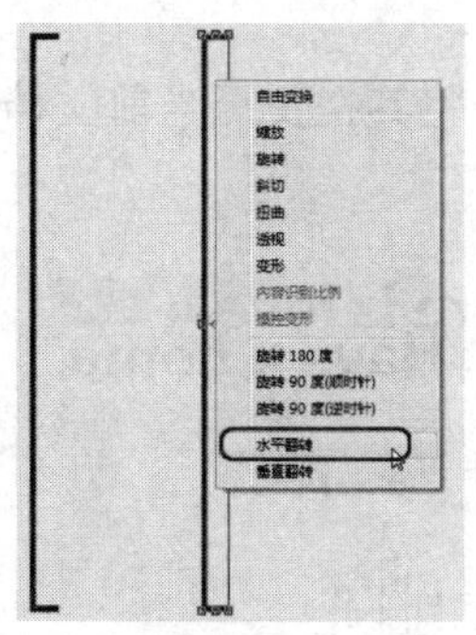

图 15.58　选择【水平翻转】命令

图 15.59　移动位置

(29) 打开“户型图 1.jpg”素材文件，并将其拖曳至当前文档中，调整至合适的位置，调整其大小，如图 15.60 所示。

(30) 打开【图层】面板，选择导入的户型图的图层，将其重命名为“户型图 1”，将该图层的模式设置为【正底叠片】，如图 15.61 所示。

图 15.60　添加素材文件

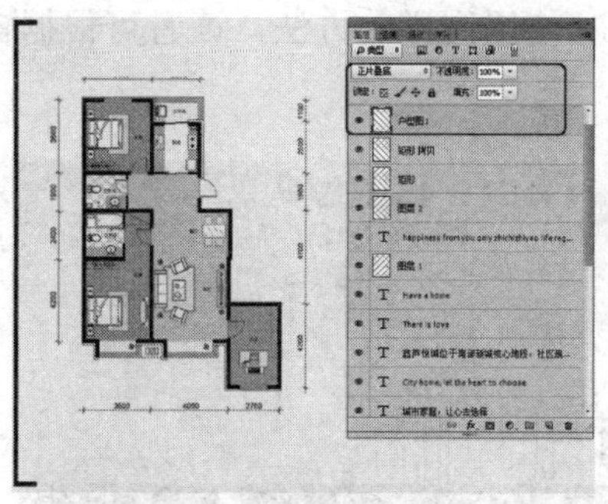

图 15.61　设置图层模式

(31) 在工具箱中选择【横排文字工具】T，在户型图右侧单击并输入文字，在【字符】面板中将【字体】设置为【微软雅黑】，将【大小】T设置为 10 点，将颜色的 RGB 值设置为 139、28、33，如图 15.62 所示。

(32) 使用同样的方法，输入其他的文字，并设置其属性，完成后的效果如图 15.63 所示。

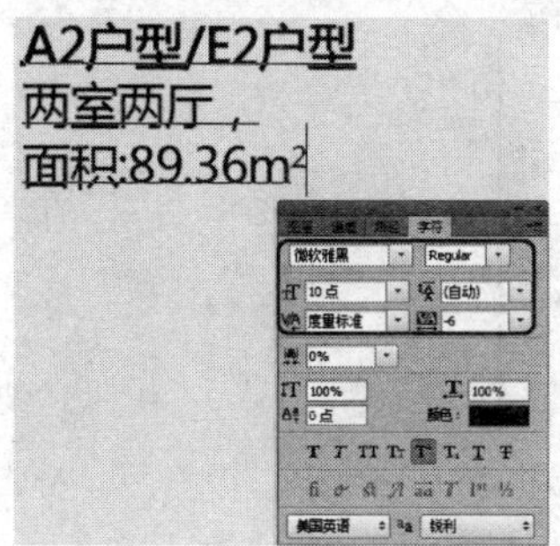


图 15.62　输入文字并设置其属性

图 15.63　输入文字

(33) 使用同样的方法，打开其他的素材并将其添加至当前文件中，并输入文本，完成后的效果如图 15.64 所示。

(34) 打开随书附带光盘中的“描边.png”素材文件，将其拖曳至当前文档中并将其调整至合适的位置，如图 15.65 所示。

图 15.64　完成后的效果

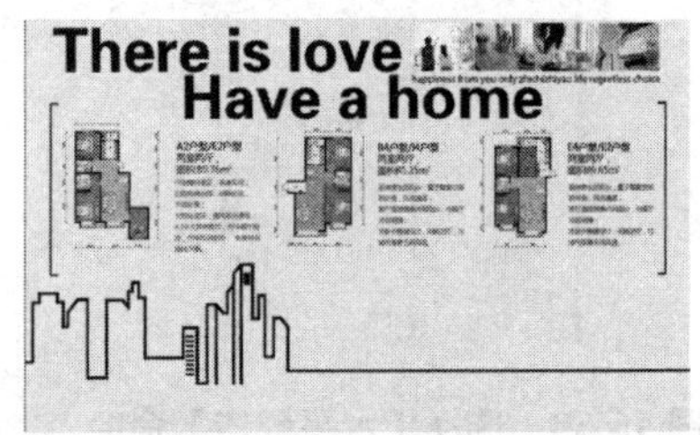


图 15.65　添加素材文件

(35) 在工具箱中选择【矩形选框工具】，在文档窗口中绘制一个矩形，然后在【图层】面板中新建一个图层，并将其重命名为“矩形”，将前景色设置为 90、19、52，填充前景色，然后取消选区，如图 15.66 所示。

(36) 使用同样的方法，读者可根据自己的设计灵感输入其他的文字，效果如图 15.67 所示。

图 15.66　绘制矩形并填充颜色

图 15.67　完成后的效果

(37) 至此，房地产宣传单就制作完成了，在菜单栏中选择【文件】|【另存为】命令，在弹出的对话框中为其指定一个正确的保存路径，将【保存类型】设置为 JPEG 格式，如图 15.68 所示。

(38) 在弹出的对话框中保持默认设置，单击【确定】按钮即可。

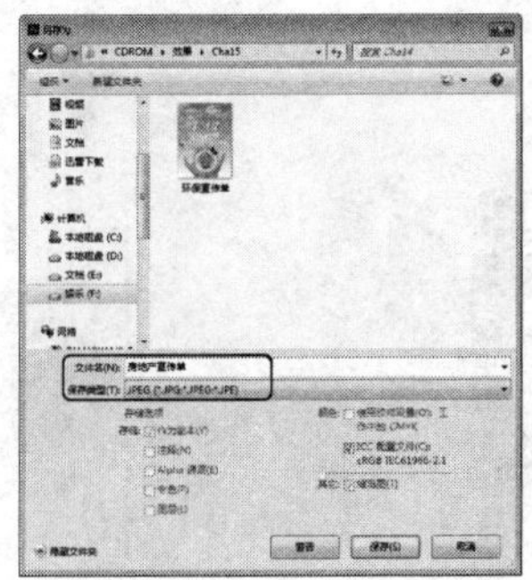

图 15.68　【另存为】对话框

# 第 16 章　项目指导——青春书籍装帧设计

书籍是我们日常生活中常见的，它一般分为三个部分：封面、书脊、封底。本案例将介绍制作一个青春书籍装帧设计，其效果如图 16.1 所示。

图 16.1　青春书籍装帧设计

## 16.1　制 作 页 面

在制作封面、书脊、封底效果之前，我们首先应该将书籍的平面图确定。下面介绍一下书面的制作方法，其具体操作步骤如下。

(1) 启动 Photoshop CC 软件，按 Ctrl+N 组合键，打开【新建】对话框，将其重命名为“青春书籍装帧设计”，将【宽度】设置为 37.6 厘米，将【高度】设置为 26.6 厘米，将【分辨率】设置为 300 像素/英寸，如图 16.2 所示。

(2) 设置完成后单击【确定】按钮，即可创建一个空白的文档，在菜单栏中选择【视图】|【新建参考线】命令，打开【新建参考线】对话框，在该对话框中将【取向】设置为【垂直】，将【位置】设置为 0.3 厘米，如图 16.3 所示。

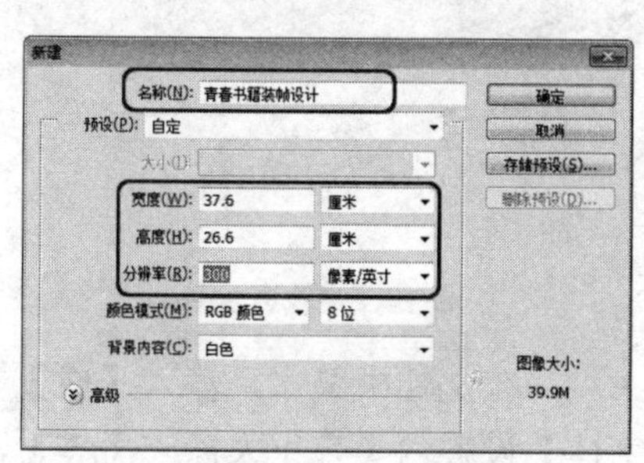


图 16.2　【新建】对话框

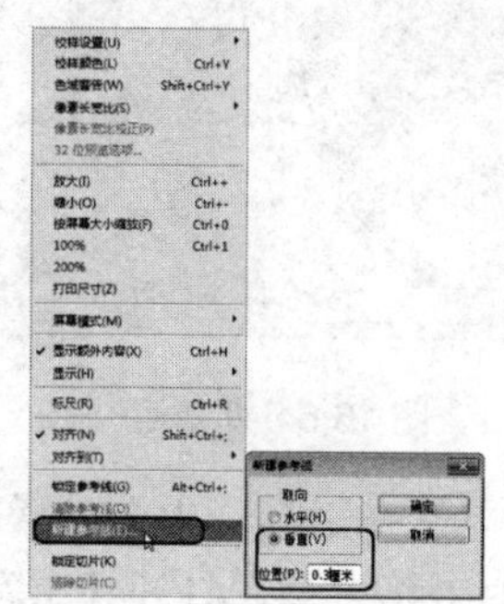

图 16.3　【新建参考线】对话框

(3) 设置完成后单击【确定】按钮，即可创建一个垂直参考线，如图 16.4 所示。

(4) 使用同样的方法，在垂直方向的第 17.8 厘米、第 19.8 厘米、第 37.3 厘米处新建参考线，在【水平】的第 0.3 厘米和第 26.3 厘米处创建参考线，如图 16.5 所示。

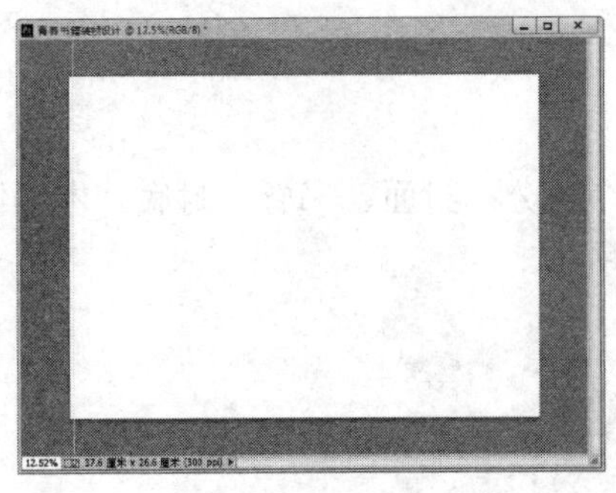

图 16.4　新建参考线

图 16.5　新建参考线后的效果

## 16.2　制作封面效果

下面用过对圆角矩形工具、钢笔工具、横排文字工具和图层样式的使用，来介绍一下书籍封面效果的设计步骤。

(1) 按 F7 键打开【图层】面板，在该面板中单击【创建新组】按钮，新建一个组，并将其重命名为“封面效果”，如图 16.6 所示。

(2) 在工具箱中选择【横排文字工具】，在选项栏中将【字体】设置为【创艺简老宋】，将【大小】设置为 14 点，将文本颜色的 RGB 值设置为 143、188、33，然后在文档中单击，输入“在青春的世界里，沙粒要变成珍珠，石头要化作金；青春的魅力，应当叫枯枝长出鲜果，沙漠布满森林；这才是青春的快乐，青春的本分！”文本信息，并将其调整至合适的位置，如图 16.7 所示。

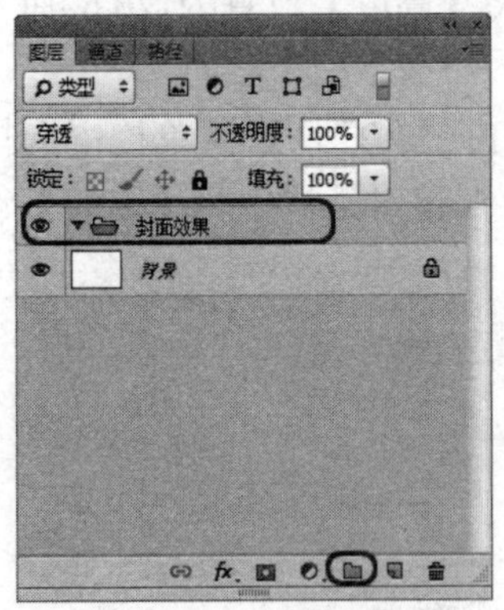


图 16.6　新建组

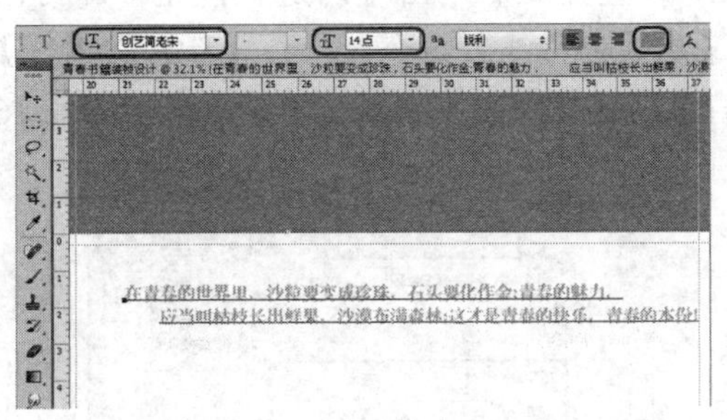


图 16.7　输入文字

(3) 再次在工具箱中选择【横排文字工具】，在文档中单击，输入【成】文字，然后按 Ctrl+T 组合键，打开【字符】面板，将【字体】设置为【方正大标宋简体】，将【大小】设置为 115 点，将文本颜色的 RGB 值设置为 143、188、33，如图 16.8 所示。

(4) 按 F7 键打开【图层】面板，选择【成】文字图层，右击鼠标，在弹出的快捷菜单中选择【转换为形状】命令，如图 16.9 所示。

图 16.8　输入文字并设置文字属性

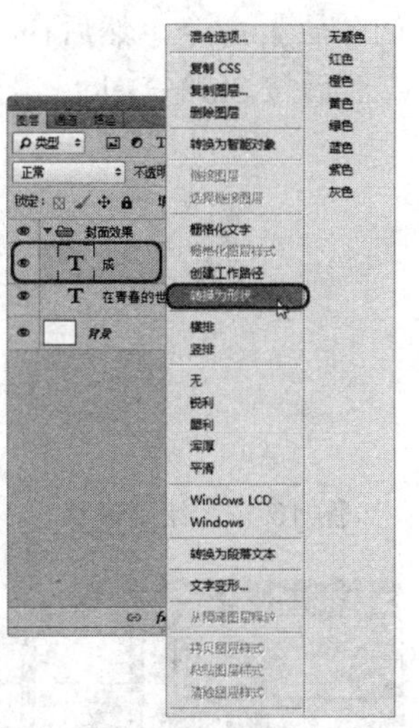

图 16.9　选择【转换为形状】命令

(5) 执行完该命令之后即可将该文字转换为形状，在工具箱中选择【直接选择工具】，在文档中调整形状，完成后的效果如图 16.10 所示。

(6) 打开【图层】面板，选择【成】图层，右击鼠标，在弹出的快捷菜单中选择【栅格化图层】命令，如图 16.11 所示。

图 16.10　调整文字形状

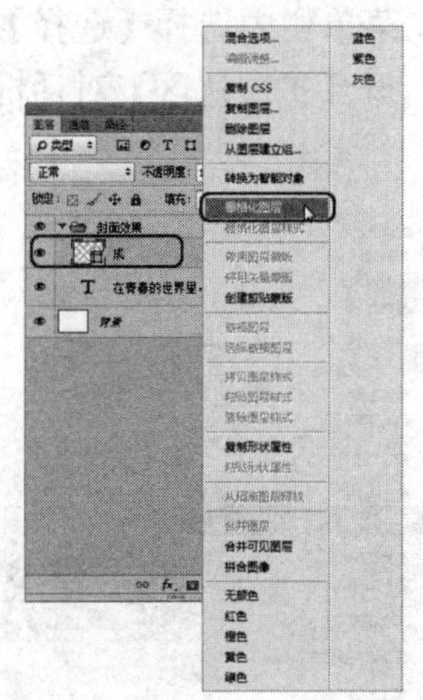

图 16.11　选择【栅格化图层】命令

(7) 在工具箱中选择【钢笔工具】，绘制如图 16.12 所示的形状。

(8) 按 Ctrl+Enter 组合键，将路径转换为选择选区，将前景色的 RGB 值设置为 143、188、33，按 Alt+Delete 组合键填充前景色，然后按 Ctrl+D 组合键，取消选区，如图 16.13 所示。

(9) 在工具箱中选择【横排文字工具】，输入“长日记”文字，选择输入的文字，按 Ctrl+T 组合键，在【字符】面板中将【字体】设置为【方正大标宋简体】，将【大小】

设置为 90 点，将【字距】设置为-115，如图 16.14 所示。

(10) 在【图层】面板中选择【长日记】图层，右击鼠标，在弹出的快捷菜单中选择【栅格化图层】命令，然后在工具箱中选择【套索工具】，在图像窗口中拖曳鼠标绘制选区，然后按 Shift+Delete 组合键将其删除，如图 16.15 所示。

图 16.12　绘制形状

图 16.13　填充选区

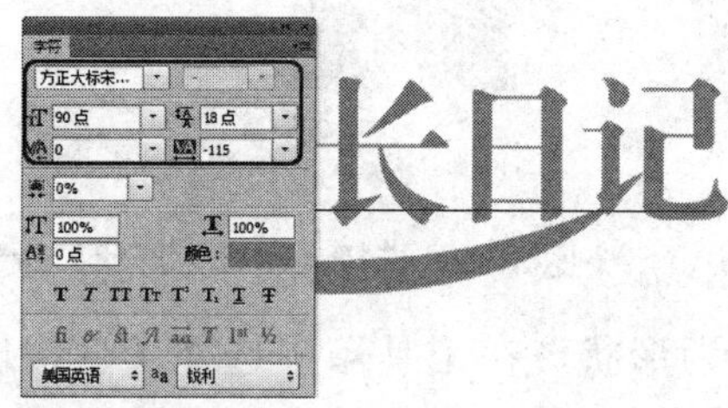


图 16.14　输入文字并设置属性

图 16.15　删除选区内的内容

(11) 按 Ctrl+D 组合键，然后选择【长日记】图层，按住 Ctrl 键的同时单击该图层的缩略图，在菜单栏中选择【选择】|【修改】|【扩展】命令，如图 16.16 所示。

(12) 打开【扩展选区】对话框，在该对话框中将【扩展量】设置为 4 像素，如图 16.17 所示。

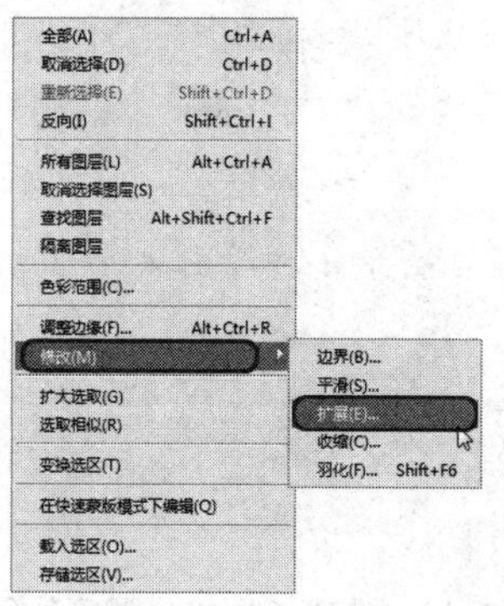


图 16.16　选择【扩展】命令

图 16.17　设置【扩展量】

(13) 设置完成后单击【确定】按钮，然后按 Alt+Delete 组合键填充前景色，将文字加粗，如图 16.18 所示。

(14) 选择【成】图层和【长日记】图层，按 Ctrl+E 组合键，合并图层，在工具箱中选择【自定义形状工具】，在选项栏中将【类型】设置为【形状】，将【填充】颜色设置为前景色，将【形状】设置为【红心形卡】，在图像窗口中绘制一个心形，如图 16.19

所示。

图 16.18　加粗后的效果　　　　图 16.19　绘制形状

(15) 按 Ctrl+Delete 组合键将形状转换为选区，然后按 Ctrl+D 组合键取消选区，按 Ctrl+T 组合键，将其旋转一定的角度，如图 16.20 所示。然后按 Enter 键确认该操作。

(16) 使用同样的方法，绘制一个心形，并将其调整至合适的位置，如图 16.21 所示。

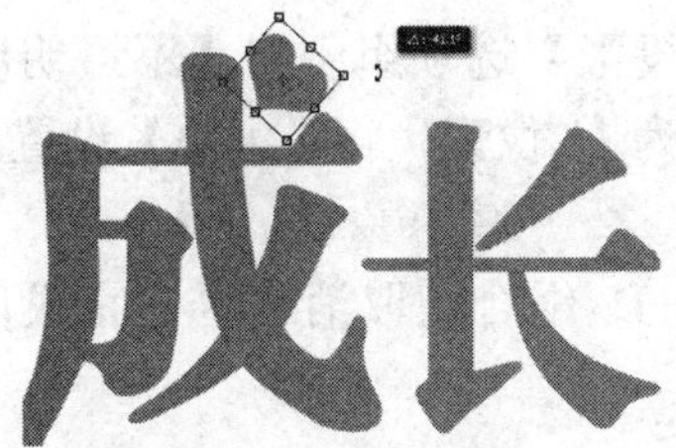

图 16.20　调整心形角度　　　　图 16.21　绘制心形

(17) 在【图层】面板中选择【长日记】、【形状 1】和【形状 2】图层，按 Ctrl+E 组合键合并图层，并将其重命名为“成长日记”，如图 16.22 所示。

(18) 复制该图层，并将其重命名为“背景”，然后将其拖曳至【成长日记】图层的下方，并将【成长日记】图层进行隐藏，如图 16.23 所示。

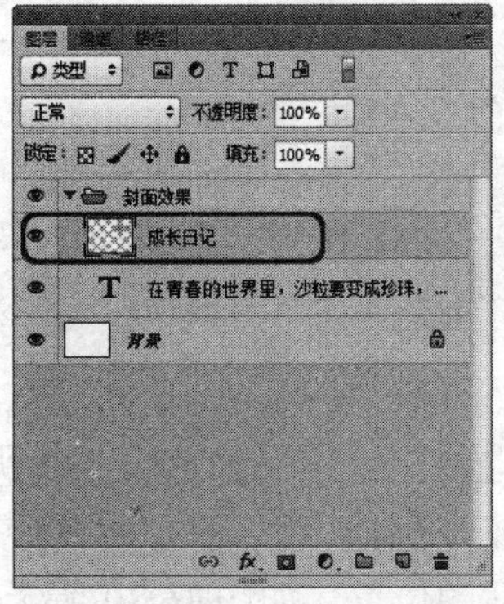


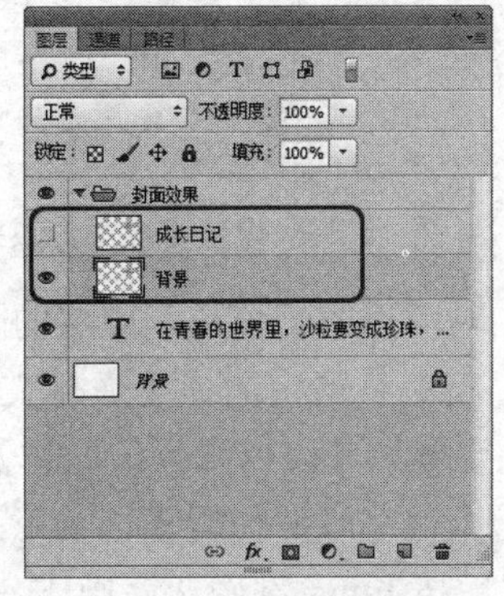


图 16.22　重命名图层　　　　图 16.23　复制图层并重命名图层

(19) 按住 Ctrl 键的同时单击【背景】图层的缩略图，再次执行【选择】|【修改】|【扩展】命令，在弹出的【扩展选区】对话框中将【扩展量】设置为 23，如图 16.24 所示。

(20) 设置完成后单击【确定】按钮，为其填充白色，然后按 Ctrl+D 组合键取消选区，在【图层】面板中双击【背景】图层，打开【图层样式】对话框，在【样式】选项栏中勾选【描边】复选框，在【描边】选项组中将【大小】设置为 13 像素，将【颜色】的 RGB 值设置为 143、188、33，如图 16.25 所示。

图 16.24　设置【扩展量】

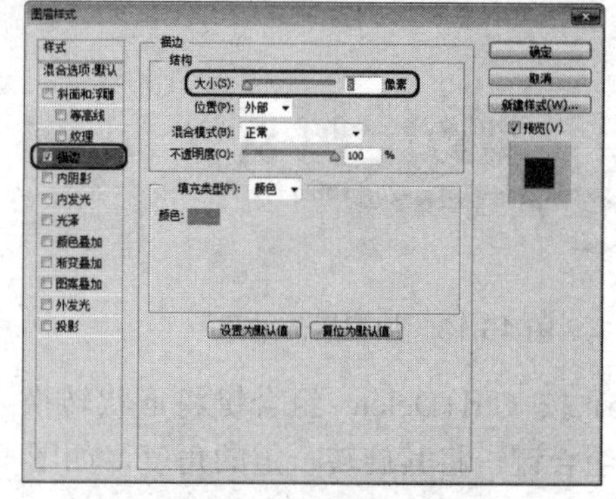

图 16.25　设置【描边】效果

(21) 设置完成后勾选【投影】复选框，在【投影】选项组中将【不透明度】设置为 33%，将【角度】设置为 112 度，将【距离】设置为 18 像素，将【大小】设置为 5 像素，如图 16.26 所示。

(22) 设置完成后单击【确定】按钮，按 Ctrl+D 组合键取消选区，完成后的效果如图 16.27 所示。

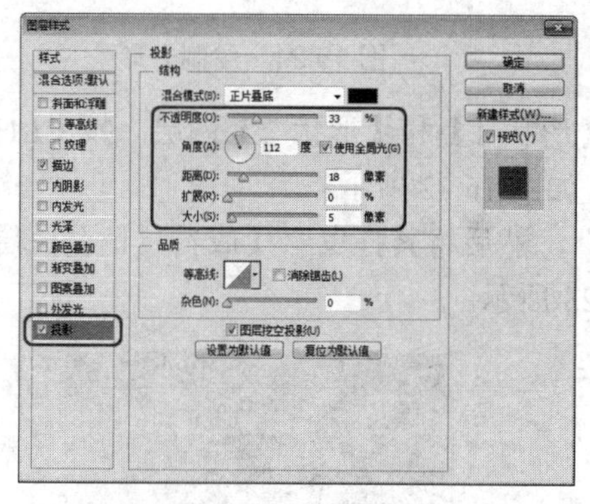

图 16.26　设置【投影】效果

图 16.27　完成后的效果

(23) 取消【成长日记】图层的隐藏，效果如图 16.28 所示

(24) 在工具箱中选择【横排文字工具】，输入“青”文字，在【字符】面板中将【字体】设置为【汉仪陈频破简体】，将【大小】设置为 170 点，如图 16.29 所示。

(25) 设置完成后使用【移动工具】选择文字，按 Ctrl+T 组合键，将其旋转一定的角度，然后按 Enter 键确认该操作，然后将其调整至合适的位置，如图 16.30 所示。

(26) 使用同样的方法，输入“春”文字，完成后的效果如图 16.31 所示。

(27) 在【图层】面板中新建一个图层，并将其重命名为“矩形”，如图 16.32 所示。

(28) 在工具箱中选择【圆角矩形工具】，在图像窗口中绘制一个圆角矩形，在【属性】面板中单击【将半径值链接到一起】按钮，取消链接，将【右上角半径】和

【左下角半径】均设置为 95 像素，如图 16.33 所示。

图 16.28　完成后的效果

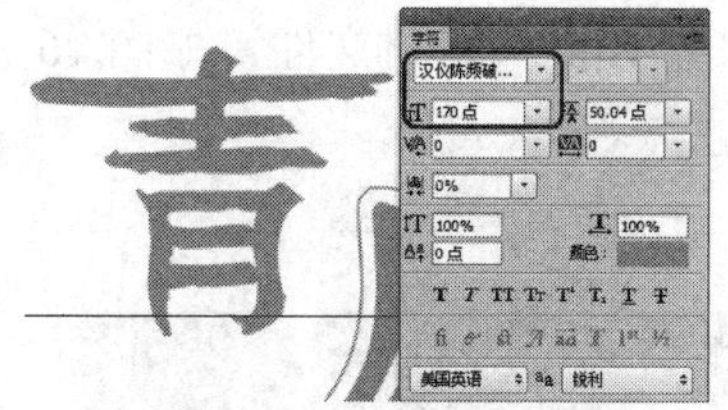

图 16.29　输入文字并设置属性

图 16.30　调整角度

图 16.31　添加文字

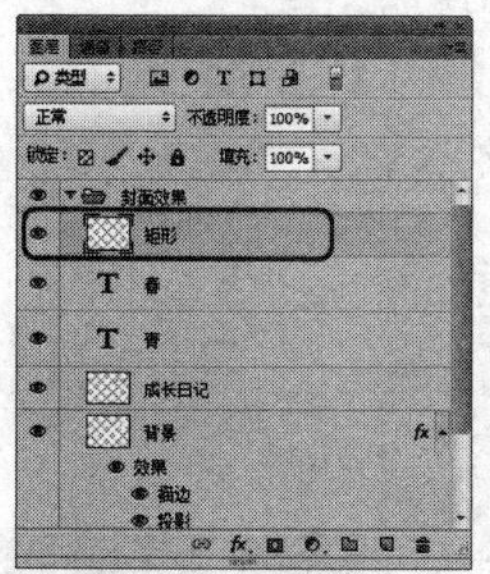

图 16.32　新建图层

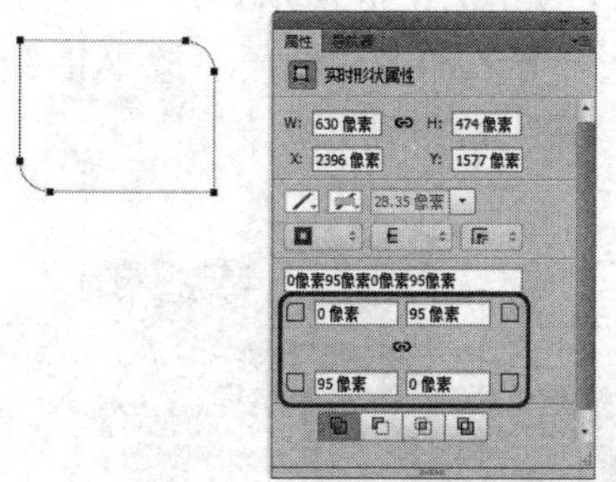

图 16.33　绘制圆角矩形

(29) 按 Ctrl+Enter 组合键将路径转换为选区，将前景色的 RGB 值设置为 143、188、33，并为选区填充前景色，然后按 Ctrl+D 组合键取消选区，如图 16.34 所示。

(30) 选择创建的圆角矩形，按住 Alt 键的同时拖曳鼠标，复制圆角矩形，并将其调整至合适的位置，如图 16.35 所示。

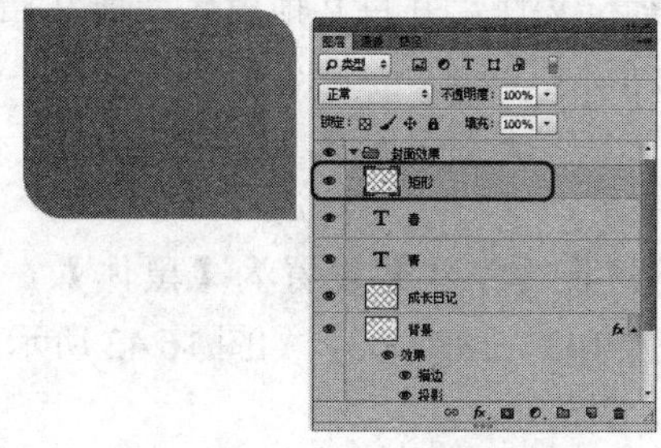

图 16.34　填充颜色

图 16.35　复制圆角矩形

(31) 使用同样的方法，新建一个图层并将其重命名为“矩形 2”，绘制圆角矩形并将其复制，完成后的效果如图 16.36 所示。

(32) 按 Ctrl+O 组合键，在弹出的对话框中选择随书附带光盘中的“CDROM\素材\Cha16\图像 1.jpg”素材文件，如图 16.37 所示。

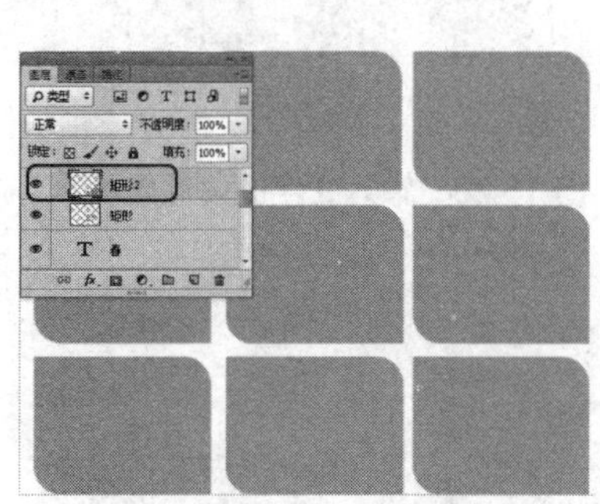

图 16.36 制作其他的圆角矩形

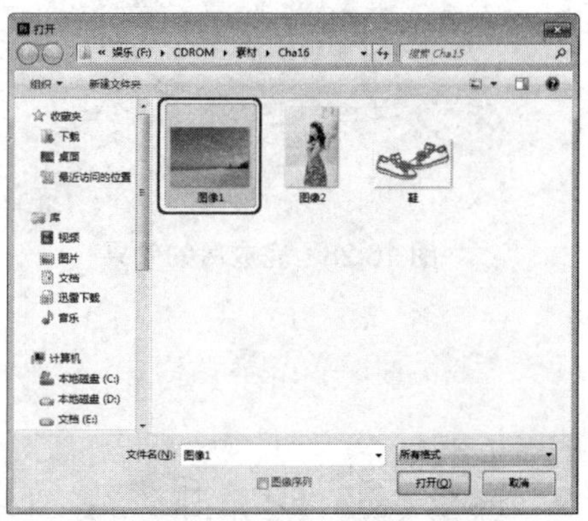

图 16.37 【打开】对话框

(33) 单击【打开】按钮，即可将选择的素材打开，然后使用【移动工具】，将其拖曳至当前文档中，并将其调整至合适的位置，在【图层】面板中将其移动至【矩形 1】图层的上方，如图 16.38 所示。

(34) 选择导入的图像图层，按 Alt 键的同时单击【矩形 1】缩略图，将其嵌套到矩形 1 形状中，如图 16.39 所示。

图 16.38 添加图像

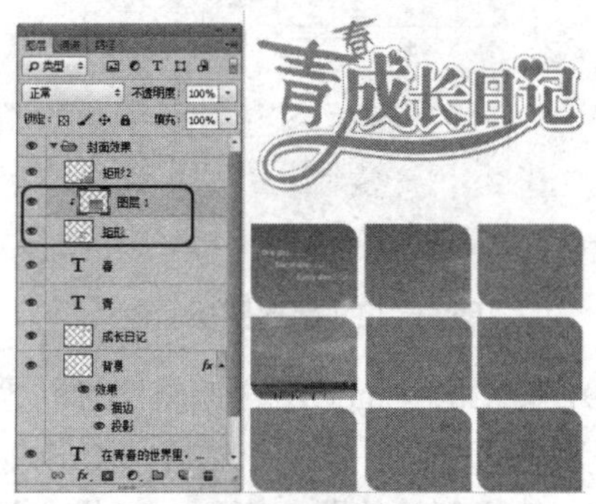

图 16.39 嵌入图层

(35) 使用同样的方法，打开“图像 2.jpg”素材文件，并将其拖曳至当前文档中，对【矩形 2】进行嵌套，完成后的效果如图 16.40 所示。

(36) 使用同样的方法，导入“鞋.png”素材文件，并将其拖曳至当前文档中，调整至合适的位置后的效果如图 16.41 所示。

(37) 在工具箱中选择【横排文字工具】，将【字体】设置为【黑体】，将【大小】设置为 17 点，将文本颜色的 RGB 值设置为 143、188、33，如图 16.42 所示。

(38) 至此，封面效果就制作完成了，如图 16.43 所示。

图 16.40　完成后的效果

图 16.41　输入鞋子

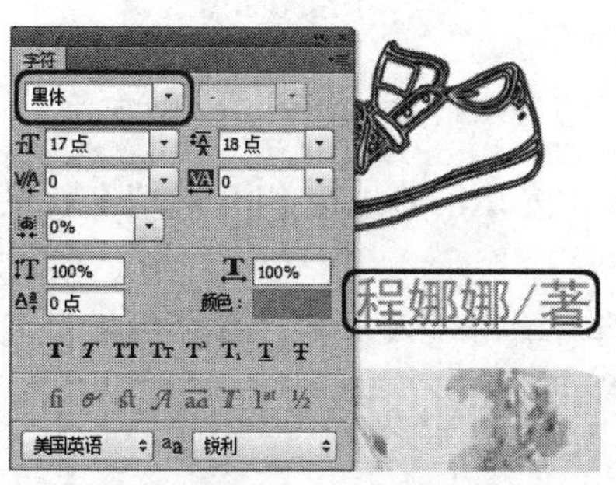


图 16.42　输入文字

图 16.43　完成后的效果

## 16.3　制作书脊效果

封面效果制作完成了，下面介绍书脊的制作方法。

(1) 打开【图层】面板，在该面板中单击【创建新组】按钮，新建一个组，并将其重命名为“书脊”，如图 16.44 所示。

(2) 在工具箱中选择【直排文字工具】，在图像窗口中单击并输入“——青春是道明媚的忧伤”文字，将其【字体】设置为【创艺简老宋】，将【大小】设置为 20 点，将颜色设置为前景色，如图 16.45 所示。

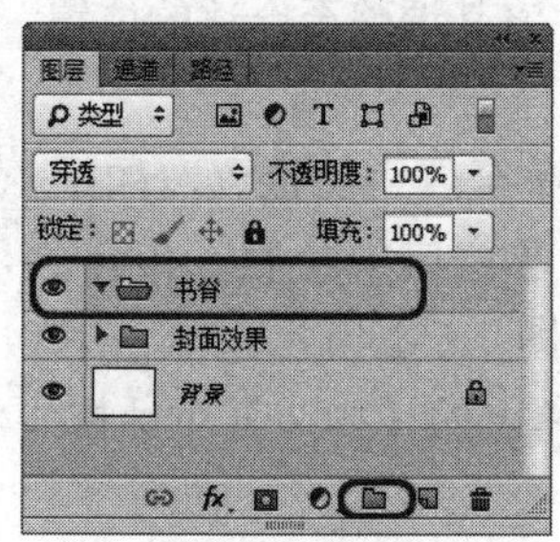


图 16.44　新建组

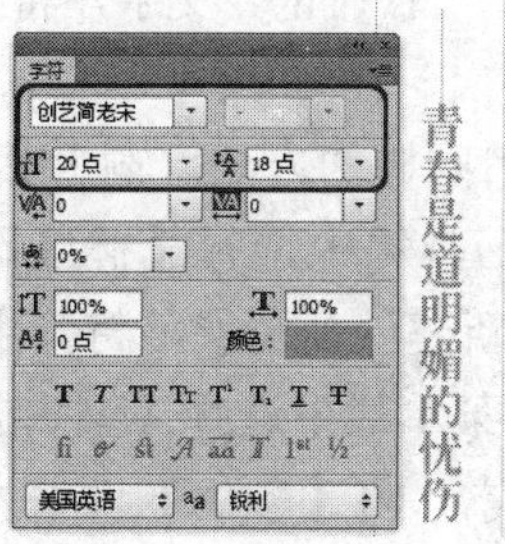


图 16.45　输入文字并设置文字属性

(3) 在菜单栏中选择【视图】|【新建参考线】命令，打开【新建参考线】对话框，将【取向】设置为【水平】，将【位置】设置为13.3厘米，如图16.46所示。

(4) 在【图层】面板中新建一个图层，并将其重命名为“矩形”，在工具箱中选择【矩形选框工具】，在书脊位置绘制一个矩形选区，如图16.47所示。

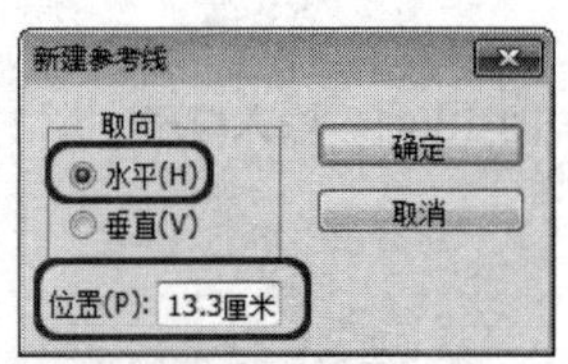


图16.46 【新建参考线】对话框

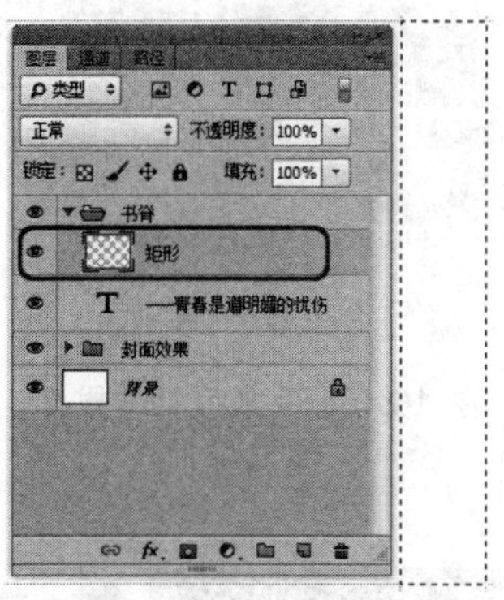


图16.47 绘制选区

(5) 确认前景色的RGB值为143、188、33，按Alt+Delete组合键填充前景色，并取消选区，如图16.48所示。

(6) 再次选择【直排文字工具】，在文档中单击输入文字“青春成长日记”，将其【大小】设置为32点，如图16.49所示。

图16.48 填充前景色

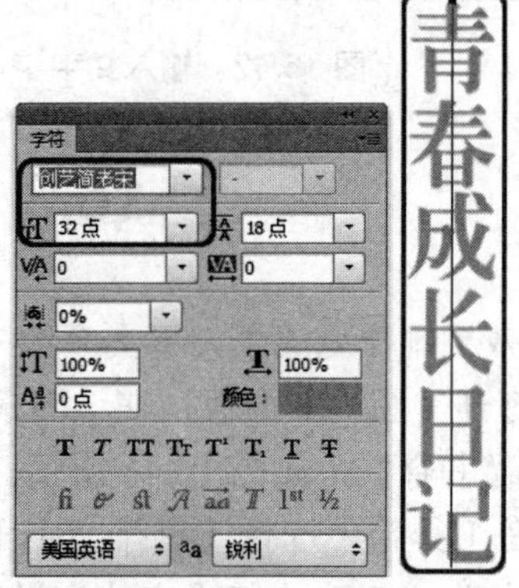


图16.49 输入文字并设置属性

(7) 选择“长日记”文字，将其颜色设置为白色，并将其调整至合适的位置，如图16.50所示。

(8) 使用同样的方法，输入其他的文字，并将其调整至合适的位置，如图16.51所示。

(9) 在工具箱中选择【椭圆选区工具】，在图像窗口中绘制一个正圆，并在【图层】面板中新建一个图层，将其重命名为“圆1”，如图16.52所示。

(10) 在菜单栏中选择【编辑】|【描边】命令，在弹出的【描边】对话框中将【宽度】设置为2像素，将【颜色】设置为白色，如图16.53所示。

图 16.50　调整文字位置

图 16.51　输入其他文字

图 16.52　绘制选区

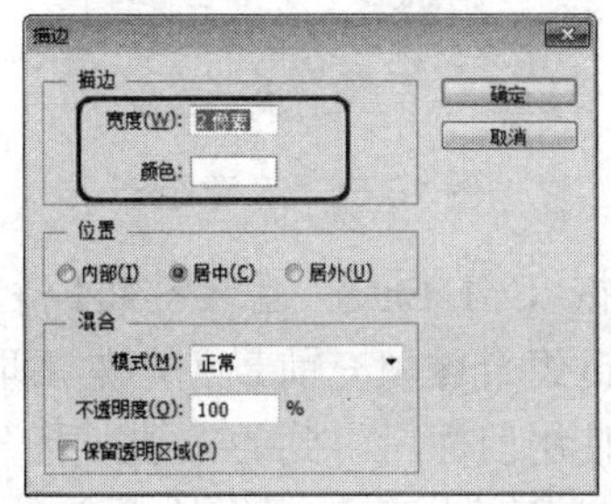


图 16.53　【描边】对话框

(11) 设置完成后单击【确定】按钮，然后即可为选区进行描边，取消选区，效果如图 16.54 所示。

(12) 使用同样的方法，在该圆的内部再绘制一个正圆，并为其进行描边，效果如图 16.55 所示。

图 16.54　取消选区

图 16.55　完成后的效果

## 16.4　制作封底效果

下面将介绍一下书籍封底效果的制作方法。

(1) 在【图层】面板中新建一个组，并将其重命名为“封底效果”，如图 16.56 所示。

(2) 新建一个图层，将其重命名为“矩形”，在工具箱中选择【圆角矩形工具】，在图像窗口中绘制一个圆角矩形，打开【图层】面板，在该面板中单击【将半径值链接到一起】按钮，取消半径链接，然后在【属性】面板中将【左上角半径】设置为 180 像素，将【右下角半径】设置为 180 像素，如图 16.57 所示。

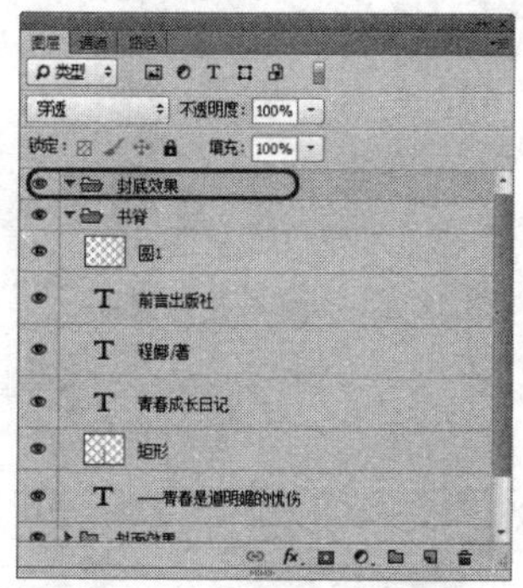

图 16.56　新建组

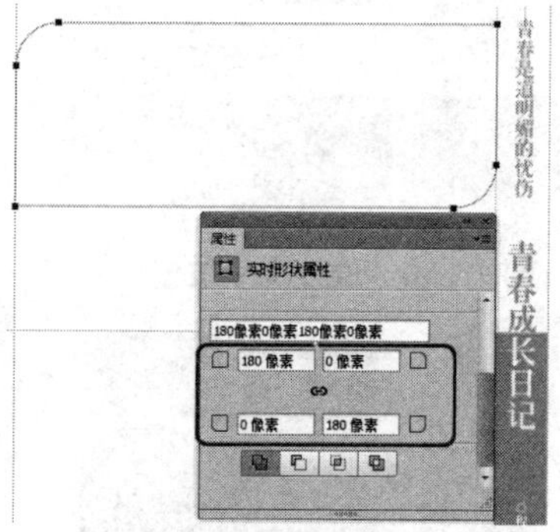

图 16.57　绘制圆角矩形

(3) 按 Ctrl+Enter 组合键将路径转换为选区，将前景色设置为 143、188、33，按 Alt+Delete 组合键填充前景色，然后取消选区，效果如图 16.58 所示。

(4) 使用前面所讲到的方法，打开“鞋.png”素材文件，并将其拖曳至当前文档中，然后将其拖曳至【矩形】图层的上方，如图 16.59 所示。

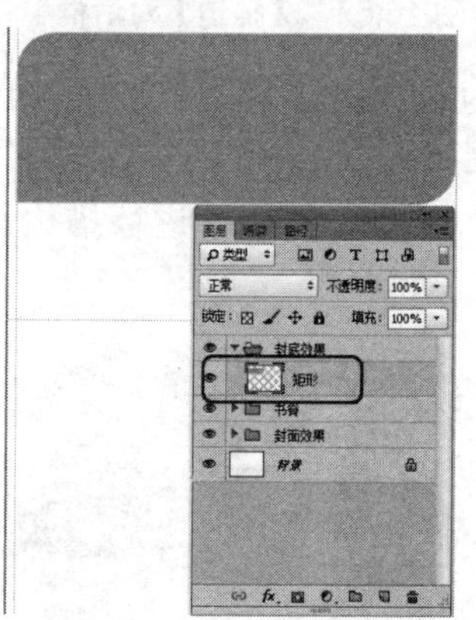

图 16.58　填充前景色

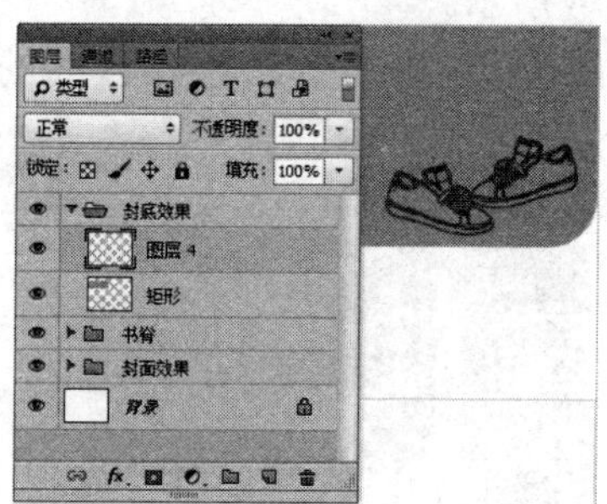

图 16.59　添加素材

(5) 按 Ctrl+I 组合键将其反向，然后在【图层】面板中将【填充】设置为 35%，如图 16.60 所示。

(6) 选择导入的鞋素材，按 Ctrl+T 组合键，按住 Shift 键的同时调整该素材的大小，至合适的大小后按 Enter 键确认该操作，完成后的效果如图 16.61 所示。

(7) 在工具箱中选择【横排文字工具】，在绘制的矩形上绘制一个段落框，如图 16.62 所示。

(8) 在绘制的段落框中输入文本“青春之所以美好，是因为它让我们的生命绽放出绚丽的光彩。

青春之所以美好，是因为我们有太多的梦想可以借由它来实现。

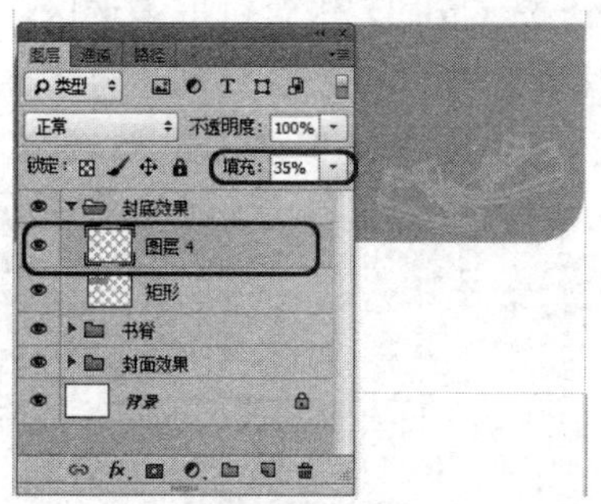
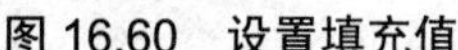

图 16.60　设置填充值

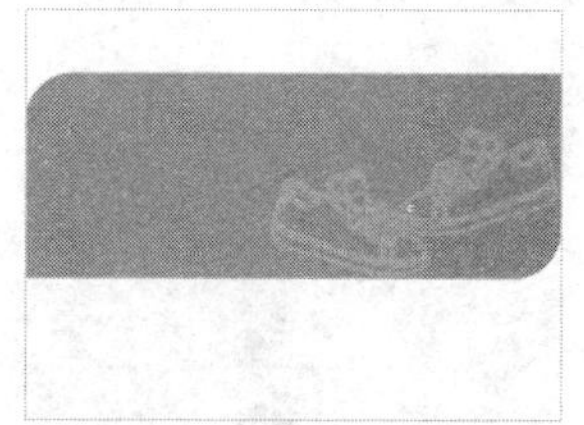

图 16.61　调整素材大小

青春之所以美好，是因为我们前进的每一步都正在让自己的未来熠熠生辉。

青春之所以美好，是因为我们拥有着蓬勃的朝气和热血沸腾的生命力，去追逐自己的梦想。”，将其【字体】设置为【创艺简黑体】，将【大小】设置为 15 点，将颜色设置为【白色】，如图 16.63 所示。

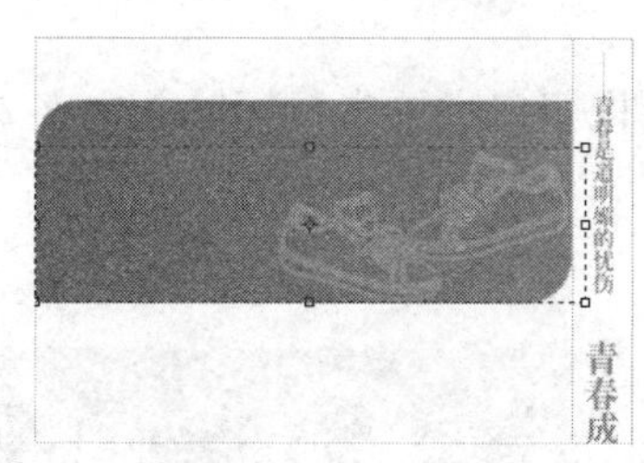

图 16.62　绘制段落框

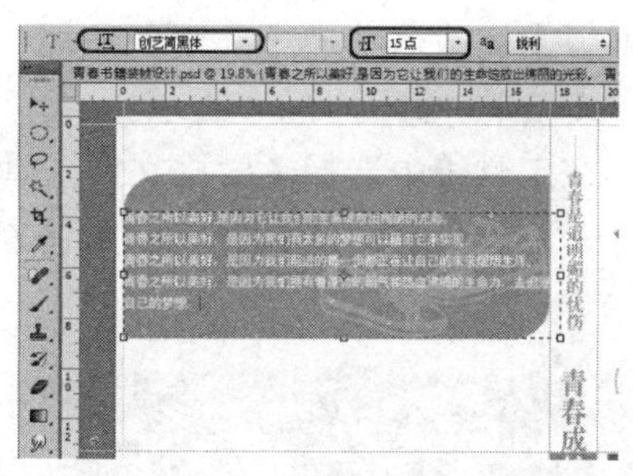

图 16.63　输入文字并设置文字属性

(9) 在工具箱中选择【钢笔工具】，在绘制的矩形上绘制一个如图 16.64 所示的形状。

(10) 在工具箱中选择【画笔工具】，打开【画笔】面板，选择一种画笔样式，将【大小】设置为 10 像素，并将前景色设置为黄色，如图 16.65 所示。

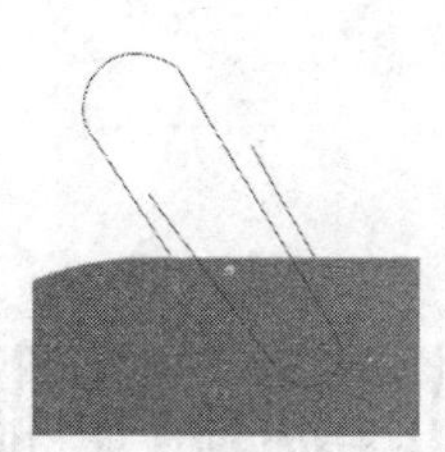

图 16.64　绘制路径

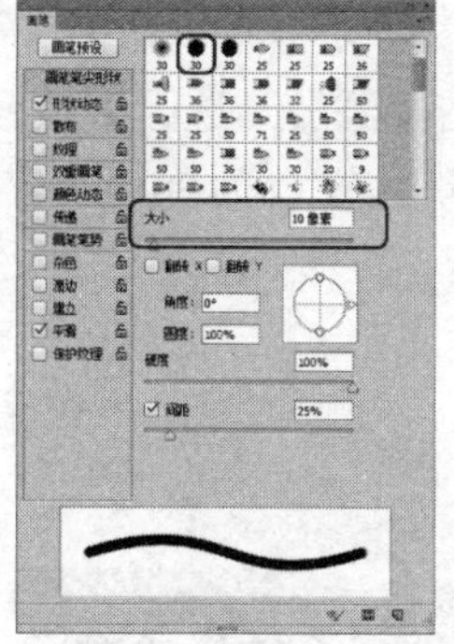

图 16.65　设置画笔属性

(11) 在【图层】面板中新建一个图层，并将其重命名为“形状”，打开【路径】面板，选择【路径 2】，单击【用画笔描边路径】按钮，为路径描边，如图 16.66 所示。

(12) 按 Ctrl+Enter 组合键将路径转换为选区，按 Ctrl+D 组合键取消选区，然后双击【形状】图层，打开【图层样式】对话框，勾选【斜面和浮雕】复选框，将【样式】设置为【内斜面】，将【深度】设置为 100%，将【大小】设置为 5 像素，如图 16.67 所示。

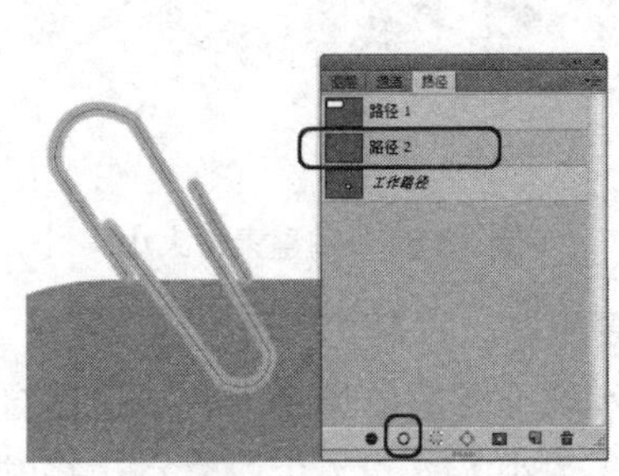

图 16.66　描边路径

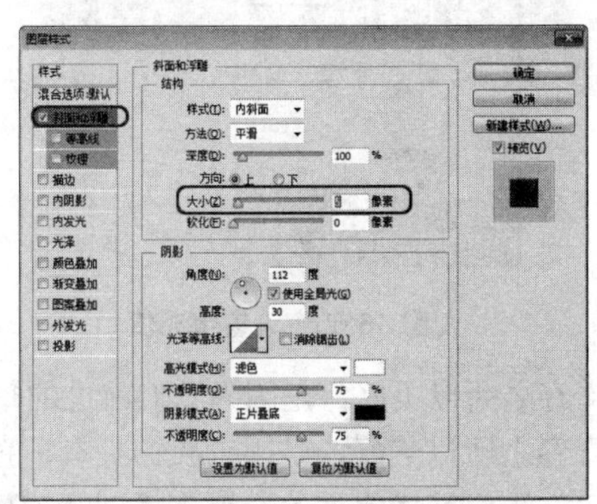

图 16.67　设置图层样式

(13) 设置完成后单击【确定】按钮，使用同样的方法，制作其他形状效果，并为其设置图层样式效果，如图 16.68 所示。

(14) 在工具箱中选择【横排文字工具】T，在图像窗口中单击鼠标输入文字“——青春成长日记。”并设置其属性，如图 16.69 所示。

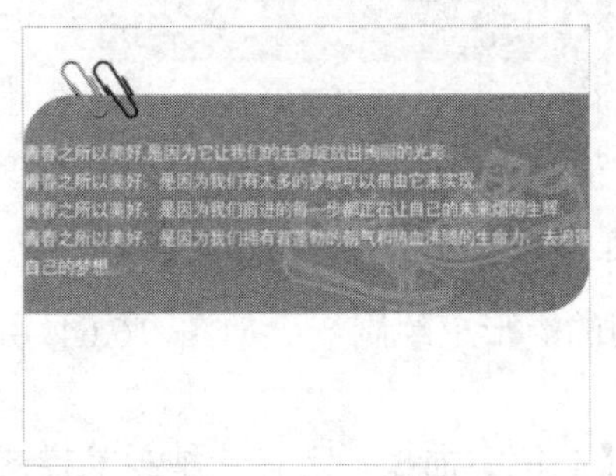

图 16.68　完成后的效果

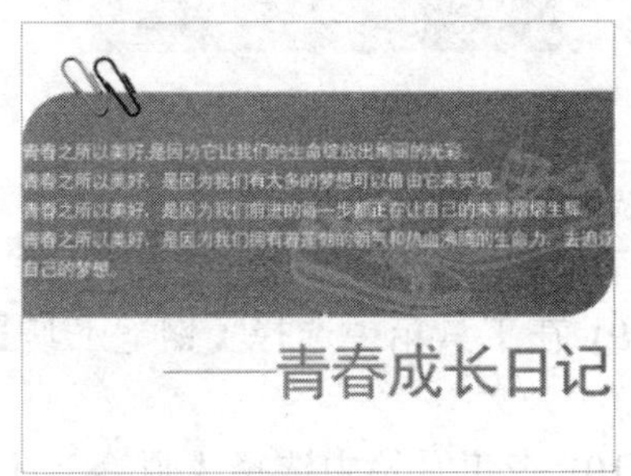


图 16.69　输入文字

(15) 新建图层并将其重命名为“条型码”，在工具箱中选择【矩形选框工具】，在选项栏中单击【添加到选区】按钮，在图像窗口中绘制矩形，如图 16.70 所示。

(16) 将前景色设置为黑色，按 Alt+Delete 组合键为其填充黑色，取消选区，效果如图 16.71 所示。

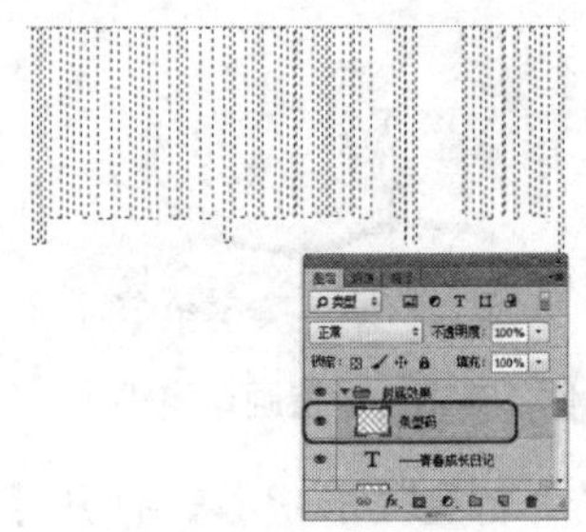

图 16.70　绘制矩形

图 16.71　填充颜色

(17) 在工具箱中选择【横排文字工具】T，输入文本，完成后的效果如图 16.72 所示。

(18) 至此，书籍装帧设计就制作完成了，在菜单栏中选择【文件】|【另存为】命令，在弹出的对话框中为其指定一个正确的保存路径，将【保存类型】设置为 JPEG 格式，如图 16.73 所示。

价格：55.00元

图 16.72　完成后的效果

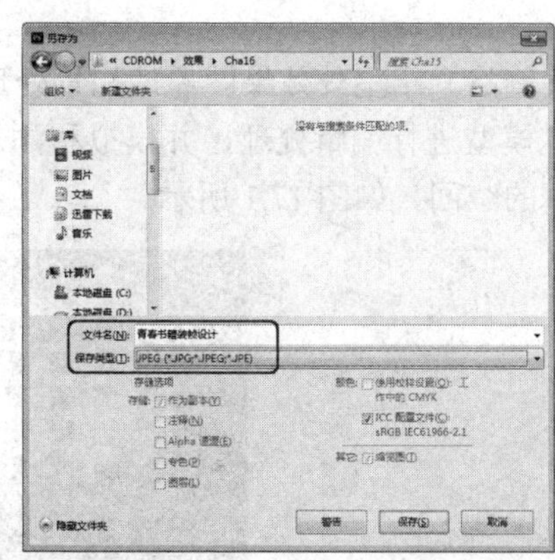


图 16.73　【另存为】对话框

(19) 在弹出的对话框中保持默认设置，单击【确定】按钮即可。

# 第 17 章　项目指导——室外效果图的后期处理

本案例将介绍室外效果图后期配景处理的表现方法，通过使用 Photoshop 将渲染后的三维建筑模型进行编辑处理，并模拟和添加实现环境中的天空、植物和人物等元素，创建一个仿真的空间，如图 17.1 所示。

图 17.1　室外效果图

## 17.1　背景天空和辅助建筑物的表现

首先我们介绍一下模拟天空和辅助建筑物的表现方法。其具体操作步骤如下。

(1) 启动 Photoshop CC 软件，按 Ctrl+N 组合键，打开【新建】对话框，将【名称】设置为“室外大型建筑物”，将【宽度】设置为 72.25 厘米，将【高度】设置为 43.64 厘米，将【分辨率】设置为 72 像素/英寸，如图 17. 2 所示。

(2) 设置完成后单击【确定】按钮，即可新建一个空白的文档，在工具箱中选择【矩形工具】，在选项栏中单击【点击可编辑渐变】按钮，打开【渐变编辑器】对话框，在【预设】区域中选择【前景色到背景色渐变】选项，在【渐变类型】双击渐度条左侧的色标，将其颜色的 RGB 值设置为 21、93、200，然后双击右侧的色标，将其颜色设置为白色，如图 17.3 所示。

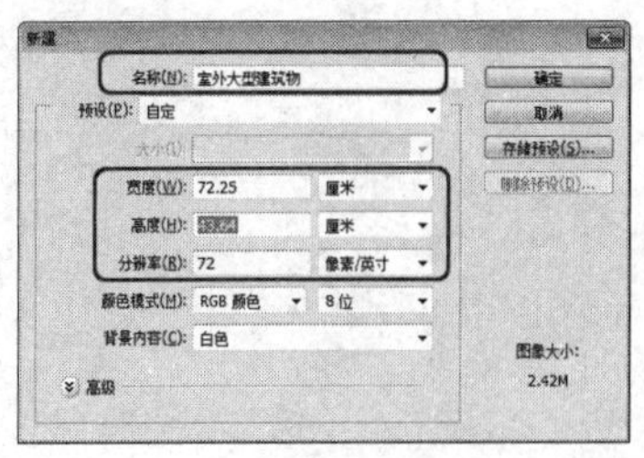

图 17.2　【新建】对话框

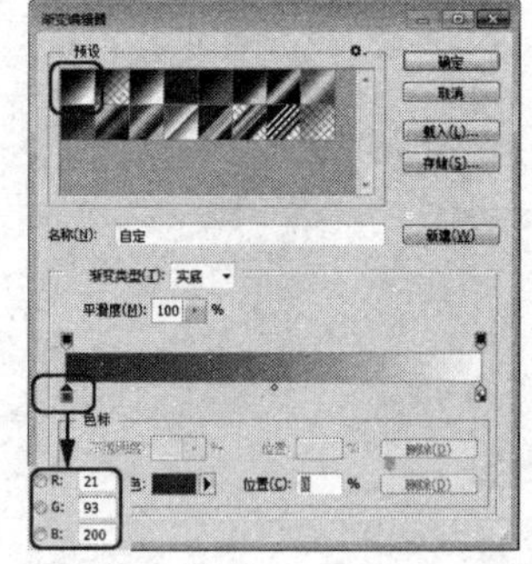

图 17.3　【渐变编辑器】对话框

(3) 设置完成后单击【确定】按钮，在图像窗口中按住 Shift 键的同时按住鼠标由上向下进行拖曳，设置背景色，如图 17.4 所示。

(4) 按 Ctrl+O 组合键，在弹出的快捷菜单中选择随书附带光盘中的“CDROM\素材\Cha17\主建筑.png”素材文件，如图 17.5 所示。

图 17.4　填充渐变

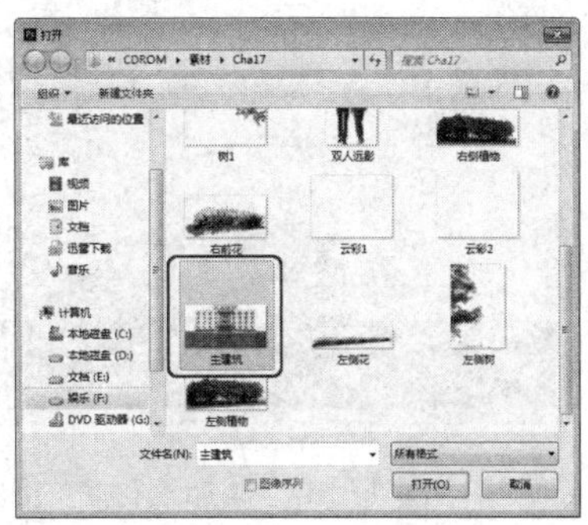

图 17.5　选择素材文件

(5) 单击【打开】按钮，即可将选择的素材文件打开，如图 17.6 所示。

(6) 在工具箱中选择【磁性套索工具】，在图像窗口中沿着建筑物进行套索，如图 17.7 所示。

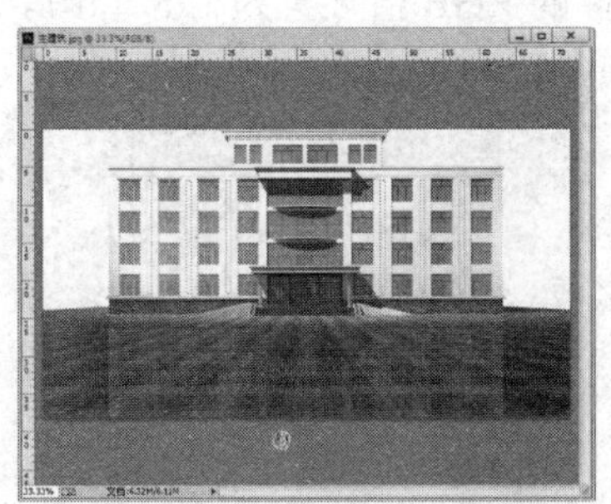

图 17.6　打开的素材文件

图 17.7　选择建筑物

(7) 在工具箱中选择【移动工具】，将其拖曳至“室外大型建筑物”文档中，并将其调整至合适的位置，如图 17.8 所示。

(8) 使用同样的方法，打开随书附带光盘中的“云彩 1.png”、“云彩 2.png”素材文件，如图 17.9 所示。

图 17.8　添加素材

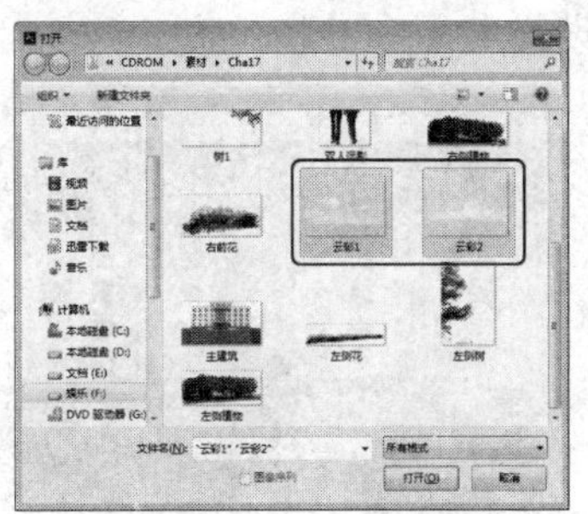

图 17.9　选择素材

(9) 使用【移动工具】，将其拖曳至当前图像窗口，并将其调整至合适的位置，如图 17.10 所示。

(10) 按 F7 键打开【图层】面板，在该面板中将【云彩 1】和【云彩 2】图层调整至【主建筑】图层的下方，并将【云彩 1】的图层样式设置为【柔光】，如图 17.11 所示。

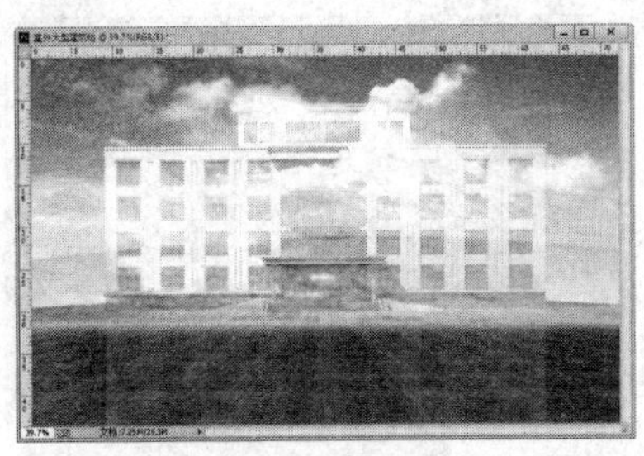

图 17.10　添加素材

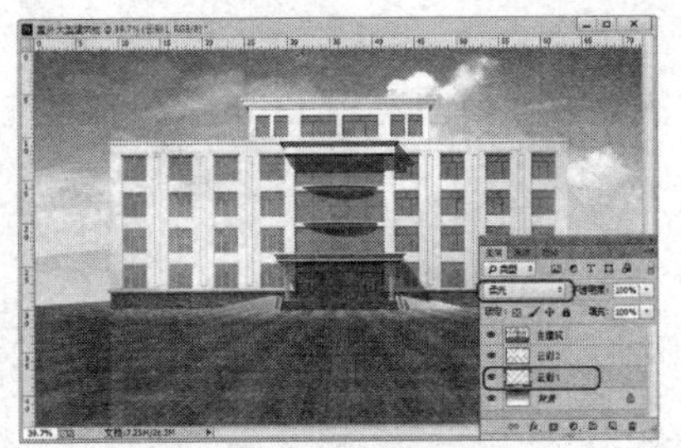

图 17.11　设置图层模式

(11) 在【图层】面板中单击【创建新图层】按钮，新建一个图层，并将其重命名为“蒙版”，如图 17.12 所示。

(12) 在工具箱中选择【渐变工具】，在工具箱中选择【点击可编辑渐变】选项，打开【渐变编辑器】对话框，如图 17.13 所示，在【预设】区域中选择【前景色到透明渐变】选项，在【渐变类型】区域中将渐变条左侧的色标的 RGB 值设置为 128、101、255。

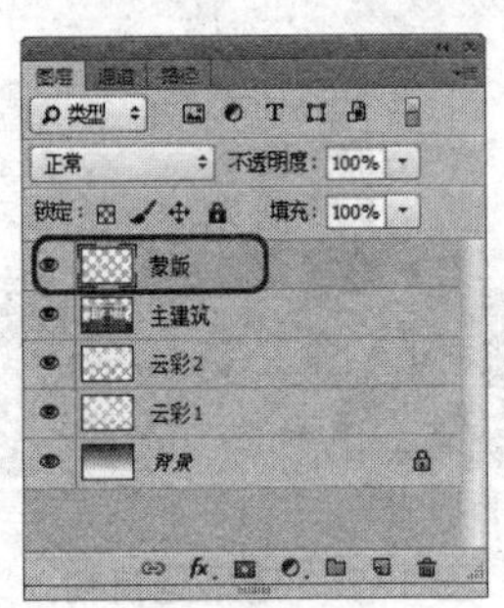


图 17.12　新建图层

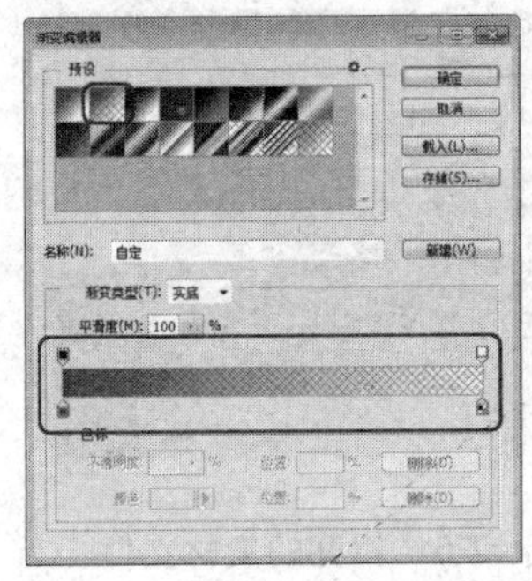


图 17.13　设置渐变颜色

(13) 设置完成后单击【确定】按钮，在图像窗口的上方按住 Shift 键的同时按住鼠标由上向下进行拖曳，填充颜色，如图 17.14 所示。

(14) 在【图层】面板中选择【蒙版】图层，将【不透明度】设置为 65%，将图层混合模式设置为【叠加】，如图 17.15 所示。

图 17.14　填充渐变

图 17.15　设置图层模式

(15) 使用同样的方法，打开“辅助建筑.png”素材文件，将其拖曳至当前文档中，并在【图层】面板中将该图层调整至【主建筑】图层的下方，将【不透明度】设置为 67%，如图 17.16 所示。

(16) 使用同样的方法，添加“左侧植物.png”素材文件，将其调整至【主建筑】的下方，如图 17.17 所示。

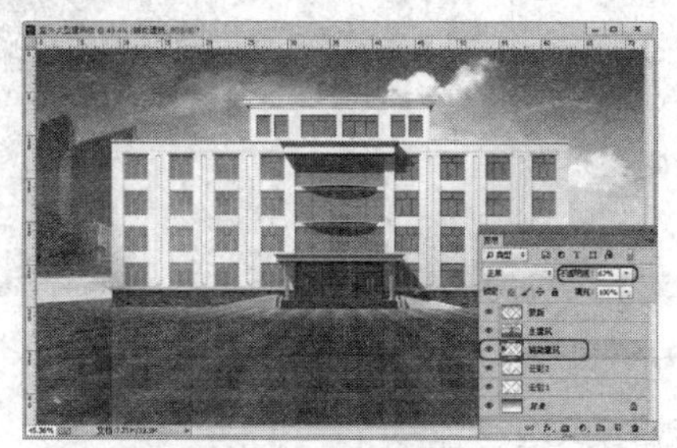

图 17.16　添加素材并设置不透明度

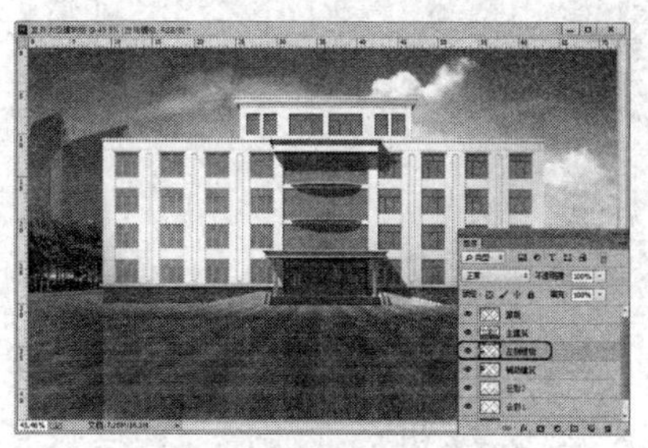

图 17.17　添加素材

(17) 在【图层】面板中选择【左侧植物】图层，按 Ctrl+J 组合键复制该图层，并将复制后的图层重命名为“左侧植物右”，如图 17.18 所示。

(18) 在图像窗口中选择复制后的图像，按 Ctrl+T 组合键，变换选区，右击鼠标，在弹出的快捷菜单中选择【水平翻转】命令，如图 17.19 所示。

(19) 执行完该命令后，使用【移动工具】，将其调整至合适的位置，如图 17.20 所示。

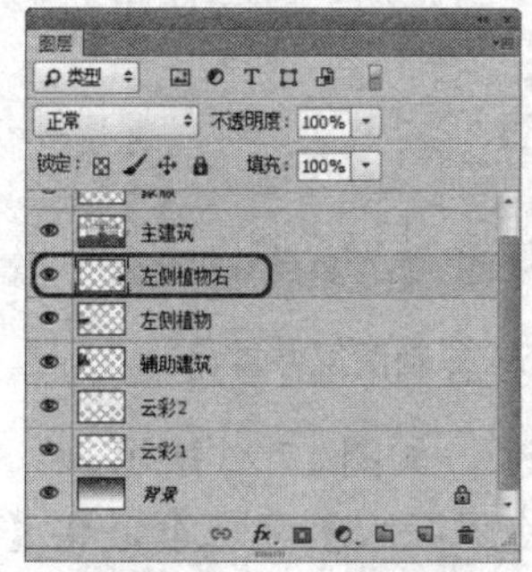


图 17.18　复制图层

图 17.19　选择【水平翻转】命令

图 17.20　调整位置

## 17.2　汽车与人物的表现方法

为效果图添加汽车与人物，使其更加逼真。其具体操作步骤如下。

(1) 打开【图层】面板，单击【创建新组】按钮，新建一个组，并将其重命名为“汽车与人物”，如图 17.21 所示。

(2) 打开随书附带光盘中的“车 1.png”、“车 2.png”、“老人.png”、“双人远影.png”素材文件，如图 17.22 所示。

(3) 首先将打开的“车 1.png”素材文件拖曳至当前文档中，按 Ctrl+T 组合键，在选项栏中单击【保持长宽比】按钮，将 W 设置为 19%，按 Enter 键确认该操作，如

图 17.23 所示。

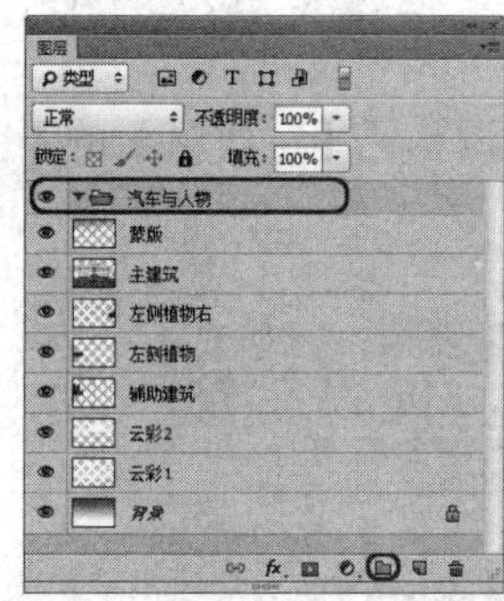

图 17.21　创建新组

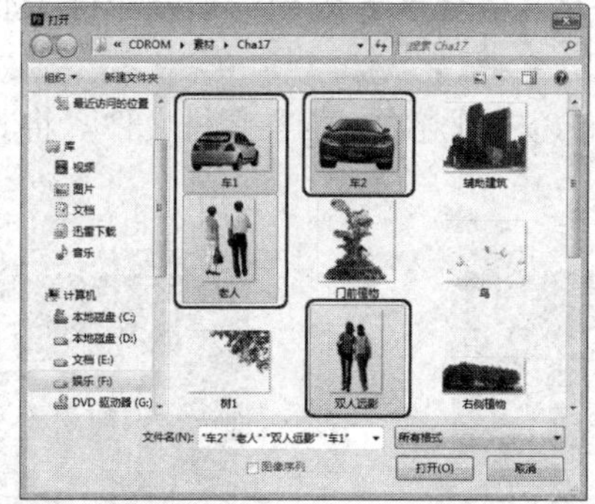

图 17.22　打开的素材

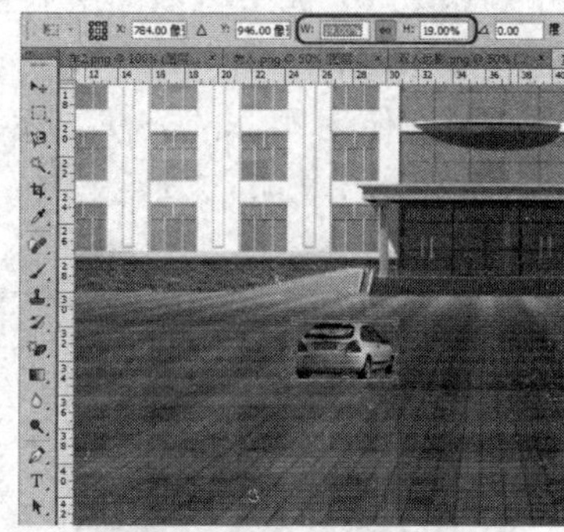

图 17.23　设置大小

(4) 按 Enter 键确认变换，然后将其调整至合适的位置，如图 17.24 所示。

(5) 在【图层】面板中选择【车 1】图层，复制该图层并将其重命名为“车 1 阴影”，如图 17.25 所示。

图 17.24　缩放大小后的效果

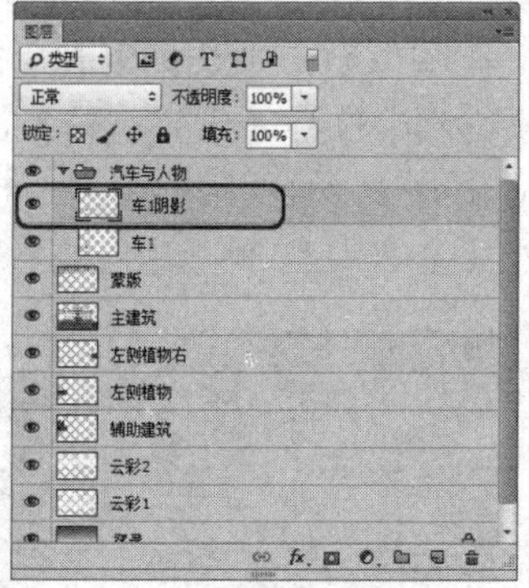

图 17.25　复制图层并重命名

(6) 在菜单栏中选择【图像】|【调整】|【亮度/对比度】命令，如图 17.26 所示。

(7) 打开【亮度/对比度】对话框，在该对话框中勾选【使用旧版】复选框，将【亮度】和【对比度】均设置为-100，如图 17.27 所示。

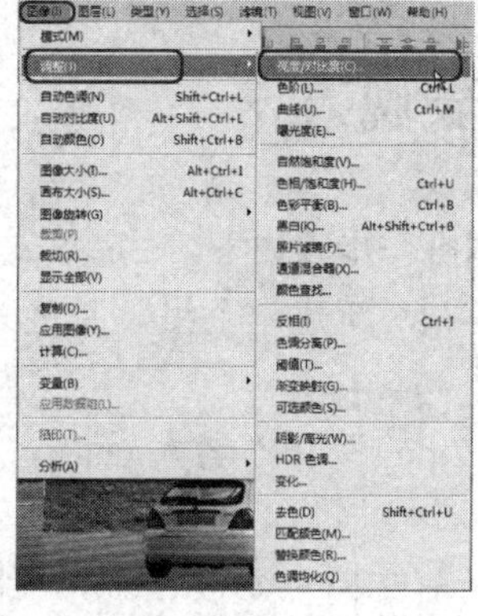

图 17.26　选择【亮度/对比度】命令

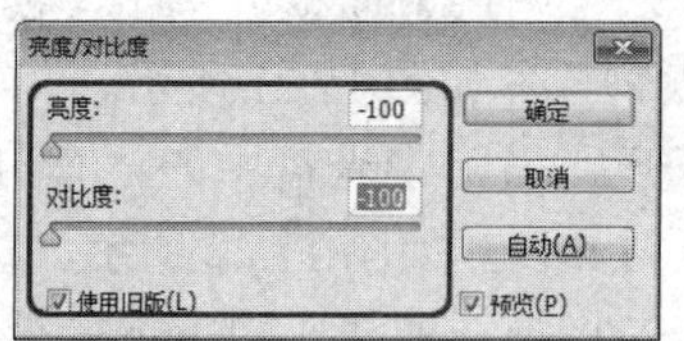


图 17.27　【亮度/对比度】对话框

(8) 设置完成后单击【确定】按钮，按 Ctrl+T 组合键，变换选区，右击鼠标，在弹出的快捷菜单中选择【扭曲】命令，如图 17.28 所示。

(9) 当光标处于 ▷ 状态下时进行调整，完成后的效果如图 17.29 所示。

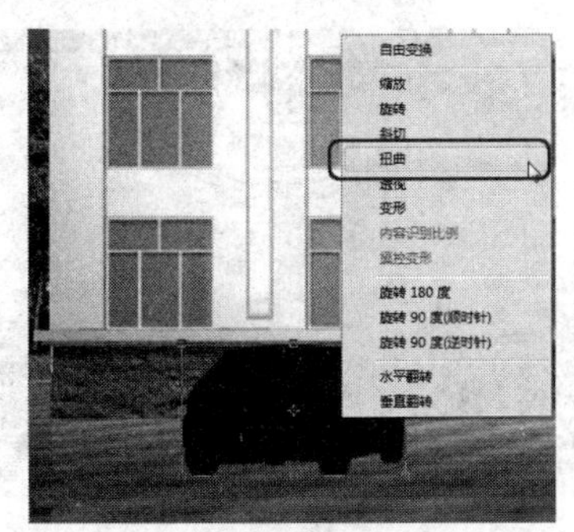


图 17.28　选择【扭曲】命令

图 17.29　调整完成后的效果

(10) 设置完成后按 Enter 键确认该操作，在【图层】面板中将该图层调整至【车 1】图层的下方，并将其【不透明度】设置为 40%，如图 17.30 所示。

(11) 再次选择【车 1】图层，复制该图层并将其重命名为“车 1 倒影”，如图 17.31 所示。

图 17.30　设置图层的不透明度

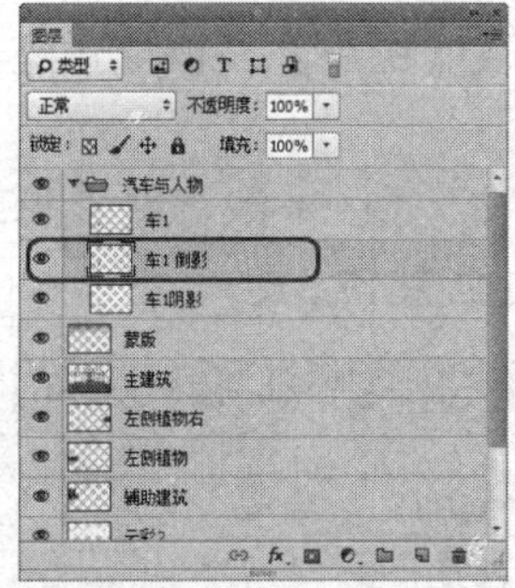


图 17.31　复制图层并重命名

(12) 选择【车 1 倒影】图层，按 Ctrl+T 组合键变换选区，右击鼠标，在弹出的快捷菜单中选择【垂直翻转】命令，如图 17.32 所示。

(13) 执行完该命令后，将其垂直向下移动位置，然后调整其角度，如图 17.33 所示。

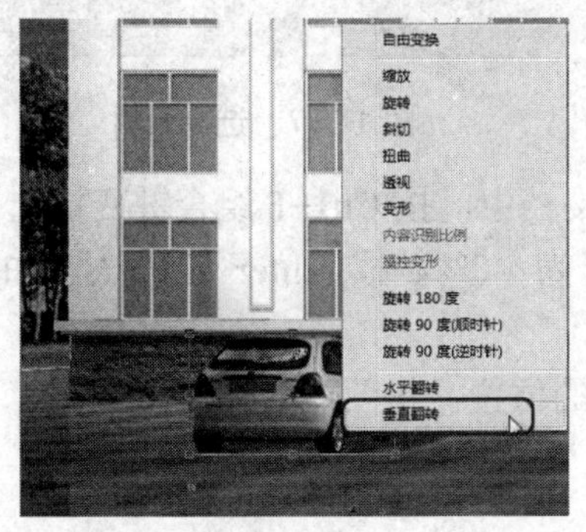


图 17.32　选择【垂直翻转】命令

图 17.33　调整角度

(14) 调整完成后按 Enter 键确认该操作，在【图层】面板中选择【车 1 倒影】图层，将其【不透明度】设置为 13%，如图 17.34 所示。

(15) 设置完成后使用同样的方法，导入其他的图层并对齐进行设置，如图 17.35 所示。

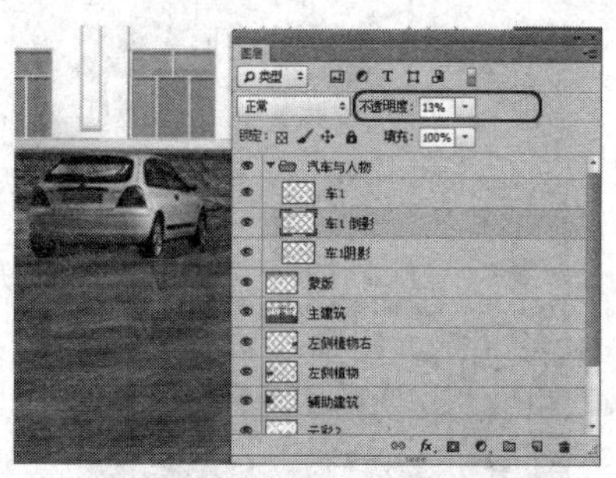

图 17.34　调整图层不透明度

图 17.35　完成后的效果

## 17.3　远近草坪和植物的表现方法

设置完背景天空和汽车、人物等辅助物的效果后，下面将介绍怎样调整远近草坪和植物。其具体操作步骤如下。

(1) 在【图层】面板中新建一个组，并将其重命名为“远近草坪和植物”，如图 17.36 所示。

(2) 按 Ctrl+O 组合键，在弹出的对话框中选择随书附带光盘中的“门前植物.png”素材文件，如图 17.37 所示。

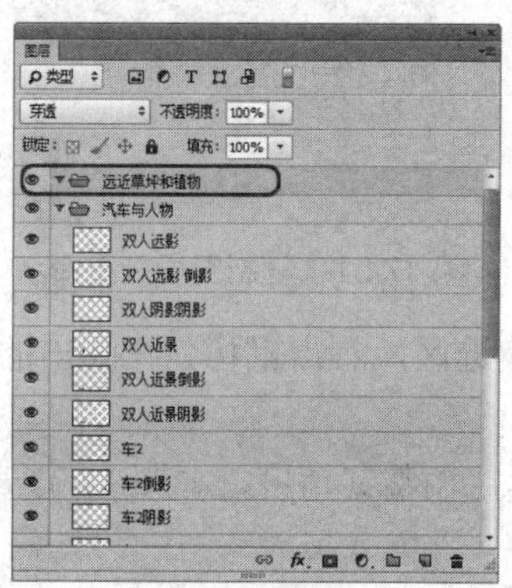

图 17.36　新建组并重命名

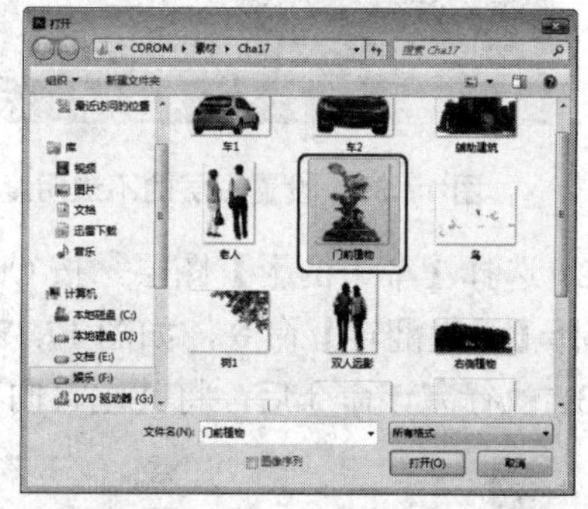

图 17.37　选择素材

(3) 使用【移动工具】，将其拖曳至当前文档中，按 Ctrl+T 组合键变换选区，在选项栏中单击【保持长宽比】按钮，将 W 设置为 40%，按 Enter 键确认，如图 17.38 所示。

(4) 按 Enter 键确认变换，并将其调整至合适的位置，如图 17.39 所示。

图 17.38　设置大小

图 17.39　调整至合适的位置

(5) 使用我们调整汽车与人物时所讲到的方法，为其设置阴影和倒影效果，如图 17.40 所示。

(6) 使用同样的方法，在【图层】面板中选择【门前植物】、【门前植物倒影】和【门前植物阴影】图层，在图像窗口中按住 Alt 键的同时向左进行拖曳，如图 17.41 所示。

图 17.40　设置投影和阴影

图 17.41　复制图像

(7) 至合适的位置后释放鼠标，将复制后的图层重命名为“门前植物左”、“门前植物倒影左”和“门前植物阴影左”，如图 17.42 所示。

(8) 打开“左侧花.png”素材文件，将其拖曳至当前文档中，并使用前面讲到的方法缩放至合适的大小，如图 17.43 所示。

图 17.42　复制图层并重命名

图 17.43　添加素材

(9) 将其调整至主建筑的左侧，并在【图层】面板中将当前图层调整至【主建筑】图层的下方，如图 17.44 所示。

(10) 使用同样的方法，复制该图层并将其调整成为阴影效果，然后将其调整至【主建筑】图层的上方，如图 17.45 所示。

图 17.44　调整素材位置

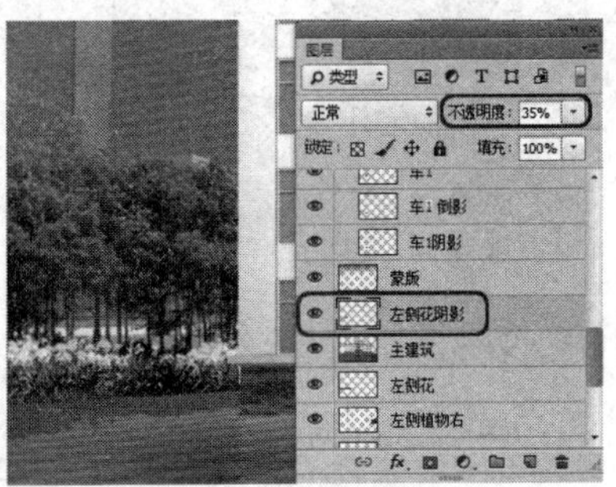


图 17.45　设置阴影

(11) 调整完成后可以观察到阴影不协调，在工具箱中选择【矩形选区工具】，在图层面板中选择【左侧花阴影】图层，在图像窗口中绘制选区，如图 17.46 所示。

(12) 按 Delete 键将选区内的内容进行删除，完成后的效果如图 17.47 所示。

图 17.46　绘制选区

图 17.47　删除选区内的内容

(13) 使用同样的方法，复制“左侧花”，并将其水平旋转，调整至合适的位置，将复制后的图层重命名为“右侧花”，如图 17.48 所示。

(14) 使用同样的方法，导入“草坪左.png”和“草坪右.png”素材文件，并将其图层调整至【远近草坪和植物】组中，如图 17.49 所示。

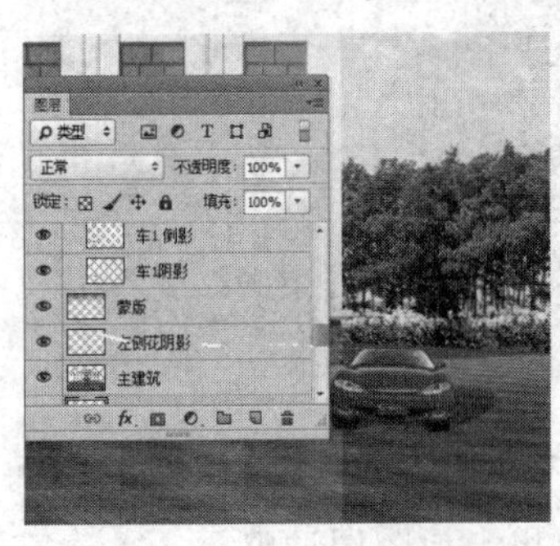


图 17.48　复制对象并调整位置

图 17.49　添加素材

(15) 选择【草坪左】对象，在【图层】面板中双击该图层，打开【图层样式】对话框，在【样式】选项中勾选【投影】复选框，在【结构】区域中将【角度】设置为 125 度，将【距离】设置为 16 像素，将【扩展】设置为 4%，将【大小】设置为 1 像素，如图 17.50 所示。

(16) 设置完成后单击【确定】按钮，完成后的效果如图 17.51 所示。

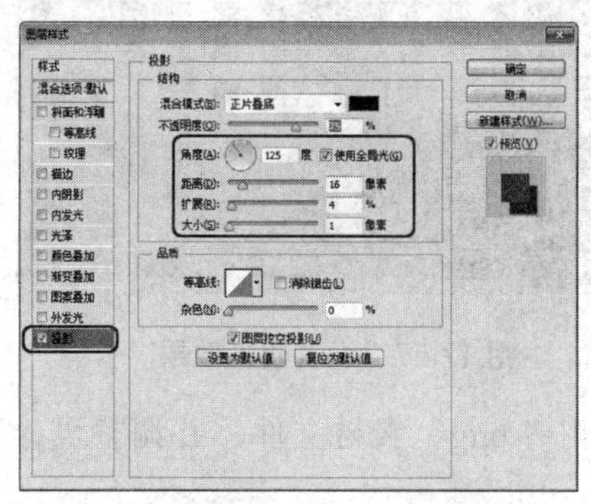

图 17.50　设置图层样式

图 17.51　设置完成后的效果

(17) 调整完成后再导入“右前花.png”素材文件，将其调整至合适的位置，如图 17.52 所示。

(18) 在工具箱中选择【套索工具】，选取【右前花】多余的部分，如图 17.53 所示。

图 17.52　添加素材文件

图 17.53　选择多余部分

(19) 按 Delete 键将其删除，然后取消选区，如图 17.54 所示。

(20) 选择【右前花】图层，复制该图层并将其重命名为“左前花”，在图像窗口中对其进行水平翻转，并将其调整至合适的位置，如图 17.55 所示。

图 17.54　删除选区内容

图 17.55　复制对象并调整其位置

(21) 使用同样的方法导入“左侧树.png”素材文件，并将其调整至合适的位置，如

图 17.56 所示。

(22) 使用前面讲到的方法，制作左侧树的阴影效果，如图 17.57 所示。

图 17.56　导入素材

图 17.57　设置阴影效果

(23) 使用同样的方法导入“鸟.png”和“右侧树.png”素材文件，并调整至合适的位置，如图 17.58 所示。

(24) 在菜单栏中选择【文件】|【存储为】命令，如图 17.59 所示。

图 17.58　完成后的效果

图 17.59　选择【存储为】对话框

(25) 弹出【另存为】对话框，在弹出的对话框中为其指定一个正确的存储路径，并将其保存格式设置为 JPEG，如图 17.60 所示。

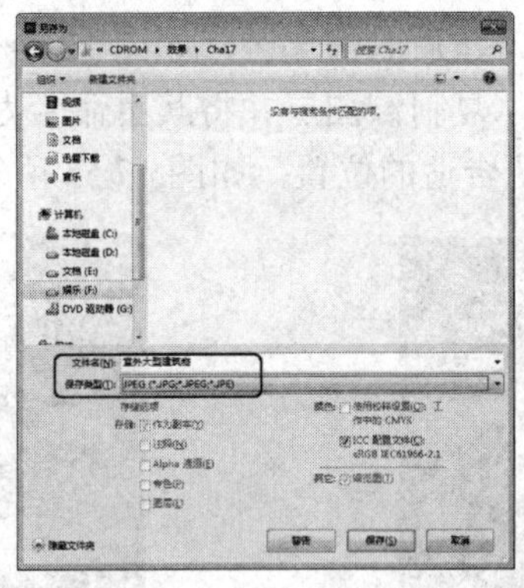

图 17.60　【另存为】对话框

(26) 设置完成后单击【保存】按钮，在弹出的对话框中保持默认设置，单击【确定】按钮即可，可使用同样的方法保存场景。

# 参 考 答 案

## 第 1 章

1. 矢量图由经过精确定义的直线和曲线组成，这些直线和曲线称为向量，通过移动直线调整其大小或更改其颜色时，不会降低图形的品质。

位图图像在技术上称为栅格图像，它由网格上的点组成，这些点称为像素。在处理位图图像时，编辑的是像素，而不是对象或形状。位图图像是连续色调图像(如照片或数字绘画)最常用的电子媒介，因为它们可以表现出阴影和颜色的细微层次。

2. 常见的颜色模式包括位图模式、灰度模式、双色调模式、HSB(表示色相、饱和度、亮度)模式、RGB(表示红、绿、蓝)颜色模式、CMYK(表示青、洋红、黄、黑) 颜色模式、Lab 颜色模式。

3. CMYK 颜色模式是最佳的打印模式，RGB 颜色模式尽管色彩多，但不能完全打印出来。那么是不是在编辑的时候就采用 CMYK 颜色模式呢？其实不是，用 CMYK 颜色模式编辑虽然能够避免色彩的损失，但运算速度很慢。主要的原因如下：第一，即使在 CMYK 颜色模式下工作，Photoshop 也必须将 CMYK 颜色模式转变为显示器所使用的 RGB 颜色模式。第二，对于同样的图像，RGB 颜色模式只需要处理三个通道即可，而 CMYK 颜色模式则需要处理四个。由于用户所使用的扫描仪和显示器都是 RGB 设备，所以无论什么时候使用 CMYK 颜色模式工作都有把 RGB 颜色模式转换为 CMYK 颜色模式这样一个过程。

## 第 2 章

1. 在绘制椭圆选区时，按住 Shift 键的同时拖曳鼠标可以创建圆形选区；按住 Alt 键的同时拖曳鼠标会以光标所在位置为中心创建选区，按住 Alt+Shift 组合键的同时拖曳鼠标，会以光标所在位置点为中心绘制圆形选区。

2. 在使用【磁性套索工具】时，按住 Alt 键的同时在其他区域单击鼠标，可切换为多边形套索工具创建直线选区；按住 Alt 键的同时单击鼠标并拖曳鼠标，则可以切换为套索工具绘制自由形状的选区。

3. 使用魔棒时，按住 Shift 键的同时单击鼠标可以添加选区，按住 Alt 键的同时单击鼠标可以从当前选区中减去，按住 Shift+Alt 组合键的同时单击鼠标可以得到与当前选区相交的选区。

## 第 3 章

1. 当选择【移动工具】时，使用键盘上的方向键进行移动，每次只能移动一个像素，按住 Shift 键的同时使用方向键移动，每次可移动十个像素。

2. 首先按 Alt 键取样，然后在需要仿制的地方按着鼠标右键进行涂抹，直到完成仿制。

3. 【橡皮擦工具】可以将不喜欢的位置进行擦除，橡皮擦工具的颜色取决于背景色的

RGB 值，如果在普通图层上使用，则会将像素抹成透明效果。

【背景橡皮擦工具】会抹除图层上的像素，使图层透明。还可以抹除背景，同时保留对象中与前景相同的边缘。

【魔术橡皮擦工具】可以在同一位置、同一 RGB 值的位置上单击鼠标时，将其擦除。

## 第 4 章

1. 创建图层有四种方法：通过【图层】面板中的【创建新图层】按钮，通过在菜单栏中选择【图层】|【新建】|【图层】命令，复制图层和剪切图层。

2. 在【图层样式】对话框中选择【样式】选项卡，在【样式】组中单击【更多】按钮，在弹出的下拉菜单中可以根据需要选择图层样式类型，选择完成后，会弹出【图层样式】对话框，单击【追加】按钮即可。

## 第 5 章

1. 在创建文本定界框时，如果按住 Alt 键，会弹出【段落文本大小】对话框在该对话框中输入【宽度】值和【高度】值可以精确定义文字区域的大小。

2. 对文字图层进行栅格化处理，首先选择【文字】图层，单击鼠标右键在弹出的快捷菜单中选择【栅格化文字】选项，这样就可以将文字转换为图形文件。

3. 单击文字图层，在弹出的快捷菜单中选择【转换为段落文本】或【转换为点文本】命令。

## 第 6 章

1. 绘制出曲线后，若要在之后接着绘制直线，则需要按住 Alt 键在最后一个锚点上单击，使控制线只保留一段，再释放 Alt 键，在新的地方单击另一点即可。

2. 【矩形工具】用来绘制矩形和正方形，按住 Shift 键的同时拖曳鼠标可以绘制正方形，按住 Alt 键的同时拖曳鼠标，可以以光标所在位置为中心绘制矩形，按住 Shift+Alt 组合键的同时拖曳鼠标，可以以光标所在位置为中心绘制正方形。

3. 【钢笔工具】状态下，在工具选项栏中勾选【自动添加/删除】复选框，此时在路径上单击即可添加锚点，在锚点上单击即可删除锚点。

## 第 7 章

1. 在菜单栏中选择【图层】|【图层蒙版】|【显示全部】命令，创建一个白色图层蒙版。

在菜单栏中选择【图层】|【图层蒙版】|【隐藏全部】命令，创建一个黑色图层蒙版。

按住 Alt 键单击【图层】面板下方的【添加图层蒙版】按钮，创建一个黑色图层蒙版。

按住 Shift 键单击【添加图层蒙版】按钮，创建一个白色图层蒙版。

2. 选择一个图层，然后在菜单栏中选择【图层】|【矢量蒙版】|【显示全部】命令，创建一个白色矢量图层。

按 Ctrl 键单击【添加图层蒙版】按钮，即可创建一个隐藏全部内容的白色矢量蒙版。

在菜单栏中选择【图层】|【矢量蒙版】|【隐藏全部】命令，创建一个灰色的矢量蒙版。

3. 按 Ctrl+数字键可以快速选择通道，以 RGB 模式图像为例，按 Ctrl+3 组合键可以选择红色通道、按 Ctrl+4 组合键可以选择绿色通道、按 Ctrl+5 组合键可以选择蓝色通道，如果图像包含多个 Alpha 通道，则增加相应的数字便可以将它们选择。如果要回到 RGB 复合通道查看彩色图像，可以按 Ctrl+2 组合键。

## 第 8 章

1. 可以在菜单栏中选择【图像】|【调整】|【色彩平衡】命令，对其进行设置。
2. 利用【阈值】命令可以删除图像的色彩信息将其转换为黑白两色的高对比度图像。
3. 执行【去色】命令可以删除彩色图像的颜色，但不会改变图像的颜色模式，

## 第 9 章

1. 【镜头校正】的使用可以解决镜头瑕疵、色差和晕影现象。
2. 【扭曲】滤镜中的【水波】，通过数量、起伏和样式达到想要的效果。

## 第 10 章

1. 在【动作】面板的菜单中选择【复制】命令，也可以按住 Alt 键，选择将要复制的动作或命令，并将其拖曳到【动作】面板的新位置，或者将动作拖曳到面板底部的【创建新动作】按钮上，也可以对其进行复制。

2. 复位动作是使用安装时的默认动作组代替当前面板中的所有动作组，在选择【复位动作】命令后，会弹出提示信息框，如果单击【确定】按钮，即可将【动作】面板恢复到安装时的状态，如果单击【追加】按钮，即可在默认的基础上载入其他的动作，如果单击【取消】按钮，则保持原样不变。